青年技工
培训丛书

QINGNIANJIGONGPEIXUNCONGSHU QINGNIANJIGONG

冲压工实用技术

CHONGYAGONGSHIYONGJISHU

主　编：张能武

编　委：邵健萍　杨小荣　方光辉　张道霞　邱立功
徐晓东　刘文军　吴　亮　蒋　勇　许佩霞
张茂龙　刘　瑞　杨　杰　刘玉妍　沈　飞
张　洁　周小渔　王春林　李　桥　陈　伟
邓　杨　姜　松　王　荣

10

QINGNIANJIGONG
PEIXUNCONGSHU

湖南科学技术出版社

图书在版编目（C I P）数据

冲压工实用技术 / 张能武主编. -- 长沙 : 湖南科学技术出版社，2013.8

（青年技工培训丛书 10）

ISBN 978-7-5357-7751-5

Ⅰ. ①冲… Ⅱ. ①张… Ⅲ. ①冲压－技术培训－教材 Ⅳ. ①TG38

中国版本图书馆 CIP 数据核字(2013)第 167907 号

青年技工培训丛书 10

冲压工实用技术

主　　编：张能武

责任编辑：杨　林　龚绍石

出版发行：湖南科学技术出版社

社　　址：长沙市湘雅路 276 号

http://www.hnstp.com

邮购联系：本社直销科 0731-84375808

印　　刷：长沙瑞和印务有限公司

（印装质量问题请直接与本厂联系）

厂　　址：长沙市井湾路 4 号

邮　　编：410004

出版日期：2013 年 8 月第 1 版第 1 次

开　　本：710mm×1020mm　1/16

印　　张：29.5

字　　数：563000

书　　号：ISBN 978-7-5357-7751-5

定　　价：59.00 元

丛书前言

随着我国工业化进程的加速和产业结构的调整、开放，经济发展对各行各业的从业人员都提出了职业操作技能要求。从业人员必须熟练地掌握本行业、本岗位的操作技能，才能胜任本职工作，把工作做好，为社会做出更大的贡献，实现人生应有的价值。然而，技能人才缺乏已是不争的事实，并日趋严重，这已引起全社会的广泛关注。

为贯彻“全国职业教育工作会议”和“全国再就业会议”精神，落实国家人才发展战略目标，促进农村劳动力转移培训，全面推进技能振兴计划和高技能人才培养工程，我们精心策划组织编写了这套“青年技工培训丛书”，该套丛书将陆续出版《车工实用技术》、《钳工实用技术》、《铣工实用技术》、《钣金工实用技术》、《数控车工实用技术》、《数控铣工实用技术》、《冲压工实用技术》、《磨工实用技术》、《模具工实用技术》、《简明机械传动实用技术》、《机械工人切削实用技术手册》等图书，以飨读者。

本套丛书的编写以企业对人才需要为导向，以岗位职业技能要求为标准。丛书主要有以下特点：

（1）内容新颖。除了讲解传统机械加工应掌握的内容之外，还加入了新技术、新工艺、新设备、新材料等方面的内容。

（2）标准新。采用了最新国家标准、最新名词术语和法定计算单位。

（3）注重实用。在内容组织和编排上特别强调实践，书中的大量实例来自生产实际和教学实践。全书既介绍了必需的基础知识和专业理论，又介绍了许多典型的加工实例、操作技能及最新技术的应用；兼顾先进性与实用性，尽可能地反映现代加工技术领域内的实用技术和应用经验。

（4）图文并茂，浅显易懂。多以图和表来讲解，更加直观和生动，易于读者学习和理解。

本套丛书便于广大技术工人、初学者、技工学校、职业技术院校广大师生实习自学、掌握基础理论知识和实际操作技能；同时，也可用为职业院校、培训中心、企业内部的技能培训教材。我们真诚地希望本套丛书的出版对我国高技能人才的培养能起到积极的推动作用，能成为广大读者的“就业指导、创业帮手、立业之本”，同时衷心希望广大读者对这套丛书提出宝贵意见和建议。

丛书编写委员会

前 言

冲压加工是历史久远的生产行业，也是飞速发展的学科领域。它是金属板料的重要成形方法，从传统的使用简单冲床和模具进行生产，到集成化生产线上的大规模生产，再到计算机群控的全自动生产系统，各种不同层次的生产方式目前并行存在，互为补充。而且，传统的生产方式正在逐渐被先进生产方式所渗透、改造、取代。冲压加工具有生产效率高、尺寸精度好、重量轻、成本低和易于实现机械化、自动化等优点，在汽车、机械、家电、电器、仪表、日常生活用品以及国防等各个工业生产部门中占有十分重要的地位。冲压加工需要的从业人员愈来愈多，为了提高从业人员的素质、知识和操作技能，我们编写了本书。

本书主要内容包括：冲压常用基础资料、冲裁加工、弯曲加工、拉深加工、成形加工、挤压成形、冲压零件加工尺寸及检测计算、冲压设备使用维修等。本书在内容编写时注重实践性、实用性和启发性；做到基本概念清晰、重点突出；对基本理论部分以够用为原则，注重基本知识和基本操作技能的讲解，以及工作能力的培养。

本书图文并茂，内容丰富，浅显易懂，取材实用而精炼。可供技工学校、职业技术院校广大师生实习及初、中级技术工人、冲压工上岗前培训和农家书屋用书，也可作为从事冲压工艺及模具设计工作的工程技术人员的参考用书。

本书由江南大学张能武主编。参加编写的人员还有：邵健萍、杨小荣、方光辉、张道霞、邱立功、刘文花、吴亮、王荣、蒋勇、许佩霞、张茂龙、刘瑞、杨杰、刘玉妍、沈飞、张洁、周小渔、王春林、李桥、陈伟、邓杨等。我们在编写过程中参考了相关图书出版物，并得到江南大学机械工程学院、江苏机械学会、河海大学机电工程学院等单位大力支持和帮助，在此表示感谢。

由于时间仓促，编者水平有限，书中不妥之处在所难免，敬请广大读者批评指正。

编 者

目 录

第六章　挤压成形

第七章　冲压零件加工尺寸及检测计算

第一章　冲压常用基础资料

第一节　常用基本计算公式

一、常用数学符号

常用数学符号［摘自（GB3102.11—1993)］见表1-1。

表1-1　常用数学符号

符号	意义	符号	意义
+	加，正号	//	平行
—	减，负号	～	相似
×或·	乘	≌	全等
$a\div b$ 或 $\frac{a}{b}$	a 除以 b 或 b 除 a	⊙	圆
		⊥	垂直
=	等于	∠	平面角，如∠A
≠	不等于	△	三角形，如△ABC
≡	恒等于	▱	平行四边形，如▱$ABCD$
<	小于	max	最大
>	大于	min	最小
⩽	小于或等于	$\sin x$	x 的正弦
⩾	大于或等于	$\cos x$	x 的余弦
∝	成正比	$\tan x$	x 的正切
±	正或负	$\cot x$	x 的余切
∓	负或正	$\arcsin x$	x 的反正弦函数
∑	总和	$\arccos x$	x 的反余弦函数
%	百分比	$\arctan x$	x 的反正切函数
$a:b$	a 比 b	$\text{arccot}\,x$	x 的反余切函数
a^c	a 的 c 次方	$\log_a x$	以 a 为底 x 的对数
$\sqrt{a}$	a 开平方	$\lg x$	以10为底 x 的对数，称常用对数
$\sqrt[n]{a}$	a 开 n 次方	$\ln x$	以 e 为底 x 的对数，称自然对数
∞	无穷大	e	常数，e＝2.7182

二、常用三角计算公式

1. 直角三角函数计算公式，如图 1－1 所示

正弦：$\sin A = a / c$

余弦：$\cos A = b / c$

正切：$\tan A = a / b$

余切：$\cot A = b / a$

正割：$\sec A = c / b$

余割：$\csc A = c / a$

勾股弦定理：$c^2 = a^2 + b^2$

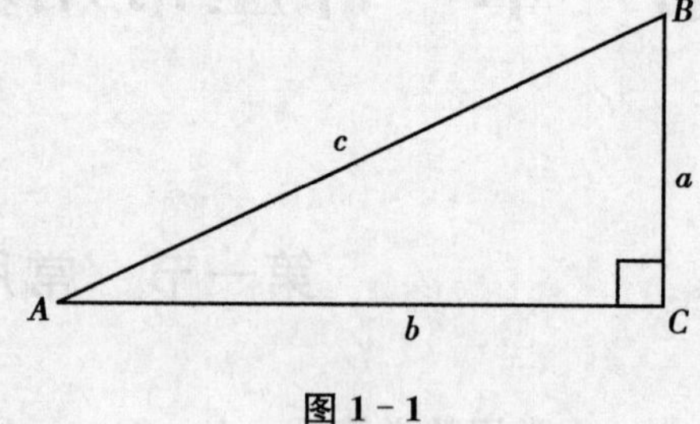

图 1－1

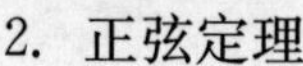

2. 正弦定理

$$\frac{a}{\sin A} = \frac{b}{\sin B} = \frac{c}{\sin C}$$

3. 余弦定理，如图 1－2 所示

$a^2 = b^2 + c^2 - 2bc\cos A$

$b^2 = a^2 + c^2 - 2ac\cos B$

$c^2 = a^2 + b^2 - 2ab\cos C$

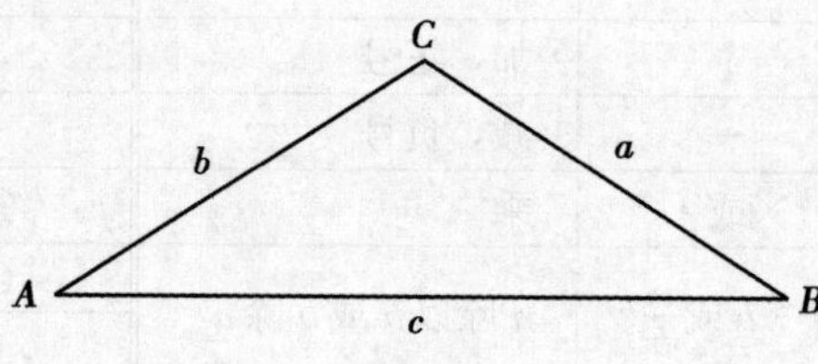

图 1－2

4. 三角运算公式

(1) $\sin A\csc A = 1$

(2) $\cos A\sec A = 1$

(3) $\tan A\cot A = 1$

(4) $\tan A = \dfrac{\sin A}{\cos A}$

(5) $\cot A = \dfrac{\cos A}{\sin A}$

(6) $\sin^2 A + \cos^2 A = 1$

(7) $\sec^2 A - \tan^2 A = 1$

(8) $\csc^2 A - \cot^2 A = 1$

(9) $\sin(A \pm B) = \sin A\cos B \pm \cos A\sin B$

(10) $\cos(A \pm B) = \cos A\cos B \mp \sin A\sin B$

(11) $\tan(A \pm B) = \dfrac{\tan A \pm \tan B}{1 \mp \tan A\tan B}$

(12) $\cot(A \pm B) = \dfrac{\cot A\cot B \mp 1}{\cot A \pm \cot B}$

(13) $\sin 2A = 2\sin A\cos A$

(14) $\cos 2A = \cos^2 A - \sin^2 A$

(15) $\tan 2A = \dfrac{2\tan A}{1 - \tan^2 A}$

(16) $\cot 2A = \dfrac{\cot^2 A - 1}{2\cot A}$

(17) $\sin \dfrac{A}{2} = \sqrt{\dfrac{1-\cos A}{2}}$

(18) $\cos \dfrac{A}{2} = \sqrt{\dfrac{1+\cos A}{2}}$

(19) $\tan \dfrac{A}{2} = \sqrt{\dfrac{1-\cos A}{1+\cos A}} = \dfrac{1-\cos A}{\sin A} = \dfrac{\sin A}{1+\cos A}$

(20) $\cot \dfrac{A}{2} = \sqrt{\dfrac{1+\cos A}{1-\cos A}} = \dfrac{1+\cos A}{\sin A} = \dfrac{\sin A}{1-\cos A}$

(21) $\sin A \pm \sin B = 2\sin \dfrac{(A \pm B)}{2} \cos \dfrac{(A \mp B)}{2}$

(22) $\cos A + \cos B = 2\cos \dfrac{(A+B)}{2} \cos \dfrac{(A-B)}{2}$

(23) $\cos A - \cos B = -2\sin \dfrac{(A+B)}{2} \sin \dfrac{(A-B)}{2}$

(24) $\tan A \mp \tan B = \dfrac{\sin(A \pm B)}{\cos A \cos B}$

(25) $\cot A \pm \cot B = \dfrac{\sin(A \pm B)}{\sin A \sin B}$

三、常用几何图形的计算公式

1. 常用图形面积计算公式，见表 1 - 2。

A——面积；P——半周长；L——圆周长度；R——外接圆半径；r——内切圆半径；l——弧长。

表 1 - 2　　常用图形面积计算公式

名　称	简　图	计算公式
正方形		$A = a^2$；　$a = 0.707d\sqrt{A}$ $d = 1.414a = 1.4142\sqrt{A}$
长方形		$A = ab = a\sqrt{d^2 - a^2} = b\sqrt{d^2 - b^2}$ $d = \sqrt{a^2 + b^2}$ $a = \sqrt{d^2 - b^2} = \dfrac{A}{b}$；　$b = \sqrt{d^2 - a^2} = \dfrac{A}{a}$

续表 1

名 称	简 图	计算公式
平行四边形	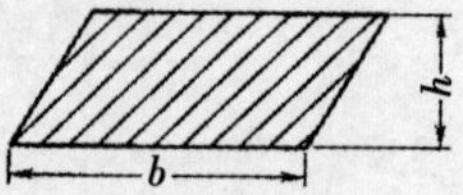	$A=bh$；　$h=\dfrac{A}{b}$；　$b=\dfrac{A}{h}$
三角形	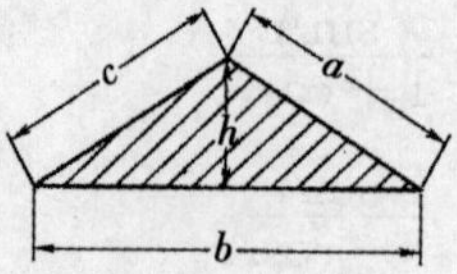	$A=\dfrac{bh}{2}=\dfrac{b}{2}\sqrt{a^2-(\dfrac{a^2+b^2-c^2}{2b})^2}$ $P=\dfrac{1}{2}(a+b+c)$ $A=\sqrt{P(P-a)(P-b)(P-c)}$
梯形	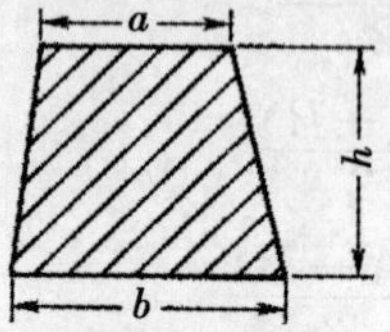	$A=\dfrac{(a+b)h}{2}$；　$h=\dfrac{2A}{a+b}$ $a=\dfrac{2A}{h}-b$；　$b=\dfrac{2A}{h}-a$
正六边形	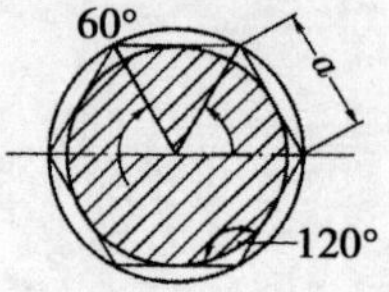	$A=2.5981a^2=2.5981R^2=3.4641r^2$ $R=a=1.1547r$ $r=0.86603a=0.86603R$
圆	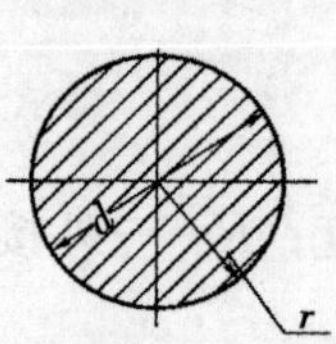	$A=\pi r^2=3.1416r^2=0.7854d^2$ $L=2\pi r=6.2832r=3.1416d$ $r=\dfrac{L}{2\pi}=0.15915L=0.56419\sqrt{A}$ $d=\dfrac{L}{\pi}=0.31831L=1.1284\sqrt{A}$
椭 圆	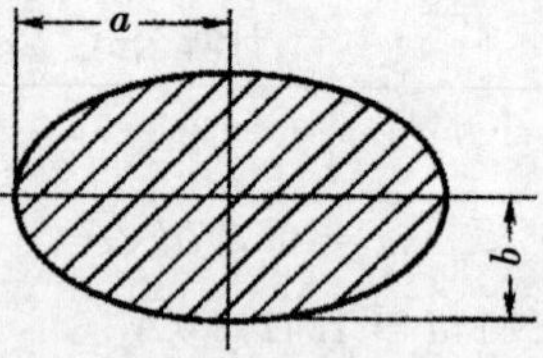	$A=\pi ab=3.1416ab$ 周长的近似值： $2P=\pi\sqrt{2(a^2+b^2)}$ 比较精确的值： $2P=\pi[1.5(a+b)-\sqrt{ab}]$
扇 形	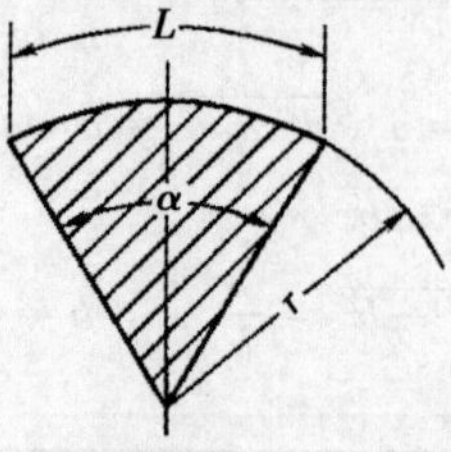	$A=\dfrac{1}{2}rl=0.0087266\alpha\cdot r^2$ $l=\dfrac{2A}{r}=0.017453\alpha\cdot r$ $r=\dfrac{2A}{l}=57.296\dfrac{l}{\alpha}$ $\alpha=\dfrac{180l}{\pi r}=\dfrac{57.296l}{r}$

续表 2

名 称	简 图	计算公式
弓 形	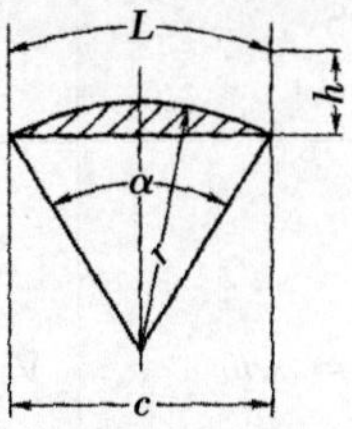	$A = \frac{1}{2}[rl - c(r-h)]$ $r = \frac{c^2 + 4h^2}{8h}$ $l = 0.017453\alpha \cdot r$ $c = 2\sqrt{h(2r-h)}$ $h = r - \frac{\sqrt{4r^2 - c^2}}{2}$ $\alpha = \frac{57.296l}{r}$
圆 形	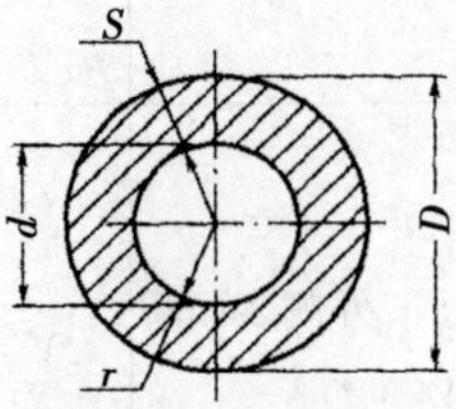	$A = \pi(R^2 - r^2) = 3.1416(R^2 - r^2)$ $= 0.7854(D^2 - d^2) = 3.1416(D-S)S$ $= 3.1416(d+S)S$ $S = R - r = (D-d)/2$
部分圆环 （环式扇形）	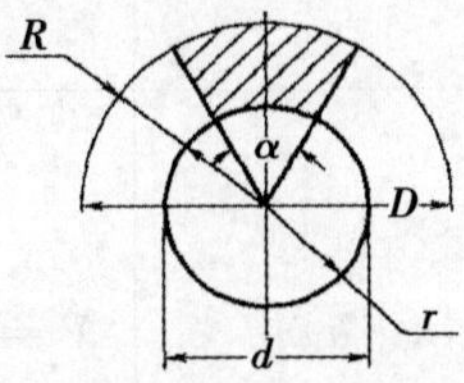	$A = \frac{\alpha\pi}{360}(R^2 - r^2)$ $= 0.008727\alpha(R^2 - r^2)$ $= \frac{\alpha\pi}{4 \times 360}(D^2 - d^2)$ $= 0.002182\alpha(D^2 - d^2)$

2. 常用图形的体积和表面积计算公式，见表 1-3。

表 1-3　　常用体积和表面积计算公式

名 称	简 图	计 算 公 式	
		表面积 S 侧表面积 M	体积 V
正立方体	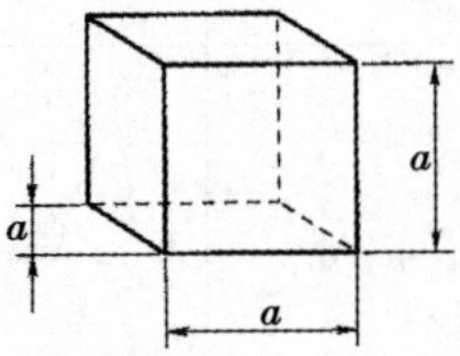	$S = 6a^2$	$V = a^3$
长立方体	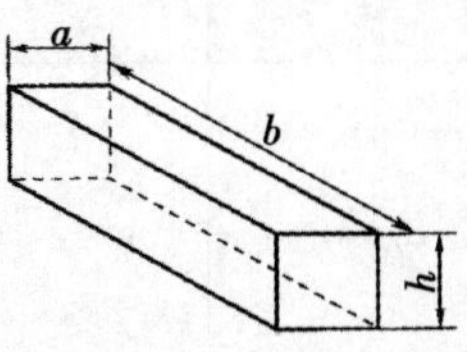	$S = 2(ah + bh + ab)$	$V = abh$

续表 1

名称	简图	计算公式：表面积 S 侧表面积 M	计算公式：体积 V
圆柱	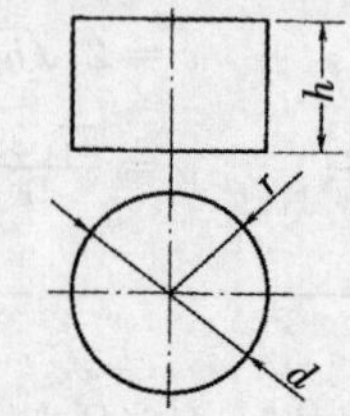	$M=2\pi \cdot rh=\pi dh$	$V=\pi \cdot r^2 h=\frac{\pi d^2 h}{4}$
空心圆柱（管）	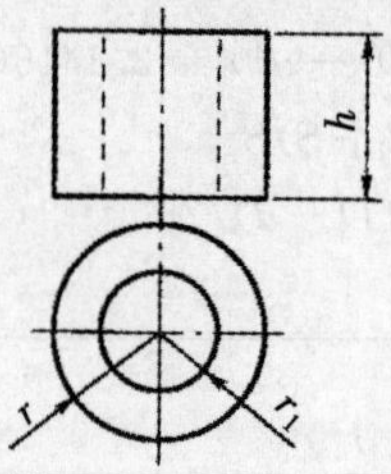	$M=$ 内侧表面积 + 外侧表面积 $=2\pi h(r+r_1)$	$V=\pi h(r^2-r_1^2)$
斜底截圆柱	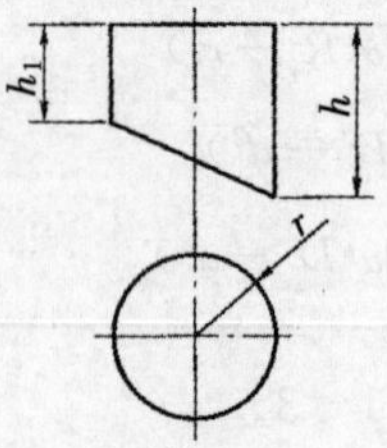	$M=\pi \cdot r(h+h_1)$	$V=\frac{\pi \cdot r^2(h+h_1)}{2}$
正六角柱	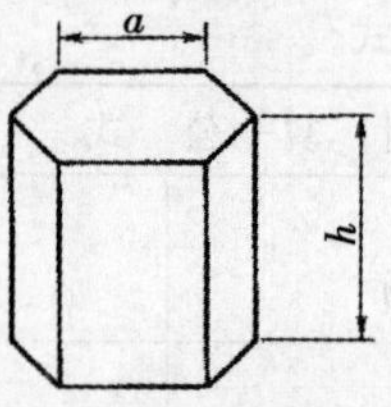	$S=5.1962a^2+6ah$	$V=2.5981a^2 h$
正方角锥台	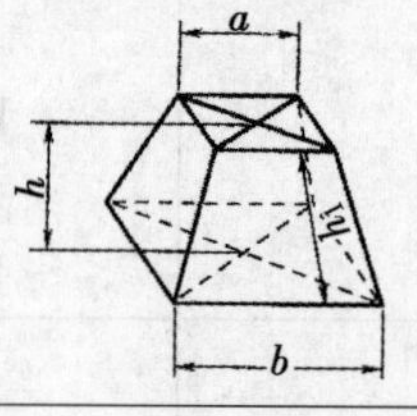	$S=a^2+b^2+2(a+b)h_1$	$V=\frac{(a^2+b^2+ab)h}{3}$
球	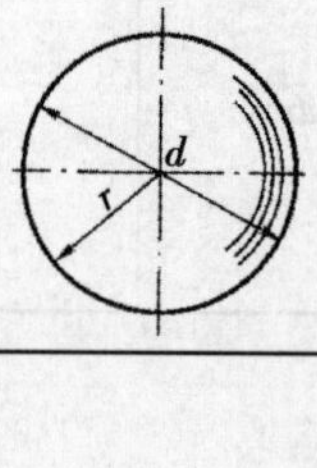	$S=4\pi \cdot r^2=\pi d^2$	$V=\frac{4\pi r^3}{3}=\frac{\pi d^3}{6}$

续表 2

<table>
<tr><th rowspan="2">名　称</th><th rowspan="2">简　　图</th><th colspan="2">计　算　公　式</th></tr>
<tr><th>表面积 S
侧表面积 M</th><th>体积 V</th></tr>
<tr><td>圆　锥</td><td>l　h　r</td><td>$M=\pi\cdot rl=\pi\cdot r\sqrt{r^2+h^2}$</td><td>$V=\frac{\pi\cdot r^2h}{3}$</td></tr>
<tr><td>截头圆锥</td><td>r_1　l　h　r</td><td>$M=\pi l(r+r_1)$</td><td>$V=\frac{\pi h(r^2+r_1^2+r_1r)}{3}$</td></tr>
</table>

第二节　图样的技术要求

一、基本术语及定义

基本术语和定义见表 1－4。

表 1－4　　　　基本术语及定义

<table>
<tr><th colspan="2">基本术语</th><th>术　语　定　义</th></tr>
<tr><td rowspan="2">尺
寸</td><td>尺寸</td><td>以特定单位表示线性尺寸值的数值</td></tr>
<tr><td>基本尺寸</td><td>通过它应用上、下偏差可算出极限尺寸的尺寸，如图 1－3 所示（基本尺寸可以是一个整数或一个小数值）

图 1－3　基本尺寸、最大极限尺寸和最小极限尺寸</td></tr>
</table>

续表 1

	基本术语	术语定义
尺寸	局部实际尺寸	一个孔或轴的任意横截面中的任一距离，即任何两相对点之间测得的尺寸
尺寸	极限尺寸	一个孔或轴允许的尺寸的两个极端。实际尺寸应位于其中，也可达到极限尺寸
尺寸	最大极限尺寸	孔或轴允许的最大尺寸
尺寸	最小极限尺寸	孔或轴允许的最小尺寸
尺寸	实际尺寸	通过测量所得到的尺寸
极限制		经标准化的公差与偏差制度
零线		在极限与配合图解中，表示基本尺寸的一条直线，以其为基准确定偏差和公差，如图 1－3 所示。通常零线沿水平方向绘制，正偏差位于其上，负偏差位于其下，见图 1－5 所示
偏差	偏差	某一尺寸（实际尺寸、极限尺寸等）减其基本尺寸所得的代数差
偏差	极限偏差	包含上偏差和下偏差。轴的上、下偏差代号用小写字母 es、ei 表示；孔的上、下偏差代号用大写字母 ES、EI 表示
偏差	上偏差	最大极限尺寸减其基本尺寸所得的代数差
偏差	下偏差	最小极限尺寸减其基本尺寸所得的代数差
偏差	基本偏差	在本标准极限与配合制中，确定公差带相对零线位置的那个极限偏差（它可以是上偏差或下偏差），一般为靠近零线的那个偏差为基本偏差，当公差带位于零线上方时，其基本偏差为下偏差，当公差带位于零线下方时，其基本偏差为上偏差（如图 1－4 所示） 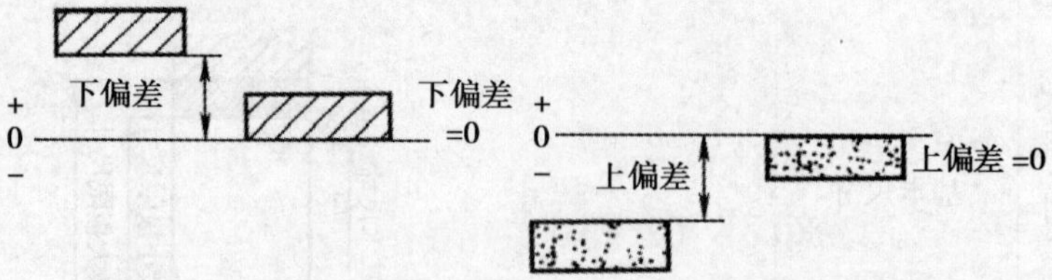 (a) 基本偏差为下偏差　(b) 基本偏差为上偏差 **图 1－4　基本偏差**

续表 2

<table>
<tr><th colspan="2">基本术语</th><th>术 语 定 义</th></tr>
<tr><td rowspan="5">尺寸公差</td><td>尺寸公差
（简称公差）</td><td>最大极限尺寸减最小极限尺寸之差，或上偏差减下偏差之差。它是允许尺寸的变动量（尺寸公差是一个没有符号的绝对值）</td></tr>
<tr><td>标准公差（IT）</td><td>本标准极限与配合制中，所规定的任一公差</td></tr>
<tr><td>标准公差等级</td><td>本标准极限与配合制中，同一公差等级（如 IT7）对所有基本尺寸的一组公差被认为具有同等精确程度</td></tr>
<tr><td>公差带</td><td>在公差带图解中，由代表上偏差和下偏差或最大极限尺寸和最小极限尺寸的两条直线所限定的一个区域。它是由公差大小和其相对零线的位置（如基本偏差）来确定，如图 1-5 所示 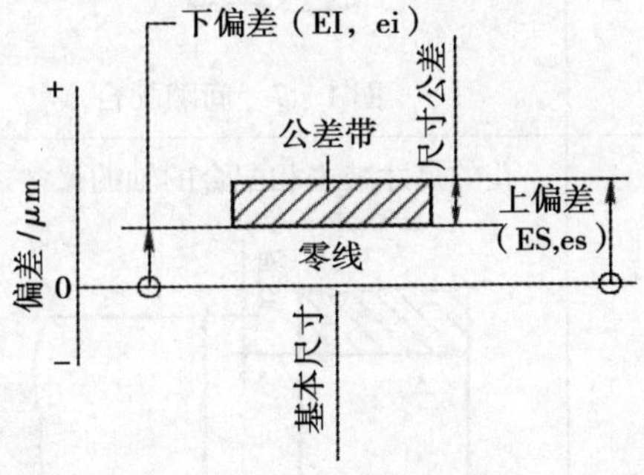

图 1-5　公差带图解</td></tr>
<tr><td>标准公差因子
（i，I）</td><td>在本标准极限与配合制中，用以确定标准公差的基本单位，该因子是基本尺寸的函数（标准公差因子 i 用于基本尺寸至 500mm；标准公差因子，用于基本尺寸大于 500mm）</td></tr>
<tr><td rowspan="2">间隙</td><td>间　隙</td><td>孔的尺寸减去相配合轴的尺寸之差为正值，如图 1-6 所示 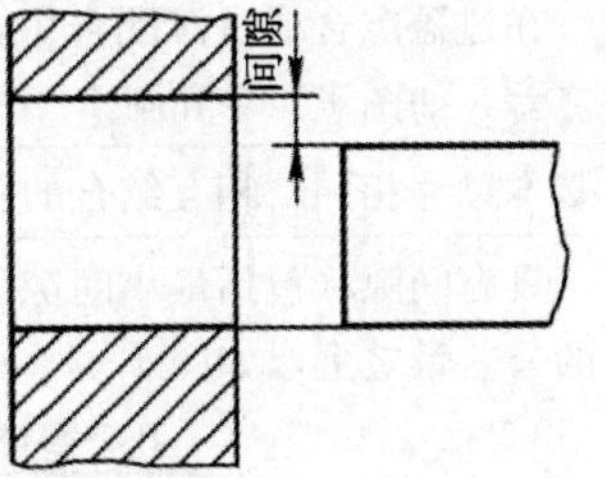

图 1-6　间隙图</td></tr>
<tr><td>最小间隙</td><td>在间隙配合中，孔的最小极限尺寸减轴的最大极限尺寸之差，如图 1-7 所示</td></tr>
</table>

续表 3

基本术语		术语定义
间隙	最大间隙	在间隙配合或过渡配合中，孔的最大极限尺寸减轴的最小极限尺寸之差，如图 1－7 和图 1－8 所示 图 1－7　间隙配合　　图 1－8　过渡配合
过盈	过　盈	孔的尺寸减去相配合的轴的尺寸之差为负值，如图 1－9 所示 图 1－9　过盈　　图 1－10　过盈配合
	最小过盈	在过盈配合中，孔的最大极限尺寸减轴的最小极限尺寸之差，如图 1－10 所示
	最大过盈	在过盈配合或过渡配合中，孔的最小极限尺寸减轴的最大极限尺寸之差，如图 1－10 和图 1－13 所示
配　合		基本尺寸相同、相互结合的孔和轴公差带之间的关系
配合	间隙配合	具有间隙（包括最小间隙等于零）的配合。此时，孔的公差带在轴的公差带之上，如图 1－11 所示 图 1－11　间隙配合的示意

续表 4

<table>
<tr><th colspan="2">基本术语</th><th>术 语 定 义</th></tr>
<tr><td rowspan="2">配合</td><td>过盈配合</td><td>具有过盈（包括最小过盈等于零）的配合。此时，孔的公差带在轴的公差带之下，如图 1－12 所示

图 1－12　过盈配合的示意</td></tr>
<tr><td>过渡配合</td><td>可能具有间隙或过盈的配合。此时，孔的公差带与轴的公差带相互交叠，如图 1－13 所示

图 1－13　过渡配合的示意</td></tr>
<tr><td colspan="2">配合公差</td><td>组成配合的孔、轴公差之和。它是允许间隙或过盈的变动量（配合公差是一个没有符号的绝对值）</td></tr>
<tr><td rowspan="2">配合制</td><td>配合制</td><td>同一极限制的孔和轴组成配合的一种制度</td></tr>
<tr><td>基轴制配合</td><td>基本偏差一定的轴的公差带，与不同基本偏差的孔的公差带形成各种配合的一种制度。对本标准极限与配合制，是轴的最大极限尺寸与基本尺寸相等、轴的上偏差为零的一种配合制，如图 1－14 所示

图 1－14　基轴配合制
图 1－14 注：①水平实线代表轴或孔的基本偏差。
②虚线代表另一极限，表示轴和孔之间可能的不同组合，与它们的公差等级有关。</td></tr>
</table>

续表 5

<table>
<tr><th colspan="2">基本术语</th><th>术 语 定 义</th></tr>
<tr><td>配合制</td><td>基孔制配合</td><td>基本偏差一定的孔的公差带，与不同基本偏差的轴的公差带形成各种配合的一种制度。对本标准极限与配合制，是孔的最小极限尺寸与基本尺寸相等，孔的下偏差为零的一种配合制，如图 1－15 所示 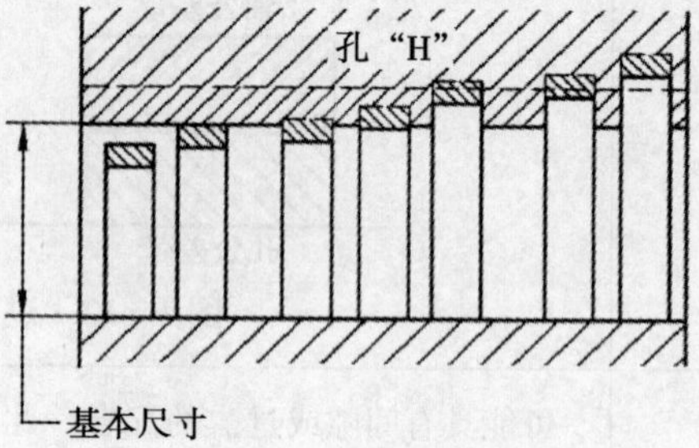
孔“H”
基本尺寸
图 1－15　基孔配合制
图 1－15 注：①水平实线代表孔或轴的基本偏差。
②虚线代表另一极限，表示孔和轴之间可能的不同组合，与它们的公差等级有关。</td></tr>
<tr><td rowspan="2">轴</td><td>轴</td><td>通常指工件的圆柱形外表面，也包括非圆柱形外表面（由二平行平面或切面形成的被包容面）</td></tr>
<tr><td>基准轴</td><td>在基轴制配合中选作基准的轴。对本标准极限与配合制，即上偏差为零的轴</td></tr>
<tr><td rowspan="2">孔</td><td>孔</td><td>通常指工件的圆柱形内表面，也包括非圆柱形内表面（由二平行平面或切面形成的包容面）</td></tr>
<tr><td>基准孔</td><td>在基孔制配合中选作基准的孔。对本标准极限与配合制，即下偏差为零的孔</td></tr>
<tr><td colspan="2">最大实体极限
(MML)</td><td>对应于孔或轴的最大实体尺寸的那个极限尺寸，即：轴的最大极限尺寸、孔的最小极限尺寸。最大实体尺寸是孔或轴具有允许的材料量为最多时状态下的极限尺寸</td></tr>
<tr><td colspan="2">最小实体极限
(LML)</td><td>对应于孔或轴的最小实体尺寸的那个极限尺寸，即：轴的最小极限尺寸、孔的最大极限尺寸。最小实体尺寸是孔或轴具有允许材料量为最小的状态下的极限尺寸</td></tr>
</table>

二、表面粗糙度

表面粗糙度是指加工表面所具有的较小间距和微小峰谷的微观几何形状的尺寸特征。工件加工表面的这些微观几何形状误差称为表面粗糙度。

（一）评定表面粗糙度的参数

表面粗糙度基本术语符号新旧标准的对照见表1－5。表面粗糙度参数符号新旧标准的对照见表1－6。

表1－5　　表面粗糙度基本术语符号新旧标准的对照

GB/T3505—2000	GB/T3505—1983	基本术语
l_r	l	取样长度
ln	l_n	评定长度
$Z(x)$	y	纵坐标值
Zp	y_p	轮廓峰高
Zv	y_v	轮廓谷深
Zt	—	轮廓单元的高度
Xs	—	轮廓单元的宽度
$Ml(c)$	η_p	在水平位置 c 上轮廓的实体材料长度

表1－6　　表面粗糙度参数符号新旧标准的对照

GB/T3505—2000	GB/T3505—1983	参　数
RSm	S_m	轮廓单元的平均宽度
$Rmr(c)$	—	轮廓的支承长度率
Rv	R_m	最大轮廓谷深
Rp	R_p	最大轮廓峰高
Rz	R_y	轮廓的最大高度
Ra	R_a	评定轮廓的算术平均偏差
Rmr	t_p	相对支承比率
—	R_z	十点高度

规定评定表面粗糙度的参数应从幅度参数、间距参数、混合参数及曲线和相关参数中选取。这里主要介绍幅度参数。

1. 幅度参数

(1) 轮廓算术平均偏差（Ra）：指在取样长度内纵坐标值的算术平均值，代号为 Ra，如图1－16所示。其表达式近似为：

$$Ra \approx \frac{1}{n}(|Z_1|+|Z_2|+\cdots+|Z_n|)=\frac{1}{n}\sum_{i=1}^{n}|Z_i|$$

式中，$|Z_1|$，$|Z_2|\cdots|Z_n|$ 分别为轮廓线上各点的轮廓偏距，即各点到轮廓中线的距离。

Ra 参数测量方便，能充分反映表面微观几何形状的特性。Ra 的系列值见表1－7。

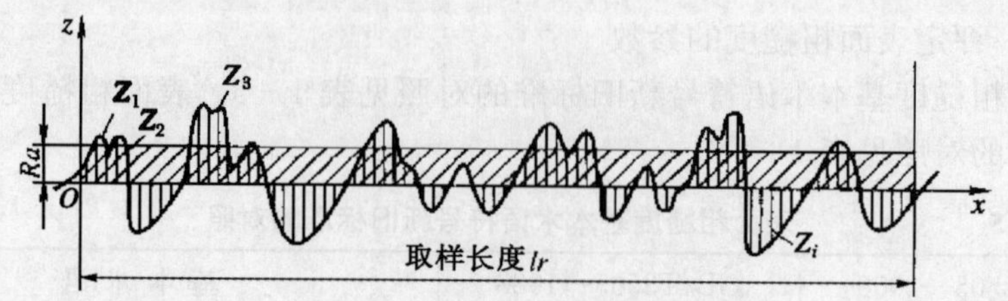

图 1-16　轮廓算术平均偏差 *Ra*

表 1-7　轮廓算术平均偏差 *Ra* 的系列值（GB/T 1031—1995）（单位：μm）

系列值	补充系列值	系列值	补充系列值	系列值	补充系列值
0.012	0.008，0.010	0.40	0.25，0.32	12.5	8.0，10.0
0.025	0.016，0.020	0.80	0.50，0.63	25	16.0，20
0.05	0.032，0.040	1.60	1.00，1.25	50	32，40
0.10	0.063，0.080	3.2	2.0，2.5	100	63，80
0.20	0.125，0.160	6.3	4.0，5.0	—	—

（2）轮廓最大高度 *Rz*：是指在取样长度内，最大的轮廓峰高 *Rp* 与最大的轮廓谷深 *Rv* 之和的高度，代号为 *Rz*，如图 1-17 所示。*Rz* 的表达式可表示为：

$$Rz=Rp+Rv$$

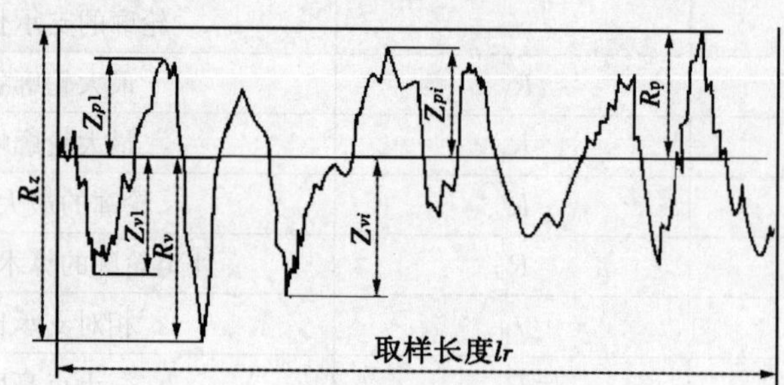

图 1-17　轮廓最大高度 *Rz*

Rz 的系列值见表 1-8。

表 1-8　轮廓最大高度 R_z 的系列值（GB/T 1031—1995）（单位：μm）

系列值	补充系列值	系列值	补充系列值	系列值	补充系列值
0.025	—，—	1.60	1.00，1.25	100	63，80
0.05	0.032，0.040	3.2	2.0，2.5	200	125，160
0.10	0.063，0.080	6.3	4.0，5.0	400	250，320
0.20	0.125，0.160	12.5	8.0，10.0	800	500，630
0.40	0.25，0.32	25	16.0，20	1600	1000，1250
0.80	0.50，0.63	50	32，40	—	—，—

2. 取样长度（*lr*）

取样长度是指用于判别被评定轮廓不规则特征的 *X* 轴上的长度，代号为 *lr*。为了在测量范围内较好反映表面粗糙度的实际情况，标准规定取样长度按表面粗糙程度选取相应的数值，在取样长度范围内，一般至少包含 5 个轮廓峰和轮廓谷。规定和选择取样长度目的是为限制和削弱其他几何形状误差，尤其是表面波度对测量结果的影响。

3. 评定长度（*ln*）

评定长度是指用于判别被评定轮廓的 *X* 轴上方向的长度，代号为 *ln*。它可以包含一个或几个取样长度。为了较充分和客观地反映被测表面的粗糙度，须连续取几个取样长度的平均值作为测量结果。国标规定，*ln*=5*lr* 为默认值。选取评定长度的目的是为了减小被测表面上表面粗糙度的不均匀性的影响。

取样长度与幅度参数之间有一定的联系，一般情况下，在测量 *Ra*、*Rz* 时推荐按表 1-9 选取对应的取样长度值。

表 1-9　取样长度（*lr*）和评定长度（*ln*）的数值

Ra	*Rz*	*lr*	*ln*（*ln*=5*lr*）
＞（0.006）～0.02	＞（0.025）～0.1	0.08	0.4
＞0.02～0.1	＞0.1～0.5	0.25	1.25
＞0.1～2	＞0.5～10	0.8	4
＞2～10	＞10～50	2.5	12.5
＞10～80	＞50～200	8	40

（二）表面粗糙度符号、代号及标注（GB/T 131—2006）

1. 表面粗糙度的图形符号

表面粗糙度的图形符号见表 1-10。

表 1-10　表面粗糙度的图形符号

符号类型		图形符号	意义
基本图形符号		√	仅用于简化代号标注，没有补充说明时不能单独使用
扩展图形符号	要求去除材料的图形符号		在基本图形符号上加一短横，表示指定表面是用去除材料的方法获得，如通过机械加工获得的表面
	不去除材料的图形符号		在基本图形符号上加一个圆圈，表示指定表面是用不去除材料方法获得

续表

符号类型		图形符号	意义
完整图形符号	允许任何工艺		当要求标注表面粗糙度特征的补充信息时，应在图形的长边上加一横线
	去除材料		
	不去除材料		
工件轮廓各表面的图形符号			当在图样某个视图上构成封闭轮廓的各表面有相同的表面粗糙度要求时，应在完整图形符号上加一圆圈，标注在图样中工件的封闭轮廓线上。如果标注会引起歧义时，各表面应分别标注

注：标准 GB/T131—2006 代替 GB/T131—1993《机械制图　表面粗糙度符号、代号及其注法》。

2. 表面粗糙度代号

在表面粗糙度符号的规定位置上，注出表面粗糙度数值及相关的规定项目后就形成了表面粗糙度代号。表面粗糙度数值及其相关的规定在符号中注写的规定如图 1-18。其标方法说明如下：

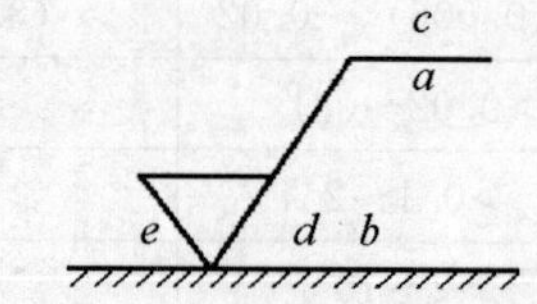

图 1-18　表面粗糙度标注方法

(1) 位置 a 注写表面粗糙度的单一要求：标注表面粗糙度参数代号、极限值和取样长度。为了避免误解，在参数代号和极限值间应插入空格。取样长度后应有一斜线“/”，之后是表面粗糙度参数符号，最后是数值，如：- 0.8/Rz6.3。

(2) 位置 a 和 b 注写两个或多个表面粗糙度要求：在位置 a 注写一个表面粗糙度要求，方法同 (1)。在位置 b 注写第二个表面粗糙度要求。如果要注写第三个或更多个表面粗糙度要求，图形符号应在垂直方向扩大，以空出足够的空间。扩大图形符号时，a 和 b 的位置随之上移。

(3) 位置 c 注写加工方法：注写加工方法、表面处理、涂层或其他加工工艺要求等。如车、磨、镀等加工表面。

(4) 位置 d 注写表面纹理和方向：注写所要求的表面纹理和纹理的方向，如“=”、“×”、“M”。

(5) 位置 e 注写加工余量：注写所要求的加工余量，以毫米为单位给出数值。

3. 表面粗糙度评定参数的标注

表面粗糙度评定参数必须注出参数代号和相应数值，数值的单位均为微米 (μm)，数值的判断规则有两种：

（1）16%规则：是所有表面粗糙度要求默认规则。

（2）最大规则：应用于表面粗糙度要求时，则参数代号中应加上“max”。

当图样上标注参数的最大值（max）或（和）最小值（min）时，表示参数中所有的实测值均不得超过规定值。当图样上采用参数的上限值（用U表示）（或、和）、下限值（用L表示）时（表中未标注max或min的），表示参数的实测值中允许少于总数的16%的实测值超过规定值。具体标注示例及意义见表1-11。

表1-11　表面粗糙度代号的标注示例及意义

符　号	含义/解释
Rz 0.4	表示不允许去除材料，单向上限值，粗糙度的最大高度0.4μm，评定长度为5个取样长度（默认），“16%规则”（默认）
*Rz*max0.2	表示去除材料，单向上限值，粗糙度最大高度的最大值0.2μm，评定长度为5个取样长度（默认），“最大规则”（默认）
-0.8/*Ra* 3 3.2	表示去除材料，单向上限值，取样长度0.8μm，算术平均偏差3.2μm，评定长度包含3个取样长度，“16%规则”（默认）
U*Ra*max 3.2 L*Ra* 0.8	表示不允许去除材料，双向极限值，上限值：算术平均偏差3.2μm，评定长度为5个取样长度（默认），“最大规则”；下限值：算术平均偏差0.8μm，评定长度为5个取样长度（默认），“16%规则”（默认）
车 *Rz* 3.2	零件的加工表面的粗糙度要求由指定的加工方法获得时，用文字标注在符号上边的横线上
Fe/Ep·Ni15pCr0.3r *Rz*0.8	在符号的横线上面可注写镀（涂）覆或其他表面处理要求。镀覆后达到的参数值这些要求也可在图样的技术要求中说明
铣 *Ra* 0.8 *Rz*13.2 ⊥	需要控制表面加工纹理方向时，可在完整符号的右下角加注加工纹理方向符号
车 *Rz* 3.2 3	在同一图样中，有多道加工工序的表面可标注加工余量时。加工余量标注在完整符号的左下方，单位为mm（左图为3mm加工余量）

注：评定长度的（*ln*）的标注。若所标注的参数代号没有“max”，表明采用的有关标准中默认的评定长度；若不存在默认的评定长度时，参数代号中应标注取样长度的个数，如*Ra*3，*Rz*3，*RSm*3…（要求评定长度为3个取样长度）。

（三）各级表面粗糙度的表面特征、经济加工方法及应用举例

各级表面粗糙度的表面特征、经济加工方法及应用举例见表 1－12。

表 1－12　各级表面粗糙度的表面特征、经济加工方法及应用举例

表面粗糙度级别	名称	表面外观情况	获得方法举例	应用举例
1.6	光面	可辨加工痕迹方向	金刚石车刀精车、精铰、拉刀加工、精磨、珩磨、研磨、抛光	要求保证定心及配合特性的表面，如轴承配合表面、锥孔等
0.8	光面	微辨加工痕迹方向	金刚石车刀精车、精铰、拉刀加工、精磨、珩磨、研磨、抛光	要求能长期保持规定的配合特性，如标准公差为 IT6、IT7 的轴和孔
0.4	光面	不可辨加工痕迹方向	金刚石车刀精车、精铰、拉刀加工、精磨、珩磨、研磨、抛光	主轴的定位锥孔，$d<$ 20mm 淬火的精确轴的配合表面
12.5	半光面	可见加工痕迹	精车、精刨、精铣、刮研和粗磨	支架、箱体和盖等的非配合面，一般螺纹支承面
6.3	半光面	微见加工痕迹	精车、精刨、精铣、刮研和粗磨	箱、盖、套筒要求紧贴的表面，键和键槽的工作表面
3.2	半光面	看不见加工痕迹	精车、精刨、精铣、刮研和粗磨	要求有不精确定心及配合特性的表面，如支架孔、衬套、带轮工作表面
0.2	最光面	暗光泽面	超精磨、研磨抛光、镜面磨	保证精确的定位锥面、高精度滑动轴承表面
0.1	最光面	亮光泽面	超精磨、研磨抛光、镜面磨	精密机床主轴颈、工作量规、测量表面、高精度轴承滚道
0.05	最光面	镜状光泽面	超精磨、研磨抛光、镜面磨	精密仪器和附件的摩擦面、用光学观察的精密刻度尺

续表

表面粗糙度		表面外观情况	获得方法举例	应用举例
级别	名称			
0.025		雾状镜面		坐标镗床的主轴颈、仪器的测量表面
0.012		镜面		量块的测量面、坐标镗床的镜面轴
100	粗面	明显可见刀痕	毛坯经过粗车、粗刨、粗铣等加工方法所获得的表面	一般的钻孔、倒角、没有要求的自由表面
50		可见刀痕		
25		微见刀痕		

第三节　冲压常用材料

一、钢铁材料的基本知识

(一) 钢铁材料的分类

1. 钢铁的分类

钢铁的分类见表 1－13。

表 1－13　　钢铁的分类

名称	定义	用途
生铁	含碳量＞2%，并含硅、锰、硫、磷等杂质的铁碳合金	通常分为炼钢用生铁和铸造用生铁两大类
工业纯铁	杂质总含量＜0.2%及含碳量在0.02%～0.04%的纯铁	重要的软磁材料，也是制造其他磁性合金的原材料
铸铁	用铸造生铁为原料，在重熔后直接浇注成铸件，是含碳量＞2%的铁碳合金	主要有灰铸铁、可锻铸铁、球墨铸铁、耐磨铸铁和耐热铸铁

续表

名称	定义	用途
铸钢	铸钢是指采用铸造方法产出来的一种钢铸件，其含碳量一般在0.15%～0.60%之间	一般分为铸造碳钢和铸造合金钢两大类
钢	以铁为主要元素，含碳量一般＜2%，并含有其他元素的材料	炼钢生铁经炼钢炉熔炼的钢，除少数是直接浇注成钢铸件外，绝大多数是先铸成钢锭、连铸坯，再经过锻压或轧制成锻件或各种钢材。通常所讲的钢，一般是指轧制成各种型材的钢

2. 钢的分类

钢的分类见表1-14。

表1-14　钢的分类

分类方法	分类名称	特征说明
按化学成分分	碳素钢	按含碳量不同，可分为： ① 低碳钢：含碳量≤0.25% ② 中碳钢：0.25%＜含碳量≤0.60% ③ 高碳钢：含碳量＞0.60%
	合金钢	在冶炼碳素钢的基础上，加入一些合金元素而炼成的钢。按其合金元素总含量，可分为： ① 低合金钢：合金元素总含量≤5% ② 中合金钢：5%＜合金元素总含量≤10% ③ 高合金钢：合金元素总含量＞10%
	按炉别分	①平炉钢：又分为酸性和碱性两种 ② 转炉钢：又分为酸性和碱性两种 ③ 电炉钢：有电弧炉钢、感应炉钢和真空感应炉钢
	按脱氧程度分：沸腾钢F、半镇静钢B、镇静钢Z、特殊镇静钢TZ（一般Z、TZ予以省略）	①沸腾钢：该钢脱氧不完全，浇铸时产生沸腾现象。优点是冶炼成本低，表面质量及深冲性能好；缺点是化学成分和质量不均匀，抗腐蚀性能和机械强度较差，且晶粒粗化，有较大的时效趋向性、冷脆性。在温度0℃以下焊接时，接头内可能出现脆性裂纹。一般不宜用于重要结构 ②镇静钢：完全获得脱氧的钢，化学成分均匀，晶粒细化，不存在非金属夹杂物，其冲击韧性比晶粒粗化的钢提高1～2倍。一般优质碳素钢和合金钢均是镇静钢 ③ 半镇静钢：脱氧程度介于上述两种钢之间。因生产较难控制，产量较少

续表

分类方法	分类名称	特征说明
按钢的品质分	普通钢	P含量≤0.045%，S含量≤0.055%；或P（S）含量≤0.05%
	优质钢	P（S）含量≤0.04%
	高级优质钢	P含量≤0.030%；S含量≤0.020%；通常在钢号后面加“A”
按结构钢的强度等级分	Q235	屈服强度 σ_s＝235 MPa，使用很普遍
	Q345	屈服强度 σ_s＝345 MPa，使用很普遍
	Q390	屈服强度 σ_s＝390MPa，综合性能好，如15MnVR，15MnTi
	Q400	屈服强度 σ_s≥400 MPa（如30SiTi）
	Q440	屈服强度 σ_s≥440 MPa（如15MnVNR）
按钢的用途分	结构钢	除专用钢外的工程结构钢，例如Q235、Q345等
	专用钢	锅炉用钢（牌号末位用g表示） 桥梁用钢（牌号末位用q表示），如16q、16Mnq等 船体用钢，一般强度钢分为A、B、C、D、E五个等级 压力容器用钢（牌号末位用R表示） 低温压力容器用钢（牌号末位用DR表示） 汽车大梁用钢（牌号末位用L表示） 焊条用钢（手工电弧焊条冠以“E”，埋弧焊焊条冠以“H”）
	工具钢	如碳素工具钢、合金工具钢、高速工具钢等
	特殊钢	如不锈耐酸钢、耐热不起皮钢、耐磨钢、磁钢等

3. 钢材的分类

钢材的分类见表1-15。

表1-15　钢材的分类

类别	说明
型钢	按断面形状分圆钢、扁钢、方钢、六角钢、八角钢、角钢、工字钢、槽钢、丁字钢、乙字钢等
钢板	①按厚度分厚钢板（厚度＞4 mm）和薄钢板（厚度≤4mm） ② 按用途分一般用钢板、锅炉用钢板、造船用钢板、汽车用厚钢板、一般用薄钢板、屋面薄钢板、酸洗薄钢板、镀锌薄钢板、镀锡薄钢板和其他专用钢板等
钢带	按交货状态分热轧钢带和冷轧钢带

续表

类别	说　明
钢管	① 按制造方法分无缝钢管（有热轧、冷拔两种）和焊接钢管 ② 按用途分一般用钢管、水煤气用钢管、锅炉用钢管、石油用钢管和其他专用钢管等 ③ 按表面状况分镀锌钢管和不镀锌钢管 ④ 按管端结构分带螺纹钢管和不带螺纹钢管
钢丝	① 按加工方法分冷拉钢丝和冷轧钢丝等 ②按用途分一般用钢丝、包扎用钢丝、架空通信用钢丝、焊接用钢丝、弹簧钢丝、琴钢丝和其他专用钢丝等 ③ 按表面情况分抛光钢丝、磨光钢丝、酸洗钢丝、光面钢丝、黑钢丝、镀锌钢丝和其他金属钢丝等
钢丝绳	① 按绳股数目分单股钢绳、六股钢绳和十八股钢绳等 ② 按内芯材料分有机物芯钢绳和金属芯钢绳等 ③ 按表面状况分不镀锌钢绳和镀锌钢绳

（二）钢铁材料的性能指标简介

钢铁材料的主要性能包括使用性能和工艺性能，这些指标是满足各种机械的使用和加工的依据。

钢铁材料的使用性能包括物理性能、化学性能、力学性能和工艺性能。工艺性能是指金属材料适应加工工艺要求的能力。

1. 物理性能

钢铁材料的物理性能是指不发生化学反应就能表现出来的一些本征性能，包括材料与热、电、磁等现象相关的性能。钢铁材料物理性能的有关名词术语见表1-16。

表1-16　　钢铁材料物理性能的有关名词术语

名称	符号	单位	含　义
密度	ρ	g/cm^3 kg/cm^3	密度就是指某种物质单位体积的质量
熔点	—	K或℃	金属材料由固态转变为液态时的熔化温度
比热容	C	J/（kg·K）	单位质量的某种物质，在温度升高1℃时所放出的热量
初始导磁率	μ_0	H/m	当磁场强度 H 趋于0时的导磁率

续表1

名称	符号	单位	含义
最大导磁率	μ_m	H/m	μ值随H而变化，其最大值称为最大导磁率，从原点作与B - H曲线相切的直线，其斜度即为最大导磁率
电导率	γ, σ	S/m	电阻系数的倒数叫导电系数，在数值上它等于导体维持单位电位梯度时，流过单位面积的电流
导磁率	μ	H/m	衡量磁性材料磁化难易程度，即导磁能力的性能指标等于磁性材料之磁感应强度（B）和磁场强度（H）的比值。磁性材料通常分为软磁材料（μ值甚高，可达数万）和硬磁材料（μ值在1左右）两大类
导热系数 热导率	λ或k	W/（m·K）	维持单位温度梯度（$\frac{\Delta L}{\Delta T}$）时，在单位时间（$t$）内流经物体单位横截面积（A）的确良热量（Q）称为该材料的导热系数$\lambda=\frac{1}{A}\cdot\frac{Q}{t}\cdot\frac{\Delta L}{\Delta T}$
线膨胀系数	α_1	$10^{-6}K^{-1}$	金属温度每升高1℃所增加的长度与原来长度的比值。随温度增高，热膨胀系数值相应增大，钢的线膨胀系数值一般在（10～20）×10^{-6}的范围内
电阻系数	ρ	$\Omega\cdot mm^2/m$	是表示物体导电性能的一个参数。它等于1m长、横截面积为$1mm^2$的导线两端间的电阻。也可以一个单位立方体的两平行端面间的电阻表示
电阻温度系数	α	1/℃	温度每升降1℃，材料电阻系数的改变量与原电阻系数之比
磁感应强度	B	T（特斯拉）	对于磁介质中的磁化过程，可以看作在原先的磁场强度（H）上再加上一个由磁化强度（J）所决定的，数量等于$4\pi J$的新磁场，因而在磁介质中的磁场$B=H+4\pi J$，叫作磁感应强度
磁场强度	H	A/m	导体中通过电流，其周围就产生了磁场。磁场对原磁矩或电流产生作用力的大小为磁场强度的表征
磁化强度	M或H_i	A/m	磁体内任一点，单位体积物质的磁矩

续表 2

名称	符号	单位	含义
铁损的各向异性	—	—	指沿轧制方向和垂直于轧制方向所测得的铁损值之差，用百分数表示
饱和磁化强度（磁极化强度）	J 或 B_i	T（特斯拉）	用足够大的磁场使所有磁畴的磁化强度都沿此磁场方向排列起来所观测到的磁化强度
饱和磁感应强度	B_s	T（特斯拉）	用足够大的磁场来磁化样品使样品达到饱和时，相应的磁感应强度
矫顽力	H_c	A/m	样品磁化到饱和后，由于有磁滞现象，欲要使 B 减为零，须施加一定的负磁场 H_c，H_c 就称为矫顽力
弹性模量温度系数	β_E	1℃	金属的弹性模量随温度的升降而改变。当温度每升（降）1℃时，弹性模量的增（减）量与原弹性模量之比，称为弹性模量温度系数
磁致伸缩系数	λ	—	磁性材料在磁化过程中，材料的形状在该方向的相对变化率 $\lambda=\dfrac{\Delta L}{L}$，称为该材料的磁致伸缩系数
饱和磁滞伸缩系数	λ_s	—	在自发磁化的方向，磁畴有一个磁致伸缩应变 λ_s，这个应变称为饱和磁滞伸缩系数
铁损	$P_{10}/400$	W/kg	铁磁材料在动态磁化条件下，由于磁滞和涡流效应所消耗的能量
比弯曲	K	1/℃	单位厚度的热双金属片，温度变化 1℃时的曲率变化称比弯曲。它是表示热双金属敏感性能好坏的标志之一
居里点	T_c	℃	铁磁性物质当温度升高到一定温度时，磁被破坏，变为顺磁体，这个转变温度称为居里点。在居里点时，铁磁物质的自发磁化强度降至为零。居里点是二级相变的转变点，在膨胀曲线上表现为变曲点
最大磁能积	$(B\cdot H)_{max}$	kJ/m³	它是衡量永磁材料的一个重要质量参数，以 $(B\cdot H)_{max}$ 表示。它是材料在外磁场的磁化下，磁感应强度 B 和磁场强度 H 乘积的最大值。有时也称为永磁材料的能量，能量密度是永磁材料性能的常用评价标准

续表 3

名称	符号	单位	含义
叠装系数	—	—	系指压紧无绝缘层钢带条，其实测质量与相同体积的材料计算质量比，以此评价有效的磁性体积
机械品质因数	Q	—	机械品质因数是内耗的倒数。固体由于内部发生的物理过程，把机械振动能变为热能的特性或过程，称为内耗（或内摩擦）
峰值导磁率	μ_p	—	试样在经受对称周期磁化条件下，测得磁通密度峰值 B_m 与测得磁场强度峰值 H_m 之比，即 $\mu_p = B_m/H_m$，称为峰值导磁率
方形系数（矩形比）	B_r/B_m	—	剩余磁感应强度 Br 与规定磁场强度所对应的 B_m（磁通密度峰值）比值
频率温度系数	β_f	—	金属和合金的固有振动频率，随温度的升降而改变。当温度每升降 1℃时，振动频率的增（减）量与原来固有振动频率之比，称为频率温度系数

2. 化学性能

金属材料的化学性能是指发生化学反应时才能表现出来的性能，包括抗氧化性、耐蚀性和化学稳定性等。金属材料化学性能的有关名词术语见表 1－17。

表 1－17　　金属材料化学性能的有关名词术语

名称	含义
化学性能	金属材料的化学性能，是指金属材料在室温或高温条件下，抵抗各种腐蚀性介质对它进行化学侵蚀的一种能力，主要包括耐腐蚀性和抗氧化性两个方面
化学腐蚀	是金属与周围介质直接起化学作用的结果。它包括气体腐蚀和金属在非电解质中的腐蚀两种形式。其特点是：腐蚀过程不产生电流，且腐蚀产物沉积在金属表面
电化学腐蚀	金属与酸、碱、盐等电解质溶液接触时发生作用而引起的腐蚀，称为电化学腐蚀。它的特点是腐蚀过程中有电流产生。其腐蚀产物（铁锈）不覆盖在作为阳极的金属表面上，而是在距离阳极金属的一定距离处
一般腐蚀	这种腐蚀是均匀地分布在整个金属内外表面上，使截面不断减小，最终使受力件破坏
晶间腐蚀	这种腐蚀在金属内部沿晶粒边缘进行，通常不引起金属外形的任何变化，往往使设备或机件突然破坏

续表

名 称	含 义
点腐蚀	这种腐蚀集中在金属表面不大的区域内，并迅速向深处发展，最后穿透金属，是一种危害较大的腐蚀破坏
应力腐蚀	是指在静应力（金属的内外应力）作用下，金属在腐蚀介质中所引起的破坏。这种腐蚀一般穿过晶粒，即所谓穿晶腐蚀
腐蚀疲劳	指在交变应力作用下，金属在腐蚀介质中所引起的破坏。它也是一种穿晶腐蚀
抗氧化性	金属材料在室温或高温下，抵抗氧化作用的能力。金属的氧化过程实际上是属于化学腐蚀的一种形式。它可直接用一定时间内，金属表面经腐蚀之后重量损失的大小，即用金属减重的速度表示

3. 力学性能

力学性能主要指金属在不同环境因素（温度、介质）下，承受外加载荷作用时所表现的行为，这种行为通常表现为变形和断裂。通常的力学性能包括强度、塑性、刚度、弹性、硬度、冲击韧性和疲劳性能等。常用力学性能见表1-18。

表1-18　　常用力学性能

名 称	符号	单位	含 义
抗拉强度	σ_b R_m R	N/mm^2 MPa	金属试样拉伸时，在拉断前所承受的最大负荷与试样原横截面积之比，称为抗拉强度 $\sigma_b = \frac{P_b}{F_o}$ 式中：P_b——试样拉断前的最大负荷 F_0——试样原横截面积
抗弯强度	σ_{bb} σ_w	N/mm^2 MPa	试样在位于两支承中间的集中负荷作用下，使其折断时，折断截面所承受的最大正应力 对圆试样：$\sigma_{bb} = \frac{8pl}{\pi d^3}$； 对矩形试样：$\sigma_{bb} = \frac{3pl}{2bh^2}$ 式中：P——试样所受最大集中载荷 L——两支承点间的跨距 d——圆试样截面外径 b——矩形截面试样宽度 h——矩形截面试样高度

续表 1

名 称	符号	单位	含 义
抗压强度	σ_{bc} R_D	N/mm^2 MPa	材料在压力作用下不发生碎、裂所能承受的最大正应力 $$\sigma_{bc}=\frac{P_{bc}}{F_o}$$ 式中：P_{bc}——试样所受最大集中载荷 F_0——试样原横截面积
屈服点	σ_s	N/mm^2 MPa	金属试样在拉伸过程中，负荷不再增加，而试样仍继续发生变形的现象称为屈服。发生屈服现象时的应力，称为屈服点或屈服极限
屈服强度	$\sigma_{0.2}$ $R_{0.2}$ $R_{p0.2}$	N/mm^2 MPa	对某些屈服现象不明显的金属材料，测定屈服点比较困难，常把产生 0.2%永久变形的应力定为屈服点，称为屈服强度或条件屈服极限
弹性极限	σ_e	N/mm^2 MPa	金属能保持弹性变形的最大应力
比例极限	σ_p	N/mm^2 MPa	在弹性变形阶段，金属材料所承受的和应变保持正比的最大应力，称为比例极限 $$\sigma_p=\frac{P_p}{F_o}$$ 式中：P_p——规定比例极限负荷 F_0——试样原横截面积
断面收缩率	ψ	%	金属试样拉断后，其缩颈处横截面积的最大缩减量与原横截面积的百分比
伸长率	δ δ_5 A_5	%	金属材料在拉伸时，试样拉断后，其标距部分所增加的长度与原标距长度的百分比。δ_5 是标距为 5 倍直径时的伸长率，δ_{10} 是标距为 10 倍直径时的伸长率
泊松比	μ	无单位	对于各向同性的材料，泊松比表示：试样在单位拉伸时，横向相对收缩量与轴向相对伸长量之比 $$\mu=\frac{E}{2G}-1$$ 式中：E——弹性模量 G——切变模量

续表 2

名　称	符号	单位	含　　义
冲击值（冲击韧性）、夏氏冲击值 U 型、夏氏冲击值 V 型、德国夏氏冲击值、英国艾氏冲击值	α_k KCU 或 KU KCV 或 KV DVM IZOd	J J/cm^2	金属材料对冲击负荷的抵抗能力称为韧性，通常用冲击值来度量。用一定尺寸和形状的试样，在规定类型的试验机上受一次冲击负荷折断时，试样刻槽处单位面积上所消耗的功 $\partial_k = \frac{A_k}{F}$ 式中：A_k——冲击试样所消耗的冲击功 F——试样缺口处的横截面积
抗剪强度	σ_τ	N/mm^2 MPa	试样剪断前，所承受的最大负荷下的受剪截面具有的平均剪应力 双剪：$\sigma_\tau = \frac{P}{2F_o}$ 单剪：$\sigma_\tau = \frac{P}{F_o}$ 式中：P——剪切时的最大负荷 F_0——受剪部位的原横截面积
持久强度	σ_t^T	N/mm^2 MPa	指金属材料在给定温度（T）下，经过规定时间发生断裂时，所承受的应力值
蠕变极限	$\sigma_{\delta t}^T$	N/mm^2 MPa	金属材料在给定温度（T）下和在规定的试验时间（t，h）内，使试样产生一定蠕变变形量（δ,%）的应力值
疲劳极限	σ_{-1}	N/mm^2 MPa	材料试样在对称弯曲应力作用下，经受一定的应力循环数 N 而仍不发生断裂时所能承受的最大应力。对钢来说，如应力循环数 N 达 10^6～10^7 次仍不发生疲劳断裂时，则可认为随循环次数的增加，将不再发生疲劳断裂，因此常采用 $N=（0.5～1）\times 10^7$ 为基数，确定钢的疲劳极限
应力松弛	—	—	由于蠕变，金属材料在总变形量不变的条件下，其所受的应力随时间的延长而逐渐降低的现象称为应力松弛
弹性模量	E	N/mm^2	金属在外力作用下产生变形，当外力取消后又恢复到原来的形状和大小的一种特性。在弹性范围内，金属拉伸试验时，外力和变形成比例增长，即应力和应变成正比例关系时，这个比例系数就称为弹性模量，也叫正弹性模数
剪切模量	G	N/mm^2	金属在弹性范围内，当进行扭转试验时，外力和变形成比例的增长，即应力与应变成正比例关系时，这个比例系数就称为剪切弹性模量

续表 3

名 称	符号	单 位	含 义
断裂韧性	K_{IC}	$MN/m^{3/2}$	是材料韧性的一个新参量。通常定义为材料抗裂纹扩展的能力。例如，K_{IC}表示材料平面应变断裂韧性值，其意为当裂纹尖端处应力强度因子在静加载方式下等于K_{IC}时，即发生断裂。相应地，还有动态断裂韧性K_{Id}等
硬度	—	—	硬度是指材料抵抗外物压入其表面的能力。硬度不是一个单纯的物理量，而是反映弹性、强度、塑性等的一个综合性指标
布氏硬度	HB	（一般不标注）	用淬硬的钢球压入试样表面，并在规定载荷作用下保持一定时间，以其压痕面积除以载荷所得的商表示材料的布氏硬度，它只适用于测量硬度小于 HB450 的退火、正火、调质状态下的钢、铸铁及有色金属的硬度 $$HB=\frac{2p}{\pi D(d-\sqrt{D^2-d^2})}$$ 式中：P——所加的规定负荷 D——钢球直径 d——压痕直径
洛氏硬度	HRA HRB HRC	—	利用金刚石圆锥或淬硬钢球，在一定压力下压入试件表面，然后根据压痕深度表示材料的硬度。分 HRA、HRB、HRC 三种： HRC 系用圆锥角为 120°的金刚石压头加 1470N（150kg）的载荷进行试验所得到的硬度值 HRB 系用压头直径为 1.59mm 的淬硬钢球加 980N（100kg）的载荷进行试验所得到的硬度值 HRA 系用顶角为 120°的金刚石圆锥加 588N（60kg）的载荷进行试验得到的硬度值 HRA 适用于测量表面淬火层、渗透层或硬质合金的材料 HRB 适用于测量有色金属、退火和正火钢等软的金属 HRC 适用于测量调质钢、淬火钢等较硬的金属 $$HR=\frac{k-(h_1-h)}{c}$$ 式中：K——常数（钢球：0.25；钢圆锥体：0.2） h——预加载荷 98N（10kg）时压头压入深度 h_1——试验后试样上留下的最后深度 C——硬度机刻度盘上每一小格所代表的压痕深度（洛氏硬度为 0.002，表面洛式硬度为 0.001）

续表 4

名　称	符号	单 位	含　　义
表面洛氏硬度	HRN HRT	—	试验原理同 HR 洛氏硬度，不同的是试验载荷较轻。HRN 的压头是顶角为 120°的金刚石圆锥体，载荷分为 15kg、30kg、45kg，标注为：HRN15，HRN30，HRN45。HRN 的压头是直径为 1.5875mm 的淬硬钢球，载荷分别为 15kg、30kg、45kg。标注为：HRT15，HRT30，HRT45。表面洛氏硬度只适用于钢材表面渗碳、渗氮等处理的表面层硬度，以及较薄、较小试件的硬度的测定
维氏硬度	HV	—	用夹角 α 为 136°的金刚石四棱锥压头，压入试件，以单位压痕面积上所受载荷表示材料硬度。 $HV=\frac{2p}{d^2}\sin\frac{\alpha}{2}=1.8544\frac{p}{d^2}$ 式中：P——载荷 d——压痕对角线的长度 维氏硬度的压痕线，广泛用来测定金属薄镀层或化学处理后的表面硬度，以及小型、薄型工件的硬度
显微硬度	HM	—	其原理与维氏硬度一样，只是用小的负荷［小于 9.8N（1kg）的力］，仪器上装有金相显微镜。用于测量金属和合金的显微组织和极薄表面层的硬度值
肖氏硬度	HS	—	利用压头（撞针）在一定高度落于被测试样的表面，以其撞针回跳的高度表示材料的硬度，适用于不易搬动的大型机件，如大的钢结构、轧辊等

4. 工艺性能

钢铁材料的工艺性能是指钢铁材料适应加工工艺要求的能力。在设计机械零件和选择其加工方法时，都要考虑金属材料的工艺性能。按成形工艺方法不同，一般工艺性能有：铸造性、锻造性、焊接性、切削加工性。另外，常把与材料最终性能相关的热处理工艺性也作为工艺性能的一部分。

（1）铸造性：钢铁材料的铸造性是指金属熔化成液态后，再铸造成型时所具有的一种特性。通常衡量金属材料铸造性的指标有：流动性、收缩率和偏析倾向，见表 1－19。

表 1-19　衡量金属材料铸造性能的主要指标名称、含义和表示方法

指标名称	计算单位	含义解释	表示方法	有关说明
流动性	cm	液态金属充满铸型的能力，称为流动性	流动性通常用浇注法来确定，其大小以螺旋长度来表示。方法是用砂土制成一个螺旋形浇道的试样，它的截面为梯形或半圆形，根据液态金属在浇道中所填充的螺旋长度，就可以确定其流动性	液态金属流动性的大小，主要与浇注温度和化学成分有关 流动性不好，铸型就不容易被金属充满，造成铸件形状不全而变成废品。在浇注复杂的薄壁铸件时，流动性的好坏，尤其显得重要
收缩率 线收缩率 体积缩率	%	铸件从浇注温度冷却至常温的过程中，铸件体积的缩小，叫体积收缩。铸件线体积的缩小，叫线收缩	线收缩率是以浇注和冷却前后长度尺寸差所得尺寸的百分比（%）来表示。体积收缩率是以浇注时的体积和冷却后所得的体积之差与所得体积的百分比（%）来表示	收缩是金属铸造时的有害性能，一般希望收缩率愈小愈好 体积收缩影响着铸件形成缩孔、缩松倾向的大小 线收缩影响着铸件内应力的大小、产生裂纹的倾向和铸件的最后尺寸
偏析		铸件内部呈现化学成分和组织上不均匀的现象，叫做偏析		偏析的结果，导致铸件各处力学性能不一致，从而降低铸件的质量 偏析小，各部位成分较均匀，就可使铸件质量提高 一般说来，合金钢偏析倾向较大；高碳钢偏析倾向比低碳钢大，因此这类钢需铸后热处理（扩散退火）来消除偏析

（2）锻造性：锻造性是指金属材料在锻造过程中承受塑性变形的性能。如果金属材料的塑性好，易于锻造成形而不发生破裂，就认为锻造性好。铜、铝的合金在冷态下就具有很好的锻造性；碳钢在加热状态下，锻造性也很好；而青铜的可锻性就差些。至于脆性材料的锻造性就更差，如铸铁几乎就不能锻造。为了保证热压加工能获得好的成品质量，必须制订科学的加热规范和冷却规范，见表 1-20。

表 1-20　　锻件加热和冷却规范的内容、含义和使用说明

名称		计算单位	含义解释	使用说明
加热规范	始锻温度	℃	始锻温度就是开始锻造时的加热最高温度	加热时要防止过热和过烧
	终锻温度	℃	终锻温度是指热锻结束时的温度	终锻温度过低，锻件易于破裂；终锻温度过高，会出现粗大晶粒组织，所以终锻温度应选择某一最合适的温度
冷却规范	(1) 在空气中冷却 (2) 堆在空气中冷却 (3) 在密闭的箱子中冷却 (4) 在密封的箱子中，埋在砂子或炉渣里冷却 (5) 在炉中冷却	—	—	锻件过分迅速冷却的结果，会产生热应力所引起的裂纹。钢的热导率愈小，工件的尺寸愈大，冷却必须愈慢。因此在确定冷却规范时，应根据材料的成分、热导率以及其他具体情况来决定

(3) 切削加工性：金属材料的加工性是指金属在切削加工时的难易程度。加工性如何是与多种因素有关的。诸如：材料的组织成分、硬度、强度、塑性、韧性、导热性、金属加工硬化程度及热处理等。具有良好切削性能的金属材料，必须具有适宜的硬度（一般希望硬度控制在 170～230HBS）和足够的脆性。在切削过程中，由于刀具易于切入，切屑易碎断，就可减少刀具的磨损，降低刃部受热的温度，使切削速度提高，从而降低工件加工表面的粗糙度。

一般说来，有色金属材料比黑色金属材料的加工性好，铸铁比钢的加工性好，中碳钢比低碳钢的可加工性要好。热轧低碳钢加工表面精度差，切削加工中易出现“粘刀”现象，这是由于它的硬度、强度低而塑性、韧性高的缘故。难切削金属材料，如不锈钢和耐热钢是由于它们的强度、硬度（特别是高温强度、硬度）和塑性、韧性都偏高，所以难于加工。

金属材料的加工性很难用一个指标来评定可切削性能的好坏，通常用“切削率”或“切削加工系数”来相对地表示，亦即“相对切削加工性”。这种表示方法，对于加工部门来说是比较实用的，因而使用较为广泛。

所谓“切削率”或“切削加工系数”，是指选用某一钢种作为标准材料（一般选用易切结构钢——Y12，也有采用其他钢种的），取其在切削加工精度、粗糙度相同和刀具寿命一致的情况下，用被试材料与标准材料的最大切削速度之比值来表示。比值以百分数表示的，称为“切削率”（标准材料的切削率规定为100％）；比值以整数或小数表示的，称为“切削加工系数（标准材料的切削加

工系数规定为1)。凡切削率高或切削加工系数大的，这种材料的加工性就较好；反之，就不好。

各种金属材料的可加工性，按其相对切削加工性的大小，可以分为8级，见表1-21。

表1-21　　金属材料的加工性级别及其代表性材料举例

加工性级别	各种材料的加工性质		以Y12为标准材料的切削率（%）	代表性的工件材料举例
Ⅰ	很容易加工的材料	一般有色金属材料	500～2000	镁合金
			＞100～250	铸造铝合金、锻铝及防锈铝 铅黄铜、铅青铜及含铅的锡青铜（如：QSn4-4-4、ZQSn6-6-3等）
Ⅱ	易加工的材料	铸　铁	80～120	灰铸铁、可锻铸铁、球墨铸铁
Ⅲ		易切削钢	100	易切结构钢Y12（179～229HBS）
			70～90	易切结构钢Y15、Y20、Y30、Y40Mn 易切不锈钢1Cr14Se、1Cr17Se
		较易切削钢	65～70	正火或热轧的30及35中碳钢（170～217HBS） 冷作硬化的20、25、15Mn、20Mn、25Mn、30Mn 正火或调质的20Cr（170～212HBS） 易切不锈钢1Cr14S
Ⅴ	普通材料	一般钢铁材料	＞50～＜65	正火或热轧的40、45、50及55中碳钢（179～229HBS） 冷作硬化的低碳钢08、10及15钢 退火的40Cr、45Cr（174～229HBS） 退火的35CrMo（187～229HBS） 退火的碳素工具钢 铁素体不锈钢及铁素体耐热钢
Ⅵ		稍难切削材料	＞45～50	热轧高碳钢(65、70、75、80及85钢) 热轧低碳钢（20、25钢） 马氏体不锈钢（1Cr13、2Cr13、3Cr13、3Cr13Mo、1Cr17Ni2）

续表

加工性级别	各种材料的加工性质		以 Y12 为标准材料的切削率（%）	代表性的工件材料举例
Ⅶ	难加工材料	较难切削材料	＞40～45	调质的 60Mn（ab=700～1000MPa） 马氏体不锈钢（4Cr13、9Cr18） 铝青铜、铬青铜、锆青铜及锰青铜 热轧低碳钢（08、10 及 15 钢）
Ⅷ		难切削材料	30～40	奥氏体不锈钢和耐热钢 正火的硅锰弹簧钢 99.5%纯铜，德银 钨系及钼系高速钢 超高强度钢
Ⅸ		很难切削材料	＜30	高温合金，钛合金 耐低温的高合金钢

注：本表所列各类材料的切削率，由于资料来源不一，仅供参考。

（4）热处理工艺性能：热处理是指金属或合金在固态范围内，通过一定的加热、保温和冷却方法，以改变金属或合金的内部组织，而得到所需性能的一种工艺操作。

衡量金属材料热处理工艺性能的指标有：淬硬性、淬透性、淬火变形及开裂趋势、表面氧化及脱碳趋势、过热及过烧敏感趋势、回火稳定性、回火脆性等，见表 1-22。

表 1-22　衡量金属材料热处理工艺性能的主要指标名称、含义和评定方法

名称	含　义	评　定　方　法	说　明
淬硬性	淬硬性是指钢在正常淬火条件下，以超过临界冷却速度所形成的马氏体组织能够达到的最高硬度	以淬火加热时固溶钢的高温奥氏体中的含碳量及淬火后所得到的马氏体组织的数量来具体确定 一般用 HRC 硬度值来表示	淬硬性主要与钢中的含碳量有关。固溶在奥氏体中的含碳量愈多，淬火后的硬度值也愈高 在实际操作中，由于工件尺寸、冷却介质的冷却速度以及加热时所形成的奥氏体晶粒度的不同而影响淬硬性

续表1

名称	含　义	评 定 方 法	说　明
淬透性	淬透性是指钢在淬火时能够得到的淬硬层深度。它是衡量各个不同钢种接受淬火能力的重要指标之一 淬硬层深度，也叫淬透层深度，是指由钢的表面量到钢的半马氏体区（组织中马氏体占50%，其余50%为珠光体类型组织）组织处的深度（也有个别钢种如工具钢、轴承钢需要量到90%或95%的马氏体区组织处）。钢的淬硬层深度越大，就表明这种钢的淬透性越好	（1）测定钢的淬透性方法很多，在我国通常采用以下三种方法： ① 结构钢末端淬透性试验法 ② 碳素工具钢淬透性试验法 ③ 计算法 （2）淬透性的表示方法主要有： ①用淬透性值 $J=\frac{HRC}{d}$ 来表示 HRC：指钢中半马氏体区域的硬度值 d：指淬透性曲线中半马氏体硬度值区距水冷端处的距离（mm） ②用淬硬层深度 h 来表示 h：指钢件表面至半马氏体区组织的距离（mm） ③用临界（淬透）直径 D_I 或 D_c 来表示 D_I：指冷却强度 $H=\infty$ 时，中心获得半马氏体组织的直径（mm），通常称为理想临界直径 D_c：指冷却强度 $H<\infty$ 时，即在水、油或其他冷却介质中冷却时，中心获得半马氏体组织的直径（mm），通常称为实际临界直径	淬透性主要与钢的临界冷却速度有关：临界冷却速度愈低，淬透性一般也愈高。值得注意的是：淬透性好的钢，淬硬性不一定高；而淬透性低的钢也可能具有高的淬硬性 钢的淬透性指标在实际生产中具有十分重要的意义，一方面可以供机械设计人员作考核钢件经热处理后的综合力学性能，能否满足使用性能的要求；另一方面供热处理工艺人员在淬火过程中，为保证不形成裂纹及减少变形等方面，提供理论根据
淬火变形或开裂趋势	钢件的内应力（包括机械加工应力和热处理应力）达到或超过钢的屈服强度时，钢件将发生变形（包括尺寸和形状的改变）；而钢件的内应力达到或超过钢的破断抗力时，钢件将发生裂纹或导致钢件破断	热处理变形程度，常常采用特制的环形试样或圆柱形试样来测量或比较 钢件的裂纹分布及深度，一般采用特制的仪器（如磁粉探伤仪或超声波探伤仪）来测量或判断	淬火变形是热处理的必然趋势，而开裂则往往是可能趋势。如果钢材原始成分及组织质量良好、工件形状设计合理、热处理工艺得当，则可减少变形及避免开裂

续表 2

名称	含 义	评 定 方 法	说 明
氧化及脱碳趋势	钢件在炉中加热时，炉内的氧、二氧化碳或水蒸气与钢件表面发生化学反应而生成氧化铁皮的现象，叫氧化；同样，在这些炉气的作用下，钢件表面的含碳量比内层降低的现象，叫脱碳。在热处理过程中，氧化与脱碳往往都是同时发生的	钢件表面氧化层的评定，尚无具体规定；而脱碳层的深度一般都采用金相法，按 GB/T 224—1987 规定执行	钢件氧化使钢材表面粗糙不平，增加热处理后的清理工作量，而且又影响淬火时冷却速度的均匀性；钢件脱碳不仅降低淬火硬度，而且容易产生淬火裂纹。所以，进行热处理时应对钢件采取保护措施，以防止氧化及脱碳
过热及过烧敏感趋势	钢件在高温加热时，引起奥氏体晶粒粗大的现象，叫过热；同样，在更高的温度下加热，不仅使奥氏体晶粒粗大，而且晶粒间界因氧化而出现氧化物或局部熔化的现象，叫过烧	钢件的过烧无需评定 过热趋势则用奥氏体晶粒度的大小来评定，粗于 1 号以上晶粒度的钢属于过热钢	过热与过烧都是钢在超过正常加热温度情况下形成的缺陷，钢件热处理时的过热不仅增加淬火裂纹的可能性，而且又会显著降低钢的力学性能。所以对过热的钢，必需通过适当的热处理加以挽救；但过烧的钢件无法再挽救，只能报废
回火稳定性	淬火钢进行回火时，合金钢与碳钢相比，随着回火温度的升高，硬度值下降缓慢，这种现象称为回火稳定性	回火稳定性可用不同回火温度的硬度值，即回火曲线来加以比较、评定	合金钢与碳钢相比，其含碳量相近时，淬火后如果要得到相同的硬度值，则其回火温度要比碳钢高，也就是它的回火稳定性比碳钢好。所以合金钢的各种力学性能全面地优于碳钢
回火脆性	淬火钢在某一温度区域回火时，其冲击韧性会比其在较低温度回火时反而下降的现象，叫回火脆性 在 250℃～400℃ 回火时出现的回火脆性叫第 1 类回火脆性；它出现在所有钢种中，而且在重复回火时不再出现，又称之为不可逆回火脆性	回火脆性一般采用淬火钢回火，快冷与缓冷以后进行常温冲击试验的冲击值之比来表示。即 $\Delta=\frac{ak(\text{回火快冷})}{ak(\text{回火缓冷})}$ 当 $\Delta>1$，则该钢具有回火脆性；其值愈大，则该钢回火脆性倾向愈大	钢的第 1 类回火脆性无法抑制，在热处理过程中，应尽量避免在这一温度范围内回火 第 2 类回火脆性可通过合金化或采用适当的热处理规范来加以防止

续表 3

名称	含　义	评 定 方 法	说　明
时效趋势	纯铁或低碳钢件经淬火后，在室温或低温下放置一段时间后，使钢件的硬度及强度增高，而塑性、韧性降低的现象，称为时效	时效趋势一般用力学性能或硬度在室温或低温下随着时间的延长而变化的曲线来表示	钢件的时效趋势往往给工程上带来很大危害，如：精密零件不能保持精度，软磁材料失去磁性，某些薄板在长期库存中发生裂纹等。所以，对此必须引起足够的重视，并采取有效的预防措施

（5）金属材料的工艺性能试验，见表 1－23。

表 1－23　　金属材料的工艺性能试验

名　称	说　明
顶锻试验	需经受打铆、镦头等顶锻作业的金属材料须作常温的冷顶锻试验或热顶锻试验，判定顶锻性能。试验时，将试样锻短至规定长度，如原长度的 1/3 或 1/2 等，然后检查试样是否有裂纹等缺陷
冷弯试验	检验金属材料冷弯性能的一种方法，即将材料试样围绕具有一定直径的弯心弯到一定的角度或不带弯心弯到两面接触（即弯曲 180°，弯心直径 d 为 0）后，检查弯曲处附近的塑性变形情况，看是否有裂纹等缺陷存在，以判定材料是否合格。弯心直径 d 可等于试样厚度口的一半、相等、2 倍、3 倍等。弯曲角度可为 90°、120°、180°
杯突试验	检验金属材料冲压性能的一种方法。其过程是，用规定的钢球或球形冲头顶压在压模内的试样，直至试样产生第一个裂纹为止。压入深度即为杯突深度，其深度小于规定值者为合格
型材展平弯曲试验	检验金属型材在室温或热状态下承受展平弯曲变形的性能，并显示其缺陷。其过程是：用手锤或锻锤将型材的角部锤击展平成为平面，随后以试样棱角的一面为弯曲内面进行弯曲。弯曲角度和热状态试验温度，在有关标准中有规定
锻平试验	检验金属条材、带材、板材及铆钉等在室温或热状态下承受规定程度的锻平变形性能，并显示其缺陷。锻平作业可在压力机、机械锤或锻锤上进行；亦可使用手锤或大锤。对带材和板材试样，应使其宽度增至有关标准的规定值为止，长度应等于该值的 2 倍。对条材和铆钉，应将试样锻平到头部直径为腿径的 1.5～1.6 倍、高度为腿径的 0.4～0.5 倍时为止

续表

名　称	说　明
缠绕试验	该试验用以检验线材或丝材承受缠绕变形性能，以显示其表面缺陷或镀层的结合牢固性。试验时，将试样沿螺纹方向以紧密螺旋圈缠绕在直径为 D 的芯杆上。D 的尺寸在有关技术条件中规定。缠绕圈数为 5～10 圈
扭转试验	该试验用于检验直径（或特征尺寸）小于、等于 10mm 的金属线材扭转时承受塑性变形的性能，并显示金属的不均匀性、表面缺陷及部分内部缺陷。其方法是，以试样自身为轴线，沿单向或交变方向均匀扭转，直至试样裂断或达到规定的扭转次数
反复弯曲试验	该试验是检验金属（及覆盖层）的耐反复弯曲性能、并显示其缺陷的一种方法。它适用于截面积小于、等于 $120mm^2$ 的线材、条材和厚度小于、等于 5mm 的带材及板材。其方法是，将试样垂直夹紧于仪器夹中，在与仪器夹口相互接触线成垂直的平面上沿左右方向作 90°反复弯曲，其速度不超过 60 次/min。弯曲次数由有关标准规定
打结拉力试验	该试验用于检验直径较小的钢丝和钢丝绳拆股后的单根钢丝，以代替反复弯曲试验。试验时，将试样打一死结，置于拉力试验机上连续均匀地施加载荷，直至拉断。以试验机上载荷指示器显示的最大载荷（单位为牛顿）除试样原横截面面积所得商为结果。单位为 MPa 或 N/mm^2
压扁试验	该试验用以检验金属管压扁到规定尺寸的变形性能，并显示其缺陷。试验时，将试样放在两个平行板之间，用压力机或其他方法，均匀地压至有关的技术条件规定的压扁距，用管子外壁压扁距或内壁压扁距，以毫米表示。试验焊接管时，焊缝位置应按有关技术标准规定，如无规定时，则焊缝应位于同施力方向成 90°角的位置。试验均在常温下进行，但冬季不应低于－10℃。试验后检查试样弯曲变形处，如无裂缝、裂口或焊缝开裂，即认为试验合格
扩口试验	该试验用以检验金属管端扩口工艺的变形性能。将具有一定锥度（如 1∶10、1∶15 等）的顶芯压入管试样一端，使其均匀地扩张到有关技术条件规定的扩口率（%），然后检查扩口处是否有裂纹等缺陷，以判定合格与否
卷边试验	该试验用以检验金属管卷边工艺的变形性能。试验时，将管壁向外翻卷到规定角度（一般为 90°），以显示其缺陷。试验后检查变形处有无裂纹等缺陷，以判定是否合格
金属管液压试验	液压试验用以检验金属管的质量和耐液压强度，并显示其有无漏水（或其他流体）、浸湿或永久变形（膨胀）等缺陷的钢管和铸铁管的液压试验，大都用水作压力介质，所以又称水压试验。该试验虽不是为了进一步加工工艺而进行的试验，但目前标准中习惯上还称它为工艺试验

二、有色金属材料的基本知识

（一）有色金属材料的分类

有色金属材料的分类方法见表 1－24。

表 1－24　有色金属材料的分类方法

分类方法	分类名称	说　明
按密度、储量和分布情况分	有色轻金属	指密度＜4.5 g/cm³的有色金属，有铝、镁、钙等
	有色重金属	指密度＞4.5 g/cm³的有色金属，有铜、镍、铅、锌、锡等
	贵金属	指矿源少、开采和提取比较困难、价格比一般金属贵的金属，如金、银和铂族元素及其合金
	稀有金属	指在自然界中含量很少、分布稀散或难以提取的金属，如钛、钨、钼、铌等
按化学成分分	铜及铜合金	包括纯铜（紫铜）、铜锌合金（黄铜）、铜锡合金（锡青铜等）、无锡青铜（铝青铜）、铜镍合金（白铜）
	轻金属及轻合金	包括铝及铝合金、镁及镁合金、钛及钛合金
	其他有色金属及其合金	包括铅及其合金、锡及其合金、锌镉及其合金、镍钴及其合金、贵金属及其合金、稀有金属及其合金等
按生产方法及用途分	有色冶炼合金产品	包括纯金属或合金产品，纯金属可分为工业纯度和高纯度
	铸造有色合金	指直接以铸造方式生产的各种形状有色金属材料及机械零件
	有色加工产品	指以压力加工方法生产的各种管、线、棒、型、板、箔、条、带等
	硬质合金材料	指以难熔硬质合金化合物为基体，以铁、钴、镍作黏接剂，采用粉末冶金法制作而成的一种硬质工具材料
	中间合金	指在熔炼过程中为使合金元素能准确而均匀地加入到合金中去，而配制的一种过渡性合金
	轴承合金	指制作滑动轴承轴瓦的有色金属材料
	印刷合金	指印刷工业专用铅字合金，均属于铅、锑、锡系合金

（二）工业上常见的有色金属

工业上常见的有色金属见表 1－25。

表 1－25　　　　工业上常见的有色金属

纯金属	铜（纯铜）、镍、铝、镁、钛、锌、铅、锡等			
合金	铜合金	黄铜	压力加工用、铸造用	普通黄铜（铜锌合金）
				特殊黄铜（含有其他合金元素的黄铜）：铝黄铜、铅黄铜、锡黄铜、硅黄铜、锰黄铜、铁黄铜、镍黄铜等
		青铜		锡青铜（铜锡合金，一般还含有磷或锌、铅等合金元素）
				特殊青铜（铜与除锌、锡、镍以外的其他合金元素的合金）：铝青铜、硅青铜、锰青铜、铍青铜、锆青铜、铬青铜、镉青铜、镁青铜等
		白铜	压力加工用	普通白铜（铜镍合金）
				特殊白铜（含有其他合金元素的白铜）：锰白铜、铁白铜、锌铜、铝白铜等
	铝合金	压力加工用（变形用）		不可热处理强化的铝合金：防锈铝
				可热处理强化的铝合金：硬铝、锻铝、超硬铝等
		铸造用		铝硅合金、铝铜合金、铝镁合金、铝锌合金等
	镍合金	压力加工用：镍硅合金、镍锰合金、镍铬合金、镍铜合金、镍钨合金等		
	锌合金	压力加工用：锌铜合金、锌铝合金　铸造用：锌铝合金		
	铅合金	压力加工用：铅锑合金等		
	镁合金	压力加工用：镁铝合金、镁锰合金、镁锌合金等 铸　造 用：镁铝合金、镁锌合金、镁稀土合金等		
	钛合金	压力加工用：钛与铝、钼等合金元素的合金 铸　造　用：钛与铝、钼等合金元素的合金		
	轴承合金	铅基轴承合金、锡基轴承合金、铜基轴承合金、铝基轴承合金		
	印刷合金	铅基印刷合金		

三、冲压常用材料的力学性能

1．钢铁材料的力学性能，见表 1－26、表 1－27。

表 1-26　　钢铁的力学性能

材料名称	材料牌号	材料状态	极限强度 抗剪 τ (MPa)	极限强度 抗拉 σ_b (MPa)	伸长率 δ (%)	屈服强度 σ_s (MPa)	弹性模量 E (MPa)
电工用工业纯铁 C<0.025	DT1 DT2 DT3	已退火的	180		230	26	
电工硅钢	DR530-50	已退火的	190		230	26	
	DR510-50						
	DR450-50						
	DR315-50						
	DR290-50						
	DR280-35						
	DR255-35						
普通碳素钢	Q195	未经退火的	260～320	320～400	28～33	—	—
	Q215-A		270～340	340～420	26～31	220	
	Q235-A		310～380	440～470	21～25	240	
	Q255-A		340～420	490～520	19～23	260	
	Q275		400～500	580～620	15～19	280	
碳素结构钢	05	已退火的	200	230	28	—	—
	05F		210～300	260～380	22	—	—
	08F		220～310	280～390	32	180	—
	08		260～360	330～450	32	200	190000
	10F		220～340	280～420	30	190	—
	10		260～340	300～440	29	210	98000
	15F		250～370	320～460	28	—	—
	15		270～380	340～480	26	230	202000
	20F		280～890	340～480	26	230	200000
	20		280～400	360～510	25	250	210000
	25		320～440	400～550	24	280	202000

续表

材料名称	材料牌号	材料状态	极限强度		伸长率δ (%)	屈服强度 σ_s (MPa)	弹性模量 E (MPa)
			抗剪 τ (MPa)	抗拉 σ_b (MPa)			
碳素结构钢	30	已退火的	360～480	450～600	22	300	201000
	35		400～520	500～650	20	320	201000
	40		420～540	520～670	18	340	213500
	45		440～560	550～700	16	360	204000
	50		440～580	550～730	14	380	220000
	55	已正火的	550	≥670	14	390	—
	60		550	≥700	13	410	208000
	65		600	≥730	12	420	—
	70		600	≥760	11	430	210000
优质碳素钢	10Mn2	已退火的	320～460	400～580	22	230	211000
	65Mn		600	750	12	400	211000
碳素工具钢	T7～T12 T7A～T12A	已退火的	600	750	10	—	—
	T8A	冷作硬化的	600～950	750～1200	—	—	—
合金结构钢	25CrMnSiA 25CrMnSi	已低温退火的	400～560	500～700	18	950	—
	30CrMnSiA 30CrMnSi		440～600	550～750	16	1450 850	—
不锈钢	1Cr13	已退火的	320～380	400～470	21	420	210000
	2Cr13		320～400	400～500	20	450	210000
	3Cr13		400～480	500～600	18	480	210000
	4Cr13		400～480	500～600	15	500	210000
	1Cr18Ni9 2Cr18Ni9	经热处理的	460～520	580～640	35	200	200000
		冷辗压的冷作硬化的	800～880	100～110	38	220	200000
	$1Cr18Ni9T_1$	热处理退软的	430～550	54～700	40	200	200000
优质弹簧钢	60Si2Mn 60Si2MnA 65Si2WA	已低温退火的	720	900	10	1200	200000
		冷作硬化的	640～960	800～1200	10	1400 1600	—

表 1-27　　钢在加热状态的抗剪强度　　(MPa)

钢的牌号 \ 加热温度（℃）	200	500	600	700	800	900
Q195，Q215 - A，10，15	360	320	200	110	60	30
Q235 - A，Q255 - A，20，25	450	450	240	130	90	60
Q275，30，35	530	520	330	160	90	70
40，50	600	580	380	190	90	70

注：材料的抗剪强度 τ 的数值，应取在冲压温度时的数值，冲压温度通常比加热温度低 150～200℃。

2. 有色金属的力学性能

有色金属的力学性能，见表 1-28。

表 1-28　　有色金属的力学性能

<table>
<tr><th rowspan="2">材料名称</th><th rowspan="2">牌　号</th><th rowspan="2">材料状态</th><th colspan="2">极限强度</th><th rowspan="2">伸长率 δ (%)</th><th rowspan="2">屈服强度 σ_s (MPa)</th><th rowspan="2">弹性模量 E (MPa)</th></tr>
<tr><th>抗剪 τ (MPa)</th><th>抗拉 σ_b (MPa)</th></tr>
<tr><td rowspan="2">铝</td><td>L2、L3</td><td>已退火的</td><td>80</td><td>75～110</td><td>25</td><td>50～80</td><td rowspan="2">72000</td></tr>
<tr><td>L5、L7</td><td>冷作硬化的</td><td>100</td><td>120～150</td><td>4</td><td>120～240</td></tr>
<tr><td rowspan="2">铝锰合金</td><td rowspan="2">LF21</td><td>已退火的</td><td>70～100</td><td>110～145</td><td>19</td><td>50</td><td rowspan="2">71000</td></tr>
<tr><td>半冷作硬化的</td><td>100～140</td><td>155～200</td><td>13</td><td>130</td></tr>
<tr><td rowspan="2">铝镁合金
铝镁铜合金</td><td rowspan="2">LF2</td><td>已退火的</td><td>130～160</td><td>180～230</td><td rowspan="2">—</td><td>100</td><td rowspan="2">70000</td></tr>
<tr><td>半冷作硬化的</td><td>160～200</td><td>230～280</td><td>210</td></tr>
<tr><td rowspan="2">高强度的铝
镁铜合金</td><td rowspan="2">LC4</td><td>已退火的</td><td>170</td><td>250</td><td rowspan="2">—</td><td>—</td><td>—</td></tr>
<tr><td>淬硬并经工时效</td><td>350</td><td>500</td><td>460</td><td>70000</td></tr>
<tr><td rowspan="3">镁锰合金</td><td rowspan="3">MB1
MB8</td><td>已退火的</td><td>120～140</td><td>170～190</td><td>3～5</td><td>98</td><td>43600</td></tr>
<tr><td>已退火的</td><td>170～190</td><td>220～230</td><td>12～24</td><td>140</td><td rowspan="2">40000</td></tr>
<tr><td>冷作硬化的</td><td>190～200</td><td>240～250</td><td>8～10</td><td>160</td></tr>
<tr><td rowspan="3">硬　铝</td><td rowspan="3">LY12</td><td>已退火的</td><td>105～150</td><td>150～215</td><td>12</td><td>—</td><td>—</td></tr>
<tr><td>淬硬并经自然时效</td><td>280～310</td><td>400～440</td><td>15</td><td>368</td><td rowspan="2">72000</td></tr>
<tr><td>淬硬后冷作硬化</td><td>280～320</td><td>400～460</td><td>10</td><td>340</td></tr>
<tr><td rowspan="2">纯　铜</td><td rowspan="2">T1、T2、T3</td><td>软　的</td><td>160</td><td>200</td><td>30</td><td>70</td><td>108000</td></tr>
<tr><td>硬　的</td><td>240</td><td>300</td><td>3</td><td>380</td><td>130000</td></tr>
</table>

续表 1

材料名称	牌　号	材料状态	极限强度 抗剪 τ（MPa）	极限强度 抗拉 σ_b（MPa）	伸长率 δ（%）	屈服强度 σ_s（MPa）	弹性模量 E（MPa）
黄　铜	H62	软的	260	300	35	380	100000
		半硬的	300	380	20	200	—
		硬的	420	420	10	480	—
	H68	软的	240	300	40	100	110000
		半硬的	280	350	25	—	
		硬的	400	400	15	25	115000
铅黄铜	HPb59 - 1	软的	300	350	25	142	93000
		硬的	400	450	5	420	105000
锰黄铜	HMn58 - 2	软的	340	390	25	170	100000
		半硬的	400	450	15	—	
		硬的	520	600	5		
锡磷青铜 锡锌青铜	QSn6.5 - 0.1	软的	260	300	38	140	100000
	QSn6.5 - 0.4	硬的	480	550	3～5	—	
	QSn4 - 3	特硬的	500	650	1～2	546	124000
铝青铜	QAl7	退火的	520	600	10	186	—
		不退火的	560	650	5	250	115000～130000
铝锰青铜	QAl9 - 2	软的	360	450	18	300	92000
		硬的	480	600	5	500	—
硅锰青铜	QSi3 - 1	软的	280～300	350～380	40～45	239	120000
		硬的	480～520	600～650	3～5	540	—
		特硬的	560～600	700～750	1～2	—	—
铍青铜	QBe2	软的	240～480	300～600	30	250～350	117000
		硬的	520	660	2	1280	132000～141000
白铜	B19	软的	240	300	25	—	—
		硬的	360	450	25		
白铜	BZn15 - 20	软的	280	350	35	207	—
		硬的	440	550	1	486	126000～140000
		特硬的	520	650		—	—

续表 2

材料名称	牌　号	材料状态	极限强度		伸长率 δ（%）	屈服强度 σ_s（MPa）	弹性模量 E（MPa）
			抗剪 τ（MPa）	抗拉 σ_b（MPa）			
镍	Ni3－Ni5	软的	350	400	35	70	—
		硬的	470	550	2	210	210000～230000
德银	BZn15－20	软的	300	350	35	—	—
		硬的	480	550	1		
		特硬的	560	650	1		
锌	Zn－3～Zn－6	—	120～200	140～230	40	75	80000～130000
铅	Pb－3～Pb－6	—	20～30	25～40	40～50	5～10	15000～17000
锡	Sn1～Sn4	—	30～40	40～50	—	12	41500～55000
钛合金	TA2	退火的	360～480	450～600	25～30	—	—
	TA3		440～600	550～750	20～25		
	TA5		640～680	800～850	15	800～980	104000
镁合金	MB1	冷态	120～140	170～190	3～5	120	40000
	MB8		150～180	230～240	14～15	220	41000
	MB1	预热 300℃	30～50	30～50	50～52	—	40000
	MB8		50～70	50～70	58～62	—	41000
银	—	—	—	180	50	30	81000
可伐合金	Ni29Co18	—	400～500	500～600	—	—	—
康铜	BlVln40.1	软的	—	400～600	—	—	—
		硬的	—	650	—	—	—
钨	—	已退火的	—	720	0	700	312000
		未退火的	—	1491	1～4	800	380000
钼	—	已退火的	20～30	1400	20～25	385	280000
		未退火的	32～40	1600	2～5	595	300000

3. 非金属材料的极限抗剪强度

非金属材料的极限抗剪强度，见表 1－29。

表 1－29　　非金属材料的极限抗剪强度

材料名称	极限抗剪强度 τ（MPa）		材料名称	极限抗剪强度 τ（MPa）	
	管状凸模裁切	普通凸模冲裁		管状凸模裁切	普通凸模冲裁
纸胶板	100～130	140～200	层压布板	90～100	120～180
布胶板	90～100	120～180	绝缘纸板	40～70	60～100
玻璃布胶板	120～140	160～185	厚纸板	30～40	40～80
金属箔的玻璃布胶板	130～150	160～220	软钢纸板	20～40	20～30
金属箔的纸胶板	110～130	140～200	有机玻璃	70～80	90～100
环氧酚醛玻璃布板	180～210	210～240	聚氯乙烯	60～80	100～130
工业橡胶板	1～6	20～80	氯乙烯	30～40	50
石棉橡胶	40	—	赛璐珞	40～60	80～100
人造橡胶，硬橡胶	40～70	—	皮革	6～8	30～50
层压纸板	100～130	140～200	硬钢纸板	30～50	40～45

第二章　冲裁加工

第一节　冲裁简介

冲裁是利用模具使板料分离的一种冲压加工方法。冲裁既可以得到平板零件，也可以为弯曲、拉深、成形等工序准备毛坯。

一、冲裁工序的分类

冲裁工序的分类见表2－1。

表2－1　　冲裁工序的分类

工序	简　图	特征及应用
落料	废料　零件	用冲模沿封闭轮廓线冲切，冲下部分是零件。用于制造各种形状的平板零件或为其他工序制毛坯
冲孔	零件　废料	用冲模沿封闭轮廓线冲切，冲下部分是废料
切断		用剪刀或冲模将材料沿不封闭轮廓线切断，多用于加工形状简单、精度较低的平板零件
切边		将成形零件的边缘修边整齐或切成一定形状
剖切		把工件切成两个或几个冲件，便于成对冲压

续表

工序	简 图	特征及应用
切口	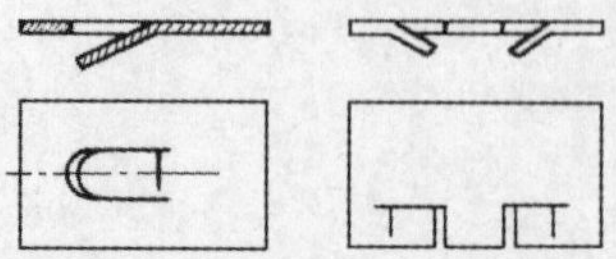	将板料沿不封闭曲线冲出缺口，缺口部分发生弯曲
冲槽、冲缺	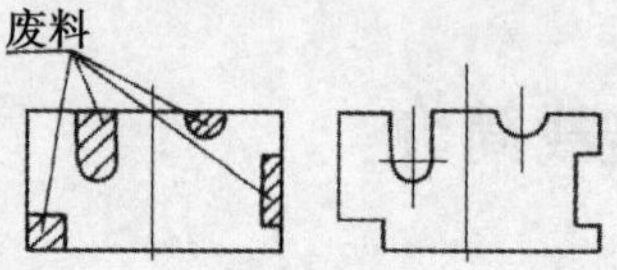 废料	从工件外周边上分离出废料，获得工件需要的形状的工序
修整	—	将工件的外缘（或内孔）冲切去少量材料，从而提高工件冲切面的垂直粗糙度的工序

二、冲裁过程分析

1. 冲裁过程

图 2-1 所示是普通冲裁过程示意图。凸模 1 与凹模 2 具有与工件轮廓一致的刃口。凸、凹模之间存在一定的间隙，当外力（如压力机滑块运动）将凸模推下时，便将放在凸、凹模之间的板料冲裁成需要的工件。

冲裁过程是在瞬间完成的，在模具刃口尖锐，凸、凹模间隙正常时，这个过程大致可以分为三个阶段，图 2-2 所示为板料冲裁变形的全过程。

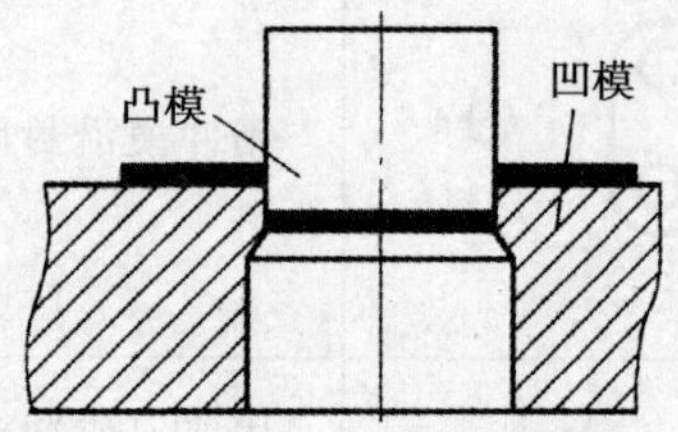

图 2-1　普通冲裁过程示意图

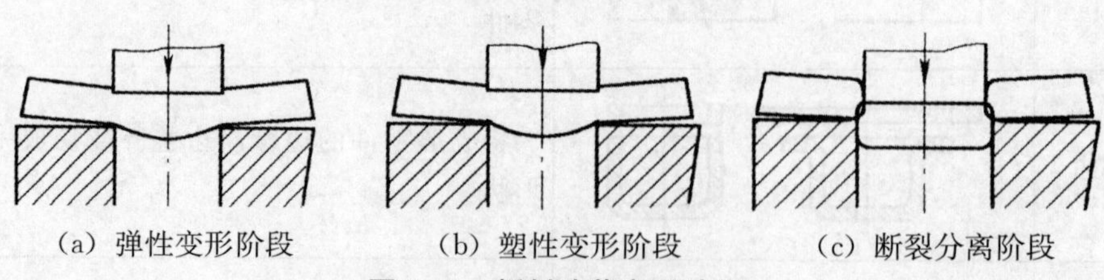

(a) 弹性变形阶段　(b) 塑性变形阶段　(c) 断裂分离阶段

图 2-2　板料冲裁变形过程

(1) 弹性变形阶段：当凸模开始接触板料并下压时，在凸、凹模压力作用下，板料表面受到压缩产生弹性变形，板料略有压入凹模洞口现象。由于凸、凹模间隙的存在，在冲裁力作用下产生弯矩，使板料同时受到弯曲和拉伸作用，凸模下的材料略有弯曲，凹模上的材料则向上翘起。间隙越大，弯曲和上翘现象越明显。而材料的弯曲和上翘又使凸、凹模端面与材料的接触面越来越移向刃口的附近。此时，凸、凹模刃口周围材料应力集中现象严重。位于刃口端面的材料出现压痕，而位于刃口侧面的材料则形成圆角。由于开始时压力不大，材料的内应力还未达到屈服点，仍在弹性范围内，若撤去压力，板料可回复原状。

(2) 塑性变形阶段：凸模继续下压，材料内应力达到屈服点，板料在与凸、凹模刃口接触处产生塑性剪切变形，凸模切入板料，板料下部被挤入凹模洞内。板料剪切面边缘的网角由于弯曲和拉伸作用的加大而形成明显塌角，剪切面小现明显的滑移变形，形成一段光亮且与板面垂直的剪切断面。凸模继续下压，光亮剪切带加宽，而冲裁间隙造成的弯矩使材料产生弯曲应力。当弯曲应力达到材料抗弯强度时便发生弯曲塑性变形，使冲裁件平面边缘出现“穹弯”现象。随着塑性剪切变形的发展，分离变形应力随之增加，终至凸、凹模刃口侧面材料内应力超过抗剪强度，便出现微裂纹。由于微裂纹产生的位置是在离刃尖不远的侧面，裂纹的产生也就留下了毛刺。

(3) 断裂分离阶段：凸模继续下行，刃口侧面附近产生的微裂纹不断扩大并向内延伸发展，至上、下两裂纹相遇重合，板料便完全分离，粗糙的断裂带同时也留在冲裁件断面上。此后凸模再下压，已分离的材料便从凹模型腔中推出，而已形成的毛刺同时被拉长并留在冲裁件上。

2. 断面特征

在正常冲裁工作条件下，冲裁后的零件断面不很整齐，断面有明显的 4 个特征区：圆角带、光亮带、断裂带和毛刺，如图 2-3 所示。

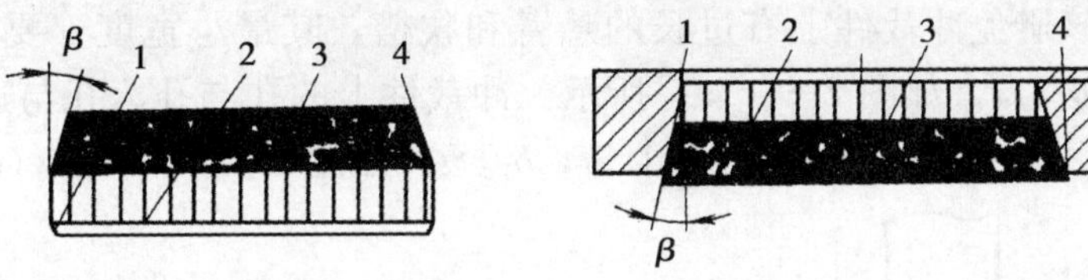

(a) 落料件　　(b) 冲孔件

1. 圆角带；2. 光亮带；3. 断裂带；4. 毛刺

图 2-3　冲裁件剪切断面特征

(1) 圆角带（塌角）：圆角带是产生于板料靠近凸模或凹模刃口又不与模具接触的材料表面受到弯曲、拉伸作用而形成的。冲裁间隙愈大，材料塑性愈好，塌角愈严重。

(2) 光亮带：光亮带是冲裁断面质量最好的区域，既光亮平整又与板平面垂直。由于是凸模切入板料，板料被挤入凹模而产生塑性剪切变形所形成的，因此表面质量较好。而且冲裁间隙越小，材料塑性越好，光亮带越宽。

(3) 断裂带：断裂带表面粗糙，并有 5°左右的斜度，是冲裁时形成的裂纹扩展而成。由于凸、凹模间隙的影响，除有切应力 τ 的作用外，还有正向拉应力 σ 的作用。这种应力状态促使冲裁变形区的塑性下降，导致产生裂纹并形成粗糙表面。间隙越大，断裂带越宽且斜度大。

（4）毛刺：毛刺紧挨着断裂带边缘，由于裂纹产生的位置不是正对着刃口而是在靠近刃口的侧面上形成，并在冲裁件被推出凹模口时可能加重。而间隙过大或过小，会形成明显的拉断毛刺或挤出毛刺，因此小毛刺不可避免。当刃口圆角（磨损）后，裂纹起点远离刃口，又会产生大毛刺。

三、冲裁件的工艺性

冲裁件的工艺性是指该工件在冲裁加工中的难易程度。良好的冲裁工艺性，应保证材料消耗少、工序数目少、模具结构简单而寿命长、产品质量稳定、操作简单。影响冲裁件工艺性的因素很多，如冲裁件的形状特点、尺寸大小、尺寸标注方法、精度要求和材料性能等。下面分析影响冲裁件工艺性的一些主要因素，提出对冲裁件的工艺要求。

（1）冲裁件的形状应该尽量简单、对称，最好由圆弧和直线组成，使排料时的废料最少。如图 2-4 所示。

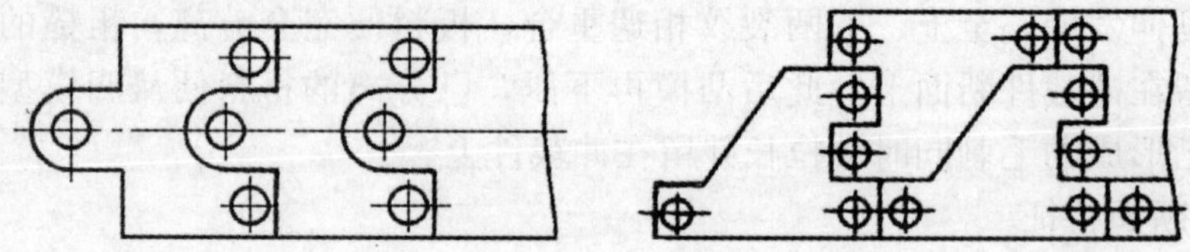

图 2-4　废料最少排样法

（2）应该避免冲裁件上有过长的悬臂和狭槽，其最小宽度 b 要大于料厚 t 的两倍，即 $b>2t$，如图 2-5（a）所示。冲裁件上的孔与孔、孔与边缘的距离 b、b_1 的值也不能过小，一般取 $b\geqslant 1.5t$，$b_1\geqslant t$。如图 2-5（b）和（c）所示。

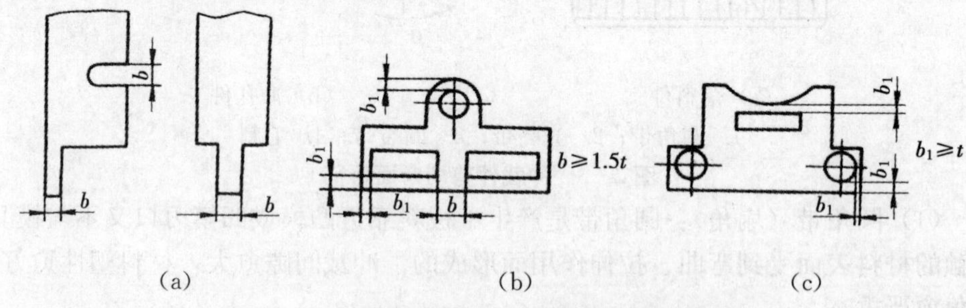

图 2-5　冲裁件窄槽尺寸与最小孔边距的确定

（3）为了防止冲裁时凸模折断或压弯，冲孔的尺寸不能太小，其最小孔径与孔的形状、材料的力学性能、材料的厚度等有关。用一般冲孔模可以冲压的最小孔径见表 2-2。

表 2-2　　一般冲孔模可冲压的最小孔径　　(mm)

材料				
钢 $\tau>700$MPa	$d\geqslant1.5t$	$b\geqslant1.35\,t$	$b\geqslant1.1\,t$	$b\geqslant1.2\,t$
钢 $\tau=400\sim700$MPa	$d\geqslant1.3\,t$	$b\geqslant1.2\,t$	$b\geqslant0.9\,t$	$b\geqslant t$
钢 $\tau<400$MPa	$d\geqslant t$	$b\geqslant0.9\,t$	$b\geqslant0.7\,t$	$b\geqslant0.8\,t$
黄铜、铜	$d\geqslant0.9\,t$	$b\geqslant0.8\,t$	$b\geqslant0.6\,t$	$b\geqslant0.7\,t$
铝、锌	$d\geqslant0.8\,t$	$b\geqslant0.7\,t$	$b\geqslant0.5\,t$	$b\geqslant0.6\,t$
纸胶板、布胶板	$d\geqslant0.7\,t$	$b\geqslant0.7\,t$	$b\geqslant0.4\,t$	$b\geqslant0.5\,t$
硬纸、纸	$d\geqslant0.6\,t$	$b\geqslant0.5\,t$	$b\geqslant0.3\,t$	$b\geqslant0.4\,t$

(4) 一般情况下，冲裁件的外形不能有尖角，应采用 $r>0.5t$ 的圆角半径过渡。满足以上工艺要求的冲裁件，有利于模具的制造和提高模具寿命及冲裁件的质量。

(5) 工件两端弧形与宽度应满足如图 2-6 所示的要求。

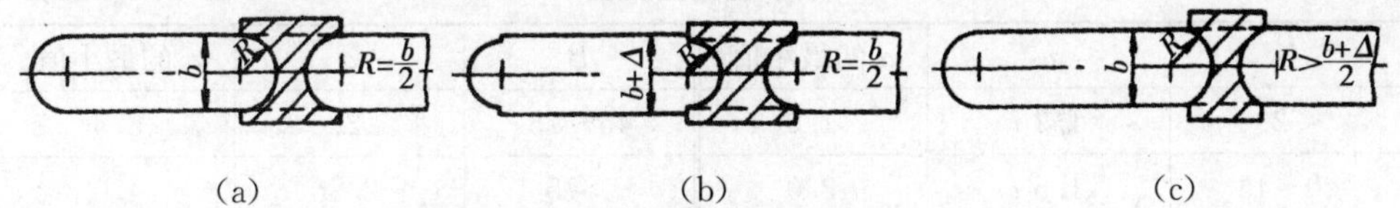

图 2-6　工件两端弧形与宽度的关系

(6) 为了保证冲裁模的强度及冲裁工件的质量，冲裁件的孔间距及孔到工件外边缘的距离不能过小，一般要大于 2t，并不得小于 3～4mm。如果小于上述距离，则孔形或工件边缘将会产生变形。

(7) 冲裁件上冲孔孔边与工件壁的距离。在成形件（如弯曲或拉深件）上冲孔时，孔边与工件直壁之间的距离不能过小。一旦距离过小，如果是先冲孔后弯曲，弯曲时孔会产生变形；如果是先弯曲（或拉深）后冲孔，则冲孔凸模刃部部分边缘将处在弯曲区内，会受到横向力而极易折断，使冲孔十分困难。弯曲件或拉深件的冲孔位置如图 2-7 所示，孔边距的最小尺寸见表 2-3。

表 2-3　　孔边距的最小尺寸

料厚 t (mm)	A_1	L	A_2	A_3	A_4
$\leqslant2$	$\geqslant t+R_1$	$\leqslant25$	$2\,t-l-R_2$	$>R_3+0.5\,t$	$>R_4+0.5t$
		$>25\sim50$	$>2.5t+R_2$		
>2	$\geqslant1.5t+R_1$	>50	$\geqslant3\,t+R_2$		

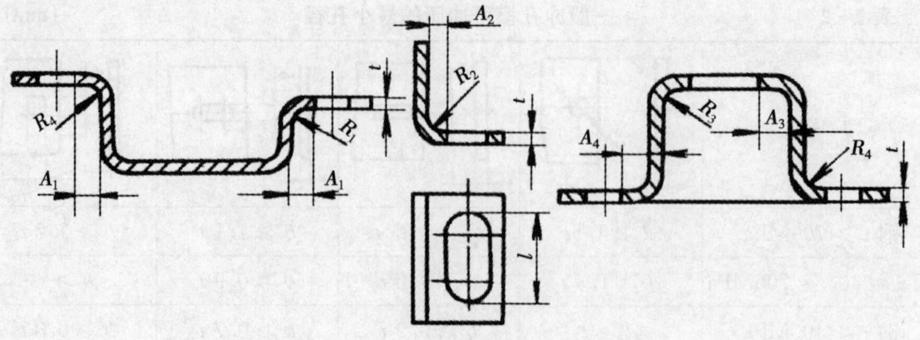

图 2-7　弯曲件或拉深件的冲孔位置

(8) 最小切口的位置如图 2-8 所示，最小切口宽度值见表 2-4。

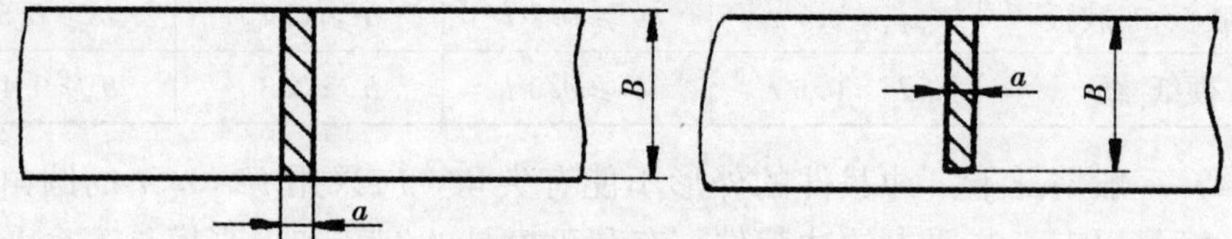

图 2-8　最小切口宽度

表 2-4　　最小切口宽度值　　(mm)

B	a	a 的最小值	B	a	a 的最小值
<20	1.2 t	2.0	45～75	2t	3.5
20～45	1.5 t	3.0	>75	2.5t	4.0

(9) 侧面切口的极限尺寸与切口长度、料厚等因素有关，如图 2-9 及表 2-5所示。

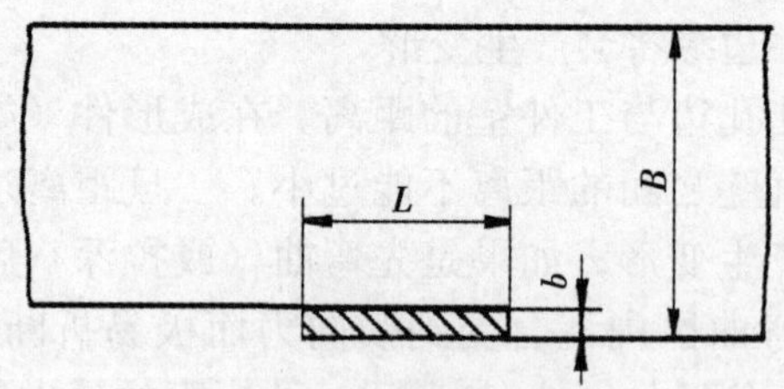

图 2-9　侧面切直线切口

表 2-5　　侧面切口的极限尺寸　　(mm)

L 或 B	b	b 的最小值	L 或 B	b	b 的最小值
<10	1.0 t	1.0	20～50	1.3 t	1.5
10～20	1.2 t	1.2	>50	1.5 t	2.0

（10）侧面切曲线切口时的极限尺寸与曲率半径、料厚等因素有关，如图 2－10和表 2－6 所示。

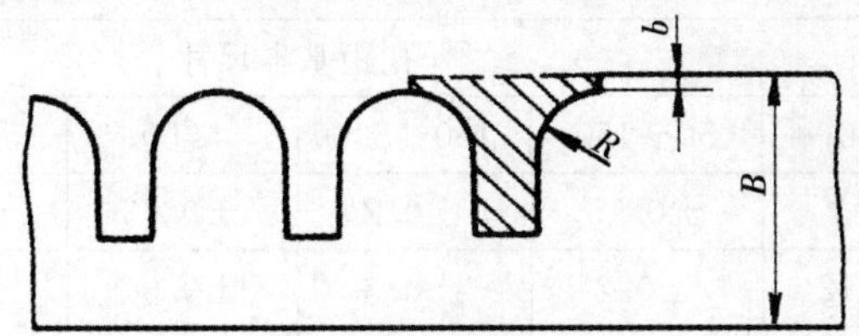

图 2－10　侧面切曲线切口

表 2－6　　侧面切曲线时的极限尺寸值　　(mm)

2*R*	*b*	*b* 的最小值	2*R*	*b*	*b* 的最小值
<20	0.5 *t*	1.0	47～75	2 *t*	1.5
20～45	1.0 *t*	1.2	>75	1.5 *t*	1.8

四、冲裁件的精度与粗糙度

冲裁件的精度与粗糙度主要指冲裁工件表面的平整度、尺寸精度等。

1. 冲裁件的表面平整度

在一般冲裁中，应符合工件选用的原材料供货状态的平整度要求。冲裁时，为防止工件产生拱弯或凹陷等不平整，应在模具设计时加弹性压料板或顶板等，防止材料在冲制中变形。对平整度有特殊要求时，可增加平整工序，对冲件表面进行压平。

2. 冲裁件的尺寸精度

冲裁件内、外形的经济精度不高于 IT11 级。一般要求落料件精度最好低于 IT10 级，冲孔件最好低于 IT9 级。一般冲裁件内、外形所能达到的经济精度见表 2－7，两孔中心距离公差见表 2－8，冲裁件外形与内孔尺寸公差见表 2－9，孔中心与边缘距离尺寸公差见表 2－10，冲裁件孔对外缘轮廓的尺寸公差见表 2－11，冲裁件角度偏差值见表 2－12。

表 2－7　　冲裁件内、外形所能达到的经济精度　　(mm)

<table>
<tr><th>材料厚度（t）</th><th>≤3</th><th>3～6</th><th>6～10</th><th>10～18</th><th>18～50</th></tr>
<tr><td>≤1</td><td colspan="3">IT12～IT13</td><td colspan="2">IT11</td></tr>
<tr><td>1～2</td><td>IT14</td><td colspan="3">IT12～IT13</td><td>IT11</td></tr>
<tr><td>2～3</td><td colspan="3">IT14</td><td colspan="2">IT12～IT13</td></tr>
<tr><td>3～5</td><td>—</td><td colspan="3">IT14</td><td>IT12～IT13</td></tr>
</table>

表 2-8　　两孔中心距离公差　　(mm)

<table>
<tr><td rowspan="3">材料厚度</td><td colspan="3">普通精度（模具）</td><td colspan="3">较高精度（模具）</td></tr>
<tr><td colspan="6">孔距基本尺寸</td></tr>
<tr><td>≤50</td><td>50～150</td><td>150～300</td><td>≤50</td><td>50～150</td><td>150～300</td></tr>
<tr><td>≤1</td><td>±0.1</td><td>±0.15</td><td>±0.2</td><td>±0.03</td><td>±0.05</td><td>±0.08</td></tr>
<tr><td>>1～2</td><td>±0.12</td><td>±0.2</td><td>±0.3</td><td>±0.04</td><td>±0.06</td><td>±0.1</td></tr>
<tr><td>>2～4</td><td>±0.15</td><td>±0.25</td><td>±0.35</td><td>±0.06</td><td>±0.08</td><td>±0.12</td></tr>
<tr><td>>4～6</td><td>±0.2</td><td>±0.3</td><td>±0.40</td><td>±0.08</td><td>±0.10</td><td>±0.15</td></tr>
</table>

注：①表中所列孔距公差，适用于两孔同时冲出的情况。

②一般精度指模具工作部分达 IT8，凹模后角为 15′～30′的情况；较高精度指模具工作部分达 IT7 以上，凹模后角不超过 15′。

表 2-9　　冲裁件外形与内孔尺寸公差　　(mm)

<table>
<tr><td rowspan="2">冲裁精度</td><td rowspan="2">零件</td><td colspan="5">材 料 厚 度</td></tr>
<tr><td>0.2～0.5</td><td>0.5～1</td><td>1～2</td><td>2～4</td><td>4～6</td></tr>
<tr><td rowspan="4">普通冲裁精度</td><td><10</td><td>—</td><td>—</td><td>—</td><td>—</td><td>—</td></tr>
<tr><td>10～50</td><td>—</td><td>—</td><td>—</td><td>—</td><td>—</td></tr>
<tr><td>50～150</td><td>0.14
0.12</td><td>0.22
0.12</td><td>0.30
0.16</td><td>0.40
0.20</td><td>0.50
0.25</td></tr>
<tr><td>150～300</td><td>0.20</td><td>0.30</td><td>0.50</td><td>0.70</td><td>1.00</td></tr>
<tr><td rowspan="4">较高冲裁精度</td><td><10</td><td>0.025
0.02</td><td>0.03
0.02</td><td>0.04
0.03</td><td>0.06
0.04</td><td>0.10
0.06</td></tr>
<tr><td>10～50</td><td>0.03
0.04</td><td>0.04
0.04</td><td>0.06
0.06</td><td>0.08
0.08</td><td>0.12
0.10</td></tr>
<tr><td>50～150</td><td>0.05
0.08</td><td>0.06
0.08</td><td>0.08
0.10</td><td>0.10
0.12</td><td>0.15
0.15</td></tr>
<tr><td>150～300</td><td>0.08</td><td>0.10</td><td>0.12</td><td>0.15</td><td>0.20</td></tr>
</table>

表 2-10　　孔中心与边缘距离尺寸公差　　(mm)

<table>
<tr><td rowspan="2">材料厚度 t</td><td colspan="4">孔中心与边缘距离尺寸</td></tr>
<tr><td>≤50</td><td>50～120</td><td>120～220</td><td>220～360</td></tr>
<tr><td>≤2</td><td>±0.5</td><td>±0.6</td><td>±0.7</td><td>±0.8</td></tr>
<tr><td>2～4</td><td>±0.6</td><td>±0.7</td><td>±0.8</td><td>±1.0</td></tr>
<tr><td>>4</td><td>±0.7</td><td>±0.8</td><td>±1.0</td><td>±1.2</td></tr>
</table>

注：本表适用于先落料再冲孔的情况。

表 2－11　**孔对外缘轮廓的尺寸公差**　(mm)

模具型式和定位方法	模具精度	工件尺寸		
		<30	30～100	100～200
复合模	高级	±0.015	±0.020	±0.025
	普通	±0.02	±0.03	±0.04
有导正销的连续模	高级	±0.05	±0.10	±0.12
	普通	±0.10	±0.15	±0.20
无导正销的连续模	高级	±0.10	±0.15	±0.25
	普通	±0.20	±0.30	±0.40
外形定位的冲孔模	高级	±0.08	±0.12	±0.18
	普通	±0.15	±0.20	±0.30

表 2－12　**冲裁件角度偏差值**

精度等级	短边长度范围(mm)						
	≤6	>6～18	>18～50	>50～180	>180～400	>400～1000	>1000～3150
A	±1°00′	±0°50′	±0°30′	±0°20′	±0°10′	±0°05′	±0°05′
B	±1°30′	±1°00′	±0°50′	±0°25′	±0°15′	±0°10′	±0°10′
C、D	±3°00′	±2°30′	±2°00′	±1°00′	±0°30′	±0°20′	±0°20′

3. 冲裁件的粗糙度

一般冲裁件剪断面表面粗糙度见表 2－13，冲裁件的允许毛刺高度见表 2－14。

表 2－13　**一般冲裁件剪断面表面粗糙度**

材料厚度 t (mm)	≤1	>1～2	>2～3	>3～4	>4～5
剪切断面表面粗糙度 Ra (μm)	3.2	6.3	12.5	25	50

注：如果冲压件剪断面表面粗糙度要求高于本表所列，则需要另加整修工序。各种材料通过整修后的表面粗糙度：黄铜 0.4μm；软钢 0.4～0.8μm；硬钢 0.8～1.6μm。

表 2－14　**冲裁件的允许毛刺高度**　(mm)

材料厚度	>0.3	>0.3～0.5	>0.5～1.0	>1.0～1.5	>1.5～2.0
新模试冲时允许毛刺高度	≤0.015	≤0.02	≤0.03	≤0.04	≤0.05
生产时允许毛刺高度	≤0.05	≤0.08	≤0.10	≤0.13	≤0.15

第二节　冲裁间隙

利用压力机滑块的往复运动，通过冲模对板料施加的压力超过板料的抗剪强度，板料就按照冲模刃口的形状进行切断、落料、冲孔、切舌、切边、切口、整修等各种分离工艺作业的工序，称为冲裁。

从图 2－11 所示可以看出，冲裁模上凹模与凸模间刃口侧壁相应位置的距离，即冲裁间隙。冲裁零件的尺寸取决于冲裁模的工作零件尺寸；落料件尺寸取决于凹模尺寸，用缩小匹配凸模尺寸，取得冲裁间隙。冲孔时，孔的尺寸等于冲孔凸模尺寸，依放大匹配冲孔凹模尺寸，取得冲孔间隙。

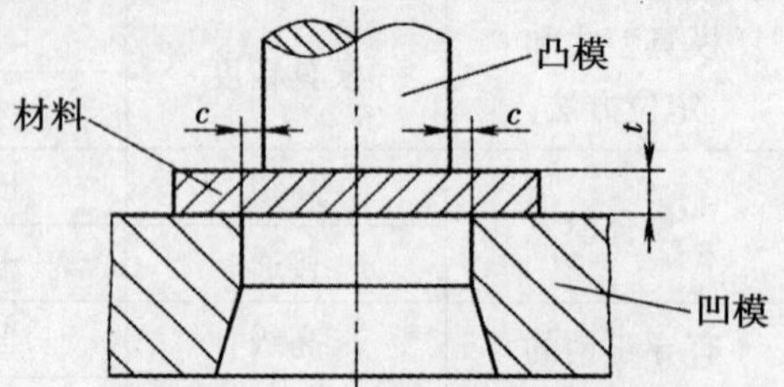

c. 单边冲裁间隙；t. 材料厚度

图 2－11 冲裁间隙示意图

一、冲裁间隙对冲裁作业的影响

冲裁间隙对冲裁作业的影响见表 2－15。

表 2－15 冲裁间隙对冲裁作业的影响

主要影响项目	冲裁模结构形式														
	无导向冲裁模						有导向冲裁模								
	敞开式			固定卸料			导板式			导柱模架固定卸料			导柱模架弹压卸料		
	使用冲裁间隙类别														
	Ⅰ	Ⅱ	Ⅲ	Ⅰ	Ⅱ	Ⅲ	Ⅰ	Ⅱ	Ⅲ	Ⅰ	Ⅱ	Ⅲ	Ⅰ	Ⅱ	Ⅲ
	影响程度及效应														
冲切面质量	—	一般	差	—	一般	差	好	一般	差	好	一般	差	好	一般	差
尺寸精度	—	差	很差	—	差	很差	好	一般	差	好	一般	差	很好	好	差
工件平直度	—	差	很差	—	差	很差	一般	一般	差	一般	一般	差	很好	好	一般
毛刺	—	大	很大	—	大	很大	小	一般	大	小	一般	大	小	一般	大
塌角	—	大	很大	—	大	很大	一般	一般	大	一般	一般	大	一般	一般	大
刃口磨损	—	一般	一般	—	一般	一般	大	小	小	大	小	小	大	小	小
防止废料增加	—	差	很差	—	差	很差	好	一般	差	好	一般	差	好	好	差
刃磨寿命	—	一般	长	—	一般	长	短	长	更长	短	长	更长	短	长	更长
使用寿命	—	一般	长	—	一般	长	短	长	更长	短	长	更长	短	长	更长

注：Ⅰ. 小间隙；Ⅱ. 适中间隙；Ⅲ. 大间隙。

二、冲裁间隙选用依据

在保证冲裁尺寸精度和满足剪切面质量要求的前提下，考虑模具寿命、模具结构、冲裁件尺寸和形状、生产条件等因素所占的权重，综合分析后确定，对下列情况应酌情增减冲裁间隙值：

（1）在同样条件下，冲孔间隙比落料间隙大些；

（2）冲小孔（一般为孔径 d 小于料厚）时，凸模易折断，间隙应取大些，但这时要采取有效措施，防止废料回升；

（3）硬质合金冲裁模应比钢模的间隙大 30％左右；

（4）复合模的凸凹模壁单薄时，为防止胀裂，应放大冲孔凹模间隙；

（5）冲裁硅钢片时随含硅量增加，间隙相应取大些；

（6）采用弹性压料装置时，间隙应取大些；

（7）高速冲压时，模具容易发热，间隙应增大。如行程次数超过 200 次/min 时，间隙应增大 10％左右；

（8）电火花穿孔加工凹模型孔时，其间隙应比磨削加工取小些；

（9）加热冲裁时，间隙应减小；

（10）凹模为斜壁刃口时，应比直壁刃口间隙小；

（11）对需攻丝的孔，间隙应取小些；

（12）落料时，凹模尺寸为工件要求尺寸，间隙值由减小凸模尺寸获得；冲孔时，凸模尺寸为工件要求尺寸，间隙值由增大凹模尺寸获得。

三、冲裁间隙对冲裁生产的影响

1. 冲裁间隙与冲切面质量

由于冲裁模存在间隙而使冲裁件冲切面具有一定斜度，随着冲裁间隙值增减及其分布情况的不同，冲裁件冲切面质量也随之发生变化。冲裁间隙对冲切面质量的影响如图 2－12 所示。不同冲裁间隙时冲切面的情况见表 2－16。

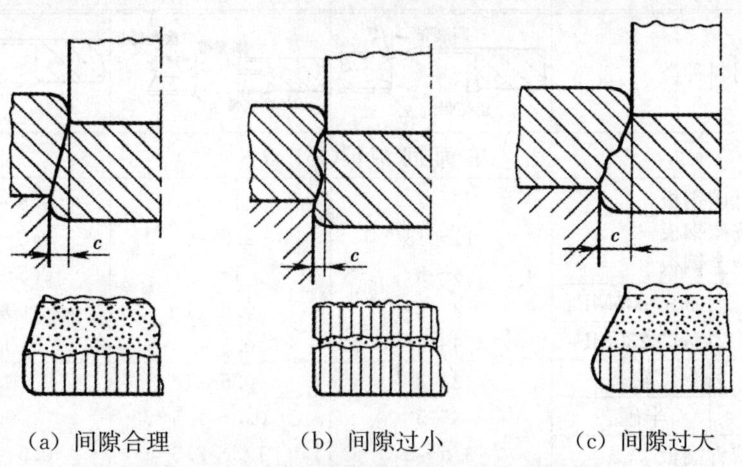

（a）间隙合理　　（b）间隙过小　　（c）间隙过大

图 2－12　冲裁间隙对冲切面质量的影响

表 2-16　冲裁间隙对冲裁作业的影响

材料种类		撕裂带 α 光亮带 R	撕裂带 α 光亮带 R	撕裂带 α 光亮带 R
		单面间隙 c（%）/t		
低碳钢板		最大 21	11.5～12.5	8～10
高碳钢板		最大 25	17～19	14～16
合金钢板		最大 23	12.5～13.5	9～11
铝合金板	σ_b<230MPa	最大 17	8～10	6～8
	$\sigma_b \geqslant$230MPa	最大 20	12.5～14	9～10
黄铜板	软态	最大 21	8～10	6～8
	半硬态	最大 24	9～11	6～8
磷青铜板		最大 25	12.5～13.5	10～12
铜　板	软态	最大 25	8～9	5～7
	半硬态	最大 25	9～11	6～8
主　要　技　术　指　标				
冲切面倾角 α /（°）		14～16	9～11	7～11
塌角 R 为料厚 t 的百分数（%）		20～25	18～20	15～18
光亮带占料厚 t 的百分数（%）		<20	<25	<40
撕裂带占料厚 t 的百分数（%）		70～80	60～75	50～60
冲切面特征		很粗糙	粗糙	较粗糙
主要优、缺点及适用范围		冲切面很粗糙，有台阶，倾角大，毛刺大，适用于一般无配合要求及不重要的冲压件	冲切面粗糙但模具寿命最长，适用于一般冲件的加工	残留应力小，加工硬化少，模具寿命长，适于一般精度的冲压件
材料种类		撕裂带 α 光亮带 R	撕裂带 二次光亮带 光亮带 R	R
		单面间隙 c（%）/t		
低碳钢板		5～7	1～2	0.5～0.75
高碳钢板		11～13	2.5～5	0.5～0.75
合金钢板		3～5	1～2	0.5～0.75
铝合金板	σ_b<230MPa	2～4	0.5～1	0.5
	$\sigma_b \geqslant$230MPa	5～6	0.5～1	0.5
黄铜板	软态	2～3	0.5～1	0.5
	半硬态	3～5	0.5～1.5	0.5
磷青铜板		3.5～5	1.5～2.5	0.5～0.75
铜　板	软态	2～4	0.5～1	0.5
	半硬态	3～5	1～2	0.5

续表

主 要 技 术 指 标			
冲切面倾角 α(°) 塌角 R 为料厚 t 的百分数(%) 光亮带占料厚 t 的百分数(%) 撕裂带占料厚 t 的百分数(%) 冲切面特征	6～11 >15 <55 35～50 微粗糙	0.5～3 >10～15 <70 20～45 一般，平整	0.5 >10 100 0 光洁
主要优、缺点及适用范围	毛刺小，冲切面倾角小，尺寸精度较高，适于薄小精度高的精密冲件加工	残留应力大，模具寿命短，不推荐采用	尺寸和形位精度高，冲切面表面粗糙度 Ra 在 1.6μm 以下，适于高精度冲件的精冲

2. 冲裁间隙对冲裁模寿命的影响

冲裁模具的寿命是以冲出合格制品的冲裁次数来衡量的，分为两次刃磨间的寿命与全磨损后总的寿命。当间隙小时，摩擦发热严重，导致模具磨损加剧，使模具与材料之间产生黏结现象，还会引起刃口的压缩疲劳破坏，使之崩刃。间隙过大时，板料弯曲拉伸相对增加，使模具刃口端面上的正压力增大，容易产生崩刃或产生塑性变形，使磨损加剧。可见，间隙过小与过大都会导致模具寿命降低。冲裁间隙对冲裁模寿命的影响见表 2－17。

表 2－17　冲裁间隙对冲裁模寿命的影响

材料	厚度 t (mm)	洛氏硬度	小间隙		大间隙		寿命提高倍数 (%)
			单面间隙 c (%) /t	刃磨寿命（千次）	单面间隙 c (%) /t	刃磨寿命（千次）	
低碳钢	0.5	22HRC	2.5	115	5.0	230	100
低碳钢	1.2	—	5.0	10	12.5	68	580
低碳钢	1.5	77HRB	4.5	130	12.5	400	208
高碳钢	3.2	39HRC	2.5	30	8.5	240	700
不锈钢	0.12	45HRC	20.0	15	42.0	125	900
不锈钢	1.2	16HRC	6.5	12	11.0	30	150
黄铜	1.2	—	3.5	15	7.0	110	633
铍青铜	0.08	95HRB	8.5	300	25.0	600	100

模具刃口磨损，导致刃口的钝化和间隙增加，使制件尺寸精度降低，断面粗糙，毛刺增大，冲裁能量增大。为了提高模具寿命，一般需采用较大间隙，若制件要求精度不高时，采用合理大间隙，模具寿命可以提高。若采用小间隙，就必须提高模具硬度与制造精度，对冲模刃口进行充分润滑，以减少磨损。

3. 间隙对冲裁力的影响

一般认为，增大间隙可以降低冲裁力，而小间隙则使冲裁力增大。当间隙合理时，上下裂纹重合，最大剪切力较小。而小间隙时，材料所受力矩和拉应力减小，压应力增大，材料不易产生撕裂，上下裂纹不重合，产生二次剪切，使冲裁力、冲裁功有所增大；增大间隙时，材料所受力矩与拉应力增大，材料易于剪裂分离，故最大冲裁力有所减小。如对冲裁件质量要求不高，为降低冲裁力、减少模具磨损，倾向于取偏大的冲裁间隙。

四、冲裁间隙的确定

由以上分析可见，冲裁间隙对冲裁件质量、冲裁力、模具寿命等都有很大的影响。生产中通常是选择一个适当的范围作为合理间隙。这个范围的最小值称为最小合理间隙（z_{min}），最大值称最大合理间隙（z_{max}）。考虑到生产过程中的磨损使间隙变大，故设计与制造模具时，通常采用最小合理间隙值 z_{min}。

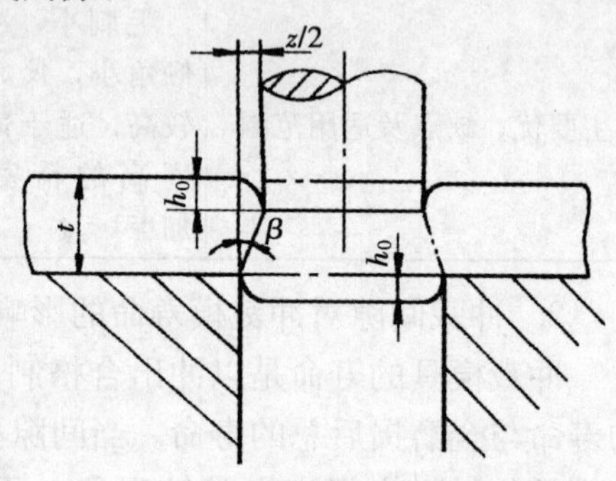

图 2-13　合理冲裁间隙的确定

确定合理间隙值有理论确定法和查表选取法两种方法。

1. 理论确定法

理论确定法的主要依据是保证裂纹重合，以获得良好的冲裁断面。如图 2-13 所示是冲裁过程中开始产生裂纹的瞬时状态。由图中几何关系可得出计算合理间隙 c 的公式：

$$c=(t-h_0)\tan\beta=t\left(\frac{h_0}{t}\right)\tan\beta$$

式中　t——板料厚度，mm；

h_0——产生裂纹时凸模相对压入深度，mm；

β——裂纹与垂线间的夹角（°）。

由上述可知，间隙 z 与板材厚度、相对压入深度 h_0/t、裂纹方向角 β 有关。而 h_0、β 又与材料性质有关，表 2-18 为常用材料的 h_0/t 与 β 的近似值。由表 2-18 可知，影响间隙值的主要因素是板材力学性能及其厚度。

表 2-18　h_0/t 与 β 值　(mm)

材料	h_0/t				β
	$t<1$	$t=1\sim2$	$t=2\sim4$	$t>4$	
软钢	75～70	70～65	65～55	50～40	5～6
中硬钢	65～60	60～55	55～48	45～35	4～5
硬钢	54～47	47～45	44～38	35～25	4

2. 查表选取法

间隙的选取主要与材料的种类、厚度有关。由于各种冲压件对其断面质量和尺寸精度要求不同，以及生产条件的差异，在实际生产中，很难有一种统一的间隙数值，而应区别对待，在保证冲裁件断面质量和尺寸精度的前提下，使模具寿命最高。首先按表 2 - 19 确定拟采用的间隙类别，然后按表 2 - 20 相应选取该类间隙的比值，经计算便可得到间隙数值。常用非金属材料冲裁间隙值见表 2 - 21。

确定模具间隙时还应注意以下几点：

（1）当不要求特殊光洁、垂直的剪切面时，应采用表中推荐的正常间隙值；

（2）厚料冲件，对冲裁断面无特殊要求时，应采用大间隙；

（3）厚料冲件，要求冲裁断面光洁、比较平整时，应采用小间隙（凹模带圆角或椭圆圆角刃部）；

（4）当冲制材料厚度小于 0.3mm 的薄料时，可不用间隙，而将淬硬后的凸模（或凹模）在第一次试冲时，直接在未淬硬的凹模（或凸模）刃部冲出间隙来；

（5）在高速冲床（>200 次/min）上进行冲裁，应采用较大间隙，以增加模具使用寿命；

（6）当冲床吨位较小时，应采用较大间隙。

表 2 - 19　　金属材料冲裁间隙分类（GB/T16743—1997）

分类依据			类别		
			Ⅰ	Ⅱ	Ⅲ
冲压件断面质量	剪切面特征		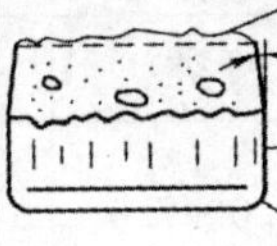 毛刺一般；α小；光亮带大；塌角小	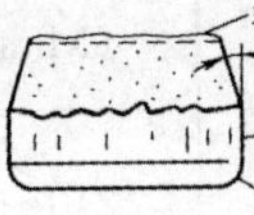 毛刺小；α中等；光亮带中等；塌角中等	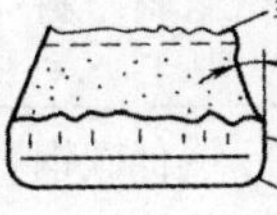 毛刺一般；α大；光亮带小；塌角大
	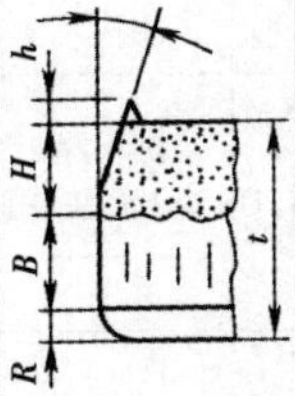 h H B R t	塌角高度 R	$(4\sim7)\%t$	$(6\sim8)\%t$	$(8\sim10)\%t$
		光亮带高度 B	$(35\sim55)\%t$	$(25\sim40)\%t$	$(15\sim25)\%t$
		断裂带高度 H	小	中	大
		毛刺高 h	一般	小	一般
		断裂角 α	$4°\sim7°$	$>7°\sim8°$	$>8°\sim11°$

续表

分类依据			类别		
			Ⅰ	Ⅱ	Ⅲ
冲压件精度	平面度		稍小	小	较大
	尺寸精度	落料件	接近凹模尺寸	稍小凹模尺寸	小于凹模尺寸
		冲孔件	接近凸模尺寸	稍大凸模尺寸	大于凸模尺寸
模具寿命			较低	较长	最长
力能消耗	冲裁力		较大	小	最小
	卸、推料力		较大	最小	小
	冲裁功		较大	小	稍小
适用场合			冲压件断面质量、尺寸精度要求高时，采用小间隙。冲模寿命较短	冲压件断面质量、尺寸精度一般要求时，采用中等间隙。因残余应力小，能减少破裂现象，适用于继续塑性变形的工件	冲压件断面质量、尺寸精度要求不高时，应优先采用大间隙，以利于提高冲模寿命

表 2-20　　金属材料冲裁间隙值（GB/T 16743—1997）

材料	抗剪强度 τ_b (MPa)	初始间隙（单边间隙）(%) t		
		Ⅰ类	Ⅱ类	Ⅲ类
低碳钢 08F、10F、10、20、Q235A	≥210～400	3.0～7.0	>7.0～10.0	>10.0～12.5
中碳钢 45 不锈钢 1Cr18Ni9Ti、4Cr13 膨胀合金（可伐合金）4J29	≥420～560	3.5～8.0	>8.0～11.0	>11.0～15.0
高碳钢 T8A、T10A 65Mn	≥590～930	8.0～12.0	>12.0～15.0	>15.0～18.0
纯铝 1060、1050A、1035、1200 铝合金（软态）3A21 黄铜（软态）H62 纯铜（软态）T1、T2、T3	≥65～255	2.0～4.0	4.5～6.0	6.5～9.0

续表

材料	抗剪强度 τ_b (MPa)	初始间隙（单边间隙）（%）t		
		Ⅰ类	Ⅱ类	Ⅲ类
黄铜（硬态）H62 铅黄铜 HPb59-1 纯铜（硬态）T1、T2、T3	≥290～420	3.0～5.0	5.5～8.0	8.5～11.0
铝合金（硬态）2A12 锡磷青铜 QSn4-4-2.5 铝青铜 QAl7 铍青铜 QBe2	≥225～550	3.5～6.0	7.0～10.0	11.0～13.0
镁合金 MB1、MB8	≥120～180	1.5～2.5	—	—
电工硅钢 D21、D31、D41	190	2.5～5.0	>5.0～9.0	—

表 2－21　常用非金属材料冲裁间隙值（GB/T 16743—1997）

材　料	初始间隙(单边间隙)(%)t	材　料	初始间隙(单边间隙)(%)t
酚醛层压板	1.5～3.0	磁布板	0.5～2.0
石棉板		云母片	0.25～0.75
橡胶板		皮革	
有机玻璃板		纸	
环氧酚醛玻璃布		纤维板	2.0
红纸板	0.5～2.0	毛毡	0～0.2
胶纸板			

五、推荐不同行业采用的冲裁间隙经验值

不同行业对冲压件的精度要求不同，采用的冲裁间隙差异较大。绝大多数企业都采用查表法，即根据冲压件材料种类、抗剪强度 τ_b 或抗拉强度 σ_b、冲裁料厚 t 等技术参数，从行业（或地区或工厂）既定采纳的冲裁间隙表中，查取具体间隙值。

1. 国产各种钢板推荐的冲裁间隙

国产各种钢板推荐的冲裁间隙见表 2－22。

表 2－22　　**国产各种钢板推荐的冲裁间隙**

材料牌号	料厚 t（mm）	合理间隙（径向双面）$/t$
08	0.05	无间隙
	0.1	
08	0.2	
50		
08	0.22	
08	0.3	
50		
08	0.4	
65Mn		
08	0.5	8%～12%
65Mn		
35		
08	0.6	8%～12%
08	0.7	9%～13%
65Mn		
09Mn		
08	0.8	9%～13%
20		
65Mn		
09Mn		
Q345		
50	2.1	13%～19%
Q235	2.5	14%～20%
Q235		
08		
20		15%～21%
09Mn		14%～20%
Q345		15%～21%
08	2.75	14%～20%

材料牌号	料厚 t（mm）	合理间隙（径向双面）$/t$
Q235	0.9	10%～14%
08		
65Mn		
09Mn		
08	1	10%～14%
09Mn		
08	1.2	11%～15%
09Mn		
Q235	1.5	11%～15%
Q235		
08		
20		
09Mn		
16Mn		
08	1.75	12%～18%
Q235	2	12%～18%
Q235		
08		
10		
20		13%～19%
09Mn		12%～18%
16Mn		13%～19%
Q235	4.5	16%～22%
08		
20		17%～23%
Q345		15%～21%
Q235	5	17%～23%
08		
20		18%～24%
Q345		15%～21%

续表

材料牌号	料厚 t (mm)	合理间隙（径向双面）/t	材料牌号	料厚 t (mm)	合理间隙（径向双面）/t
Q235	3	15%～21%	08	5.5	17%～23%
08			Q345		14%～20%
20		16%～22%	Q235	6	18%～24%
09Mn		15%～21%	08		
Q345		16%～22%	20		19%～25%
Q235	3.5	15%～21%	Q345		14%～20%
Q235	4	16%～22%	Q345	6.5	14%～20%
08			Q345	8	15%～21%
20		17%～23%	Q345	12	11%～15%
Q345					

2. 落料、冲孔模初始双面间隙

落料、冲孔模初始双面间隙见表 2－23。

表 2－23　落料、冲孔模初始双面间隙　(mm)

材料名称	45 T7、T8 (退火) 65Mn (退火) 磷青铜 (硬) 铍青铜 (硬)		10、15、20 冷轧钢带 30 钢板 H62、H68(硬) 2A12(硬铝) 硅钢片		Q215A、Q235A 钢板 08、10、15 钢板 H62、H68(半硬) 纯铜(硬) 磷青铜(软) 铍青铜(软)		H62、H68(软) 纯铜(软) 防锈铝 3A21、5A02 软铝 1060～8A06 2A12(退火) 铜母线 铝母线		酚醛环氧层压玻璃布板、酚醛层压纸板、酚醛层压希板		钢纸板 (反白板) 绝缘纸板 云母板 橡胶板	
力学性能	硬度≥190HBW σ_b≥600MPa		硬度＝140～190HBW σ_b＝400～600MPa		硬度＝70～140HBW σ_b＝300～400MPa		硬度≤70HBW σ_b≤300MPa					
厚度 t	初始双面间隙 $2c$											
	$2c_{min}$	$2c_{max}$	$2c_{min}$	$2c_{max}$	$2c_{min}$	$2c_{max}$	$2c_{min}$	$2c_{max}$	$2c_{min}$	$2c_{max}$	$2c_{min}$	$2c_{max}$
0.1	0.015	0.035	0.01	0.03	*	—	*	—	*	—	*	—
0.2	0.025	0.045	0.015	0.035	0.01	0.03	*	—	*	—		
0.3	0.04	0.06	0.03	0.5	0.02	0.04	0.01	0.03	*	—		
0.5	0.08	0.10	0.06	0.08	0.04	0.06	0.025	0.045	0.01	0.02		
0.8	0.13	0.16	0.10	0.13	0.07	0.10	0.045	0.075	0.015	0.03		

续表

厚度	初始双面间隙 $2c$											
t	$2c_{min}$	$2c_{max}$	$2c_{min}$	$2c_{max}$	$2c_{min}$	$2c_{max}$	$2c_{min}$	$2c_{max}$	$2c_{min}$	$2c_{max}$	$2c_{min}$	$2c_{max}$
1.0	0.17	0.20	0.13	0.16	0.10	0.13	0.065	0.095	0.025	0.04		
1.2	0.21	0.24	0.16	0.19	0.13	0.16	0.075	0.105	0.035	0.05		
1.5	0.27	0.31	0.21	0.25	0.15	0.19	0.10	0.14	0.04	0.06	0.01～0.03	0.015～0.045
1.8	0.34	0.38	0.27	0.31	0.20	0.24	0.13	0.17	0.05	0.07		
2.0	0.38	0.42	0.30	0.34	0.22	0.26	0.14	0.18	0.06	0.08		
2.5	0.49	0.55	0.39	0.45	0.29	0.35	0.18	0.24	0.07	0.10		
3.0	0.62	0.68	0.49	0.55	0.36	0.42	0.23	0.29	0.10	0.13		
3.5	0.73	0.81	0.58	0.66	0.43	0.51	0.27	0.35	0.12	0.16	0.04	0.06
4.0	0.86	0.94	0.68	0.76	0.50	0.58	0.32	0.40	0.14	0.18		
4.5	1.00	1.08	0.78	0.86	0.58	0.66	0.37	0.45	0.6	0.20	—	—
5.0	1.13	1.23	0.90	1.00	0.65	0.75	0.42	0.52	0.18	0.23	0.05	0.07
6.0	1.40	1.50	1.10	1.20	0.82	0.92	0.53	0.63	0.24	0.29		
8.0	2.00	2.12	1.60	1.72	1.17	1.29	0.76	0.88	—	—		
10	2.60	2.72	2.10	2.22	1.56	1.68	1.02	1.14	—	—	—	—
12	3.30	3.42	2.60	2.72	1.97	2.09	1.30	1.42	—	—		

注：有＊号处均系无间隙。

3. 机械制造行业用冲裁模初始双面间隙

机械制造行业用冲裁模初始双面间隙见表 2－24。

表 2－24　　机械制造行业用冲裁模初始双面间隙　　(mm)

材质	软铜、黄铜、铝		中硬钢（30～40 钢）		硬钢（45 钢、50 钢以上）		夹布胶木		纸板、皮革、石棉、橡胶板	
料厚t	$2c_{max}$	$2c_{min}$	$2c_{max}$	$2c_{min}$	$2c_{max}$	$2c_{min}$	$2c_{max}$	$2c_{min}$	$2c_{max}$	$2c_{min}$
0.1	0.025	0.005	0.025	0.005	0.03	0.005	0.020	0.005	0.015	0.005
0.2	0.025	0.005	0.030	0.010	0.035	0.010	0.020	0.005	0.015	0.005
0.3	0.030	0.010	0.035	0.015	0.035	0.015	0.020	0.010	0.015	0.005
0.4	0.035	0.015	0.040	0.020	0.045	0.025	0.020	0.010	0.015	0.005
0.5	0.040	0.020	0.050	0.025	0.055	0.030	0.025	0.010	0.015	0.005
0.6	0.050	0.025	0.060	0.030	0.070	0.040	0.025	0.010	0.015	0.005
0.8	0.065	0.030	0.080	0.040	0.090	0.050	0.030	0.015	0.015	0.005
1.0	0.080	0.040	0.100	0.050	0.110	0.060	0.040	0.020	0.020	0.010

续表

材质	软铜、黄铜、铝		中硬钢（30～40 钢）		硬钢（45 钢、50 钢以上）		夹布胶木		纸板、皮革、石棉、橡胶板	
1.2	0.120	0.060	0.130	0.070	0.160	0.080	0.055	0.030	0.030	0.015
1.5	0.140	0.075	0.165	0.090	0.195	0.100	0.070	0.035	0.035	0.015
1.8	0.160	0.090	0.200	0.110	0.230	0.130	0.080	0.045	0.040	0.020
2.0	0.180	0.100	0.220	0.120	0.260	0.140	0.090	0.050	0.045	0.025
2.5	0.225	0.125	0.275	0.150	0.325	0.175	0.100	0.060	0.050	0.030
3.0	0.270	0.150	0.330	0.180	0.390	0.210	0.130	0.075	0.060	0.035
3.5	0.350	0.210	0.420	0.245	0.490	0.280	0.170	0.090	—	—
4.0	0.400	0.240	0.480	0.280	0.560	0.320	0.200	0.100	—	—
4.5	0.450	0.270	0.540	0.315	0.630	0.360	0.230	0.120	—	—
5.0	0.500	0.300	0.600	0.350	0.700	0.400	0.250	0.150	—	—
6.0	0.660	0.400	0.800	0.500	0.900	0.500	—	—	—	—
7.0	0.770	0.500	0.900	0.500	1.100	0.600	—	—	—	—
8.0	0.880	0.600	1.100	0.700	1.200	0.700	—	—	—	—
9.0	1.00	0.700	1.300	0.800	1.400	0.900	—	—	—	—
10.0	1.200	0.800	1.400	0.900	1.600	1.000	—	—	—	—
11.0	1.300	0.900	1.500	1.000	1.800	1.100	—	—	—	—
12.0	1.500	1.00	1.700	1.100	2.000	1.200	—	—	—	—
13.0	1.800	1.300	2.000	1.400	2.100	1.600	—	—	—	—
14.0	2.000	1.400	2.100	1.500	2.200	1.700	—	—	—	—
15.0	2.200	1.500	2.300	1.600	2.400	1.800	—	—	—	—
16.0	2.300	1.600	2.400	1.800	2.600	2.000	—	—	—	—

4. 汽车、拖拉机制造行业用冲裁模初始双面间隙

汽车、拖拉机制造行业用冲裁模初始双面间隙见表 2 - 25。

表 2 - 25　　汽车、拖拉机制造行业用冲裁模初始双面间隙　　(mm)

材料厚度	08、10、35、09Mn、Q235A		16Mn		40，50		65Mn	
	$2c_{min}$	$2c_{max}$	$2c_{min}$	$2c_{max}$	$2c_{min}$	$2c_{max}$	$2c_{min}$	$2c_{max}$
<0.5	极小间隙							
0.5	0.040	0.060	0.040	0.060	0.040	0.060	0.040	0.060
0.6	0.048	0.072	0.048	0.072	0.048	0.072	0.048	0.072
0.7	0.064	0.092	0.064	0.092	0.064	0.092	0.064	0.092

续表

材料厚度	08、10、35、09Mn、Q235A		16Mn		40，50		65Mn	
	$2c_{min}$	$2c_{max}$	$2c_{min}$	$2c_{max}$	$2c_{min}$	$2c_{max}$	$2c_{min}$	$2c_{max}$
0.8	0.072	0.104	0.072	0.104	0.072	0.104	0.064	0.092
0.9	0.090	0.126	0.090	0.126	0.090	0.126	0.090	0.126
1.0	0.100	0.140	0.100	0.140	0.100	0.140	0.090	0.126
1.2	0.126	0.180	0.132	0.180	0.132	0.180	—	—
1.5	0.132	0.240	0.170	0.240	0.170	0.230	—	—
1.75	0.220	0.320	0.220	0.320	0.220	0.320	—	—
2.0	0.246	0.360	0.260	0.380	0.260	0.380	—	—
2.1	0.260	0.380	0.280	0.400	0.280	0.400	—	—
2.5	0.360	0.500	0.380	0.540	0.380	0.540	—	—
2.75	0.400	0.560	0.420	0.600	0.420	0.600	—	—
3.0	0.460	0.640	0.480	0.660	0.480	0.660	—	—
3.5	0.540	0.740	0.580	0.780	0.580	0.780	—	—
4.0	0.640	0.880	0.680	0.920	0.680	0.920	—	—
4.5	0.720	1.000	0.680	0.960	0.780	1.040	—	—
5.5	0.940	1.280	0.780	1.100	0.980	1.320	—	—
6.0	1.080	1.440	0.840	1.200	1.140	1.500	—	—
6.5	—	—	0.940	1.300	—	—	—	—
8.0	—	—	1.200	1.680	—	—	—	—

注：冲裁皮革、石棉和纸板时，间隙取 08 钢的 25%。

5. 电机制造行业用冲裁模双面间隙

电机制造行业用冲裁模双面间隙见表 2-26。

表 2-26　　电机制造行业用冲裁模双面间隙　　(mm)

材料厚度 t	合　金							
	T8、45、1Cr18Ni9		Q215,Q235、35CrMo QSnP10-1、D41、D44		08F、10、15、H62、T1、T2、T3		1060、1050A、1035	
	双 面 间 隙 $2c$							
	$2c_{min}$	$2c_{max}$	$2c_{min}$	$2c_{max}$	$2c_{min}$	$2c_{max}$	$2c_{min}$	$2c_{max}$
0.35	0.03	0.05	0.02	0.05	0.01	0.03	—	—
0.5	0.04	0.08	0.03	0.07	0.02	0.04	0.02	0.03
0.8	0.09	0.12	0.06	0.10	0.04	0.07	0.023	0.045

续表

<table>
<tr><td rowspan="3">材料厚度 t</td><td colspan="8">合 金</td></tr>
<tr><td colspan="2">T8、45、
1Cr18Ni9</td><td colspan="2">Q215，Q235、35CrMo
QSnP10-1、D41、D44</td><td colspan="2">08F、10、15、
H62、T1、T2、T3</td><td colspan="2">1060、1050A、1035</td></tr>
<tr><td colspan="8">双 面 间 隙 $2c$</td></tr>
<tr><td></td><td>$2c_{min}$</td><td>$2c_{max}$</td><td>$2c_{min}$</td><td>$2c_{max}$</td><td>$2c_{min}$</td><td>$2c_{max}$</td><td>$2c_{min}$</td><td>$2c_{max}$</td></tr>
<tr><td>1.0</td><td>0.11</td><td>0.15</td><td>0.08</td><td>0.12</td><td>0.05</td><td>0.08</td><td>0.04</td><td>0.06</td></tr>
<tr><td>1.2</td><td>0.11</td><td>0.18</td><td>0.10</td><td>0.11</td><td>0.07</td><td>0.10</td><td>0.05</td><td>0.07</td></tr>
<tr><td>1.5</td><td>0.19</td><td>0.23</td><td>0.13</td><td>0.17</td><td>0.08</td><td>0.12</td><td>0.06</td><td>0.10</td></tr>
<tr><td>1.8</td><td>0.23</td><td>0.27</td><td>0.17</td><td>0.22</td><td>0.12</td><td>0.16</td><td>0.07</td><td>0.11</td></tr>
<tr><td>2.0</td><td>0.28</td><td>0.32</td><td>0.20</td><td>0.24</td><td>0.13</td><td>0.18</td><td>0.08</td><td>0.12</td></tr>
<tr><td>2.5</td><td>0.37</td><td>0.43</td><td>0.25</td><td>0.31</td><td>0.16</td><td>0.22</td><td>0.11</td><td>0.17</td></tr>
<tr><td>3.0</td><td>0.43</td><td>0.54</td><td>0.33</td><td>0.39</td><td>0.21</td><td>0.27</td><td>0.14</td><td>0.20</td></tr>
<tr><td>3.5</td><td>0.58</td><td>0.65</td><td>0.42</td><td>0.49</td><td>0.25</td><td>0.33</td><td>0.13</td><td>0.26</td></tr>
<tr><td>4.0</td><td>0.68</td><td>0.76</td><td>0.52</td><td>0.60</td><td>0.32</td><td>0.10</td><td>0.21</td><td>0.29</td></tr>
<tr><td>4.5</td><td>0.79</td><td>0.88</td><td>0.64</td><td>0.72</td><td>0.38</td><td>0.46</td><td>0.36</td><td>0.34</td></tr>
<tr><td>5.0</td><td>0.90</td><td>1.0</td><td>0.75</td><td>0.85</td><td>0.45</td><td>0.55</td><td>0.30</td><td>0.40</td></tr>
<tr><td>6.0</td><td>1.16</td><td>1.26</td><td>0.97</td><td>1.07</td><td>0.60</td><td>0.70</td><td>0.40</td><td>0.50</td></tr>
<tr><td>8.0</td><td>1.75</td><td>1.87</td><td>1.46</td><td>1.58</td><td>0.85</td><td>0.97</td><td>0.60</td><td>0.72</td></tr>
<tr><td>10</td><td>2.41</td><td>2.56</td><td>2.01</td><td>2.16</td><td>1.14</td><td>1.26</td><td>0.80</td><td>0.92</td></tr>
</table>

6. 仪表电器制造行业用冲裁模初始双面间隙

仪表电器制造行业用冲裁模初始双面间隙见表 2 - 27。

表 2 - 27　　仪表电器制造行业用冲裁模初始双面间隙　　(mm)

<table>
<tr><td rowspan="2">材料厚度</td><td colspan="2">软　铝</td><td colspan="2">纯铜、黄铜、软钢
[ω(C)0.08%～0.2%]</td><td colspan="2">杜拉铝、中等硬钢
[ω(C)0.3%～0.4%]</td><td colspan="2">硬　钢
[ω(C)0.5%～0.6%]</td></tr>
<tr><td>$2c_{min}$</td><td>$2c_{max}$</td><td>$2c_{min}$</td><td>$2c_{max}$</td><td>$2c_{min}$</td><td>$2c_{max}$</td><td>$2c_{min}$</td><td>$2c_{max}$</td></tr>
<tr><td>0.2</td><td>0.008</td><td>0.012</td><td>0.010</td><td>0.014</td><td>0.012</td><td>0.016</td><td>0.014</td><td>0.018</td></tr>
<tr><td>0.3</td><td>0.012</td><td>0.018</td><td>0.015</td><td>0.021</td><td>0.018</td><td>0.024</td><td>0.021</td><td>0.027</td></tr>
<tr><td>0.4</td><td>0.016</td><td>0.024</td><td>0.020</td><td>0.028</td><td>0.024</td><td>0.032</td><td>0.028</td><td>0.036</td></tr>
<tr><td>0.5</td><td>0.020</td><td>0.030</td><td>0.025</td><td>0.035</td><td>0.030</td><td>0.040</td><td>0.035</td><td>0.015</td></tr>
<tr><td>0.6</td><td>0.024</td><td>0.036</td><td>0.030</td><td>0.042</td><td>0.036</td><td>0.048</td><td>0.042</td><td>0.054</td></tr>
<tr><td>0.7</td><td>0.028</td><td>0.042</td><td>0.035</td><td>0.049</td><td>0.042</td><td>0.056</td><td>0.049</td><td>0.063</td></tr>
<tr><td>0.8</td><td>0.032</td><td>0.048</td><td>0.040</td><td>0.056</td><td>0.048</td><td>0.064</td><td>0.056</td><td>0.072</td></tr>
</table>

续表

材料厚度	软铝		纯铜、黄铜、软钢 [ω(C)0.08%～0.2%]		杜拉铝、中等硬钢 [ω(C)0.3%～0.4%]		硬钢 [ω(C)0.5%～0.6%]	
	$2c_{min}$	$2c_{max}$	$2c_{min}$	$2c_{max}$	$2c_{min}$	$2c_{max}$	$2c_{min}$	$2c_{max}$
0.9	0.036	0.054	0.045	0.063	0.054	0.072	0.063	0.081
1.0	0.040	0.060	0.050	0.070	0.060	0.080	0.070	0.090
1.2	0.060	0.084	0.072	0.096	0.084	0.108	0.096	0.120
1.5	0.075	0.105	0.090	0.120	0.105	0.135	0.120	0.150
1.8	0.090	0.126	0.108	0.144	0.126	0.162	0.144	0.180
2.0	0.100	0.140	0.120	0.160	0.140	0.180	0.160	0.200
2.2	0.132	0.176	0.154	0.198	0.176	0.220	0.198	0.242
2.5	0.150	0.200	0.175	0.225	0.200	0.250	0.225	0.275
2.8	0.168	0.224	0.196	0.252	0.224	0.280	0.252	0.308
3.0	0.180	0.240	0.210	0.270	0.240	0.300	0.270	0.330
3.5	0.245	0.315	0.280	0.350	0.315	0.385	0.350	0.420
4.0	0.280	0.360	0.320	0.400	0.360	0.440	0.400	0.480
4.5	0.315	0.405	0.360	0.450	0.405	0.495	0.450	0.540
5.0	0.350	0.450	0.400	0.500	0.450	0.550	0.500	0.600
6.0	0.480	0.600	0.540	0.660	0.600	0.720	0.660	0.780
7.0	0.560	0.700	0.630	0.770	0.700	0.840	0.770	0.910
8.0	0.720	0.880	0.800	0.960	0.880	1.040	0.960	1.120
9.0	0.810	0.990	0.900	1.080	0.990	1.170	1.080	1.260
10.0	0.900	1.100	1.000	1.200	1.100	1.300	1.200	1.400

注：①初始间隙的最小值相当于间隙的公称数值。

②初始间隙的最大值是考虑到凸模和凹模的制造公差所增加的数值。

③在使用过程中，由于模具工作部分的磨损，间隙将有所增加，因而间隙的使用最大数值要超过表列数值。

7. 不锈钢的冲裁间隙

不锈钢的冲裁间隙见表 2-28。

表 2-28　不锈耐酸钢 1Gr18Ni9Ti 的冲裁间隙　(mm)

料厚 t	双面间隙 $2c$			料厚 t	双面间隙 $2c$		
	最小值	合适值	最大值		最小值	合适值	最大值
0.6	0.040	0.055	0.110	1.8	0.110	0.190	0.360
0.8	0.050	0.090	0.160	2.0	0.120	0.200	0.400
1.0	0.080	0.130	0.220	2.5	0.150	0.250	0.500

续表

料厚 t	双面间隙 $2c$			料厚 t	双面间隙 $2c$		
	最小值	合适值	最大值		最小值	合适值	最大值
1.2	0.085	0.145	0.265	3.0	0.180	0.300	0.600
1.5	0.090	0.165	0.300				

第三节 冲裁力与冲裁功

冲裁力是选择冲压设备的主要依据，也是选择模具结构、校验模具强度的重要依据。

一、冲裁力的计算

冲裁力在冲裁变形过程中并不是一个常数，工程术语定义冲裁力，是指冲裁过程中的最大剪切抗力。计算冲裁力的目的是为了合理选择压力机吨位和校核模具强度。

1. 平刃口冲裁的冲裁力计算

平刃口冲裁的冲裁力计算公式为：

$$F_0 = A_0\tau_b = L_0 t\tau_b \quad (2-1)$$

式中 F_0——计算的理论冲裁力（kN）；

A_0——冲（剪）切面的面积（mm^2）；

L_0——冲裁件的冲裁线长度（mm）；

t——冲裁件料厚（mm）；

τ_b——材料的抗剪强度（MPa）。

考虑到冲裁材料厚度的偏差大，尤其热轧钢板，而且总有同板差，实际冲裁料厚 t 总是在一定范围波动；冲裁模刃口工作一段时间后就逐渐磨损而变钝，冲裁力会随之增大；冲裁间隙分布不够合理和不均匀、材料力学性能的波动等因素，使实际冲裁力还会比计算的理论冲裁力增加10％～30％，故要在理论计算冲裁力 F_0 的基础上，增加安全系数 K，即：

$$F_{平} = KF_0 = KL_0 t\tau \quad (2-2)$$

式中 K——安全系数，通常 K 值为1.1～1.3；其余符号同式（2-1）。

以上各式中的 τ_b 值是一个随剪切工具结构形式及剪切条件变化较大的数值，通常都要在真实或相似条件下试验获取接近实用的数据，一般资料中难以查到。鉴于材料的抗拉强度 σ_b 与抗剪强度 τ_b 有 $\sigma_b =$（1.1～1.3）τ_b 的近似关系，所以，通常用 σ_b 代入式（2-2）获得常用实际冲裁力，计算公式如下：

$$F_{平} = Lt\sigma_b \quad (2-3)$$

常用材料的抗冲剪强度和抗拉强度见表 2－29。

表 2－29　常用材料的抗冲剪强度和抗拉强度

材　料	抗冲剪强度（MPa）		抗拉强度（MPa）	
	软	硬	软	硬
铅	20～30	—	25～40	—
锡	30～40	—	40～50	—
铝	70～110	130～180	80～120	170～220
硬铝	220	380	260	480
锌	120	200	150	250
铜	180～220	250～300	220～280	300～400
黄铜	220～300	350～400	280～350	400～600
青铜	320～400	400～600	400～500	500～750
锌白铜	280～360	450～560	350～450	550～700
铁板	320	400	—	450
钢板	400～500	550～600	—	600～700
钢 0.1%C	250	320	320	400
钢 0.2%C	320	400	400	500
钢 0.3%C	360	480	450	600
钢 0.4%C	450	560	560	720
钢 0.6%C	560	720	720	900
钢 0.8%C	720	900	900	1100
钢 1.0%C	800	1050	1000	1300
硅钢板	450	560	550	650
不锈钢	520	560	650～700	—

对斜刃口冲裁力还可以用下式进行简化的概略计算：

$$F_{斜}=K_{斜}F_{平} \tag{2-4}$$

式中　$F_{斜}$——斜刃口冲裁时实际冲裁力（kN）；

$K_{斜}$——斜刃口冲裁时的减力系数，见表 2－30。

$F_{平}$——同一冲裁件的平刃口冲裁力（kN）。

表 2－30　斜刃口冲裁减力系数 $K_{斜}$

料厚 t（mm）	斜刃口高度 H（mm）	斜角 ϕ（°）	减力系数 $K_{斜}$
<3	$2t$	<5	0.3～0.4
≥3～10	t～$2t$	5～8	0.60～0.65

2. 斜刃口冲裁的冲裁力计算

斜刃口冲裁形式及冲裁力计算方法见表 2-31。

表 2-31　斜刃口冲裁形式及冲裁力计算方法

名　称	简　图	计算公式
斜刃口落料（凸模或凹模单面斜刃）	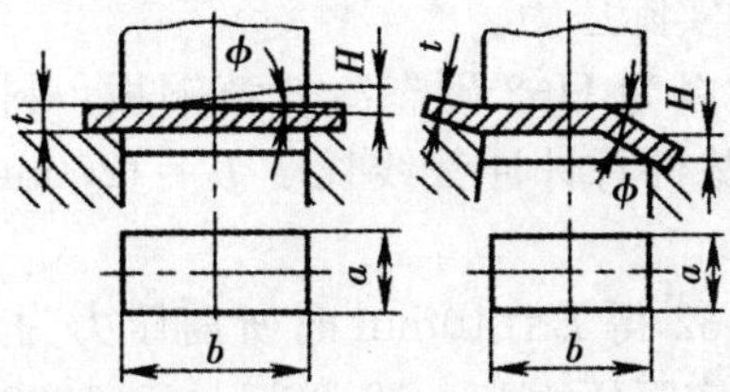	当 $H>t$ 时： $F=t\tau_b\left(a+b\dfrac{t}{H}\right)$ 当 $H=t$ 时： $F=t\tau_b(a+b)$
斜刃口冲孔（凸模或凹模单面单倾角斜刃）	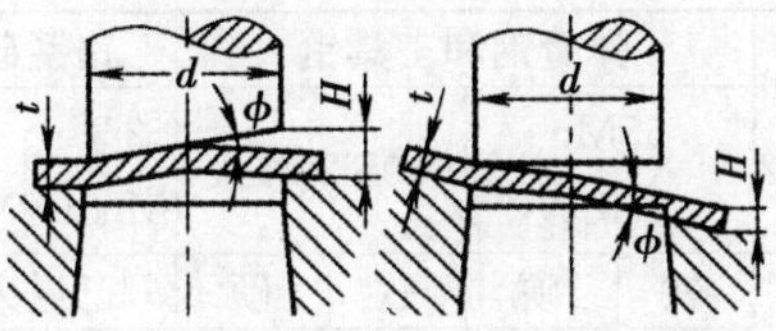	当 $H>t$ 时： $F=dt\tau_b\arccos\dfrac{H-t}{H}$ 当 $H=t$ 时： $F=\dfrac{\pi}{2}dt\tau_b$
斜刃口冲孔（凸模或凹模单面人字双倾角斜刃）	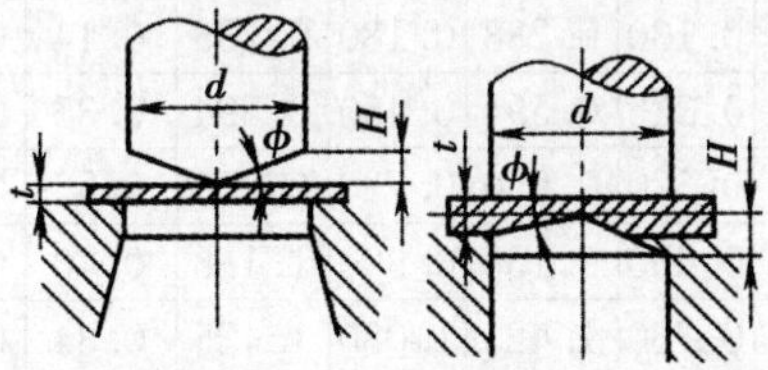	当 $0.5t<H\leqslant t$ 时： $F=2dt\tau_b\arccos\dfrac{H-0.5t}{H}$ 当 $H=t$ 时： $F=\dfrac{3}{2}\pi dt\tau_b$
斜刃口冲孔（凸模或凹模单面人字刃口都呈斜刃）	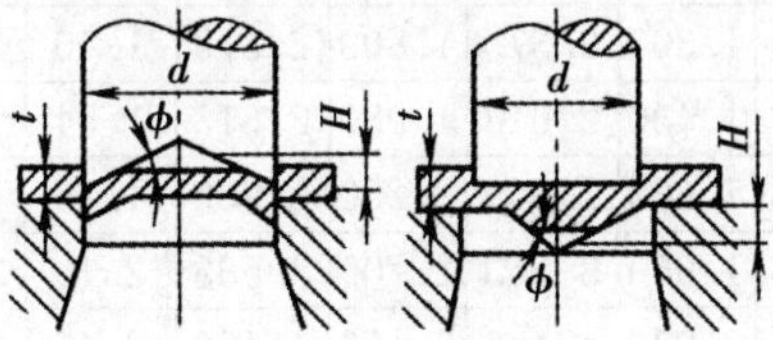	当 $0.5t<H\leqslant t$ 时： $F=2dt\tau_b\arccos\dfrac{H-0.5t}{H}$ 当 $H=t$ 时： $F=\dfrac{3}{2}\pi dt\tau_b$
斜刃口落料（凸模或凹模单面呈斜刃）	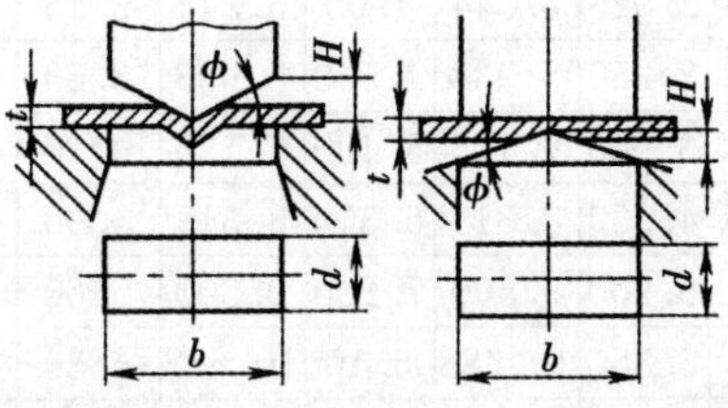	当 $H>t$ 时： $F=2t\tau_b\left(a+b\times\dfrac{0.5t}{H}\right)$ 当 $H=t$ 时： $F=2t\tau_b(a+0.5b)$

二、冲裁力的查表法

表 2－32、表 2－33 及表 2－34 列出了常用钢铁材料和非铁金属材料的板材($t \leqslant 10$mm)，当冲裁线长度 L＝100mm 时，所需冲压设备的实际压力。使用方法：知道冲裁件的材料牌号、软硬状态和抗剪强度 τ、料厚 t、冲裁线长度 L，即可查表求得所需冲压设备的实际压力。

应用举例：已知冲裁件材料为 H62 硬态冷轧黄铜板，料厚 t＝3.5mm，材料抗剪强度 τ_b＝420MPa，冲裁件总计冲裁线长度 L＝1200mm，试求其最小冲裁公称压力。

根据已知参数，查表 2－32 得 L＝10mm 时所需压力为 18.38kN，则 L＝1200mm 时，所需冲压设备的实际压力为：18.38kN×（1200/10）＝2205kN。

表 2－32　当 L＝10mm 时冲裁钢铁材料所需的压力　（×10kN）

材料厚度	碳素结构钢			锰钢	弹簧钢和工具钢				铬锰硅钢		不锈钢	
	10	20	45	10Mn2	65Mn T8A		60Si2MnA		25Cr MnSiA	30Cr MnSiA	1Cr18Ni9 2Cr18Ni9	
	已退火的			软	软	硬	软	硬	已退火的		软	冷作硬化
	抗剪强度 τ_b/×10MPa											
	26～34	28～40	44～56	32～46	52	60～95	72	64～95	40～56	44～60	46～52	80～88
0.2	0.085	0.10	0.14	0.115	0.130	0.238	0.180	0.238	0.14	0.150	0.130	0.22
0.5	0.213	0.25	0.35	0.288	0.325	0.594	0.450	0.594	0.35	0.375	0.325	0.55
0.8	0.340	0.40	0.56	0.460	0.520	0.950	0.720	0.950	0.56	0.600	0.520	0.88
1.0	0.425	0.50	0.70	0.575	0.650	1.188	0.900	1.188	0.70	0.750	0.650	1.10
1.2	0.510	0.60	0.84	0.690	0.780	1.425	1.080	1.425	0.84	0.900	0.780	1.32
1.5	0.638	0.75	1.05	0.863	0.975	1.781	1.350	1.781	1.05	1.125	0.975	1.65
1.8	0.765	0.90	1.26	1.035	1.170	2.138	1.620	2.138	1.26	1.350	1.170	1.98
2.0	0.850	1.00	1.40	1.150	1.300	2.375	1.800	2.375	1.40	1.500	1.300	2.20
2.2	0.935	1.10	1.54	1.265	1.430	2.613	1.980	2.613	1.54	1.650	1.430	2.42
2.5	1.063	1.25	1.75	1.438	1.625	2.969	2.250	2.969	1.75	1.875	1.625	2.75
3.0	1.275	1.50	2.10	1.725	1.950	3.563	2.700	3.563	2.10	2.250	1.950	3.30
3.5	1.488	1.75	2.45	2.013	2.275	4.156	3.150	4.156	2.45	2.625	2.275	3.85
4.0	1.700	2.00	2.80	2.300	2.600	4.750	3.600	4.750	2.80	3.000	2.600	4.40
4.5	1.913	2.25	3.15	2.588	2.925	5.344	4.05	5.344	3.15	3.375	2.925	4.95
5.0	2.126	2.50	3.50	2.875	3.250	5.938	4.500	5.938	3.50	3.750	3.250	5.50
6.0	2.550	3.00	4.20	3.450	3.900	7.125	5.400	7.125	4.20	4.500	3.900	6.60
7.0	2.975	3.50	4.90	4.025	4.550	8.313	6.300	8.313	4.90	5.250	4.550	7.70
8.0	3.400	4.00	5.60	4.60	5.200	9.500	7.200	9.500	5.60	6.000	5.200	8.80
9.0	3.825	4.50	6.30	5.17	5.850	10.688	8.10	10.688	6.30	6.750	5.850	9.90
10.0	4.250	5.00	7.00	5.75	6.500	11.875	9.000	11.875	7.00	7.500	6.500	11.00

表 2-33　　当 L=10mm 时冲裁非铁金属材料所需的压力　　(×10kN)

材料厚度 t (mm)	铝		硬铝合金			防锈铝合金				超硬铝合金		黄铜		铜	
	1070A、1060、1050A、1035、1200、8A06		2A12			3A21		5A02		7A04		H62 H68		T1、T2 T3、T4	
	软	硬	软	淬硬	硬	软	硬	软	硬	软	淬火	软	硬	软	硬
	抗剪强度 τ_b (×10MPa)														
	5～8	8～10	10～16	28～31	30～32	7～10	10～14	13～16	16～20	17	35	24	42	16	24
0.2	0.02	0.025	0.04	0.078	0.08	0.025	0.035	0.04	0.050	0.043	0.088	0.06	0.105	0.04	0.06
0.5	0.05	0.063	0.10	0.194	0.20	0.063	0.088	0.10	0.126	0.107	0.219	0.15	0.263	0.10	0.15
0.8	0.08	0.100	0.16	0.310	0.32	0.100	0.140	0.16	0.200	0.170	0.350	0.24	0.420	0.16	0.24
1.0	0.10	0.125	0.20	0.388	0.40	0.125	0.175	0.20	0.250	0.213	0.438	0.30	0.525	0.20	0.30
1.2	0.12	0.150	0.24	0.466	0.48	0.150	0.210	0.24	0.300	0.256	0.526	0.36	0.630	0.24	0.36
1.5	0.15	0.188	0.30	0.582	0.60	0.188	0.263	0.30	0.375	0.319	0.657	0.45	0.788	0.30	0.45
1.8	0.18	0.225	0.36	0.698	0.72	0.225	0.315	0.36	0.450	0.383	0.788	0.54	0.945	0.36	0.54
2.0	0.20	0.250	0.40	0.776	0.80	0.250	0.350	0.40	0.500	0.426	0.876	0.60	1.050	0.40	0.60
2.2	0.22	0.275	0.44	0.854	0.88	0.275	0.385	0.44	0.550	0.469	0.964	0.66	1.155	0.44	0.66
2.5	0.25	0.313	0.50	0.970	1.00	0.313	0.438	0.50	0.625	0.533	1.095	0.75	1.313	0.50	0.75
3.0	0.30	0.375	0.60	1.164	1.20	0.375	0.525	0.60	0.750	0.639	1.314	0.90	1.575	0.60	0.90
3.5	0.35	0.438	0.70	1.358	1.40	0.438	0.613	0.70	0.875	0.746	1.533	1.05	1.838	0.70	1.05
4.0	0.40	0.500	0.80	1.552	1.60	0.500	0.700	0.80	1.000	0.852	1.752	1.20	2.100	0.80	1.20
4.5	0.45	0.563	0.90	1.746	1.80	0.563	0.788	0.90	1.125	0.958	1.971	1.35	2.363	0.90	1.35
5.0	0.50	0.625	1.00	1.940	2.00	0.625	0.875	1.00	1.250	0.065	2.190	1.50	2.625	1.00	1.50
6.0	0.60	0.750	1.20	2.328	2.40	0.750	1.050	1.20	1.500	1.278	2.628	1.80	3.150	1.30	1.80
7.0	0.70	0.875	1.40	2.716	2.80	0.875	1.225	1.40	1.750	1.491	3.066	2.10	3.675	1.40	2.10
8.0	0.80	1.000	1.60	3.104	3.20	1.000	1.400	1.60	2.000	1.704	3.504	2.40	4.20	1.60	2.40
9.0	0.90	1.125	1.80	3.492	3.60	1.125	1.575	1.80	2.250	1.917	3.942	2.70	4.725	1.80	2.70
10.0	1.00	1.250	2.00	3.880	4.00	1.250	1.750	2.00	2.500	2.130	4.380	3.00	5.250	2.00	3.00

表 2-34　当 L=10mm 时冲裁各种青铜板所需的压力　(×10kN)

材料厚度 t（mm）	锡青铜			铍青铜		硅青铜	
	QSn6.5－0.1、QSn6.5－0.4			QBe2		QSi3－1	
	软	硬	特硬	软	硬	软	硬
	抗剪强度 τ_b（×10MPa）						
	26	48	52	32～48	52	28～30	56～60
0.10	0.033	0.060	0.065	0.060	0.065	0.038	0.075
0.15	0.049	0.090	0.098	0.090	0.098	0.056	0.113
0.20	0.065	0.120	0.130	0.120	0.130	0.075	0.150
0.25	0.081	0.150	0.163	0.150	0.163	0.094	0.188
0.30	0.098	0.180	0.195	0.1801	0.195	0.113	0.215
0.35	0.110	0.210	0.228	0.210	0.228	0.131	0.263
0.40	0.130	0.240	0.260	0.240	0.260	0.150	0.300
0.45	0.150	0.270	0.293	0.270	0.293	0.169	0.338
0.50	0.162	0.300	0.325	0.300	0.325	0.188	0.375
0.60	0.195	0.360	0.390	0.360	0.390	0.225	0.450
0.80	0.260	0.480	0.520	0.480	0.520	0.300	0.600
1.00	0.325	0.600	0.650	0.600	0.650	0.375	0.750
1.20	0.390	0.720	0.790	0.720	0.790	0.450	0.900
1.50	0.488	0.900	0.975	0.900	0.975	0.562	1.125
1.80	0.585	1.080	1.170	1.080	1.170	0.675	1.350
2.00	0.650	1.200	1.300	1.200	1.300	0.750	1.500
2.20	0.715	1.320	1.430	1.320	1.430	0.825	1.650
2.50	0.813	1.500	1.625	1.500	1.625	0.938	1.875

三、推件力、顶件力及卸料力

冲裁使板料分离后，材料的弹性变形回复使冲裁工件、冲孔废料尺寸都会稍稍增大，而梗塞在凹模、凸模中，必须在冲模回程中，把冲裁工件和冲孔废料从凹模中沿冲压方向推出模或逆冲压方向顶出模，如图 2-14 所示。通常顶件力 $F_{顶}$ 比推件力 $F_{推}$ 要大 20％～40％。搭边框也会卡在凸模外侧，也要施加卸料力 $F_{卸}$，将其从凸模上卸下。通常这些力的影响因素太多，波动又大，详细计算十分繁杂，一般可根据冲裁力粗略估算。

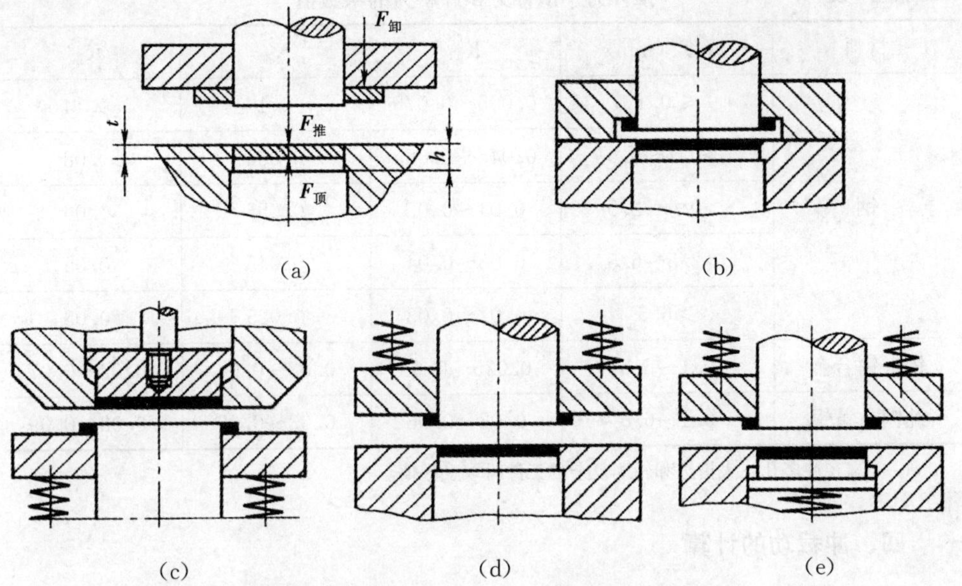

(a) 推件力 $F_{推}$、顶件力 $F_{顶}$ 和卸料力 $F_{卸}$ 的分布位置

(b) 采用固定卸料板结构冲裁模，选用压力机公称压力要加 $F_{推}$

(c) 采用刚性顶件弹压卸料的倒装结构冲裁模，计算压力机公称压力要加 $F_{卸}$

(d) 采用弹压卸料结构冲裁模，计算所需总压力要加 $F_{推}+F_{卸}$

(e) 采用弹压卸料与弹顶出件的冲裁模，计算所需总压力要加 $F_{顶}+F_{卸}$

图 2-14 推件力、顶件力和卸料力及计算场合示意

$$F_{顶}=K_{顶}F_{平}$$
$$F_{推}=nK_{推}F_{平}$$
$$F_{卸}=K_{卸}F_{平}$$

式中 $F_{推}$——推件力（kN）；

$F_{顶}$——顶件力（kN）；

$F_{卸}$——卸件力（kN）；

$F_{平}$——平刃口冲裁力（kN）；

n——同时梗塞在凹模的件数，计算公式为：$n=\dfrac{h}{t}$；h 为凹模直壁刃口高度（mm）；t 为冲裁料厚（mm）；

$K_{顶}$——顶件力系数，见表 2-35；

$K_{推}$——推件力系数，见表 2-35；

$K_{卸}$——卸料力系数，见表 2-35。

表 2-35　推件力、顶件力和卸料力的系数值

材料	厚度（mm）	$K_{卸}$	$K_{推}$	$K_{顶}$
钢	≤0.1	0.065～0.075	0.1	0.14
	>0.1～0.5	0.045～0.055	0.065	0.08
	>0.5～2.5	0.04～0.05	0.055	0.06
	>2.5～6.5	0.03～0.04	0.045	0.05
	>6.5	0.02～0.03	0.025	0.03
铝、铝合金	0.1～6.5	0.025～0.08	0.03～0.07	0.03～0.07
纯铜、黄铜	0.1～6.5	0.02～0.06	0.03～0.09	0.03～0.09

注：$K_{卸}$在冲多孔、大搭边和轮廓复杂的工件时取上限值。

四、冲裁功的计算

1. 平刃口冲裁的冲裁功

$$W_{平} = \frac{x_1 F_{平} t}{1000}$$

式中　$W_{平}$——平刃口冲裁的冲裁功（J）；

$F_{平}$——平刃口冲裁力（N）；

t——冲裁料厚（mm）；

x_1——平均冲裁力与最大冲裁力的比值，由材料种类及厚度确定，见表 2-36。

表 2-36　系数 x_1 的数值

材 料	料厚 t（mm）			
	<1	1～2	2～4	>4
软钢 τ_b=250～350MPa	0.70～0.65	0.65～0.60	0.60～0.50	0.45～0.35
中硬钢 τ_b=350～500MPa	0.60～0.55	0.55～0.50	0.50～0.42	0.40～0.30
硬钢 τ_b=500～700MPa	0.45～0.40	0.40～0.35	0.35～0.30	0.30～0.15
铝、铜（软态）	0.75～0.70	0.70～0.65	0.65～0.55	0.50～0.40

2. 斜刃口冲裁的冲裁功

$$W_{斜} = x_2 F_{斜} \frac{t + H}{1000}$$

式中　$W_{斜}$——斜刃口冲裁的冲裁功（J）；

$F_{斜}$——斜刃口冲裁力（N）；

H——斜刃高度（mm）；

t——料厚（mm）；

x_2——系数，对于软钢，当 $H=t$ 时，取 $x_2\approx0.5\sim0.6$；当 $H=2t$ 时，取 $x_2\approx0.7\sim0.8$。

第四节　排样、搭边与料宽

一、冲裁件的排样计算

冲裁件在板、条等材料上的布置方法称为排样。排样的合理与否，影响到材料的经济利用率，还会影响到模具结构、生产率、制件质量、生产操作方便与安全等。因此，排样是冲裁工艺与模具设计中一项很重要的工作。

冲压件大批量生产成本中，毛坯材料费用占60%以上，排样的目的就在于合理利用原材料。衡量排样经济性、合理性的指标是材料的利用率。其计算公式如下：

一个进距内的材料利用率 η 为：

$$\eta=\frac{nA}{Bh}\times100\%$$

式中　A——冲裁件面积（包括冲出的小孔在内）（mm^2）；

n——一个进距内冲件数目；

B——条料宽度（mm）；

h——进距（mm）。

一张板料上的材料利用率 $\eta_{\sum}$ 为：

$$\eta_{\sum}=\frac{NA}{BL}\times100\%$$

式中　N——一张板料上冲件总数目；

L——板材长度（mm）。

条料、带料和板料的利用率 $\eta_{\sum}$ 比一个进距内的材料利用率 η 要低。其原因是条料和带料有料头和料尾的影响，另外用板材剪成条料还有料边的影响。

要提高材料的利用率，就必须减少废料面积。冲裁过程中所产生的废料可分为两种情况，见图2-15所示。

（1）结构废料：由于工件结构形状的需要，如工件内孔的存在而产生的废料，称为结构废料，它决定于工件的形状，一般不能改变。

（2）工艺废料：工件之间和工件与条料边缘之间存在的搭边，定位需要切去的料边与定位孔，不可避免的料头和料尾废料，称为工艺废料，它决定于冲压方式和排样方法。

因此，提高材料利用率主要应从减少工艺废料着手。同一个工件，可以有

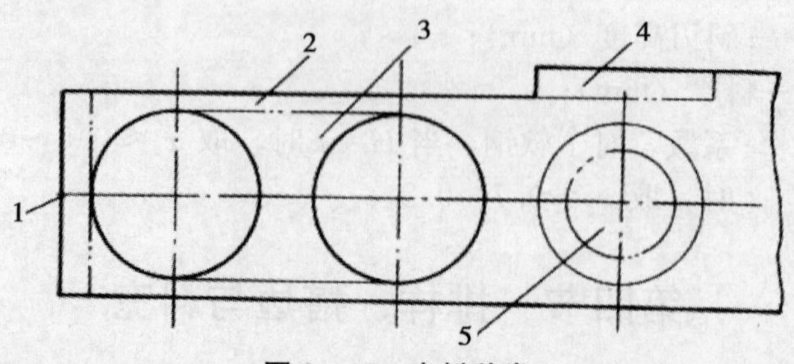

图 2-15　废料种类

1. 料头（搭边）；2. 侧搭边；3. 搭边；4. 定距刀废料；5. 结构废料

几种不同的排样方法。合理的排样方法，应是将工艺废料减到最少。如图 2-16 所示的最简单的圆形工件，采图 2-16（a）的排样法，材料的利用率为 64%，采用图 2-16（b）的排样法，材料利用率提高为 72%，采用图 2-16（c）的方法可达 76.5%。有时在不影响零件使用要求的前提下，对零件结构作些适当改进，可以减少设计废料，提高材料利用率。如图 2-17 所示零件，改进前的材料利用率为 50%，适当改进后，材料利用率可达 80%。冲裁排样、冲压件精度和材料利用率见表 2-37。

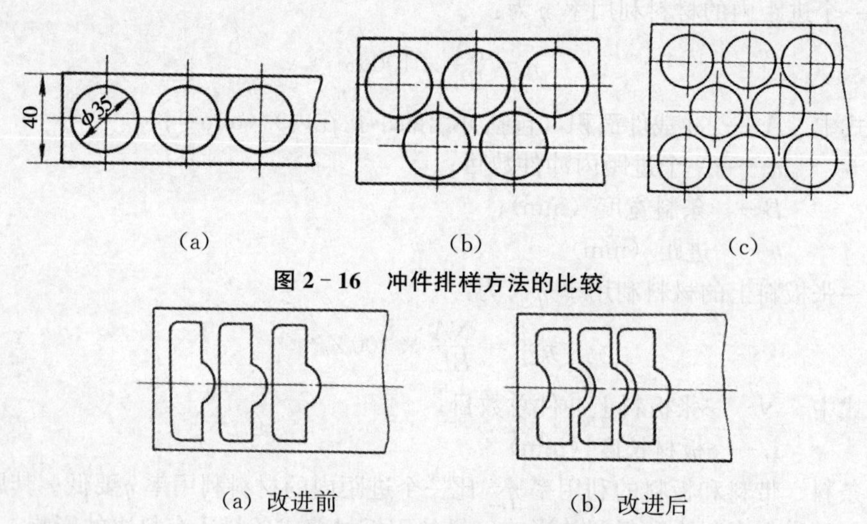

(a)　(b)　(c)

图 2-16　冲件排样方法的比较

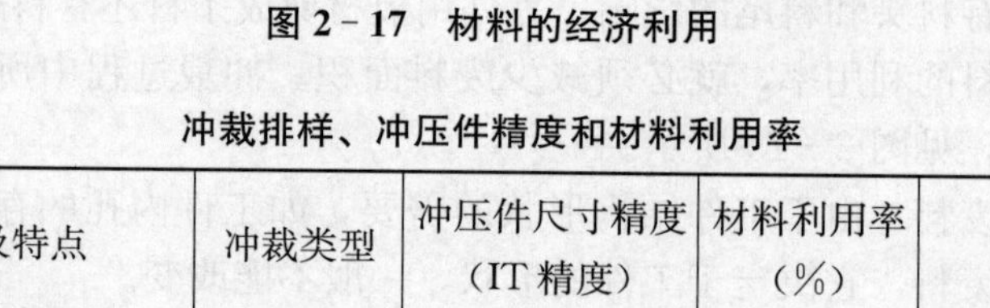

(a) 改进前　(b) 改进后

图 2-17　材料的经济利用

表 2-37　冲裁排样、冲压件精度和材料利用率

排样方式及特点	冲裁类型	冲压件尺寸精度（IT 精度）	材料利用率（%）	说　明
有沿边、有搭边排样，冲压件有内孔且外廓不规则，有结构废料产生	有废料冲裁	IT10～IT8 级	≤70	有内孔、群孔、群槽孔及外形复杂的 η 值更低

续表

排样方式及特点	冲裁类型	冲压件尺寸精度（IT 精度）	材料利用率（%）	说明
无沿边、有搭边或有沿边无搭边排样，冲压件有内孔结构废料	少废料冲裁	IT11～IT9 级	＞70～90	有大孔和群孔群槽以及外形有凸台凹口时 η 值会降低
无沿边、无搭边排样，但有结构废料	少废料冲裁	IT14～IT12 级	＞70～95	属于无搭边排样，少废料冲裁
无沿边、无搭边排样，同时无外形与内孔结构废料	无废料冲裁	IT14～IT12 级	＞90～100	属于完全的无废料冲裁

二、排样方法

1. 常用排样方法

根据材料的利用情况，排样的方法可分为三种：

(1) 有废料排样：沿工件的全部外形冲裁，工件与工件之间，工件与条料侧边之间都有工艺余料（搭边）存在，冲裁后搭边成为废料，如图 2－18 (a) 所示。

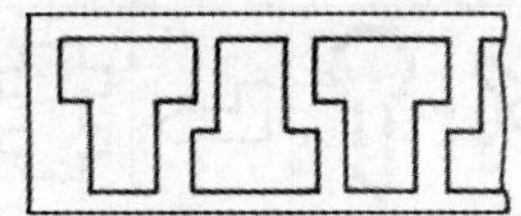
(a) 有废料排样法

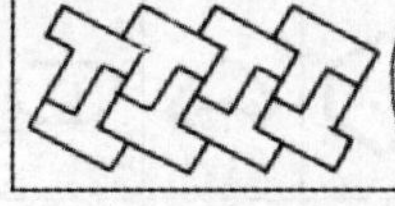
(b) 少废料排样法

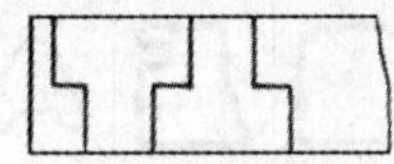
(c) 无废料排样法

图 2－18　排样方法

(2) 少废料排样：沿工件的部分外形轮廓切断或冲裁，只在工件之间或是工件与条料侧边之间有搭边存在，如图 2－18 (b) 所示。

(3) 无废料排样：工件与工件之间，工件与条料侧边之间均无搭边存在，条料沿直线或曲线切断而得工件。如图 2－18 (c) 所示。

有废料排样的材料利用率较低，但制件的质量和冲模寿命较高，常用于工件形状复杂、尺寸精度要求较高的排样。

少废料和无废料排样法的材料利用率较高，在无废料排样时，材料只有料头、料尾损失，材料利用率可达 85%～95%，少废料排样法也可达 70%～90%。如图 2－6 所示的工件，采用有废料排样法时，$\eta=60\%$，采用少废料排样法时，$\eta=72\%$，采用无废料排样法 $\eta=94\%$。同时，少废料和无废料排样法有利于一次冲裁多个工件，可以提高生产率。由于这两种排样法冲切周边减少，所以还可简化模具结构，降低冲裁力。但是，少废料和无废料排样的应用范围有一定的局限性，受到工件形状结构的限制，且由于条料本身的宽度公差，条料导向与定位所产生的误差，会直接影响工件尺寸而使工件的精度降低，在几个工件的汇合点容易产生毛刺。由于采用单边剪切，也会加快模具磨损而降低冲模寿命，并直接影响到工件的断面质量，所以少废料和无废料排样常用于精度要求不高的工件排样。

有废料、少废料或无废料排样，按工件的外形特征、排样的形式又可分为直排、斜排、对排、混合排、多排和裁搭边等，各种排样方式的应用情况可见表 2－38 和表 2－39。

表 2－38　平板冲裁件按外形分类及其经济排样方式

类别	1	2	3	4	5	6	7	8	9	10	11
	方形	梯形	三角	圆	半圆	长圆	十字	T字	L字	山字	工字
平面图形	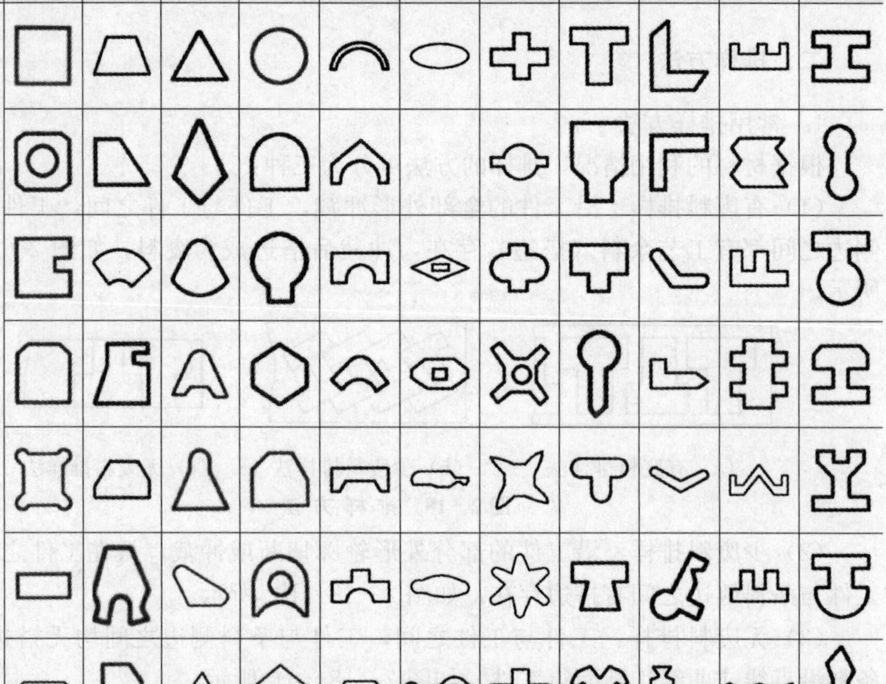										
排样方式	按形状类别推荐的经济排样方式										
	1	2	3	4	5	6	7	8	9	10	11
单列直排	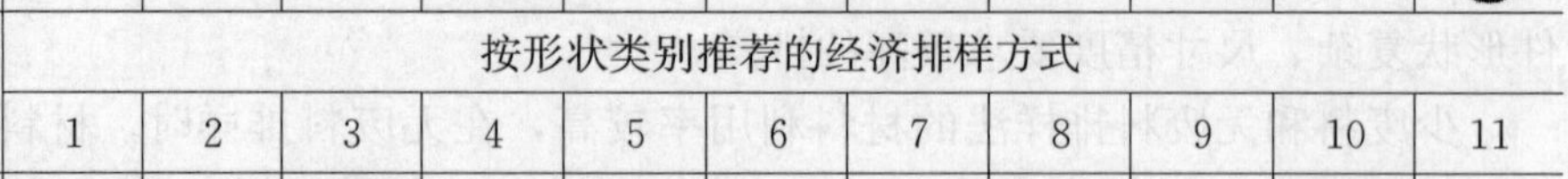										
单列斜排	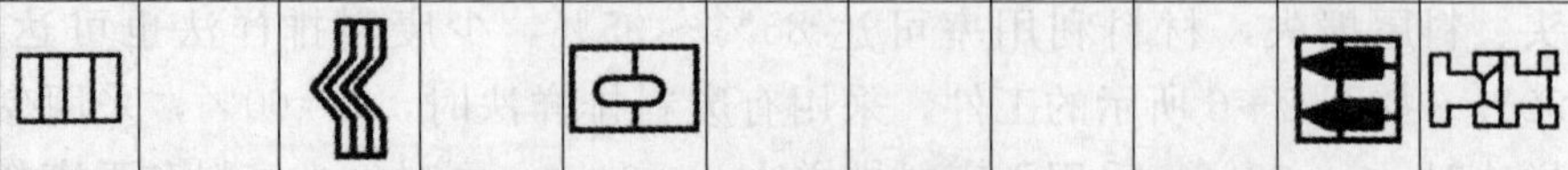										

续表

排样方式	按形状类别推荐的经济排样方式										
	1	2	3	4	5	6	7	8	9	10	11
双列对排								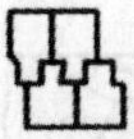			
双列斜（对）排											
多列直排与参叉排											
裁搭边排											

表 2-39　**板料冲压件常用的排样方式**

排样类型	各种排样方式简图			说　明
	有沿边有搭边	有沿边无搭边	无沿边无搭边	
单列排样				
直排	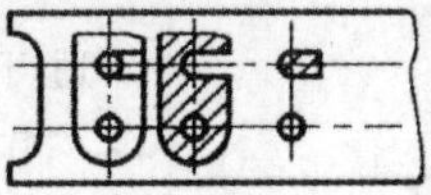	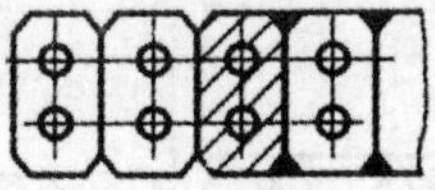	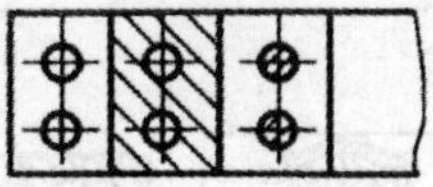	适于方形、矩形、长圆形及类似形状的外形复杂的冲压件
斜排		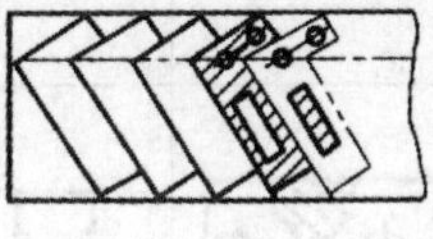	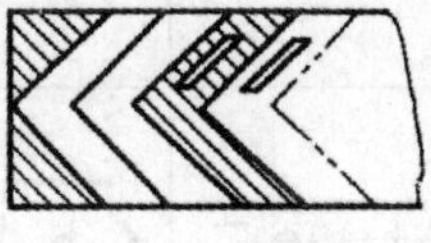	适于角尺形、T字形、十字形及类似形状的冲压件
对头排		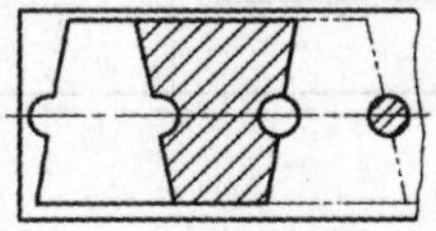	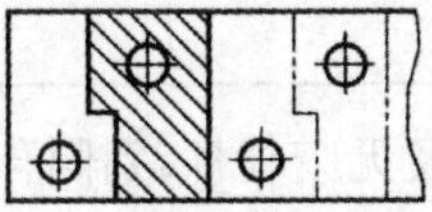	适于三角形、厂形、梯形、冂形及类似形状的冲压件
双列排样				
直排	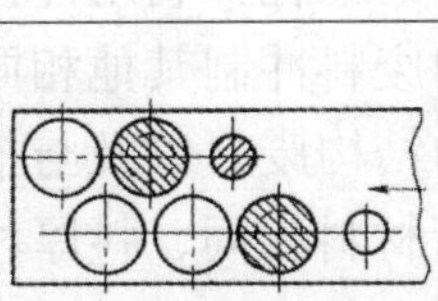	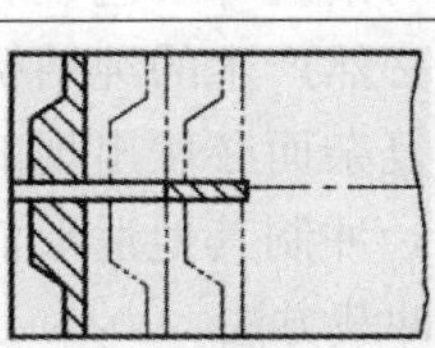	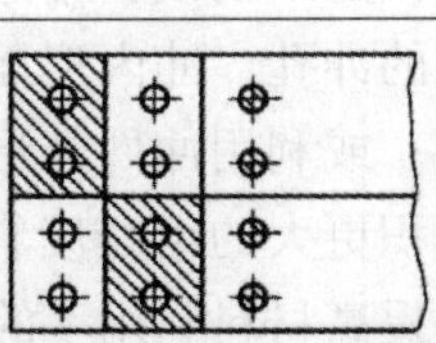	适于圆形、正多边形、矩形及类似形状的冲压件

续表

排样类型	各种排样方式简图			说　明
	有沿边有搭边	有沿边无搭边	无沿边无搭边	
斜排	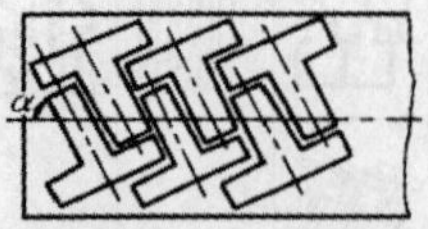	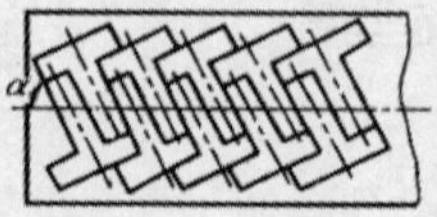		适于T形、F形、斜角形、有台阶形及类似形状的冲压件
对头排		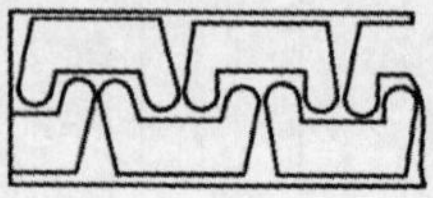		适于T形、冂形、半圆形、梯形及类似形状的冲压件
多列排样				
三列及三列以上的直排、斜排、参错排	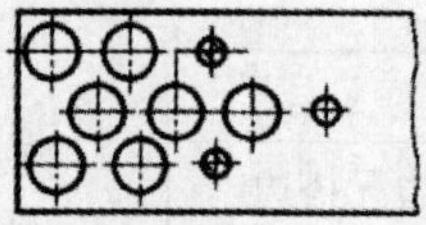	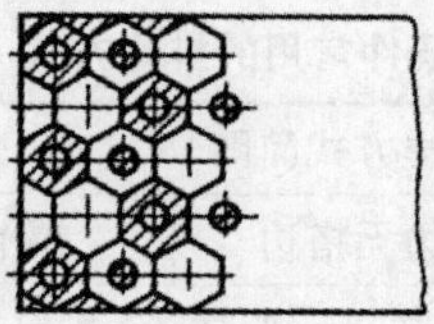	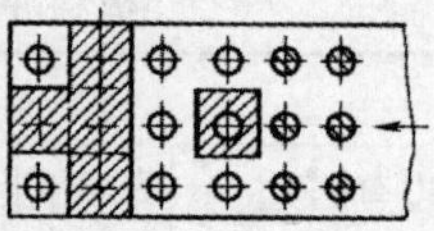	适于圆形、方形、正多边形及近似形状的冲压件
混合排样				
套裁排样	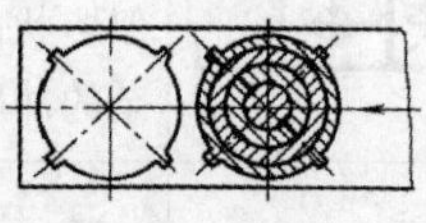			适于相同材料、相同料厚、而形状与尺寸适合套料冲裁的冲压件
拼切及裁搭边排样	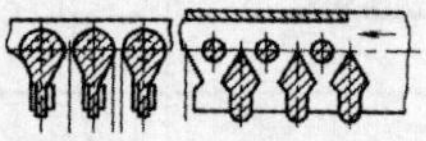		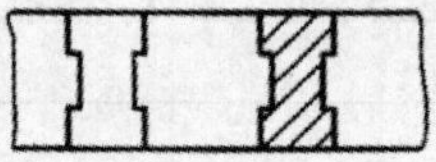	适于细长、可以裁两头成形及多种冲压拼合冲裁的冲压件

2. 少废料及无废料冲裁排样

(1) 少废料冲裁排样：与常规的有废料冲裁所采用的有搭边、有沿边排样相比，少废料冲裁是采用减少搭边与沿边等工艺废料的消耗，利用冲件在冲压过程中可能产生的冲孔、冲内形而必然产生的纯结构废料冲制其他相同材料的较小尺寸的零件；或利用冲件外形复杂而必然出现的结构废料以及与搭边和与沿边连在一起面积更大的组合废料，冲制其他适形而材料相同、料厚相等的冲件，从而大幅度提高材料利用率的冲裁方法。

(2) 无废料冲裁：欲实施无废料冲裁，必须能够进行无搭边又无沿边排样而且无孔和内形冲切，才有可能进行真正意义上的无废料冲裁。如果在其冲模机构设计与制造上，存在难以解决的困难或冲件精度达不到要求，即使可以进行无搭边排样，也无法进行无废料冲裁。

①无搭边排样的条件：排样图总是按冲件形状设计的，可以进行无搭边排样的冲件必须可以在条料上排列成无缝隙拼合的、连续的闭合平面图形，即冲件在两条平行直线间无缝隙拼合成连续而无限的闭合平面图形，实际上已成为一定宽度的条料。而这个闭合平面图形的形成，正是冲件的任意一边或几边作为母线在条料上按既定规律运动的结果。也就是平面几何学中，关于点、线、面、体形成定律的应用：点动成线，线动成面，面动成体。而无搭边排样图正是线动成面的结果。线即母线，可以是冲件的一边或几边，也可以是同种两个冲件拼合后的一边。母线的运动方式，可以是任意的，诸如：上下平移、旋转整个图形，包括两件甚至几件无缝隙拼合后的整个图形平移、旋转，但必须在两条平行直线边内运动。

②改进冲件形状实现少废料或无废料冲裁：冲件的形状对其排样方式及冲裁类型有决定性的影响，与冲件的冲压精度和生产成本密切相关。在不影响冲件使用功能及寿命的前提下，按照上述无搭边排样的理论和构成闭合平面图及形成无搭边排样图的过程，改进冲件形状，实现少废料或无废料冲裁是节能降耗的重要途径之一。

3．典型冲件排样

角尺形冲件排样方式如图 2－19 所示。

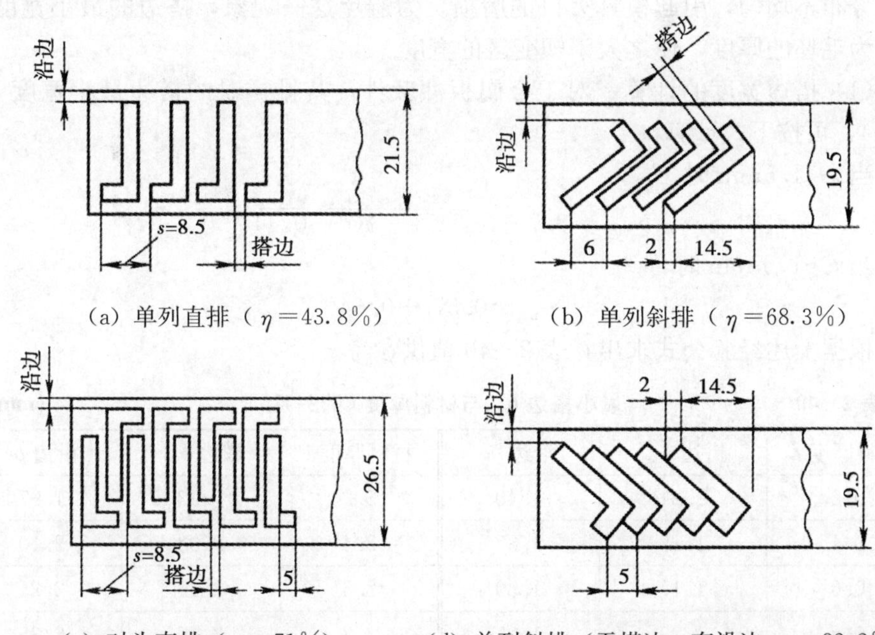

（a）单列直排（η＝43.8％）　（b）单列斜排（η＝68.3％）

（c）对头直排（η＝71％）　（d）单列斜排（无搭边，有沿边，η＝82.2％）

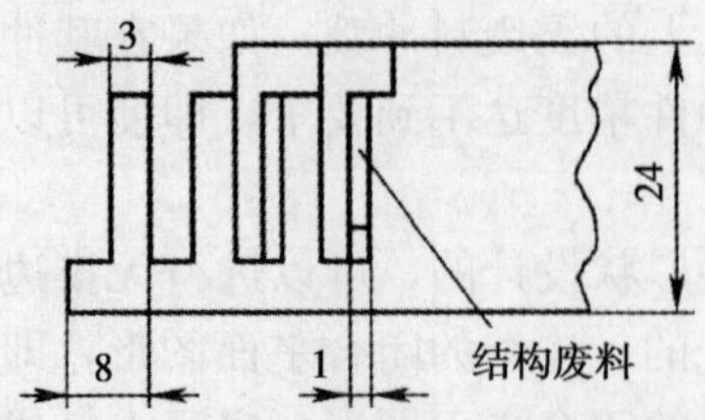

(e) 对头直排（无搭边，$\eta=83.5\%$）

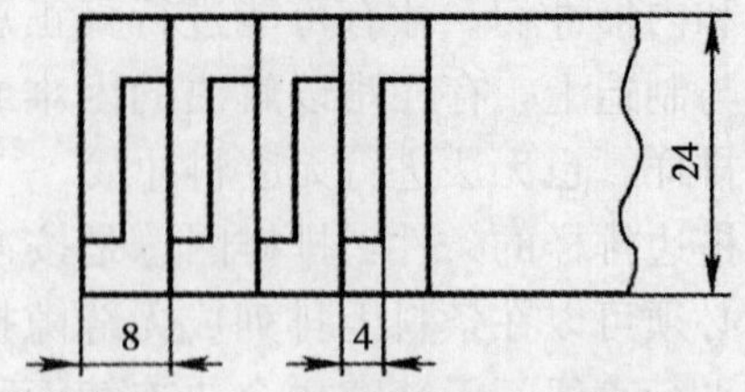

(f) 对头直排（修改冲裁件尺寸，无搭边，$\eta=100\%$）

图 2-19 角尺形冲件排样方式

三、搭边与料宽

1. 搭边

排样中相邻两工件之间的余料或工件与条料边缘间的余料称为搭边。搭边的作用是补偿定位误差，防止由于条料的宽度误差、送料步距误差、送料歪斜误差等原因而冲裁出残缺的废品。此外，还应保持条料有一定的强度和刚度，保证送料的顺利进行，从而提高制件质量，使凸、凹模刃口沿整个封闭轮廓线冲裁，使受力平衡，提高模具寿命和工件断面质量。

搭边值要合理确定。搭边值过大，材料利用率低。搭边值小，材料利用率虽高，但过小时就不能发挥搭边的作用，在冲裁过程中会被拉断，造成送料困难，使工件产生毛刺，有时还会被拉入凸模和凹模间隙，损坏模具刃口，降低模具寿命。搭边值过小，会使作用在凸模侧表面上的法向应力沿着落料毛坯周长的分布不均匀，引起模具刃口的磨损。为避免这一现象，搭边的最小宽度大约取为毛坯的厚度，使之大于塑变区的宽度。

(1) 搭边宽度的计算：对于金属板冲裁件，其排样时的搭边最小宽度 b_{min} (mm)，可按下式计算：

当 $t\leqslant 1.5$mm 时

$$b_{min}=3.7-\sqrt{6.51-t(t-0.4)}$$

当 $t>1.5$ mm 时

$$b_{min}=0.57t+0.64$$

根据上述经验公式求出，表 2-40 值供参考。

表 2-40　　最小搭边 b_{min} 与材料厚度 t 的关系　　(mm)

材料厚度 t	搭边 b_{min}	沿边 b_1	材料厚度 t	搭边 b_{min}	沿边 b_1
0.2	1.21	1.40	2.2	1.92	1.97
0.4	1.18	1.32	2.4	2.03	2.10
0.6	1.17	1.30	2.6	2.15	2.25
0.8	1.20	1.35	2.8	2.27	2.35

续表

材料厚度 t	搭边 b_{min}	沿边 b_1	材料厚度 t	搭边 b_{min}	沿边 b_1
1.0	1.25	1.40	3.0	2.40	2.46
1.2	1.33	1.45	3.2	2.52	2.60
1.4	1.43	1.50	3.4	2.46	2.53
1.6	1.56	1.63	3.6	2.76	2.82
1.8	1.67	1.75	3.8	2.88	2.95
2.0	1.80	1.90	4.0	3.0	3.10

（2）影响搭边值大小的因素主要有：

①材料的力学性能　好的材料（硬度和强度不是很大），搭边值要大一些，硬度高与强度大的材料，搭边值可小一些。

②材料的厚度　材料越厚，搭边值也越大。

③工件的形状和尺寸　工件外形越复杂，圆角半径越小，搭边值越大。

④排样的形式　对排的搭边值大于直排的搭边值。

⑤送料及挡料方式　用手工送料，有侧压板导向的搭边值可小一些。

搭边值一般由经验确定，冲裁金属材料的沿边与搭边宽度值可直接查表 2-41 及表 2-42。

对于其他材料，应将表中数值乘以下列系数：

中碳钢	0.9
高碳钢	0.8
硬黄铜	1～1.1
软黄铜、紫铜	1.2
硬铝	1～1.2
铝	1.3～1.4
非金属（皮革纸、纤维板等）	1.5～2

表 2-41　　冲裁金属材料的沿边与搭边宽度值

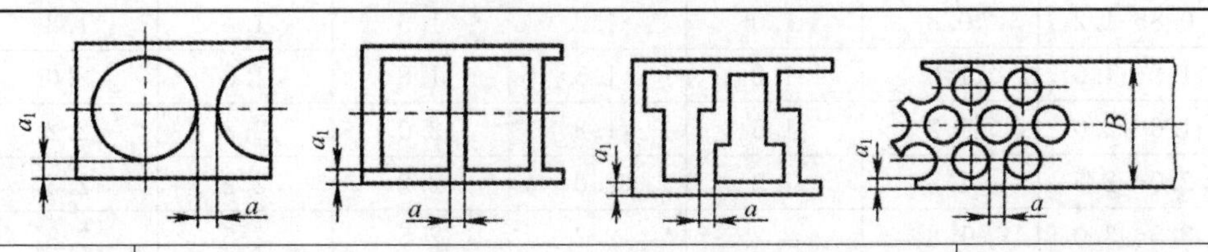

材料厚度 t	手工送料						自动送料	
	圆形		非圆形		往复送料			
	a_1	a	a_1	a	a_1	a	a_1	a
≤1	1.5	1.5	2	1.5	3	2		
>1～2	2	1.5	2.5	2	3.5	2.5	3	2

续表

材料厚度 t	手工送料						自动送料	
	圆形		非圆形		往复送料			
	a_1	a	a_1	a	a_1	a	a_1	a
>2～3	2.5	2	3	2.5	4	3.5		
>3～4	3	2.5	3.5	3	5	4	4	3
>4～5	4	3	5	4	6	5	5	4
>5～6	5	4	6	5	7	6	6	5
>6～8	6	5	7	6	8	7	7	6
>8	7	6	8	7	9	8	8	7

注：①冲裁非金属材料（皮革、纸板、石棉板等）时，搭边宽度值应乘 1.5～2。

②有侧刃的沿边 $a_1' = 0.75a_1$。

表 2－42　　搭边 a 和 a_1 数值（低碳钢）

材料厚度 t	圆件及 $r>2t$ 的圆角		矩形件边长 $l<50$mm		矩形件边长 $l<50$mm 或圆角 $r<2t$	
	工件间 a	侧面 a_1	工件间 a	侧面 a_1	工件间 a	侧面 a_1
0.25 以下	1.8	2.0	2.2	2.5	2.8	3.0
0.25～0.5	1.2	1.5	1.8	2.0	2.2	2.5
0.5～0.8	1.0	1.2	1.5	1.8	1.8	2.0
0.8～1.2	0.8	1.0	1.2	1.5	1.5	1.8
1.2～1.6	1.0	1.2	1.5	1.8	1.8	2.0
1.6～2.0	1.2	1.5	1.8	2.0	2.0	2.2
2.0～2.5	1.5	1.8	2.0	2.2	2.2	2.5
2.5～3.0	1.8	2.2	2.2	2.5	2.5	2.8
3.0～3.5	2.2	2.5	2.5	2.8	2.8	3.2
3.5～4.0	2.5	2.8	2.8	3.2	3.2	3.5
4.5～5.0	3.0	3.5	3.5	4.0	4.0	4.5
5.0～12	0.6 t	0.7 t	0.7 t	0.8 t	0.8t	0.9 t

2. 条料宽度

按冲压工艺要求确定了排样方式及其搭边、沿边宽度之后，便可计算所需条料（或带料）宽度 B。由于料宽还与冲模的导料系统结构有关，其实际尺寸按下面三种情况，分别计算。

（1）冲模的导料槽无侧压装置：冲模的导料槽无侧压装置如图 2－20 所示，条料宽度计算公式为：

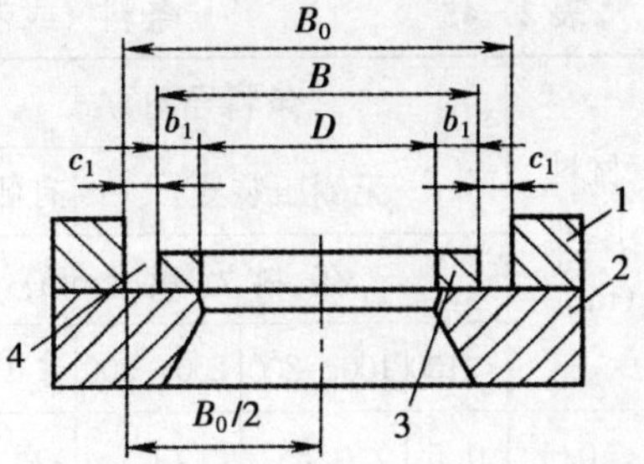

$$B=[D+2(b_1+\Delta)]_{-\Delta}^{0}$$

1. 导料板；2. 凹模；
3. 条料；4. 导料槽

图 2－20　无侧压装置的导料槽

导料槽宽度计算公式为：

$$B_0=B+2c_1=D+2(b_1+\Delta+c_1)$$

式中　D——垂直于送料方向的工件最大尺寸；

b_1——沿边宽度；

Δ——条料（或带料）宽度的单向极限下偏差（mm），见表 2－43 和表 2－44；

c_1——条料（或带料）与导料板之间的间隙（mm），见表 2－45。

表 2－43　　一般精度条料宽度的极限下偏差（$-\Delta$）

条料宽度 B（mm）	材料厚度 t（mm）				条料宽度 B（mm）	材料厚度 t（mm）			
	<1	1～2	2～3	3～5		<1	1～2	2～3	3～5
<50	－0.4	－0.5	－0.7	－0.9	150～220	－0.7	－0.8	－1.0	－1.2
50～100	－0.5	－0.6	－0.8	－1.0	220～300	－0.8	－0.9	－1.1	－1.3
100～150	－0.6	－0.7	－0.9	－1.1					

表 2－44　　较高精度条料宽度的极限下偏差（$-\Delta$）

条料宽度 B（mm）	材料厚度 t（mm）		
	～0.5	>0.5～1	>1～2
<20	－0.05	－0.08	－0.10
>20～30	－0.08	－0.10	－0.15
>30～50	－0.10	－0.15	－0.20

表 2-45　　条料（或带料）与导料板之间的间隙

材料厚度（mm）	条料导向方式					材料厚度（mm）	条料导向方式				
	无侧压装置			有侧压装置			无侧压装置			有侧压装置	
	条料宽度（mm）						条料宽度（mm）				
	<100	100～200	200～300	<100	≥100		<100	100～200	200～300	<100	≥100
≤0.5	0.5	0.5	1	5	8	>2～3	0.5	1	1	5	8
>0.5～1	0.5	0.5	1	5	8	>3～4	0.5	1	1	5	8
>1～2	0.5	1	1	5	8	>4～5	0.5	1	1	5	8

（2）冲模的导料槽有侧压装置：冲模的导料槽有侧压装置如图 2-21 所示，条料宽度计算公式为：

$$B=(D+2b_1+\Delta)_{-\Delta}^{0}$$

导料槽宽度为：

$$B_0=B+c_1=D+2b_1+\Delta+c_1$$

式中　D——垂直于送料方向的工件最大尺寸；

b_1——沿边宽度；

Δ——条料（或带料）宽度的单向极限下偏差（mm），见表 2-42 和表 2-43；

c_1——条料（或带料）与导料板之间的间隙（mm），见表 2-44。

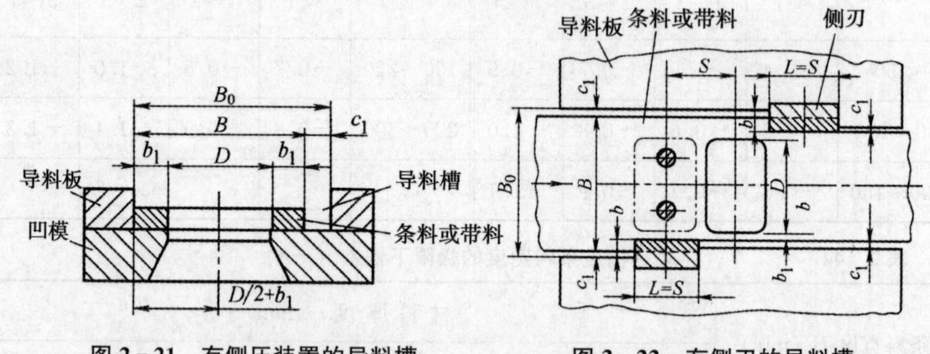

图 2-21　有侧压装置的导料槽　　　图 2-22　有侧刃的导料槽

（3）冲模的导料槽有侧刃：冲模的导料槽有侧刃如图 2-22 所示，条料宽度计算公式为：

$$B=(D+2b_1+nb)_{-\Delta}^{0}$$

导料槽宽度计算公式为：

$$B_0=B+2c_1=D+2b_1+nb+2c_1$$

式中 n——侧刃数；

b——侧刃冲切料边的宽度（mm），一般取 $b=1.5\sim2.5$mm，薄料取小值，厚料取大值。

第五节　冲裁模结构

一、冲裁模的主要结构零件

构成冲模的零件主要由工作零件、定位零件、卸料零件、导向零件、固定零件及紧固件组成。其中，工作零件、定位零件和卸料零件统称工艺构件，导向零件、同定零件及紧固件统称辅助构件。

1. 工作零件

直接使材料发生分离或变形的零件称为工作零件。冲裁、弯曲、拉深等各种工序中所用模具的凸模、凹模及凸凹模等均为工作零件。凸模、凹模形式及其固定说明见表 2-46。

表 2-46　　凸模、凹模形式及其固定说明

类型	说明
凸模形式及其固定	凸模的结构形式主要根据冲裁件的形状和尺寸而定。常见的圆形凸模，相关国家标准提供了三种选用形式。为避免应力集中并保证强度与刚度方面的要求，对冲裁直径为 1～30mm 的圆形凸模选用如图 2-23（a）所示的圆滑过渡的阶梯形或如图 2-23（b）所示的中部增加过渡形状的结构；对直径为 5～29mm 的圆形凸模，也可以选用如图 2-23（c）所示的快换凸模结构形式 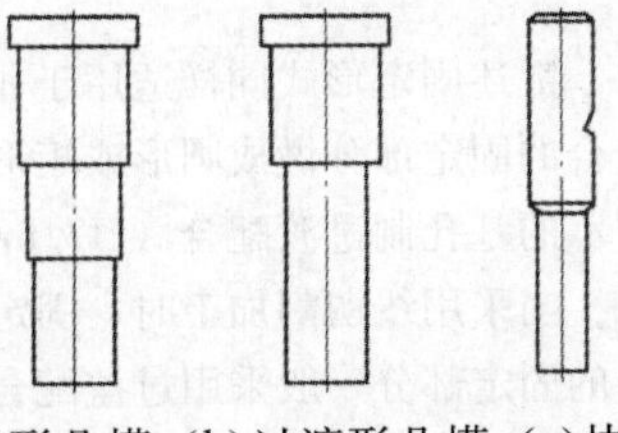 (a)阶梯形凸模 (b)过渡形凸模 (c)快换凸模 图 2-23　标准圆形凸模 如图 2-23（a）、(b）所示的阶梯形凸模与凸模固定板一般采用基孔制过渡配合（H7/m6），结构形式如图 2-24（a）所示；如图 2-23（c）所示的快换凸模与凸模固定板采用基孔制间隙配合（H7/h6），结构形式如图 2-24（d）、(e）、(f）所示；对冲制或落料尺寸较大的凸模与固定板则采用螺钉联接形式；对冲制小孔的易损凸模除采用图 2-24（c）所示的衬套结构外，也常采用图 2-24（d）、(e）、(f）所示的快换结构及图 2-24（b）所示的铆接结构。此外，还可以采用图 2-24（g）所示的利用低熔点合金、环氧树脂、无机黏结剂等将凸模粘接在固定板上的方法

续表 1

<table>
<tr><th>类 型</th><th>说　　明</th></tr>
<tr><td>凸模形式及其固定</td><td>

(a) 压入式　(b) 铆接式　(c) 衬套固定式 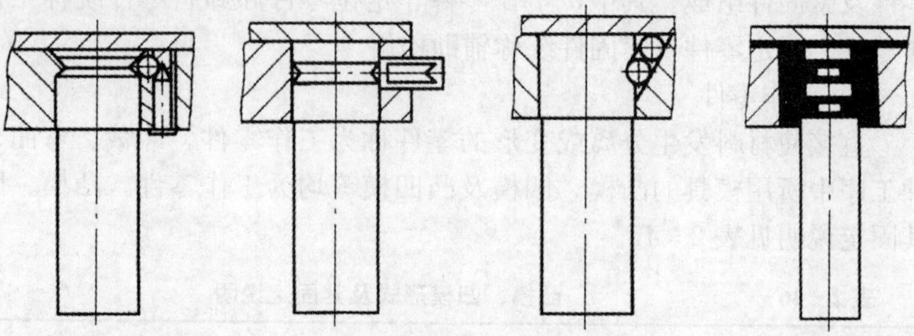

(d) 钢球固定式　(e) 螺钉固定式　(f) 球锁式　(g) 粘接式

图 2－24　圆形凸模的固定形式

上述固定形式同样适用于非圆形凸模。一般说来，非圆形凸模与凸模固定板配合的固定部分做成圆形或矩形，如图 2－25 所示。采用如图 2－24（a）、(b) 所示的基孔制过渡配合（H7/m6）的连接形式

当采用线切割加工时，固定部分和工作部分的尺寸应一致，与凸模固定板配合的固定部分一般采用过盈配合或铆接。若采用铆接则凸模铆接部分的硬度为 40～45HRC（长度为 10～25mm），如图 2－26 所示

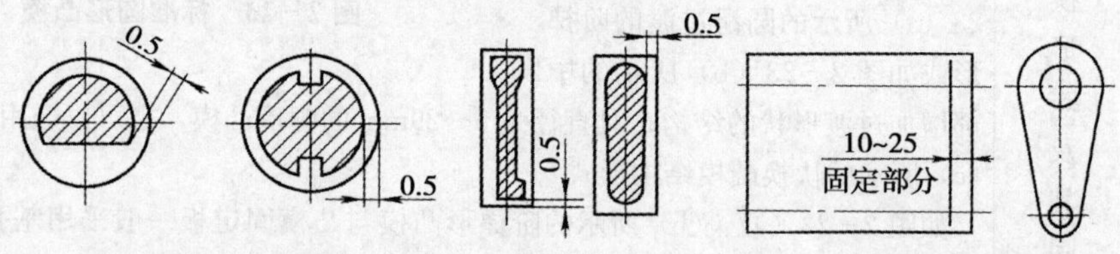

图 2－25　非圆形凸模固定部分的结构　　**图 2－26　铆接凸模的结构**

</td></tr>
<tr><td>凹模形式及其固定</td><td>根据刃口形状，凹模主要分为直壁刃口型（以下简称 I 型）、锥形刃口型（以下简称Ⅱ型）和铆刀刃口型（以下简称 III 型）。各种类型的结构形状分别如图 2－27、图 2－28 和图 2－29 所示。其中，各种凹模洞口的主要参数见表 2－47</td></tr>
</table>

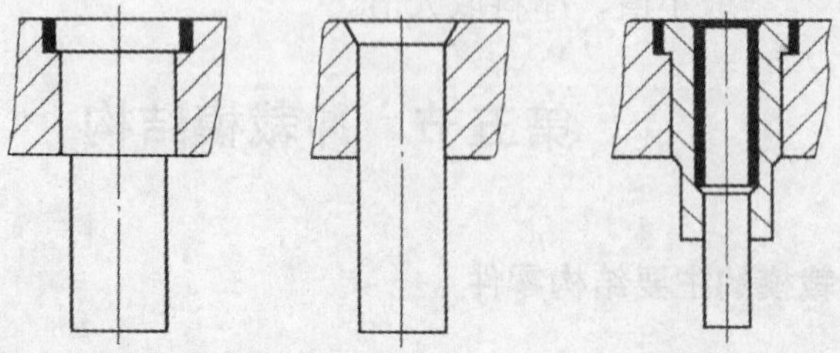

续表2

类型	说明
凹模形式及其固定	图 2-27 凹模直壁刃口形状（I型） 图 2-28 凹模锥形刃口形状（Ⅱ型） 图 2-29 凹模铆刀刃口形状（III型）

表 2-47 凹模洞口的主要参数

板料厚度(mm)	α(′)	β(°)	h (mm)	板料厚度(mm)	α(′)	β(°)	h (mm)
≤0.5	15	2	≥4	>1～2.5	15	2	≥6
>0.5～1	15	2	≥5	>2.5	30	3	≥8

各种凹模的应用如下：

I型孔壁垂直于顶面，刃口尺寸不随修磨刃口增大，刃口强度也较好，适用于冲裁精度较高或形状复杂的工件或冲件，以及废料逆冲压方向推出的冲裁模加工。该种凹模刃口孔内易聚集废料或工件，增大了凹模的胀裂力、推件力和孔壁的磨损。

Ⅱ型适用于形状简单，公差等级要求不高，材料较薄的零件加工，以及要求废料向下落的模具结构。该种模具工件或废料很容易从凹模孔内落下，孔壁所受的摩擦力及胀裂力很小。

Ⅲ型的淬火硬度为35～40HRC，是一种低硬度的凹模刃口，可用锤打斜面的方法来调整冲裁间隙，直到试出合格的冲裁件为止。主要用于冲裁板料厚度在0.3mm以下的小间隙、无间隙模具。

凹模的固定形式主要有如图2－30所示的直接固定及凹模固定板固定两种形式。其中图2－30（a）所示固定形式主要用于外形尺寸较小且易损的凹模；图2－30（b）所示固定形式主要用于外形尺寸较大的凹模的固定；图2－30（c）、（d）所示固定形式主要用于外形尺寸较小的凹模的固定。

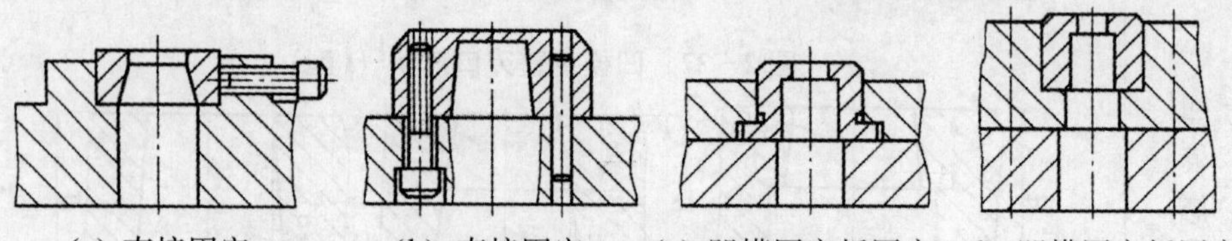

（a）直接固定　（b）直接固定　（c）凹模固定板固定　d）凹模固定板固定

图2－30　凹模的固定形式

2. 定位零件

毛坯在模具上的定位有两个内容，即在送料方向上的定位（即挡料）以及与送料方向垂直的方向上的定位（即送进导向）。不同的定位方式根据毛坯形状、尺寸及模具的结构形式进行选择。常用的定位零件有定位件、挡料件和导正销等（表2－48）。

表2－48　定位零件类型及说明

类　型	说　明
定位件	常用于单个毛坯冲压加工时的内孔或外形轮廓定位的定位零件有定位销和定位板，如图2－31所示。为保证定位可靠，一般要求定位销圆柱头高度及定位板厚度大于板料厚度。而且采用定位板定位时，必须保证每个定位板上有两个圆柱销 （a）定位销内孔定位　（b）定位销外形定位　（c）定位板内孔定位 **图2－31　定位形式**
挡料件	为保证条料或带料送进时有准确的送进距，一般采用挡料销。挡料销主要分固定挡料销、活动挡料销、始用挡料销和定距侧刃等

续表1

<table>
<tr><th colspan="2">类　型</th><th>说　　明</th></tr>
<tr><td rowspan="3">挡
料
件</td><td>固定挡料销</td><td>固定挡料销主要用于带固定及弹压卸料板模具的条料定位，同时保证送进时的送进距，一般装在凹模上，主要有圆柱形挡料销及钩形挡料销两种。圆柱形挡料销又称台肩式挡料销，其固定及工作部分的直径差别较大，不致于削弱凹模强度，使用简单、方便，如图 2-32（a）所示。钩形挡料销的固定及工作部分形状不对称，需要钻孔并加定向装置，一般用于冲制较大和料厚的工件，如图 2-32（b）所示 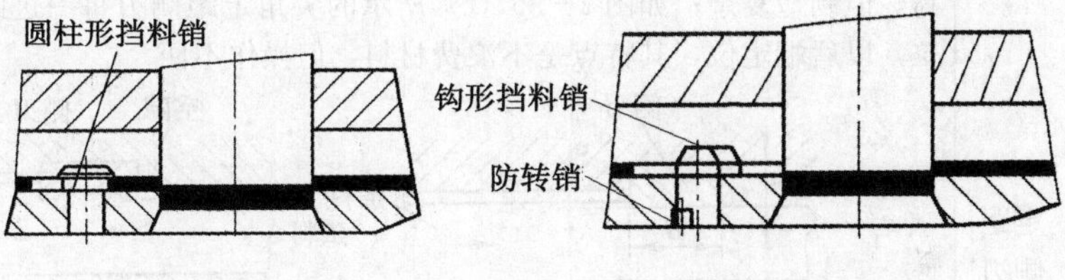
圆柱形挡料销　钩形挡料销　防转销
（a）圆柱形挡料销　（b）钩形挡料销
图 2-32　固定挡料销的应用</td></tr>
<tr><td>活动挡料销</td><td>如图 2-33（a）、（b）所示活动挡料销常用于带有活动的下卸料板的敞开式冲模，冲裁时后端带有弹簧或弹簧片的挡料销随凹模下行而压入孔内；图 2-33（c）所示为回带式挡料销，在送进方向上带有斜面。当条料向前送进时，就对挡料销的斜面施加压力，而将挡料销抬高，并将弹簧顶起，挡料销越过条料上的搭边而进入下一个孔中，此时将条料后拉，挡料销抵住搭边而定位。常用于刚性卸料板的冲裁模，适用于冲制料厚大于 0.8mm 的窄形（一般为 6～20mm）工件 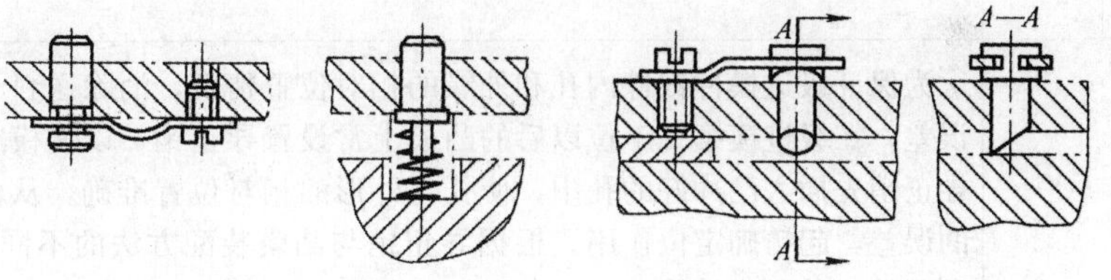
A　A—A　A
（a）伸缩式　（b）伸缩式　（c）回带式
图 2-33　活动挡料销的应用</td></tr>
<tr><td>始用挡料销</td><td>始用挡料销一般用在级进模上，用于条料送进时的初始定位，常与固定挡料销配合使用，起辅助定位用，用时向里压紧，其结构如图 2-34 所示 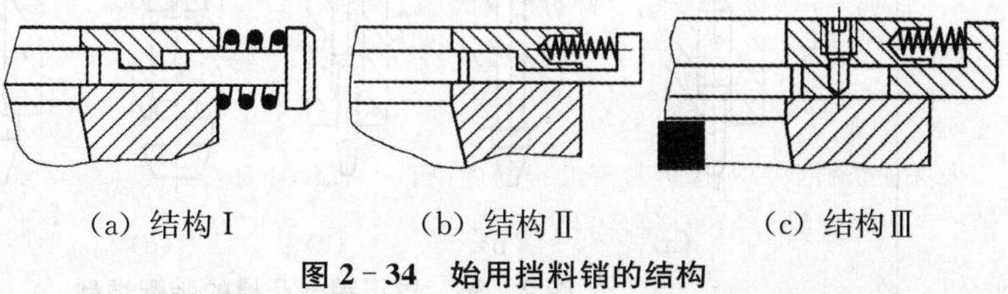
（a）结构Ⅰ　（b）结构Ⅱ　（c）结构Ⅲ
图 2-34　始用挡料销的结构</td></tr>
</table>

续表 2

<table>
<tr><th colspan="2">类型</th><th>说明</th></tr>
<tr><td rowspan="1">挡料件</td><td>定距侧刃</td><td>定距侧刃可以切去条料旁侧少量材料，使条（卷）料形成台阶，从而达到挡料的目的。定距侧刃常用于级进模。如图 2-35（a）所示的矩形定距侧刃，制造方便，但当侧刃尖角磨钝后，条料的边缘出现毛刺，将影响送料。侧刃断面长度 B 等于送料步距公称尺寸加上 0.05～0.1mm，断面宽度 m 一般取 6～8mm，侧刃裁切下来的料边宽度 a 可近似等于料厚 t；如图 2-35（b）所示的成形定距侧刃两端做成凸模，此时条料的边缘出现毛刺不影响送料，定位精度较高，但制造复杂；如图 2-35（c）所示的尖角定距侧刃每一进距需把条料往后拉，以后端定位，其特点是不浪费材料，但操作不便 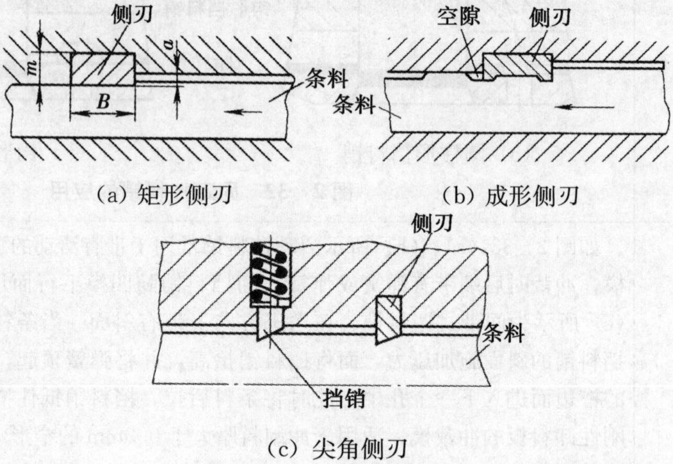

侧刃 m a B 条料
（a）矩形侧刃
空隙 侧刃 条料
（b）成形侧刃
侧刃 条料 挡销
（c）尖角侧刃
图 2-35　定距侧刃形式</td></tr>
<tr><td colspan="2">导正销</td><td>为保证级进模冲裁件内孔和外缘的相对位置精度，消除送料及导向中产生的误差，在级进模第二工位以后的凸模上常设置导正销，以使模具在工作前通过导正销先插入已冲好的孔中，使孔与外形的相对位置准确，从而消除送料步距的误差，起精确定位作用。根据导正销与凸模装配方法的不同，有如图 2-36 所示的 5 种典型结构。 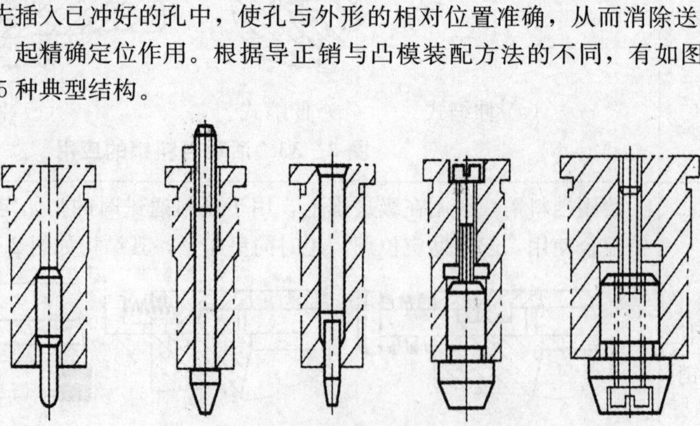

(a)　(b)　(c)　(d)　(e)
图 2-36　导正销与凸模的装配类型</td></tr>
</table>

续表 3

<table>
<tr><th>类　型</th><th>说　　明</th></tr>
<tr><td>导正销</td><td>(a) 用于直径为 1.5～6mm 的孔；(b) 用于直径为 3～10mm 的孔；(c) 用于直径为 1.5～10mm 的孔；(d) 用于直径为 10～30mm 的孔；(e) 用于直径为 20～50mm 的孔
设计导正销时，考虑到上一工位冲孔后的孔径会发生弹性收缩而变小，因此导正销的直径应比冲孔凸模直径减小 0.04～0.15mm；导正销的头部分圆弧（圆锥）及圆柱两部分，圆柱部分的高度 h 按材料厚度和冲孔直径确定，一般取（0.5～1）t。当设计带有挡料销与导正销的级进模时，应根据导正销在导正条料时条料的活动方向，留出一定的活动余量（条料被拉回或推前），一般取 0.1mm
此外，条料或带料定位或级进模定位还有导尺等。选用导尺时，导尺间的宽度一般应等于条料最大宽度尺寸加上 0.2～1.5mm 的间隙。若条料宽度公差过大，则需在一侧导尺上加装侧压装置，以避免送料时条料在导料板中摆动。如图 2-37 所示为侧面压板式压料装置的结构图
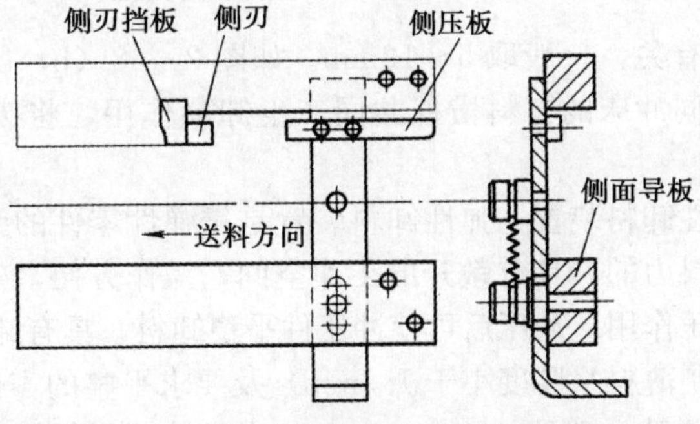

图 2-37　侧面压板式压料装置</td></tr>
</table>

3. 卸料装置

卸料装置是用于将条料、废料从凸模上卸下的装置，分刚性卸料和弹性卸料两大类。

(1) 刚性卸料装置：刚性卸料装置是靠卸料板与冲压件（或废料）的硬性碰撞实现卸料的，其特点是卸料力不可调节，但卸料比较可靠，其结构如图 2-38所示。

如图 2-38（a）所示固定卸料板式用于正装模（形成冲压件外轮廓的凹模装在下模的冲模），固定卸料板多装在下模。这种卸料装置结构简单，卸料力大，卸料可靠，操作安全，多用于单工序模和级进模，尤其适宜于冲厚料（料厚大于 0.8mm）的冲裁模。缺点是冲裁件精度和平整度较低。固定卸料板和凸模的单边间隙一般取 0.1～0.5mm，刚性卸料板的厚度与卸料力大小

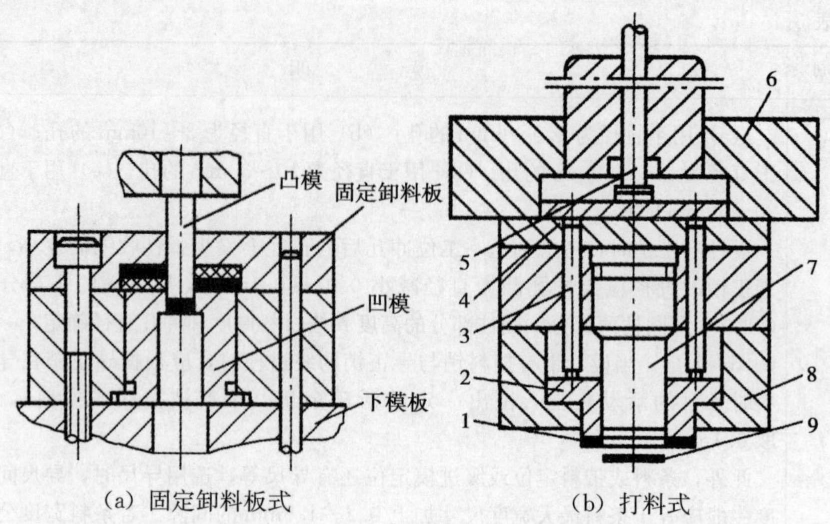

（a）固定卸料板式　　（b）打料式

1. 工件；2. 推块；3. 推杆；4. 推板；5. 打料杆；6. 上模板；
7. 凸模；8. 凹模；9. 冲孔废料

图 2－38　刚性卸料装置

及卸料尺寸有关，一般取 5～12mm。如图 2－38（b）所示打料式卸料装置装在上模，连同冲床的打料横杆共同产生卸料作用，将废料或冲压件从凹模中推卸出来。

（2）弹性卸料装置：弹性卸料装置是靠弹性零件的弹力、气压或液压力的作用产生卸料力的，具有敞开的工作空间，操作方便，生产效率高。冲压前可对毛坯有预压作用，冲压后可使冲压件平稳卸料，具有卸料力可以调节的特点。主要用于冲制薄料（厚度小于 1.5mm）及要求平整的零件加工。弹性卸料板和凸模的单边间隙一般取 0.1～0.3mm。当弹性卸料板用来作凸模导向时，凸模与卸料板的配合为 H7/h6。弹性卸料装置的结构如图 2－39 所示。

如图 2－39（a）、（b）所示弹性卸料装置的弹性零件（弹簧、橡胶）可安装在模具的上模内，也可安装在下模内使用。卸料力依靠装在模具内的弹簧、橡胶等弹性零件获得，由于受模具安装空间的限制，使卸料力受限。如图 2－39（c）、（d）所示弹性卸料装置中的弹性零件（弹簧、橡胶）安装在下模板下或压力机工作台面的孔内使用，由于安装空间加大，使卸料力也有所增大。此外，冲床上的附件，如气垫、液压垫等，多数装设在冲床工作台下面，因此可按图 2－39（d）所示结构设计模具。

4. 导向零件

导向零件主要有导柱、导套。按其结构形式可分为滑动和滚动两种结构。

（1）滑动导柱、导套：选用滑动导柱、导套时，导柱长度 L 应保证上模板在如图 2－40 所示的最低位置时（模具处于闭合状态），导柱上端与上模板顶面距离为 10～15mm，而下模板底面与导柱底面的距离一般为 2～3mm，导柱的下

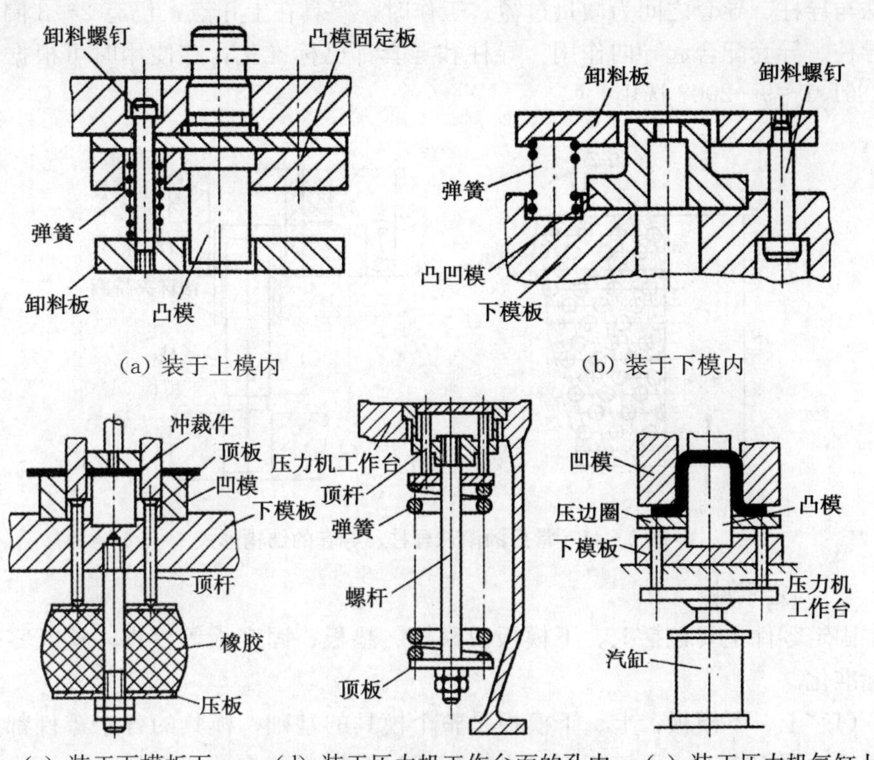

(a) 装于上模内　(b) 装于下模内

(c) 装于下模板下　(d) 装于压力机工作台面的孔内　(e) 装于压力机气缸上

图 2-39　弹性卸料装置的结构

部与下模板导柱孔采用过盈配合，导套的外径与上模板导套孔采用过盈配合，导套的总长需保证在冲压时导柱一定要进入导套 10mm 以上。

导柱与导套之间采用间隙配合：对冲裁模，导柱和导套的配合可根据凸、凹模的间隙选择。凸、凹模间隙小于 0.03mm，采用 H6/h5 配合；凸凹模间隙大于 0.03mm 时，采用 H7/h6 配合；拉深厚度为 4～8mm 的金属板时，采用 H7/f7 配合。所有的配合中，导柱和导套的配合间隙均应小于冲裁或拉深的模具间隙，否则应选用滚珠导柱、导套或采取其他措施。

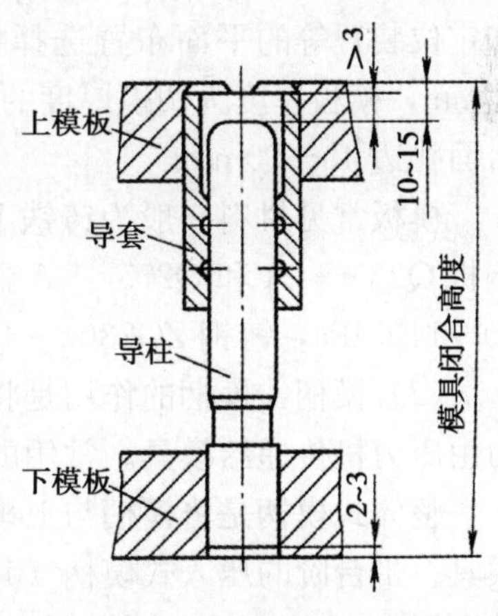

图 2-40　滑动导柱、导套

(2) 滚珠导柱、导套：滚珠导柱、导套是一种无间隙、精度高、寿命较长的导向装置，适用于高速冲模、精密冲裁模以及硬质合金模的冲压工作。如图 2-41 所示为常见的滚珠导柱、导套的结构形式。

滚珠导套与上模板导套孔采用过盈配合，导柱与下模板导柱孔为过盈配合，滚珠与导柱、导套之间为微量过盈。工作时，模具在上止点，仍有 2～3 圈滚珠与导柱、导套配合起导向作用。导柱和导套都已标准化，在使用时可根据 GB/T 2861.1～9—2008 选用。

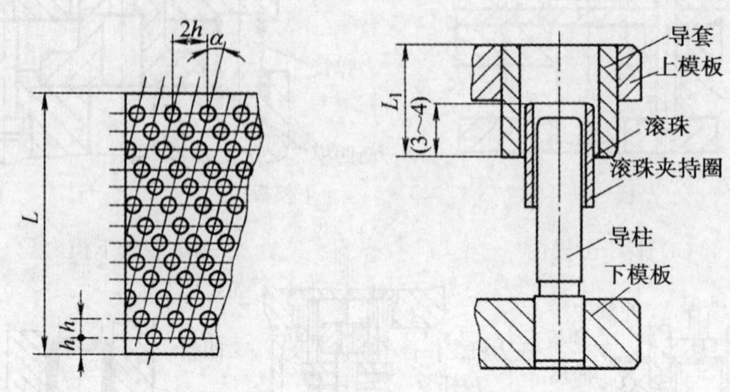

图 2-41 常见的滚珠导柱、导套的结构形式

5. 固定零件

固定零件主要包括上、下模板及模柄、垫板、固定板等零件。这类零件已经标准化。

(1) 上、下模板：上、下模板是整个模具的基础，模具的各个零件都直接或间接地固定在上、下模板上。上模板通过模柄安装在冲床滑块上，下模板用压板和螺栓固定在工作台上。按标准选择模板时，应根据凹模（或凸模）、卸料和定位装置等的平面布置选择模板尺寸，一般取模板尺寸大于凹模尺寸 40～70mm，模板厚度为凹模厚度的 1～1.5 倍，下模板的外形尺寸每边应超出冲床台面孔边 40～50mm。

模板常见材料一般为铸铁 HT250，有时也采用铸钢 ZG230 - 450，或用厚钢板 Q235 - A 和 Q275 - A 制作。其中，铸铁 HT250 的许用压应力 [σ] 为 90～140MPa，铸钢 ZG230 - 450 的许用压应力 [σ] 为 110～150MPa。

(2) 模柄：模柄的作用是将模具的上模板固定在冲床的滑块上，并将作用力由压力机传递给模具。常用的模柄类型如图 2-42 所示。

整体式模柄是将模柄与上模板做成整体，主要用于小型有导柱或无导柱的模具；带台阶的压入式模柄（其标准号为 JB/T7646.1—2008）安装时与模板安装孔用 H7/m6 配合，并加销钉以防转动，主要用于上模板较厚而又没有开设推件板孔的场合；带螺纹的旋入式模柄（其标准号为 JB/T7646.2—2008）是通过螺纹与上模板相固定联接，并加防松螺钉，以防止转动，主要用于中、小型有导柱的模具；带凸缘式的模柄（其标准号为 JB/T7646.3—2008）是用 3～4 个螺钉和附加销钉与上模板固定联接，主要用于大型上模中开设推件板孔的中、小型模具。

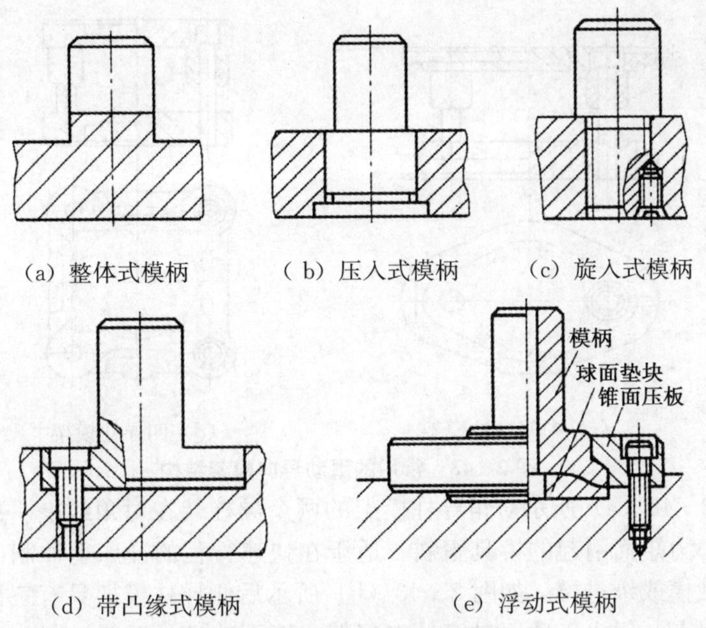

(a) 整体式模柄　(b) 压入式模柄　(c) 旋入式模柄

(d) 带凸缘式模柄　(e) 浮动式模柄

图 2-42　常用的模柄类型

采用上述结构，往往由于压力机滑块和导轨之间存在间隙以及水平侧向分力的作用而使模具精度受到一定的影响，也使冲床导轨和模具寿命有所降低。为了消除这种不利的影响，当冲压件的尺寸精度要求较高或采用精冲模加工时，可选用图 2-42（e）所示的浮动式模柄。模柄的压力通过球面垫块传递给上模板，从而可以避免压力机滑块导向误差对模具导向的影响，消除水平侧向分力的影响，克服垂直度方面的误差，保证模具运动部分在冲压过程中动作的平稳与准确。采用浮动式模柄结构形式进行冲压时，冲压件的尺寸精度一般可保持在±0.1mm 之内。其选用可参见 JB/T 7646.5—2008。

各种上、下模板及模柄与导向装置已组装成标准的模架。如图 2-43 所示为常用的滑动导向模架结构。

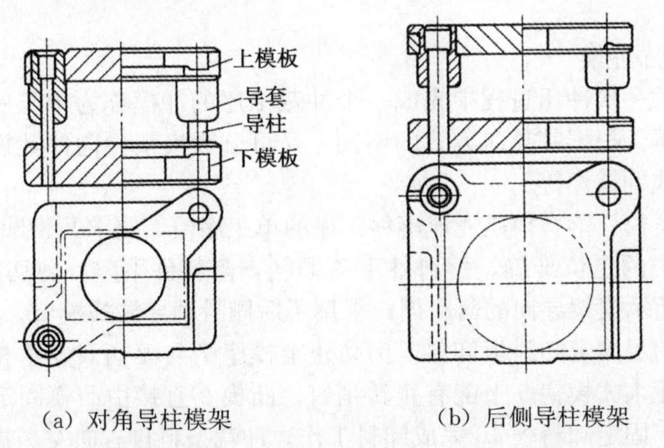

(a) 对角导柱模架　(b) 后侧导柱模架

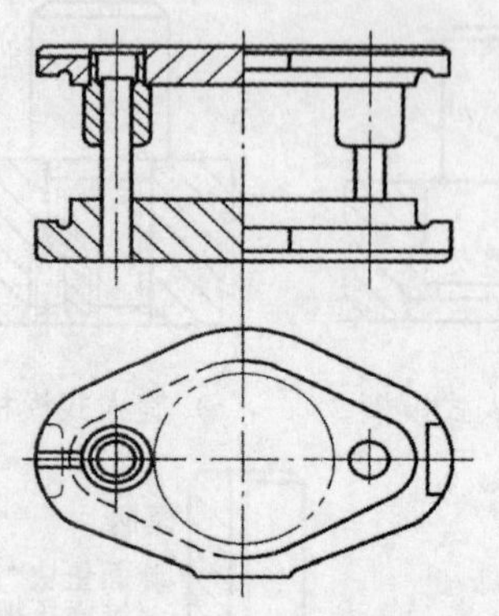
(c) 中间导柱模架

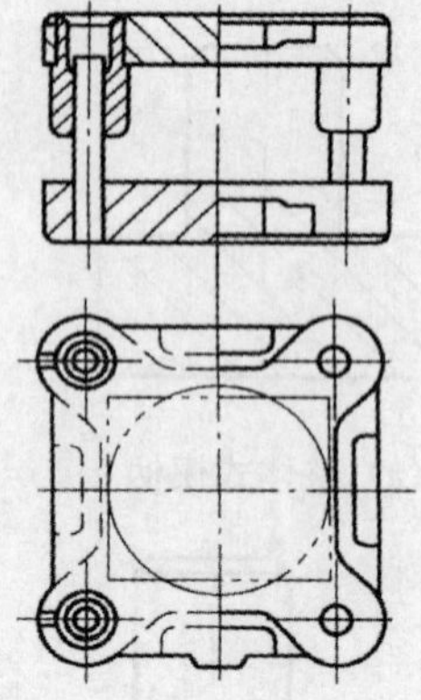
(d) 四导柱模架

图 2-43　常用的滑动导向模架结构

如图 2-43 (a) 所示对角导柱模架的两个导柱装在对角线上，冲压时可防止由于偏心力矩而引起的模具歪斜，适于在快速行程的冲床上冲制一般精度冲压件的冲裁模或级进模。如图 2-43 (b) 所示后侧导柱模架具有三面送料、操作方便等优点。但由于冲压时容易引起偏心矩而使模具歪斜，因此适于冲压中等精度的较小尺寸冲压件的模具，大型冲模不宜采用此种形式。如图 2-43 (c) 所示中间导柱模架，适用于横向送料和由单个毛坯冲制的较精密的冲压件。如图 2-43 所示四导柱模架，导向性能最好，适用于冲制比较精密的冲压件。

其余各类型模架可根据上述原则依据标准选用。其中，滚动导向中间导柱模架和滚动导向四导柱模架对应标准为 GB/T 2852—2008。

二、冲裁模的常用结构

根据冲裁加工工序组合方式的不同，冲裁模可分为单工序冲模、复合冲模和级进模三种。根据冲裁零件材料的不同，可分为金属冲裁模和非金属冲裁模两类。根据冲裁变形机理的不同，冲裁模可分为普通冲裁模和精密冲裁模两大类。

1. 单工序冲模

在冲床的一次冲压过程中完成一个冲裁工序的冲模称为单工序模，如落料模、冲孔模等。根据其导向方式的不同，又可分为模架导向冲裁模、导板式冲裁模和敞开式冲裁模等。

(1) 落料模：落料模是完成落料工序的单工序模，要求凸、凹模间隙合理，条料在模具中的定位准确，落料件下落顺畅，落料件平整，剪切断面质量好。如图 2-44 所示模架导向的落料模，采用了后侧滑动导柱式模架。其中图 2-44 (a) 所示采用了固定卸料板卸料。为防止上模座 7 与模柄 5 发生相对转动，在带有台阶的压入式模柄 5 上配有止转销钉。凸模 9 直接由凸模固定板 8 固定在上模座 7 上，固定卸料板 10 完成卸料工作。冲裁条料自右向左送进，条料的两侧面由导料板 11 控制送料方向，定位销 2 确定了条料送进的准确位置。凹模 12 为整体式凹模，直接固定在下模座 1 上，下模座 1 上开有漏料孔，落料件由漏料孔直接落在模具的下方。

与图 2-44（a）所示模具结构不同的是，图 2-44（b）采用了弹性卸料板卸料，并在凸模 6 与上模座 2 之间增加了垫板 3，它可以使凸模所受到的冲裁力均匀地分布于上模座。弹性卸料板采用弹簧作为弹性元件，冲裁时弹性卸料板 7 将条料压在凹模 10 的平面上提高了冲裁质量；冲裁后，凸模 6 后退，弹性卸料板 7 将条料从凸模 6 上卸下。

模架导向的冲裁模，导柱导向精度较高，模具使用寿命长，适用于零件的大批量生产。图 2-44（a）所示固定卸料板冲裁模结构主要用于料厚 $t>0.5$mm 零件的冲裁（冲孔、落料）；图 2-44（b）所示弹性卸料板冲裁模则可用于料厚 $t<0.5$mm 零件的冲孔或落料，并能保持零件具有较好的平面度，但图 2-44（a）所示的固定卸料板冲裁模的结构较图 2-44（b）所示的弹性卸料板冲裁模的结构简单。

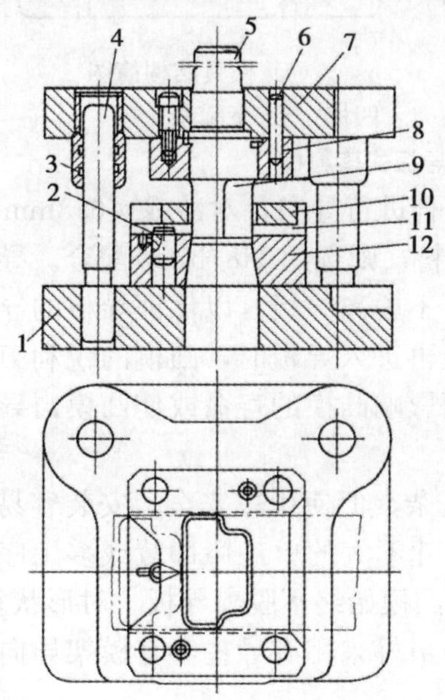

(a) 固定卸料板落料模

1. 下模座；2. 定位销；3. 导套；4. 导柱；5. 模柄；6. 圆柱销；7. 上模座；8. 凸模固定板；9. 凸模；10. 固定卸料板；11. 导料板；12. 凹模

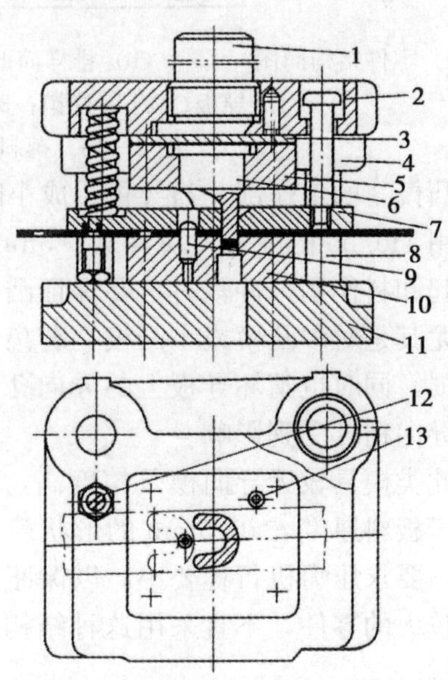

(b) 弹性卸料板落料模

1. 模柄；2. 上模座；3. 凸模垫板；4. 导套；5. 凸模固定板；6. 凸模；7. 弹性卸料板；8. 导柱；9. 定位销；10. 凹模；11. 下模座；12. 导向螺钉；13. 挡料销

图 2-44 模架导向的落料模

如图 2-45 所示为导板式落料模。图 2-45（a）所示圆形零件，生产批量较大，采用的加工工艺方案为：剪切条料、落料。零件排样如图 2-45（b）所示，模具结构如图 2-45（c）所示。

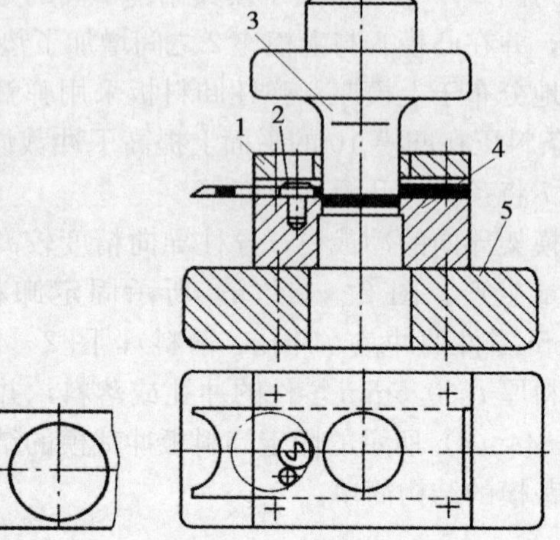

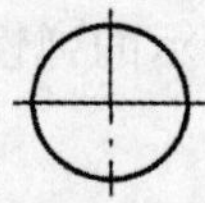

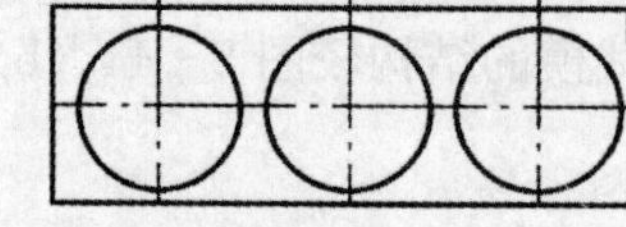

（a）零件结构简图　（b）排样简图　（c）模具结构简图

1. 导板；2. 圆柱销；3. 凸模；4. 凹模；5. 下模板

图 2-45　落料零件及导板式落料模

凸模 3 的工作部分与导板 1 成小间隙配合进行导向，对冲裁＜0.8mm 的材料采用 H6/h5 的配合；对冲裁＞3mm 的材料，则选用 H8/h7 级配合。导板同时兼起卸料作用。冲裁时，要保证凸模始终不脱离导板，以保证导板的导向精度，尤其是对多凸模或小凸模，若离开导板再进入导板时，凸模的锐利刃边易被碰损，同时也啃坏导板上的导向孔，从而影响凸模的寿命或使凸模与导板之间的导向精度受到影响。

此类模具较无导向模具精度高，制造复杂，但使用较安全，安装容易。一般用于板料厚度 t＞0.5mm 的形状简单、尺寸不大的单工序冲裁或多工序的级进模，要求压力机行程要小，以保证工作时凸模始终不脱离导板。对形状复杂、尺寸较大的零件，不宜采用这种结构形式，最好采用有导柱导套模架导向的模具结构。

（2）冲孔模：冲孔模是在工件上冲出所需要的孔。如小批量生产如图 2-46（a）所示零件，采用的就是剪板剪切外形、模具冲孔的加工工艺。图 2-46（b）为所用模具结构简图。该模具为无导向的敞开式简单冲孔模，剪切好的坯料由安装在凹模 5 上的 3 个定位销定位，上模 1 与凹模 5 共同冲出圆孔，由压缩后的聚氨酯 2 提供动力给卸料板 4 将夹在上模 1 上的零件推出。

此类模具结构简单，制造容易，成本低，但使用时模具间隙调整麻烦，冲件质量差，操作也不够安全。主要适用于精度要求不高，形状简单，批量小的冲裁件。

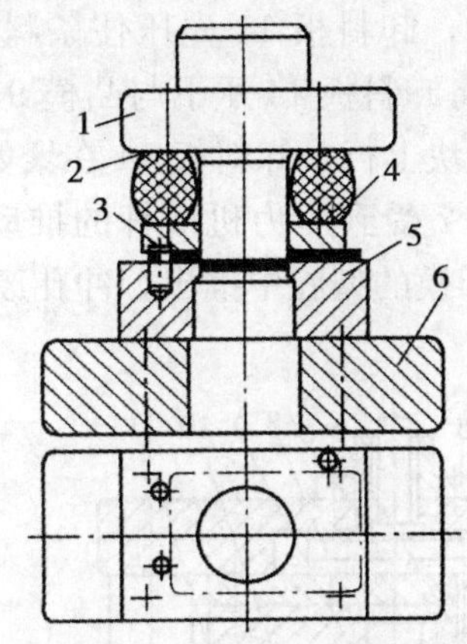

（a）零件结构简图　　　　（b）模具结构简图

1. 上模；2. 聚氨酯；3. 定位销；4. 卸料板；5. 凹模；6. 下模板

图 2－46　冲孔零件及敞开式冲孔模

2. 复合冲模

在冲床的一次冲压过程中，在模具同一部位同时完成两道次以上工序的冲模称为复合模。

复合模的结构特点是：在模具中除了凸模、凹模之外，还有凸凹模（既是凹模又是凸模）。如图 2－47 所示的复合模结构原理图中的凸凹模 2，与凹模 3 作用完成落料（此时是落料凸模），与凸模 4 作用完成冲孔（此时又是冲孔凹模）。冲裁结束后，零件由推件块 5 推出凹模 3 的型腔，紧卡在凸凹模 2 上的条料则由卸料板 1 卸下。

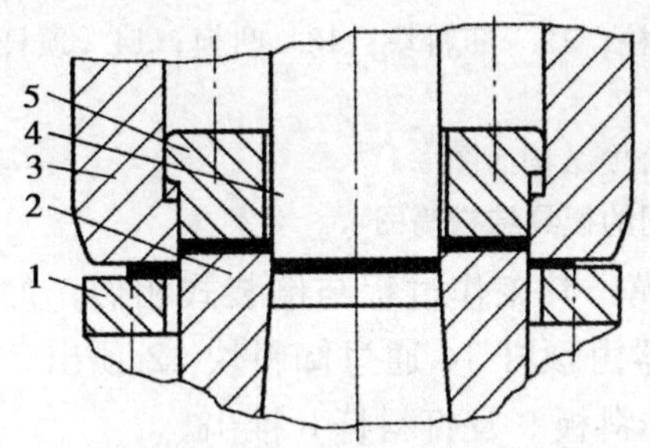

1. 卸料板；2. 凸凹模；3. 凹模；4. 凸模；5. 推件块

图 2－47　复合模结构原理　　　**图 2－48 零件结构简图**

对于冲孔、落料复合模，按落料凹模的安装位置不同，复合模的基本结构形式分为两种：落料凹模安装在下模部分的称为正装式复合模；落料凹模安装在上模部分的称为倒装式复合模。如图 2－48 所示零件，冲裁尺寸要求较高，采用剪切条料后利用复合模一次成形零件的冲压工艺。

如图 2－49（a）、（b）所示两种不同的模具结构简图。其中，图 2－49（a）所示为倒装式复合模（因为落料凹模 11 装在上模），整套模具采用导柱 12 及导套 2 导向。冲裁时，卸料板 14 先压住条料起校平作用，压力机滑块继续下行时，落料凹模 11 将卸料板 14 压下与凸模 9、凸凹模 13 共同作用，将零件外形冲出。当压力机滑块上行，卸料板 14 在聚氨酯 15 的作用下将条料从凸凹模 13 上卸下，而打料杆 7 受到压力机横杆的推动，通过打料板 8、推杆 6 与卸料块 10 将零件从落料凹模的型腔中推出，冲孔废料则直接由凸凹模孔漏到压力机台面上。

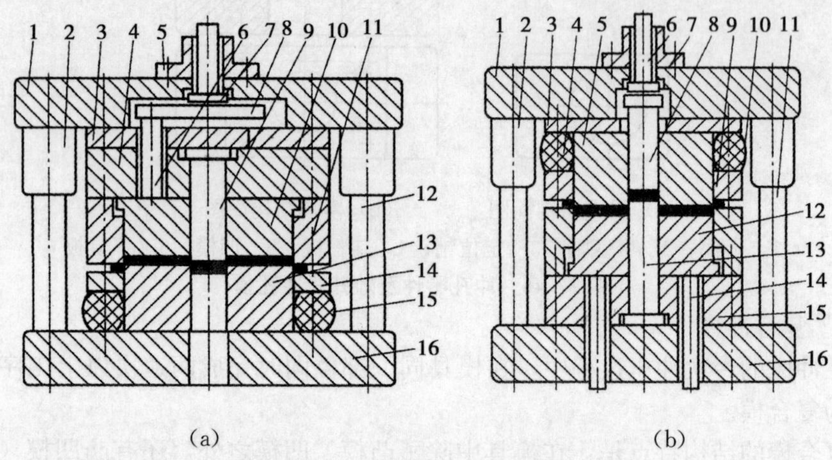

1. 上模板；2. 导套；3. 垫板；4. 固定板；5. 模柄；6. 推杆；7. 打料杆；8. 打料板；9. 凸模；10. 卸料块；11. 落料凹模；12. 导柱；13. 凸凹模；14. 卸料板；15. 聚氨酯；16. 下模板

(a) 倒装式复合模结构简图

1. 上模板；2. 导套；3. 垫板；4. 聚氨酯；5. 凸凹模；6. 打料杆；7. 模柄；8. 打杆；9. 卸料板；10. 落料凹模；11. 导柱；12. 卸料块；13. 凸模；14. 顶杆；15. 同定板；16. 下模板

(b) 正装式复合模结构简图

图 2-49 两种不同的模具结构简图

如图 2-49（b）所示为正装式复合模，其工作过程与倒装式相似，冲出的零件由压力机的下顶缸或通过弹性缓冲器由顶杆 14 通过卸料块 12 顶出，条料及冲孔废料则由压力机横杆通过上模的卸料板 9 及打料杆 8 推出。

比较这两类模具的工作特点可以看出，倒装式复合模冲孔废料可以从压力机工作台孔中漏出，工件从上模推下，比较容易引出去，操作方便、安全，能保证较高的生产率，因此应优先采用。而正装式复合模，冲孔废料由上模带上，再由推料装置推出，工件则由下模的推件装置向上推出，条料由上模卸料装置脱出，三者混杂在一起，如果万一来不及排除废料或工件而进行下一次冲压，就容易崩裂模具刃口。

然而正装式复合模的顶件板、卸料板均是弹性的，条料与冲裁件同时受到压平作用，所以对较软、较薄的冲裁件能达到平整要求，冲裁件的精度也较高。

而在倒装式复合模中，冲裁后工件嵌在上模部分的落料凹模内，需由刚性或弹性推件装置推出。刚性推件装置推件可靠，可以将工件稳当地推出凹模，但在冲裁时，刚性推件装置对工件不起压平作用，故工件平整度及尺寸精度比用弹性推件装置时要低些。

采用冲孔、落料复合模，工件的精度较高，形位误差小，同轴度可达 0.02～0.04mm，工件的毛刺在同一侧，可以利用短条料或边角余料冲裁，而且模具的体积较小。但凸凹模的内、外形之间的壁厚不能太薄，最小壁厚如表 2 - 49 所示，否则会因强度不够而造成胀裂损坏。因此，冲孔、落料复合模适宜冲裁软料和薄料。

表 2 - 49　　凸凹模的最小壁厚　　(mm)

<table>
<tr><td>料厚</td><td>0.4</td><td>0.5</td><td>0.6</td><td>0.7</td><td>0.8</td><td>0.9</td><td>1</td><td>1.2</td><td>1.5</td><td>1.75</td></tr>
<tr><td>最小壁厚 a</td><td>1.4</td><td>1.6</td><td>1.8</td><td>2</td><td>2.3</td><td>2.5</td><td>2.7</td><td>3.2</td><td>3.8</td><td>4</td></tr>
<tr><td>最小直径 D</td><td colspan="5">15</td><td colspan="3">18</td><td colspan="2">21</td></tr>
<tr><td>料厚</td><td>2</td><td>2.1</td><td>2.5</td><td>2.75</td><td>3</td><td>3.5</td><td>4</td><td>4.5</td><td>5</td><td>5.5</td></tr>
<tr><td>最小壁厚 a</td><td>4.9</td><td>5</td><td>5.8</td><td>6.3</td><td>6.7</td><td>7.8</td><td>8.5</td><td>9.3</td><td>10</td><td>12</td></tr>
<tr><td>最小直径 D</td><td>21</td><td colspan="2">25</td><td colspan="2">28</td><td colspan="2">32</td><td>35</td><td>40</td><td>45</td></tr>
</table>

不仅仅冲孔、落料工序可以复合，根据零件的不同结构，还可实现分离类各工序间、变形类各工序间的复合或分离类、变形类各工序间的复合，既能保证产品质量，又能提高工作效率。但考虑到模具的强度、刚度及工作的可靠性，复合模中复合的工序数不宜超过 4 个。图 2 - 50 所示为分离类工序（落料、冲孔）及变形类工序（翻边）的复合模。该复合模在一次冲压行程中可以完成落料、冲孔和翻边三个工序。

该模具中凸凹模 1 为落料凸模与翻边凹模的组合。凸凹模 4 为翻边凸模与冲孔凹模的组合。弹性卸料板 3 完成条料废料的卸料，弹顶器同时推动顶料圈 6 和顶芯 7 完成条料废料的排出工作。

3. 级进模

在冲床的一次冲压行程中，同一副模具的不同工位同时完成两道以上冲压工序的冲模称为级进模，又称跳步模或连续模。

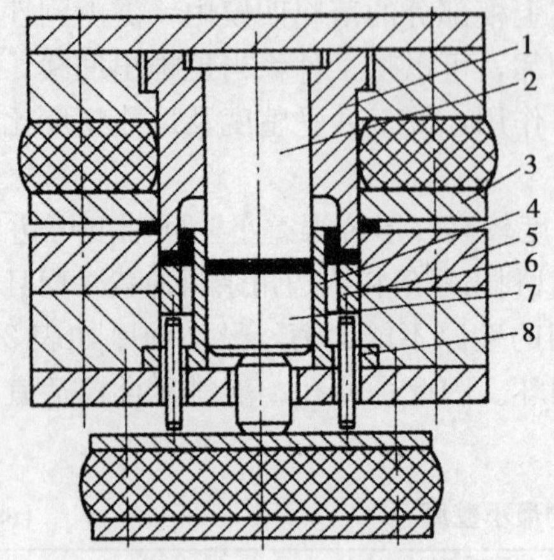

1. 凸凹模；2. 冲孔凸模；3. 弹性卸料板；
4. 凸凹模；5. 凹模；6. 顶料圈；
7. 顶芯；8. 顶杆

图 2－50 落料、冲孔、翻边复合模

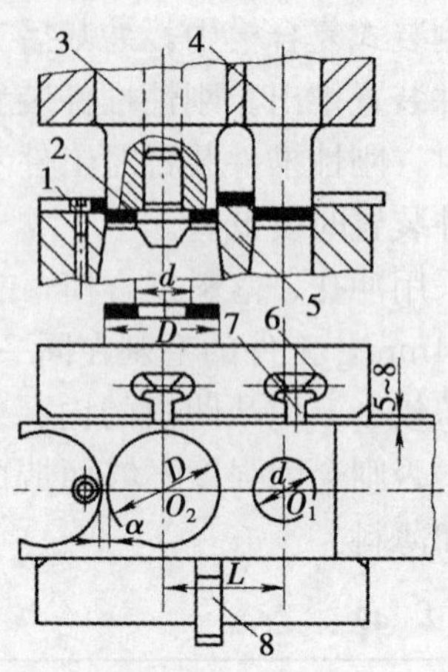

1. 挡料销；2. 导正销；3. 落料凸模；
4. 冲孔凸模；5. 凹模；6. 弹簧；
7. 侧压块；8. 始用挡料销

图 2－51 冲孔、落料级进模工作原理

如图 2－51 所示为冲孔、落料级进模的工作原理图。条料送进时，先用始用挡料销 8 定位，在 O_1 位置由冲孔凸模 4 冲出内孔 d，此时落料凸模 3 是空冲。当第二次送进时，退回始用挡料销 8，利用挡料销 1 粗定位，送进距离 $L=D+a$，这时带孔的条料位于 O_2 处，落料凸模 3 下行时，装在凸模 3 中的导正销 2 插入内孔 d 中实现精确定位，接着落料凸模 3 的刃口部分对条料进行冲裁，得到内径为 d、外径为 D 的工件。与此同时，在 O_1 的位置上又冲出了一个内孔 d，待下次送料时，在 O_2 的位置上冲出下一个工件，如此往复进行。

级进模除了需要具有普通模具的一般结构外，还需根据要求设置始用挡料装置、侧压装置、导正销和侧刃等结构件。如图 2－52 所示为用导正销定距、手工送料的冲孔、落料级进模。其工件见图右上角。上、下模用导板导向，模柄 6 用螺纹与上模座连接。为防止冲压中螺纹的松动，采用骑缝的紧定螺钉 5 拧紧。冲孔凸模 4 与落料凸模 3 之间的距离就是送料步距 A。送料时，由固定挡料销 1 进行初定位，由两个装在落料凸模上的导正销 2 进行精定位。导正销与落料凸模的配合为 H7/r6，其连接的结构应保证在修磨凸模时装拆方便，因此落料凸模安装导正销的孔是一个通孔。导正销头部的形状应有利于在导正时插入已冲的孔，而且与孔的配合应略有间隙。为了保证首件的正确定距，在带导正销的级进模中，常采用始用挡料装置。始用挡料装置安装在导板下的导料板中间。在条料冲制首件时，用手推始用挡料销 7，使它从导料板中伸出抵住条料的前端，即可冲第一个件上的两个孔。以后各次冲裁时，就由固定挡料销 1 控制送料步距作初定位。

级进模是一种多工序、高效率、高精度的冲压模具，与单工序模和复合模相比，级进模构成模具的结构复杂、零件数量多、精度及热处理要求高，模具

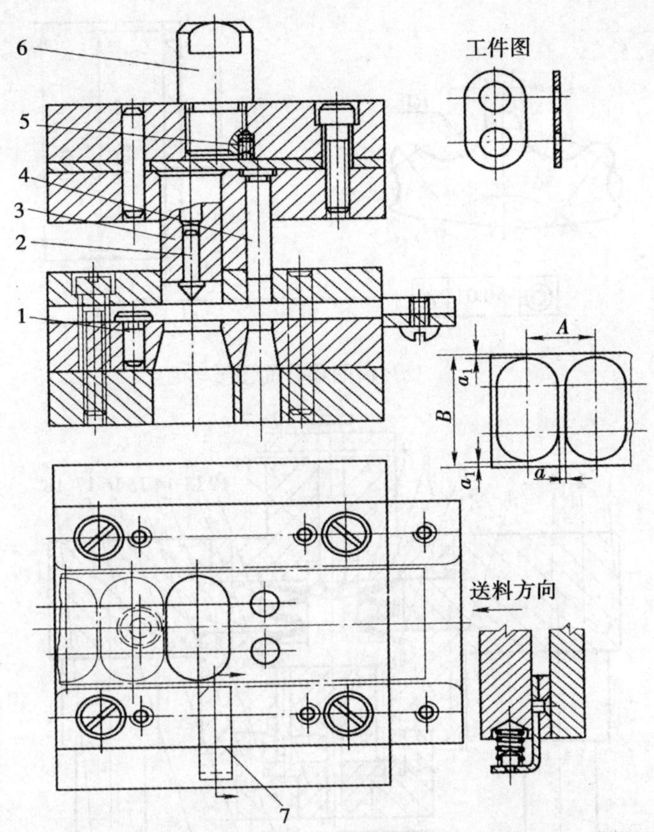

1. 固定挡料销；2. 导正销；3. 落料凸模；4. 冲孔凸模；5. 螺钉；6. 模柄；7. 始用挡料销

图 2－52　用导正销定距、手工送料的冲孔、落料级进模

装配与制造复杂，要求精确控制步距，适用于批量较大或外形尺寸较小、材料厚度较薄的冲压件生产。由于级进模可以在一套模具中完成冲裁、弯曲、拉深等多道工序，因此生产效率高，模具的导向精度和定位精度较高，能够保证工件的加工精度。而且采用级进模冲压时，大多采用条料、带料自动送料，冲床或模具内装有安全检测装置，容易实现自动化加工，操作安全。由于级进模的生产效率高，需要的设备和操作人员较少，因此在大批量生产时，成本相对较低。

4. 简易精冲模

如图 2－53（a）所示为大批量生产的齿圈零件，采用 1mm 厚的 T8A 钢板制成，采用的简易精冲模结构如图 2－53（b）所示。

简易精冲模是生产中使用广泛的精密冲裁模，属精冲加工，由于精冲加工必须在冲裁力、压边力、反压力三向作用力下才能完成，且这三个力要求独立可调，能相互匹配地工作，三个力的提供一般必须在专用精冲压力机上。由于专用精冲压力机价格昂贵，因此生产中使用广泛的是简易精冲模。简易精冲模可以在普通压力机上完成零件的加工，通过在模具结构上采用一些独立的施力

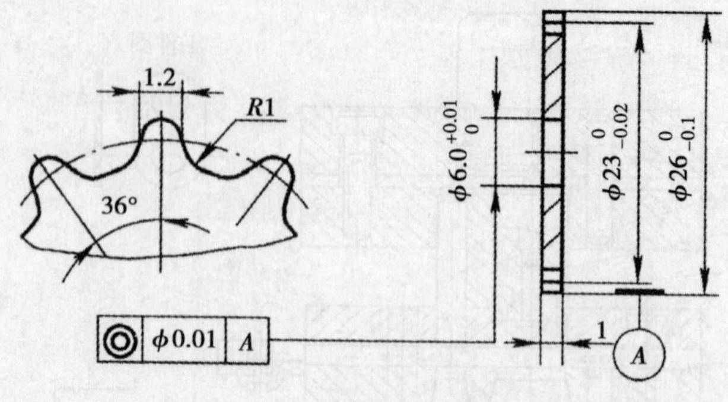

(a) 齿圈零件简图

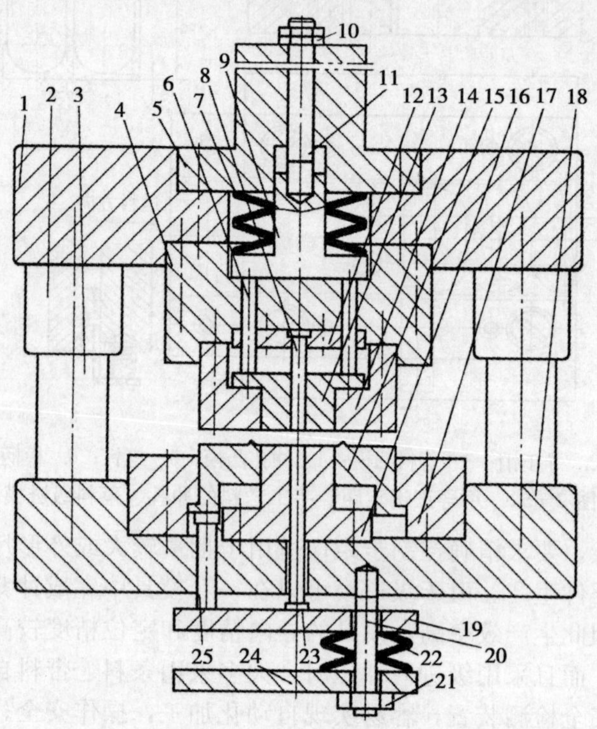

(b) 简易精冲模结构

1. 上模板；2. 导套；3. 导柱；4、12. 固定板；5. 模柄；6. 推杆；7、22. 碟簧；8. 凸模；9. 推杆座；10、21. 螺母；11、20. 螺杆；13. 卸料块；14. 凹模；15. 齿圈压板；16. 凸凹模；17. 固定座；18. 下模板；19、24. 顶板；23、25. 顶杆

图 2-53　齿圈零件及其简易精冲模结构

装置，构成精冲机才能提供三向作用力（冲裁力、压边力和反压力）的工作状态，完成零件精密冲裁作业。但冲裁的零件质量不如在精冲机上好，生产效率也不如精冲机高，且仅适用于料厚不大于 4mm 材料的冲裁。

模具工作时，将模具置于普通压力机工作台上，压力机滑块上升，上、下模脱离接触，此时将坯料置于模具齿圈压板 15 的合适位置，当压力机滑块下降，齿圈压板 15 与凹模 14 共同作用先将板料压紧、压实，随着滑块的继续下降，卸料块 13 与顶杆 25 及齿圈压板 15、凹模 14 将板料完全压紧，随后，凸凹模 16 与凹模 14、凸模 8 共同将齿圈冲裁成形。压力机滑块上升，齿圈压板 15 及顶杆 25 在碟簧 22 的共同作用下将冲裁完成后的条料及冲孔废料推出凸凹模 16 的外形及内孔，冲裁完的零件在碟形弹簧 7 作用下通过卸料块 13 被推出凹模型腔。

5. 非金属材料的冲裁

根据非金属材料组织与力学性能的不同，非金属材料的冲裁方式有普通冲裁模冲裁和尖刃凸模冲裁两种。

(1) 普通冲裁模冲裁。对于一些较硬的如云母、酚醛纸胶板、酚醛布胶板、环氧酚醛玻璃布胶板等非金属材料，可采用普通结构形式的冲裁模进行加工。由于这些材料都具有一定的硬度与脆性，为减少断面裂纹和脱层等缺陷，应适当增大压边力与反顶力，减小模具间隙，搭边值也比一般金属材料大些。对于料厚大于 1.5mm 而形状又较复杂的各种纸胶板和布胶板零件，在冲裁前需将毛坯预热到一定温度后再进行冲裁。

①冲裁间隙：用普通全钢平刃口冲模冲裁非金属材料的冲裁间隙见表 2-50～表 2-53。

表 2-50　用普通全钢平刃口冲模冲裁非金属材料的冲裁间隙　(mm)

料厚	应保证的双面间隙的最小值	冲压件冲裁或冲孔的尺寸									
		<10		10～15		50～120		120～260		260～500	
		双面间隙的最大值									
		绝对值	(%)t	绝对值	(%)t	绝对值	(%)t	绝对值	(%)t	绝对值	(%)t
<0.5	0.005	0.030	—	0.030	—	0.040	—	0.050	—	0.060	—
0.5～0.75	0.010	0.030	6.0	0.040	8.0	0.050	10	0.060	12	0.070	14
0.75～1.0	0.020	0.040	5.4	0.050	6.7	0.060	8.0	0.070	9.3	0.080	10.7
1.0～1.5	0.030	0.050	5.0	0.060	6.0	0.070	7.0	0.080	8.0	0.090	9.0
1.5～2.0	0.040	0.060	4.0	0.070	4.7	0.080	5.3	0.090	6.0	0.100	6.7
2.0～3.5	0.050	0.070	3.5	0.080	4.0	0.090	4.5	0.100	5.0	0.110	5.5
3.5～50	0.060	0.080	2.3	0.090	2.6	0.100	2.9	0.110	3.1	0.120	3.4

注：适用于冷态不加热的一般非金属材料。

表 2－51　　　　　　　　纸板冲裁间隙值　　　　　　　　(mm)

料厚	冲孔模双面间隙			冲裁模的双面间隙					
	最小值	孔最大值		最小值	不同尺寸冲裁件的最大值				
		孔＜10	孔＜50		＜10	＜50	＜100	＜150	＜200
＜0.5	0.010	0.015	0.020	0.008	0.010	0.015	0.020	0.025	0.030
＜1.0	0.020	0.025	0.030	0.015	0.020	0.025	0.030	0.035	0.040
＜1.5	0.030	0.035	0.040	0.024	0.030	0.035	0.040	0.045	0.050
＜2.0	0.040	0.045	0.050	0.030	0.040	0.050	0.060	0.070	0.080
＜3.0	0.060	0.070	0.080	0.045	0.055	0.065	0.075	0.085	0.095
＜4.0	0.080	0.090	0.100	—	—	—	—	—	—
＜5.0	0.100	0.120	0.140	—	—	—	—	—	—
＜6.0	0.120	0.140	0.160	—	—	—	—	—	—
＜8.0	0.160	0.180	0.200	—	—	—	—	—	—
＜9.0	0.180	0.200	0.220	—	—	—	—	—	—
＜10.0	0.200	0.220	0.250	—	—	—	—	—	—

表 2－52　　玻璃布塑料、石棉布塑料、玻璃纤维塑料冲裁间隙值　　(mm)

料厚	冲孔模双面间隙			冲裁模的双面间隙					
	最小值	孔最大值		最小值	不同尺寸冲裁件的最大值				
		孔＜10	孔＜50		＜10	＜50	＜100	＜150	＜200
＜0.5	0.020	0.025	0.030	0.015	0.020	0.025	0.030	0.035	0.040
＜0.8	0.025	0.030	0.035	0.020	0.025	0.030	0.035	0.040	0.045
＜1.0	0.030	0.035	0.040	0.025	0.030	0.035	0.040	0.045	0.050
＜1.2	0.035	0.040	0.045	0.030	0.035	0.040	0.045	0.050	0.060
＜1.5	0.045	0.050	0.055	0.040	0.045	0.050	0.055	0.060	0.090
＜2.0	0.055	0.060	0.065	0.050	0.055	0.060	0.065	0.070	0.120
＜2.5	0.065	0.075	0.080	0.060	0.070	0.075	0.080	0.085	0.150
＜3.0	0.080	0.085	0.090	0.070	0.080	0.090	0.100	0.150	0.200
＜40	0.100	0.105	0.150	—	—	—	—	—	—
＜5.0	0.150	0.200	0.250	—	—	—	—	—	—
＜6.0	0.200	0.250	0.300	—	—	—	—	—	—
＜8.0	0.250	0.300	0.350	—	—	—	—	—	—
＜10.0	0.300	0.350	0.400	—	—	—	—	—	—

表 2-53　　有机玻璃、聚乙烯、氟塑料的冲裁间隙值　　(mm)

料厚	冲孔模双面间隙			冲裁模的双面间隙					
	最小值	孔最大值		最小值	不同尺寸冲裁件的最大值				
		孔＜10	孔＜50		＜10	＜50	＜100	＜150	＜200
＜0.6	0.015	0.020	0.025	0.010	0.015	0.020	0.025	0.030	0.035
＜0.65	0.020	0.025	0.030	0.015	0.020	0.025	0.030	0.035	0.040
＜0.8	0.025	0.030	0.035	0.020	0.025	0.030	0.035	0.040	0.045
＜1.0	0.030	0.035	0.040	0.025	0.030	0.035	0.040	0.045	0.050
＜2.0	0.045	0.055	0.065	0.040	0.050	0.060	0.070	0.080	0.090
＜3.0	0.065	0.075	0.085	0.060	0.070	0.080	0.090	0.100	0.120
＜4.0	0.085	0.090	0.100	0.080	0.090	0.100	0.120	0.140	0.160
＜5.0	0.120	0.140	0.160	0.100	0.120	0.140	0.160	0.180	0.200
＜6.0	0.140	0.160	0.180	—	—	—	—	—	—
＜7.0	0.160	0.180	0.200	—	—	—	—	—	—
＜8.0	0.180	0.200	0.250	—	—	—	—	—	—
＜9.0	0.200	0.250	0.300	—	—	—	—	—	—
＜10.0	0.250	0.300	0.350	—	—	—	—	—	—

②搭边：由于非金属材料强度低，为使搭边框有足够强度，在送进携带工件时不断裂，非金属材料冲裁所需搭边应比一般金属材料搭边大50%～100%。冲裁夹纸胶木零件的搭边值见表2-54，冲裁夹布胶木零件的搭边值见表2-55。

表 2-54　　冲裁夹纸胶木零件的搭边值　　(mm)

材料厚度	冲裁圆零件		冲裁矩形零件	
	零件间搭边	侧搭边	零件间搭边	侧搭边
≤0.5	1.5	1.5	2.0	2.0
＞0.5～1	1.5	1.5	2.0	2.0
＞1.0～1.5	2.0	2.5	2.5	3.0
＞1.5～2.0	2.5	3.0	3.0	3.5
＞2.0～2.5	3.0	3.5	3.5	4.0
＞2.5～3.0	3.5	4.0	4.5	5.0

注：①定距刀冲裁的边缘宽度取与搭边宽度相等。

②当采用翻转条料的冲裁方法时，搭边宽度增大0.5～1倍。

表 2-55　　冲裁夹布胶木零件的搭边值　　(mm)

材料厚度	冲裁圆零件		冲裁矩形零件	
	零件间搭边	侧搭边	零件间搭边	侧搭边
≤0.5	1.3	1.5	1.5	1.5
＞0.5～1	1.3	1.5	1.5	1.5

续表

材料厚度	冲裁圆零件		冲裁矩形零件	
	零件间搭边	侧搭边	零件间搭边	侧搭边
>1.0～1.5	1.5	1.7	1.5	2.0
>1.5～2.0	2.0	2.2	2.0	2.5
>2.0～2.5	2.5	3.0	3.0	3.5
>2.5～3.0	3.0	3.5	4.0	4.5

注：①定距刀冲裁的边缘宽度取与搭边宽度相等。

②当采用翻转条料的冲裁方法时，搭边宽度增大 0.5～1 倍。

（2）尖刃凸模冲裁：尖刃凸模冲裁主要用于冲裁如皮革、毛毡、纸板、纤维布、石棉布、橡胶以及各种热塑性塑料薄膜等纤维性及弹性材料。

尖刃凸模结构如图 2－54 所示。其中：图 2－54（a）所示为落料用外斜刃；图 2－54（b）所示为冲孔用内斜刃；图 2－54（c）为在加热状态下裁切硫化硬橡胶板时，为保证裁切的边缘垂直而使用的凸模两面斜刃；图 2－54（d）所示为毛毡密封圈复合模结构。尖刃凸模的斜角 α 取值可参见表 2－56。

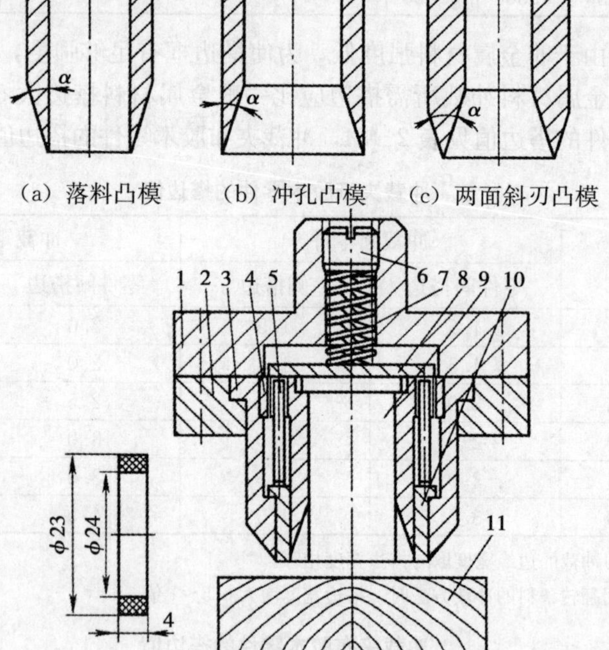

（d）非金属复合模结构简图

1. 上模；2. 固定板；3. 落料凹模；4. 冲孔凸模；5. 推杆；6. 螺塞；7. 弹簧；8. 推板；9. 卸料杆；10. 推件器；11. 硬木垫

图 2－54 尖刃凸模

表 2-56　　尖刃凸模斜角 α 的取值

材料名称	α(°)	材料名称	α(°)
烘热的硬橡胶	8～12	石棉	20～25
皮、毛毡、棉布纺织品	10～15	纤维板	25～30
纸、纸板、马粪纸	15～20	红纸板、纸胶板、布胶板	30～40

设计时，其尖刃的斜面方向应对着废料。冲裁时，在板料下面垫一块硬木、层板、聚氨酯橡胶板或非铁金属板等，以防止刃口受损或崩裂，不必再使用凹模。尖刃凸模可以安装在小吨位压力机上或直接用手工加工。

第六节　冲裁件常见缺陷

冲裁件的常见缺陷有毛刺、制件表面翘曲、尺寸超差等。

一、毛刺

在板料冲裁中，产生不同程度的毛刺，一般来讲是很难避免的，但是提高制件的工艺性，改善冲压条件，就能减少毛刺。具体产生毛刺的原因及减少毛刺的措施见表 2-57。

表 2-57　　产生毛刺的原因及减少毛刺的措施

类型		说明
产生毛刺的原因	间隙	冲裁间隙过大、过小或不均匀，均会产生毛刺。造成间隙过大、过小和不均的因素有： (1) 制造误差。冲模零件加工不符合图纸要求时，会影响装配后的间隙。如底板平行度不好，凸凹模有反锥，凸凹模尺寸制造的偏差都会造成冲裁间隙不合理。 (2) 装配误差。如凸模与凸模固定板装配不垂直，导向部分间隙大，凸凹模装配不同心，均能改变冲裁间隙。 (3) 压力机精度差。如压力机导轨间隙过大，滑块底面与工作台表面的平行度不好，或是滑块行程与压力机台面的垂直度不好，工作台刚度差，在冲裁时产生挠度，均能引起间隙的变化。 (4) 安装误差。如冲模上下底板表面在安装时未擦干净，或对大型冲模上模紧固方法不当，冲模上下模安装不同心（尤其是无导柱冲模）而引起工作部分倾斜。 (5) 冲模结构不合理。如冲模及其工作部分刚度不够，在冲裁过程中发生变形而影响间隙的变化；或者是设计时没有注意冲裁力的平衡，在冲压过程中产生侧压力，使模具发生窜动。 (6) 钢板的弯曲度大。钢板板形不好，在冲裁过程中变形使刚度小的凸模相应发生变形而影响间隙的变化

续表

<table>
<tr><th colspan="2">类型</th><th>说明</th></tr>
<tr><td rowspan="6">产生毛刺的原因</td><td>刃口钝</td><td>刃口磨损变钝或啃伤（如图 2 - 55 所示）均会产生毛刺。影响刃口变钝的因素有：模具凸、凹模的材质及其表面处理状态不良，耐磨性差；冲模结构不良，刚性差，造成啃伤；操作时不及时润滑，磨损快；没有及时磨锋刃口 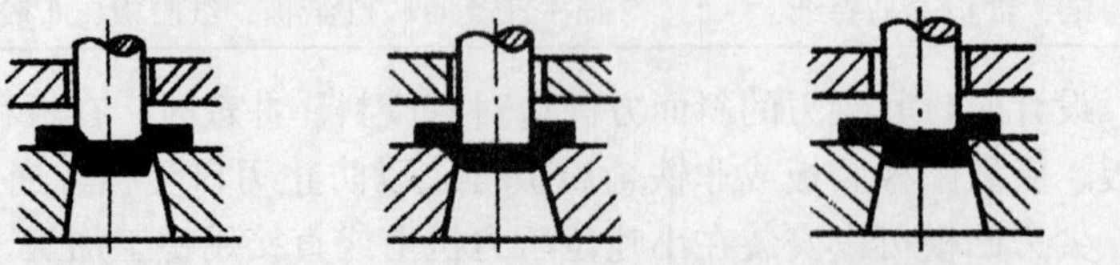
（a）凸模刃口变钝　（b）凹模刃口变钝　（c）凸凹模刃口变钝
图 2 - 55　刃口变钝时毛刺的形式</td></tr>
<tr><td>冲裁状态不当</td><td>如毛坯（包括中间制件）与凸模或凹模接触不好，在定位相对高度不当的修边冲孔时，也会由于制件高度低于定位相对高度，在冲裁过程中制件形状与刃口形状不服贴而产生毛刺（如图 2 - 56 所示） 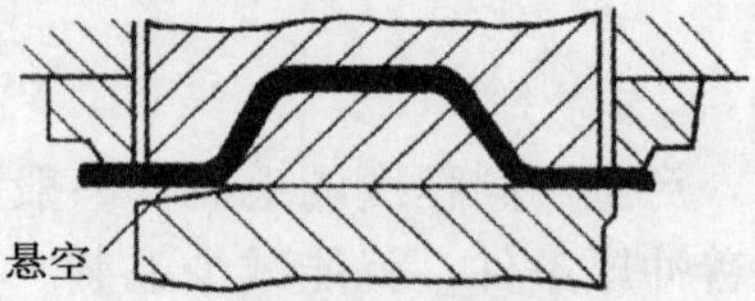
悬空
图 2 - 56　示意图</td></tr>
<tr><td>模具结构不当</td><td>在单面冲裁时，由于没有反侧块平衡结构，在冲裁过程中模具发生移动或工作部分刚性不足产生变化使间隙增大而产生毛刺</td></tr>
<tr><td>材料不符工艺规定</td><td>材料厚度严重超差或用错料（如钢号不对）引起相对间隙不合理，而使制件产生毛刺</td></tr>
<tr><td>制件的工艺性差</td><td>如形状复杂、有凸出或凹入的尖角，均易因磨损过快而产生毛刺</td></tr>
<tr><td colspan="2">毛刺的产生，不仅使冲裁以后的变形工序由于产生应力集中而容易开裂，也给后续工序毛坯的分层带来困难：大的毛刺容易把手划伤；焊接时两张钢板会因毛刺而接合不好，易焊穿，焊不牢；铆接时则易产生铆接间隙或引起铆裂。因此，出现允许范围以外的毛刺是极其有害的。对已经产生的毛刺可用锉削、滚光、电解、化学处理等方法消除。在大量生产中多采用滚光的办法来消除毛刺</td></tr>
<tr><td colspan="2">减少毛刺的措施</td><td>在实际生产中，减小毛刺的措施有如下几方面：
（1）保证凸、凹模加工精度和装配精度，保证凸模的垂直度和承受侧压的刚性；整个模具要有足够的刚度。在模具使用中经常检查凸、凹模刃口的锋利程度，发现磨损后，及时修理。
（2）保证模具安装后上模与下模的间隙均匀；安装要牢固，防止在冲压加工过程中松动；要保证模具与压力机的平行度。
（3）压力机的刚性好，弹性变形小；滑块导轨精度高，滑块运动平稳，垫板与滑块底面平行；要有足够大的工作压力</td></tr>
<tr><td colspan="3">对于工件上的毛刺可以通过后处理的方法去除，最常用的就是采用滚光的方法</td></tr>
</table>

二、翘曲不平

材料冲裁过程的剖面情况，如图 2－57 所示。材料在与凸模、凹模接触的瞬间首先要拉伸弯曲，然后剪断、撕裂。拉深、弯曲、横向挤压各种力的作用下，使制件展料出现波浪形状，制件因而产生翘曲。

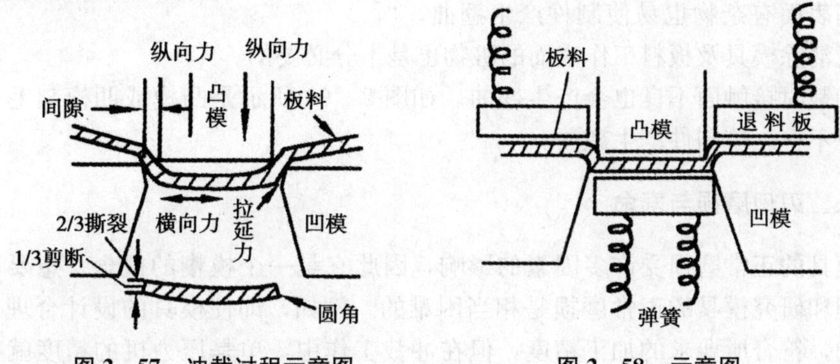

图 2－57　冲裁过程示意图　　图 2－58　示意图

制件翘曲产生的原因有以下几个方面：

1. 冲裁间隙大

间隙过大，则在冲裁过程中，制件的拉深、弯曲力大，易产生翘曲。改善的办法，可在冲裁时用凸模和压料板（或顶出器）将制件紧紧地压住，或用凹模面和退料板将搭边部位紧紧压住，以及保持锋利的刃口，都能收到良好的效果，如图 2－58 所示。

2. 凹模洞口有反锥

制件在通过尺寸小的部位时，外周就要向中心压缩，从而产生弯曲，如图 2－59 所示。

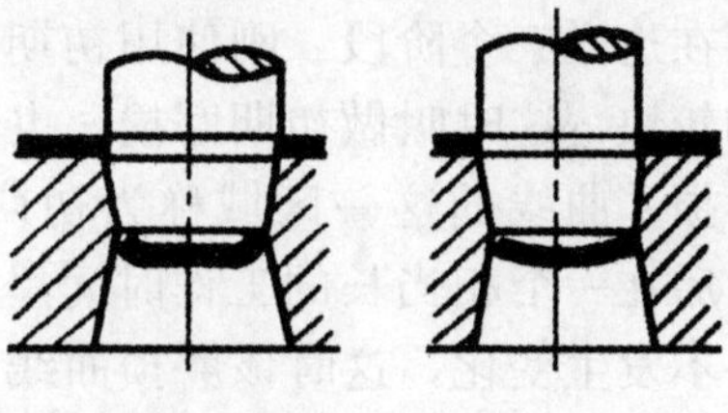

(a) 圆周挠曲　(b) 整体挠曲

图 2－59　凹模反锥引起的挠曲

3. 制件结构形状产生的翘曲

当制件形状复杂时，制件周围的剪切力就不均匀，因此产生了由周围向中心的力，使制件出现翘曲。在冲压接近板厚的细长孔时，制件的翘曲集中在两端，使其不能成为平面。解决这类挠曲的办法，首先是考虑冲裁力合理、均匀地分布，这样可以防止挠曲的产生；增大压料力，用较强的弹簧、橡胶等，通过压料板、顶料器等将板料压紧，便能得到良好的效果。

4. 材料内部应力产生的翘曲

材料在轧制、卷绕时所产生的内部应力，在冲裁后移到表面，制件将出现翘曲。解决的办法是在冲裁前就应把内应力消除（可以通过矫平机或退火来消除），也可以在冲裁加工后矫平，或利用热处理退火等方法进行。

5. 油、空气和接触不良产生的翘曲

在冲模和制件、制件和制件之间有油、空气等压迫制件时，制件将产生翘曲，特别是薄料、软材料更易产生。若均匀地涂油、设置排气孔，可以消除翘曲现象。制件和冲模之间表面有杂物也易使制件产生翘曲，所以注意清除模具及板料工作表面的脏物也是十分必要的。

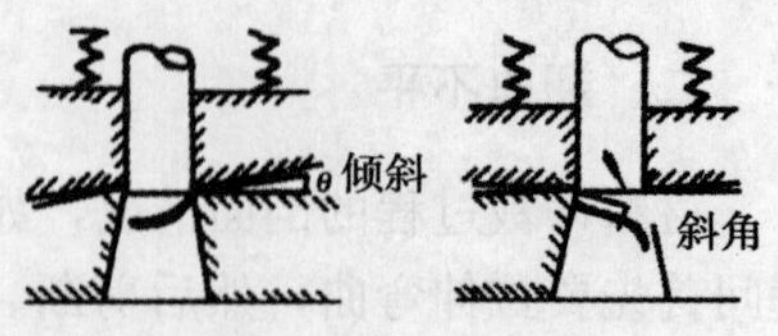

图 2-60　示意图

冲裁时接触面不良也会产生翘曲。如图 2-60 所示是凸模或凹模与毛坯接触部位不符，使制件产生翘曲。

三、刃口磨损与寿命

模具的正常磨损受许多因素的影响，因此它是一个模糊的概念。想要单纯地处理和研究模具的正常磨损是相当困难的。例如，即使模具的设计合理、制造正确，符合所要求的加工精度，但在冲裁工作中，单是压力机的精度就有相当大的影响，这一因素对工件尺寸的影响有时甚至比凸、凹模本身的磨损引起的变化还要多。所以，在考虑正常磨损时，只能在排除外部因素影响的情况下进行。如采用精度较高的压力机，凸、凹模均采用优质的合金工具钢，并经过正确的热处理加工。在这种情况下进行冲裁加工时的自然磨损叫做正常磨损。

在正常使用情况下，凸、凹模刃口磨损过程如图 2-61 所示。模具刃口的磨损往往存在这样三个阶段：刚使用初期，磨损量增加较快，这时叫做初期磨损，也称为第一次磨损，曲线的这一区域称为初期磨损区域；以后在一个相当长的工作时间里，磨损量几乎不发生变化，这时该磨损曲线的区域称为稳定磨损区域；此后，刃口的磨损量又急剧增加，该曲线的区域称为急剧磨损区域，也称为第二磨损区域。应尽可能地增加稳定磨损区域和推迟第二磨损区域的到来，就能延长冲模第一次刃磨前的使用寿命。

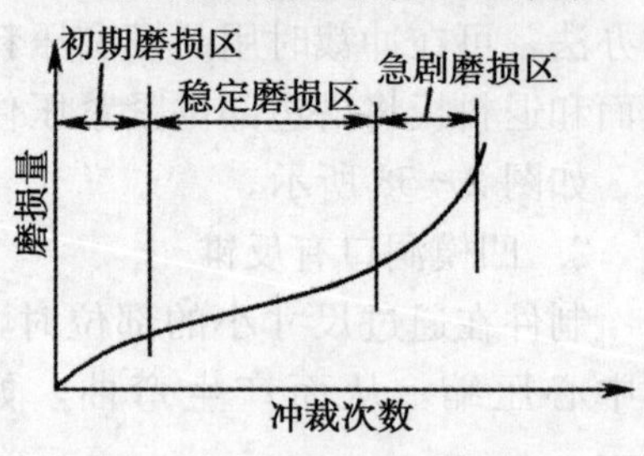

图 2-61　冲模刃口的磨损曲线

润滑与磨损有很大的关系，良好的润滑能有效地减少磨损，提高模具的使用寿命。

对于初期磨损值非常大或尺寸公差要求高的工件，可以在模具制造时就把刃口事先做成初期磨损状态，以便在使用时就能够在稳定磨损区域正常工作。也可以把初期磨损区域内加工的这部分工件报废，然后在稳定磨损区域进行正常加工，以保证工件的尺寸要求。

四、冲裁条件对冲裁质量的影响

在冲压生产中，冲裁质量受到多方面因素影响。冲裁条件包括了模具、压力机和工件本身的材料。

1. 模具的影响

合理的模具结构是保证冲裁质量的前提条件。在模具中凸、凹模应具有足够的强度、刚度和尺寸、形状精度。坯料在模具中要有可靠的定位，这样才能保证送料定位的准确性。模具的其他部分也应该满足不同的使用要求，这样才能够保证工件的质量。

2. 压力机的影响

模具通过压力机进行工作，压力机的优劣直接影响冲裁的质量。压力机的机身要具有足够的刚度，机身导轨的精度要求高，滑块运动平稳；压力机应能提供足够的冲裁力和合适的行程次数；压力机还应操作灵活、安全可靠。

3. 工件的材料

工件所选择的材料应具有良好的冲压性能，即有高的伸长率、高的屈强比和合适的硬度。有了良好的材料，才能保证高的冲裁质量。

五、小制件孔产生斜曲

小制件孔产生斜曲的原因：模具技术状态不良，如间隙不均匀，或凹模与凸模中心不重合；加工件上相邻的孔非常接近或孔距外边缘太近（如图 2 - 62 所示）。解决的办法是提高冲孔模精度，改进冲模结构。

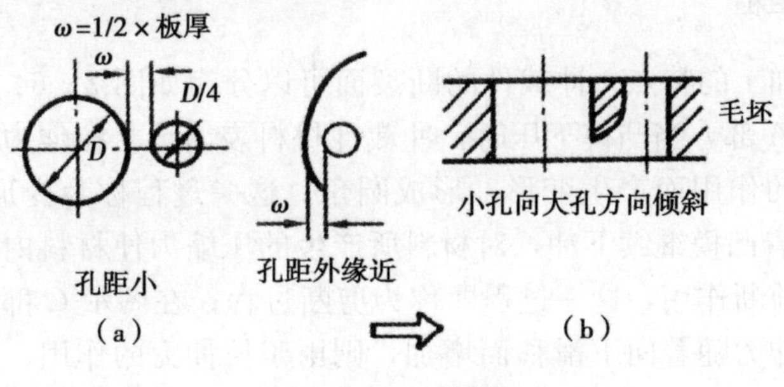

图 2 - 62 示意图

六、尺寸精度超差

影响尺寸精度超差的因素有：

(1) 模具刃口尺寸制造超差。

(2) 冲裁过程中的回弹。上道工序的制件形状与下道工序模具工作部分的支承面形状不一致，使制件在冲裁过程中发生变形，冲裁完毕后产生弹性回复，因而影响尺寸精度。

（3）板形不好。在多孔冲裁中，毛坯的伸展也影响尺寸精度。

（4）对多工序的制件，上道工序调整不当或圆角磨损，破坏了变形时体积均等的原则，引起了冲裁后尺寸的变化。

（5）由于操作时定位不好，或者定位机构设计得不好，冲裁过程中毛坯发生了窜动，或者是剪切件的缺陷（如棱形度、缺边等）而引起定位的不准，均能引起尺寸超差。

（6）冲裁顺序不对。如图 2-63 所示零件的冲裁过程中，如果先冲内孔 ϕ66 毫米，则在外缘落料时，由于凹模表面采用斜刃，冲裁力的水平分力作用，能使已冲成的内孔变成椭圆，并胀大 2～3 毫米，引起尺寸超差，造成废品。解决的办法：把凸模长度减小，先进行外缘落料后再冲孔，这样可避免内孔扩大。

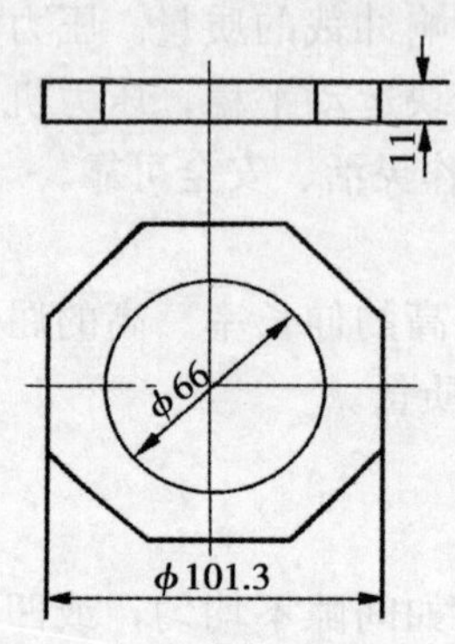

图 2-63 零件的冲裁过程

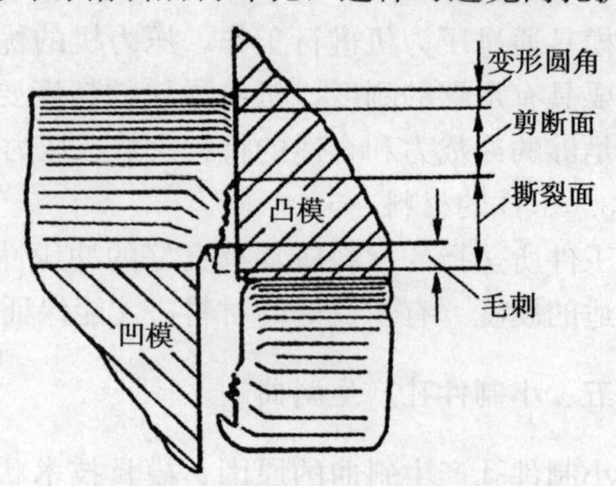

图 2-64 冲裁断裂面的状态

七、断面粗糙

由于冲裁加工的特点，冲裁件的断裂面可以分为如图 2-64 所表示的四个部分。在图中 A 部，当凸模下压时，冲裁件材料表面承受拉伸力及压缩力，并由于这些应力的作用而产生变形，形成圆角，这一过程称为变形过程；接着，如图 B 部，随着凸模继续下冲，对材料所产生的压缩力使材料内部产生相对滑移，也就是起剪断作用，这一过程即称为剪断过程；在图示 C 部，这时凸模下冲对材料的拉伸力随着向下滑移而增加，则由于拉伸力的作用，接近刃口的前端部位产生裂纹。显然，在凹模刀口附近的拉伸力比凸模刀口处的拉伸力大，所以裂纹主要产生靠近凹模刀口附近，产生这一撕裂情况的同时产生毛刺，这个过程即称为撕裂过程或裂纹成长过程；而在 D 部，当凸、凹模上下两端产生的撕裂裂纹增大并重合时，材料即断裂分离，此时称为断裂分离过程。

从上述分析可以知道，断裂面质量最好的部位发生在剪断过程的 B 部，这一部位才具有光滑的剪断面，而其余三个部位则产生圆角、撕裂面和毛刺。所谓断面粗糙，即是剪断面窄，而圆角、撕裂面和毛刺部位大的情况。由于普通冲裁加工的全部过程并非都是剪断过程，因此冲裁件断面不同程度的粗糙将是不可避免的。尽可能延长剪断过程，并推迟发生裂纹撕裂过程，是获得较大光滑断面的关键。为此，应尽量减小作用于材料内部的拉应力和弯曲力矩，显然，这可以通过减小凸、凹模的间隙、压紧凹模上的材料，并对凸模下面的材料施加反向压力、减小搭边宽度及使用润滑剂等措施来得到改善。

正确地选用凸、凹模的间隙值，是获得比较光滑断面的一个重要因素。合理的间隙应根据加工材料的性质选取。表 2－58 中所规定的间隙要求，已考虑了冲裁断面的状况。如果间隙值取表值的一半，将可能得到更光滑的断面，但无疑将增加模具制造时的困难。

表 2－58　　　　凸、凹模合理的间隙值

冲裁材料		间隙（单面）	冲裁材料		间隙（单面）
金属	软质（软钢、黄铜）	（4%～5%）t	非金属	酚醛电木，云母纸	（1%～3%）t
	中硬质（中硬钢板）	（5%～6%）t		硬化纸板	0
	硬质（硬钢板）	（5%～7%）t			

注：①表中 t 为冲裁材料厚度；

②单面间隙值即为括号中的百分数与材料厚度的乘积；

③此表所列的间隙值是指仅考虑断面光滑状况的合理间隙。

当然，冲裁件的光滑断面也可采用特殊的方法获得，如精密冲裁等。但精密冲裁必须具备特殊的冲床，冲模造价也高，因此目前除某些大、中型工厂企业能部分应用外，还不能普遍地推广应用。

八、凸模折断

设计、制造和操作不当等，都有可能造成凸模的损坏。尤其是凸模的折断，在冲裁过程中属于较常见的问题。下面分别就设计、制造以及操作等方面的原因予以叙述。

1. 设计方面的问题

从设计上考虑，当凸模强度低时，应根据使用条件选择强度更高的材料来制造。凸模的形状对改善刚性有密切影响。例如，阶梯式凸模具有较好刚性；带有斜刃口的凸模能减小冲裁力等；细长冲头的刚性也差，若必须采用，则应该设计有前端导向或压板等结构以增加其刚性。在设计时，凸模的合理布置极为重要。若冲模冲裁力的合力中心位置与冲柄中心有较大偏移，则会产生较大力矩而保证不了冲模工作的平衡，如果再与冲机滑块本身的偏移方向重合，凸模的横向挠度更要增大，所以各凸模应尽可能布置在对称的位置上。

如果材料搭边值太小，材料变形不规则，圆角层也会增大，这时凸模的左右侧压力不同，凸模受弯，就极易发生折断事故。尤其在往复冲裁时，搭边应至少是材料厚度的 1.5～2 倍。板料厚度大、废料变形、圆角大，也能引起凸模的早期折断损坏，这时应增大退料板对毛坯材料的压紧力。

2. 冲裁过程中的问题

在冲裁过程中，有时会由于操作事故而缩短冲模使用寿命甚至损坏凸模。例如，冲床选用不当或模具在冲床工作台上安装不良，都可能发生事故；没有注意到废料堵塞或废料落入凹模仍继续作业时，不仅会发生冲出残缺件的状况，而且凸模也很易遭到损坏甚至折断。上述情况都应尽力避免。在连续模和自动连续模上安装报警器或故障自动停机装置，对模具有很好的保护作用。

九、精冲裁件缺陷

精冲裁件在调整和正常生产过程中，常见的缺陷见表2-59。

表2-59　精冲裁件常见的缺陷

剪切面状况	产生原因	消除办法
表面质量不佳	①材料不合适 ②凹模工作部分表面粗糙，润滑油少 ③润滑剂不合适 ④凹模刃口圆角半径太小	①退火或更换材料 ②当凸凹模间隙和公差允许时，对凹模表面重新加工，并改善润滑方法 ③改换润滑剂 ④适当增大凹模刃口圆角半径
中间有断裂带 	①齿圈压板压力太小 ②凹模刃口圆角太小或不均匀 ③材料不合适 ④搭边或沿边距离太小 ⑤齿圈的齿高度太小或距离过近 ⑥制件转角半径小	①增大齿圈压板压力 ②修正凹模刃口圆角半径 ③退火处理或更换材料 ④增大送料步距和条料宽度 ⑤修正齿圈有关参数或双面压齿 ⑥适当加大转角处凹模刃口圆角半径，或在该部位采用双面压齿
制件外形在靠近凸模侧有撕裂带 	凸模与凹模之间的剪切间隙过大	重新制造凸模或凹模，缩小剪切间隙
光洁切面上呈现不正常锥形 	①凹模刃口圆角半径太大 ②凹模刃口部分有弹性变形	①重磨凹模刃口，减小圆角半径 ②提高凹模刚性，或在凹模外锥增加预应力套

续表1

剪切面状况	产生原因	消除办法
制件靠凸模侧有毛边并呈锥形	凸模与凹模之间的剪切间隙太小	适当增大剪切间隙（特殊性质的材料在间隙合适时，也可能出现一定程度的毛边）
剪切面呈波纹状有斜度，并在凸模侧有毛边	①凹模刃口圆角半径太大 ②剪切间隙太小	①重磨凹模刃口，减小圆角半径 ②重新修整凸模或凹模，放大剪切间隙
剪切面上有波纹并带有撕裂	①凹模刃口圆角半径太大 ②剪切间隙太大	①重磨凹模刃口，减小圆角半径 ②重新制造凸模或凹模
制件周边毛刺过大	①剪切间隙太小，落料凸模刃口变钝 ②间隙合适，但凸模刃口磨损 ③凸模过多进入凹模	①增大剪切间隙，重磨凸模刃口 ②重新把凸模刃口磨锋利 ③重新调整机床滑块位置
制件一侧撕裂，另一侧有波纹状并带毛边	①凸模与凹模之间的剪切间隙不均匀 ②齿圈压板形孔与凸模配合缝隙大或不均匀 ③齿圈压板受偏心载荷时产生位移	①重新调整凸、凹模剪切间隙 ②修正缝隙或更换齿圈压板 ③提高齿圈压板受力时稳定性
翻件塌角过大	①凹模刃口圆角半径太大 ②推件板反压力太小 ③制件轮廓上尖角的过渡圆角较小	①重磨凹模刃口，减小圆角半径 ②增大推件板反压力 ③采用双面压齿
制件不平，靠近凹模侧拱起	①推件板反压力太小 ②条料涂油过多	①增大反压力 ②齿圈上开溢油槽

续表 2

剪切面状况	产生原因	消除办法
制件沿长度方向弯曲	①原材料不平 ②材料内部组织有应力存在	①增加校平工序 ②退火处理
制件有扭曲现象	①材料内部张力或压延纹向不合适 ②推件板推件时作用力不平衡	①改变制件工艺排样或将原材料作消除应力处理 ②检查推件板厚度、平行度，一组顶杆的长度是否一致
制件被磨损坏	①制件在条料上被卡住或被压入废料孔内 ②喷射零件的压缩空气太多 ③喷气嘴位置不合适 ④导向销或模具的其他零件造成精冲件损坏 ⑤制件掉下来时相互碰坏	①调整机床送料装置和推件滞后时间 ②减少喷气量和喷射时间 ③重新调整位置 ④拆下导向销或改进模具 ⑤把制件冲进油中或装一个橡皮软垫

第三章　弯曲加工

第一节　弯曲变形过程

弯曲就是将板材、管材和型材等钢材制件弯成所需形状的加工方法，也称为弯形。弯形是使材料产生塑性变形，因此只有塑性好的材料才能进行弯形。按其加工材料的不同，可分为板料弯曲、管料弯曲、型材弯曲和棒料弯曲等。按弯曲成形所用设备的不同，又可分为折弯、滚弯、拉弯和辊弯等。

弯曲件的加工精度与很多因素有关，如弯曲件材料的力学性能和材料厚度、模具结构和模具精度、工序的多少和工序的先后顺序，以及弯曲件本身的形状尺寸等。精度要求较高的弯曲件，必须严格控制材料厚度公差。一般弯曲件的尺寸精度不高于IT13级，见表3－1；弯曲件的角度公差见表3－2。若要达到弯曲件精度密级的角度公差，必须在工艺上增加校正工序。

表3－1　　弯曲件的尺寸精度

材料厚度	A	B	C	A	B	C
	经济型			精密型		
≤1	IT13	IT15	IT16	IT11	IT13	IT13
>1～4	IT14	IT16	IT17	IT12	IT13～IT14	IT13～IT14

表3－2　　弯曲件的角度公差

弯角短边尺寸（mm）	1～6	>6～10	>10～25	>25～63	>63～160	>160
经济型	±1°30′～3°	±1°30′～3°	±50′～2°	±50′～2°	±25′～1°	±15′～30′
精密型	±1°	±1°	±30′	±30′	±20′	±10′

一、弯曲变形过程与特点

尽管弯曲方法很多，但毛坯（条料）在弯曲过程中，其材料的变形过程及特点是基本相同的，下面以V形件为例，说明材料弯曲变形的过程及特点。

（1）弯曲开始时，毛坯的弯曲半径r_0大于凸模的圆角半径r_3，是自由弯曲状态［如图3－1（a）所示］。

(2) 凸模下降，毛坯与凹模工作表面更为接近。毛坯的弯曲半径由 r_0 变为 r_1，弯曲力臂由 l_0 变为 l_1 [如图 3-1 (b) 所示]。

(3) 凸模继续下降，毛坯与凸模成三点接触，弯曲半径由 r_1 变为 r_2，弯曲力臂由 l_1 变为 l_2 [如图 3-1 (c) 所示]。

(4) 凸模再继续下降，会使凸模、毛坯和凹模三者相吻合，弯曲半径由 r_2 变为 r_3，弯曲力臂由 l_2 变为 l_3 [如图 3-1 (d) 所示]，这样得到所需制件，弯曲过程结束。

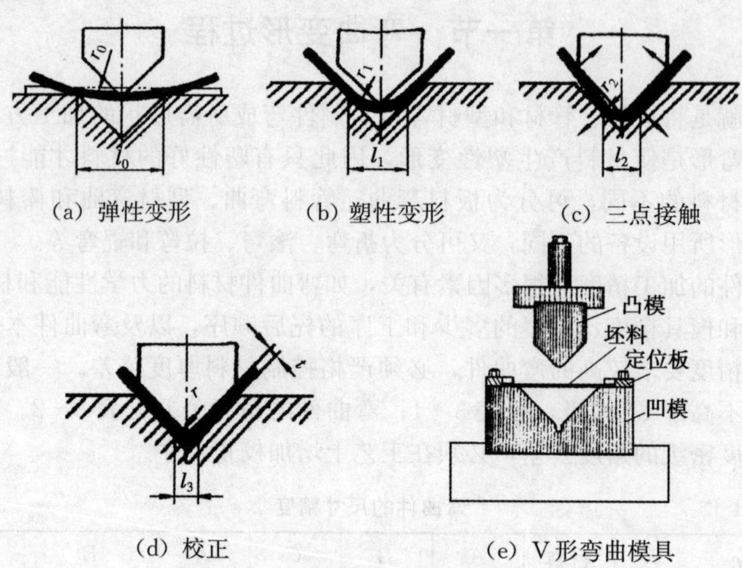

图 3-1 弯曲过程

弯曲有自由弯曲和校正弯曲之分。区别在于自由弯曲是在凸模、板料、凹模三者完全贴合时就不再往下压，而校正弯曲则是在自由弯曲的基础上凸模再往下压，使工件产生进一步的塑性变形，以减小弯曲件的回弹。采用弯曲前在板材侧面设置正方形网格，观察弯曲后该网格变化的方法来分析弯曲过程。弯曲前后网格的变化如图 3-2 所示，从中可以发现：

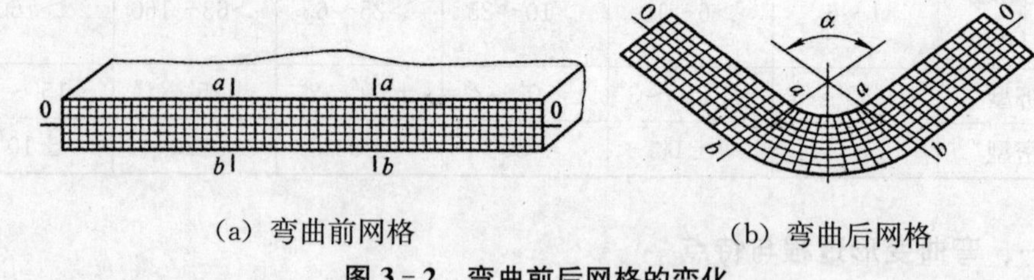

图 3-2 弯曲前后网格的变化

(1) 圆角部分的正方形坐标网格由正方形变成了扇形，其他部位则没有变形或变形很小。

(2) 变形区内，侧面网格由正方形变成了扇形，靠近凹模的外侧受切向拉伸，长度伸长，靠凸模的内侧受切向压缩，长度缩短。由内、外表面至板料中心，其缩短和伸长的程度逐渐变小。在缩短和伸长两者之间变形前后长度不变的那层金属称为中性层。

（3）弯曲变形区断面的变化如图 3－3 所示，观察弯曲后断面的变化可以发现：

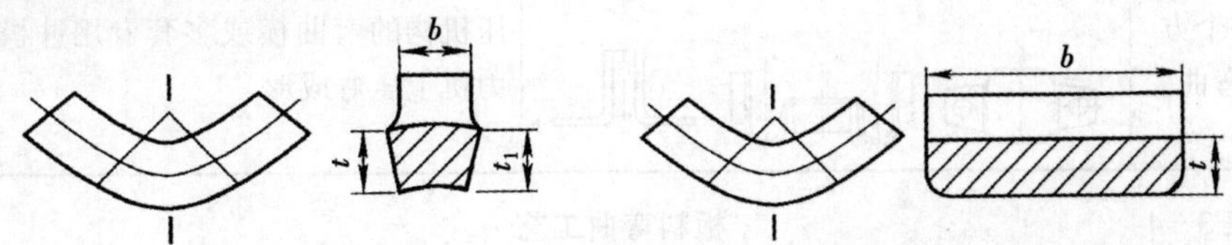

(a) 弯曲 $b/t \leqslant 3$ 窄板　　(b) 弯曲 $b/t > 3$ 宽板

图 3－3　弯曲变形区断面的变化

①变形区内的板料横截面发生变形。对弯曲窄板（$b/t \leqslant 3$），内层材料受到切向压缩后向宽度方向流动，使宽度增大。外层材料受到切向拉伸后，材料的不足便由宽度和厚度方向来补充，致使宽度变窄。整个截面呈内宽外窄的扇形；对宽度较大的宽板（$b/t > 3$），由于宽度方向材料多，阻力大，材料向宽度方向流动困难，横截面形状基本保持不变，仍为矩形。

②厚度减薄。板料弯曲时，内层受切向压缩而缩短，厚度应增加，但由于凸模紧压板料，厚度增加阻力很大。而外层受切向拉伸而伸长，厚度方向变薄不受约束，在整个厚度上增厚量小于变薄量，从而出现厚度变薄现象。

二、板料弯曲件的基本类型及工艺

板料弯曲件的基本类型及工艺见表 3－3 及表 3－4。

表 3－3　　板料弯曲件的基本类型

类型		简图	弯曲方法
开式	口部敞开		用一般万能通用弯曲模或专用弯曲模在压力机上压弯成形。若纵向长度大，宜采用滚弯方法或用弯板机弯曲成形
闭式	口部半封闭		通常采用有芯弯曲模在压力机上压弯成形闭式弯曲件，小尺寸卷圆、重叠式弯曲件用专用弯曲模在压力机上压弯成形；批量较小的大型制件，可在折边机、变板机、卷板机上弯曲成形
	口部封闭		
	重叠		

续表

类 型	简 图	弯曲方法
不同部位向多个方向弯曲		要用多工位连续弯曲模、有横向冲压机构的弯曲模或多套专用冲模在压力机上压弯成形

表 3-4　　板料弯曲工艺

类 型	简 图	特 点
压弯		板料在压力机或弯板机、折边机上的弯曲
拉弯		对于弯曲半径大（曲率小）的零件，在拉力作用下进行弯曲，从而得到塑性变形
滚弯		用 2～4 个滚轮，完成大曲率半径的弯曲；可用二辊、三辊、四辊通用卷板机滚弯大型、厚板弯曲件
滚压成形（辊形）		在带料纵向连续运动过程中，通过几组滚轮逐步弯成所需的形状

三、板料与型材弯曲时中性层位置的确定

1. 板料弯曲时中性层位置的确定

要确定板料弯曲件的展开毛坯尺寸，必须首先确定其中性层的位置。将平板料在弯曲模上弯曲成 V 形弯曲件，在弯角部位的板料发生很大变形：贴着凸模一面内角处材料聚集并受压；贴着凹模一面角顶材料受拉伸减薄。当弯曲钝角且角部圆角半径较大，弯曲变形程度不大时，应变中性层位于料厚中间；变形程度增加，中性层位置会向内侧移动，使弯角外侧的拉伸变形区大于内侧的

压缩变形区，板料在外层的减薄量大于内侧增厚量，使工件料厚减薄。弯角内侧相对圆角半径 r/t 越小，变形程度越大，料厚减薄越严重。在冲压生产中，绝大多数弯曲件是属于宽度大于 3 倍料厚的宽板弯曲件，其弯曲角部中性层的曲率半径 ρ，可依弯曲前后体积不变条件导出。

$$\rho=\left(r+\frac{\eta}{2}t\right)\eta$$

式中 η——料厚变薄系数，等于板料弯曲后与弯曲前厚度之比，见表 4-3；

r——弯曲角的弯曲内半径（mm）；

t——弯曲前料厚（mm）。

表 3-5　弯曲角为 90°时，变薄系数 η 和中性层位移系数 x 值（低碳钢）

r/t	0.1	0.25	0.5	1.0	2.0	3.0	4.0	>4
η	0.82	0.87	0.92	0.96	0.985	0.992	0.995	1.0
x	0.27	0.32	0.37	0.42	0.455	0.47	0.475	0.5

现场常用如下简化公式求中性层弯曲半径 ρ：

$$\rho=r+xt$$

式中 x——中性层位移系数，见表 3-5。

考虑弯曲模结构对弯曲件弯曲变形的约束及对其中性层位置的影响，推荐从表 3-6 中查得 x 值。

表 3-6　与弯曲模结构有关的中性层位移系数 x 值

相对弯曲半径 r/t	有顶板或压板的V形、U形弯曲	无顶板的V形弯曲	相对弯曲半径 r/t	有顶板或压板的V形、U形弯曲	无顶板的V形弯曲
	中性层位移系数 x 值			中性层位移系数 x 值	
0.1	0.23	0.30	1.60	0.439	0.443
0.15	0.26	0.32	1.70	0.440	0.446
0.20	0.29	0.33	1.80	0.445	0.45
0.25	0.31	0.35	1.90	0.447	0.452
0.30	0.32	0.36	2.00	0.449	0.455
0.40	0.35	0.37	2.50	0.458	0.46
0.50	0.37	0.38	3.00	0.464	0.47
0.60	0.38	0.39	3.50	0.468	0.473
0.70	0.39	0.40	3.75	0.470	0.475
0.80	0.40	0.408	4.00	0.472	0.476
0.90	0.405	0.414	4.50	0.474	0.478

续表

相对弯曲半径 r/t	有顶板或压板的V形、U形弯曲	无顶板的V形弯曲	相对弯曲半径 r/t	有顶板或压板的V形、U形弯曲	无顶板的V形弯曲
	中性层位移系数 x 值			中性层位移系数 x 值	
1.0	0.410	0.420	5.00	0.477	0.480
1.10	0.42	0.425	6.00	0.479	0.482
1.20	0.424	0.430	10.00	0.488	0.49
1.30	0.429	0.433	15.00	0.493	0.495
1.40	0.433	0.436	30.00	0.496	0.498
1.50	0.436	0.44			

x 值受弯曲件材料性能差异、材料厚度的偏差、弯曲角的大小、弯曲方式、模具结构等诸多因素的制约和影响，准确计算很难，其值波动较大。

表 3－7 给出了中性层半径 ρ 值，可供参考。由于 ρ 值的影响因素较多，如同 x 值制约因素一样，故表 3－7 中数值要根据具体情况适当修正。

在现场，对于精度要求高的弯曲件，其展开毛坯的精准尺寸，都是通过试模后修准确定的。

表 3－7　　中性层半径 ρ 值

弯曲内半径 r (mm)	材料厚度 t (mm)															
	0.5	0.8	1.0	1.2	1.5	2	2.5	3	3.5	4	4.5	5	6	7	8	10
0.2	0.31	—	—	—												
0.3	0.44	0.48	0.49	—	—	—	—	—	—	—	—	—	—	—	—	—
0.4	0.55	0.60	0.63	0.65												
0.5	0.66	0.72	0.75	0.78	0.81	—	—									
0.6	0.77	0.84	0.87	0.90	0.94	0.99	—	—	—	—	—	—	—	—	—	—
0.8	0.99	1.06	1.10	1.14	1.19	1.25	1.30									
1.0	1.20	1.28	1.33	1.37	1.42	1.50	1.57	1.62	—	—	—	—				
1.2	1.41	1.50	1.55	1.59	1.65	1.74	1.81	1.88	1.93	1.98	—	—	—	—	—	—
1.5	1.72	1.81	1.87	1.92	1.99	2.09	2.18	2.25	2.32	2.38	2.43	2.47				
2	2.24	2.34	2.40	2.46	2.53	2.65	2.75	2.84	2.92	3.00	3.07	3.13	3.24	—	—	—
2.5	2.75	2.86	2.92	2.99	3.07	3.20	3.31	3.42	3.51	3.60	3.67	3.75	3.88	3.99	4.09	—
3	3.25	3.38	3.44	3.51	3.60	3.74	3.86	3.98	4.08	4.18	4.26	4.35	4.50	4.63	4.75	4.94
4	4.25	4.40	4.48	4.55	4.65	4.80	4.94	5.07	5.19	5.30	5.40	5.51	5.69	5.85	6.00	6.26
5	5.25	5.40	5.50	5.58	5.68	5.85	6.00	6.14	6.27	6.40	6.51	6.63	6.83	7.02	7.19	7.50
6	6.25	6.40	6.50	6.60	6.71	6.89	7.05	7.20	7.34	7.48	7.60	7.73	7.95	8.16	8.35	8.70

续表

弯曲内半径 r (mm)	材料厚度 t (mm)															
	0.5	0.8	1.0	1.2	1.5	2	2.5	3	3.5	4	4.5	5	6	7	8	10
8	8.25	8.40	8.50	8.60	8.75	8.95	9.13	9.29	9.45	9.60	9.74	9.88	10.14	10.38	10.60	11.01
10	10.25	10.40	10.50	10.60	10.75	11.00	11.19	11.37	11.54	11.70	11.85	12.00	12.28	12.55	12.79	13.25
12	12.25	12.40	12.50	12.60	12.75	13.00	13.24	13.43	13.61	13.78	13.94	14.10	14.40	14.69	14.95	15.45
15	15.25	15.40	15.50	15.60	15.75	16.00	16.25	16.50	16.69	16.88	17.05	17.22	17.54	17.86	18.14	18.69
20	20.25	20.40	20.50	20.60	20.75	21.00	21.25	21.50	21.75	22.00	22.19	22.38	22.74	23.07	23.39	24.00
25	25.25	25.40	25.50	25.60	25.75	26.00	26.25	26.50	26.75	27.00	27.25	27.50	27.88	28.24	28.59	29.24
30	30.25	30.40	30.50	30.60	30.75	31.00	31.25	31.50	31.75	32.00	32.25	32.50	33.00	33.38	33.75	34.44
35	35.25	35.40	35.50	35.60	35.75	36.00	36.25	36.50	36.75	37.00	37.25	37.50	38.00	38.50	38.88	39.61
40	40.25	40.40	40.50	40.60	40.75	41.00	41.25	41.50	41.75	42.00	42.25	42.5	43.00	43.50	44.00	44.76
45	45.25	45.40	45.50	45.60	45.75	46.00	46.25	46.50	46.75	47.00	47.25	47.50	48.00	48.50	49.00	49.88
50	50.25	50.40	50.50	50.60	50.75	51.00	51.25	51.50	51.75	52.00	52.25	52.50	53.00	53.50	54.00	55.00
60	60.25	60.40	60.50	60.60	60.75	61.00	61.25	61.50	61.75	62.00	62.25	62.50	63.00	63.50	64.00	65.00

2. 板料卷圆时中性层位置的确定

由板料卷圆弯制的正圆和偏圆铰链形零件，其中性层位置因其弯曲成形过程中受力情况不同而与普通弯曲件压弯成形有别，纵向推卷板料靠模腔圆弧形模壁挤压、摩擦，实施卷圆。板料卷圆件的类型及中性层的位置如图 3－4 所示。板料承受纵向挤压和侧向推弯双重作用，材料增厚，中性层由料厚中间向外层转移。r/t 的比值越小，中性层位移系数越大，见表 3－8。

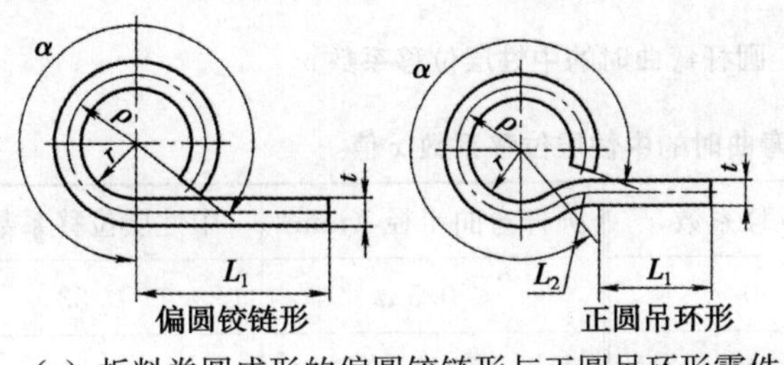

(a) 板料卷圆成形的偏圆铰链形与正圆吊环形零件　　(b) 中性层位置

图 3－4　板料卷圆件的类型及中性层的位置

表 3－8　　板料卷圆时中性层位移系数 x

相对弯曲半径 r/t	中性层位移系数 x	相对弯曲半径 r/t	中性层位移系数 x
0.5	0.77	1.3	0.66
0.6	0.76	1.4	0.64
0.7	0.75	1.5	0.62

续表

相对弯曲半径 r/t	中性层位移系数 x	相对弯曲半径 r/t	中性层位移系数 x
0.8	0.73	1.6	0.60
0.9	0.72	1.8	0.58
1.0	0.70	2.0	0.54
1.1	0.69	2.5	0.52
1.2	0.67	≥3.0	0.50

3. 圆杆弯曲时中性层位置的确定

圆杆类弯曲件包括圆断面杆料、棒料及线材弯曲件，其中性层的位置及位移规律与板料弯曲件有所不同。当弯曲半径 $r \geqslant 1.5d$ 时（d 是弯曲杆料直径），其断面形状弯曲后基本不变，中性层位移系数近似等于 0.5；但当弯曲半径 $r <$ 1.5d 时，弯曲后断面发生畸变，中性层向外偏移，其值 x 可以从图 3－5 或表 3－9查得。

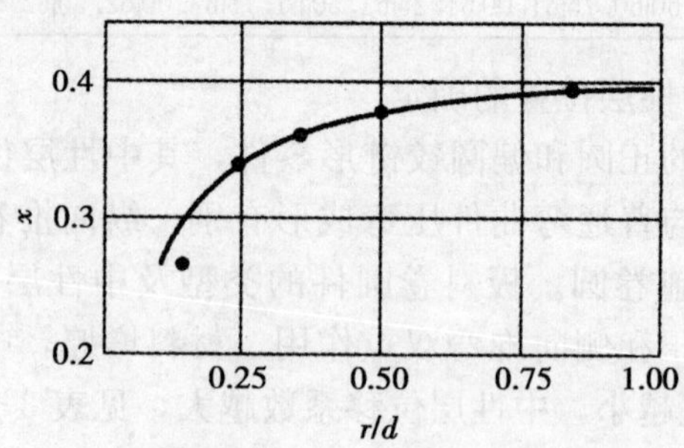

图 3－5　圆杆弯曲时的中性层位移系数 x

表 3－9　圆杆弯曲时的中性层位移系数 x 值

圆杆弯曲半径（mm）	中性层位移系数 x	圆杆弯曲半径（mm）	中性层位移系数 x
≥1.5 d	0.50	≤0.5 d	0.53
≤d	0.51	≤0.25 d	0.55

4. 型材弯曲时中性层位置的确定

热轧、冷轧或冷拉生产的各种不同断面形状的工字钢、槽钢、角钢、方形与矩形管等型材，多在型材弯曲机上进行弯曲。以弯曲半径 $r > 10h$（h 为型材高度）的大曲率弯制大尺寸弯曲件，其中性层均通过型材的断面重心。弯曲过程中，型材断面上受力不均，中性层位置变化不大。型材弯曲展开毛坯长度计算公式见表 3－10。

表 3-10　　型材弯曲展开毛坯长度计算公式

类型	简图	计算公式
等边角钢内弯圆环	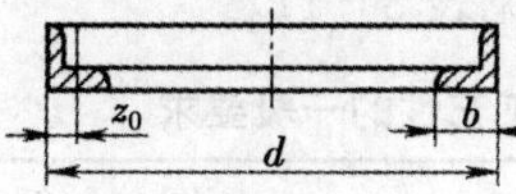	$L=(d-2z_0)\pi$
等边角钢外弯椭圆	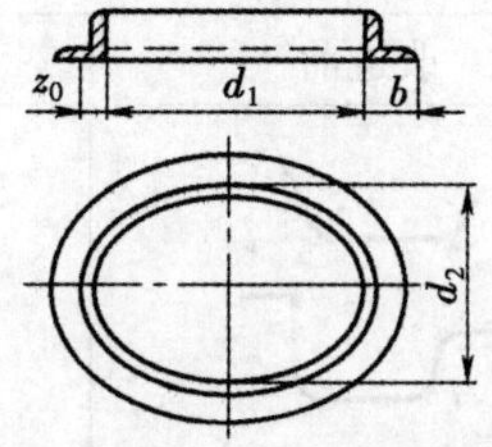	$L=\dfrac{(d_1+d_2+4z_0)\pi}{2}$
不等边角钢内弯圆环	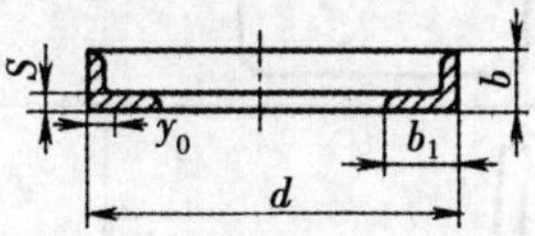	$L=(d-2y_0)\pi$
槽钢横弯圆环	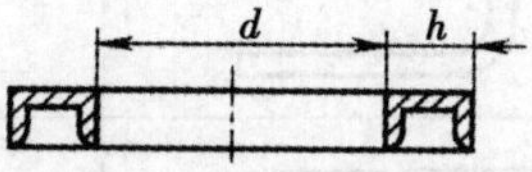	$L=(d+h)\pi$
槽钢竖弯圆环	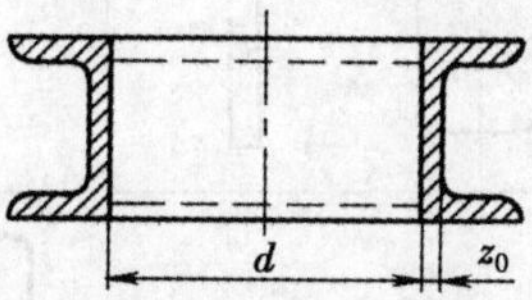	$L=(d+2z_0)\pi$
工字钢横弯圆环	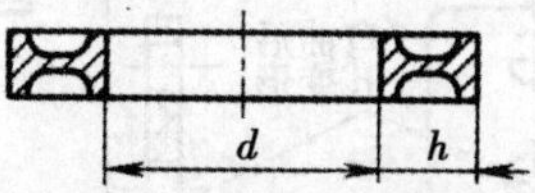	$L=(d+h)\pi$
工字钢竖弯圆环	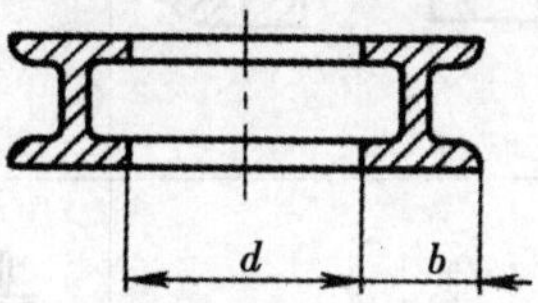	$L=(d+b)\pi$

注：表内公式中 z_0 和 y_0 为重心距

第二节　弯曲件的工艺性

在设计需要进行弯曲加工的工件时，应根据弯曲成形的原理，考虑压弯加工的工艺性。弯曲工件的结构具有良好的工艺性，不仅可以大大简化压弯模具的设计和压弯工艺过程，而且有利于提高弯曲件的加工精度。只有在设计上有特殊要求时，才允许超一般的工艺性要求，但此时应有相应的工艺措施保证。

一、板料弯曲件结构工艺性的一般要求

板料弯曲件结构工艺性的一般要求见表 3－11。

表 3－11　　　　板料弯曲件结构工艺性的一般要求

弯曲工艺对零件结构的要求		图例	
		改进前	改进后
形状尽量对称	弯曲件形状尽量对称，否则工件受力不均，不易达到预定尺寸		
弯曲部分压筋	可增加工件刚度，减小回弹		
弯曲处缺口	窄料小半径弯曲时，为防止弯曲处变宽，工件弯曲处应有缺口		k>R R
预冲月牙槽	弯曲带孔的工件时，如孔在弯曲线附近，可预冲出月牙槽或孔，以防止孔变形	弯曲后 孔变形	
预冲防裂槽	在局部弯曲时，预冲防裂槽或外移弯曲线，以免交界处撕裂	毛坯	R　R k>R　k>R 毛坯

续表

弯曲工艺对零件结构的要求		图例	
		改进前	改进后
坯料形状简单	工件外形利于简化展开料形状	毛坯	毛坯
弯曲部分进行预切	防止弯曲部分起皱	A A A—A	A A A A A—A A—A
弯角部分料窄造成弯边外胀	加大弯角部位料宽	向外胀	
弯边过窄的单角弯曲件	可成对弯曲后剖切亦可弯曲后切成形	<2t	成对弯形后切开

二、最小弯曲半径

板料弯曲时所得到的最小曲率半径，叫做最小弯曲半径。在板料弯曲过程中，板料外层受到拉深应力。对一定厚度的板料来说，弯曲半径越小，则拉深应力越大。当弯曲半径小到一定程度时，材料外层产生过大的应力，造成裂纹或折断现象。各种材料的最小弯曲半径见表 3－12～表 3－17。

表 3-12　　常用金属板料的最小弯曲半径

材料名称与牌号	软态（退过火的）		硬态（冷作硬化的）	
	弯曲线位置			
	垂直于轧制纹向	平行于轧制纹向	垂直于轧制纹向	平行于轧制纹向
	最小弯曲半径（为弯曲料厚 t 的倍数）			
08F、08、08Al	0	0.3 t	0.3 t	0.5 t
10、15、Q195	0	0.4 t	0.4 t	0.8 t
20、Q215A、Q235A	0.1 t	0.5 t	0.5 t	1.0 t
25、30、Q255A	0.2 t	0.6 t	0.6 t	1.2 t
35、40、Q275A	0.3 t	0.8 t	0.8 t	1.5 t
45、50、Q295A	0.5 t	1.0 t	1.0 t	1.7 t
55、60、Q345A	0.7 t	1.3 t	1.3 t	2.0 t
65Mn、T7、T8	1.2 t	2.0 t	2.0 t	2.5 t
0Cr18Ni10Ti、1Cr18Ni9Ti	1.0 t	2.0 t	2.0 t	2.5 t
1Cr13、2Cr13	1.2 t	2.2 t	2.2 t	2.8 t
纯铜 T1、T2、T3	0.1 t	0.35 t	0.5 t	2.0 t
无氧铜 TU0、TU1、TU2	0.1 t	0.35 t	0.5 t	2.0 t
黄铜 H90、H85、H80	0.1 t	0.35 t	0.5 t	0.8 t
黄铜 H68、H62、H59	0.1 t	0.35 t	0.5 t	1.2 t
铅黄铜 HPb59-1、HPb9-3	0.5 t	1.0 t	1.0 t	1.7 t
锌白铜 BZn15-20、BZn18-18	0.2 t	0.6 t	0.6 t	1.2 t
锡青铜 QSn6.5-0.1、QSn6.5-0.4	0.3 t	1.0 t	1.0 t	3.0 t
铍青铜 QBe2、QBe1.7、QBe1.9	0.1 t	0.35 t	0.5 t	2.0 t
铝青铜 QA17、QA15、QA19-2	0.5 t	1.0 t	1.0 t	1.7 t
锰青铜 QMn1.5、QMn2	0.5 t	1.0 t	1.2 t	1.8 t
工业用高纯铝 1A85、1A90、1A97	0	0.2 t	0.25 t	0.5 t
工业用纯铝 1050A、1060、1A30	0.1 t	0.2 t	0.3 t	0.8 t
包覆铝 7A01、1A50	0.6 t	1.2 t	2.0 t	3.0 t
防锈铝 5A02、5A05、5B05	0.1 t	0.3 t	0.35 t	0.8 t
铝锰系列防锈铝 3A21	0.1 t	0.3 t	0.35 t	0.8 t
铝镁系高镁防锈铝 5083、5056	0.6 t	1.5 t	1.5 t	2.5 t
硬铝 2A01、2A04、2B12、2A10	1.0 t	1.5 t	1.5 t	2.5 t
高强度硬铝 2A12、2A06	2.0 t	3.0 t	3.0 t	4.0 t
耐热硬铝 2A16、2A17	2.0 t	3.0 t	3.0 t	4.0 t
锻铝 6A02、2A50、6061、6063	1.2 t	1.5 t	1.5 t	2.5 t

续表

材料名称与牌号	软态（退过火的）		硬态（冷作硬化的）	
	弯曲线位置			
	垂直于轧制纹向	平行于轧制纹向	垂直于轧制纹向	平行于轧制纹向
	最小弯曲半径（为弯曲料厚 t 的倍数）			
特殊铝 4A01、4A13、5A66	1.5 t	2.5 t	2.5 t	4.0 t
超硬铝 7A03、7A09、7003	2.0 t	3.0 t	3.0 t	4.0 t
工业用钛合金板	加热到 300℃～400℃热弯		冷弯	
α 型钛合金 TA4、TA5、TA7、TA8	3.0 t	4.0 t	5.0 t	6.0 t
β型钛合金 TB2	1.5 t	2.0 t	3.0 t	4.0 t
α＋β型钛合金 TC1、TC2、TC4	1.5 t	2.0 t	3.0 t	4.0 t
α＋β型钛合金 YC9、YC10	2.0 t	3.0 t	3.0 t	4.0 t
镁合金	加热到 300℃热弯		冷弯	
MB1、MB2、MB7、MB8	2.0 t	3.0 t	6.0 t	8.0 t
Au-Cu、Au-Al	0.1 t	0.2 t	0.3 t	0.5 t
Ag-Cu、Ag-Al	0.1 t	0.2 t	0.3 t	0.5 t
钛—钢板	0.5 t	1.0 t	1.2 t	2.0 t
钛－不锈钢板	1.0 t	2.0 t	2.0 t	2.5 t
铜－钢复合板	0.3 t	0.8 t	0.8 t	1.5 t
镍－钢复合板	1.23 t	2.0 t	2.0 t	3.0 t
钼合金	加热到 400℃～500℃热弯		冷弯	
BM1、BM2（t≤2mm）	2.0 t	3.0 t	4.0 t	5.0 t

表 3－13　　型钢最小弯曲半径

	型　钢					
弯曲条件						
作为弯曲的轴线	Ⅰ—Ⅰ	Ⅰ—Ⅰ	Ⅱ—Ⅱ	Ⅰ—Ⅰ	Ⅱ—Ⅱ	Ⅰ—Ⅰ
轴线位置	$l_1=0.95\,t$	$l_2=1.12\,t$	$l_1=0.8\,t$	—	$l_1=1.15\,t$	—
最小弯曲半径	$R=5(b-0.95t)$	$R=5(b_2-1.12t)$	$R=5(b_1-0.8t)$	$R=2.5H$	$R=4.5B$	$R=2.5\,H$

表 3-14　　　　　　　　　　管子最小弯曲半径　　　　　　　　　　(mm)

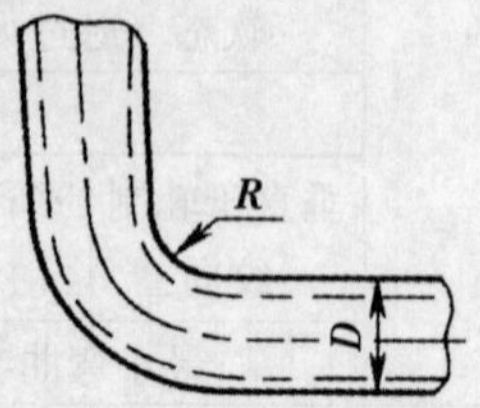

硬聚氯乙烯管			铝管			纯铜与黄铜管			焊接钢管				无缝钢管					
D	壁厚 t	R	D	壁厚 t	R	D	壁厚 t	R	D	壁厚 t	R 热	R 冷	D	壁厚 t	R	D	壁厚 t	R
12.5	2.25	30	6	1	10	5	1	10	13.5	—	40	80	6	1	15	45	3.5	90
15	2.25	45	8	1	15	6	1	10	17	—	50	100	8	1	15	57	3.5	110
25	2	60	10	1	15	7	1	15	21.25	2.75	65	130	10	1.5	20	57	4	150
25	2	80	12	1	20	8	1	15	26.75	2.75	80	160	12	1.5	25	76	4	180
32	3	110	14	1	20	10	1	15	33.5	3.25	100	200	14	1.5	30	89	4	220
40	3.5	150	16	1.5	30	12	1	20	42.25	3.25	130	250	14	3	18	108	4	270
51	4	180	20	1.5	30	14	1	20	48	3.5	150	290	16	1.5	30	133	4	340
65	4.5	240	25	1.5	50	15	1	30	60	3.5	180	360	18	1.5	40	159	4.5	450
76	5	330	30	1.5	60	16	1.5	30	75.5	3.75	225	450	18	3	28	159	6	420
90	6	400	40	1.5	80	18	1.5	30	88.5	4	265	530	20	1.5	40	194	6	500
114	7	500	50	2	100	20	1.5	30	114	4	340	680	22	3	50	219	6	500
140	8	600	60	2	125	24	1.5	40	—	—	—	—	25	3	50	245	6	600
166	8	800	—	—	—	25	1.5	40	—	—	—	—	32	3	60	273	8	700
—	—	—	—	—	—	28	1.5	50	—	—	—	—	32	3.5	60	325	8	800
—	—	—	—	—	—	35	1.5	60	—	—	—	—	38	3	80	371	10	900
—	—	—	—	—	—	45	1.5	80	—	—	—	—	38	3.5	70	426	10	1000
—	—	—	—	—	—	55	2	100	—	—	—	—	44.5	3	100	—	—	—

表 3-15　　　　　　　　圆管拉弯的最小弯曲半径 (mm)

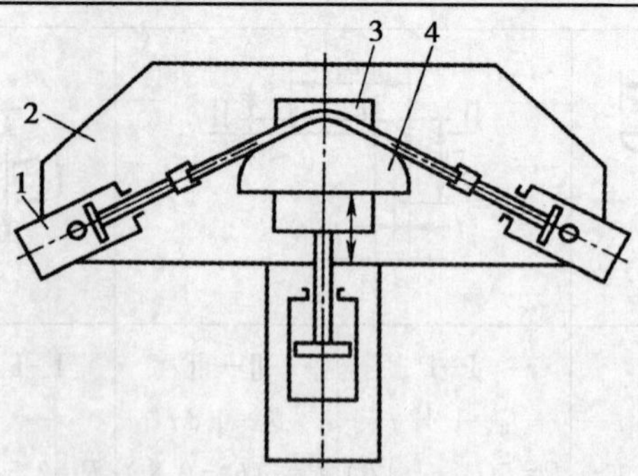

1. 夹座；2. 台板；3. 固定凹模；4. 活动凸模

续表

外径（mm）	壁厚（mm）	无芯棒	有芯棒		模具与球形芯棒合并使用
			柱状芯棒	球状芯棒	
12.7～22.225	0.89	6.5 D	2.5 D	3 D	1.5 D
	1.25	5.5 D	2 D	2.5 D	1.25 D
	1.65	4 D	1.5 D	1.75 D	1 D
25.4～38.1	0.89	9 D	3 D	4.5 D	2 D
	1.25	7.5 D	2.5 D	3 D	1.75 D
	1.65	6 D	2 D	2.5 D	1.5 D
41.275～53.975	1.25	8.5 D	3.5 D	4.5 D	2.25 D
	1.65	7 D	3 D	3.5 D	1.75 D
	2.11	6 D	2.5 D	3 D	1.5 D
57.15～76.2	1.65	9 D	3.5 D	4 D	2.5 D
	2.11	8 D	3 D	3.5 D	2.25 D
	2.77	7 D	2.5 D	3 D	2 D
88.9～101.6	2.11	9 D	3.5 D	4.5 D	3 D
	2.77	8 D	3 D	4 D	2.5 D

表 3－16　　薄壁管最小弯曲半径　　(mm)

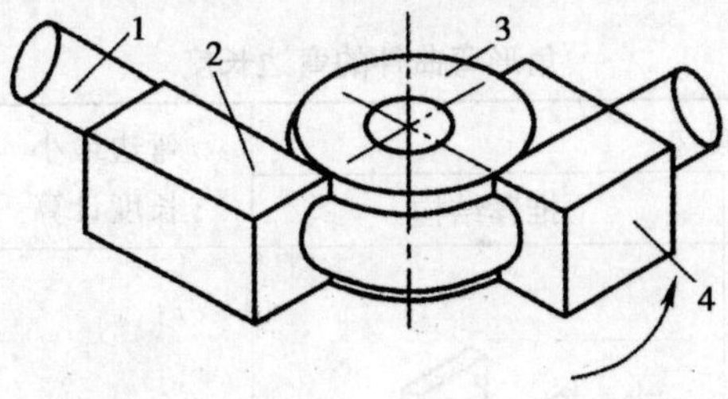

1. 管材；2. 挡块；3. 型轮；4. 夹紧轮

材料	外径	壁厚	弯曲半径	弯曲角
321 SS	63.5	0.31	76.2	90°
AM350CRES 钢	38.1	0.71	38.1	180°
钛 A40	101.6	0.89	152.4	90°
耐腐蚀耐热镍基合金	88.9	0.71	88.9	45°
因科镍铬合金	38.1	0.46	38.1	90°
铝 6061T6 － 0	50.8	0.71	44.5	90°
304 SS	177.8	0.89	177.8	180°

表 3-17　　矩形管最小弯曲半径　　(mm)

尺寸	壁厚			
	2.11	1.65	1.24	0.89
12.7	41.28	44.45	49.63	50.0
19.05	50.8	50.8	63.5	76.2
25.4	76.2	76.2	88.9	101.6
20.58	76.2	76.2	88.9	101.6
31.75	88.9	88.9	101.6	—
38.10	114.3	114.3	127.0	—
44.45	152.4	165.1	177.8	—
50.80	177.8	215.9	228.6	—
63.50	228.6	266.7	—	—
76.20	304.8	381.0	—	—

三、角形弯曲件的弯边长度

角形弯曲件的弯边长度见表 3-18。

表 3-18　　角形弯曲件的弯边长度

简示		弯边最小长度计算	说明
不良结构	推荐结构		
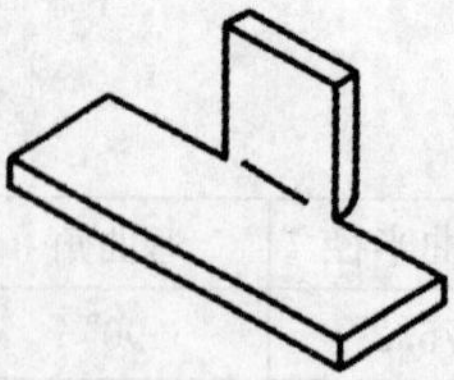	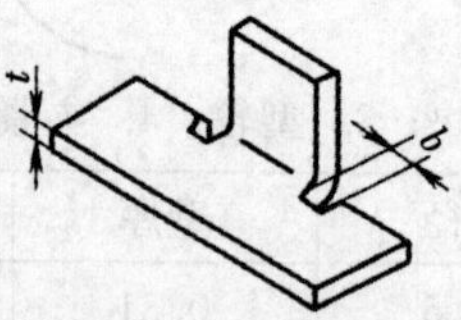	$b=1.5\ t$	弯曲线不应与另一弯曲边的轮廓线连在一起。否则，由于压缩和拉伸会在弯曲区出现牵扯现象或裂纹
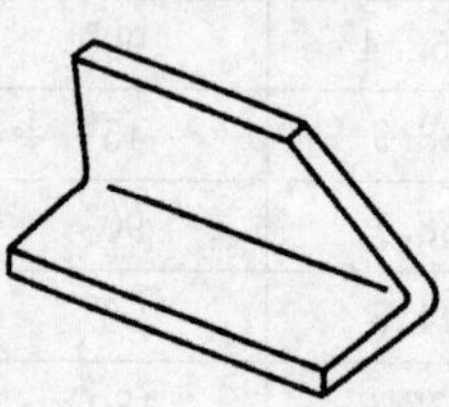	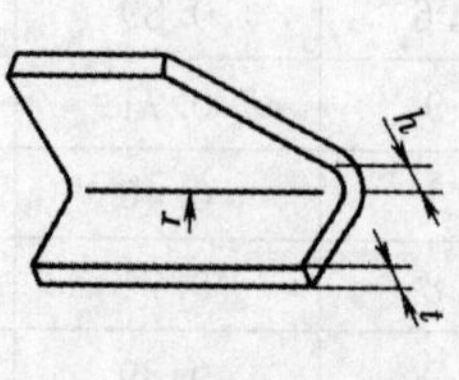	$h \geqslant 2t+r$	应避免使工件斜面角与弯曲角交汇在一起，诱发材料滑移，加大尺寸误差

续表

简示		弯边最小长度计算	说明
不良结构	推荐结构		
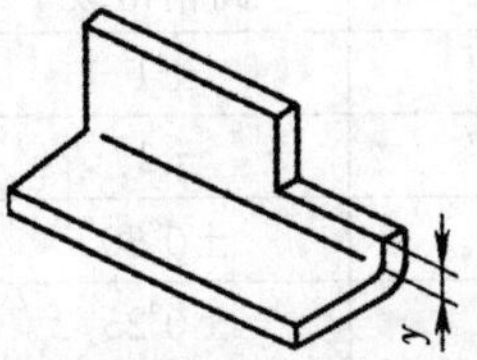	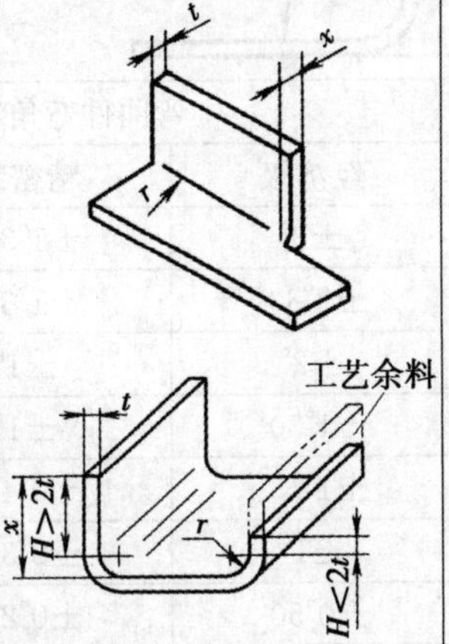	$x=1.5t+r$	将短弯曲边 y 改为使另一弯曲边向弯曲角后延伸 x 的距离；也可加大弯边，弯曲后切除
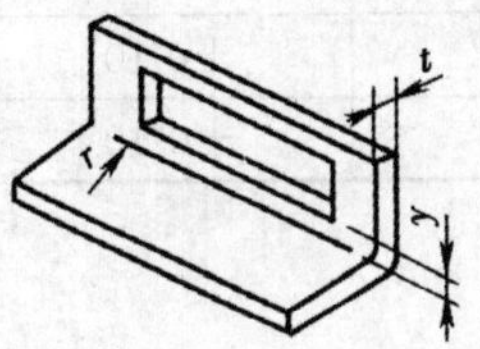	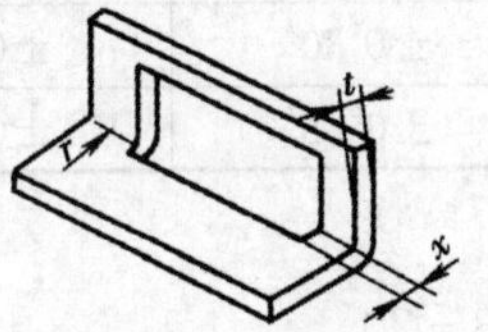	$x=1.5t+r$	当 $y<1.5t+r$ 时，可将矩形孔扩大越过弯角；亦可缩小或上移矩形孔，使 $y\geq 1.5t+r$
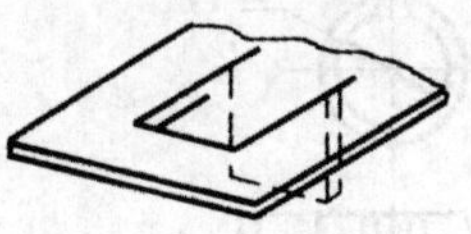	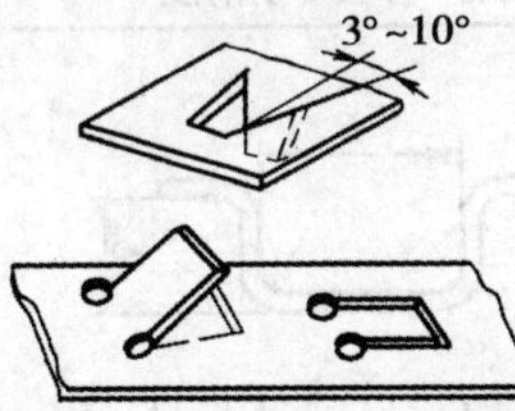	—	切舌、切口或翻窗孔，可采用截锥形，预冲孔形结构
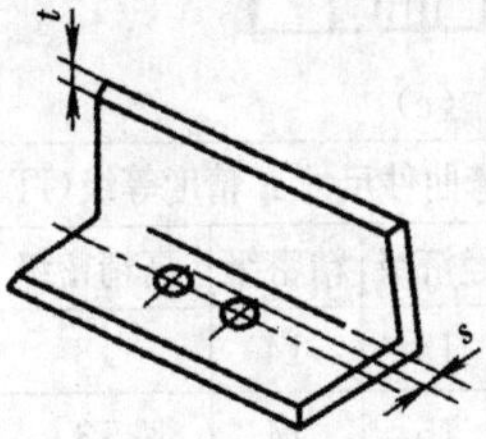	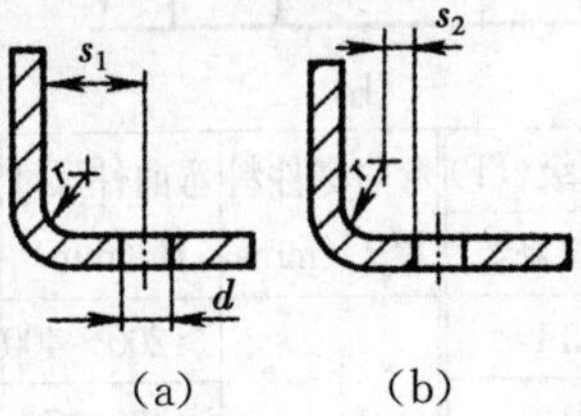	(a) 弯曲后冲孔 $s_1\geq r+d/2$ (b) 冲孔后弯曲 $s_2\geq 1.5t$	—

四、弯曲件的尺寸与形位精度

1. 板料弯曲件的角度公差

板料弯曲件的角度公差见表 3－19。

表 3-19　　　　　　　　　　　　板料弯曲件的角度公差

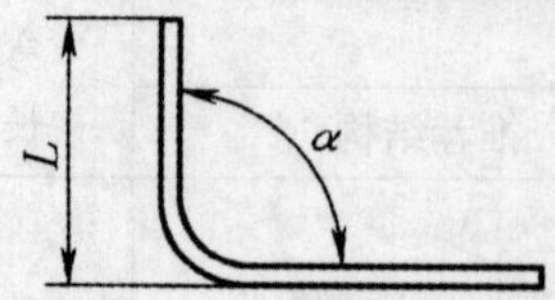

弯曲件弯角短边尺寸 L（mm）	弯曲件弯角 α 的公差		
	经济级	精密级	高精密级
≤6	±3°	±1°30′	±1°
>6~10	±2°30′	±1°30′	±1°
>10~18	±2°	±1°	±0°30′
>18~30	±1°30′	±1°	±0°25′
>30~63	±1°15′	±0°45′	±0°20′
>63~80	±1°	±0°30′	±0°15′
>80~120	±0°50′	±0°25′	±0°15′
>120~180	±0°40′	±0°20′	±0°10′
>180~260	±0°30′	±0°15′	±0°10′
>260~400	±0°25′	±0°15′	±0°10′

2. 板料弯曲件弯边尺寸精度

板料弯曲件弯边尺寸精度见表 3-20。

表 3-20　　　　　　　　　　　板料弯曲件弯边尺寸精度

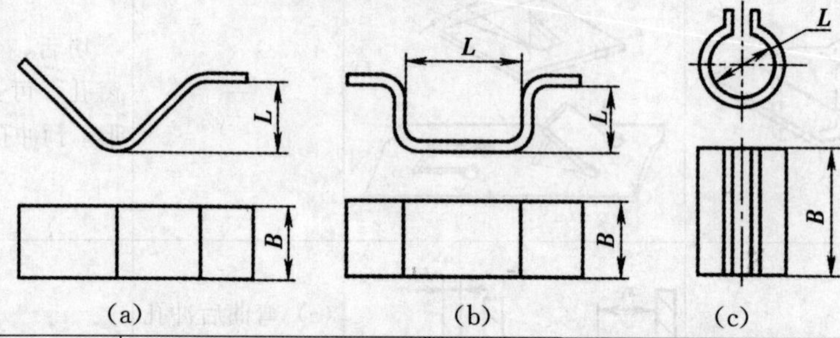

(a)　　　　(b)　　　　(c)

弯曲零件料厚 t（mm）	弯曲件尺寸 B（mm）	弯曲件尺寸 L 精度等级(IT)		
		经济级	精密级	高精密级
≤1	≤100	13	12	11
	>100~200	14	13	12
	>200~400	14	13	12
	>400~700	15	14	13
>1~3	≤100	14	13	12
	>100~200	14	13	12
	>200~400	15	14	13
	>400~700	15	14	13
>3~6	≤100	15	14	13
	>100~200	15	14	13
	>200~400	16	15	14
	>400~700	16	15	14

五、保证弯曲件质量的结构措施

保证弯曲件质量的结构措施见表 3-21。

表 3-21　　保证弯曲件质量的结构措施

方法	措施简图
防止弯角宽度两边材料聚积产生畸变的几种方法	(a) 压圆凸肩　(b) 单面压槽　(c) 双角压槽　(d) 毛坯上切圆弧口　(e) 毛坯切槽口
防止尖角接口开裂的方法	(a) 预冲工艺槽　(b) 预冲工艺槽　(c) 预冲工艺孔

续表

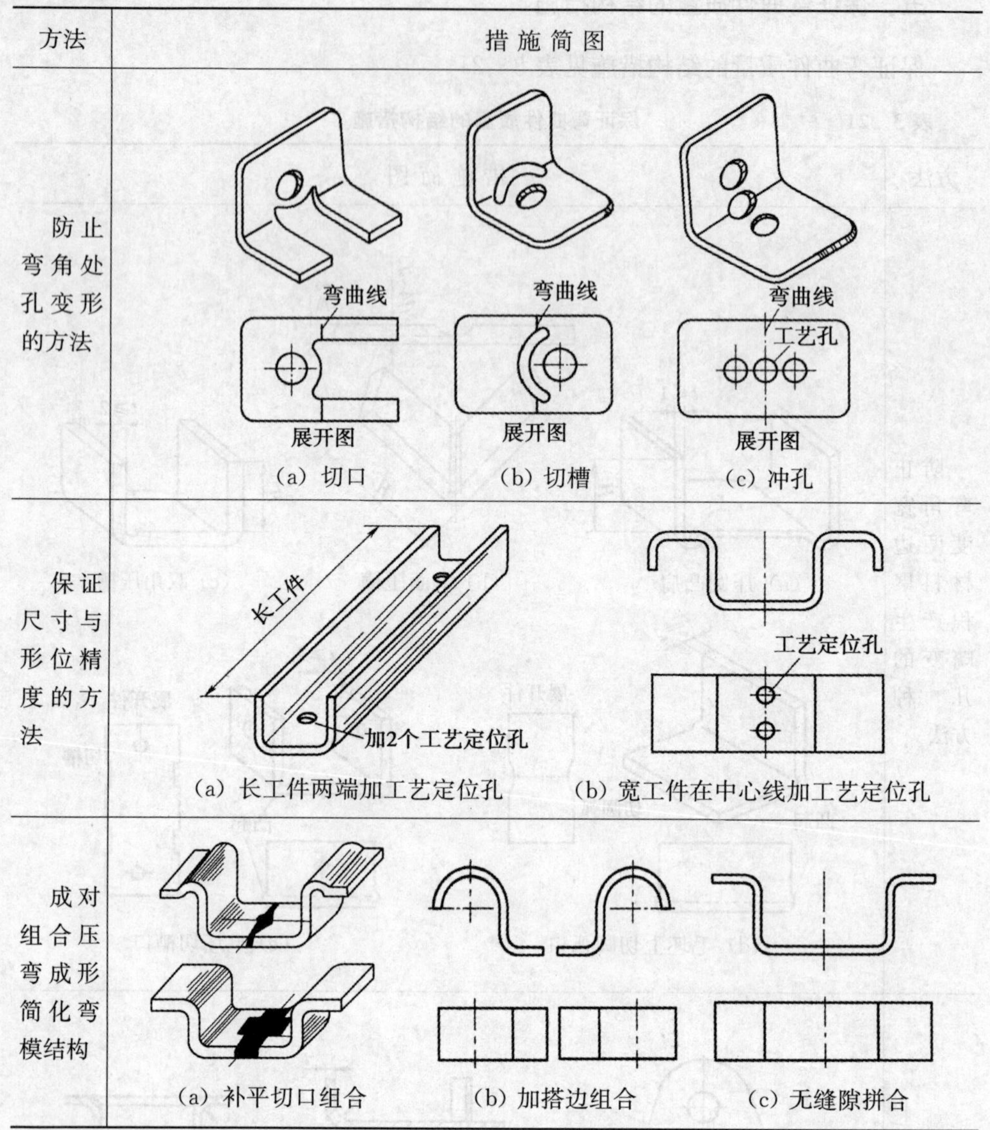

方法	措施简图
防止弯角处孔变形的方法	(a) 切口　(b) 切槽　(c) 冲孔
保证尺寸与形位精度的方法	(a) 长工件两端加工艺定位孔　(b) 宽工件在中心线加工艺定位孔
成对组合压弯成形简化弯模结构	(a) 补平切口组合　(b) 加搭边组合　(c) 无缝隙拼合

第三节　弯曲件的回弹

金属板材在弯曲时总是很难达到全部是塑性变形。弯曲件从模具中取出后，其角度和圆角半径会发生变化，与模具相应形状不一致，这种现象称为回弹。如图 3－6 所示，弯角从 $\alpha_{凸}$ 增大至 α_0，根据图 3－6 所示回弹角 $\Delta\alpha$ 应按下式计算：

复弹角：$\Delta\alpha = \alpha_0 - \alpha_{凸}$

弹复半径：$\Delta r = r_0 - r_凸$

式中　$\alpha_凸$、$r_凸$——弹复前的弯曲夹角、内表层半径（即凸模圆角半径）；

α_0、r_0——弹复后弯曲件的弯曲夹角、内表层半径。

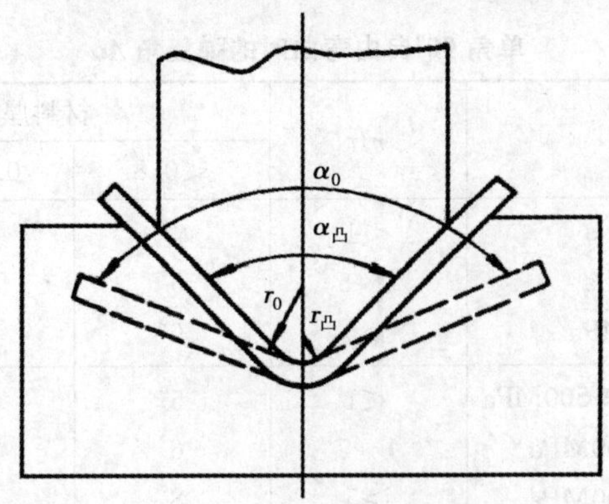

图 3-6　弯曲件的回弹

一、影响回弹量的因素

（1）材料的力学性能。回弹角的大小与材料屈服压力 σ_s 成正比，与弹性模具 E 成反比，即材料越硬，塑性越差，弯曲时产生的回弹就越大。

（2）相对弯曲半径 r/t。当其他条件相同时，r/t 越小，弯曲后产生的回弹量就越小。

（3）弯曲工件的形状。U 形弯曲件比 V 形弯曲件的回弹要小，一般弯曲件越复杂，一次弯曲成形角的数量越多，回弹量就越小。

（4）模具间隙。U 形弯曲模的凸、凹模单边间隙越大，则回弹越大。

（5）校正力。增加校正力可以使板料弯曲时的弹性变形转化为塑性变形，从而减小回弹。

由于回弹量的大小影响弯曲件的最终形状，所以弯曲凸、凹模的准确尺寸须经反复修整与试冲才能最后决定，这样增加修模工作量，延长了模具制造周期，提高了模具制造成本。因此，设计弯曲模时，需要掌握回弹规律，才能缩短模具制造周期，降低模具制造成本。

二、回弹值的确定

为了减少回复对工件精度的影响，应当确定回弹值。

（1）相对弯曲半径 r/t 较小的工件，弯曲后弯曲夹角发生了变化，而曲率半径变化不大，在这种情况下，弹复角数值根据下述情况确定：

①对于锡磷青铜弹性材料，进行 90°单角校

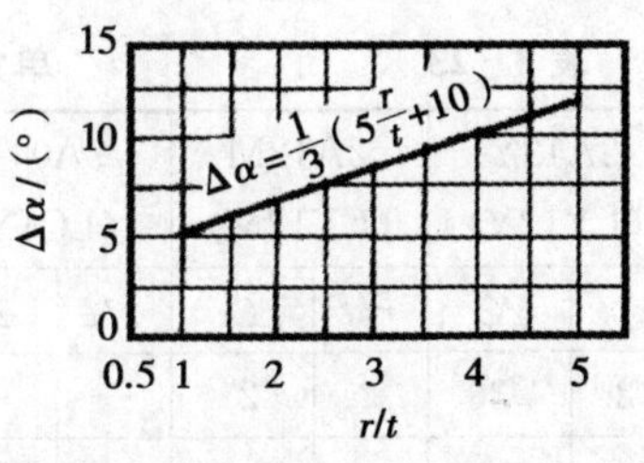

图 3-7　锡磷青铜回弹角

正弯曲时，其弹复角数值按图 3 - 7 所示查出；

②单角 90°自由弯曲和校正弯曲时，回弹角数值按表 3 - 22 和表 3 - 23 查出；

表 3 - 22　　单角 90°自由弯曲时的弹复角 $\Delta\alpha$

材　料	r/t	材料厚度 t（mm）		
		＜0.8	0.8～2	＞2
软钢 σ_b＝350MPa	＜1	4°	2°	0°
黄铜 σ_b＝350MPa	1～5	5°	3°	1°
铝和锌 σ_b＝350MPa	＞5	6°	4°	2°
中等硬度的钢 σ_b＝400～500MPa	＜1	5°	2°	0°
硬黄铜 σ_b＝350～400MPa	1～5	6°	3°	1°
硬青铜 σ_b＝350～400MPa	＞5	8°	5°	3°
	＜1	7°	4°	2°
硬钢 σ_b＞550MPa	1～5	9°	5°	3°
	＞5	12°	7°	6°
AlT 钢	＜1	1°	1°	1°
电工钢	1～5	4°	4°	4°
XH78T（CrNi78Ti）	＞5	5°	5°	5°
	＜2	2°	2°	2°
30CrMnSiA	2～5	4°30′	4°30′	4°30′
	＞5	8°	8°	8°
	＜2	2°	3°	4°30′
硬铝 LY12	2～5	4°	6°	8°30′
	＞5	6°30′	10°	14°
	＜2	2°30′	5°	8°
超硬铝 LC4	2～5	4°	8°	11°30′
	＞5	7°	12°	19°

表 3 - 23　　单角 90°校正弯曲时的回弹角

2A12Y（LY12Y）		2A12M（LY12M）		7A04Y（LC4Y）		7A04M（LC4M）		30CrMnSiA（已退火）		20（已退火）		1Cr18Ni9Ti	
r/t	$\Delta\alpha$	r/t	$\Delta\alpha$	r/t	$\Delta\alpha$	r/t	$\Delta\alpha$	r/t	$\Delta\alpha$	r/t	$\Delta\alpha$	r/t	$\Delta\alpha$
2	4°30′	2	2°	—	—	2	2°30′	2	2°30′	2	2°	0.5	1°
3	6°	3	2°30′	3	8°30′	3	3°	3	3°	3	2°30′	1	1°30′
4	7°30′	4	3°	4	9°	4	3°30′	4	4°	4	3°	2	2°

续表

2A12Y (LY12Y)		2A12M (LY12M)		7A04Y (LC4Y)		7A04M (LC4M)		30CrMnSiA (已退火)		20 (已退火)		1Cr18Ni9Ti	
r/t	$\Delta\alpha$	r/t	$\Delta\alpha$	r/t	$\Delta\alpha$	r/t	$\Delta\alpha$	r/t	$\Delta\alpha$	r/t	$\Delta\alpha$	r/t	$\Delta\alpha$
5	8°30′	5	4°	5	11°30′	5	4°	5	4°30′	5	3°30′	3	2°30′
6	9°30′	6	4°30′	6	13°30′	6	5°	6	5°30′	6	4°	4	3°30′
8	12°	8	5°30′	8	16°30′	8	6°	8	6°30′	8	5°	5	4°
10	14°	10	6°30′	10	19°	10	7°	10	8°	10	5°30′	6	4°30′
12	16°30′	12	7°30′	12	21°30′	12	8°	12	9°30′	12	7°	—	—

③接触镦压（V 形件）弯曲时的回弹角见表 3－24。

表 3－24　　　接触镦压（V 形件）弯曲时的回弹角

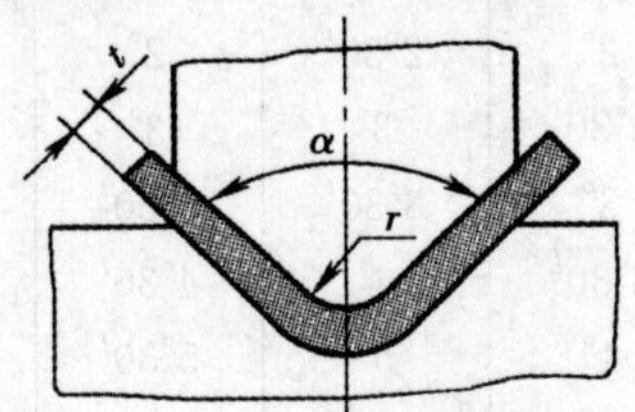

材料牌号	r/t	折弯角度 α						
		150°	135°	120°	105°	90°	60°	30°
		回 弹 角 $\Delta\alpha$						
2A12（T4）	2	2°	2°30′	3°30′	4°	4°30′	6°	7°30′
	3	3°	3°30′	4°	5°	6°	7°30′	9°
	4	3°30′	4°30′	5°	6°	7°30′	9°	10°30′
	5	4°30′	5°30′	6°30′	7°30′	8°30′	10°	11°30′
	6	5°30′	6°30′	7°30′	8°30′	9°30′	11°30′	13°30′
	8	7°30′	9°	10°	11°	12°	14°	16°
	10	9°30′	11°	12°	13°	14°	15°	18°
	12	11°30′	13°	14°	15°	16°30′	18°30′	21°
2A12（O）	2	0°30′	1°	1°30′	2°	2°	2°30′	3°
	3	1°	1°30′	2°	2°30′	2°30′	3°	4°30′
	4	1°30′	1°30′	2°	2°30′	3°	4°30′	5°
	5	1°30′	2°	2°30′	3°	4°	5°	6°
	6	2°30′	3°	3°30′	4°	4°30′	5°30′	6°30′
	8	3°	3°30′	4°30′	5°	5°30′	6°30′	7°30′
	10	4°	4°30′	5°	6°	6°30′	8°	9°
	12	4°30′	5°30′	6°	6°30	7°30′	9°	11°

续表 1

材料牌号	r/t	折弯角度 α						
		150°	135°	120°	105°	90°	60°	30°
		回弹角 $\Delta\alpha$						
7A04（T4）	3	5°	6°	7°	8°	8°30′	9°	11°30′
	4	6°	7°30′	8°	8°30′	9°	12°	14°
	5	7°	8°	8°30′	10°	11°30′	13°30′	16°
	6	7°30′	8°30′	10°	12°	13°30′	15°30′	18°
	8	10°30	12°	13°30′	15°	16°30′	19°	21°
	10	12°	14°	16°	17°30′	19°	22°	25°
	12	14°	16°30′	18°	19°	21°30′	25°	28°
7A04（O）	2	1°	1°30′	1°30′	2°	2°30′	3°	3°30′
	3	1°30′	2°	2°30′	2°	3°	3°30′	4°
	4	2°	2°30′	3°	3°	3°30′	4°	4°30′
	5	2°30′	3°	3°30′	3°30′	4°	5°	6°
	6	3°	3°30′	4°	4°30′	5°	6°	7°
	8	3°30′	4°	5°	5°30′	6°	7°	8°
	10	4°	5°	5°30′	6°	7°	8°	9°
	12	5°	6°	6°30′	7°	8°	9°	11°
30CrMnSiA（已退火的）	1	0°30′	1°	1°	1°30′	2°	2°30′	3°
	2	0°30′	1°30′	1°30′	2°	2°30′	3°30′	4°30′
	3	1°	1°30′	2°	2°30′	3°	4°	5°30′
	4	1°30′	2°	3°	3°30′	4°	5°	6°30′
	5	2°	2°30′	3°	4°	4°30′	5°30′	7°
	6	2°30′	3°	4°	4°30′	5°30′	6°30′	8°
	8	3°30′	4°30′	5°	6°	6°30′	8°	9°30′
	10	4°	5°	6°	7°	8°	9°30′	11°30′
	12	5°30′	6°30′	7°30′	8°30′	9°30′	11°	13°30′
20（已退火的）	1	0°30′	1°	1°	1°30′	1°30′	2	2°30′
	2	0°30′	1°	1°30′	2°	2°	3°	3°30′
	3	1°	1°30′	2°	2°	2°30′	3°30′	4°
	4	1°	1°30′	2°	2°30′	3°	4°	5°
	5	1°30′	2°	2°30′	3°	3°30′	4°30′	5°30′
	6	1°30′	2°	2°30′	3°	4°	5°	6°
	8	2°	3°	3°30′	4°30′	5°	6°	7°
	10	3°	3°30′	4°30′	5°	5°30′	7°	8°
	12	3°30′	4°30′	5°	6°	7°	8°	9°

续表 2

材料牌号	r/t	折弯角度 α						
		150°	135°	120°	105°	90°	60°	30°
		回弹角 Δα						
1Cr18Ni9Ti	0.5	0°	0°	0°30′	0°30′	1°	1°30′	2°
	1	0°30′	0°30′	1°	1°	1°30′	2°	2°30′
	2	0°30′	1°	1°30′	1°30′	2°	2°30′	3°
	3	1°	1°	2°	2°	2°30′	3°30′	4°
	4	1°	1°30′	2°30′	3°	3°30′	4°	4°30′
	5	1°30′	2°	3°	3°30′	4°	4°30′	5°30′
	6	2°	3°	3°30′	4°	4°30	5°30′	6°30′

④对于 U 形件的弯曲，回弹角还与凸模和凹模的间隙 c 成正比。回弹角数值可参图 3－8 所示选取，或按表 3－25 选取。

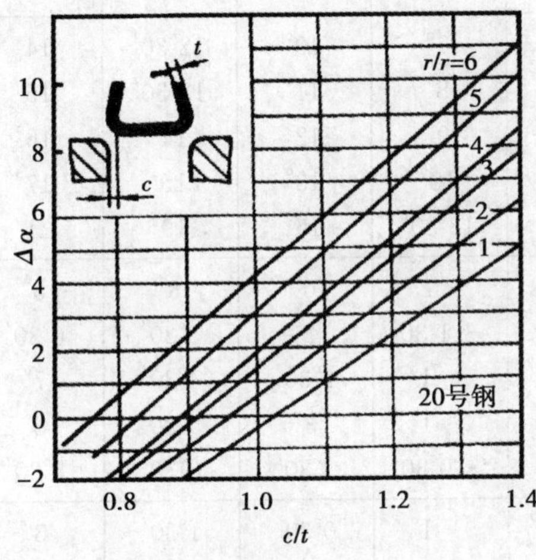

图 3－8　20 号钢 U 形件弯曲回弹角

表 3－25　U 形件弯曲时的回弹角

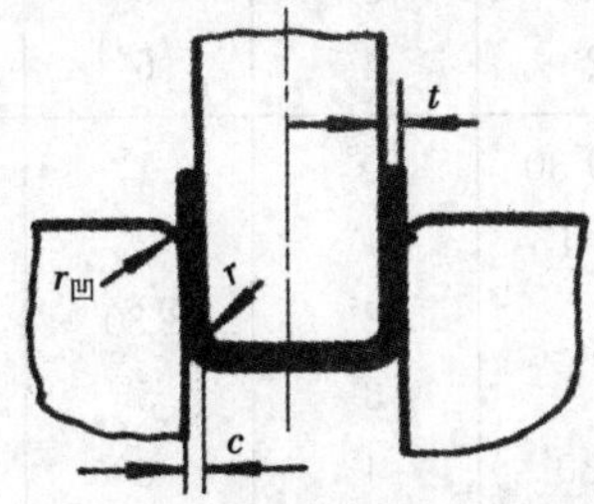

续表 1

材料牌号	r/t	凹模和凸模的单边间隙 c						
		0.8 t	0.9 t	1 t	1.1 t	1.2 t	1.3 t	1.4 t
		回弹角 $\Delta\alpha$						
LY12CZ	2	－2°	0°	2°30′	5°	7°30′	10°	12°
	3	－1°	1°30′	4°	6°30′	9°30′	12°	14°
	4	0°	3°	5°30′	8°30′	11°30′	14°	16°30′
	5	1°	4°	7°	10°	12°30′	15°	18°
	6	2°	5°	8°	11°	13°30′	16°30′	19°30′
LY12M	2	－1°30′	0°	1°30′	3°	5°	7°	8°30′
	3	－1°30′	0°30′	2°30′	4°	6°	8°	9°30′
	4	－1°	1°	3°	4°30′	6°30′	9°	10°30′
	5	－1°	1°	3°	5°	7°	9°30′	11°
	6	－0°30′	1°30	3°30′	6°	8°	10°	12°
LC4CZ	3	3°	7°	10°	12°30′	14°	16°	17°
	4	4°	8°	11°	13°30′	15°	17°	18°
	5	5°	9°	12°	14°	16°	18°	20°
	6	6°	10°	13°	15°	17°	20°	23°
	8	8°	13°30′	16°	19°	21°	23°	26°
LC4M	2	－3°	－2°	0°	3°	5°	6°30′	8°
	3	－2°	－1°30′	2°	3°30′	6°30′	8°	9°
	4	－1°30′	－1°	2°30′	4°30′	7°	8°30′	10°
	5	－1°	－1°	3°	5°30′	8°	9°	11°
	6	0°	－0°30′	3°30′	6°30′	8°30′	10°	12°
20（已退火的）	1	－2°30′	－1°	0°30′	1°30′	3°	4°	5°
	2	－2°	－0°30′	1°	2°	3°30′	5°	6°
	3	－1°30′	0°	1°30′	3°	4°30′	6°	7°30′
	4	－1°	0°30′	2°30′	4°	5°30′	7°	9°
	5	－0°30′	1°30′	3°	5°	6°30′	8°	10°
	6	－0°30′	2°	4°	6°	7°30′	9°	11°
30CrMnSiA	1	－1°	－0°30′	0°	1°	2°	4°	5°
	2	－2°	－1°	1°	2°	4°	5°30′	7°
	3	－1°30′	0°	2°	3°30′	5°	6°30′	8°30′
	4	－0°30′	1°	3°	5°	6°30′	8°30′	10°
	5	0°	1°30′	4°	6°	8°	10°	11°
	6	0°30′	2°	5°	7°	9°	11°	13°

续表 2

材料牌号	r/t	凹模和凸模的单边间隙 c						
		0.8 t	0.9 t	1 t	1.1 t	1.2 t	1.3 t	1.4 t
		回弹角 Δα						
1Cr18Ni9Ti	1	-2°	-1°	-0°30′	0°	0°30′	1°30′	2°
	2	-1°	-0°30′	0°	1°	1°30′	2°	3°
	3	-0°30′	0°	1°	2°	2°30′	3°	4°
	4	0°	1°	2°30′	2°30′	3°	4°	5°
	5	0°30′	1°30′	2°	3°	4°	5°	6°
	6	1°30′	2°	3°	4°	5°	6°	7°

（2）相对弯曲半径 r/t 较大的工件（$r/t \geqslant 10$），不仅弹复角数值大，而且曲率半径也有较大的变化（如图 3－9 所示）。这时，凸模角半径为：

弯曲凸模圆角半径为：$r_{凸} = \dfrac{r}{1 + A\dfrac{r}{t}}$

回弹角数值为：$\Delta\alpha = (180° - \alpha)\left(\dfrac{r}{r_{凸}} - 1\right)$

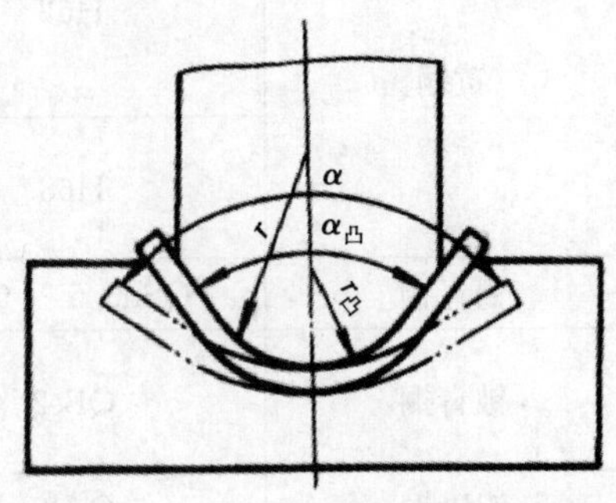

图 3－9　弯曲半径较大时的回弹现象

式中　$r_{凸}$——凸模的圆角半径（mm）；

r——弯曲件内侧圆角半径（mm）；

Δa——回弹角度（°），$\Delta\alpha = \alpha - \alpha_{凸}$；

a——弯曲件要求的角度（°），如图 3－9 所示；

$a_{凸}$——凸模的角度（°），如图 3－9 所示；

A——系数值，见表 3－26。

表 3－26　系数 A 值

名　称	牌　号	状　态	A 值
铝	1035、8A06	退火	0.0012
		冷硬	0.0041
防锈铝	3A21	退火	0.0021
		冷硬	0.0054
	5A12	软	0.0024

续表

名 称	牌 号	状 态	A值
硬铝	2A11	软	0.0064
		硬	0.0175
	2A12	软	0.007
		硬	0.026
铜	T1、T2、T3	软	0.019
		硬	0.088
黄铜	H62	软	0.033
		半硬	0.008
		硬	0.015
	H68	软	0.0026
		硬	0.0148
锡青铜	QSn6.5－0.1	硬	0.015
铍青铜	QBe2	软	0.0064
		硬	0.0265
铝青铜	QAl5	硬	0.0047
碳钢	08钢、10钢、Q215	—	0.0032
	20钢、Q235	—	0.005
	30钢、35钢	—	0.0068
	50钢、Q275	—	0.015
高碳钢	T8	退火	0.0076
		冷硬	0.0035
不锈钢	1Cr18Ni9Ti	退火	0.0044
		冷硬	0.018
弹簧钢	65Mn	退火	0.0076
		冷硬	0.015
	60Si2MnA	冷硬	0.021

三、减小回弹措施

如图3－10所示为减小回弹措施后的测试结果。在实际生产中，可以采取一些措施来减小或补偿回弹所产生的误差，常见的措施见表3－27。

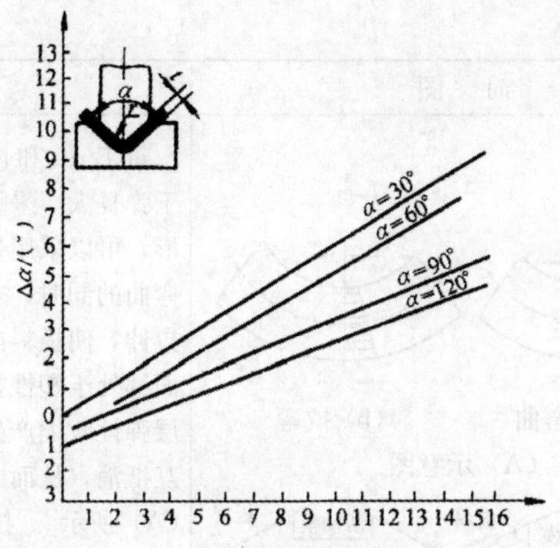

图 3-10　锡磷青铜回弹角 $\Delta\alpha$

表 3-27　　　　　　　　　　减小弯曲回弹措施

措施	简图	说明
对于一般材料	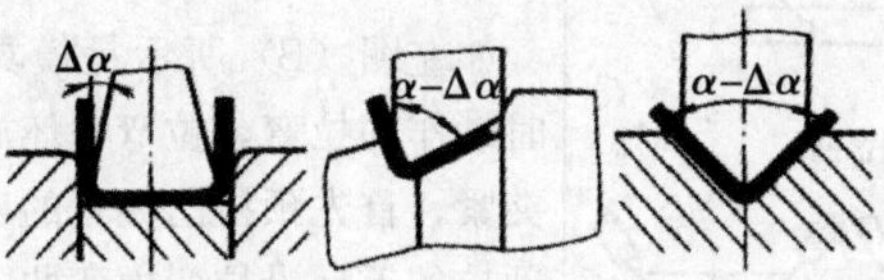	可在凸模和凹模上做出等于回弹角的斜度
增加弯角部分的塑性变形	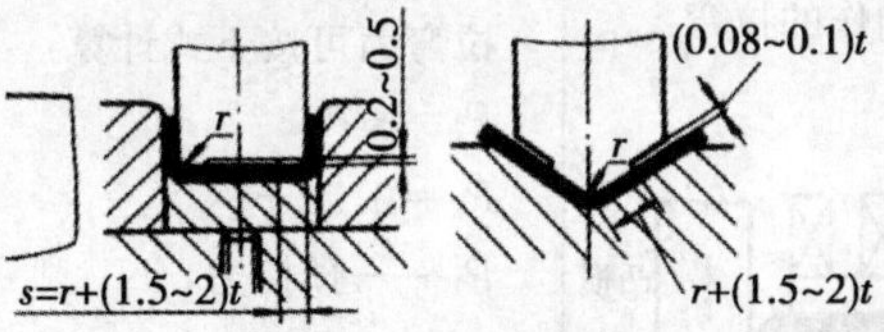	对于厚度在 0.8mm 以上的塑性材料，可在凸模上做出“突起”部分。弯曲时，“突起”部分对弯角处进行挤压，使校正力集中在较小的接触面上，从而增加塑性变形，以减小回弹
以回弹补偿回弹	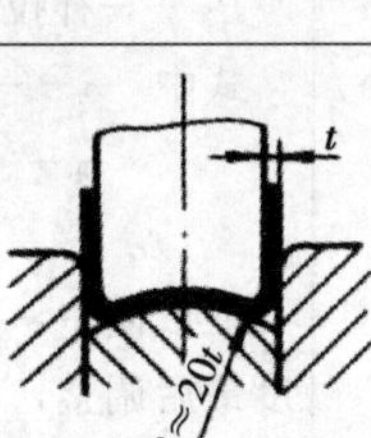	将凸模和顶板做成圆弧曲面，在弯曲件从模具中取出后，曲面部分伸直补偿了回弹，这种方法适用于回弹较大的材料
使弯曲圆角部分材料变薄	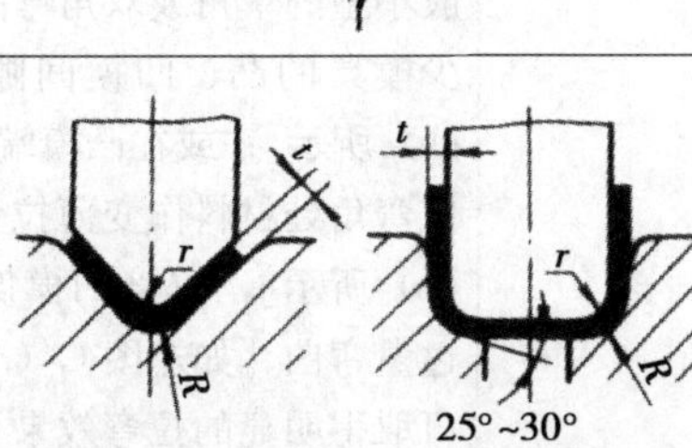	使凹模圆角半径 R 大于凸模圆角半径 r 与料厚 t 之和，以促使弯曲件圆角部分材料变薄，从而获得消除回弹的效果。一般取 $R=r+(1.2\sim1.5)t$。这种方法适用于多工位进模

续表 1

<table>
<tr><th>措施</th><th>简图</th><th>说明</th></tr>
<tr><td>拉
弯
法</td><td>(a) 纯弯曲　(b) 拉弯
(A) 示意图
液压缸　固定模　板料　活动模　板料　液压缸
(a) 模具拉弯
夹头　模具　板料　液压缸　回转工作台
(b) 工作台旋转拉弯
模具板料　拉伸　在拉伸下弯曲　拉伸
(c) 模具与夹头同时动作的拉弯
(B) 示意图
防侧块　凸模　制作　凹模　耐磨条2%~5%料厚的过盈
(a)
凸模　凹模　只在弯角处拉伸
(b)
凸模　凹模　过量压弯的倒角
(c)
(C) 示意图</td><td>对于 r/t 和长度都很大的工件，由于弹复大，采用普通弯曲方法很难成形，可以采用拉弯法成形。拉弯是在弯曲的同时，对板料施加一定的切向拉伸，使板料内、外层即整个弯曲截面都处于塑性拉伸变形状态，内、外层弹性收缩产生相反的弹复趋向，相互抵消，从而减小弯曲弹复［如左图(A) 所示］。拉弯可以显著地减少弹复，提高工件弯曲精度。常用于类似机车钢结构顶弯梁、汽车与飞机覆盖件等的弯曲成形。

常采用的拉弯过程如左图 (A) 所示

如左图 (B) 所示是模具与夹头同时动作的拉弯，拉弯毛坯放入两夹头夹紧，首先预拉已夹紧的毛坯，再将预拉的毛坯沿拉弯模弯曲，然后补加拉力使其贴模成形。

拉弯力可按下式计算：
$P_1=\sigma_s F$
$P_2=0.9\sigma_b F$
P_1——预拉力，N;
P_2——补拉力，N。
式中　σ_s——材料屈服应力，MPa;
σ_b——材料抗拉强度，MPa;
F——毛坯截面面积，mm^2。

在试模中，按毛坯与拉弯模贴合程度最后调整，确定拉力大小。对于一般小型的单角或双角弯曲件，可以减少模具的凸、凹模间隙［如左图 C (a) 所示］；或在凸模端部做出凸台，使弯角处材料作变薄拉伸［如左图 C (b) 所示］，或将凹模倒角，使工件过量弯曲［如左图 C (c) 所示］，也可取得明显的拉弯效果</td></tr>
</table>

续表2

措施	简图	说明
校正法	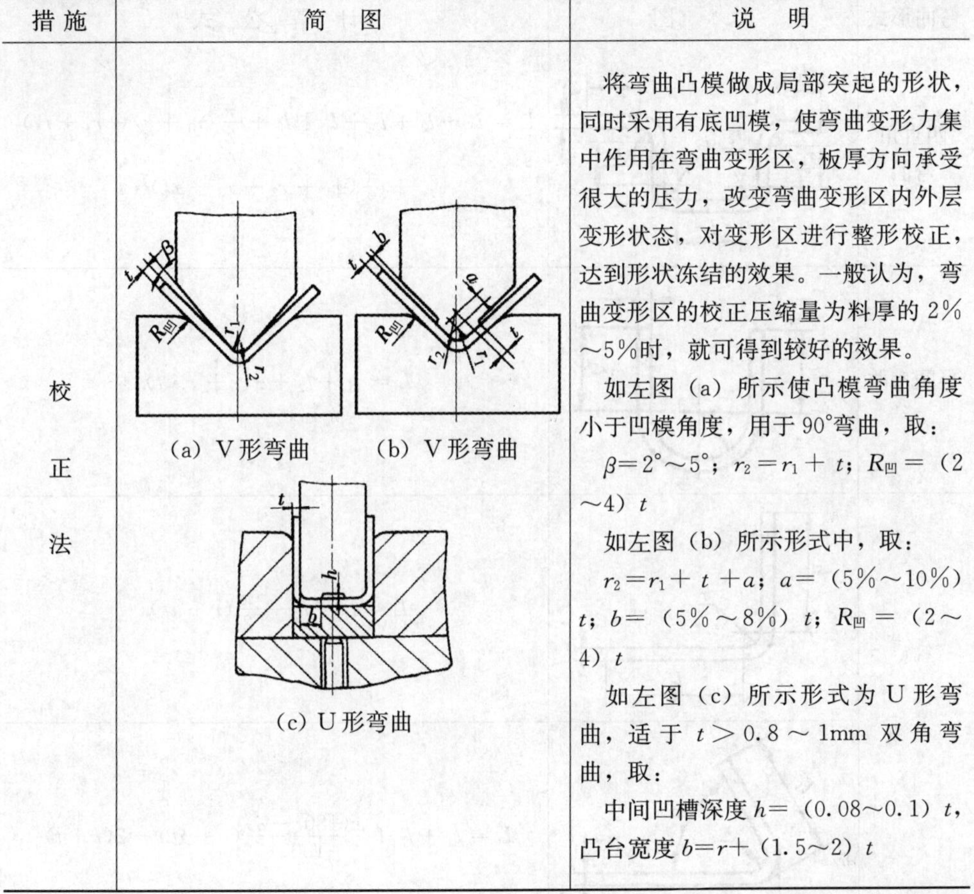(a) V形弯曲 (b) V形弯曲 (c) U形弯曲	将弯曲凸模做成局部突起的形状，同时采用有底凹模，使弯曲变形力集中作用在弯曲变形区，板厚方向承受很大的压力，改变弯曲变形区内外层变形状态，对变形区进行整形校正，达到形状冻结的效果。一般认为，弯曲变形区的校正压缩量为料厚的2%～5%时，就可得到较好的效果。 如左图（a）所示使凸模弯曲角度小于凹模角度，用于90°弯曲，取： $\beta=2°\sim5°$；$r_2=r_1+t$；$R_凹=(2\sim4)t$ 如左图（b）所示形式中，取： $r_2=r_1+t+a$；$a=(5\%\sim10\%)t$；$b=(5\%\sim8\%)t$；$R_凹=(2\sim4)t$ 如左图（c）所示形式为U形弯曲，适于 $t>0.8\sim1$mm 双角弯曲，取： 中间凹槽深度 $h=(0.08\sim0.1)t$，凸台宽度 $b=r+(1.5\sim2)t$

第四节 弯曲件毛坯长度计算

一、板料弯曲件的展开长度

1. 一般弯曲件

一般的板料弯曲件计算其毛坯（展开）长度，当 $r\geqslant0.5t$ 时的弯曲件的常用展开毛坯长度计算公式，毛坯长度可用表3-28所列的经验公式进行计算。中性层位移系数 x 值见表3-29。V形弯曲90°时圆角部分中性层弧长 l 值见表3-30。弯曲角90°时补偿值 K 的数值见表3-31。

表 3-28　　$r \geqslant 0.5t$ 时的弯曲件的常用展开毛坯长度计算公式

弯曲形式	简　　图	计　算　公　式
四直角弯曲		$L = l_1 + l_2 + l_3 + l_4 + l_5 + \frac{\pi}{2}(r_1 + r_2 + r_3 + r_4) + \frac{\pi}{2}(x_1 + x_2 + x_3 + x_4) \cdot t$
半圆弯曲		$L = l_1 + l_2 + \pi(r + x \cdot t)$
单角弯曲		$L = l_1 + l_2 + \frac{\pi}{2}(r + xt)$
		$L = l_1 + l_2 + \frac{x(180^\circ - \alpha)}{180^\circ}(r + xt) - 2(r + t)$
		$L = l_1 + l_2 + \frac{\pi(180^\circ - \alpha)}{180^\circ}(r + x \cdot t) - 2\cot\frac{\alpha}{2}(r + t)$
		$L = l_1 + l_2 + \frac{\pi(180^\circ - \alpha)}{180^\circ}(r + x \cdot t)$

续表

弯曲形式	简　图	计算公式
双直角弯曲	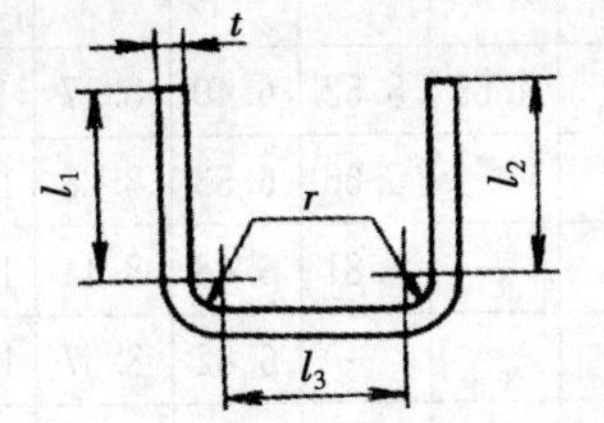	$L = l_1 + l_2 + l_3 + \pi(r + x \cdot t)$

表 3-29　**中性层位移系数 x 值**

r/t	0.3	0.4	0.5	0.6	0.7	0.8	0.9	1.0	1.1	1.2
x	0.18	0.22	0.24	0.25	0.26	0.28	0.29	0.30	0.32	0.33
r/t	1.3	1.4	1.5	1.6	1.8	2.0	2.5	3.0	4.0	≥5.0
x	0.34	0.35	0.36	0.37	0.39	0.40	0.43	0.46	0.48	0.50

注：表中数值适用于低碳钢 90°角 V 形校正弯曲。

表 3-30　**V 形弯曲 90°时圆角部分中性层弧长 l 值**　(mm)

t \ r	0.1	0.2	0.3	0.5	0.8	1.0	1.2	1.5	2	2.5	3	4	5	6
0.15	0.28	0.34	0.57	0.90	1.37	1.69	2.00	2.47	—	—	—	—	—	—
0.20	0.35	0.41	0.58	0.92	1.41	1.73	2.04	2.51	3.30	—	—	—	—	—
0.25	0.46	0.48	0.60	0.94	1.44	1.76	2.08	2.55	3.34	4.12	—	—	—	—
0.3	0.50	0.55	0.61	0.96	1.46	1.79	2.11	2.59	3.38	4.16	4.95	—	—	—
0.4	—	—	0.64	1.00	1.51	1.84	2.17	2.65	3.46	4.24	5.03	6.60	—	—
0.5	—	—	0.67	1.02	1.55	1.88	2.22	2.72	3.52	4.32	5.12	6.68	8.25	—
0.6	—	—	0.70	1.05	1.58	1.92	2.26	2.76	3.59	4.38	5.18	6.75	8.33	9.90
0.8	—	—	—	1.10	1.63	1.99	2.34	2.85	3.68	4.51	5.31	6.91	8.48	10.05
0.9	—	—	—	1.13	1.65	2.02	2.37	2.89	3.72	4.56	5.38	6.98	8.56	10.13
1.0	—	—	—	1.16	1.69	2.04	2.40	2.92	3.77	4.60	5.43	7.04	8.64	10.21
1.2	—	—	—	—	1.74	2.09	2.45	2.99	3.85	4.68	5.52	7.16	8.76	10.37
1.5	—	—	—	—	1.83	2.18	2.53	3.06	3.95	4.82	5.65	7.32	8.97	10.56
1.75	—	—	—	—	—	2.25	2.59	3.13	4.02	4.90	5.75	7.41	9.09	10.74
2.0	—	—	—	—	—	2.32	2.67	3.20	4.08	4.98	5.84	7.54	9.20	10.87
2.5	—	—	—	—	—	—	2.83	3.34	4.22	5.10	6.00	7.74	9.42	11.09
3.0	—	—	—	—	—	—	—	3.49	4.35	5.24	6.13	7.90	9.64	11.31
3.5	—	—	—	—	—	—	—	—	4.50	5.36	6.26	8.05	9.80	11.50

续表 1

t \ r	0.1	0.2	0.3	0.5	0.8	1.0	1.2	1.5	2	2.5	3	4	5	6
4.0	—	—	—	—	—	—	—	—	4.65	5.52	6.40	8.17	9.96	11.69
4.5	—	—	—	—	—	—	—	—	—	5.66	6.53	8.28	10.12	11.85
5.0	—	—	—	—	—	—	—	—	—	5.81	6.68	8.44	10.21	12.01
5.5	—	—	—	—	—	—	—	—	—	—	6.82	8.57	10.32	12.15
6	—	—	—	—	—	—	—	—	—	—	6.97	8.71	10.48	12.25
7	—	—	—	—	—	—	—	—	—	—	—	9.00	10.73	12.50
8	—	—	—	—	—	—	—	—	—	—	—	9.30	11.02	12.79
9	—	—	—	—	—	—	—	—	—	—	—	—	11.32	13.06
10	—	—	—	—	—	—	—	—	—	—	—	—	11.62	13.35

t \ r	8	10	12	15	20	25	30	35	40	45	50	63	80	100
0.15	—	—	—	—							—	—	—	—
0.20	—	—	—	—							—	—	—	—
0.25	—	—	—	—							—	—	—	—
0.3	—	—	—	—							—	—	—	—
0.4	—	—	—	—							—	—	—	—
0.5	—	—	—	—							—	—	—	—
0.6	—	—	—	—							—	—	—	—
0.8	13.19	—	—	—	—	—	—	—	—	—	—	—	—	—
0.9	13.27	—	—	—	—	—	—	—	—	—	—	—	—	—
1.0	13.35	16.49	—	—	—	—	—	—	—	—	—	—	—	—
1.2	13.51	16.65	—	—	—	—	—	—	—	—	—	—	—	—
1.5	13.74	16.89	20.03	24.74	—	—	—	—	—	—	—	—	—	—
1.75	13.92	17.08	20.22	24.94	—	—	—	—	—	—	—	—	—	—
2.0	14.07	17.28	20.48	25.13	32.99	—	—	—	—	—	—	—	—	—
2.5	14.40	17.59	20.80	25.53	33.38	—	—	—	—	—	—	—	—	—
3.0	14.64	17.92	21.11	25.92	33.77	—	—	—	—	—	—	—	—	—
3.5	14.82	18.18	21.49	26.23	34.16	—	—	—	—	—	—	—	—	—
4.0	15.08	18.41	21.74	26.55	34.56	—	—	—	—	—	—	—	—	—
4.5	15.27	18.64	21.95	26.86	34.87	—	—	—	—	74.22	—	—	—	—
5.0	15.47	18.85	22.18	27.17	35.19	43.20	51.05	58.97	66.76	74.61	82.47	—	—	—

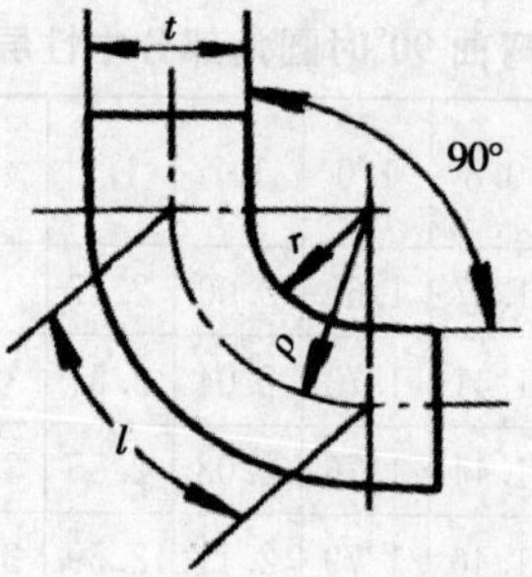

续表 2

r / t	8	10	12	15	20	25	30	35	40	45	50	63	80	100
5.5	15.63	19.03	22.43	27.40	35.58	43.51	51.44	59.30	67.15	75.01	82.86	—	—	—
6	15.80	19.29	22.62	27.61	35.85	43.83	51.84	59.69	67.54	75.40	83.25	—	—	—
7	16.11	19.60	23.00	28.07	36.36	44.55	52.40	60.48	68.33	76.18	84.04	104.46	—	—
8	16.34	19.92	23.37	28.48	36.82	45.4	53.15	61.14	69.12	76.97	84.82	105.24	131.95	—
9	16.55	20.18	23.70	28.86	37.24	45.63	53.63	61.76	69.74	77.75	85.61	106.03	132.73	—
10	16.88	20.42	24.03	29.23	37.70	46.02	54.35	62.36	70.69	78.38	86.39	106.81	133.52	164.93

表 3-31　　弯曲角 90°时补偿值 *K* 的数值　　(mm)

r / t	0.1	0.2	0.3	0.5	0.8	1.0	1.2	1.5	2	2.5	3	4	5	6
0.15	+0.02	-0.01	-0.03	-0.10	-0.23	-0.31	-0.40	-0.53	—	—	—	—	—	—
0.20	+0.03	+0.01	-0.02	-0.08	-0.19	-0.27	-0.36	-0.49	-0.70	—	—	—	—	—
0.25	+0.04	+0.02	-0.00	-0.06	-0.16	-0.24	-0.32	-0.45	-0.66	-0.88	—	—	—	—
0.3	+0.04	+0.03	+0.01	-0.04	-0.14	-0.21	-0.29	-0.41	-0.62	-0.84	-1.05	—	—	—
0.4	—	+0.06	+0.04	+0.00	-0.09	-0.16	-0.23	-0.35	-0.54	-0.76	-0.97	-1.40	—	—
0.5	—	+0.08	+0.07	+0.02	-0.05	-0.12	-0.18	-0.28	-0.48	-0.68	-0.88	-1.32	-1.75	—
0.6	—	—	+0.10	+0.05	-0.02	-0.07	-0.14	-0.24	-0.41	-0.62	-0.82	-1.25	-1.67	-2.10
0.8	—	—	—	+0.10	+0.03	-0.01	-0.06	-0.15	-0.32	-0.49	-0.69	-1.09	-1.52	-1.95
0.9	—	—	—	+0.13	+0.06	+0.02	-0.03	-0.11	-0.27	-0.44	-0.62	-1.02	-1.44	-1.87
1.0	—	—	—	+0.16	+0.09	+0.04	+0.00	-0.08	-0.23	-0.40	-0.57	-0.96	-1.36	-1.79
1.2	—	—	—	—	+0.14	+0.09	+0.05	-0.01	-0.15	-0.31	-0.48	-0.84	-1.24	-1.63
1.5	—	—	—	—	+0.23	+0.18	+0.13	+0.06	-0.05	-0.18	-0.27	-0.68	-1.01	-1.44
1.75	—	—	—	—	—	+0.25	+0.19	+0.13	+0.03	-0.10	-0.25	-0.58	-0.91	-1.26
2.0	—	—	—	—	—	+0.32	+0.27	+0.20	+0.08	-0.02	-0.16	-0.46	-0.80	-1.13
2.5	—	—	—	—	—	—	+0.43	+0.34	+0.22	+0.11	+0.01	-0.26	-0.58	-0.91
3.0	—	—	—	—	—	—	—	+0.49	+0.35	+0.24	+0.13	-0.10	-0.36	-0.69
3.5	—	—	—	—	—	—	—	—	+0.50	+0.36	+0.26	+0.05	-0.21	-0.50
4.0	—	—	—	—	—	—	—	—	+0.65	+0.51	+0.40	+0.17	-0.04	-0.31
4.5	—	—	—	—	—	—	—	—	—	+0.66	+0.52	+0.28	+0.09	-0.15
5.0	—	—	—	—	—	—	—	—	—	+0.81	+0.68	+0.44	+0.21	+0.22
5.5	—	—	—	—	—	—	—	—	—	—	+0.82	+0.57	+0.32	+0.15
6	—	—	—	—	—	—	—	—	—	—	+0.97	+0.70	+0.47	+0.25

续表

t \ r	0.1	0.2	0.3	0.5	0.8	1.0	1.2	1.5	2	2.5	3	4	5	6
7	—	—	—	—	—	—	—	—	—	—	—	+1.00	+0.73	+0.51
8	—	—	—	—	—	—	—	—	—	—	—	+1.30	+1.03	+0.80
9	—	—	—	—	—	—	—	—	—	—	—	—	+1.32	+1.06
10	—	—	—	—	—	—	—	—	—	—	—	—	+1.62	+1.35

t \ r	8	10	12	15	20	25	30	35	40	45	50	63	80	100
0.15	—	—									—	—	—	—
0.20	—	—									—	—	—	—
0.25	—	—									—	—	—	—
0.3	—	—									—	—	—	—
0.4	—	—									—	—	—	—
0.5	—	—									—	—	—	—
0.6	—	—									—	—	—	—
0.8	−2.81	—									—	—	—	—
0.9	−2.73	—	—	—	—	—	—	—	—	—	—	—	—	—
1.0	−2.65	−3.51	—	—	—	—	—	—	—	—	—	—	—	—
1.2	−2.49	−3.35	—	—	—	—	—	—	—	—	—	—	—	—
1.5	−2.26	−3.11	−3.97	−5.26	—	—	—	—	—	—	—	—	—	—
1.75	−2.08	−2.92	−3.78	−5.06	—	—	—	—	—	—	—	—	—	—
2.0	−1.93	−2.72	−3.58	−4.87	−7.01	—	—	—	—	—	—	—	—	—
2.5	−1.61	−2.41	−3.20	−4.47	−6.62	−8.77	—	—	—	—	—	—	—	—
3.0	−1.36	−2.08	−2.89	−4.08	−6.23	−8.37	−10.51	−12.66	—	—	—	—	—	—
3.5	−1.18	−1.82	−2.51	−3.77	−5.84	−7.98	−10.13	−12.27	—	—	—	—	—	—
4.0	−0.92	−1.59	−2.26	−3.45	−5.44	−7.59	−9.73	−11.88	−14.03	—	—	—	—	—
4.5	−0.73	−1.36	−2.04	−3.14	−5.13	−7.20	−9.34	−11.49	−13.63	−15.88	—	—	—	—
5.0	−0.53	−1.15	−1.82	−2.83	−4.81	−6.08	−8.95	−11.09	−13.24	−15.39	−17.53	—	—	—
5.5	−0.37	−0.96	−1.59	−2.60	−4.42	−6.49	−8.60	−10.70	−12.85	−14.99	−17.14	—	—	—
6	−0.20	−0.73	−1.38	−2.39	−4.11	−6.17	−8.16	−10.31	−12.46	−14.60	−16.75	—	—	—
7	+0.11	−0.41	−0.99	−1.93	−3.64	−5.45	−7.59	−9.52	−11.67	−13.82	−15.96	−21.54	—	—
8	+0.34	−0.08	−0.63	−1.52	−3.18	−4.89	−6.97	−8.86	−10.88	−13.03	−15.18	−20.76	−28.05	—
9	+0.55	+0.19	−0.30	−1.14	−2.73	−4.44	−6.37	−8.24	−10.26	−12.25	−14.39	−19.97	−27.27	—
10	+0.89	+0.42	+0.03	−0.77	−2.30	−3.98	−5.65	−7.64	−9.31	−11.62	−13.61	−19.19	−26.48	−35.07

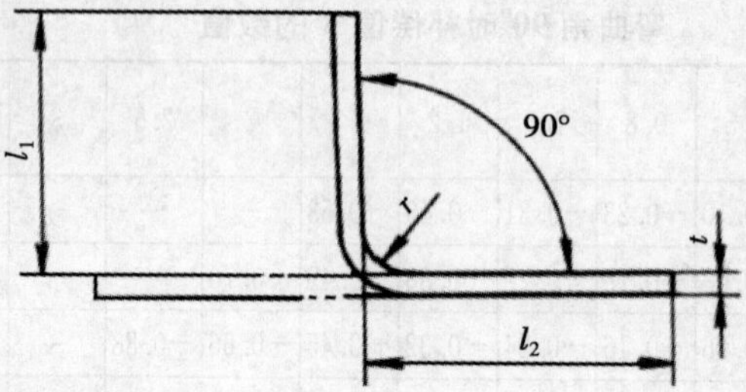

$L = l_1 + l_2 + k$

2. 小（无）圆角弯曲件

当 $r<0.5t$ 时，毛坯长度可用表 3－32 所列的经验公式进行计算。

表 3－32　当 $r<0.5t$ 的弯曲中，求毛坯展开长度的公式

弯曲形式	简　图	计　算　公　式
三角弯曲	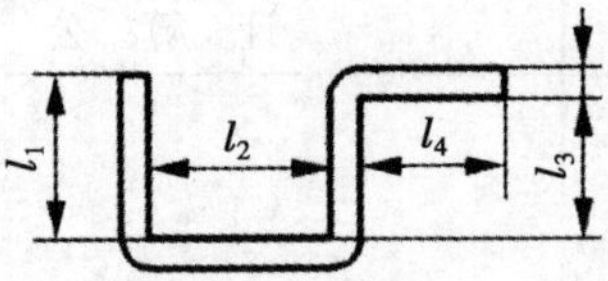 l_1 l_2 l_4 l_3	同时弯三个角时：$L=l_1+l_2+l_3+l_4+0.75t$ 先弯二个角后弯另一角时：$L=l_1+l_2+l_3+l_4+t$
四角弯曲	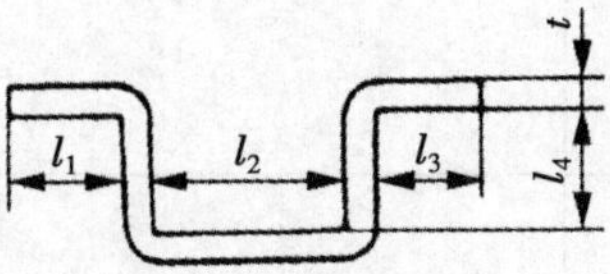 t l_1 l_2 l_3 l_4	$L=l_1+l_2+l_3+2l_4+t$
单角弯曲	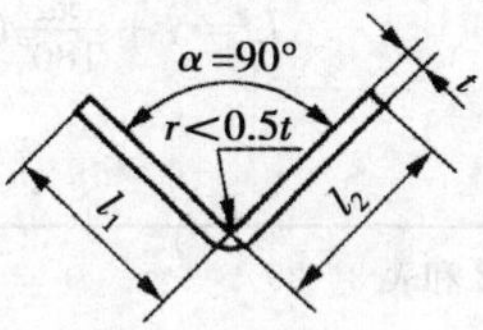 $\alpha=90°$ t $r<0.5t$ l_1 l_2	$L=l_1+l_2+0.5t$
	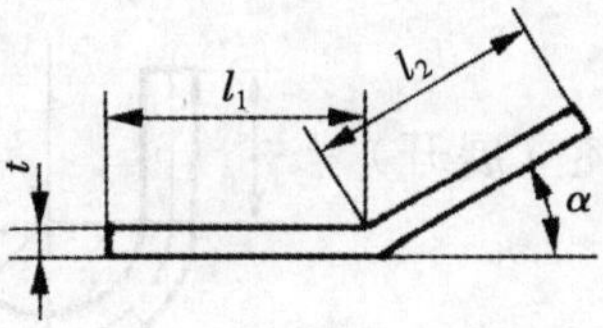 l_1 l_2 t α	$L=l_1+l_2+\frac{\alpha}{90°}\times0.5t$
	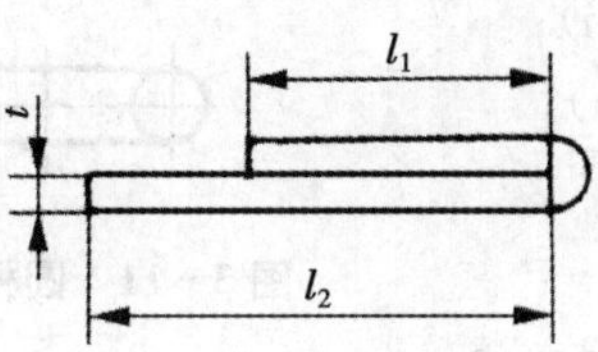 l_1 t l_2	$L=l_1+l_2+t$
双角弯曲	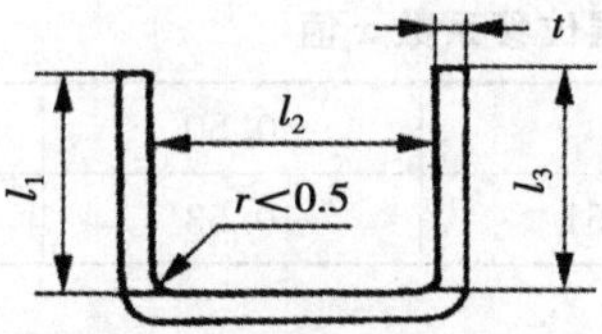 t l_2 l_1 $r<0.5$ l_3	$L=l_1+l_2+l_3+0.5t$

3. 板料卷圆

板料卷圆时，中性层位移系数 x 值见表 3－33，表 3－34 列出了常见卷圆毛坯（展开）长度计算公式。

表 3-33　　　　板料卷圆的中性层位移系数 x 值

r/t	>0.5~0.6	>0.6~0.8	>0.8~1.0	>1.0~1.2	>1.2~1.5	>1.5~1.8	>1.8~2.0	>2~2.2	>2.2
x	0.76	0.73	0.7	0.67	0.64	0.61	0.58	0.54	0.5

表 3-34　　　　计算卷圆毛坯（展开）长度的公式

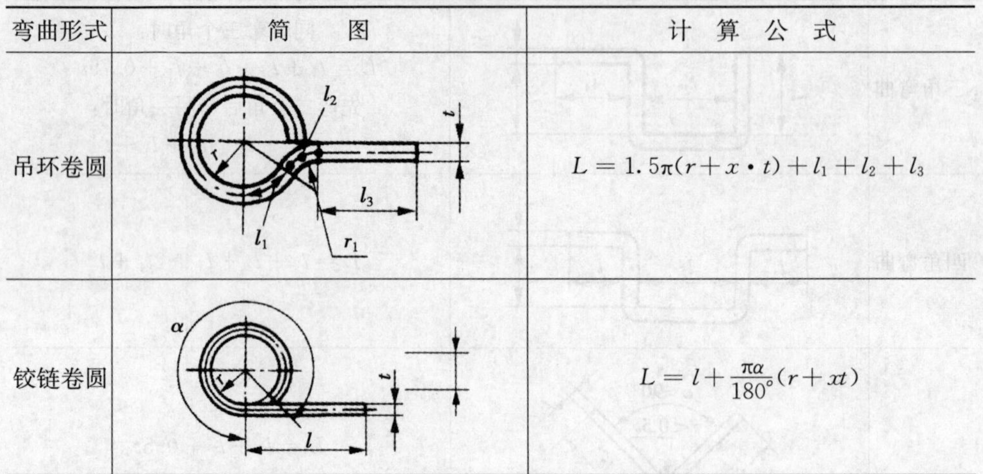

弯曲形式	简　图	计　算　公　式
吊环卷圆		$L = 1.5\pi(r + x \cdot t) + l_1 + l_2 + l_3$
铰链卷圆		$L = l + \frac{\pi\alpha}{180^\circ}(r + xt)$

注：式中 l_1, l_2 按板料弯曲计算中性层长度（表 3-28 和表 3-29）。

二、圆杆弯曲件的展开长度

圆杆弯曲件，见图 3-11 所示的毛坯（展开）长度按下式计算：

$$L = l_1 + l_2 + \pi(R + xd)$$

式中 L——毛坯（展开）长度（mm）；

l_1、l_2——直线部分长度（mm）；

R——内弯曲半径（mm）；

d——圆杆直径（mm）；

x——中性层位移系数，见表 3-35。

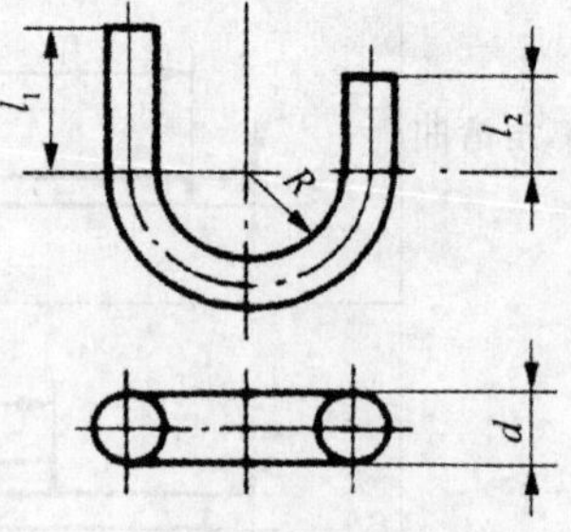

图 3-11　圆杆弯曲件尺寸

表 3-35　　　　圆杆弯曲时中性层位移系数 x 值

R/d	⩾1.5	1	0.50	0.25
x	0.50	0.51	0.53	0.55

三、型材弯曲件的展开长度

型材与管材弯曲时，毛坯（展开）长度的计算原则和方法同板材弯曲是一样的，即：

$$L = l_1 + l_2 + l_3 = l_1 + l_2 + \rho\alpha$$

式中：L——毛坯（展开）长度（mm）；

l_1、l_2——直线部分长度（mm）；

l_3——弯曲部分的展开长度（mm）；

ρ——中性层曲率半径（mm）；

α——弯曲角（°）。

由于型材与管材弯曲时，中性层位置很难确定，所以生产中多用经验公式来计算弯曲部分的展开长度，见表 3 - 36。表 3 - 36 内各计算公式里的代表符号的含义，都标在表中的插图上；其中 z_0 和 y_0 是型材断面重心到型材底边的距离。角钢和槽钢的重心距可近似地取 b / 4，如图 3 - 12 所示。

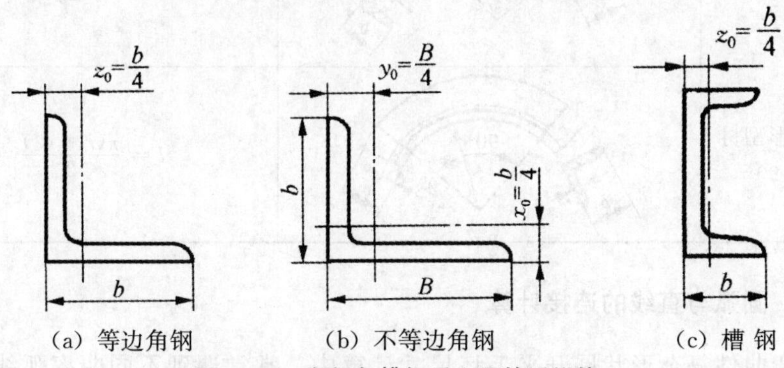

（a）等边角钢　（b）不等边角钢　（c）槽 钢

图 3 - 12　角钢与槽钢重心距的近似值

表 3 - 36　型材弯曲部分展开长度的计算

型材及弯曲形式	简　图	计　算　公　式
等边角形型材 外弯角度 α	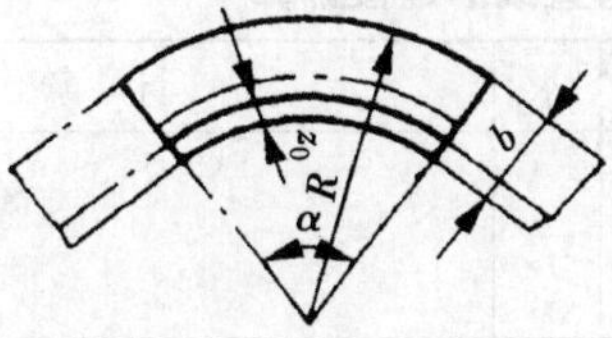	$l=(R-b+z_0)\alpha$
等边角形型材 内弯角度 β	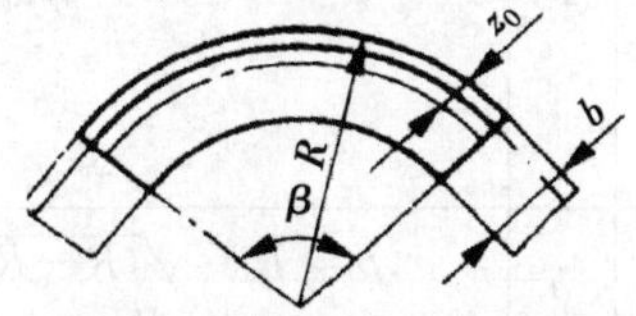	$l=(R-z_0)\beta$
等边角形型材 内弯圆环	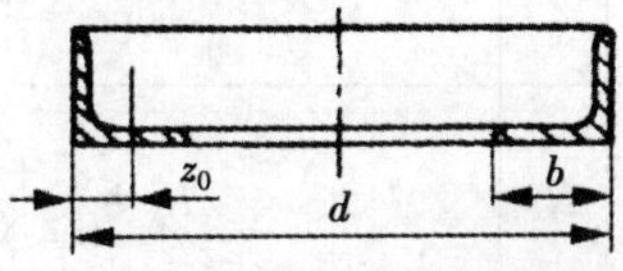	$l=\pi(d+2z_0)$
不等边角形型材 内弯圆环	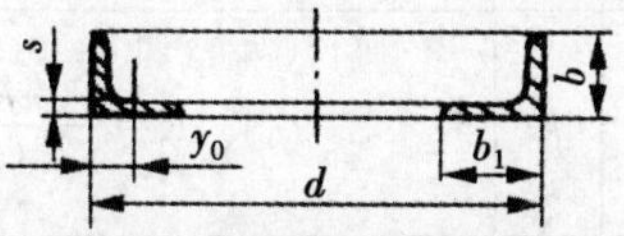	$l=\pi(d+2y_0)$

续表

型材及弯曲形式	简图	计算公式
槽形型材 竖弯圆环	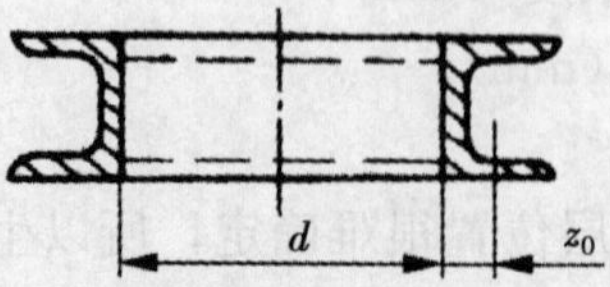	$l=\pi(d+2z_0)$
等边角形型材 内弯 90°	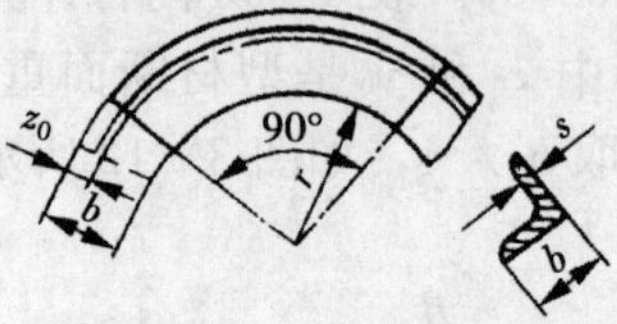	$l=\frac{\pi(r+b+z_0)}{2}$
等边角形型材 外弯 90°	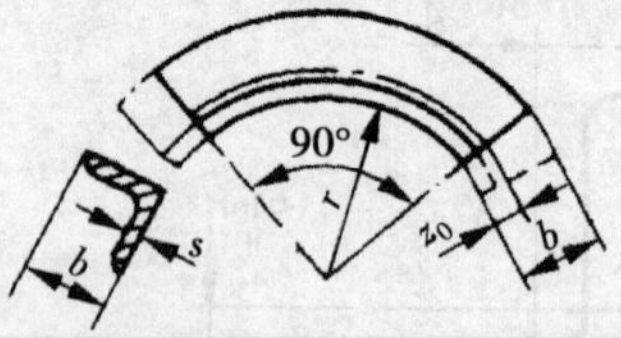	$l=\frac{\pi(r+z_0)}{2}$

四、圆弧与直线的连接计算

在弯曲件复杂形状展开平毛坯尺寸计算中，常常遇到不同曲率弧线与弧线连接、圆弧与直线连接，都是其展开毛坯长度的组成部分。圆弧与直线的连接计算见表 3－37。

表 3－37　圆弧与直线的连接计算

简图	已知	求	计算公式
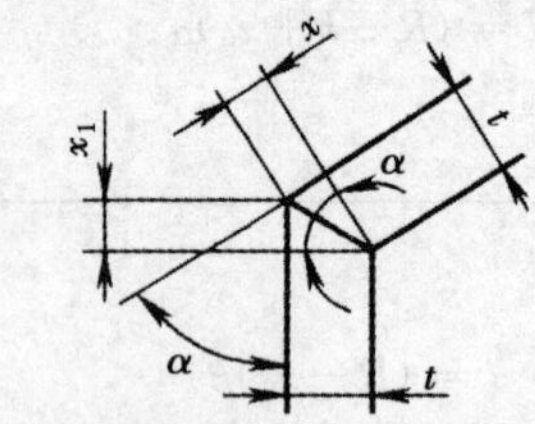	α t	x	$x=t\tan\frac{\alpha}{2}$
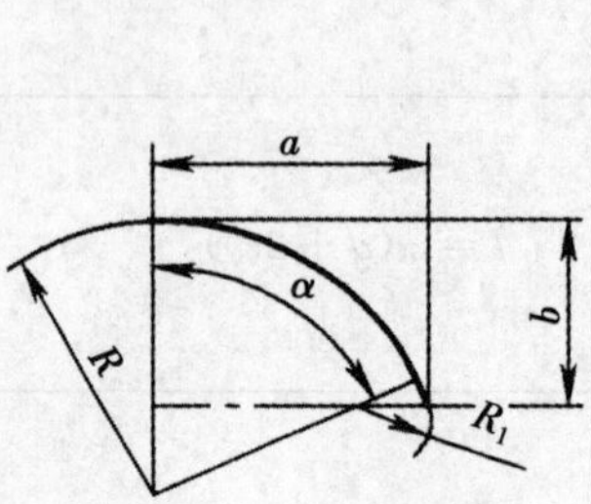	R R_1 a	b α	$b=R-\sqrt{(R-R_1)^2-(a-R_1)^2}$ $\sin\alpha=\frac{a-R_1}{R-R_1}$
	b a R	R_1	$R_1=\frac{a^2+b^2-2bR}{2\ (a-R)}$
	a b R_1	R	$R=\frac{a^2+b^2-2bR_1}{2\ (b-R_1)}$

续表 1

简　图	已知	求	计　算　公式
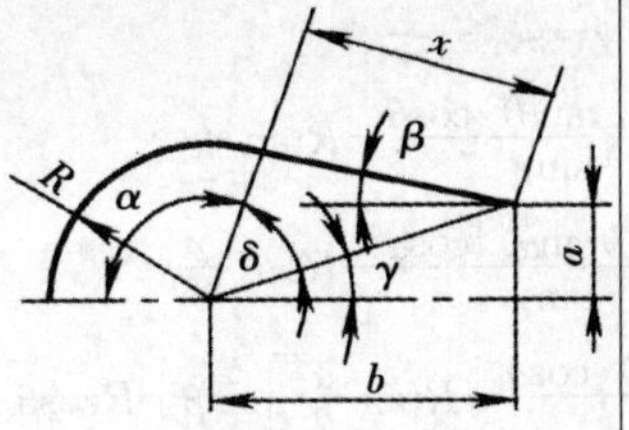	b a R	x α β γ δ	$x=\sqrt{a^2+b^2-R^2}$ $\tan\gamma=\frac{a}{b}$；$\tan\delta=\frac{x}{R}$ $\alpha=180°-(\gamma+\delta)$ $\beta=\alpha-90°$
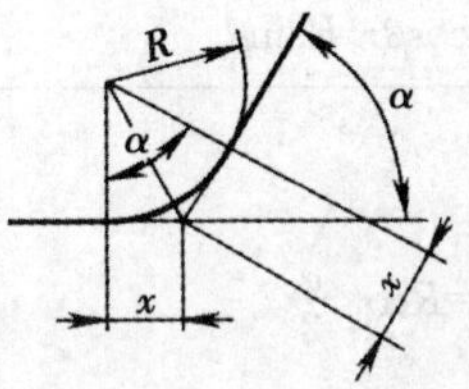	R α	x	$x=R\tan\frac{\alpha}{2}$
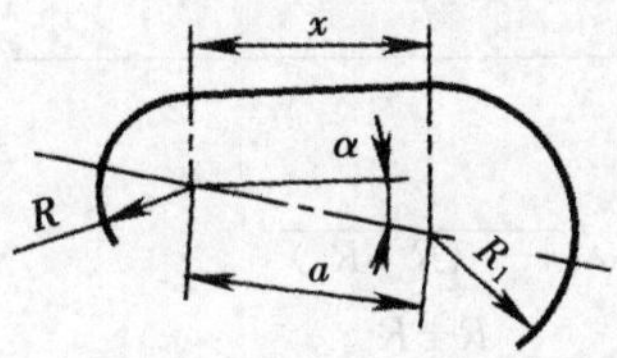	a R R_1	α x	$\sin\alpha=\frac{R_1-R}{a}$ $x=a\cos\alpha$
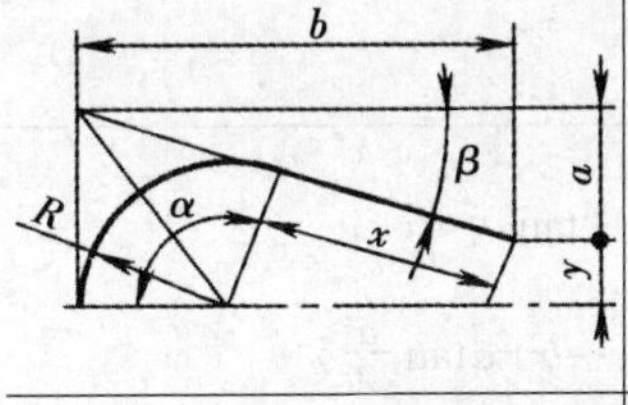	a b R	x y α β	$\tan\beta=\frac{a}{b}$；$\alpha=90°+\beta$； $x=\sqrt{a^2+b^2}-R\tan\frac{\alpha}{2}$ $y=R\tan\frac{\alpha}{2}-a$
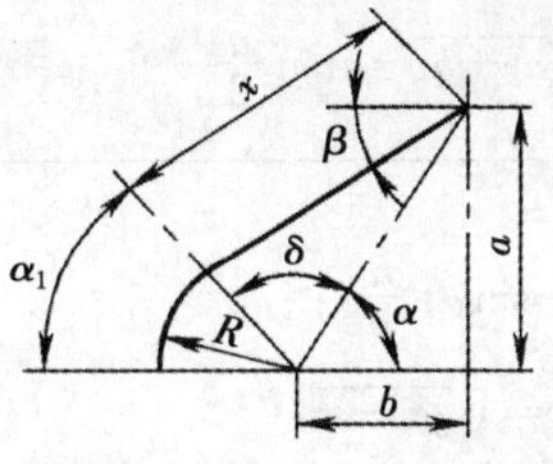	a b R	x α β δ α_1	$x=\sqrt{a^2+b^2-R^2}$ $\tan\alpha=\frac{a}{b}$；$\tan\delta=\frac{x}{R}$ $\alpha_1=180°-(\alpha+\delta)$ $\beta=90°-\alpha_1$
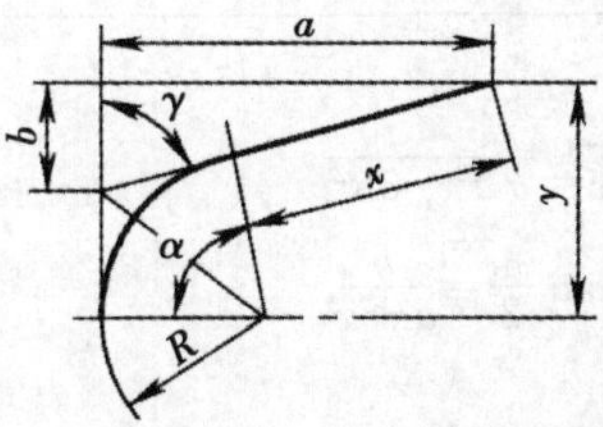	a b R	x y α	$\tan\alpha=\frac{a}{b}$ $x=\sqrt{a^2+b^2}-R\tan\frac{\alpha}{2}$ $y=R\tan\frac{\alpha}{2}+b$

续表 2

简图	已知	求	计算公式
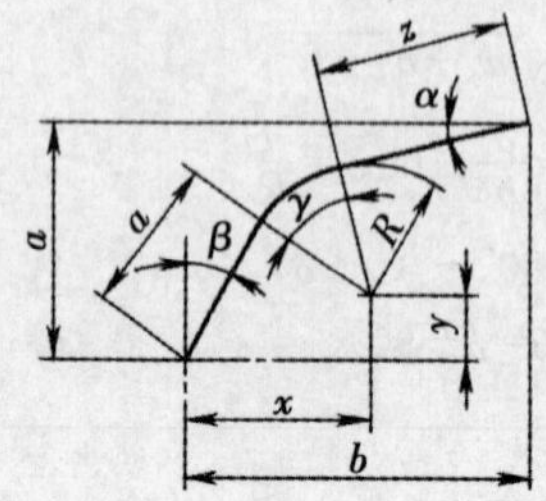	a b α β R	γ x y z u	$\gamma=90^\circ-\alpha-\beta$ $z=\dfrac{(b-\alpha\tan\beta)\ \cos\beta}{\sin\gamma}-R\tan\dfrac{\gamma}{2}$ $u=\dfrac{(a-b\tan\alpha)\ \cos\alpha}{\sin\gamma}-R\tan\dfrac{\gamma}{2}$ $x=\left[\dfrac{(a-b\tan\alpha)\ \cos\alpha}{\sin\gamma}-R\tan\dfrac{\alpha}{2}\right]\sin\beta+R\cos\beta$ $y=u\cos\beta-R\sin\beta$
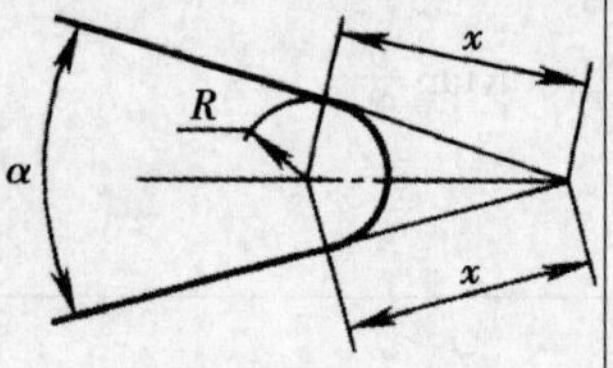	R α	x	$x=R\cot\dfrac{\alpha}{2}$
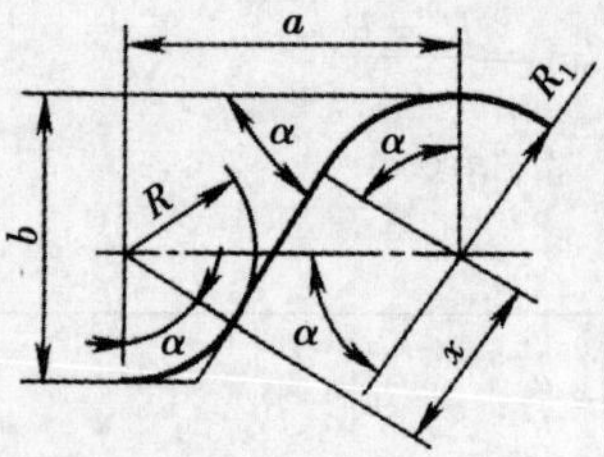	a b R R_1 $R+R_1=b$	x α	$x=\sqrt{a^2-(R+R_1)^2}$ $\sin\alpha=\dfrac{R+R_1}{\alpha}$
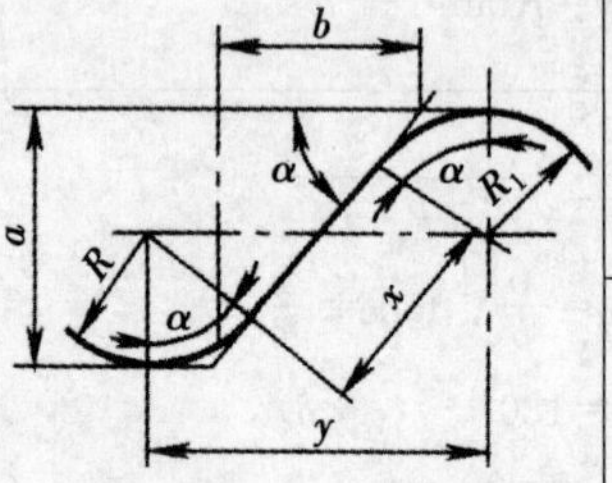	a b R，R_1 $R+R_1=a$	x y α	$\tan\alpha=\dfrac{a}{b}$ $y=b+a\tan\dfrac{\alpha}{2}$ $x=\sqrt{a^2+b^2}-a\tan\dfrac{\alpha}{2}$
	a y R，R_1 $R+R_1=a$	x α	$\sin\alpha=\dfrac{a}{y}$ $x=\sqrt{y^2-a^2}$
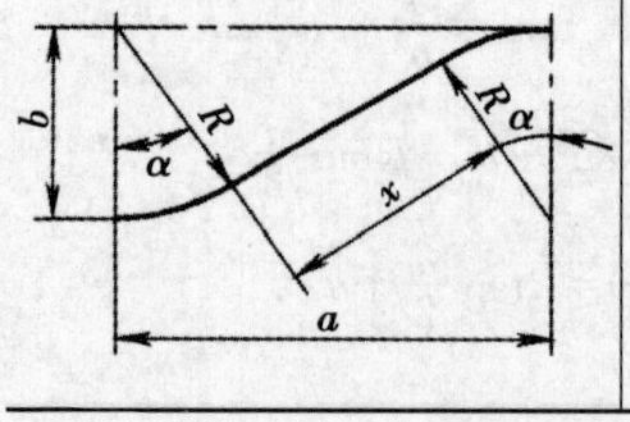	a b R，R_1 $R+R_1<a$	x β γ α	$x=\sqrt{a^2-3R^2}$ $\tan\dfrac{\alpha}{2}=\dfrac{b}{a+x}$

续表 3

简　图	已知	求	计算公式
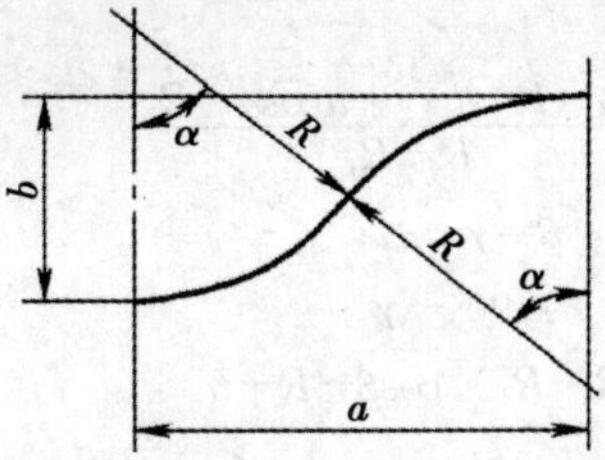	a R $x=0$	a b	$\sin\alpha=\dfrac{a}{2R}$ $b=2R(1-\cos\alpha)$
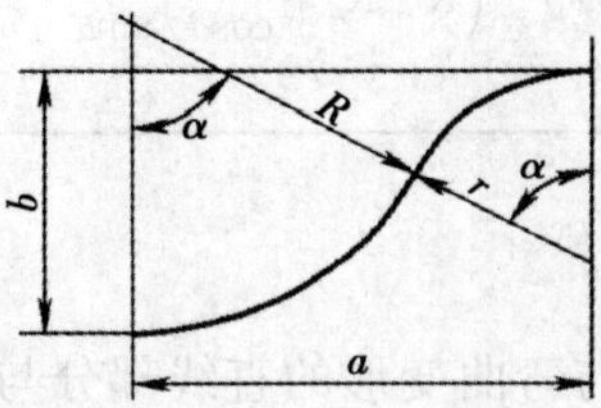	a r R $R\neq r$ $x=0$	b α	$\sin\alpha=\dfrac{a}{R+r}$ $b=(R+r)(1-\cos\alpha)$
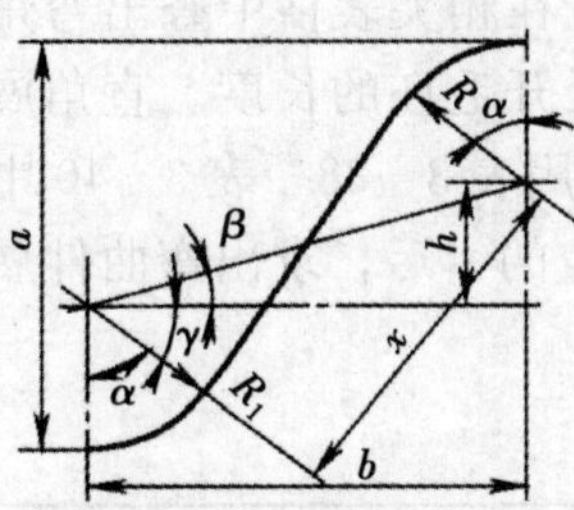	a b R，R_1 $R+R_1<a$	x β r α	$x=\sqrt{b^2+a^2-2a(R+R_1)}$ $\tan\beta=\dfrac{a-(R+R_1)}{b}$ $\tan\gamma=\dfrac{x}{R+R_1}$ $\alpha=90^\circ-(\gamma-\beta)$ 或 $\tan\dfrac{\alpha}{2}=\dfrac{a}{b+x}$
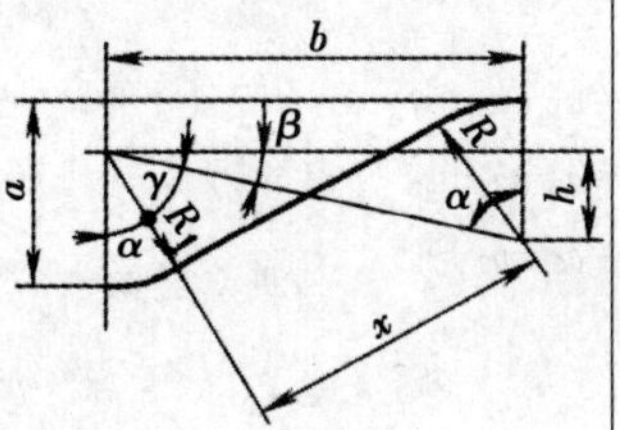	b a R，R_1 $R=R_1$ 但 $R+R_1>b$	x β r α	$x=\sqrt{a^2+b^2-2b(R+R_1)}$ $\tan\beta=\dfrac{R+R_1-b}{a}$ $\tan\gamma=\dfrac{x}{R+R_1}$ $\alpha=90^\circ-(\beta+\gamma)$ 或 $\tan\dfrac{\alpha}{2}=\dfrac{a}{b+x}$
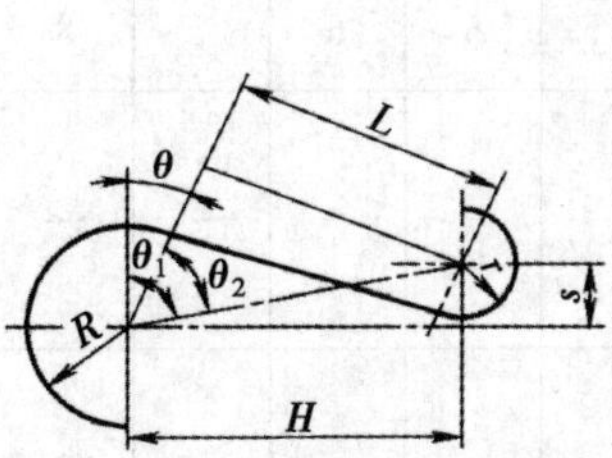	H s R r	θ L	$\tan\theta_1=\dfrac{H}{s}$ $\cos\theta_2=\dfrac{R+r}{s}\cos\theta_1$ $\theta=\theta_1-\theta_2$ 或近似计算： $\tan\theta=\dfrac{(R+r-s)}{H}$ $L=\dfrac{H}{\cos\theta}-(R+r)\tan\theta$ $s=\dfrac{3R-r}{2}$

续表 4

简　图	已知	求	计 算 公 式
	a b α R R_1	x y z β δ	$\sin\gamma=\dfrac{\sin\alpha\ (R-b)\ +a\cos\alpha-R_1}{R-R_1}$ $\beta=\gamma-\alpha$ $\delta=90^\circ-\gamma$ $x=\ (R-R_1)\ \cos\beta-R+b$ $z=\dfrac{a}{\sin\alpha}-R_1\cot\alpha-\left(R-R_1+\dfrac{R_1}{\cos\delta}\right)\dfrac{\sin\beta}{\sin\alpha}$

五、用查表法计算弯曲件展开毛坯的长度

将弯曲件的展开毛坯的长度分成两大部分：不参与弯曲变形的直线部分与弯角的变形部分。根据弯曲零件的尺寸及其标注方法，在相关表格中查出弯角变形部分相应修正补偿值，求出两大部分之和，即其展开毛坯的长度。直角展开补偿值见表 3-38～表 3-40。弯曲角不是 90°时，采用表 3-38～表 3-40 中列的第 1 种计算方法，从表 3-41～表 3-46，查得相应的 s_1后，求出弯曲件展开毛坯的长度。

表 3-38　　　　直角展开补偿值 s_1、s_2和 s_3

展开长度：$L=a_1+b_1+s_1$

$=a_2+b_2+s_2$

$=a_3+b_3+s_3$

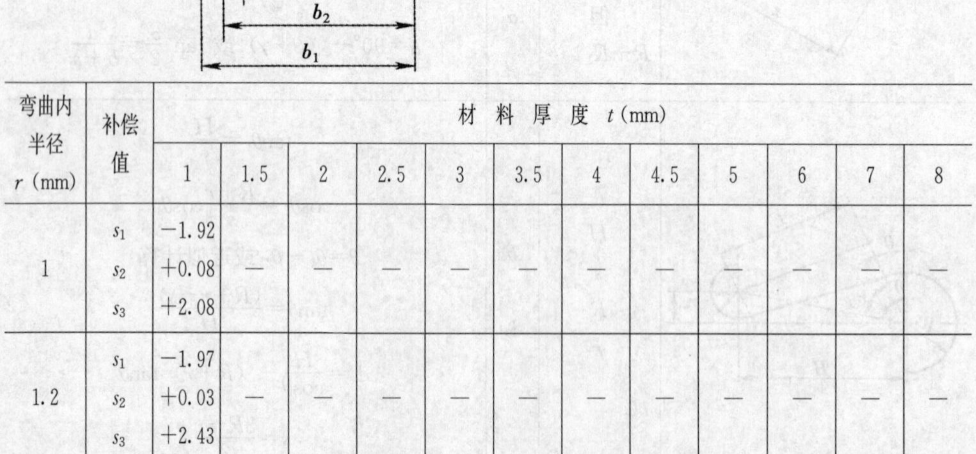

弯曲内半径 r (mm)	补偿值	材料厚度 t (mm) 1	1.5	2	2.5	3	3.5	4	4.5	5	6	7	8
1	s_1 s_2 s_3	−1.92 +0.08 +2.08	—	—	—	—	—	—	—	—	—	—	—
1.2	s_1 s_2 s_3	−1.97 +0.03 +2.43	—	—	—	—	—	—	—	—	—	—	—

续表 1

弯曲内半径 r (mm)	补偿值	材料厚度 t (mm)											
		1	1.5	2	2.5	3	3.5	4	4.5	5	6	7	8
1.6	s_1	−2.10	−2.90										
	s_2	−0.10	+0.10	—	—	—	—	—	—	—	—	—	—
	s_3	+3.10	+3.30										
2	s_1	−2.23	−3.02										
	s_2	−0.23	−0.02	—	—	—	—	—	—	—	—	—	—
	s_3	+3.77	+3.98										
2.5	s_1	−2.41	−3.18	−3.98	−4.80								
	s_2	−0.41	−0.18	+0.02	+0.20	—	—	—	—	—	—	—	—
	s_3	+4.59	+4.82	+5.02	+5.20								
3	s_1	−2.59	−3.34	−4.13	−4.93	−5.76							
	s_2	−0.59	−0.34	−0.13	+0.07	+0.24	—	—	—	—	—	—	—
	s_3	+5.41	+5.66	+5.87	+6.07	+6.24							
4	s_1	−2.97	−3.70	−4.46	−5.24	−6.04	−6.85						
	s_2	−0.97	−0.70	−0.46	−0.24	−0.04	+0.15	—	—	—	—	—	—
	s_3	+7.03	+7.30	+7.54	+7.76	+7.96	+8.15						
5	s_1	−3.36	−4.07	−4.81	−5.57	−6.35	−7.15	−7.95					
	s_2	−1.36	−1.07	−0.81	−0.57	−0.35	−0.15	+0.05	—	—	—	—	—
	s_3	+8.64	+8.93	+9.19	+9.43	+9.65	+9.85	+10.05					
6	s_1	−3.76	−4.45	−5.18	−5.93	−6.69	−7.47	−8.26	−9.06	−9.87			
	s_2	−1.76	−1.45	−1.18	−0.93	−0.69	−0.47	−0.26	−0.06	+0.13	—	—	—
	s_3	+10.24	+10.55	+10.82	+11.07	+11.31	+11.53	+11.74	+11.94	+12.13			
8	s_1	−4.57	−5.24	−5.94	−6.66	−7.40	−8.15	−8.92	9.69	−10.48	−12.08		
	s_2	−2.57	−2.24	−1.94	−1.66	−1.40	−1.15	−0.92	−0.69	−0.48	−0.08	—	—
	s_3	+13.43	+13.76	+14.06	+14.34	+14.60	+14.85	+15.08	+15.31	+15.52	+15.92		
10	s_1	−5.39	−6.04	−6.72	−7.42	−8.14	−8.88	−9.62	−10.38	−11.15	−12.71	−14.29	
	s_2	−3.39	−3.04	−2.72	−2.42	−2.14	−1.88	−1.62	−1.38	−1.15	−0.71	−0.29	—
	s_3	+16.61	+16.96	+17.28	+17.58	+17.86	+18.12	+18.38	+18.62	+18.85	+19.29	+19.71	
12	s_1	−6.22	−6.85	−7.52	−8.21	−8.91	−9.63	−10.36	−11.10	−11.85	−13.38	−14.93	−16.51
	s_2	−4.22	−3.85	−3.52	−3.21	−2.91	−2.63	−2.36	−2.10	−1.85	−1.38	−0.93	−0.51
	s_3	+19.78	+20.15	+20.48	+20.79	+21.09	+21.37	+21.64	+21.90	+22.15	+22.62	+23.07	+23.49

续表 2

弯曲内半径 r (mm)	补偿值	材料厚度 t (mm)											
		1	1.5	2	2.5	3	3.5	4	4.5	5	6	7	8
16	s_1	−7.88	−8.50	−9.14	−9.80	−10.48	−11.17	−11.88	−12.60	−13.32	−14.80	−16.31	−17.84
	s_2	−5.88	−5.50	−5.14	−4.80	−4.48	−4.17	−3.88	−3.60	−3.32	−2.80	−2.31	−1.84
	s_3	+26.12	+26.50	+26.86	+27.20	+27.52	+27.83	+28.12	+28.40	+28.68	+29.20	+29.69	+30.16
20	s_1	−9.56	−10.16	−10.78	−11.42	−12.08	−12.76	−13.44	−14.14	−14.85	−16.29	−17.76	−19.25
	s_2	−7.56	−7.16	−6.78	−6.42	−6.08	−5.76	−5.44	−5.14	−4.85	−4.29	−3.76	−3.25
	s_3	+32.44	+32.84	+33.22	+33.58	+33.92	+34.24	+34.56	+34.86	+35.15	+35.71	+36.24	+36.75
25	s_1	−11.67	−12.24	−12.85	−13.47	−14.11	−14.77	−15.44	−16.12	−16.81	−18.21	−19.64	−21.09
	s_2	−9.67	−9.24	−8.85	−8.47	−8.11	−7.77	−7.44	−7.12	−6.81	−6.21	−5.64	−5.09
	s_3	+40.33	+40.76	+41.15	+41.53	+41.89	+42.23	+42.56	+42.88	+43.19	+43.79	+44.36	+44.91
28	s_1	−12.94	−13.50	−14.10	−14.71	−15.34	−15.99	−16.65	−17.32	−18.00	−19.38	−20.79	−22.22
	s_2	−10.94	−10.50	−10.10	−9.71	−9.34	−8.99	−8.65	−8.32	−8.00	−7.38	−6.79	−6.22
	s_3	+45.06	+45.50	+45.90	+46.29	+46.66	+4.01	+47.35	+4.68	+48.00	+48.62	+49.21	+49.78
32	s_1	−14.63	−15.19	−15.77	−16.37	−16.99	−17.63	−18.27	−18.93	−19.60	−20.96	−22.35	−23.76
	s_2	−12.63	−12.19	−11.77	−11.37	−10.99	−10.63	−10.27	−9.93	−9.60	−8.96	−8.35	−7.76
	s_3	+51.37	+51.81	+52.23	+52.63	+53.01	+53.37	+53.73	+54.07	+54.40	+55.04	+55.65	+56.24
36	s_1	−16.33	−16.87	−17.44	−18.04	−18.65	−19.27	−19.91	−20.56	−21.22	−22.55	−23.92	−25.32
	s_2	−41.33	−13.87	−13.44	−13.04	−12.65	−12.27	−11.91	−11.56	−11.22	−10.55	−9.92	−9.32
	s_3	+57.67	+58.13	+58.56	+58.96	+59.35	+59.73	+60.09	+60.44	+60.78	+61.45	+62.08	+62.68
40	s_1	−18.03	−18.56	−19.13	−19.71	−20.31	−20.93	−21.56	−22.19	−22.84	−24.16	−25.51	−26.89
	s_2	−16.03	−15.56	−15.13	−14.71	−14.31	−13.93	−13.56	−13.19	−12.84	−12.16	−11.51	−10.89
	s_3	+63.97	+64.44	+64.87	+65.29	+65.69	+66.07	+66.44	+66.81	+67.16	+67.84	+68.49	+69.11

表 3-39　小 r 直角展开补偿值 s_1、s_2 和 s_3

弯曲内半径 r (mm)	补偿值	材料厚度 t (mm)											
		0.5	0.8	1.0	1.2	1.5	1.8	2	2.5	3	4	5	6
0.2	s_1	−0.90	−1.33	−1.61	−1.90	−2.33	−2.76	−3.06	−3.77	−4.45	−5.83	−7.28	−8.94
	s_2	+0.10	+0.27	+0.39	+0.50	+0.67	+0.84	+0.94	+1.23	+1.55	+2.17	+2.72	+3.06
	s_3	+0.50	+0.67	+0.79	+0.90	+1.07	+1.24	+1.34	+1.63	+1.95	+2.57	+3.12	+3.46
0.3	s_1	−0.93	−1.37	−1.65	−1.94	−2.37	−2.80	−3.09	−3.78	−4.47	−5.84	−7.29	−8.95
	s_2	+0.07	+0.23	+0.35	+0.46	+0.63	+0.80	+0.91	+1.22	+1.53	+2.16	+2.71	+3.05
	s_3	+0.67	+0.83	+0.95	+1.06	+1.23	+1.40	+1.51	+1.82	+2.13	+2.76	+3.31	+3.65

续表 1

弯曲内半径 r (mm)	补偿值	材料厚度 t (mm)											
		0.5	0.8	1.0	1.2	1.5	1.8	2	2.5	3	4	5	6
0.4	s_1	−0.97	−1.40	−1.69	−1.98	−2.40	−2.83	−3.12	−3.80	−4.50	−5.86	−7.30	−8.96
	s_2	+0.03	+0.20	+0.31	+0.42	+0.60	+0.77	+0.88	+1.20	+1.50	+2.14	+2.70	+3.04
	s_3	+0.83	+1.00	+1.11	+1.22	+1.40	+1.57	+1.68	+2.00	+2.30	+2.94	+3.50	+3.84
0.5	s_1	−1.01	−1.44	−1.73	−2.01	−2.44	−2.86	−3.15	−3.83	−4.52	−5.89	−7.32	−8.96
	s_2	−0.01	+0.16	+0.27	+0.39	+0.56	+0.74	+0.85	+1.17	+1.48	+2.11	+2.68	+3.04
	s_3	+0.99	+1.16	+1.27	+1.39	+1.56	+1.74	+1.85	+2.17	+2.48	+3.11	+3.68	+4.04
0.6	s_1		−1.47	−1.76	−2.05	−2.47	−2.90	−3.18	−3.88	−4.56	−5.93	−7.34	−8.96
	s_2	—	+0.13	+0.24	+0.35	+0.53	+0.70	+0.82	+1.12	+1.44	+2.07	+2.66	+3.04
	s_3		+1.33	+1.44	+1.55	+1.73	+1.90	+2.02	+2.32	+2.64	+3.27	+3.86	+4.24
0.8	s_1		−1.55	−1.84	−2.13	−2.56	−2.98	−3.24	−3.93	−4.62	−5.96	−7.36	−8.97
	s_2	—	+0.05	+0.16	+0.27	+0.44	+0.62	+0.76	+1.07	+1.38	+2.04	+2.64	+3.03
	s_3		+1.65	+1.76	+1.87	+2.04	+2.22	+2.36	+2.67	+2.98	+3.64	+4.24	+4.63
1.0	s_1			−1.92	−2.21	−2.64	−3.05	−3.33	−4.02	−4.68	−5.98	−7.39	−8.99
	s_2	—	—	+0.08	+0.19	+0.36	+0.55	+0.67	+0.98	+1.32	+2.02	+2.61	+3.01
	s_3			+2.08	+2.19	+2.36	+2.55	+2.67	+2.98	+3.32	+4.02	+4.61	+5.01
1.2	s_1				−2.29	−2.71	−3.12	−3.38	−4.06	−4.73	−6.02	−7.45	−9.01
	s_2	—	—	—	+0.11	+0.29	+0.48	+0.62	+0.94	+1.27	+1.98	+2.55	+2.99
	s_3				+2.51	+2.69	+2.88	+3.02	+3.34	+3.67	+4.38	+4.95	+5.39
1.6	s_1						−3.26	−3.53	−4.20	−4.84	−6.12	−7.52	−9.04
	s_2	—	—	—	—	—	+0.34	+0.47	+0.80	+1.16	+1.88	+2.48	+2.96
	s_3						+3.54	+3.67	+4.00	+4.36	+5.08	+5.68	+6.16
2.0	s_1							−3.68	−4.34	−4.98	−6.22	−7.59	−9.10
	s_2	—	—	—	—	—	—	+0.32	+0.66	+1.02	+1.78	+2.41	+2.90
	s_3							+4.32	+4.66	+5.02	+5.78	+6.41	+6.90
2.5	s_1								−4.50	−5.12	−6.38	−7.70	−9.17
	s_2	—	—	—	—	—	—	—	+0.50	+0.88	+1.62	+2.90	+2.83
	s_3								+5.50	+5.88	+6.62	+7.30	+7.83
3.0	s_1									−5.32	−6.52	−7.84	−9.25
	s_2	—	—	—	—	—	—	—	—	+0.68	+1.48	+2.16	+2.75
	s_3									+6.68	+7.48	+8.16	+8.75

续表 2

弯曲内半径 r (mm)	补偿值	材料厚度 t (mm)											
		0.5	0.8	1.0	1.2	1.5	1.8	2	2.5	3	4	5	6
4.0	s_1										−6.90	−8.19	−9.49
	s_2	—	—	—	—	—	—	—	—	—	+1.10	+1.81	+2.51
	s_3										+9.10	+9.81	+10.51
5.0	s_1											−8.62	−9.91
	s_2	—	—	—	—	—	—	—	—	—	—	+1.38	+2.09
	s_3											+11.38	+12.09

注：展开长度（表 3-38 图示）：$L=a_1+b_1+s_1$

$=a_2+b_2+s_2$

$=a_3+b_3+s_3$

表 3-40　　小 r 双直角展开补偿值 s_1、s_2 和 s_3

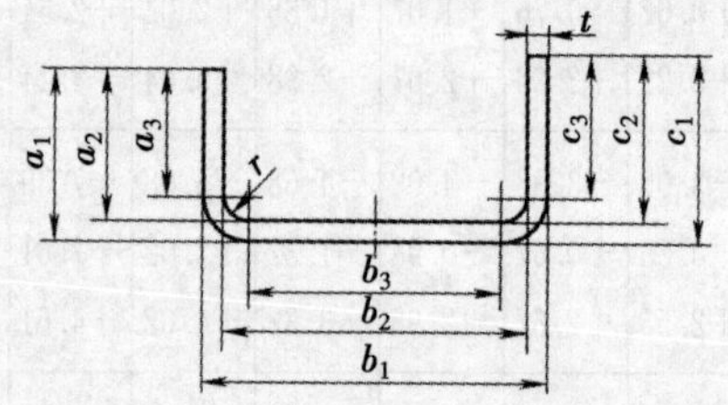

展开长度：$L=a_1+b_1+c_1+s_1$

$=a_2+b_2+c_2+s_2$

$=a_3+b_3+c_3+s_3$

弯曲内半径 r (mm)	补偿值	材料厚度 t (mm)											
		0.5	0.8	1.0	1.2	1.5	1.8	2.0	2.5	3	4	5	6
0.2	s_1	−1.90	−2.84	−3.44	−4.06	−4.94	−5.84	−6.42	−7.86	−9.26	−12.16	−15.34	−18.56
	s_2	+0.10	+0.36	+0.56	+0.74	+1.06	+1.36	+1.58	+2.14	+2.74	+3.84	+4.66	+5.44
	s_3	+0.90	+1.16	+1.36	+1.54	+1.86	+2.16	+2.38	+2.94	+3.54	+4.64	+5.46	+6.24
0.3	s_1	−1.98	−2.90	−3.50	−4.12	−4.98	−5.88	−6.44	−7.90	−9.30	−12.20	−15.36	−18.56
	s_2	+0.02	+0.30	+0.50	+0.68	+1.02	+1.32	+1.56	+2.10	+2.70	+3.80	+4.64	+5.44
	s_3	+1.22	+1.50	+1.70	+1.88	+2.22	+2.52	+2.76	+3.30	+3.90	+5.00	+5.84	+6.64
0.4	s_1	−2.02	−2.94	−3.56	−4.16	−5.02	−5.90	−6.46	−7.92	−9.36	−12.24	−15.36	−18.56
	s_2	−0.02	+0.26	+0.44	+0.64	+0.98	+1.30	+1.54	+2.08	+2.64	+3.76	+4.64	+5.44
	s_3	+1.58	+1.86	+2.04	+2.24	+2.58	+2.90	+3.14	+3.68	+4.24	+5.36	+6.24	+7.04
0.5	s_1	−2.08	−3.00	−3.62	−4.18	−5.06	−5.94	−6.52	−7.96	−9.40	−12.28	−15.38	−18.58
	s_2	−0.08	+0.20	+0.38	+0.62	+0.94	+1.26	+1.48	+2.04	+2.60	+3.72	+4.62	+5.42
	s_3	+1.92	+2.20	+2.38	+2.62	+2.94	+3.26	+3.48	+4.04	+4.60	+5.72	+6.62	+7.42

续表

弯曲内半径 r (mm)	补偿值	材料厚度 t (mm)											
		0.5	0.8	1.0	1.2	1.5	1.8	2.0	2.5	3	4	5	6
0.6	s_1		−3.06	−3.66	−4.26	−5.10	−5.96	−6.58	−8.00	−9.46	−12.32	−15.38	−18.60
	s_2	—	+0.14	+0.34	+0.54	+0.90	+1.24	+1.42	+2.00	+2.54	+3.68	+4.62	+5.40
	s_3		+2.54	+2.74	+2.94	+3.30	+3.64	+3.82	+4.40	+4.94	+6.08	+7.02	+7.80
0.8	s_1		−3.18	−3.78	−4.36	−5.22	−6.08	−6.68	−8.10	−9.54	−12.42	−15.44	−18.64
	s_2	—	+0.02	+0.22	+0.44	+0.78	+1.12	+1.32	+1.90	+2.46	+3.58	+4.56	+5.36
	s_3		+3.22	+3.42	+3.64	+3.98	+4.32	+4.52	+5.10	+5.66	+6.78	+7.76	+8.56
1.0	s_1			−3.90	−4.48	−5.36	−6.20	−6.78	−8.20	−9.66	−12.52	−15.50	−18.68
	s_2	—	—	+0.10	+0.32	+0.64	+1.00	+1.22	+1.80	+2.34	+3.48	+4.50	+5.32
	s_3			+4.10	+4.32	+4.64	+5.00	+5.22	+5.80	+6.34	+7.48	+8.50	+9.32
1.2	s_1				−4.60	−5.48	−6.32	−6.90	−8.32	−9.72	−12.64	−15.56	−18.74
	s_2	—	—	—	+0.20	+0.52	+0.88	+1.10	+1.68	+2.28	+3.36	+4.44	+5.26
	s_3				+5.00	+5.32	+5.68	+5.90	+6.48	+7.08	+8.16	+9.24	+10.06
1.6	s_1						−6.60	−7.18	−8.56	−9.08	−12.86	−15.72	−18.88
	s_2	—	—	—	—	—	+0.60	+0.82	+1.44	+2.02	+3.14	+4.28	+5.12
	s_3						+7.00	+7.22	+7.84	+8.42	+9.54	+10.68	+11.52
2.0	s_1							−7.46	−8.80	−10.22	−13.08	−15.92	−19.02
	s_2	—	—	—	—	—	—	+0.54	+1.20	+1.78	+2.92	+4.08	+4.98
	s_3							+8.54	+9.20	+9.78	+10.92	+12.08	+12.98
2.5	s_1								−9.16	−10.56	−13.38	−16.18	−19.36
	s_2	—	—	—	—	—	—	—	+0.84	+1.44	+2.62	+3.82	+4.64
	s_3								+10.84	+11.44	+12.62	+13.82	+14.64
3.0	s_1									−10.90	−13.70	−16.46	−19.60
	s_2	—	—	—	—	—	—	—	—	+1.10	+2.30	+3.54	+4.40
	s_3									+13.10	+14.30	+15.54	+16.40
4.0	s_1										−14.42	−17.16	−20.24
	s_2	—	—	—	—	—	—	—	—	—	+1.58	+2.84	+3.76
	s_3										+17.58	+18.84	+19.76
5.0	s_1											−18.04	−20.98
	s_2	—	—	—	—	—	—	—	—	—	—	+1.96	+3.02
	s_3											+21.96	+23.02

表 3-41　　弯曲角为 15°时的展开补偿值

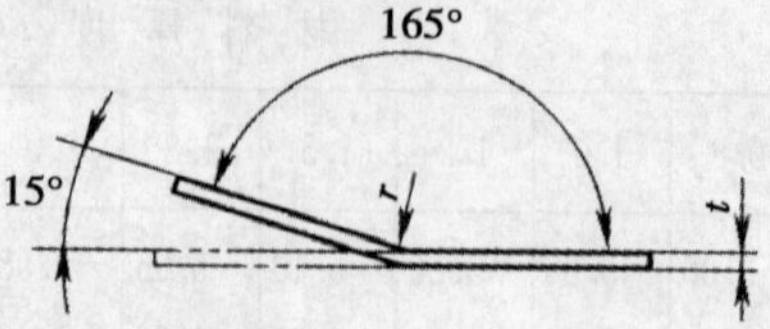

料厚 t (mm)	弯曲内半径 r (mm)											
	1	1.2	1.6	2	2.5	3	4	5	6	8	10	12
	平均值 s_1 (mm)											
1	-0.18	-0.17	-0.17	-0.16	-0.16	-0.15	-0.14	-0.14	-0.14	-0.13	-0.13	-0.13
1.5	—	—	-0.27	-0.26	-0.25	-0.24	-0.23	-0.22	-0.22	-0.21	-0.20	-0.20
2	—	—	—	—	-0.35	-0.34	-0.32	-0.31	-0.30	-0.29	-0.28	-0.27
2.5					-0.45	-0.44	-0.42	-0.40	-0.39	-0.37	-0.36	-0.35
3	—	—	—	—	—	-0.54	-0.52	-0.50	-0.48	-0.46	-0.45	-0.43
3.5					—	—	-0.62	-0.60	-0.58	-0.55	-0.53	-0.52
4								-0.70	-0.68	-0.65	-0.62	-0.61
4.5	—	—	—	—	—	—	—	—	-0.77	-0.74	-0.71	-0.69
5								—	-0.87	-0.84	-0.81	-0.78
6										-1.03	-1.00	-0.97
7	—	—	—	—	—	—	—	—	—	—	-1.19	-1.16
8										—	—	-1.35
9										—	—	—

料厚 t (mm)	弯曲内半径 r (mm)											
	16	20	25	28	32	36	40	45	50	63	80	100
	平均值 s_1											
1	-0.12	-0.12	-0.12	-0.13	-0.13	-0.13	-0.13	-0.14	-0.14	-0.16	-0.17	-0.20
1.5	-0.19	-0.19	-0.19	-0.19	-0.19	-0.19	-0.19	-0.19	-0.19	-0.20	-0.22	-0.24
2	-0.26	-0.26	0.26	-0.25	-0.25	-0.25	-0.25	-0.25	-0.25	-0.26	-0.27	-0.28
2.5	-0.34	-0.33	-0.32	-0.32	-0.31	-0.31	-0.31	-0.31	-0.31	-0.31	-0.32	-0.33
3	-0.42	-0.40	-0.39	-0.38	-0.37	-0.37	-0.37	-0.37	-0.37	-0.37	-0.38	-0.39
3.5	-0.50	-0.48	-0.47	-0.45	-0.45	-0.44	-0.44	-0.43	-0.43	-0.43	-0.43	-0.44
4	-0.58	-0.56	-0.54	-0.53	-0.52	-0.52	-0.51	-0.51	-0.50	-0.49	-0.49	-0.50
4.5	-0 66	-0.64	-0.62	-0.61	-0.60	-0.59	-0.58	-0.58	-0.57	-0.56	-0.55	-0.56
5	-0.75	-0.72	-0.70	-0.69	-0.68	-0.66	-0.66	-0.65	-0.64	-0.63	-0.62	-0.62

续表

料厚 t (mm)	弯曲内半径 r (mm)											
	16	20	25	28	32	36	40	45	50	63	80	100
	平均值 s_1											
6	−0.93	−0.89	−0.86	−0.85	−0.83	−0.82	−0.81	−0.79	−0.78	−0.76	−0.75	−0.74
7	−1.11	−1.07	−1.03	−1.01	−0.99	−0.98	−0.96	−0.95	−0.93	−0.91	−0.88	−0.87
8	−1.29	−1.25	−1.20	−1.18	−1.16	−1.14	−1.12	−1.10	−1.08	−1.05	−1.02	−1.00
9	−1.48	−1.43	−1.38	−1.36	−1.33	−1.30	−1.28	−1.26	−1.24	−1.20	−1.17	−1.14
10	−1.67	−1.62	−1.56	−1.53	−1.50	−1.47	−1.45	−1.42	−1.40	−1.35	−1.31	−1.28
11	—	−1.80	−1.74	−1.71	−1.67	−1.64	−1.62	−1.59	−1.56	−1.51	−1.46	−1.42
12		−1.99	−1.93	−1.89	−1.85	−1.82	−1.79	−1.76	−1.73	−1.67	−1.61	−1.57
13	—	—	−2.11	−2.08	−2.03	−1.99	−1.96	−1.93	−1.89	−1.83	−1.77	−1.71
14		—	−2.30	−2.26	−2.21	−2.17	−2.14	−2.10	−2.06	−1.99	−1.92	−1.86
15				−2.45	−2.40	−2.35	−2.32	−2.27	−2.24	−2.16	−2.08	−2.01
16	—	—	—	−2.64	−2.58	−2.54	−2.50	−2.45	−2.41	−2.32	−2.24	−2.17
17					−2.77	−2.72	−2.68	−2.63	−2.58	−2.49	−2.40	−2.32
18						−2.91	−2.86	−2.81	−2.76	−2.66	−2.57	−2.48
19	—	—	—	—	—	—	−3.04	−2.99	−2.94	−2.83	−2.73	−2.64
20						—	−3.23	−3.17	−3.12	−3.01	−2.90	−2.80

表 3-42　　弯曲角为 30°时的展开补偿值

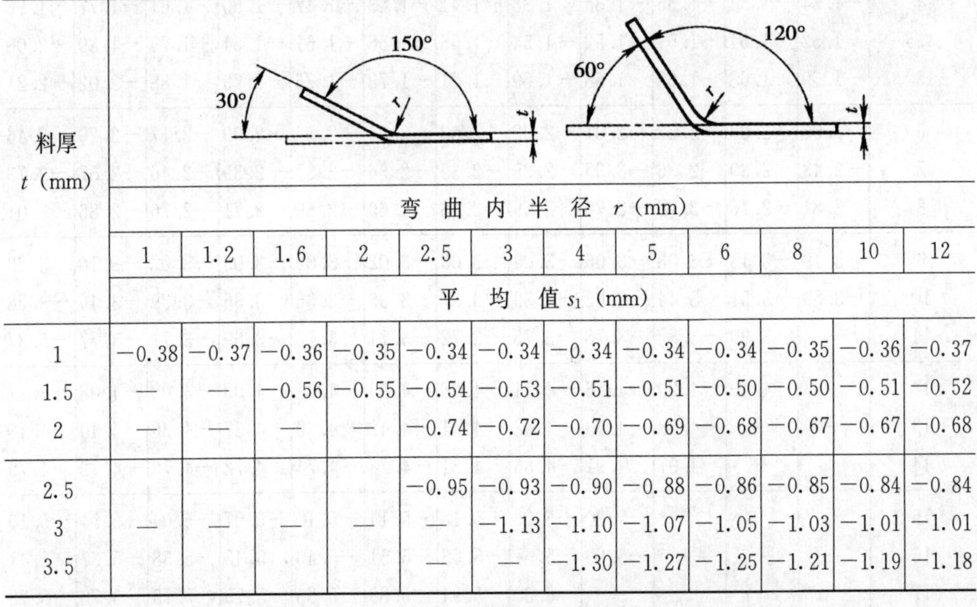

料厚 t (mm)	弯曲内半径 r (mm)											
	1	1.2	1.6	2	2.5	3	4	5	6	8	10	12
	平均值 s_1 (mm)											
1	−0.38	−0.37	−0.36	−0.35	−0.34	−0.34	−0.34	−0.34	−0.34	−0.35	−0.36	−0.37
1.5	—	—	−0.56	−0.55	−0.54	−0.53	−0.51	−0.51	−0.50	−0.50	−0.51	−0.52
2	—	—	—	—	−0.74	−0.72	−0.70	−0.69	−0.68	−0.67	−0.67	−0.68
2.5					−0.95	−0.93	−0.90	−0.88	−0.86	−0.85	−0.84	−0.84
3	—	—	—	—	—	−1.13	−1.10	−1.07	−1.05	−1.03	−1.01	−1.01
3.5					—	—	−1.30	−1.27	−1.25	−1.21	−1.19	−1.18

续表 1

料厚 t (mm)	弯曲内半径 r (mm)											
	1	1.2	1.6	2	2.5	3	4	5	6	8	10	12
	平均值 s_1 (mm)											
4								−1.47	−1.44	−1.40	−1.38	−1.36
4.5	—	—	—	—	—	—	—	—	−1.65	−1.60	−1.56	−1.54
5								—	−1.85	−1.79	−1.75	−1.73
6										−2.19	−2.14	−2.11
7	—	—	—	—	—	—	—	—	—	—	−2.54	−2.49
8										—	—	−2.89
9										—	—	—

料厚 t (mm)	弯曲内半径 r (mm)											
	16	20	25	28	32	36	40	45	50	63	80	100
	平均值 s_1											
1	−0.40	−0.44	−0.49	−0.52	−0.56	−0.60	−0.65	−0.70	−0.76	−0.91	−1.10	−1.33
1.5	−0.54	−0.57	−0.62	−0.64	−0.68	−0.72	−0.76	−0.81	−0.86	−1.00	−1.19	−1.42
2	−0.69	−0.72	−0.75	−0.78	−0.81	−0.85	−0.88	−0.93	−0.98	−1.11	−1.30	−1.52
2.5	−0.85	−0.86	−0.89	−0.92	−0.95	−0.98	−1.01	−1.06	−1.10	−1.23	−1.41	−1.62
3	−1.01	−1.02	−1.04	−1.06	−1.09	−1.12	−1.15	−1.19	−1.23	−1.35	−1.52	−1.73
3.5	−1.17	−1.18	−1.20	−1.21	−1.23	−1.26	−1.29	−1.33	−1.37	−1.48	−1.64	−1.84
4	−1.34	−1.34	−1.35	−1.36	−1.38	−1.41	−1.43	−1.47	−1.50	−1.61	−1.77	−1.96
4.5	−1.52	−1.51	−1.51	−1.52	−1.54	−1.56	−1.58	−1.61	−1.64	−1.75	−1.89	−2.08
5	−1.69	−1.68	−1.68	−1.68	−1.69	−1.71	−1.73	−1.76	−1.79	−1.88	−2.02	−2.21
6	−2.06	−2.03	−2.02	−2.01	−2.02	−2.03	−2.04	−2.06	−2.09	−2.17	−2.29	−2.46
7	−2.43	−2.39	−2.36	−2.35	−2.35	−2.35	−2.36	−2.37	−2.39	−2.46	−2.57	−2.73
8	−2.81	−2.76	−2.72	−2.70	−2.69	−2.68	−2.69	−2.69	−2.71	−2.76	−2.86	−3.01
9	−3.19	−3.13	−3.08	−3.06	−3.04	−3.03	−3.02	−3.02	−3.03	−3.07	−3.16	−3.29
10	−3.59	−3.51	−3.44	−3.42	−3.39	−3.37	−3.36	−3.36	−3.36	−3.39	−3.46	−3.58
11	—	−3.90	−3.82	−3.78	−3.75	−3.72	−3.71	−3.70	−3.69	−3.71	−3.77	−3.87
12		−4.29	−4.20	−4.16	−4.11	−4.08	−4.06	−4.04	−4.03	−4.03	−4.08	−4.17
13	—	—	−4.58	−4.53	−4.48	−4.44	−4.42	−4.39	−4.37	−4.36	−4.40	−4.48
14		—	−4.97	−4.91	−4.86	−4.81	−4.78	−4.74	−4.72	−4.70	−4.72	−4.79
15				−5.30	−5.23	−5.18	−5.14	−5.10	−5.07	−5.04	−5.04	−5.10
16	—	—	—	−5.69	−5.61	−5.56	−5.51	−5.46	−5.43	−5.38	−5.37	−5.41
17				—	−6.00	−5.94	−5.88	−5.83	−5.79	−5.73	−5.70	−5.73

续表 2

料厚 t (mm)	弯曲内半径 r (mm)											
	16	20	25	28	32	36	40	45	50	63	80	100
	平均值 s_1											
18						−6.32	−6.26	−6.20	−6.15	−6.08	−6.04	−6.06
19	—	—	—	—	—	—	−6.64	−6.57	−6.43	−6.43	−6.38	−6.38
20						—	−7.02	−6.95	−6.78	−6.78	−6.72	−6.71

表 3-43　弯曲角为 60°时的展开补偿值

料厚 t (mm)	弯曲内半径 r (mm)											
	1	1.2	1.6	2	2.5	3	4	5	6	8	10	12
	平均值 s_1 (mm)											
1	−0.92	−0.92	−0.93	−0.95	−0.98	−1.01	−1.09	−1.17	−1.26	−1.44	−1.63	−1.82
1.5	—	—	−1.38	−1.39	−1.40	−1.43	−1.48	−1.55	−1.63	−1.80	−1.97	−2.16
2	—	—	—	—	−1.85	−1.86	−1.90	−1.96	−2.02	−2.17	−2.34	−2.51
2.5					−2.30	−2.31	−2.33	−2.38	−2.43	−2.57	−2.72	−2.88
3	—	—	—	—		−2.77	−2.77	−2.81	−2.85	−2.97	−3.11	−3.26
3.5							−3.23	−3.25	−3.28	−3.33	−3.51	−3.65
4								−3.69	−3.72	−3.80	−3.92	−4.05
4.5	—	—	—	—	—	—	—	—	−4.16	−4.23	−4.33	−4.45
5								—	−4.61	−4.66	−4.75	−4.86
6										−5.55	−5.61	−5.70
7	—	—	—	—	—	—	—	—	—	—	−6.49	−6.56
8										—	—	−7.44
9										—	—	—

料厚 t (mm)	弯曲内半径 r (mm)											
	16	20	25	28	32	36	40	45	50	63	80	100
	平均值 s_1											
1	−2.22	−2.62	−3.14	−3.45	−3.86	−4.28	−4.70	−5.22	−5.74	−7.12	−8.92	−11.04
1.5	−2.54	−2.93	−3.43	−3.73	−4.14	−4.55	−4.96	−5.48	−6.00	−7.36	−9.14	−11.26
2	−2.88	−3.26	−3.74	−4.04	−4.44	−4.84	−5.25	−5.76	−6.27	−7.62	−9.39	−11.49

续表

料厚 t (mm)	弯曲内半径 r (mm)											
	16	20	25	28	32	36	40	45	50	63	80	100
	平均值 s_1											
2.5	-3.23	-3.59	-4.07	-4.36	-4.75	-5.15	-5.55	-6.05	-6.56	-7.89	-9.65	-11.74
3	-3.59	-3.95	-4.41	-4.69	-5.08	-5.47	-5.86	-6.36	-6.86	-8.18	-9.92	-12.00
3.5	-3.97	-4.31	-4.76	-5.03	-5.41	-5.79	-6.18	-6.67	-7.17	-8.47	-10.21	-12.27
4	-4.35	-4.68	-5.11	-5.38	-5.75	-6.13	-6.51	-6.99	-7.48	-8.78	-10.50	-12.54
4.5	-4.74	-5.05	-5.47	-5.74	-6.10	-6.47	-6.85	-7.32	-7.81	-9.09	-10.79	-12.83
5	-5.13	-5.43	-5.84	-6.10	-6.46	-6.82	-7.19	-7.66	-8.14	-9.40	-11.10	-13.12
6	-5.94	-6.21	-6.60	-6.85	-7.18	-7.53	-7.89	-8.35	-8.81	-10.05	-11.72	-13.72
7	-6.76	-7.02	-7.37	-7.61	-7.93	-8.27	-8.61	-9.06	-9.51	-10.72	-12.36	-14.33
8	-7.60	-7.83	-8.17	-8.39	-8.69	-9.02	-9.35	-9.78	-10.22	-11.41	-13.02	-14.97
9	-8.46	-8.66	-8.97	-9.18	-9.47	-9.78	-10.10	-10.52	-10.95	-12.11	-13.69	-15.62
10	-9.33	-9.51	-9.79	-9.98	-10.26	-10.56	-10.87	-11.27	-11.69	-12.82	-14.38	-16.28
11	—	-10.36	-10.6	-10.80	-11.06	-11.35	-11.64	-12.03	-12.44	-13.55	-15.08	-16.95
12		-11.23	-11.46	-11.63	-11.87	-12.14	-12.43	-12.81	-13.20	-14.28	-15.78	-17.63
13	—	—	-12.31	-12.46	-12.70	-12.95	-13.23	-13.59	-13.97	-15.03	-16.50	-18.32
14		—	-13.17	-13.31	-13.53	-13.77	-14.03	-14.38	-14.75	-15.78	-17.23	-19.02
15				-14.16	-14.36	-14.59	-14.84	-15.18	-15.54	-16.54	-17.96	-19.73
16	—	—	—	-15.02	-15.21	-15.42	-15.66	-15.99	-16.33	-17.31	-18.70	-20.45
17				—	-16.06	-16.26	-16.49	-16.80	-17.13	-18.08	-19.45	-21.17
18						-17.11	-17.32	-17.62	-17.94	-18.87	-20.21	-21.90
19	—	—	—	—	—	—	-18.16	-18.45	-18.76	-19.66	-20.97	-22.64
20						—	-19.01	-19.28	-19.58	-20.45	-21.74	-23.38

表 3-44　　弯曲角为 120°时的展开补偿值

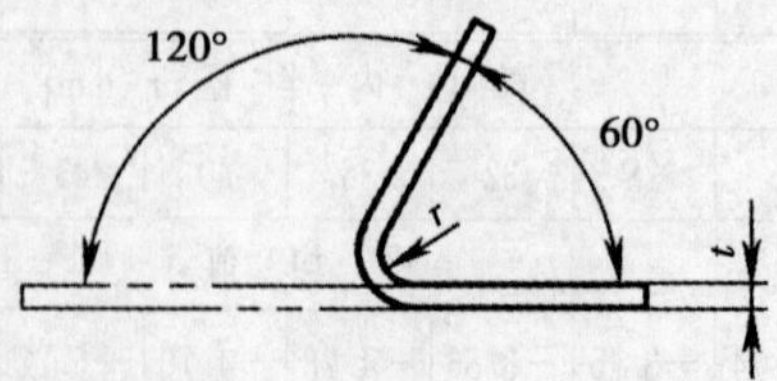

续表 1

料厚 t (mm)	弯曲内半径 r (mm)											
	1	1.2	1.6	2	2.5	3	4	5	6	8	10	12
	平均值 s_1 (mm)											
1	−1.22	−1.16	−1.06	−0.97	−0.87	−0.79	−0.63	−0.48	−0.35	−0.09	+0.15	+0.38
1.5	—	—	−1.81	−1.69	−1.57	−1.46	−1.27	−1.10	−0.94	−0.65	−0.39	−0.14
2	—	—	—	—	−2.30	−2.17	−1.95	−1.75	−1.57	−1.25	−0.96	−0.69
2.5					−3.06	−2.91	−2.65	−2.43	−2.23	−1.88	−1.57	−1.27
3	—	—	—	—	—	−3.67	−3.38	−3.14	−2.92	−2.53	−2.19	−1.88
3.5					—	—	−4.13	−3.86	−3.62	−3.20	−2.84	−2.50
4								−4.60	−4.34	−3.89	−3.50	−3.15
4.5	—	—	—	—	—	—	—	—	−5.08	−4.59	−4.18	−3.80
5								—	−5.82	−5.31	−4.86	−4.47
6										−6.77	−6.28	−5.84
7	—	—	—	—	—	—	—	—	—	—	−7.72	−7.24
8										—	—	−8.68
9										—	—	—

料厚 t (mm)	弯曲内半径 r (mm)											
	16	20	25	28	32	36	40	45	50	63	80	100
	平均值 s_1											
1	+0.82	+1.25	+1.77	+2.08	+2.49	+2.89	+3.30	+3.79	+4.29	+5.57	+7.23	+9.17
1.5	+0.34	+0.79	+1.34	+1.66	+2.09	+2.50	+2.92	+3.43	+3.94	+5.24	+6.93	+8.89
2	−0.18	+0.30	+0.87	+1.20	+1.64	+2.07	+2.50	+3.03	+.3.54	+4.88	+6.59	+8.58
2.5	−0.73	−0.23	+0.37	+0.72	+1.17	+1.62	+2.05	+2.59	+3.12	+4.48	+6.22	+8.24
3	−1.31	−0.78	−0.15	+0.21	+0.68	+1.14	+1.58	+2.14	+2.68	+4.07	+5.83	+7.87
3.5	−1.90	−1.34	−0.69	+0.32	+0.16	+0.64	+1.10	+1.66	+2.22	+3.63	+5.42	+7.49
4	−2.51	−1.93	−1.25	−0.86	−0.37	+0.12	+0.59	+1.17	+1.74	+3.18	+5.00	+7.09
4.5	−3.13	−2.52	−1.82	−1.42	−0.91	−0.41	+0.07	+0.67	+1.25	+2.71	+4.56	+6.68
5	−3.76	−3.13	−2.41	−1.99	−1.47	−0.95	−0.46	+0.15	+0.74	+2.23	+4.11	+6.25
6	−5.07	−4.39	−3.61	−3.17	−2.61	−2.07	−1.55	−0.92	−0.30	+1.24	+3.17	+5.36
7	−6.41	−5.68	−4.85	−4.39	−3.80	−3.23	−2.69	−2.03	−1.39	+0.21	+2.19	+4.44
8	−7.78	−7.00	−6.12	−5.63	−5.01	−4.42	−3.85	−3.16	−2.50	−0.85	+1.19	+3.48
9	−9.19	−8.35	−7.42	−6.91	−6.26	−5.64	−5.05	−4.33	−3.64	−1.94	+0.15	+2.49
10	−10.61	−9.73	−8.75	−8.21	−7.53	−6.88	−6.27	−5.53	−4.81	−3.06	−0.91	+1.48
11	—	−11.13	−10.10	−9.53	−8.82	−8.15	−7.51	−6.74	−6.01	−4.20	−2.00	+0.45

续表 2

料厚 t (mm)	弯曲内半径 r (mm)											
	16	20	25	28	32	36	40	45	50	63	80	100
	平均值 s_1											
12		−12.55	−11.47	−10.88	−10.13	−9.44	−8.77	−7.98	−7.22	−5.36	−3.10	−0.61
13	—	—	−12.86	−12.24	−11.47	−10.74	−10.05	−9.23	−8.45	−6.54	−4.23	−1.68
14		—	−14.26	−13.62	−12.82	−12.07	−11.35	−10.51	−9.70	−7.74	−5.37	−2.77
15				−15.02	−14.18	−13.41	−12.67	−11.79	−10.96	−8.95	−6.53	−3.88
16	—	—	—	−16.43	−15.57	−14.76	−14.00	−13.10	−12.24	−10.18	−7.70	−5.00
17				—	−16.96	−16.13	−15.34	−14.42	−13.54	−11.42	−8.89	−6.14
18						−17.51	−16.70	−15.75	−14.85	−12.67	−10.09	−7.29
19	—	—	—	—	—	—	−18.08	−17.09	−16.17	−13.94	−11.30	−8.45
20						—	−19.46	−18.45	−17.50	−15.22	−12.53	−9.63

表 3-45　　弯曲角为 150°时的展开补偿值

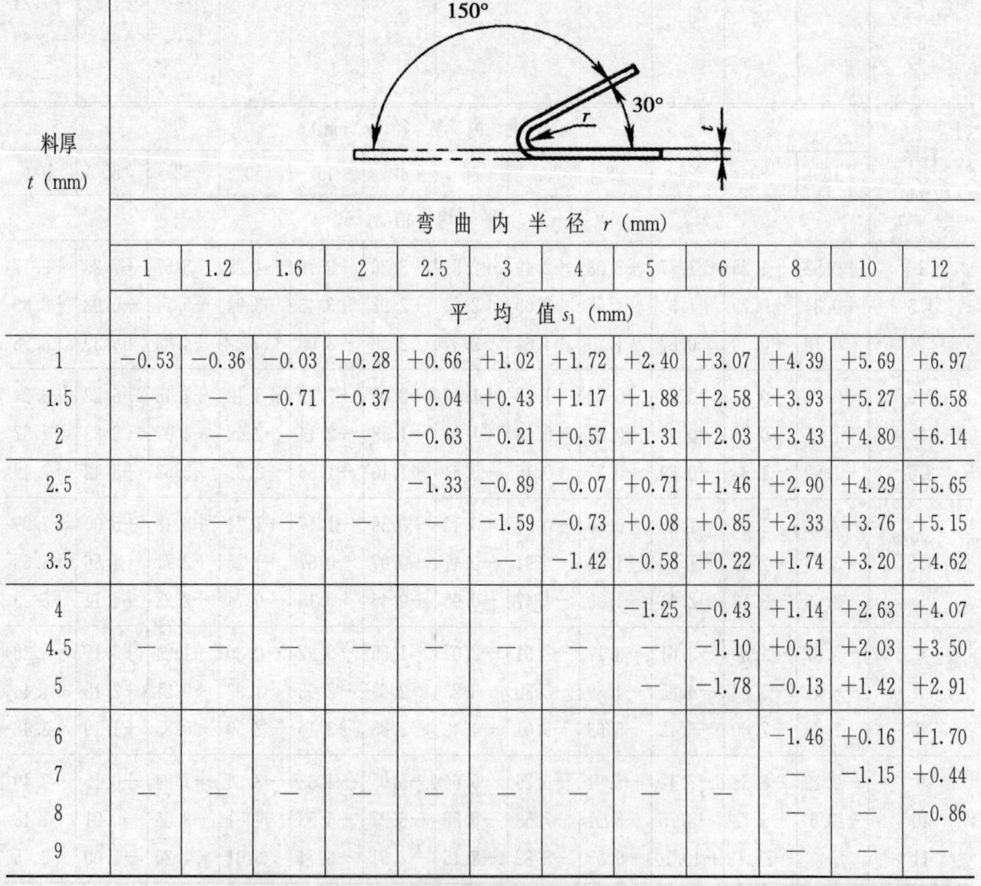

料厚 t (mm)	弯曲内半径 r (mm)											
	1	1.2	1.6	2	2.5	3	4	5	6	8	10	12
	平均值 s_1 (mm)											
1	−0.53	−0.36	−0.03	+0.28	+0.66	+1.02	+1.72	+2.40	+3.07	+4.39	+5.69	+6.97
1.5	—	—	−0.71	−0.37	+0.04	+0.43	+1.17	+1.88	+2.58	+3.93	+5.27	+6.58
2	—	—	—	—	−0.63	−0.21	+0.57	+1.31	+2.03	+3.43	+4.80	+6.14
2.5					−1.33	−0.89	−0.07	+0.71	+1.46	+2.90	+4.29	+5.65
3	—	—	—	—		−1.59	−0.73	+0.08	+0.85	+2.33	+3.76	+5.15
3.5					—	—	−1.42	−0.58	+0.22	+1.74	+3.20	+4.62
4								−1.25	−0.43	+1.14	+2.63	+4.07
4.5	—	—	—	—	—	—	—	—	−1.10	+0.51	+2.03	+3.50
5								—	−1.78	−0.13	+1.42	+2.91
6										−1.46	+0.16	+1.70
7										—	−1.15	+0.44
8	—	—	—	—	—	—	—	—	—	—	—	−0.86
9										—	—	—

续表

料厚 t(mm)	弯曲内半径 r(mm)											
	16	20	25	28	32	36	40	45	50	63	80	100
	平均值 s_1											
1	+9.53	+12.06	+15.22	+17.10	+19.6	+22.12	+24.62	+27.74	+30.86	+38.96	+49.54	+61.96
1.5	+9.17	+11.74	+14.93	+16.83	+19.36	+21.88	+24.40	+27.54	+30.67	+38.80	+49.41	+61.87
2	+8.77	+11.37	+14.59	+16.51	+19.05	+21.59	+24.12	+27.28	+30.43	+38.60	+49.24	+61.72
2.5	+8.33	+10.96	+14.21	+16.15	+18.71	+21.27	+23.82	+26.99	+30.16	+38.35	+49.03	+61.55
3	+7.87	+10.53	+13.81	+15.76	+18.35	+20.92	+23.48	+26.67	+29.85	+38.08	+48.79	+61.34
3.5	+7.38	+10.07	+13.38	+15.35	+17.96	+20.54	+23.12	+26.33	+29.52	+37.79	+48.53	+61.11
4	+6.87	+9.59	+12.94	+14.92	+17.54	+20.15	+22.74	+25.96	+29.17	+37.47	+48.25	+60.86
4.5	+6.34	+9.10	+12.47	+14.47	+17.11	+19.74	+22.34	+25.58	+28.81	+37.14	+47.95	+60.59
5	+5.80	+8.58	+11.99	+14.01	+16.67	+19.31	+21.93	+25.19	+28.43	+36.79	+47.63	+60.31
6	+4.67	+7.52	+10.99	+13.04	+15.74	+18.41	+21.06	+24.35	+27.62	+36.05	+46.96	+59.70
7	+3.49	+6.40	+9.94	+12.02	+14.76	+17.46	+20.14	+23.47	+26.77	+35.26	+46.24	+59.05
8	+2.27	+5.25	+8.85	+10.96	+13.73	+16.47	+19.19	+22.54	+25.87	+34.43	+45.48	+58.35
9	+1.02	+4.06	+7.72	+9.86	+12.68	+15.45	+18.19	+21.58	+24.94	+33.57	+44.69	+57.62
10	-0.27	+2.84	+6.56	+8.74	+11.59	+14.40	+17.17	+20.59	+23.98	+32.67	+43.86	+56.85
11	—	+1.59	+5.38	+7.58	+10.47	+13.31	+16.12	+19.57	+22.99	+31.75	+43.00	+56.06
12		+0.31	+4.16	+6.40	+9.33	+12.21	+15.04	+18.53	+21.98	+30.80	+42.12	+55.24
13	—	—	+2.93	+5.20	+8.17	+11.07	+13.93	+17.46	+20.94	+29.83	+41.21	+54.40
14		—	+1.67	+3.97	+6.98	+9.92	+12.81	+16.37	+19.88	+28.83	+40.29	+53.53
15				+2.73	+5.77	+8.74	+11.66	+15.26	+18.80	+27.81	+39.34	+52.65
16	—	—	—	+1.46	+4.54	+7.55	+10.56	+14.13	+17.70	+26.78	+38.37	+51.75
17				—	+3.30	+6.34	+9.32	+12.98	+16.58	+25.73	+37.39	+50.83
18						+5.11	+8.12	+11.81	+15.44	+24.66	+36.39	+49.89
19	—	—	—	—	—	—	+6.91	+10.63	+14.29	+23.57	+35.37	+48.93
20						—	+5.68	+9.44	+13.13	+22.47	+34.34	+47.97

表 3-46　　　　弯曲角为 180°时的展开补偿值

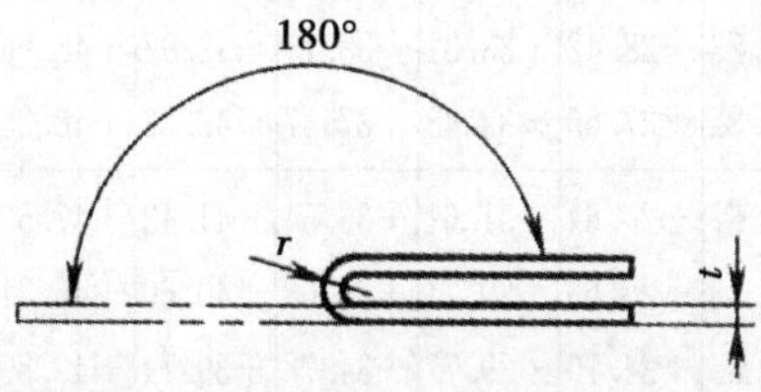

续表 1

料厚 t (mm)	弯曲内半径 r (mm)											
	1	1.2	1.6	2	2.5	3	4	5	6	8	10	12
	平均值 s_1 (mm)											
1	+0.16	+0.45	+1.01	+1.54	+2.19	+2.82	+4.06	+5.28	+6.48	+8.86	+11.22	+13.57
1.5	—	—	+0.39	+0.96	+1.65	+2.31	+3.60	+4.86	+6.09	+8.52	+10.92	+13.29
2	—	—	—	—	+1.05	+1.74	+3.08	+4.38	+5.64	+8.12	+10.56	+12.96
2.5					+0.41	+1.13	+2.52	+3.85	+5.15	+7.68	+10.15	+12.59
3	—	—	—	—	—	+0.49	+1.92	+3.29	+4.62	+7.20	+19.71	+12.18
3.5					—	—	+1.30	+2.71	+4.07	+6.69	+19.24	+11.74
4								+2.10	+3.49	+6.16	+8.75	+11.28
4.5	—	—	—	—	—	—	—	—	+2.89	+5.61	+8.24	+10.80
5								—	+2.27	+5.04	+7.70	+10.30
6										+3.85	+6.59	+9.24
7										—	+5.41	+8.13
8	—	—	—	—	—	—	—	—	—	—	—	+6.97
9										—	—	—

料厚 t (mm)	弯曲内半径 r (mm)											
	16	20	25	28	32	36	40	45	50	63	80	100
	平均值 s_1											
1	+18.23	+22.87	+28.66	+32.12	+36.73	+41.34	+45.94	+51.69	+57.43	+72.35	+91.84	+114.75
1.5	+18.01	+22.69	+28.51	+31.99	+36.63	+41.25	+45.87	+51.64	+57.41	+72.36	+91.89	+114.84
2	+17.73	+22.44	+28.30	+31.81	+36.46	+41.11	+45.75	+51.54	+57.32	+72.32	+91.89	+114.87
2.5	+17.40	+22.16	+28.06	+31.58	+36.26	+40.92	+45.58	+51.39	+57.19	+72.22	+91.84	+114.86
3	+17.04	+21.84	+27.77	+31.31	+36.02	+40.70	+45.38	+51.21	+57.02	+72.10	+91.75	+114.81
3.5	+16.65	+21.49	+27.46	+31.02	+35.75	+40.45	+45.15	+50.99	+56.83	+71.94	+91.64	+114.73
4	+16.24	+21.11	+27.12	+30.70	+35.45	+40.18	+44.89	+50.76	+56.61	+71.77	+91.50	+114.63
4.5	+15.81	+20.72	+26.77	+30.37	+35.14	+39.88	+44.61	+50.50	+56.37	+71.57	+91.34	+114.51
5	+15.35	+20.30	+26.39	+30.01	+34.80	+39.57	+44.32	+50.22	+56.11	+71.35	+91.16	+114.37
6	+14.40	+19.42	+25.59	+29.24	+34.08	+38.89	+43.67	+49.62	+55.54	+70.68	+90.75	+114.04
7	+13.39	+18.49	+24.73	+28.42	+33.31	+38.15	+42.97	+48.96	+54.92	+70.31	+90.29	+113.66
8	+12.32	+17.50	+23.82	+27.55	+32.48	+37.37	+42.22	+48.25	+54.25	+69.72	+89.78	+113.22
9	+11.22	+16.47	+22.87	+26.64	+31.61	+36.54	+41.43	+47.50	+53.53	+69.08	+89.22	+112.74
10	+10.08	+15.41	+21.88	+25.69	+30.71	+35.68	+40.60	+46.71	+52.78	+68.41	+88.63	+112.22
11	—	+14.31	+20.85	+24.70	+29.77	+34.78	+39.74	+45.89	+51.99	+67.70	+88.00	+111.67

续表 2

料厚 t (mm)	弯曲内半径 r (mm)											
	16	20	25	28	32	36	40	45	50	63	80	100
	平均值 s_1											
12		+13.17	+19.80	+23.68	+28.80	+33.85	+38.84	+45.03	+51.17	+66.96	+87.34	+111.09
13	—	—	+18.71	+22.64	+27.80	+32.89	+37.92	+44.15	+50.33	+66.19	+86.66	+110.48
14		—	+17.60	+21.57	+26.77	+31.90	+36.97	+43.24	+49.45	+65.40	+85.94	+109.84
15				+20.47	+25.72	+30.89	+36.00	+42.31	+48.55	+64.58	+85.21	+109.18
16	—	—	—	+19.35	+24.65	+29.86	+35.00	+41.35	+47.63	+63.74	+84.45	+108.50
17				—	+23.56	+28.81	+33.98	+40.37	+46.69	+62.87	+83.67	+107.79
18						+27.73	+32.94	+39.38	+45.73	+61.99	+82.86	+107.07
19	—	—	—	—	—	—	+31.89	+38.36	+44.75	+61.09	+82.04	+106.32
20						—	+30.81	+37.32	+43.75	+60.17	+81.20	+105.56

第五节　弯曲模常用结构与斜楔滑块机构

一、弯曲模的常用结构

弯曲件的形状千变万化，按外形结构划分主要有 V、U、⎍⎿形件，夹箍形圆筒件以及由上述单一结构要素组成的具有不同形状弯角、圆弧等构成的多向弯曲的半封闭或封闭件。不同形状的零件一般需要制定不同的加工工艺方案，且要有不同的弯曲模来满足其加工要求。

1. V、U 形件弯曲模结构

V、U 形件形状简单，最简单的模具结构为敞开式，如图 3－13 所示。

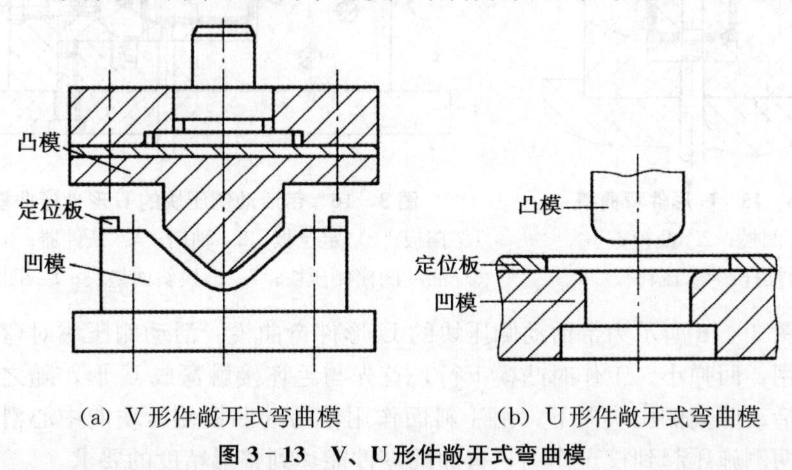

(a) V 形件敞开式弯曲模　　(b) U 形件敞开式弯曲模

图 3－13　V、U 形件敞开式弯曲模

这种模具制造方便，通用性强，但采用这种模具弯曲时，板料容易滑动，弯曲件的边长不易控制，工件弯曲精度不高且U形件的底部不平整。为提高V形件的弯曲精度，防止板料滑动，可采用图3-14所示结构。其中，图3-14（a）所示弹簧顶杆3是为了防止压弯时坯料偏移而采用的压料装置。3-14（b）、（c）所示均设置了压料装置，并以定位销定位。为克服弯曲的侧向力作用，分别设置了止推块6，使凸模接触坯料前先行与止推块6紧贴，能防止毛坯及凸模的偏移，从而保证弯曲件的质量。

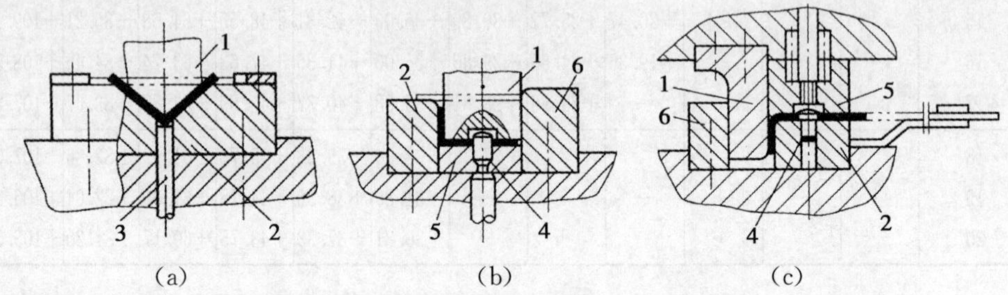

1. 凸模；2. 凹模；3. 顶杆；4. 定位销；5. 压料板；6. 止推块

图3-14 带有压料装置及定位销的弯曲模

如图3-15所示为U形件弯曲模。冲压时，毛坯被压在凸模2和压料板4之间逐渐下降，两端未被压住的材料沿凹模圆角滑动并弯曲，进入凸模和凹模的间隙，将零件弯成U形。由于弯曲过程中，板料始终处于凸模2和压料板4之间的压力作用下，因此能较好地控制U形件底部的平整，并较好地保证弯曲精度。

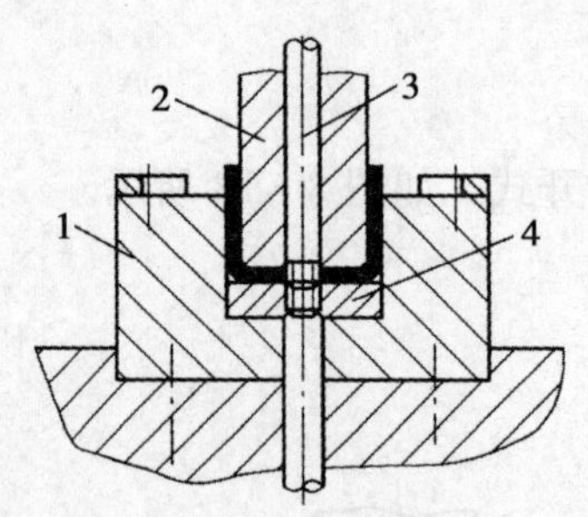

图3-15 U形件弯曲模

1. 凹模；2. 凸模；3. 推杆；4. 压料板

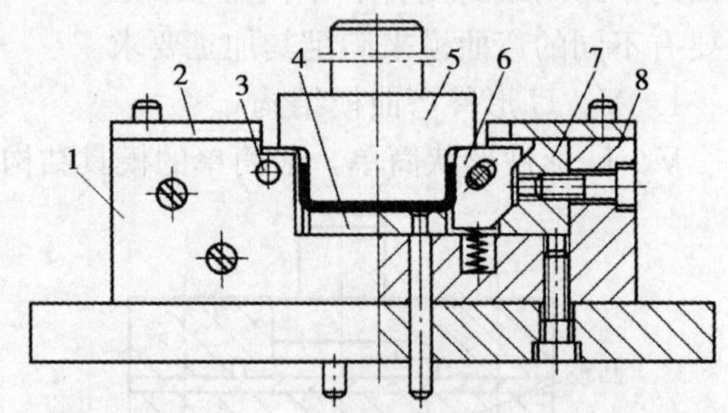

图3-16 带活动侧压块的U形件弯曲模

1. 挡板；2. 定位板；3. 轴销；4. 顶件器；5. 凸模；6. 活动凹模侧压块；7. 凹模斜面垫块；8. 凹模框

如图3-16所示为带活动侧压块的U形件弯曲模。活动侧压块对弯曲件有校正作用，回弹小。工作时凸模下行，首先与毛坯接触弯成U形，随之凸模肩部压住活动凹模侧压块向下。由于斜面作用使活动凹模侧压块向中心滑动，对弯曲件两侧施压起到校正作用，弯曲的零件能达到整形精度的要求。

2. ⎍形件弯曲模结构

根据零件的生产批量，⎍形弯曲件可以二次压弯成形，也可以一次压弯成形。

如图 3－17（a）所示为二次压弯成形，第一道先压成 U 形，第二道工序压成零件。如图 3－17（b）所示为一次压弯成形模，压弯时先压成 U 形，然后凸凹模继续下压与活动凸模作用，最后将毛坯压成零件。这种结构需要凹模下腔空间较大，以方便工件侧边的摆动。如图 3－17（c）所示为一次压弯成形的另一种形式，其特点是采用了摆动式凹模结构，两凹模能绕销轴转动，工作前由缓冲器通过顶杆将它顶起。

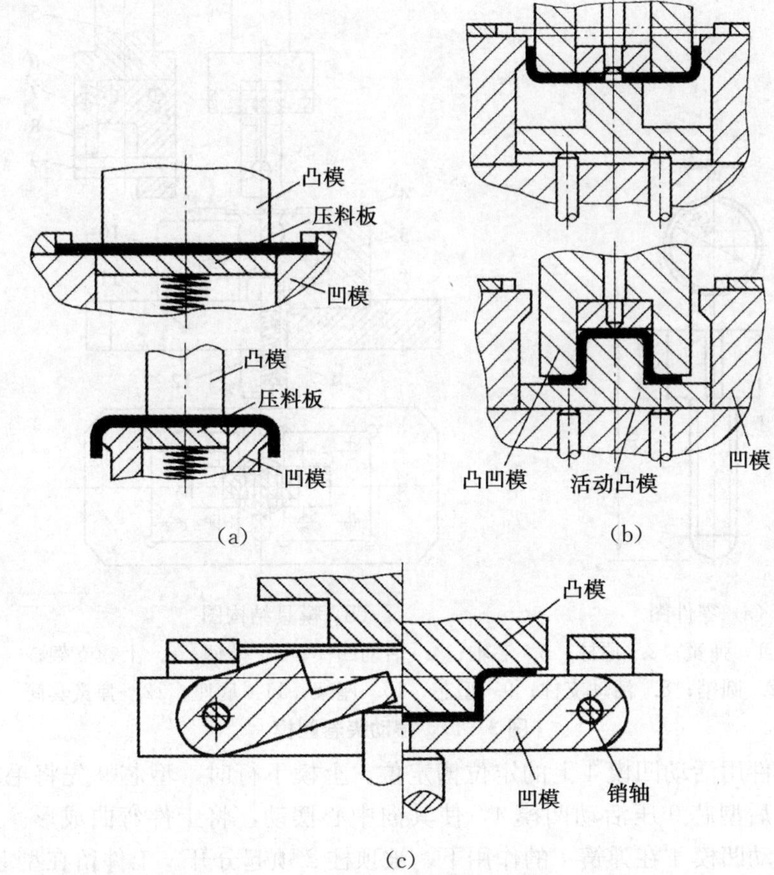

图 3－17 ⎍形件弯曲模示意

3. 夹箍类圆筒件弯曲模结构

夹箍类圆筒件的加工，按其尺寸大小可分别采用如下两种模具加工。直径小于 10mm 的零件，根据生产批量的不同，采取不同的加工方案和模具。小批量生产时，采取先弯成 U 形，再由 U 形弯成圆形的二次成形法，模具结构如图 3－18 所示。大批量生产时，采取一次直接成形法，如图 3－19 所示为一次成形卷圆模。

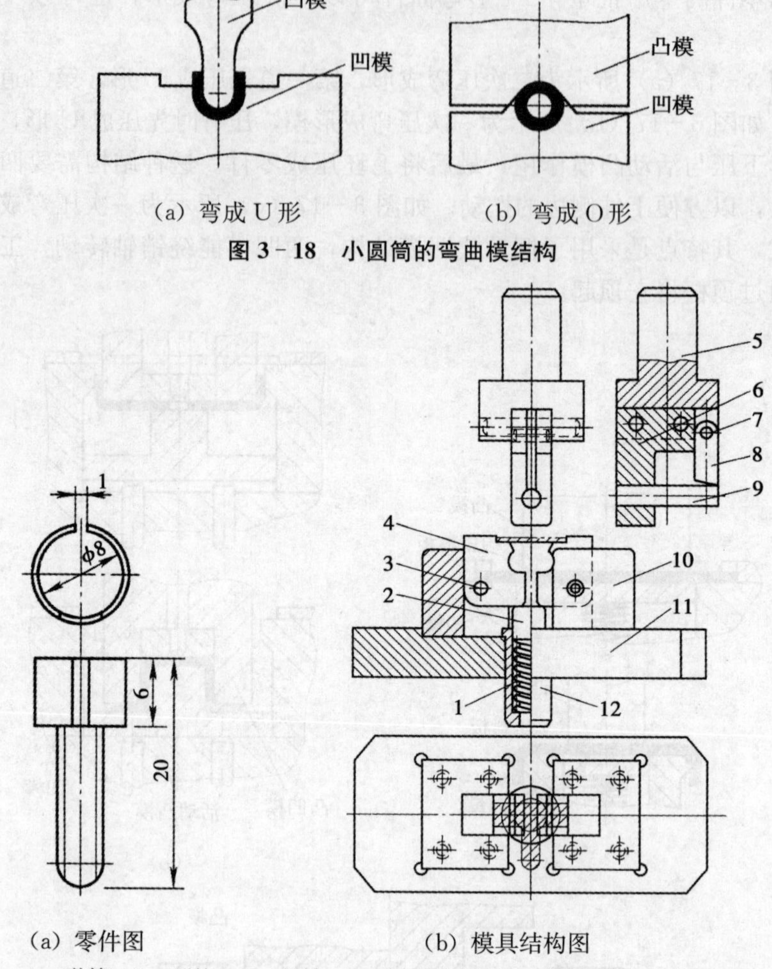

(a) 弯成 U 形　　(b) 弯成 O 形

图 3-18　小圆筒的弯曲模结构

(a) 零件图　　(b) 模具结构图

1. 弹簧；2. 顶柱；3. 芯轴；4. 活动凹模；5. 模柄；6. 上模支架；7. 圆销；8. 活动支柱；9. 型芯；10. 座架；11. 底座；12. 弹簧套筒

图 3-19　摆动夹卷圆模

毛坯件用活动凹模 4 上的定位槽定位。上模下行时，型芯 9 先将毛坯弯成 U 形，然后型芯 9 压活动凹模 4，使其向中心摆动，将工件弯曲成形。上模回升后，活动凹模 4 在弹簧 1 的作用下，被顶柱 2 顶起分开。工件留在型芯 9 上，由纵向取出。活动凹模 4 的型腔中心必须高出摆动芯轴 3 一定距离，以使型芯 9 上下运动时能有一定的旋转力矩，使活动凹模 4 在整个零件压制过程中能灵活地摆动，且不与其他零件发生干涉。

一次卷圆成形时，两活动凹模和型芯使材料成形，工件成形质量比分二次成形好。为保证型芯工作稳定可靠，应设置一活动支柱 8，以避免型芯在悬臂状态工作。直径大于 20mm 的圆环、夹箍形零件，一般采用二次工序成形，即先预弯，再弯曲成形，其弯曲模的结构如图 3－20 所示。

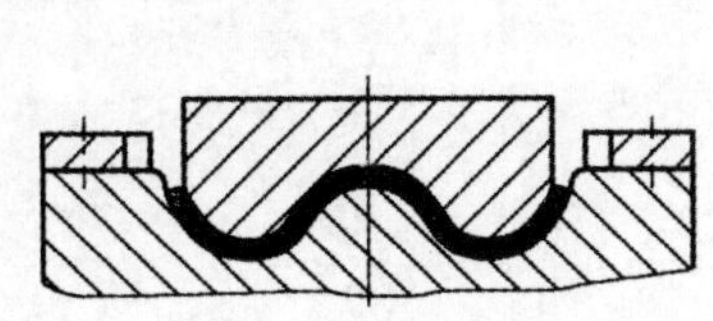

(a) 预弯模具结构

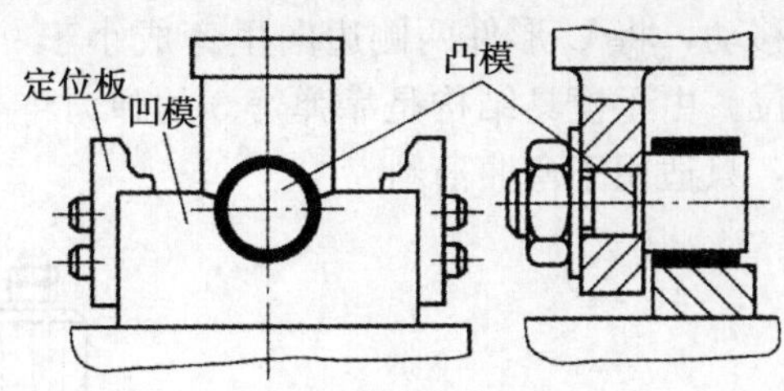

(b) 卷圆模具结构

图 3－20　夹箍卷圆模具结构简图

4. 多向弯曲的半封闭或封闭件弯曲模结构

具有多向弯曲的半封闭或封闭件，有时由于弯曲件的工艺性不好，往往要在模具结构中采取一些措施。如图 3－21 所示为弯曲角小于 90°的转轴式弯曲模。由于弯曲用的转动凹模 2 可围绕其轴线转动，故俗称为转轴式弯曲模。工作时，两侧的转动凹模 2 可在圆腔内回转，当凸模 3 上升后，弹簧 1 使转动凹模 2 复位。由于这种结构的模具强度好、弯曲力较大，适用弯曲的料厚范围广。因此，生产中既可用于弯曲角小于 90°的较薄板料的弯制，又可用于较厚板料的弯曲。

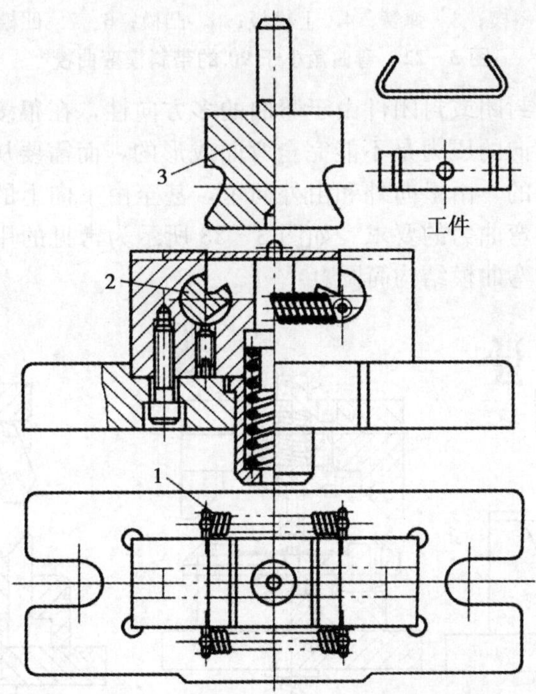

图 3－21　弯曲角小于 90°的转轴式弯曲模

如图 3－22 所示为带斜楔的弯曲角小于 90°的弯曲模结构。毛坯首先在凸模 5 作用下被压成 U 形件。随着上模板 4 继续向下移动，弹簧 3 被压缩，装于上模板 4 上的两块斜楔 2 压向滚柱 1，使装有滚柱 1 的活动凹模块 6、7 分别向中间移动，将 U 形件两侧边向里弯成小于 90°。当上模回程时，弹簧 8 使凹模块复位。由于模具结构是靠弹簧 3 的弹力将毛坯压成 U 形件的，受弹簧弹力的限制，只适用于弯曲薄料。

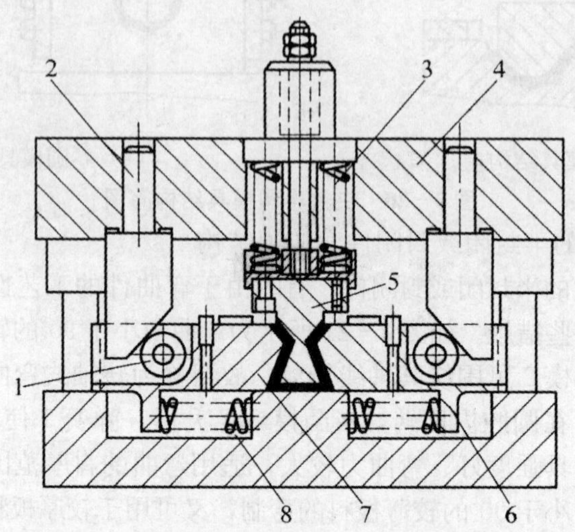

1. 滚柱；2. 斜楔；3. 弹簧；4. 上模板；5. 凸模；6、7. 凹模块；8. 弹簧

图 3-22 弯曲角小于 90°的带斜楔弯曲模

多向弯曲的半封闭或封闭件由于弯曲的多方向性，在很多情况下，仅靠压力机输出的垂直方向的压力是不能完全弯曲成形的，而需要从水平、与冲压方向呈任意角度倾斜的、由里向外和由外向里，甚至由下向上的施力方向冲弯成形，以满足各方向弯曲力的要求。如图 3-23 所示为常见的用于多向弯曲的半封闭件或封闭件的弯曲模结构简图。

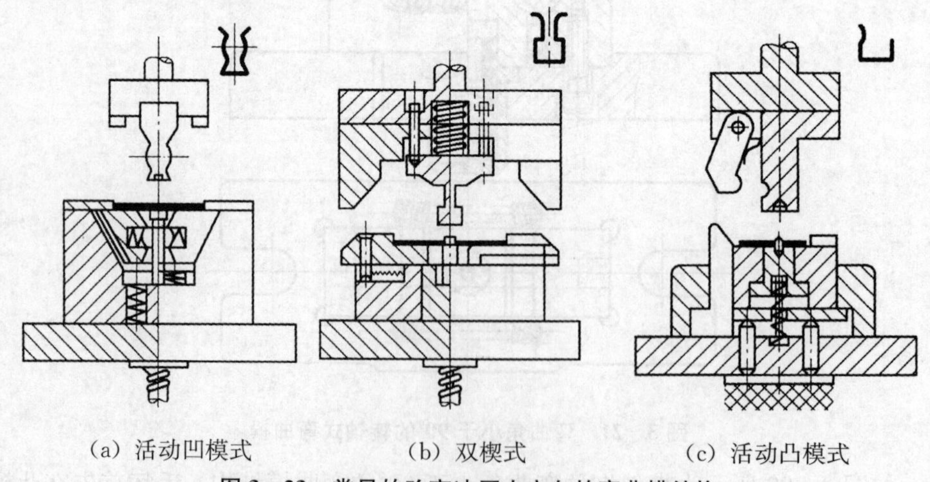

(a) 活动凹模式　(b) 双楔式　(c) 活动凸模式

图 3-23 常见的改变冲压力方向的弯曲模结构

5. 弯曲级进模

对于批量大、尺寸小的弯曲件，为提高生产效率，确保操作安全和产品质量等，可采用级进模进行多工位的冲裁、弯曲和切断等。如图 3-24 所示为同时进行冲孔、切断和弯曲的级进模。条料以导料板导向并从刚性卸料板 6 下面送至挡块 2 右侧定位。上模下行时，条料被凸凹模 4 切断，并随即将所切断的坯料压弯成形，与此同时冲孔凸模 5 在条料上冲出孔。上模回程时，刚性卸料板 6 卸下条料，顶件销 3 在弹簧的作用下推出工件。这样，就获得了侧壁带孔的 U 形弯曲件。

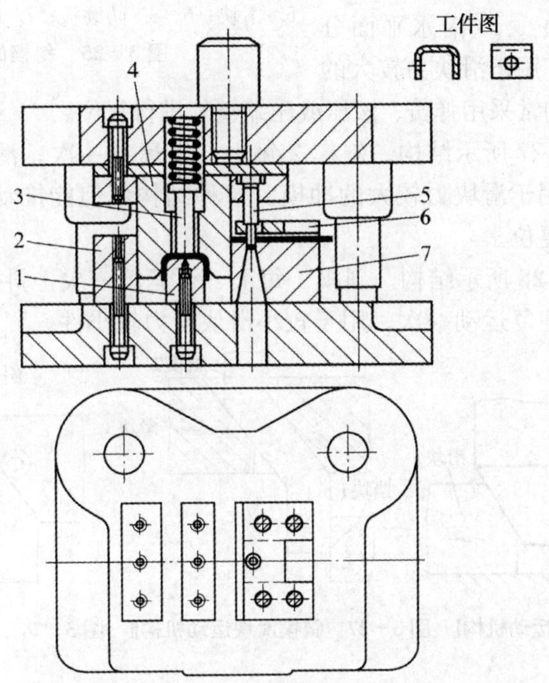

1. 弯曲凸模；2. 挡块；3. 顶件销；4. 凸凹模；
5. 冲孔凸模；6. 刚性卸料板；7. 冲孔凹模

图 3-24　弯曲级进模结构

二、弯曲模中常用的斜楔滑块机构

弯曲模构成的零件与冲模基本一致。与冲模不同的是，由于弯曲件的多方向性，特别是对多向弯曲件，弯曲模中多采用如图 3-25 所示的斜楔滑块机构。当然，本节所述的所有机构可用于其他类型的模具。

由于斜楔的作用，除了垂直作用力以外，总还会有一个水平或倾斜力的存在。为了使斜楔工作可靠，在斜楔模结构中应设置防偏挡块，特别是对受力较大、工作条件较恶劣的斜楔则必须设置挡块，挡块与斜楔在工作初期即紧密贴合。在大型的斜楔模上，则常把后挡块与模座做成一个整体。为使滑块工作迅速、可靠，在斜楔模中应设置导向及复位机构，复位一般采用弹簧、橡胶或汽缸做储能件。如果斜楔间的接触面和滑动面上的单位压力过大，则应设置防磨板，以提高寿命并方便日后的维修和保养。此外，模具中还常用以下的斜楔滑块机构：

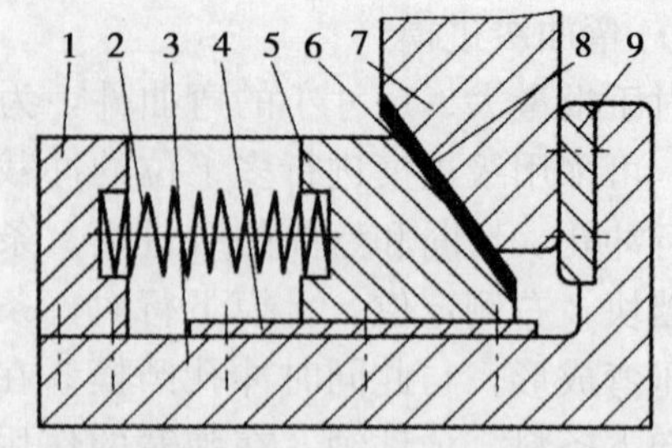

1. 弹簧座；2. 弹簧；3. 下模板；4. 导向块；5. 滑块；6、8. 防磨板；7. 斜楔；9. 防偏挡块

图 3－25　斜楔的结构

（1）如图 3－26 所示结构。斜楔 2 向下运动，滑块 1、3 沿水平面分别向左、右移动。用于滑块力较大的冲模时，这种结构常采用弹簧、液压或压缩空气进行复位。

（2）如图 3－27 所示结构。斜楔 2 每上、下运动一次，滑块 3 就左右往复运动一次，一般用于滑块力较大的冲模。这种结构不但能推动滑块，还可同时对滑块进行强制复位。

（3）如图 3－28 所示结构。斜楔 1 每上、下运动一次，斜楔 1 就通过滚轮 2 推动滑块 3 左右往复运动一次。用于较小滑块受力较小件。

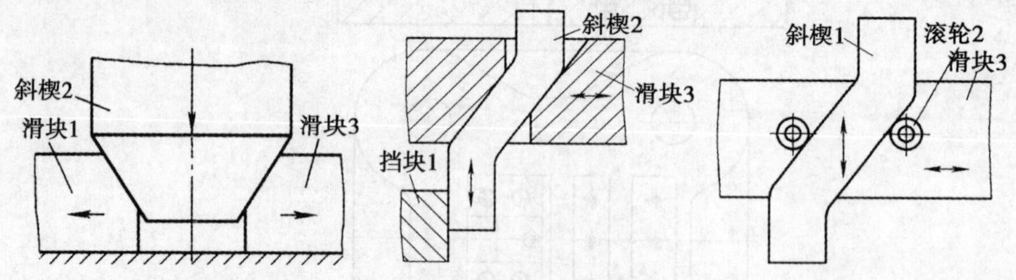

图 3－26　斜楔滑块运动机构Ⅰ　图 3－27　斜楔滑块运动机构Ⅱ　图 3－28　斜楔滑块运动机构Ⅲ

第六节　弯曲件常见缺陷与预防

一、弯曲件形状与精度

弯曲件形状与精度受多种因素的影响：

（1）模具对弯曲件形状与精度的影响。弯曲模具是弯曲工件的工具，通常弯曲工件的形状和尺寸取决于模具工作部分的尺寸精度。模具制造精度越高，弯曲件的形状尺寸精度就越高。另外，模具结构中采用的压料装置和定位装置的可靠性，对弯曲件的形状与尺寸精度也会有较大的影响。

（2）材料对弯曲件形状与精度的影响。弯曲件所采用的材料不同也会影响弯曲件的形状与精度。这主要有两方面的原因：一方面是材料的力学性能、成分分布不均，则对于同一板料所弯曲的工件，由于压力及回弹值不同，而使形状和尺寸精度产生偏差；另一方面，材料的厚度不均，也会使弯曲的工件在尺寸与形状上有所差异。

(3) 弯曲工艺顺序对弯曲件形状与精度的影响。当弯曲工件的工序增多时，由各工序的偏差所引起的累积误差也会增大。此外，工序前后安排顺序不同，也会对精度有很大影响。例如，对于有孔的弯曲件，当先弯曲后冲孔时，孔的形状和位置精度比先冲孔后弯曲时要高得多。

(4) 工艺操作对弯曲件形状与精度的影响。模具的安装、调整及生产操作的熟练程度都会产生一定的影响。例如，送料时的准确性，坯料定位的可靠性，都会对弯曲件形状及精度产生影响。

(5) 压力机对弯曲件形状与精度的影响。在弯曲时，压力机型号不同、吨位大小不同、工作速度不同等，都会使弯曲件尺寸发生变化。此外，压力机本身的精度也会产生一定的影响。

(6) 弯曲件本身对形状与精度的影响。弯曲件形状不对称，或者其外形尺寸较大，都会在弯曲过程中产生较大的偏差。

针对以上主要原因，在实际生产中加以预防和修正，就能够生产出具有较高精度的弯曲件。

二、弯曲件常见缺陷及其预防措施

弯曲件常见的缺陷有形状和尺寸不符、弯裂、表面擦伤、挠度和扭曲等。弯曲件常见缺陷及其预防措施见表 3－47。

表 3－47　弯曲件常见缺陷及其预防措施

常见缺陷	预　防　措　施
形状和尺寸不符	形状和尺寸不符的主要原因是回弹和定位不当。解决的办法除采取措施以减小回弹外，提高毛坯定位的可靠性也是很重要的，通常采用以下几种措施： (1) 压紧毛坯。采用气垫、橡皮或弹簧产生压紧力，在弯曲开始前就把板料压紧。为达到此目的，压料板或压料杆的顶出高度应做得比凹模平面稍高一些，如图 3－29 所示 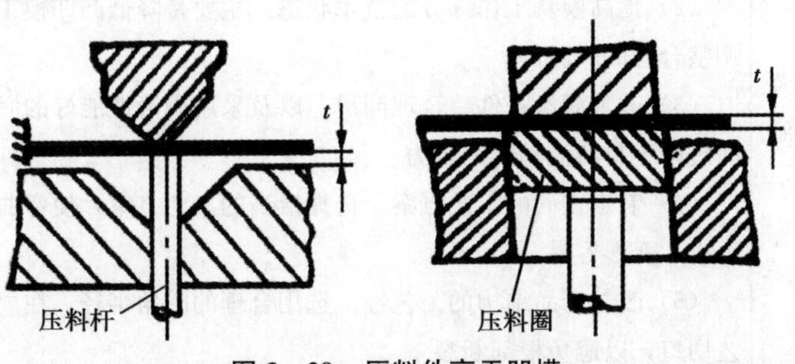 图 3－29　压料件高于凹模

续表 1

<table>
<tr><th colspan="2">常见缺陷</th><th>预 防 措 施</th></tr>
<tr><td colspan="2">形状和尺寸不符</td><td>(2) 可靠的定位方法。毛坯的定位形式主要有以外形为基准和以孔为基准两种。外形定位操作方便，但定位准确性较差。孔定位方式操作不大方便，使用范围较窄，但定位准确可靠。在特定的条件下，有时用外形初定位，大致使毛坯控制在一定范围内，最后以孔作最后定位，吸取两者的优点，使之定位既准确又操作方便</td></tr>
<tr><td rowspan="2">弯曲裂纹</td><td>产生的原因</td><td>影响裂纹产生的因素是多方面的，主要有以下几方面：
(1) 材料塑性差。如材料的延伸率低，晶粒度大小不均，出现有害的魏氏组织，冷弯性能不符合技术标准规定，以及表面质量差（有划痕、锈等毛病）等，均导致塑性的降低，都会在弯曲时引起开裂
(2) 弯曲线与板料轧纹方向夹角不符合规定。排样时，弯曲线与板料轧纹方向夹角不符合工艺规定。单向 V 形弯曲时，弯曲线应垂直于轧纹方向；双向弯曲时，弯曲线与轧纹方向最好成 45°
(3) 弯曲半径过小。弯曲时外层金属变形程度超过变形极限
(4) 毛坯剪切和冲裁断面质量差。如毛刺大，或弯曲部位的板料有裂纹等
(5) 凸、凹模圆角半径磨损或间隙过小。凹模表面拉毛（粗糙度高）或设计结构不当等因素造成进料阻力大，易把制件拉裂
(6) 润滑不够。润滑不够，则摩擦力较大，容易造成拉裂
(7) 料厚尺寸严重超差。尺寸超差会造成进料困难而开裂
(8) 酸洗质量差。不认真执行材料酸洗工艺，产生过酸洗或氢脆现象，以致塑性降低而引起开裂</td></tr>
<tr><td>解决措施</td><td>为减少或防止产生弯曲裂纹，通常采用以下措施：
(1) 改善毛坯条件。主要包括选择塑性好的材料（如冷弯性能好），在变形大的部位进行局部退火，提高剪切（冲裁）毛坯断面质量等方面
(2) 提高模具工作部分的技术状态。主要是降低凸凹模工作表面的粗糙度及调整合理的间隙等
(3) 改善润滑条件。合理润滑，以及采用润滑性能好的润滑剂，从而减小弯曲过程中材料流动时的阻力
(4) 制定正确的工艺方案。选择恰当的工艺方案，使弯曲过程中材料流动阻力小，变形容易
(5) 改善产品结构的工艺性。选用合理的圆角半径，在局部弯曲部位增加工艺切口，以避免根部断裂</td></tr>
</table>

续表 2

<table>
<tr><th>常见缺陷</th><th>预 防 措 施</th></tr>
<tr><td>挠度和扭曲</td><td>弯曲件挠度，就是弯曲件垂直于加工方向产生的变形。扭曲是在产生挠度变形的基础上又发生其他方向的变形，如图 3－30 所示
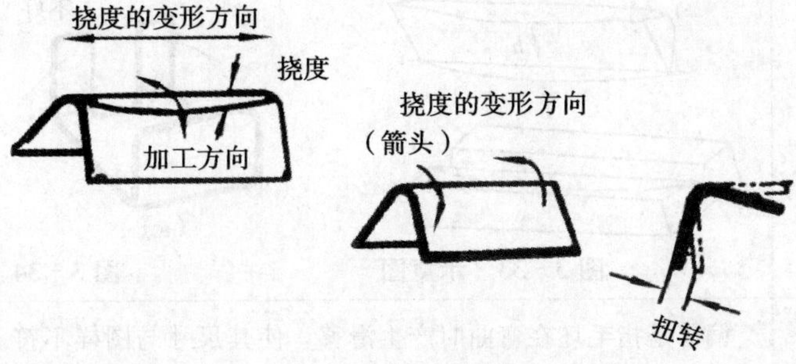

图 3－30 示意图
材料进行弯曲时，在长度方向（纵向）产生变形的同时，宽度（横向）方向上的材料也发生移动。中性层外侧的材料由于受拉而变薄，这时宽度方向（横向）的材料便流过来补充，因此中性层外侧的材料在宽度（横向）方向上收缩。与此相反，在中性层内侧的材料产生收缩变厚的趋势，但因加工条件的限制，使得中性层内侧的宽度加大，如图 3－31 所示。弯曲后宽度方向产生变形，被弯曲部位在宽度方向上（横向）出现弓形挠度，如图 3－32 所示。
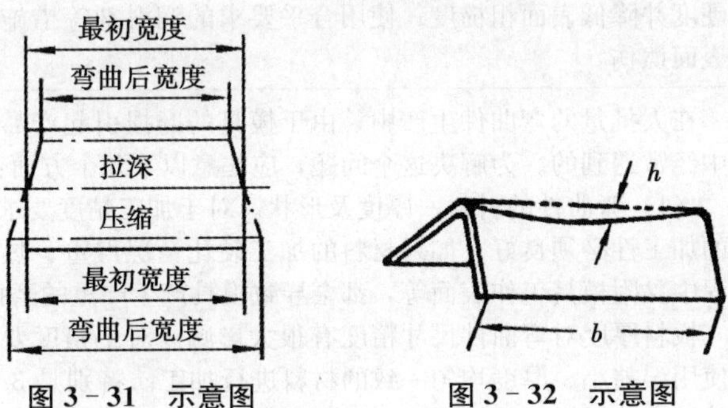

图 3－31 示意图　　图 3－32 示意图
当宽度方向（横向）的拉伸和收缩量不一致时，弯曲件就产生扭曲。另外，冲模结构设计不当，特别是退料机构力的作用不平行，也易产生扭曲
减少或防止扭曲的措施如下：
（1）对于横向很长，回弹后对装配有影响的制件，可在压弯模上，预先把估算的弹性变形量设计在与挠度方向相反的方向上（如图 3－33 所示）。但这样有副作用，对于横向回弹不易控制
（2）增加弯曲时的单位压力
（3）选择材质均匀、方向性不明显的材料
（4）对板形不好的材料，应采取措施校平后再进行弯曲加工
（5）改善弯曲过渡件结构，如图 3－34 所示。图 3－34（a）所示的结构，按箭头方向产生挠度；图 3－34（b）所示的结构，则可避免图 3－34（a）所示的缺陷，但需增加一道工序</td></tr>
</table>

续表 3

<table>
<tr><th>常见缺陷</th><th>预 防 措 施</th></tr>
<tr><td>挠度和扭曲</td><td>(6) 增强模具刚性，特别对于模具横向长度制件尤为重要。刚性好可减轻挠度 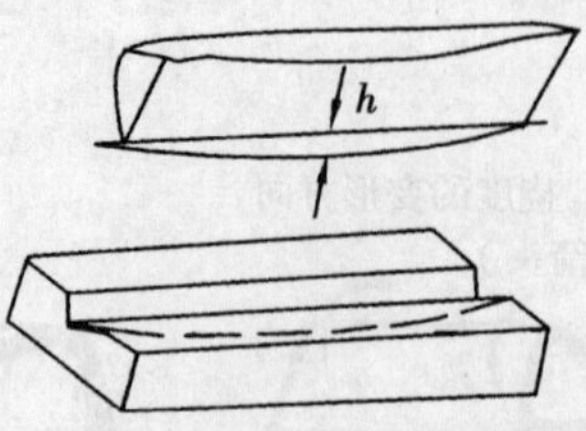

图 3-33　示意图 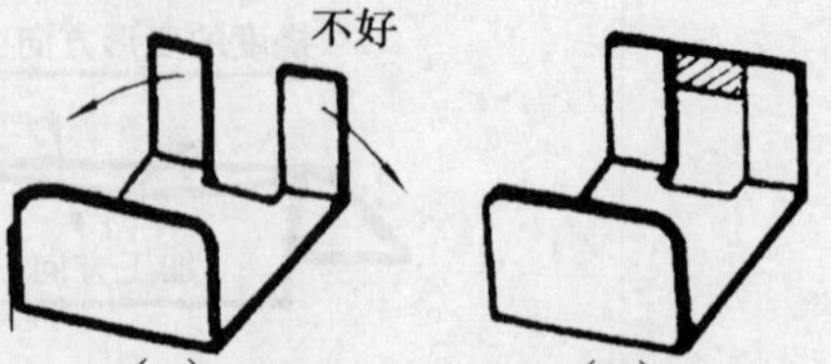

不好
(a)　(b)
图 3-34　示意图</td></tr>
<tr><td>偏移</td><td>偏移是指毛坯在弯曲时产生滑移，使其尺寸与图样不符。生产中，常采用先冲孔（或工艺孔）并利用定位销定位，或者在弯曲时，增大对毛坯的压紧力的方法来解决</td></tr>
<tr><td>表面擦伤</td><td>(1) 表面擦伤是指制件表面受到损伤而造成的表面缺陷
(2) 对于表面质量要求高的（光滑、美观）弯曲件是不允许有表面擦伤的
(3) 造成表面擦伤的原因是毛坯表面不清洁，断（侧）面毛刺过大，或凹模的圆角半径处磨损严重等
(4) 采取加强毛坯的清洁工作，提高毛坯断面质量；提高凹模圆角半径处的硬度并降低表面粗糙度；使用合乎要求的润滑剂等措施，能有效地防止和减少表面擦伤</td></tr>
<tr><td>弯曲模的磨损与寿命</td><td>在大批量的弯曲件生产中，由于模具的磨损引起产品质量问题，是实际生产中经常遇到的。为解决这个问题，应注意以下几个方面：
(1) 弯曲件的材料、厚度及形状。对于加工精度要求高的工件，其所用材料的加工性必须良好。如果材料的加工硬化情况严重、热传导性不好，在弯曲过程中黏附模具工作表面等，都会导致模具产生严重的磨损，甚至损坏
板料厚度对弯曲件尺寸精度有很大影响。对于精度要求较高的弯曲件，最好使用误差小、厚度均匀一致的材料进行加工。特别是 3～4mm 以上厚度的弯曲件，弯曲时模具的工作压力较大，易于磨损。弯曲件的形状也会引起模具各部位的不均匀磨损，弯曲毛坯上的冲裁毛刺等缺陷会加速模具的磨损，因此在生产中必须注意
②模具结构及材料。为了提高模具工作部分承受磨损的能力，应选择合适的模具材料。模具材料应具有必要的硬度、强度和耐磨性，机械加工性能好，易于热处理，并且在热处理中的变形小
在模具结构上，对于凸模、凹模等易磨损件，在磨损后应能方便地调整、更换，以延长模具的使用寿命
③润滑条件。采用适当的润滑方法，可以有效地改善模具的工作条件，对减少磨损非常有利。例如，将润滑油涂在模具和毛坯表面，形成润滑油膜，弯曲时模具与毛坯表面不直接接触，从而避免了金属之间的干摩擦，减少了模具的磨损，提高了模具的使用寿命
常用的润滑油有全损耗系统用油（GB 443—1998）、锭子油等矿物性润滑油</td></tr>
</table>

续表 4

<table>
<tr><th>常见缺陷</th><th>预 防 措 施</th></tr>
<tr><td>底部
不平服</td><td>常见的 U 形弯曲件的底部，有时会产生如图 3 - 35 所示的鼓起情况。这种底部不平服的现象，大都是由于在弯曲过程的最后，没有使用顶料板，而是仅依靠凹模底部进行压料造成的。不使用顶料板进行 U 形弯曲时，从压弯开始到最后成形，板料与凸模底部是在没有紧紧贴合的情况下进行压弯加工的，这样就不可能使材料得到完全的塑性变形，往往使制件底部呈鼓起状态
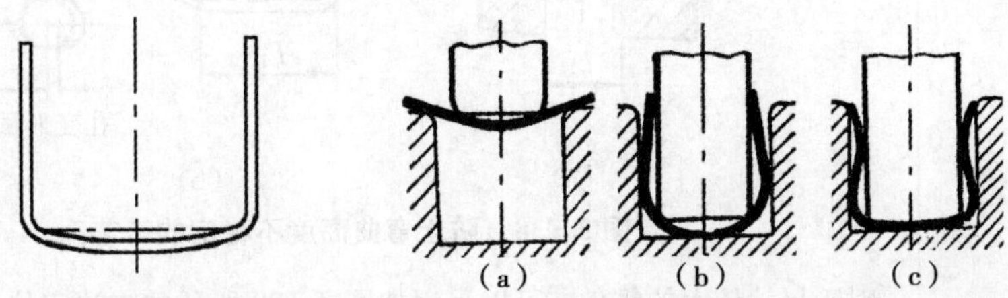

图 3 - 35　弯曲件底部鼓起　图 3 - 36　弯曲过程中板料受力变形的情况
如图 3 - 36 所示为板料在压弯过程中的变形情况。图 3 - 36（a）所示表示当凸模开始下压刚与板料接触时，板料在凸凹模圆角施加的压力下产生弯曲，这时板料离开凸模的顶面而鼓起。图 3 - 36（b）表示在凸模进入凹模而继续进行弯曲的过程中，虽然板料在凹模圆角的作用下发生弯曲，但凸模下面最初形成的鼓起情况，由于没有顶料板的压服，却不再发生明显的变化。在图 3 - 36（c）中所示，当凸模压至底部，即弯曲过程的最后阶段，由凸模和凹模底部将鼓起部位压平，而在弯曲结束、工件从模具中取出时，被压平的鼓起部分因回弹而得到恢复，使底部仍有不平服的弯曲变形残留下来
带有顶料板的模具能防止这种现象的发生，如图 3 - 37 所示。显然，从弯曲过程一开始，顶料板便对板料施加足够的压力，使板料不会因离开凸模顶面而鼓起，同时在弯曲的最后阶段，即在凹模底部起到镦压的作用，这样就能获得较理想的底部平服而且两侧弯曲良好的制件，不至于出现底部鼓起或底部虽平整而两侧外张的情况
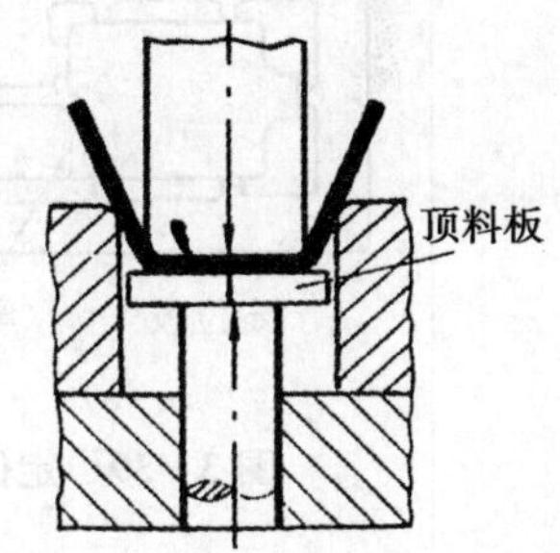

图 3 - 37　顶料板防止底部鼓起</td></tr>
<tr><td>弯曲件
高度
不稳定</td><td>弯曲加工时，制件的外侧与凹模表面的摩擦而受拉，从而引起制件滑移，使弯曲高度达不到尺寸和公差的要求。如图 3 - 38（a）所示的制件，可以在制件中增加工艺孔，以便在弯曲时由定位销定位，从而防止弯曲过程中制件的移动。在实际工作中，工艺孔本身多少也会产生如图 3 - 38（b）所示的变形，有使 L_1 尺寸减小的倾向，故可在设计时预先将 L_1 尺寸适当放大，以便确保在压制后的尺寸和公差</td></tr>
</table>

续表 5

<table>
<tr><th>常见缺陷</th><th>预防措施</th></tr>
<tr><td>弯曲件
高度
不稳定</td><td>
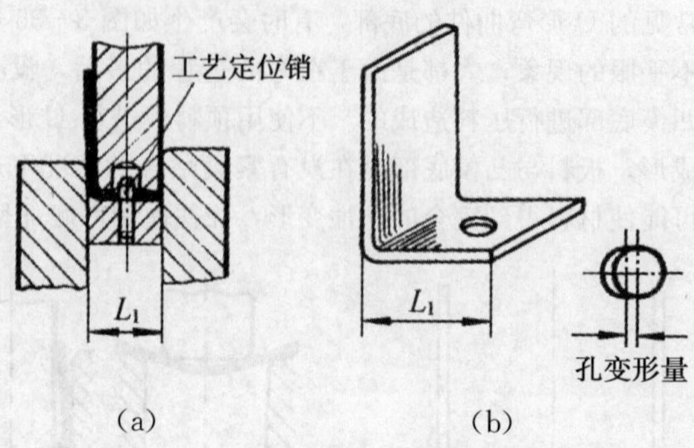

图 3-38　防止弯曲高度不稳定的工艺孔

对于尺寸较大的零件，可以采用如图 3-39 所示的方法定位。图 3-39（a）为定位板定位，适合于无孔零件的定位，结构较简单。但采用定位板定位时，毛坯落料冲裁时的毛刺、脏物等的影响，保证不了基准面的准确，往往毛坯定位面不可能与定位板全面接触，只是局部接触，故应尽可能减小毛坯定位尺寸的变化量。对于尺寸精度要求较高因而定位精度也必须提高的零件，应对落料冲裁后的毛坯增加去除毛刺的工序。如图 3-39（b）所示为定位销的定位形式，图中较大零件可采用一个圆形定位销定位以保证制件的尺寸，另一个菱形定位销防止毛坯转动

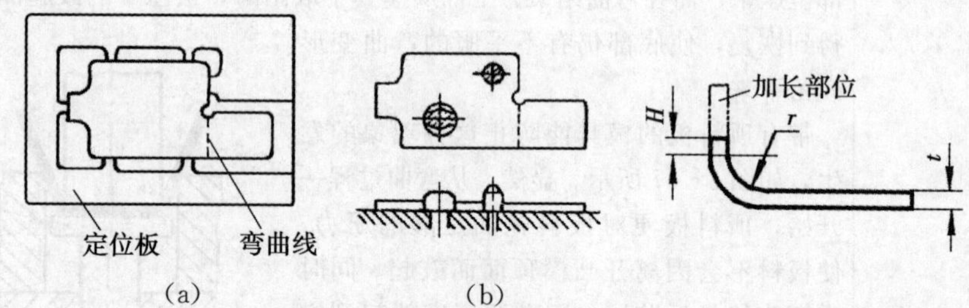

图 3-39　定位板及定位销的定位形式　　图 3-40　加长弯边高度

大批生产时，一般都采用连续冲裁、弯曲模来进行加工。显然，这种加工方式较之单工序的弯曲模加工精度低

定位时，定位销或定位板与制件的间隙可按下列数值选取：单工序弯曲模，其间隙一般取 0.005～0.01mm；连续冲裁、弯曲模，考虑到送入和定位板的误差，间隙一般取 0.015～0.025mm。

弯边高度 H，对板厚来说不应过小，应如前述取 $H \geqslant 2.5t+r$，如图 3-40 所示。当材料厚度、硬度及较短的弯边高度使高度尺寸不稳定时，可采取加大弯边高度的方法进行压弯加工。弯曲后再切除其加大部分，以确保正确的弯边高度
</td></tr>
</table>

续表 6

常见缺陷	预 防 措 施
弯曲件高度不稳定	在考虑弯曲高度不稳定等尺寸精度时，还应考虑材料厚度的误差问题。板厚误差对回弹量、材料的延伸及模具的使用效果都有直接影响，极易使制件达不到尺寸精度的要求 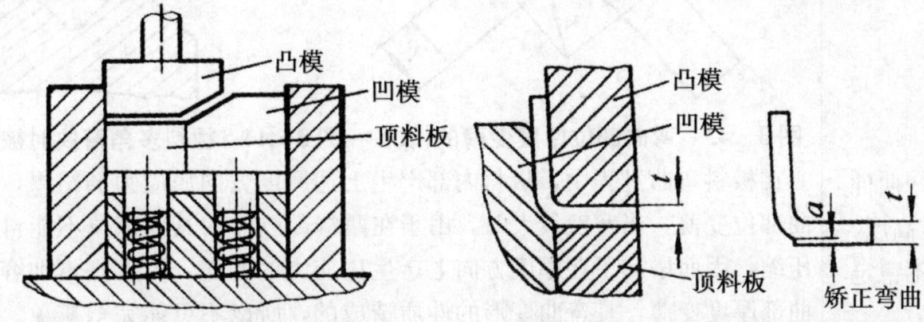 **图 3-41　吸收板厚变化的模具结构**　**图 3-42　消除板厚变化对加工精度影响的模具结构** 对精度要求较高的制件，应确定和限制板厚的公差，否则板厚的变化在压弯过程中会产生使制件在弯曲部位拉薄而使弯边高度伸长等疵病。因而板厚变化较大的制件，最好采用油压机压制。油压机工作时不仅能保持一定的压力而且能消除板厚变化的影响。曲柄压力机由于其刚性的结构而不能消除板厚变化的影响，但可以通过改变模具结构，以收到同样的效果。如图 3-41 所示，为吸收板厚变化的一种模具结构。该结构可以在顶料板作用的压紧状态下承受缓冲力。或如图 3-42 所示，将凹模做成可换镶块式的，通过调整的方法加以解决，以消除板厚变化对加工精度的影响 此外，材料的机械性能由于板纹的方向不同而异。特别是采用最小弯曲半径进行加工时，弯曲部的外侧面将容易出现缩颈和裂纹，弯曲高度也容易发生变化，故应注意选取弯曲线方向与板纹方向的合理夹角 冲床的能力、工作速度等不同，也会使弯曲尺寸发生变化。由于在实际工作中，冲床的工作中心与模具的压力中心往往不一致，且弯曲、校正、压实等所需力的计算也较复杂和困难，因此一般宜选用吨位大一些的冲床进行加工，通常取加工力为压力机吨位的 70%～80%
弯曲部厚度变薄	板料弯曲后，从板厚的断面来看，弯曲部位的厚度变薄，如图 3-43 所示。弯曲半径相对厚度越小，这种现象表面得越明显。如前所述，在弯曲过程中，弯曲部材料中性层的外侧受拉伸，内侧受压缩，这时，在宽度方向收缩的同时，厚度方向也收缩，并向弯曲中心靠近。又由于外侧面的材料受到沿弯曲半径圆周方向拉应力的作用，上述现象就更加突出，结果使外侧材料向弯曲中心，即在板厚方向产生压应力。板料中性层的内侧面由于受压缩，故在宽度方向变宽、厚度方向变厚的同时，内表面也有向弯曲中心靠近的倾向，这一倾向的影响使曲率半径变小，弯曲变形加大，所以向中心靠近的倾向就会受到一定的限制，结果使断面内侧表面的材料也产生板厚方向的压应力

续表 7

<table>
<tr><th>常见缺陷</th><th>预防措施</th></tr>
<tr><td>弯曲件高度不稳定</td><td>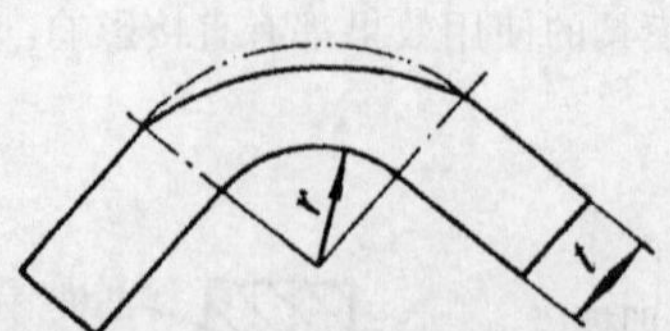

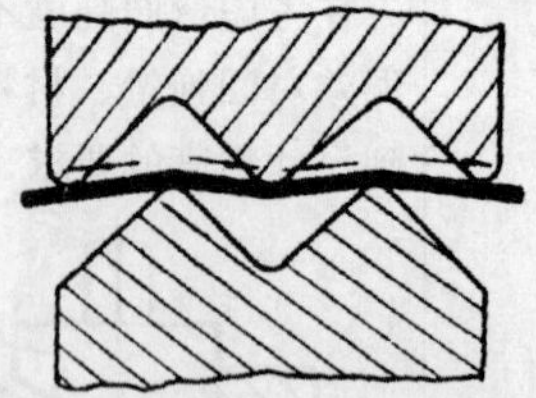
图 3-43　弯曲部位厚度变薄的情况　图 3-44　板料多角弯曲时被拉伸的情况
在板料弯曲过程中，板料内部产生上述厚度方向压应力的结果，使板厚在弯曲部位变薄。当宽度较大时，由于在两端部以外的其他部位不能自由地伸长和压缩，因而增加了在厚度方向上产生压应力的倾向，厚度则更加容易变薄。弯曲部厚度变薄，是弯曲变形的性质造成的，所以不可能完全避免。但如果弯曲内侧半径 r 和板料厚度 δ 的比值大于一定值时，其变薄量将是非常小的。
在进行直角弯曲时，若 $r/t>3$，弯曲部厚度的变薄量将极为微小。但是如图 3-44 所示，当进行一次完成的多角弯曲时，虽然 r/t 值大于上述数值，但弯曲部位仍将因相互拉深而变薄。在这类加工中，一定要注意板料是以什么样的形态与模具接触和变形的。如当用尖角的凸模进行弯曲时，角部压入材料后，会使厚度明显地减小</td></tr>
<tr><td>弯曲件孔的位置精度</td><td>对于带孔的弯曲件，要在弯曲后保持这些孔的位置精度是十分困难的。所以，孔的位置精度要求较高的零件，一般应在弯曲后再加工。当然，这样要分两次工序或采用连续模进行加工，会使制件的加工成本有所提高。一般情况下，大的弯曲件都是先落料、冲孔，然后进行弯角，孔的位置精度往往会出现下述问题：如图 3-45（a）所示，孔的位置尺寸发生变化，特别是那些包含有弯曲线在内的位置尺寸 m、n，很难保证准确，误差较大；图 3-45（b）所示是对称孔的中心线位置发生歪斜或偏移的情况；图 3-45（c）表示两孔中心线的连线与弯曲线不平行
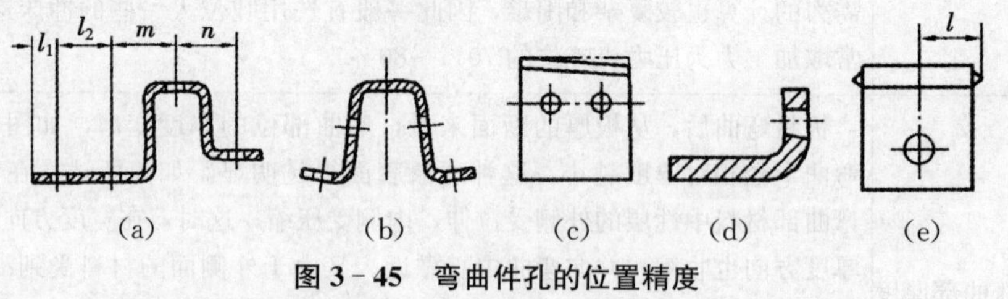

图 3-45　弯曲件孔的位置精度</td></tr>
</table>

第四章　拉深

将平面板料在凸模压力作用下通过凹模形成一个开口空心零件的冲压工序称为拉深。拉深工序习惯上又曾称为拉延、压延、延伸、拉伸及引伸等。采用拉深冲压方法可得到筒形、阶梯形、锥形、方形、球形和各种不规则形状的薄壁零件。拉深件加工的精度与很多因素有关，如材料的力学性能和材料厚度、模具结构和模具精度、工序的多少和工序的先后顺序等。拉深件的制造精度一般不高，合适的精度在IT11级以下。拉深件的种类很多，按照成形前后壁厚的变化可将拉深分为变薄拉深和不变薄拉深两种。同时，由于拉深本身的特性，拉深件上下壁适当变薄，拉深后的厚度为（1.2～0.6）t。且多次拉深的零件外壁或凸缘表面一般会留下拉深过程中所产生的印痕。

第一节　拉深工艺和变形过程

一、拉深工艺的种类

拉深工艺的种类及其应用范围见表4-1。

表4-1　　拉深工艺的种类及其应用范围

拉深工艺	拉深原理简图	应用范围
无压边圈拉深	(a) 首次拉深　(b) 第2次及以后各次拉深 1. 凹模；2. 凸模；3. 坯件	用于薄料浅拉深和较厚板料拉深。在普通压力机上实施，应用广泛
用压边圈拉深	(a) 首次拉深　(b) 第2次及以后各次拉深 1. 凹模；2. 坯件；3. 压边圈；4. 凸模	用于较薄板料的深拉深。多用普通压力机拉深，应用更广泛

续表 1

拉深工艺	拉深原理简图	应 用 范 围
反拉深	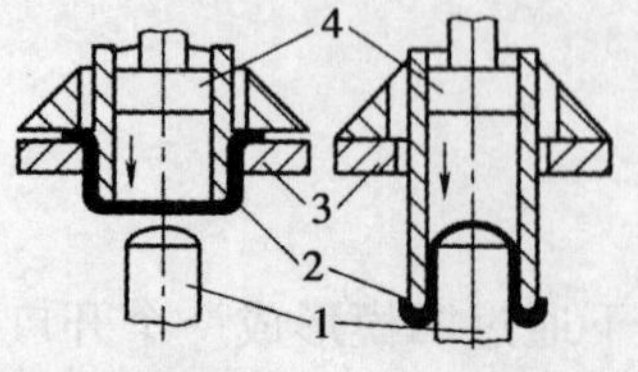 (a) 初始　(b) 终了 1. 凸模；2. 坯件；3. 凹模；4. 顶件器	用于双层空心件拉深。应用较少，主要拉深双层筒形件
落料拉深复合	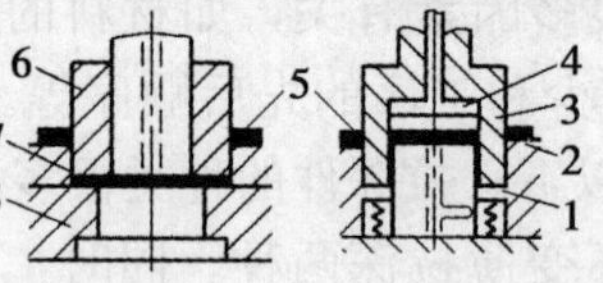 (a) 在双动压力机上　(b) 在单动压力机上 1. 压边圈；2. 落料凹模；3. 凸凹模 4. 顶件器；5. 材料；6. 凸模 7. 冲裁凹模；8. 拉深凹模	在单动和双动压力机上拉深中小型拉深件。在大量生产和深拉深零件多次拉深的首次拉深中广为采用
带料连续拉深	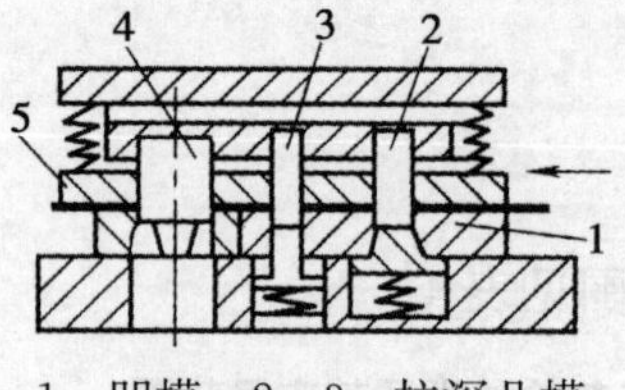 1. 凹模；2、3. 拉深凸模 4. 落料凸模；5. 压边圈	用于拉深直径≤ϕ50mm的小型拉深件。深拉深须在带料上加工艺切口。在大量生产中采用，效率高、自动化程度高
变薄拉深	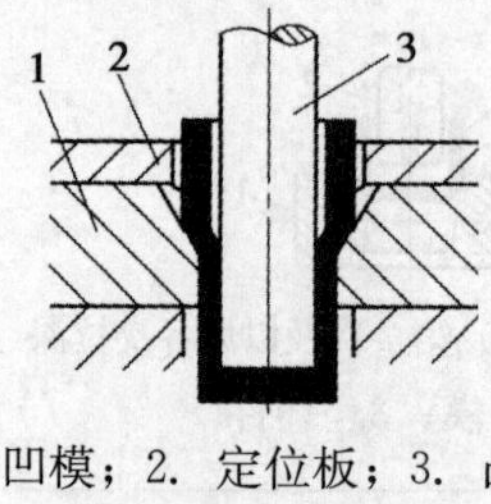 1. 凹模；2. 定位板；3. 凸模	用于冲制厚底、薄壁的长筒形拉深件，如弹壳、套管。特种、专用零件大量采用
用橡皮拉深	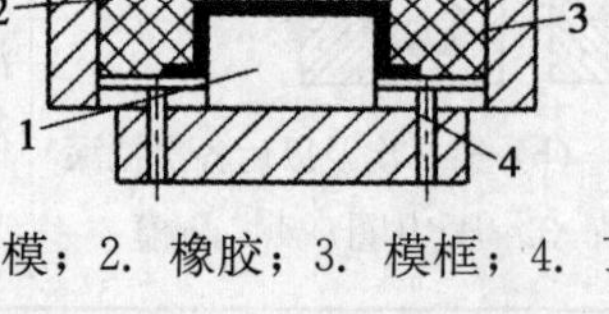 1. 凸模；2. 橡胶；3. 模框；4. 顶杆	用于拉深料厚 t＜1.5mm的非铁金属制件和料厚 t＜1mm以下的软钢板拉深件。用简易拉深模拉深新品，试制用零件的小批量生产

续表 2

拉深工艺	拉深原理简图	应用范围
充水拉深	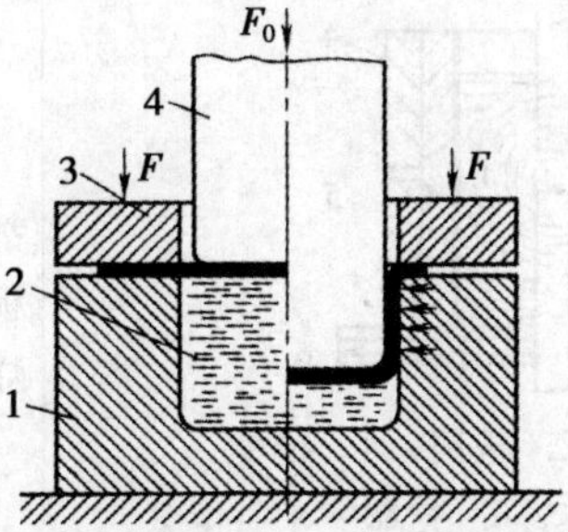 1. 钢凹模；2. 水或油在拉深前充满模腔，凸模下压后增压而拉深；3. 压料板；4. 凸模	试验与研究可使拉深系数 $m<(0.35\sim0.4)$，实际应用不多。液体受凸模压力而增压，密封容易出问题，泄漏难以杜绝
软凹模拉深	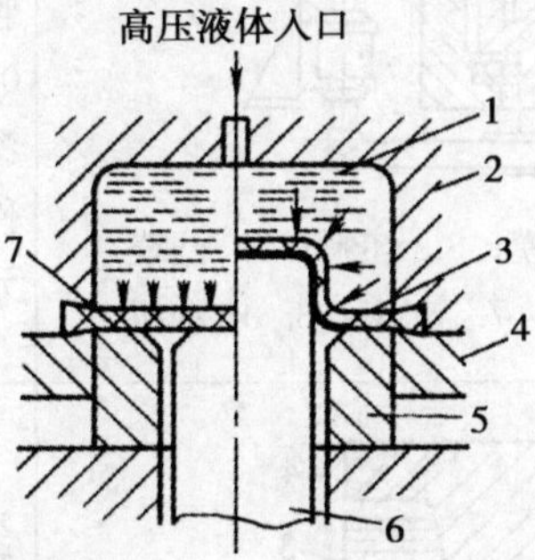 高压液体入口 1. 高压液体；2. 凹模腔；3. 密封橡胶 4. 压板；5. 压边圈；6. 凸模；7. 原材料	生产单位应用很少
爆炸拉深成形	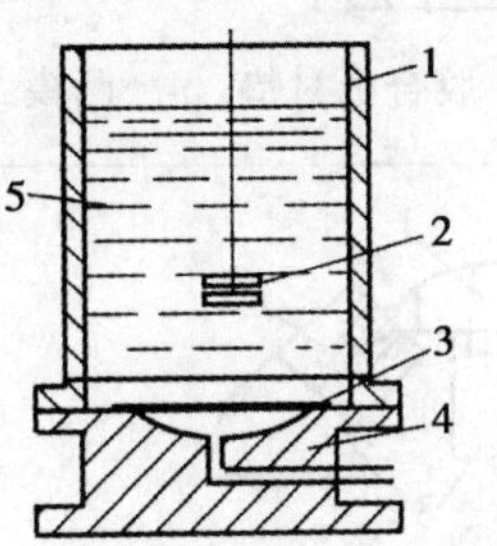 1. 容器；2. 炸药；3. 板料；4. 模体；5. 水	适用厚板料的拉深成形。在船舶制造、国防、航天装备制造中应用
压缩空气拉深	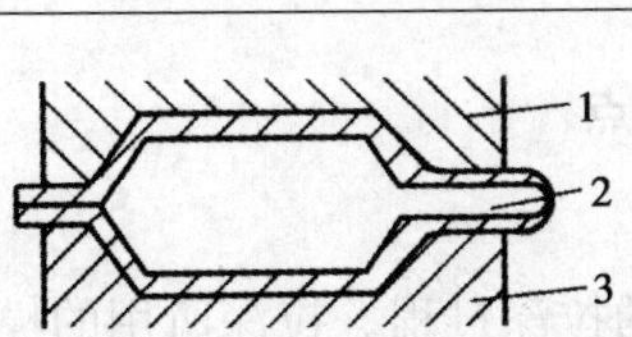 1. 上模；2. 管接头；3. 下模	用于薄的锡、铝等箔材、薄板拉深成形。特殊零件专用

续表 3

拉深工艺	拉深原理简图	应用范围
水电拉深成形	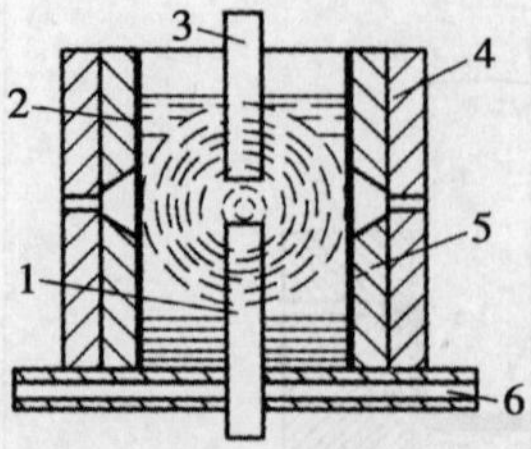 1、3. 电极；2. 板料；4. 模框 5. 模体；6. 衬垫	与爆炸拉深成形相当，都属于高能成形，用于厚板拉深成形。使用不如爆炸成形广泛
滚珠变薄拉深	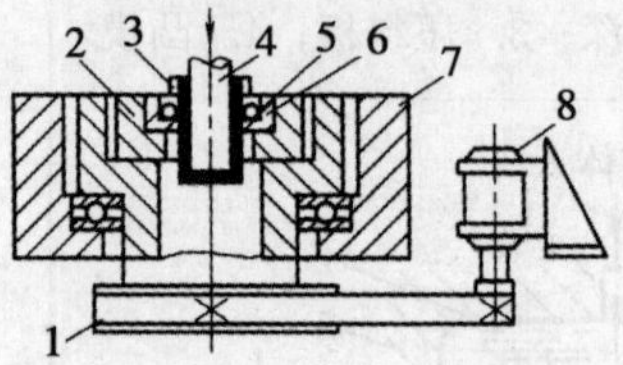 1. 传动带；2. 凹模；3. 坯料；4. 凸模 5. 钢珠；6. 座圈；7. 支座；8. 电动机	用于中小直径长筒薄壁管的拉深，最薄壁厚可达 0.05～0.03mm，适用拉深波纹管管坯等长管形零件。多用于仪表行业弹性元件生产中
落锤上拉深	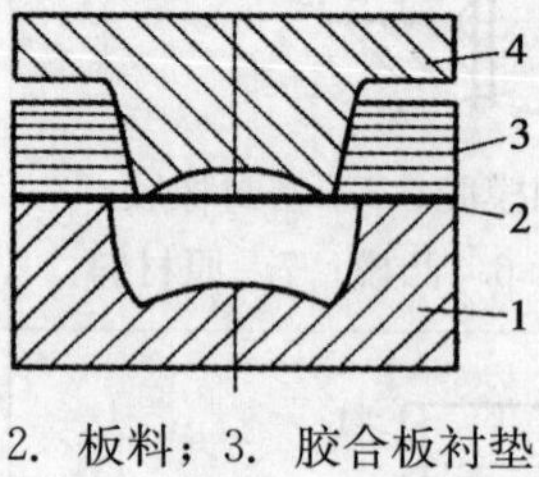 1. 凹模；2. 板料；3. 胶合板衬垫；4. 凸模	用于 $t \leqslant 3 \sim 4$mm 铝及铝合金板和 $t \leqslant 1.5$mm 软钢板大型及复杂形状大尺寸拉深件的小批量生产。新产品试制中，需要量小而尺寸大的拉深件的拉深
液压机上拉深	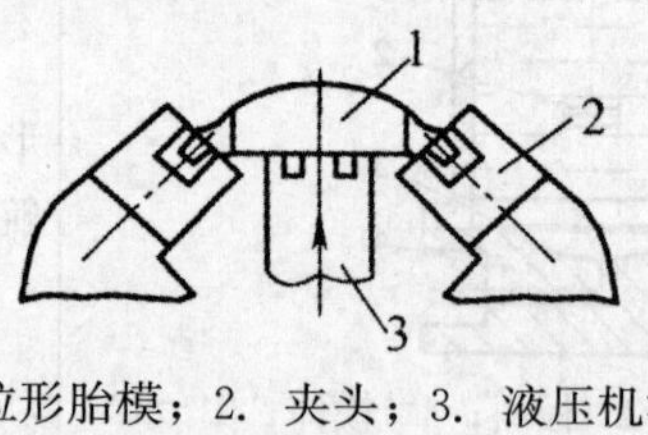 1. 拉形胎模；2. 夹头；3. 液压机活塞	用于大型且形状简单的薄板拉深。大型简单形状拉深件小批量生产

二、拉深工艺过程及拉深特点

1. 拉深变形分析

如图 4-1 所示为圆筒形件的拉深过程。拉深所用的模具主要由凸模、凹模和压边圈三部分组成。与冲裁所不同的是，凸模、凹模工作部分没有锋利的刃口，而是有一定的圆角，并且其间隙稍大于板料的厚度。直径为 D、厚度为 t

的圆形毛坯经过拉深模拉深，得到具有外径为 d、高度为 H 的开口圆筒形工件。

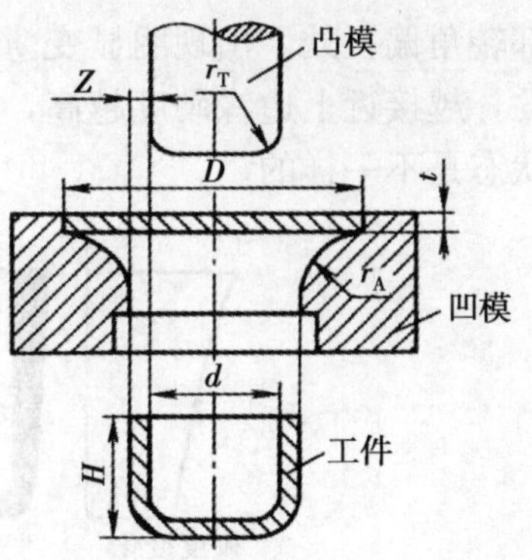

图 4-1 圆筒形件的拉深

（1）拉深变形现象。在拉深过程中，毛坯的中心部分成为筒形件的底部，基本不变形，是不变形区；毛坯的凸缘部分（即 $D-d$ 的环形部分）是主要变形区。拉深过程实质上就是将毛坯的凸缘部分材料逐渐转移到筒壁的过程。

（2）拉深变形过程中金属的流动。为了了解金属的流动和形状、尺寸变化情况，可以通过如下网格实验：在圆形板料上画许多间距都等于 a 的同心圆和分度相等的辐射线，如图 4-2 所示。这些同心圆和辐射线组成网格。拉深后，圆筒形件底部网格的形状基本没变，而筒壁部分的网格发生了很大变化：原来的同心圆变成筒壁上的水平圆周线，其间距由底部向上逐渐增大，越靠近筒的口部越大，即 $a_1>a_2>\cdots>a$；原来等分的辐射线变成了筒壁上的垂直平行线，其间距相等，即 $b_1=b_2=\cdots=b$。如果就网格中一个小单元体 A_1 而言，在拉深前是扇形，拉深后则变成了矩形 A_2。由于拉深后，板料厚度变化很小，可认为拉深前后单元的面积不变，即 $A_1=A_2$。

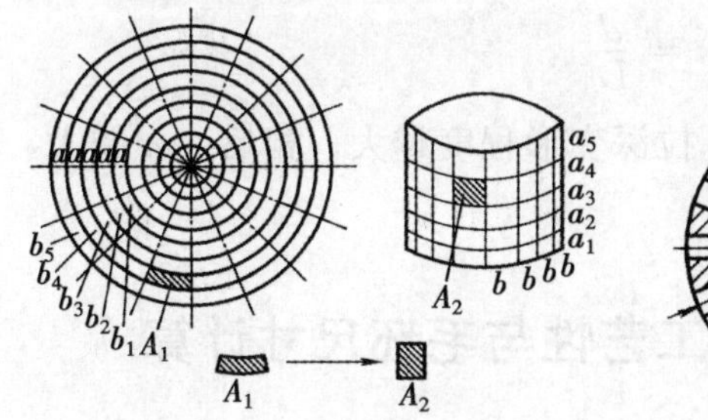

图 4-2 拉伸变形

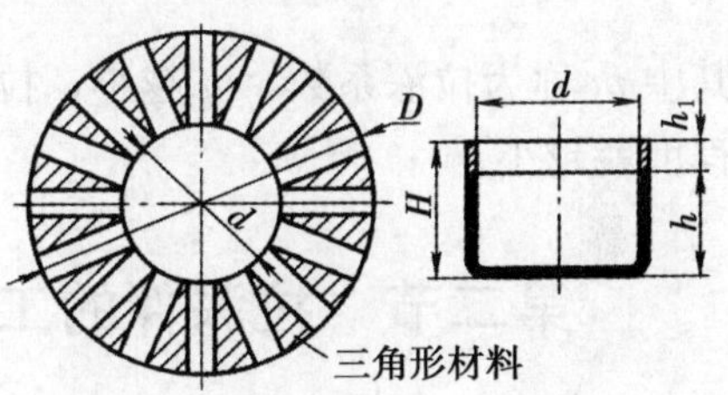

图 4-3 拉深过程中材料的转移

（3）拉深变形过程

图 4-3 所示为在拉深过程中材料的转移情况。如把阴影部分切除，将余下部分沿直径 d 圆周折弯并焊接，就可以成为高度为 $h=0.5(D-d)$ 的圆筒形工件。而在拉深过程中，凸缘部分材料由于拉深力的作用，径向产生拉应力 σ_1，切向产生压应力 σ_3。在 σ_1 和 σ_3 的共同作用下，凸缘部分金属材料产生塑性变形，其“多余的三角形”材料沿径向伸长，切向压缩，且不断被拉入凹模中变为筒壁，形成高度为 h_1 的筒侧壁。最终得到高度 $h>0.5(D-d)$ 圆筒形开口空心件，这增加的高度部分相当于由三角形部分转移形成。

从拉深件的纵截面上观察，厚度和硬度沿筒壁纵向是变化的，变化规律如图 4-4 所示。底部略有变薄，但基本上等于原板料的厚度；筒壁上端增厚，越接近上边缘厚度越大；筒壁下端变薄，越靠近圆角处变薄越严重；由筒壁向底部转角偏上处，出现明显变薄，严重时可产生破裂。硬度沿高度方向也是变化的，越接近上边缘硬度越高，这说明在拉深过程中，板料各部分的应力、应变状态是不一样的。

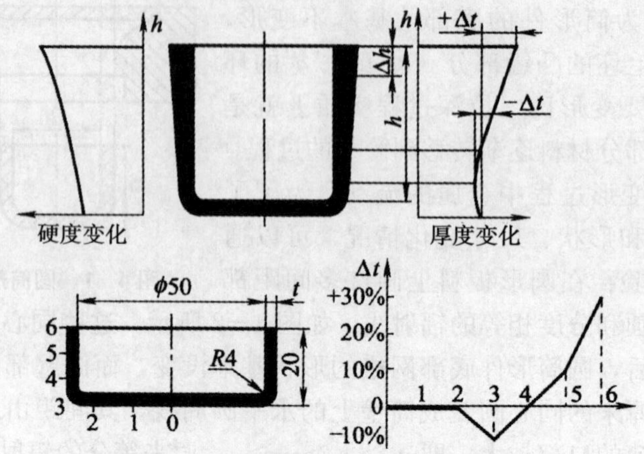

图 4-4 硬度和壁厚沿筒壁纵向变化

(4) 拉深变形程度表示方法。圆筒形件拉深的变形程度，通常以筒形件直径 d 与毛坯直径 D 的比值来表示，即：

$$m=\frac{d}{D}$$

其中 m 称为拉深系数，m 越小，拉深变形程度越大；相反，m 越大，拉深变形程度就越小。

第二节 拉深件的工艺性与毛坯尺寸计算

一、拉深件的材料

用于拉深件的材料，要求具有较好的塑性，屈强比 σ_s/σ_b 小，板厚方向性系数大，板平面方向性系数小。屈强比 σ_s/σ_b 值越小，一次拉深允许的极限变形程度越大，拉深的性能越好。例如，低碳钢的屈强比 $\sigma_s/\sigma_b\approx0.57$，其一次拉深的最小拉深系数为 $m=0.48\sim0.50$；65Mn 钢的 $\sigma_s/\sigma_b\approx0.63$，其一次拉深的最小拉深系数为 $m=0.68\sim0.70$。所以有关材料标准规定，作为拉深用的钢板，其屈强比不大于 0.66。

板厚方向性系数和板平面方向性系数反映了材料的各向异性性能。当板厚方向性系数较大且板平面方向性系数较小时，材料宽度方向的变形比厚度方向的变形容易，板平面方向性能差异较小，拉深过程中材料不易变薄或拉裂，因而有利于拉深成形。

二、拉深件的结构工艺性

（1）拉深件应尽量简单、对称，并能一次拉深成形。

（2）拉深件壁厚公差或变薄量要求一般不应超出拉深工艺壁厚变化规律。根据统计，不变薄拉深工艺的筒壁最大增厚量为（0.2～0.3）t（t 为板料厚度），最大变薄量为（0.1～0.18）t。

（3）当零件一次拉深的变形程度过大时，为避免拉裂，需采用多次拉深，这时在保证必要的表面质量前提下，应允许内、外表面存在拉深过程中可能产生的痕迹。

（4）在保证装配要求的前提下，应允许拉深件侧壁有一定的斜度。

（5）拉深件的底部或凸缘上有孔时，孔边到侧壁的距离应满足 $a \geqslant R+0.5t$（或 $r+0.5t$），如图 4-5（a）所示。

（6）拉深件的底与壁、凸缘与壁、矩形件的四角等处的圆角半径应满足：$r \geqslant t$，$R \geqslant 2t$，$r_g \geqslant 3t$，如图 4-5 所示。否则，应增加整形工序。一次整形的，圆角半径可取 $r \geqslant$（0.1～0.3）t，$R \geqslant$（0.1～0.3）t。

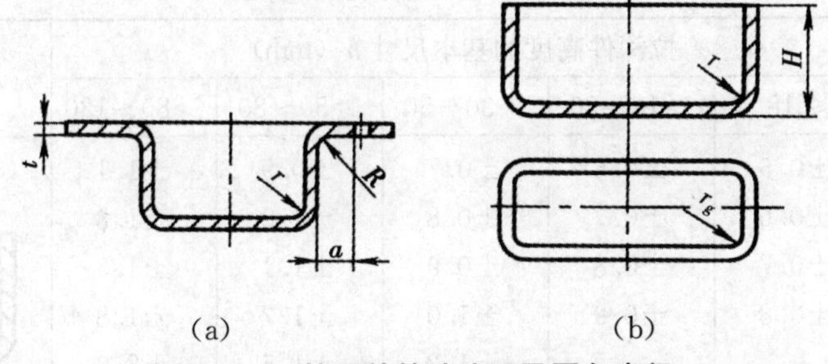

图 4-5　拉深件的孔边距及圆角半径

（7）拉深件的径向尺寸应只标注外形尺寸或内形尺寸，而不能同时标注内、外形尺寸。带台阶的拉深件，其高度方向的尺寸标注一般应以拉深件底部为基准，如图 4-6（a）所示。若以上部为基准［如图 4-6（b）所示］，高度尺寸不易保证。

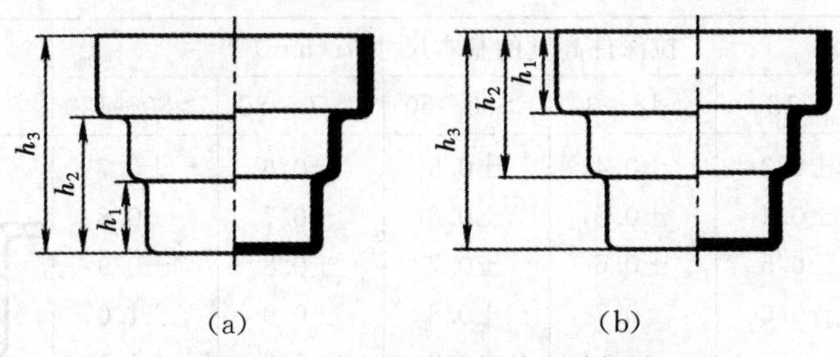

图 4-6　带台阶拉深件的尺寸标注

三、拉深件的尺寸精度

一般情况下，拉深件的截面尺寸精度应在 IT13 级以下，不宜高于 IT11 级，板料厚度大的精度低。对于精度要求高的拉深件，应在拉深后增加整形工序，以提高其精度。由于材料各向异性的影响，拉深件的口部或凸缘外缘一般是不整齐的，俗称“凸耳”，需要增加切边工序。在一般情况下拉深件的精度不应超过表 4-2～表 4-4 中所列数值。

表 4-2　　拉深件直径的极限偏差

材料厚度 t（mm）	拉深件直径的基本尺寸 d（mm）			材料厚度 t（mm）	拉深件直径的基本尺寸 d（mm）			附图
	≤50	＞50～100	＞100～300		≤50	＞50～100	＞100～300	
0.5	±0.12	—	—	2.0	±0.40	±0.50	±0.70	
0.6	±0.15	±0.20	—	2.5	±0.45	±0.60	±0.80	
0.8	±0.20	±0.25	±0.30	3.0	±0.50	±0.70	±0.90	
1.0	±0.25	±0.30	±0.40	4.0	±0.60	±0.80	±1.00	
1.2	±0.30	±0.35	±0.50	5.0	±0.70	±0.90	±1.10	
1.5	±0.35	±0.40	±0.60	6.0	±0.80	±1.00	±1.20	

注：拉深件外形要求取正偏差，内形要求取负偏差。

表 4-3　　圆筒拉深件高度的极限偏差

材料厚度（mm）	拉深件高度的基本尺寸 h（mm）					附　图
	≤18	＞18～30	＞30～50	＞50～80	＞80～120	
≤1	±0.5	±0.6	±0.7	±0.9	±1.1	
＞1～2	±0.6	±0.7	±0.8	±1.0	±1.3	
＞2～3	±0.7	±0.8	±0.9	±1.1	±1.5	
＞3～4	±0.8	±0.9	±1.0	±1.2	±1.8	
＞4～5	—	—	±1.2	±1.5	±2.0	
＞5	—	—	—	±1.8	±2.2	

注：本表为不切边情况达到的数值。

表 4-4　　带凸缘拉深件高度的极限偏差

材料厚度（mm）	拉深件高度的基本尺寸 h（mm）					附　图
	≤18	＞18～30	＞30～50	＞50～80	＞80～120	
≤1	±0.3	±0.4	±0.5	±0.6	±0.7	
＞1～2	±0.4	±0.5	±0.6	±0.7	±0.8	
＞2～3	±0.5	±0.6	±0.7	±0.8	±0.9	
＞3～4	±0.6	±0.7	±0.8	±0.9	±1.0	
＞4～5	—	—	±0.8	±1.0	±1.1	
＞5～6	—	—	—	±1.1	±1.2	

注：本表为未经整形所达到的数值。

四、拉深件的毛坯尺寸计算

1. 基本计算方法

由于拉深前后材料密度不变，故可用等量法计算拉深件毛坯尺寸，即拉深件的体积、质量与拉深件毛坯相等。对于料厚基本不变的不变薄拉深，其拉深件的表面积也与毛坯表面积相等。因此，拉深件毛坯尺寸可根据上述理论基础，按照拉深过程中料厚变薄与否、拉深件的形状复杂程度来选取表 4-5 所列公式进行计算。

表 4-5　　常用拉深件展开毛坯计算法

计算原理与方法	计算参数	拉深件展开毛坯尺寸直径 $D_{坯}$ (mm)	适用范围与说明
(1) 等面积法	拉深件分解后各部分面积 (mm^2)：A_1、A_2、A_3、…、A_n，则拉深件总的表面积 A_Σ (mm^2) 为：$A_\Sigma=\sum_{i=1}^{n}A_i=A_1+A_2+A_3+\cdots+A_n$	$1.13\sqrt{\sum_{i=1}^{n}A_i}$	适用范围：不变薄回转体拉深件、圆形压波件及压筋件 说明：限使用圆形毛坯的拉深件、成形件；欲采用其他任意形状的毛坯，要确定毛坯料厚之后，按等面积原则转换
(2) 等体积法	拉深件分解后各部分体积：V_1、V_2、V_3…、V_n，则拉深件总的体积 V_Σ (mm^3) 为：$V_\Sigma=\sum_{i=1}^{n}V_i=V_1+V_2+V_3+\cdots+V_n$	$1.13\sqrt{\frac{1}{t}\sum_{i=1}^{n}V_i}$ t——毛坯料厚 (mm)	适用范围：变薄与不变薄的任意形状的拉深件、成形件 说明：限使用圆形毛坯的变薄与不变薄回转体拉深件与成形件。采用任意形状的毛坯需在确定料厚 t 情况下，按等面积换算后转换成任意形状毛坯
(3) 等质量法	拉深件分解后各部分质量 (g)：m_1、m_2、m_3、…、m_n，则拉深件总质量 m_Σ (g) 为：$m_\Sigma=\sum_{i=1}^{n}m_i=m_1+m_2+m_3+\cdots+m_n$	$1.13\sqrt{\frac{1}{t\rho_0}\sum_{i=1}^{n}m_i}$ ρ_0——毛坯材料密度 (g/cm^3)	适用范围：任意形状、厚度不等的拉深件、成形件、体积冲压件 说明：限使用圆形毛坯的任意形状，厚度不等的拉深件、成形件、体积冲压件等。欲采用其他任意形状的毛坯，需在确定毛坯料厚的情况下按等面积原则转换

续表

计算原理与方法	计算参数	拉深件展开毛坯尺寸直径 $D_{\text{坯}}$ (mm)	适用范围与说明
(4) 等面积转换计算法	①按本表序号(1)～(3)任选一种方法求出任意拉深件或成形件的 A_{Σ}、V_{Σ} 或 m_{Σ} ②先代入序号(1)～(3)相应公式求出 $D_{\text{坯}}$ ③非圆形毛坯，可根据已定料厚，按等面积法换算	①方形毛坯边长 $L_{\text{坯}}$ 为： $L_{\text{坯}}=0.886D_{\text{坯}}$ ②矩形毛坯长×宽＝$L_{\text{坯}}\times B_{\text{坯}}$ $L_{\text{坯}}=\frac{0.785D_{\text{坯}}^2}{B_{\text{坯}}}$ $B_{\text{坯}}=\frac{0.785D_{\text{坯}}^2}{L_{\text{坯}}}$	适用范围：任意形状平板毛坯的转换计算 说明： ①方形毛坯面积(mm^2) $A_{\text{坯}}=L_{\text{坯}}^2\frac{\pi D_{\text{坯}}^2}{4}$ ②矩形毛坯面积(mm^2) $A_{\text{坯}}=\text{长}\times\text{宽}=L_{\text{坯}}\times B_{\text{坯}}=\frac{\pi D_{\text{坯}}^2}{4}$

2. 常用旋转体表面积的计算

常用旋转体表面积的计算公式见表 4-6。

表 4-6　常用旋转体表面积计算公式

名　称	简　　图	表　面　积　A
圆　形	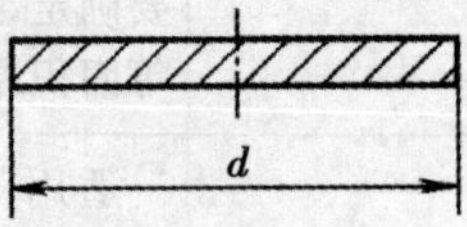 d	$A=\frac{\pi d^2}{4}=0.785d^2$
圆锥形	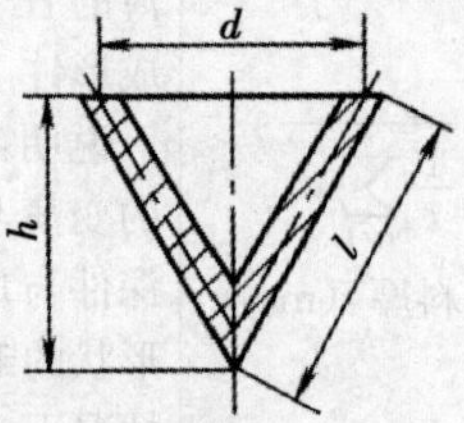 d，h，l	$A=\frac{\pi d}{4}\sqrt{d^2+4h^2}=\frac{\pi dl}{2}$
环　形	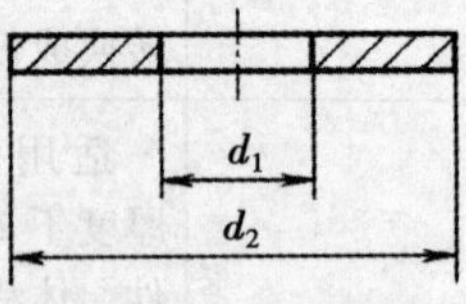 d_1，d_2	$A=\frac{\pi}{4}(d_2^2-d_1^2)$
斜边筒形	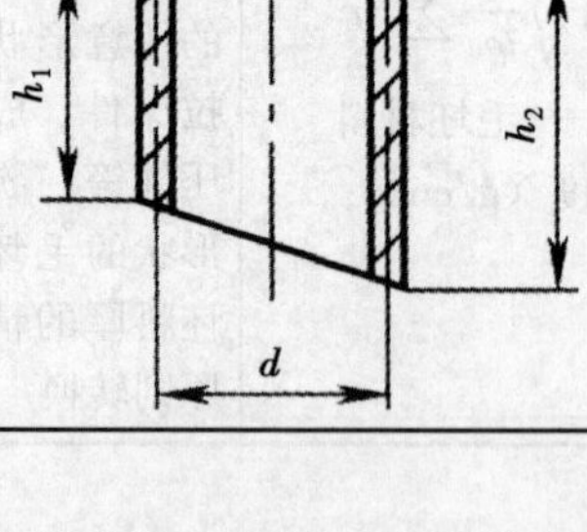 h_1，h_2，d	$A=\frac{\pi d}{2}(h_1+h_2)$

续表 1

名　称	简　　图	表　面　积 A
圆筒形	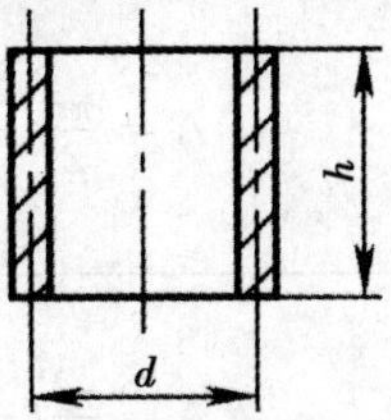	$A=\pi dh$
截头锥形	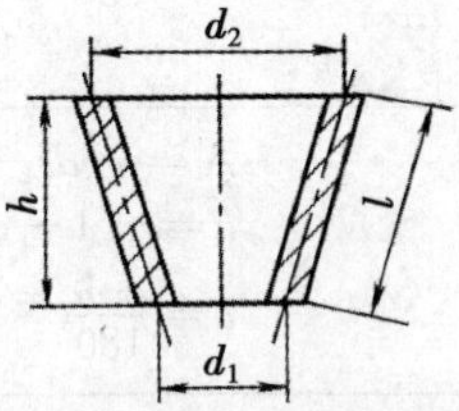	$l=\sqrt{h^2+\left(\frac{d_2-d_1}{2}\right)^2}$ $A=\frac{\pi l}{2}(d_1+d_2)$
球面体	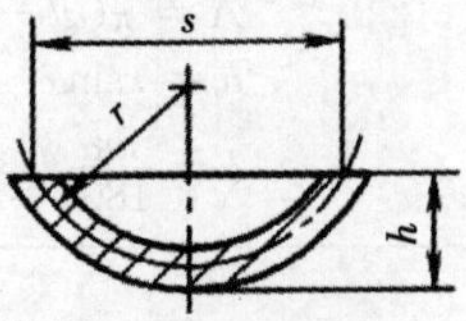	$A=\frac{\pi}{4}(s^2+4h^2)$ 或 $A=2\pi rh$
半球面	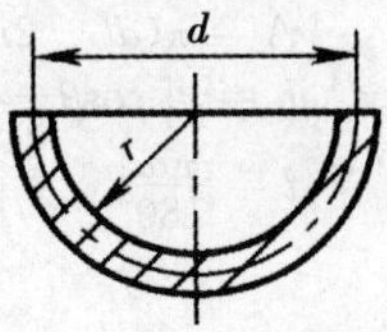	$A=2\pi r^2=6.28r^2$
半球形底杯	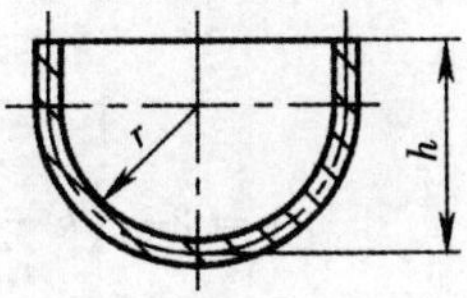	$A=2\pi rh=6.28rh$
凸形球环	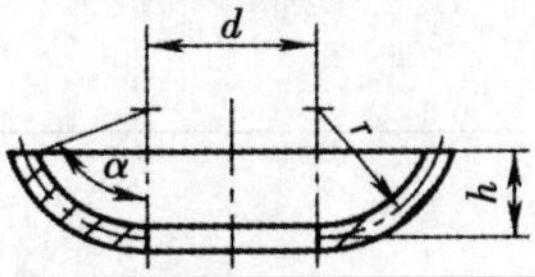	$A=\pi(dl+2rh)$ $h=r(1-\cos\alpha)$ $l=\frac{\pi r\alpha}{180^\circ}$
	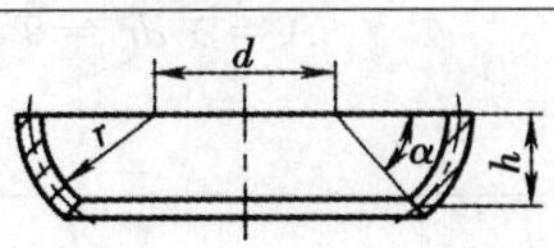	$A=\pi(dl+2rh)$ $h=r\sin\alpha$ $l=\frac{\pi r\alpha}{180^\circ}$
	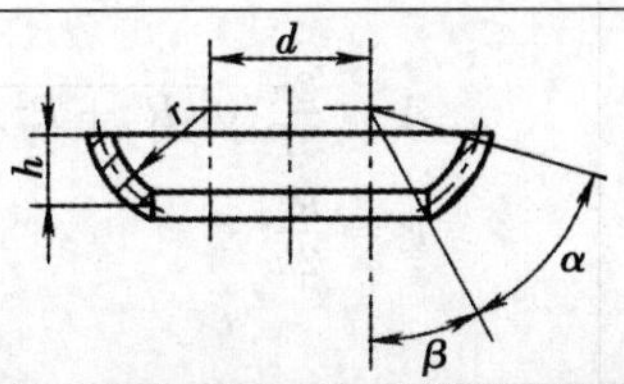	$A=\pi(dl+2rh)$ $h=r[\cos\beta-\cos(\alpha+\beta)]$ $l=\frac{\pi r\alpha}{180^\circ}$

续表 2

名　称	简　图	表 面 积 A
四分之一的凸形球环	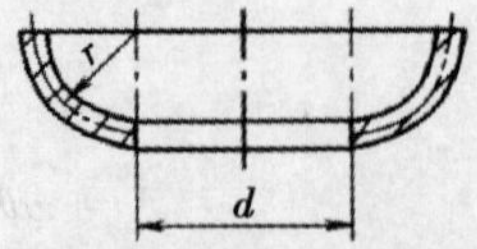	$A=\frac{\pi r}{2}(\pi d+4r)$
四分之一的凹形球环	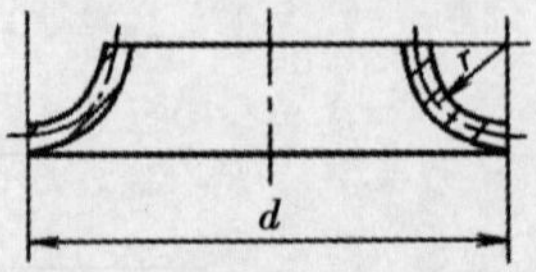	$A=\frac{\pi r}{2}(\pi d-4r)$
凹形球环	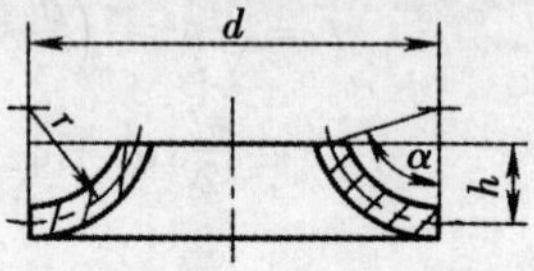	$A=\pi(dl-2rh)$ $h=r(1-\cos\alpha)$ $l=\frac{\pi r\alpha}{180^\circ}$
	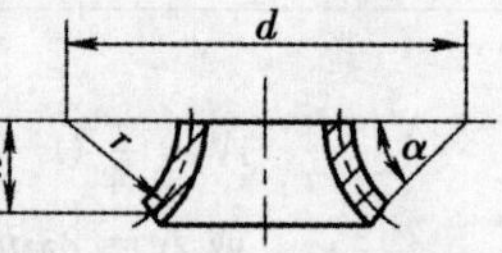	$A=\pi(dl-2rh)$ $h=r\sin\alpha$ $l=\frac{\pi r\alpha}{180^\circ}$
	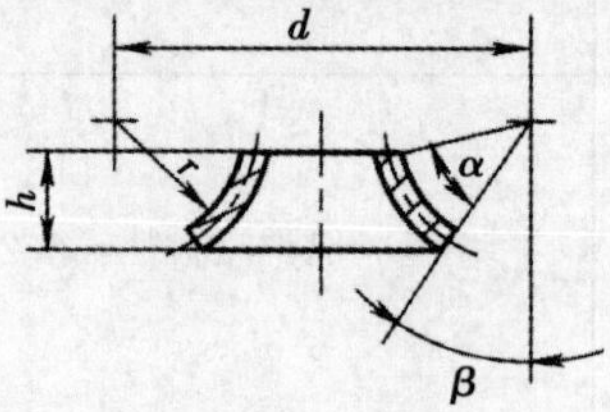	$A=\pi(dl-2rh)$ $h=r[\cos\beta-\cos(\alpha+\beta)]$ $l=\frac{\pi r\alpha}{180^\circ}$
截头锥体	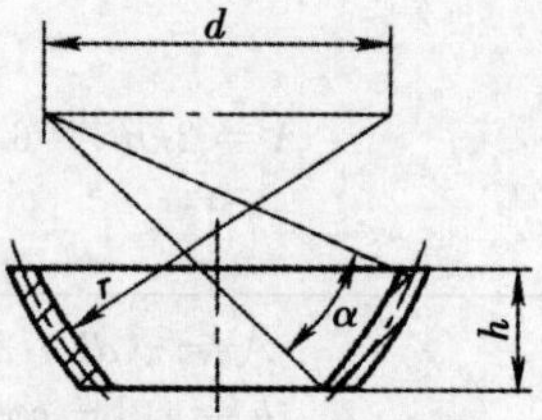	$A=2\pi r\left(h-d\frac{\pi\alpha}{360^\circ}\right)$
半圆截面环	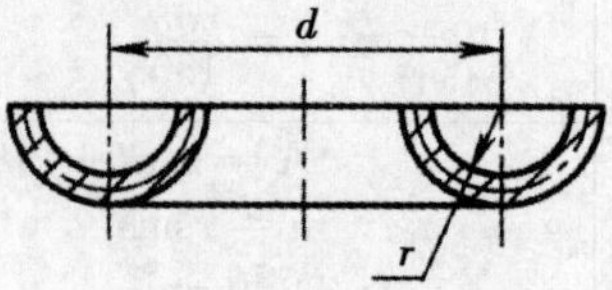	$A=\pi^2dr=9.87rd$
旋转抛物面	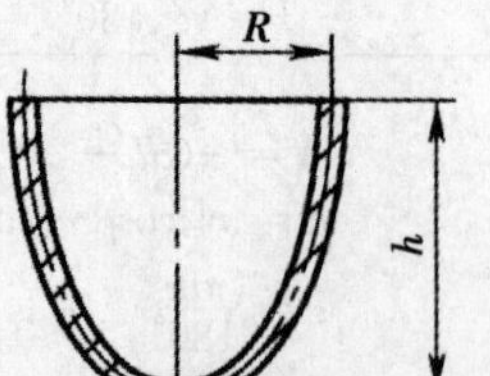	$A=\frac{2\pi}{3P}\sqrt{(R^2+P^2)^3}-P^3$ $P=\frac{R^2}{2h}$

续表 3

名 称	简 图	表 面 积 A
截头旋转抛物面	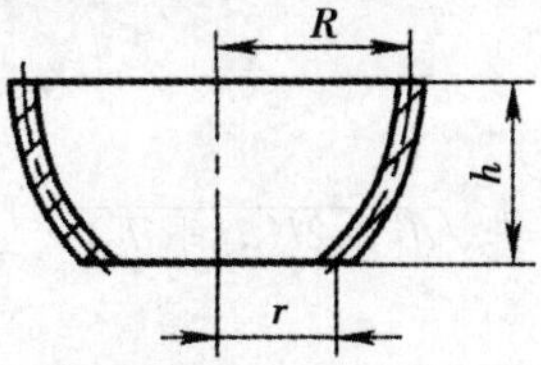	$A=\frac{2\pi}{3P}\left[\sqrt{(P^2+R^2)^3}-\sqrt{(P^2+r^2)^3}\right]$ $P=\frac{R^2-r^2}{2h}$
带边杯体	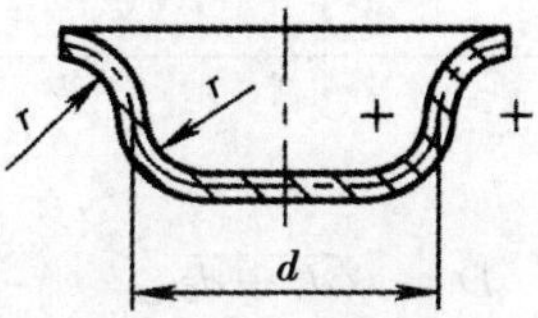	$A=\pi^2 rd+\frac{\pi}{4}(d-2r)^2$
凸形筒	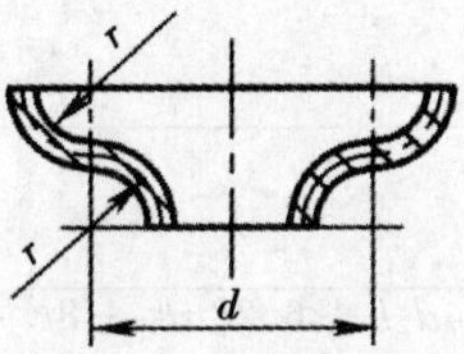	$A=\pi^2 rd=9.87rd$

3. 常用旋转体毛坯直径的计算

常用旋转体毛坯直径的计算公式见表 4-7。

表 4-7　　常用旋转体毛坯直径的计算公式

简 图	毛 坯 直 径 D
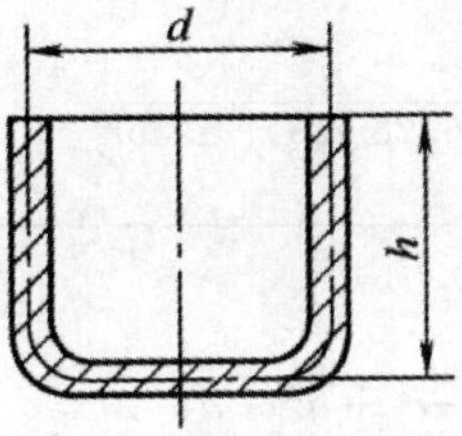	$D=\sqrt{d^2+4dh}$
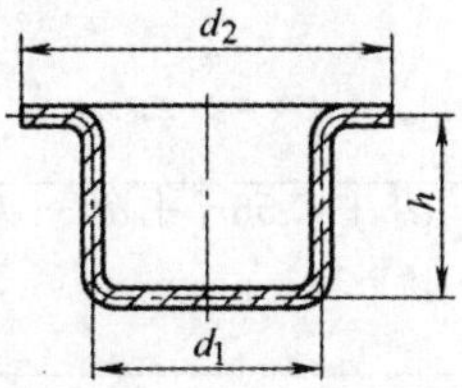	$D=\sqrt{d_2^2+4d_1h}$
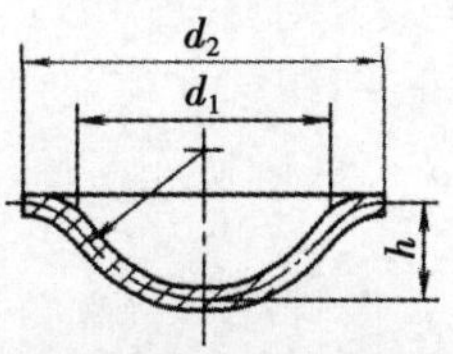	$D=\sqrt{d_2^2+4h^2}$

续表 1

简　图	毛 坯 直 径 D
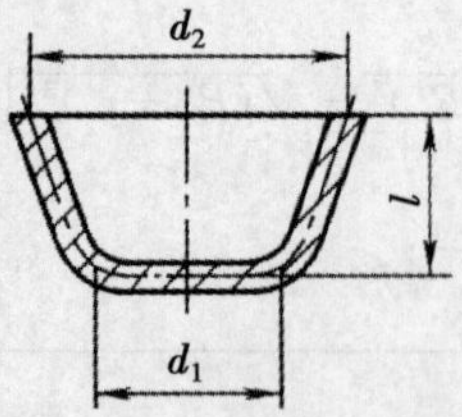	$D=\sqrt{d_1^2+2l(d_1+d_2)}$
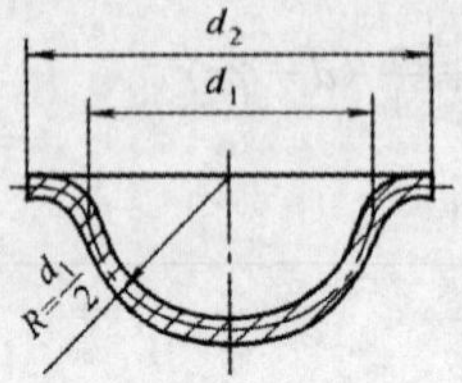	$D=\sqrt{d_1^2+d_2^2}$
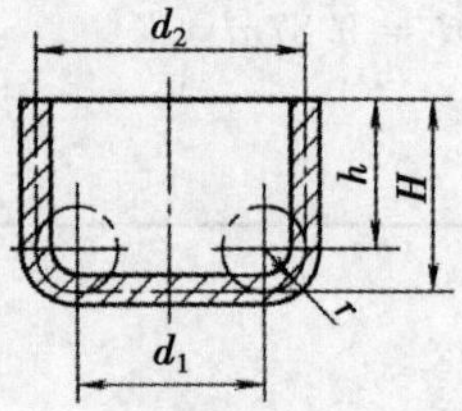	$D=\sqrt{d_1^2+4d_2h+6.28rd_1+8r^2}$ 或 $D=\sqrt{d_2^2+4d_2H-1.72rd_2-0.56r^2}$
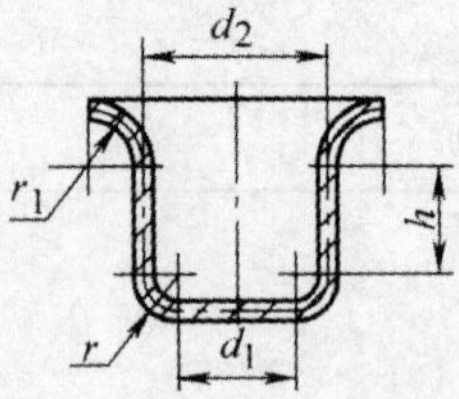	当 $r_1=r$ 时 $D=\sqrt{d_1^2+4d_2h+2\pi r(d_1+d_2)+4\pi r^2}$ 当 $r_1\neq r$ 时 $D=\sqrt{d_1^2+6.28rd_1+8r^2+4d_2h+6.28r_1d_2+4.56r^2}$
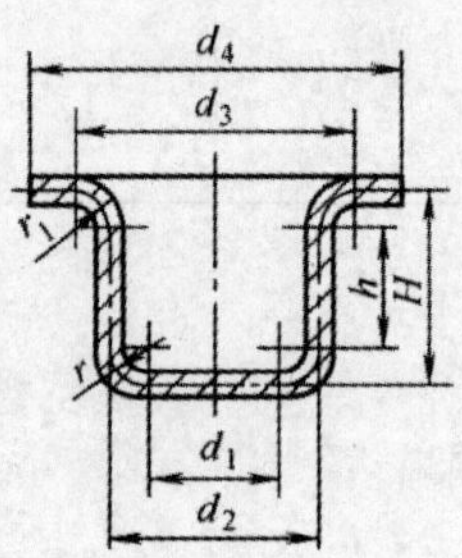	当 $r_1=r$ 时 $D=\sqrt{d_1^2+4d_2h+2\pi r(d_1+d_2)+4\pi r^2+d_4^2-d_3^2}$ 或 $D=\sqrt{d_4^2+4d_2H-3.44rd_2}$ 当 $r_1\neq r$ 时 $D=\sqrt{d_1^2+6.28rd_1+8r^2+4d_2h+6.28r_1d_2+4.56r_1^2+d_4^2-d_3^2}$
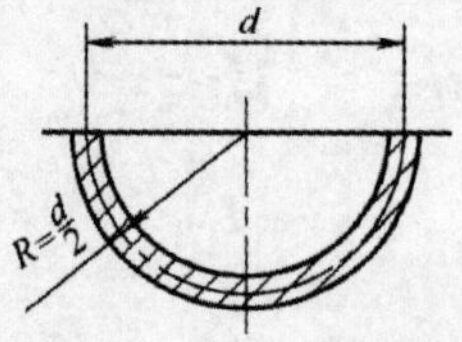	$D=\sqrt{2d^2}=1.414d$

续表 2

简　图	毛 坯 直 径 D
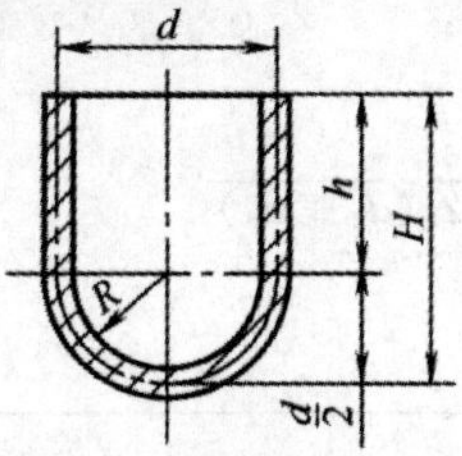	$D=1.414\sqrt{d^2+2dh}$ 或 $D=2\sqrt{dH}$
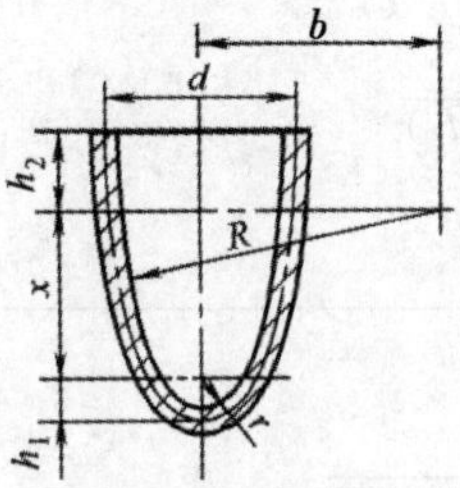	$D=\sqrt{8R\left(x-b\arcsin\frac{x}{R}\right)+4dh_2+8rh_1}$
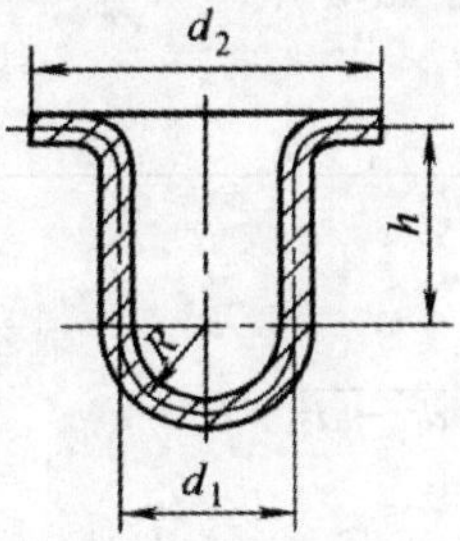	$D=\sqrt{d_1^2+d_2^2+4d_1h}$
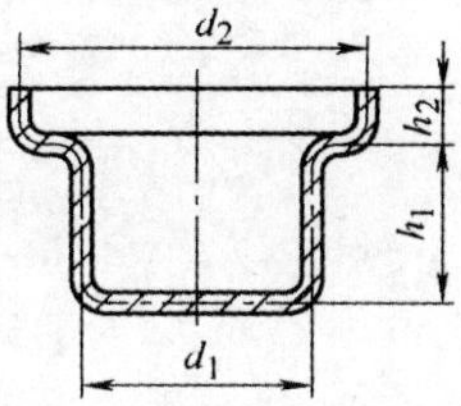	$D=\sqrt{d_2^2+4(d_1h_1+d_2h_2)}$
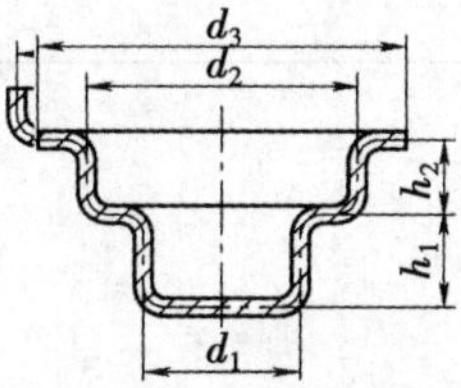	$D=\sqrt{d_3^2+4(d_1h_1+d_2h_2)}$
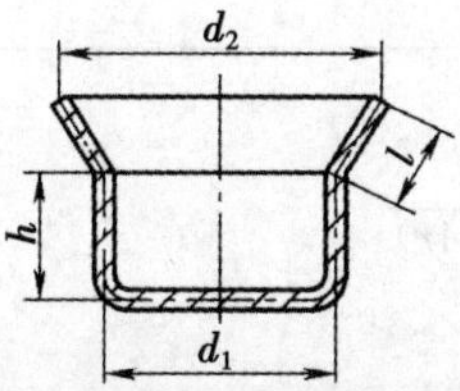	$D=\sqrt{d_1^2+4d_1h+2l(d_1+d_2)}$

续表 3

简　图	毛坯直径 D
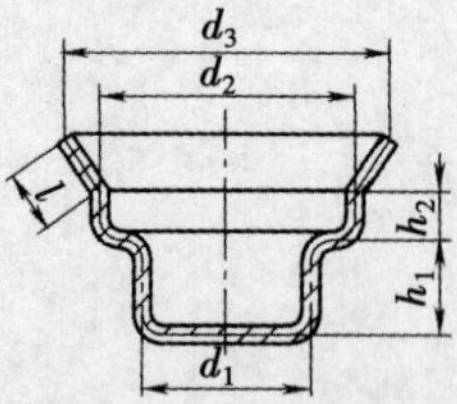	$D=\sqrt{d_2^2+4(d_1h_1+d_2h_2)+2l(d_2+d_3)}$
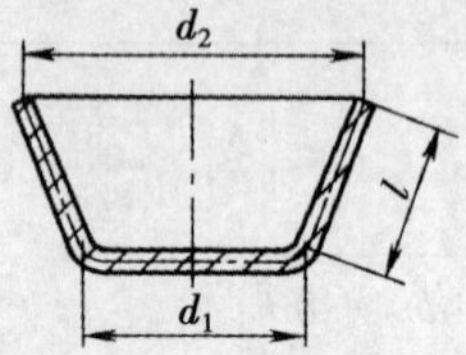	$D=\sqrt{d_1^2+2l(d_1+d_2)}$
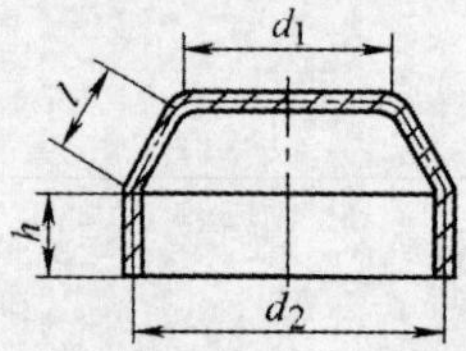	$D=\sqrt{d_1^2+2l(d_1+d_2)+4d_2h}$
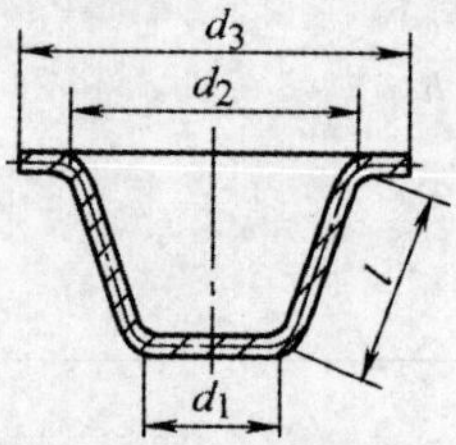	$D=\sqrt{d_1^2+2l(d_1+d_2)+d_3^2-d_2^2}$
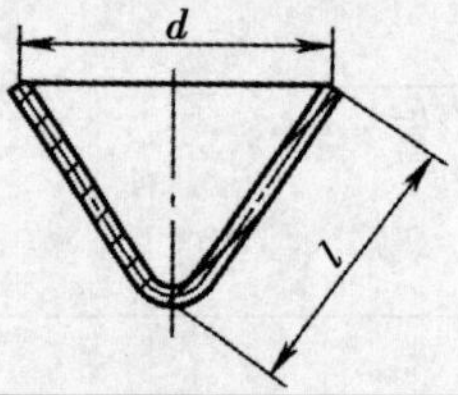	$D=\sqrt{2dl}$
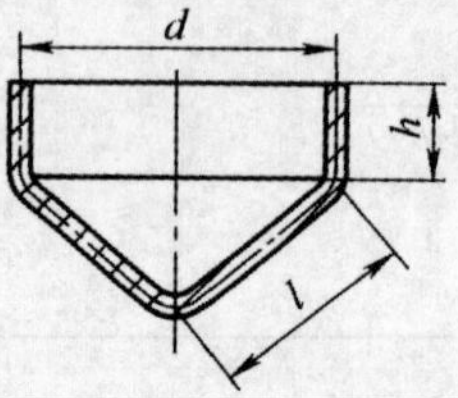	$D=\sqrt{2d(l+2h)}$
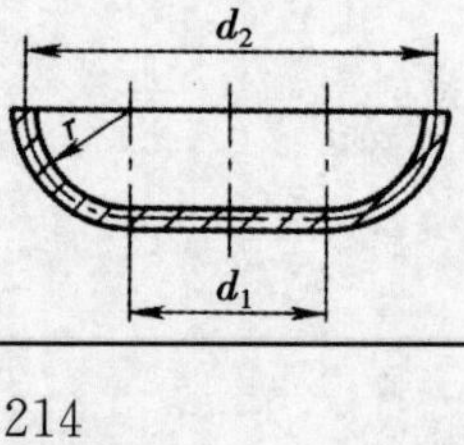	$D=\sqrt{d_1^2+2r(\pi d_1+4r)}$

续表 4

简　图	毛坯直径 D
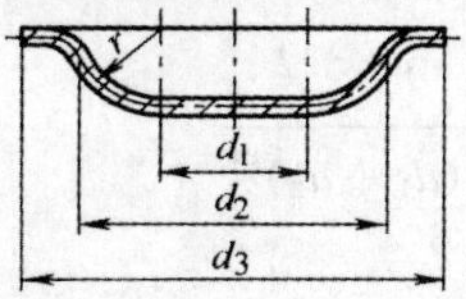	$D=\sqrt{d_1^2+6.28rd_1+8r^2+d_3^2-d_2^2}$
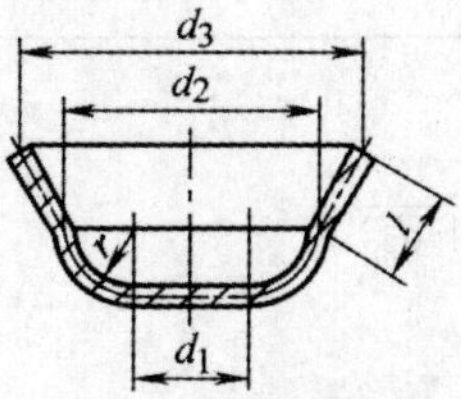	$D=\sqrt{d_1^2+2\pi rd_1+8r^2+2l(d_2+d_3)}$
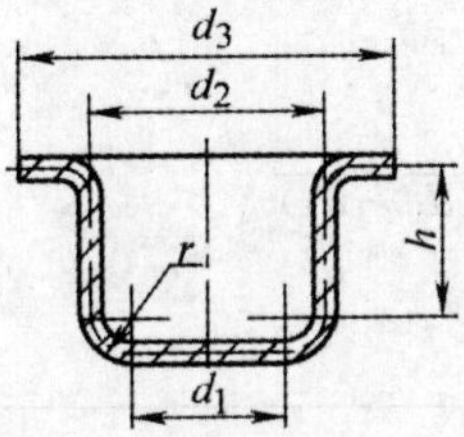	$D=\sqrt{d_1^2+2\pi rd_1+8r^2+4d_2h+d_3^2-d_2^2}$
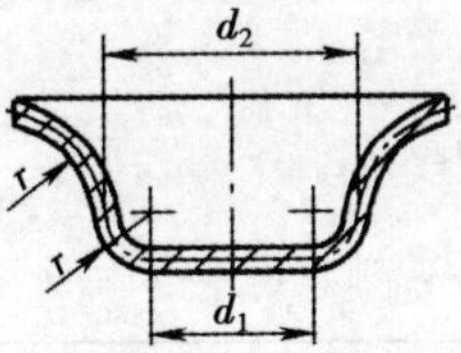	$D=\sqrt{d_1^2+2\pi r(d_1+d_2)+4\pi r^2}$
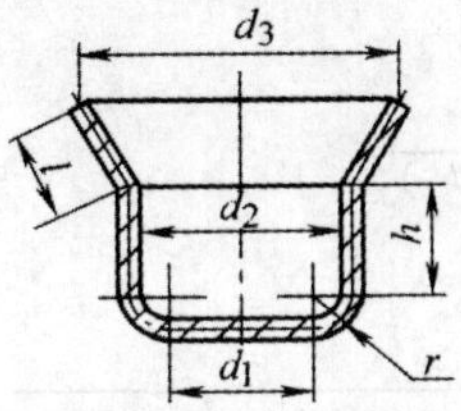	$D=\sqrt{d_1^2+2\pi rd_1+8r^2+4d_2h+2l(d_2+d_3)}$
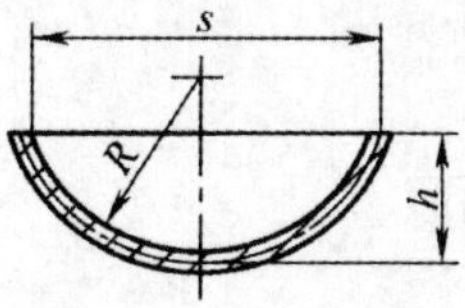	$D=\sqrt{8Rh}$ 或 $D=\sqrt{s^2+4h^2}$
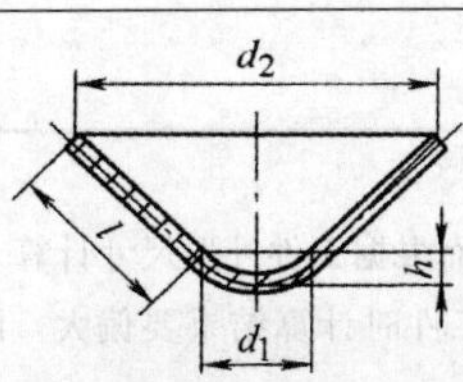	$D=\sqrt{d_1^2+4h^2+2l(d_1+d_2)}$

续表 5

简　图	毛坯直径 D
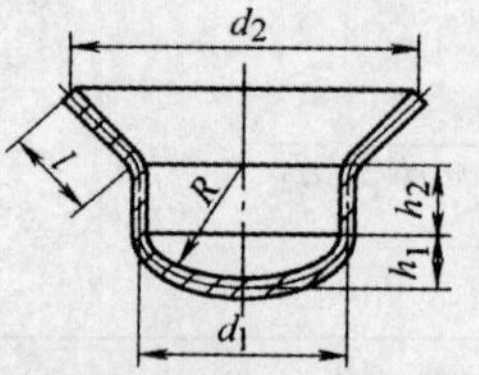	$D=\sqrt{d_1^2+4\left[h_1^2+d_1h_2+\frac{l}{2}(d_1+d_2)\right]}$
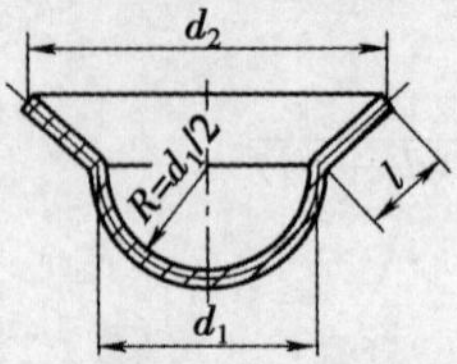	$D=1.414\sqrt{d_1^2+l(d_1+d_2)}$
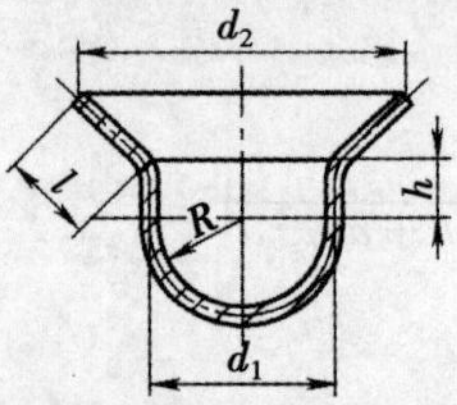	$D=1.414\sqrt{d_1^2+2d_1h+l(d_1+d_2)}$
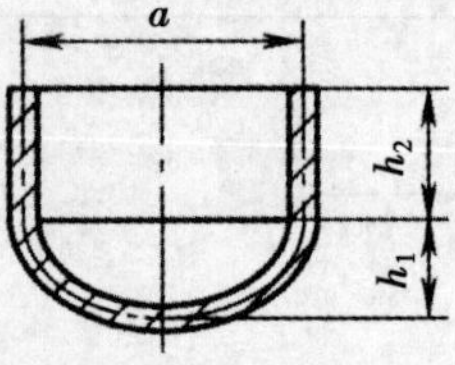	$D=\sqrt{d^2+4(h_1^2+dh_2)}$
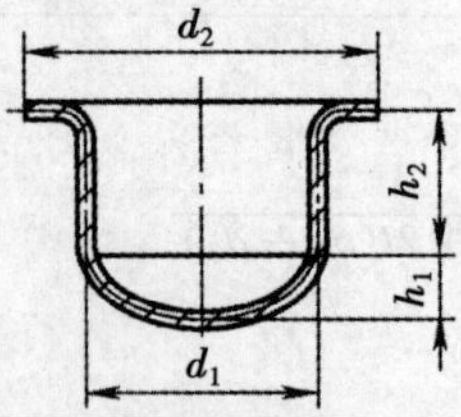	$D=\sqrt{d_2^2+4(h_1^2+d_1h_2)}$
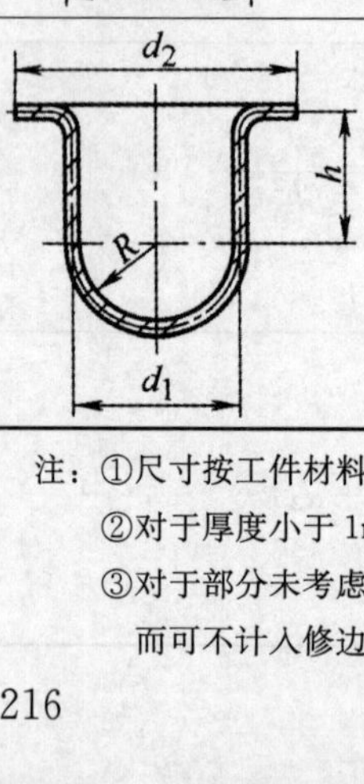	$D=\sqrt{d_1^2+d_2^2+4d_1h}$

注：①尺寸按工件材料厚度中心层尺寸计算。

②对于厚度小于 1mm 的拉深件，可不按材料厚度中心层尺寸计算，而根据工件外形尺寸计算。

③对于部分未考虑工件圆角半径的计算公式，在计算有圆角半径的工件时计算结果要偏大，因而可不计入修边余量值，或选用较小的修边余量值。

按表 4－6 和表 4－7 所列公式计算所得毛坯直径，还要按表 4－8 和表 4－9 另行增加拉深件的修边余量 $b_{修}$。则其毛坯直径应按下式确定：

$$D=\sqrt{\frac{4}{\pi}A_0}=\sqrt{\frac{4}{\pi}\Sigma A_i}$$

式中　A_0——含修边余量的拉深件表面积（mm^2）；

ΣA_i——拉深件分段计算的各段表面积的代数和（mm^2）。

表 4－8　　无凸缘圆筒形拉深件的切边余量 Δh

工件高度 h（mm）	工件的相对高度 h/d（mm）				附图
	＞0.5～0.8	＞0.8～1.6	＞1.6～2.5	＞2.5～4.0	
≤10	1.0	1.2	1.5	2	
＞10～20	1.2	1.6	2	2.5	
＞20～50	2	2.5	3.3	4	
＞50～100	3	3.8	5	6	
＞100～150	4	5	6.5	8	
＞150～200	5	6.3	8	10	
＞200～250	6	7.5	9	11	
＞250	7	8.5	10	12	

表 4－9　　有凸缘圆筒形拉深件的切边余量 ΔR

凸缘直径 d_t（mm）	凸缘的相对直径 d_t/d（mm）				附图
	1.5 以下	＞1.5～2	＞2～2.5	＞2.5	
≤25	1.8	1.6	1.4	1.2	
＞25～50	2.5	2.0	1.8	1.6	
＞50～100	3.5	3.0	2.5	2.2	
＞100～150	4.3	3.6	3.0	2.5	
＞150～200	5.0	4.2	3.5	2.7	
＞200～250	5.5	4.6	3.8	2.8	
＞250	6	5	4	3	

表 4－6 和表 4－7 的公式均未考虑在不变薄拉深中料厚发生变化的工艺特点。当需要准确计算毛坯尺寸时，应考虑拉深后料厚变薄的因素，也应兼顾到工件不修边的要求，应按照下式计算：

$$D=1.13\sqrt{A\alpha}=1.13\sqrt{\frac{A}{\beta}}$$

式中　D——毛坯直径（mm）；

A——不加修边余量的拉深总表面积（mm^2）；

α——平均变薄系数，见表 4-10；

β——面积改变系数，见表 4-10。

表 4-10　用压边圈拉深时料厚变薄系数与面积改变系数

相对圆角半径 $R_0=\frac{r_凹+r_凸}{t}$	相对间隙 $C=\frac{D_凹-d_凸}{2t}$	单位压边力 $f_边$（MPa）	拉深速度 v (m/s)	平均变薄系数 $\alpha=\frac{t_1}{t}$	面积改变系数 $\beta=\frac{A_1}{A}$
>3	>1.1	1.0～2.0	<0.2	1.0～0.97	1.00～1.03
3～2	1.1～1.0	2.0～2.5	0.2～0.4	0.97～0.93	1.03～1.08
<2	<1.0～0.98	2.5～3.0	>0.4	0.93～0.90	1.08～1.11

注：①表中符号意义：$r_凹$——拉深凹模圆角半径（mm）；$r_凸$—拉深凸模圆角半径（mm）；$D_凹$——拉深凹模直径（mm）；$d_凸$——拉深凸模直径（mm）；t——拉深材料厚度（mm）；t_1——拉深件平均厚度（mm）；A——拉深毛坯表面积（mm^2）；A_1——拉深件实际面积（mm^2）。

②对于形状简单的、只进行一次拉深的拉深件，表中 α 系数应取较大数值；对于形状复杂，需进行多次拉深的拉深件，取较小数值。

4. 复杂旋转体拉深件毛坯尺寸的确定

复杂旋转体拉深件是指母线较复杂的旋转体零件，其母线可能由一段曲线组成，也可能由若干直线段与圆弧段相接组成。复杂旋转体拉深件的表面积可根据久里金法则求出。即任何形状的母线绕轴转一周所得到的旋转体表面积，等于该母线的长度与其形心绕该轴线旋转所得周长的乘积。如图 4-7 所示，旋转体表面积为：

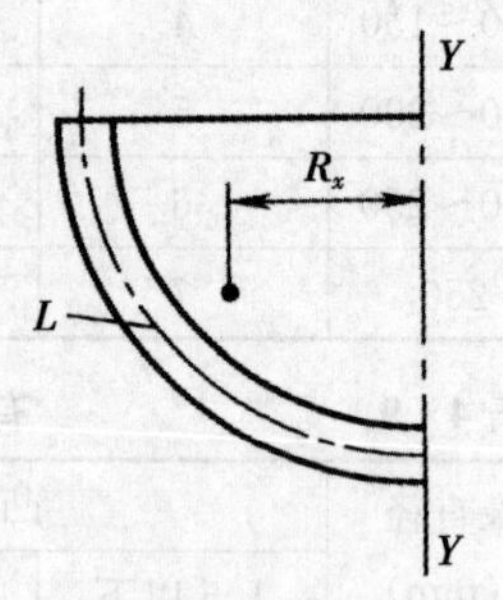

图 4-7　旋转体表面积计算示意图

$$A=2\pi R_x L$$

根据拉深前后表面积相等的原则，毛坯直径可按下式求出：

$$\pi D^2/4=2\pi R_x L$$

$$D=\sqrt{8R_x L}$$

式中　A——旋转体表面积（mm^2）；

R_x——旋转体母线形心到旋转轴线的距离（称旋转半径）（mm）；

L——旋转体母线长度（mm）；

D——毛坯直径（mm）。

由上式可知，只要知道旋转体母线长度及其形心的旋转半径，就可以求出毛坯的直径。当母线较复杂时，可先将其分成简单的直线和圆弧，分别求出各直线和圆弧的长度 L_1、L_2、…、L_n 和其形心到旋转轴的距离 R_{x1}、R_{x2}、…、R_{xn}（直线的形心在其中点，圆弧的长度及形心位置可按表 4-11 计算），再根据下式进行计算：

$$D=\sqrt{8\sum_{i=1}^{n}R_{xi}L_i}$$

表 4-11　　圆弧长度和形心到旋转轴的距离计算公式

计算公式	简图
中心角 $\alpha<90^\circ$ 时的弧长 L $L=\pi R\frac{\alpha}{180^\circ}$	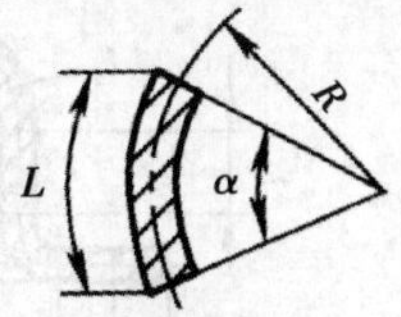 L α R
中心角 $\alpha=90^\circ$ 时的弧长 L $L=\frac{\pi}{2}R$	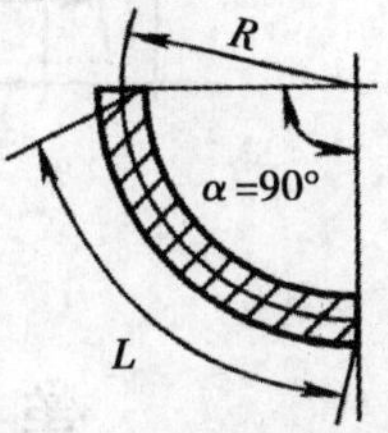 R α=90° L
中心角 $\alpha<90^\circ$ 时，弧的重心到 Y 轴的距离 R_x (a) $R_x=R\frac{180^\circ\sin\alpha}{\pi\alpha}$　(b) $R_x=R\frac{180^\circ(1-\cos\alpha)}{\pi\alpha}$	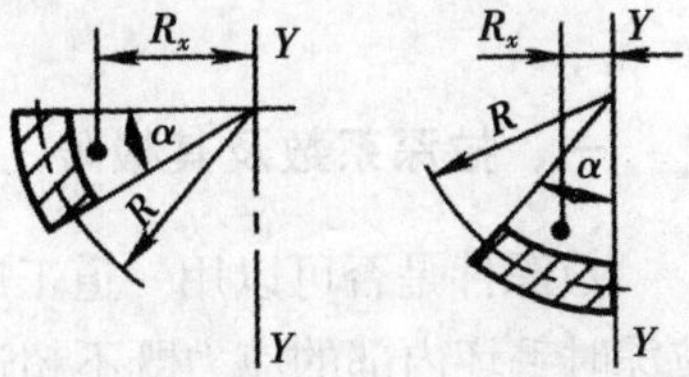 R_x Y α R Y (a)　R_x Y R α Y (b)
中心角 $\alpha=90^\circ$ 时，弧的重心到 Y 轴的距离 R_x $R_x=\frac{2}{\pi}R$	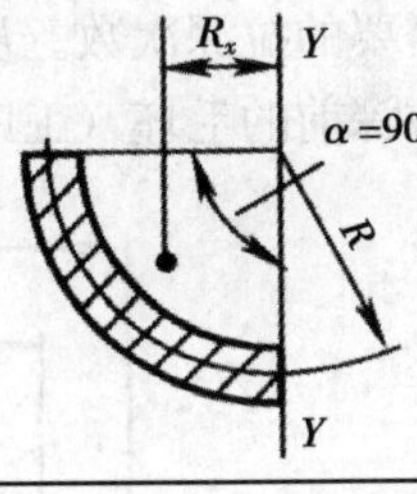 R_x Y α=90° R Y

如图 4-8 所示为拉深件，板料厚度为 1mm，求毛坯直径？

经计算，各直线段和圆弧长度为：$l_1=27$mm，$l_2=7.85$mm，$l_3=8$mm，$l_4=8.376$mm，$l_5=12.564$mm，$l_6=8$mm，$l_7=7.85$mm，$l_8=10$mm。

各直线和圆弧形心的旋转半径为：$R_{x1}=13.5$mm，$R_{x2}=30.18$mm，$R_{x3}=32$mm，$R_{x4}=33.384$mm，$R_{x5}=39.924$mm，$R_{x6}=42$mm，$R_{x7}=43.82$mm，$R_{x8}=52$mm。

故毛坯直径为：

$$\begin{aligned}D&=\sqrt{8\times(27\times13.5+7.85\times30.18+8\times32+8.38\times33.38}\\&\overline{+12.56\times39.92+8\times42+7.85\times43.82+10\times52}\\&=150.6(\text{mm})\end{aligned}$$

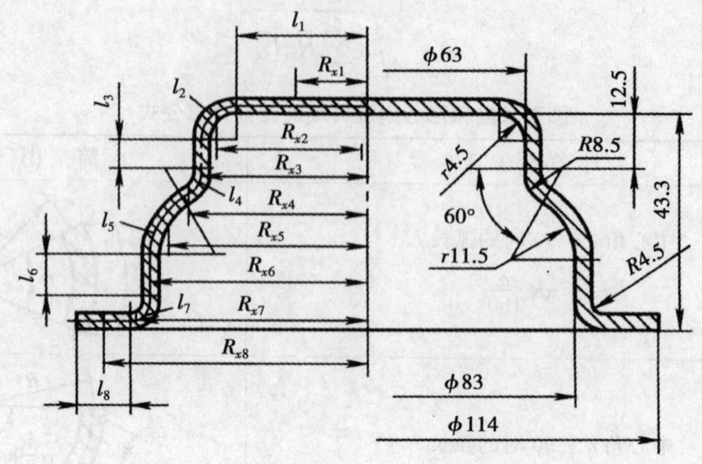

图 4-8　用解析法计算坯料直径

第三节　拉深系数与拉深次数

一、拉深系数及其极限

拉深件是否可以用一道工序拉成，或是需要几道工序才能拉成，主要决定于拉深时毛坯内部的应力既不超过材料的强度极限，而且还能充分利用材料的塑性，采用最大可能的变形程度。为此要掌握衡量拉深变形的指标，即拉深系数的考核，并得出需要的拉深次数。从广义上说，圆筒形件的拉深系数 m 是以每次拉深后的直径与拉深前的毛坯（工序件）直径之比，表示如图 4-9 所示，即：

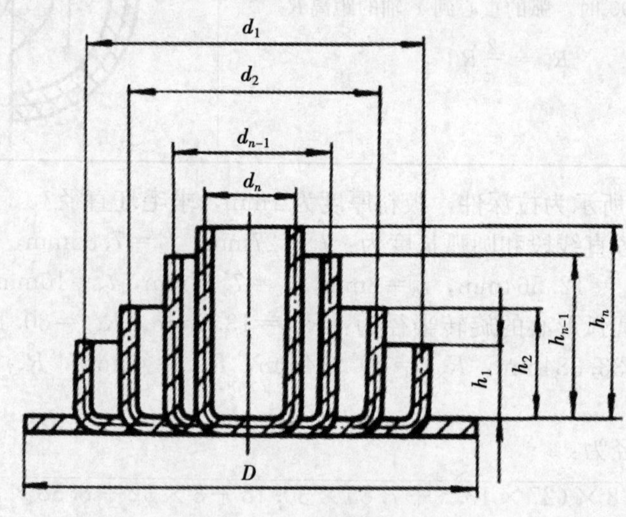

图 4-9　圆筒形件多次拉深

第一次拉深系数：$m_1 = \dfrac{d_1}{D}$；

第二次拉深系数：$m_2 = \dfrac{d_2}{d_1}$

⋮

第 n 次拉深系数：$m_n = \dfrac{d_n}{d_{n-1}}$

式中　D——坯料直径（mm）；

d_1、d_2、…、d_{n-1}、d_n——各次拉深后的直径（中径）（mm）。

总拉深系数 $m_{总}$ 表示毛坯直径 D 拉深至 d_n 的总变形程度，即：

$$m_{总} = \frac{d_n}{D} = \frac{d_1}{D}\frac{d_2}{d_1}\frac{d_3}{d_2}\cdots\frac{d_{n-1}}{d_{n-2}}\frac{d_n}{d_{n-1}} = m_1 m_2 m_3 \cdots m_{n-1} m_n$$

拉深系数表示了拉深前后毛坯直径或周长的变化率，且反映了毛坯外边缘在拉深时切向压缩变形的大小，因此可用它作为衡量拉深变形程度的指标，其数值永远小于1。拉深系数愈小，说明拉深变形程度愈大；相反，变形程度愈小。为了防止在拉深过程中产生起皱和拉裂的缺陷，就应减小拉深变形程度（即增大拉深系数），从而减小切向压应力和径向拉应力，以减小起皱和破裂的可能性。

如图4-10所示为用同一材料、同一厚度的毛坯，在凸、凹模尺寸相同的模具上用逐步加大毛坯直径（即逐步减小拉深系数）的办法进行试验的情况。其中，图4-10（a）表示在无压边装置情况下，当毛坯尺寸较小时（即拉深系数较大时），拉深能够顺利进行；当毛坯直径加大，使拉深系数减小到一定数值（如 m=0.75）时，会出现起皱。如果增加压边装置［如图4-10（b）所示］，则能防止起皱，此时进一步加大毛坯直径、减少拉深系数，拉深还可以顺利进行。但当毛坯直径加大到一定数值，或拉深系数减少到一定数值（如 m=0.50）后，筒壁出现拉裂现象，拉深过程被迫中断。

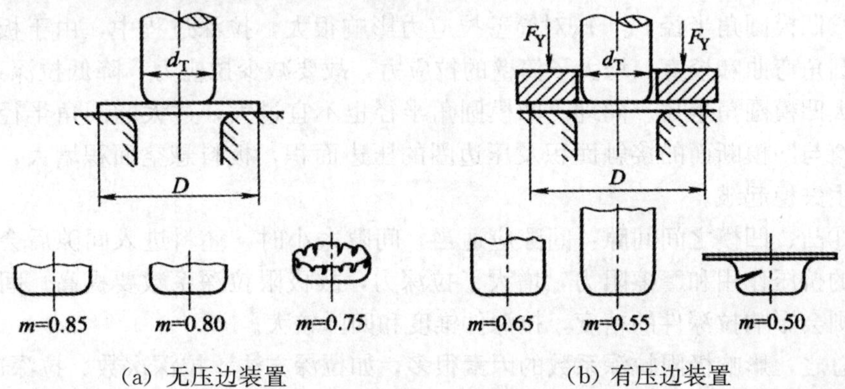

（a）无压边装置　　（b）有压边装置

图4-10　拉深试验

因此，为了保证拉深工艺的顺利进行，就必须使拉深系数大于一定数值，这个一定的数值即为在一定条件下的极限拉深系数，用符号“[m]”表示。小于这个数值，就会使拉深件起皱、拉裂或严重变薄而超差。另外，在多次拉深过程中，由于材料的加工硬化，使得变形抗力不断增大，所以以后各次极限拉深系数必须逐次递增，即 [m_1] < [m_2] < [m_3] <…< [m_n]。

1. 影响极限拉深系数的具体因素

(1) 材料的组织与力学性能。一般来说，材料组织均匀、晶粒大小适当、屈强比 σ_s/σ_b 小、塑性好、板平面方向性系数小、板厚方向系数大、硬化指数大的板料，变形抗力小，筒壁传力区不容易产生局部严重变薄和拉裂，因而拉深性能好，极限拉深系数较小。

(2) 板料的相对厚度 t/D。当板料相对厚度较大时，抵抗失稳起皱的能力大，不容易起皱；否则反之。且为了防皱而增加压边力，又会引起摩擦阻力相对增大。因此板料相对厚度小，极限拉深系数较大；板料相对厚度大，极限拉深系数较小。

(3) 材料的表面质量。材料的表面光滑，拉深时摩擦阻力小，从而使得材料容易流动，所以极限拉深系数可以减小。

(4) 摩擦与润滑条件。凹模与压边圈的工作表面光滑、润滑条件较好，可以减小拉深系数。但为避免在拉深过程中凸模与板料或工序件之间产生相对滑移造成危险断面的过度变薄或拉裂，在不影响拉深件内表面质量和脱模的前提下，凸模工作表面可以比凹模粗糙一些，并避免涂润滑剂。

(5) 模具的几何参数：

①凸模圆角半径 r_T：r_T 太小，增大了板料绕凸模弯曲的拉应力，使得坯料在此处的弯曲变形程度增加，降低了危险断面的抗拉强度，因而会降低极限变形程度。但凸模圆角半径也不宜过大，因为过大的凸模圆角半径会减少坯料与凸模的接触面积，坯料悬空面积增大，容易产生失稳起皱。

②凹模圆角半径 r_A：r_A 对筒壁拉应力影响很大，拉深过程中，由于板料绕凹模圆角弯曲和校直，增大了筒壁的拉应力，故要减少拉应力，降低拉深系数，应增大凹模圆角半径。同理，凹模圆角半径也不宜过大，过大的圆角半径会减少板料与凹模断面的接触面积及压边圈的压边面积，板料悬空面积增大，也容易产生失稳起皱。

③凸、凹模之间间隙：间隙应适当。间隙太小时，坯料进入间隙后会受到太大的挤压作用和摩擦阻力，增大了拉深力，故极限拉深系数要提高；间隙太大，则会影响拉深件的精度，拉深件锥度和回弹较大。

总之，影响极限拉深系数的因素很多，如拉深方法、拉深次数、拉深速度、拉深件的形状、反拉深、软模拉深等。在所有的因素中，相对厚度 t/D 是主要因素，其次是凹模圆角半径 r_A。因此在实际生产中应尽量采取有利于减少拉深系数的措施，以减少拉深次数，提高生产率，降低成本。当拉深工艺及模具已经确定之后，也可以根据实际需要与可能，采取上述降低拉深系数的措施，以提高拉深工艺的稳定性，减少废品率。

2. 拉深系数的确定

对于圆筒形（不带凸缘）的拉深件，每次拉深后圆筒形直径与拉深前毛坯（或半成品）直径的比值称为拉深系数，如图 4-9 所示。

（1）无凸缘圆筒形件拉深系数（用压边圈），见表 4-12。

表 4-12　无凸缘圆筒形件拉深系数（用压边圈）

各次拉深系数	毛坯相对厚度 $t/D\times100$					
	≤2～1.5	<1.5～1.0	<1.0～0.6	<0.6～0.3	<0.3～0.15	<0.15～0.08
m_1	0.48～0.50	0.50～0.53	0.53～0.55	0.55～0.58	0.58～0.60	0.60～0.63
m_2	0.73～0.75	0.75～0.76	0.76～0.78	0.78～0.79	0.79～0.80	0.80～0.82
m_3	0.76～0.78	0.78～0.79	0.79～0.80	0.80～0.81	0.81～0.82	0.82～0.84
m_4	0.78～0.80	0.80～0.81	0.81～0.82	0.82～0.83	0.83～0.85	0.85～0.86
m_5	0.80～0.82	0.82～0.84	0.84～0.85	0.85～0.86	0.86～0.87	0.87～0.88

注：①表中拉深系数适用于 08 钢、10 钢、15 钢、H62、H68。当拉深塑性更大的金属时（05 钢、08Z 钢及 10Z 钢、铝等），应比表中数值减小 1.5%～2%，而当拉深塑性较小的金属时（20 钢、25 钢、Q235、酸洗钢、硬铝、硬黄铜等），应比表中数值增大 1.5%～2%（符号 S 为拉深钢，Z 为最深拉深钢）。

②表中较小值适用于大的凹模圆角半径（$R_{凹}=8\sim15t$），较大值适用于小的凹模圆角半径（$R_{凹}=4\sim8t$）。

（2）无凸缘圆筒形件拉深系数（不用压边圈），见表 4-13。

表 4-13　无凸缘圆筒形件拉深系数（不用压边圈）

相对厚度 $t/D\times100$	各次拉深系数					
	m_1	m_2	m_3	m_4	m_5	m_6
0.8	0.80	0.88	—	—	—	—
1.0	0.75	0.85	0.90	—	—	—
1.5	0.65	0.80	0.84	0.87	0.90	—
2.0	0.60	0.75	0.80	0.84	0.87	0.90
2.5	0.55	0.75	0.80	0.84	0.87	0.90
3.0	0.53	0.75	0.80	0.84	0.87	0.90
>3	0.50	0.70	0.75	0.78	0.82	0.85

（3）带凸缘筒形件（10 钢）第一次拉深系数，见表 4-14。

表 4-14　　带凸缘筒形件拉深系数（10 钢）

凸缘的相对直径 $\frac{d_φ}{d_1}$	材料相对厚度 $t/D×100$				
	≤2～1.5	<1.5～1.0	<1.0～0.6	<0.6～0.3	<0.3～0.15
≤1.1	0.51	0.53	0.55	0.57	0.59
>1.1～1.3	0.49	0.21	0.53	0.54	0.55
>1.3～1.5	0.47	0.49	0.50	0.51	0.52
>1.5～1.8	0.45	0.46	0.47	0.48	0.48
>1.8～2.0	0.42	0.43	0.44	0.45	0.45
>2.0～2.2	0.40	0.41	0.42	0.42	0.42
>2.2～2.5	0.37	0.38	0.38	0.38	0.38
>2.5～2.8	0.34	0.35	0.35	0.35	0.35
>2.8～3.0	0.32	0.33	0.33	0.33	0.33

（4）其他金属材料拉深系数，见表 4-15。

表 4-15　　其他金属材料拉深系数

材料名称	材料牌号	首次拉深 m_1	以后各次拉深 m_n
铝和铝合金	8A06M、1035M、5A12M	0.52～0.55	0.70～0.75
硬铝	2A12M、2A11M	0.56～0.58	0.75～0.80
黄铜	H62	0.52～0.54	0.70～0.72
	H68	0.50～0.52	0.68～0.72
纯铜	T2、T3、T4	0.50～0.55	0.72～0.80
无氧铜		0.50～0.58	0.75～0.82
镍、铁镍、硅镍	—	0.48～0.53	0.70～0.75
康铜（铜镍合金）	—	0.50～0.56	0.74～0.84
白铁皮	—	0.58～0.65	0.80～0.85
酸洗钢板	—	0.54～0.58	0.75～0.78
不锈钢	Cr13	0.52～0.56	0.75～0.78
	Cr18Ni	0.50～0.52	0.70～0.75
	1Cr18Ni9Ti	0.52～0.55	0.78～0.81
	Cr18Ni11Nb、Cr23Ni18	0.52～0.55	0.78～0.80
镍铬合金	Cr20Ni80Ti	0.54～0.59	0.78～0.84
合金结构钢	30CrMnSiA	0.62～0.70	0.80～0.84
可伐合金	—	0.65～0.67	0.85～0.90

续表

材料名称	材料牌号	首次拉深 m_1	以后各次拉深 m_n
钼铱合金	—	0.72～0.82	0.91～0.97
钽	—	0.65～0.67	0.84～0.87
钛及钛合金	TA2、TA3	0.58～0.60	0.80～0.85
	TA5	0.60～0.65	0.80～0.85
锌	—	0.65～0.70	0.85～0.90

注：①凹模圆角半径 $r_d<6t$ 时拉深系数取大值；凹模圆角半径 $r_d\geqslant(7\sim8)t$ 时拉深系数取小值。

②材料相对厚 $\frac{t}{D}\times100\geqslant0.62$ 时拉深系数取小值；材料相对厚度 $\frac{t}{D}\times100<0.62$ 时拉深系数取大值。

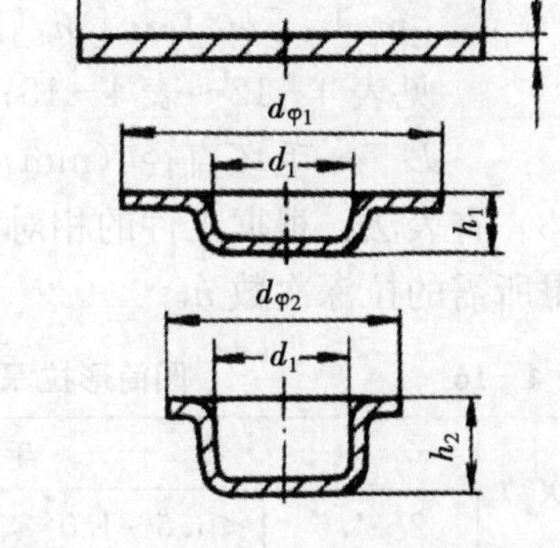

图 4-11　不同凸缘直径和高度的拉深件

由于在拉深带凸缘筒形件时，可在同样的比例关系 $m_1=d_1/D$ 的情况下，即采用相同的毛坯直径 D 和相同的工件直径 d_1 时，拉深出各种不同凸缘直径 d_φ 和不同高度 h 的工件（如图 4-11 所示）。因此，用 $m_1=d_1/D$ 便不能表达各种不同情况下实际的变形程度，为此必须同时考核凸缘的相对直径 d_φ/d_1。

宽凸缘筒形件的拉深方法：在第一道拉深工序时，就应得到宽凸缘的直径 d_φ，而在以后的各次拉深时，d_φ 不变，仅使拉深件的筒部直径减小，高度增加，直至得到零件的尺寸。因此宽凸缘筒形件的第二次及以后各次的拉深系数可参照无凸缘圆筒形件的拉深系数。

二、拉深次数的判定及计算

1. 圆筒形拉深件的拉深次数及计算

圆筒形拉深件的拉深次数，可用下列方法进行计算和确定：

（1）计算法：按下式计算拉深次数：

$$n=1+\frac{\lg(d_n)-\lg([m_1]D)}{\lg[m_n]}$$

式中　n——拉深次数；

d_n——工件直径（mm）；

D——毛坯直径（mm）；

$[m_1]$——第一道拉深工序的极限拉深系数；

$[m_n]$——以后各道拉深工序平均的极限拉深系数。

极限拉深系数的值见表 4－12、表 4－13、表 4－14、表 4－15。

（2）推算法：根据极限拉深系数和毛坯直径，从第一道拉深工序开始逐步向后推算各工序的直径，一直算到得出的直径小于或等于工件直径，即可确定所需的拉深次数。推算用公式：

$$d_1 = [m_1]D$$

$$d_2 = [m_2]d_1$$

$$\cdots$$

$$d_n = [m_n]d_{n-1}$$

式中　d_1、$d_2 \cdots d_{n-1}$、d_n——第 1、2、…（$n-1$）、n 道工序的直径（mm）；

$[m_1]$、$[m_2] \cdots [m_n]$——第 1、2、…n 道工序的极限拉深系数，见表 4－12～表 4－15；

D——毛坯直径（mm）。

（3）查表法：根据工件的相对高度 h/d 和毛坯的相对厚度 t/D，从表 4－16 中查得所需的拉深次数 n。

表 4－16　圆筒形拉深件的最大相对高度 h/d

拉深次数	毛坯相对厚度 $t/D \times 100$					
	2～1.5	<1.5～1.0	<1.0～0.6	<0.6～0.3	<0.3～0.15	<0.15～0.08
1	0.94～0.77	0.84～0.65	0.70～0.57	0.62～0.5	0.52～0.45	0.46～0.38
2	1.88～1.54	1.60～1.32	1.36～1.1	1.13～0.94	0.96～0.83	0.9～0.7
3	3.5～2.7	2.8～2.2	2.3～1.8	1.9～1.5	1.6～1.3	1.3～1.1
4	5.6～4.3	4.3～3.5	3.6～2.9	2.9～2.4	2.4～2.0	2.0～1.5
5	8.9～6.6	6.6～5.1	5.2～4.1	2.1～3.3	3.3～2.7	2.7～2.0

注：①大的 h/d 比值适用于在第一道工序内大的凹模圆角半径 $r_d \geqslant$（8～15）t，小的比值适用于小的凹模圆角半径 $r_d \geqslant$（4～8）t。

②表中拉深次数适用于 08 及 10 号钢的拉深件。

2. 带凸缘筒形拉深件拉深工艺计算

（1）拉深次数的判断：用带凸缘筒形件第一次拉深的最大相对深度 h_1/d_1 和极限拉深系数 m_1 判断。

①计算拉深件拉深系数 $m = d/D$：当 $m \geqslant m_1$ 时，可以一次拉深成形；当 $m < m_1$ 时，需多次拉深。

②计算拉深工件相对高度 h/d：当 $h/d \leqslant h_1/d_1$ 时，可以一次拉深成形；$h/d > h_1/d_1$ 时，需多次拉深。

式中　m_1——有凸缘筒形件第一次拉深时的极限拉深系数，见表 4－17；

h_1/d_1 ——有凸缘筒形件第一次拉深时的极限相对高度，见表 4-18。

表 4-17　　带凸缘筒形件第一次拉深时的极限拉深系数 m_1

法兰相对直径 $\frac{d_凸}{d_1}$	毛坯相对厚度 $\frac{t}{D}\times 100$				
	>0.06～0.2	>0.2～0.5	>0.5～1.0	>1.0～1.5	>1.5
≤1.1	0.59	0.57	0.55	0.53	0.50
>1.1～1.3	0.55	0.54	0.53	0.51	0.49
>1.3～1.5	0.52	0.51	0.50	0.49	0.47
>1.5～1.8	0.48	0.48	0.47	0.46	0.45
>1.8～2.0	0.45	0.45	0.44	0.43	0.42
>2.0～2.2	0.42	0.42	0.42	0.41	0.40
>2.2～2.5	0.38	0.38	0.38	0.38	0.37
>2.5～2.8	0.35	0.35	0.34	0.34	0.33
>2.8～3.0	0.33	0.33	0.32	0.32	0.31

注：适用于 08、10 钢。

表 4-18　　带凸缘筒形件第一次拉深时的极限相对高度 h_1/d_1

法兰相对直径 $\frac{d_凸}{d_1}$	毛坯相对厚度 $\frac{t}{D}\times 100$				
	>0.06～0.2	>0.2～0.5	>0.5～1.0	>1.0～1.5	>1.5
≤1.1	0.45～0.52	0.50～0.62	0.57～0.70	0.60～0.80	0.75～0.90
>1.1～1.3	0.40～0.47	0.45～0.53	0.50～0.60	0.56～0.72	0.65～0.80
>1.3～1.5	0.35～0.42	0.40～0.48	0.45～0.53	0.50～0.63	0.58～0.70
>1.5～1.8	0.29～0.35	0.34～0.39	0.37～0.44	0.42～0.53	0.48～0.58
>1.8～2.0	0.25～0.30	0.29～0.34	0.32～0.38	0.32～0.46	0.42～0.51
>2.0～2.2	0.22～0.26	0.25～0.29	0.27～0.33	0.31～0.40	0.35～0.45
>2.2～2.5	0.17～0.21	0.20～0.23	0.22～0.27	0.25～0.32	0.28～0.35
>2.5～2.8	0.13～0.16	0.15～0.18	0.17～0.21	0.10～0.24	0.22～0.27
>2.8～3.0	0.10～0.13	0.12～0.15	0.14～0.17	0.16～0.20	0.18～0.22

注：①适用于 08、10 钢。

②较大值相应于零件圆角半径较大情况，即 $r_凹$、$r_凸$ 为（10～20）t；较小值相应于零件圆角半径较小情况，即 $r_凹$、$r_凸$ 为（4～8）t。

（2）窄凸缘筒形件多次拉深计算：当凸缘直径与工件直径之比 $d_凸/d=1.1$

~1.4 时为窄凸缘，常用如图 4-12 所示两种拉深方法：

第一种：前几次拉深中不留凸缘，在以后拉深中切成凸缘，切边后校平，图 4-12a 所示；

第二种：在缩小直径的过程中留下凸缘分部圆角部分，在整形的前一工序将凸缘压成锥形，最后整形时压平凸缘，如图 4-12b 所示。

窄凸缘筒形件拉深工艺按无凸缘筒形件计算方法。

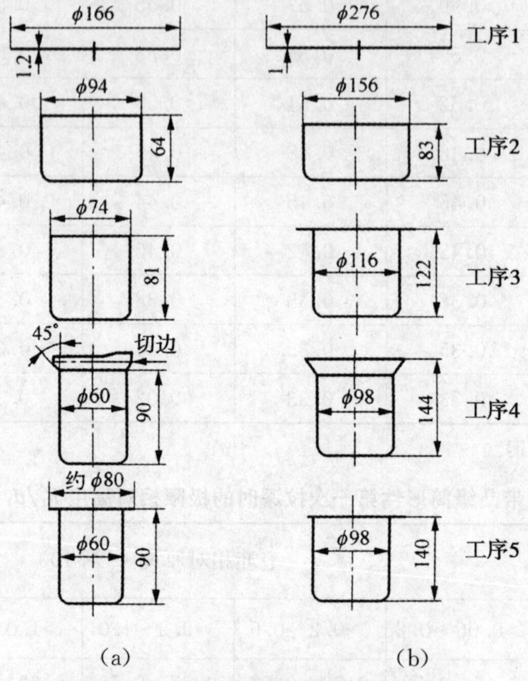

图 4-12　窄凸缘筒形件的拉深方法

(3) 宽凸缘（$d_{凸}/d>1.4$）筒形件多次拉深计算：

①计算原则：宽凸缘筒形件多次拉深，在以后各次拉深时不再发生收缩变形，以避免开裂。在工艺设计时，通常把第一次拉入凹模的毛坯面积加大 3%~5%。这些多余材料在以后各次拉深中，逐次被挤回到凸缘部分，使凸缘增厚。对于料厚小于 0.5mm 的带凸缘拉深件，效果尤为显著。

②拉深工艺：

a. 变高度拉深法，如图 4-13（a）所示。圆角半径基本不变或逐次减小，以缩小筒形直径来增加其高度。本法适于材料较薄、拉深深度比直径大的零件。应用本法时，最后要加一道校形工序，以减少工件表面残留的印痕。

b. 高度不变法，如图 4-13（b）所示。高度 h 基本不变，首次拉深选用较大的 $r_{凹}$，以后各次拉深逐次减小圆角半径和筒形直径。本法适用于材料较厚、直径和深度相近的零件。

c. 凸缘小直径拉深法。凸缘直径过大、圆角半径过小时，可先以适当的圆角半径成形，然后整形到零件要求的尺寸，如图 4－13（c）。

当凸缘直径过大时，可用大直径的球形凸模进行胀形成形，在较大范围内聚料及均化变形，然后成形到所要求的尺寸，如图 4－13（d）。

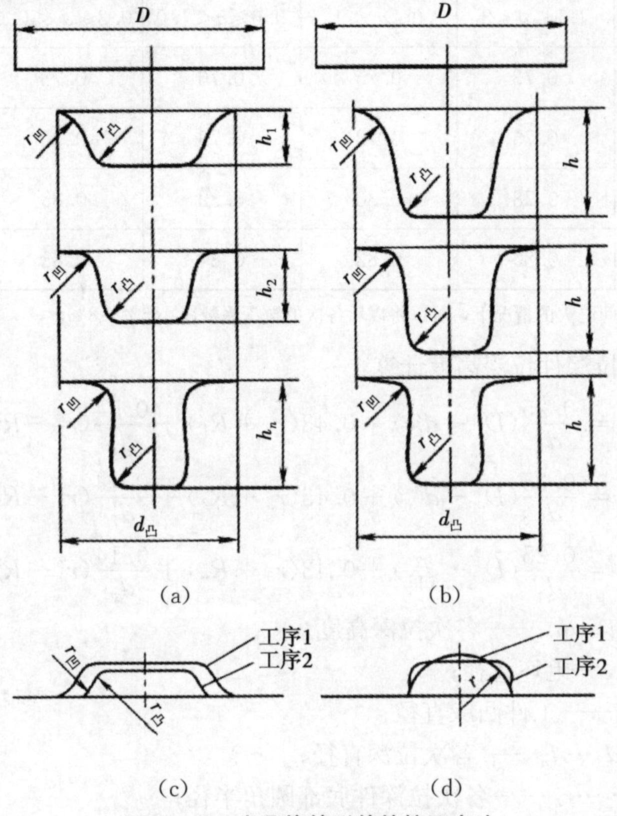

图 4－13　宽凸缘筒形件的拉深方法

③计算方法：

a. 选用修边余量，见表 4－13，计算毛坯直径 D。

b. 检查能否一次拉深成形，见表 4－17、表 4－18。

c. 计算拉深次数及各次拉深直径。从表 4－21 查出第一次拉深系数 m_1，从表 4－19 查出以后各次拉深系数 m_2、m_3… 用逼近法预算各次拉深直径：$d = m_1 D$、$d_2 = m_2 d_1$、$d_3 = m_3 d_2$… 直至 $d_n = m_n d_{n-1} \leqslant d$，得出所需拉深次数。

d. 确定拉深次数后，调整各工序拉深系数，合理分配各工序变形程度。

e. 根据调整后的各工序拉深系数，再计算各工序拉深直径。

f. 选用各工序圆角半径。

g. 计算第一次拉深高度 h_1，并按表 4－18 校核 h_1 是否安全。如不安全，需重新选用 m，计算各次拉深直径和 h_1。

h. 计算以后各次拉深高度。

表 4-19 带凸缘筒形件以后各次的拉深系数

拉深系数 m_n	材料相对厚度 $n=\frac{t}{D}\times 100$				
	$1.5\leqslant a\leqslant 2$	$1.0\leqslant a<1.5$	$0.6\leqslant a<1.0$	$0.3\leqslant a<0.6$	$0.15\leqslant a<0.3$
m_2	0.73	0.75	0.76	0.78	0.80
m_3	0.75	0.78	0.79	0.80	0.82
m_4	0.78	0.80	0.82	0.83	0.84
m_5	0.80	0.82	0.84	0.85	0.86

注：在应用中间退火的情况下，可以将以后各次的拉深系数减小 5%～8%。

④带凸缘拉深件拉深高度计算：

$$h_1=\frac{0.25}{d_1}(D^2-d_{凸}^2)+0.43(r_1+R_1)+\frac{0.14}{d_1}(r_1^2-R_1^2)$$

$$h_2=\frac{0.25}{d_2}(D^2-d_{凸}^2)+0.43(r_2+R_2)+\frac{0.14}{d_2}(r_2^2-R_2^2)$$

$$h_n=\frac{0.25}{d_n}(D^2-d_{凸}^2)+0.43(r_n+R_n)+\frac{0.14}{d_n}(r_n^2-R_n^2)$$

式中 $h_1h_2\cdots h_n$——各次拉深高度；

D——毛坯直径；

$h_{凸}$——工件凸缘直径；

$d_1d_2\cdots d_n$——各次拉深直径；

$r_1r_2\cdots r_n$——各次拉深件底部圆角半径；

$R_1R_2\cdots R_n$——各次拉深件凸缘处圆角半径。

第四节 拉深力与拉深功

一、拉深件的拉深力计算

拉深力是指工件拉深时所需加在凸模上的总压力，它包括材料变形抗力及克服各种阻力所需要的力。由于影响拉深力的因素比较复杂，按实际受力和变形情况来准确计算拉深力是比较困难的，所以，实际生产中通常是以危险断面的拉应力不超过其材料抗拉强度为依据，采用经验公式进行计算。各种形状拉深件的拉深力计算见表 4-20。

表 4-20　各种形状拉深件的拉深力计算

拉深件名称	拉深工序	拉深件形状简图	拉深力计算公式及备注
无凸缘的圆筒形拉深件	首次	t, D, d_1, t	$F_{拉}=\pi d_1 t\sigma_b n_1$ 注：n_1 系数值见表 4-21
无凸缘的圆筒形拉深件	第二次及以后各次	d_n, t, d_n, t	$F_{拉}=\pi d_n t\sigma_b n_2$ 注：n_2 系数值见表 4-22
宽凸缘的圆筒形拉深件	首次	t, t, d_1	$F_{拉}=\pi d_1 t\sigma_b n_{凸}$ 注：$n_{凸}$ 系数值见表 4-23
有凸缘的锥形及球形件	首次	t, d_0, d_k, d_k, d_0, d_k, $d_{球}$	$F_{拉}=\pi d_k t\sigma_b n_{凸}$ 注：$d_{球}=2d_k$
无凸缘的椭圆的匣形拉深件	首次	t, R, r	$F_{拉}=\pi d_{均} t\sigma_b n_1$ 注：$R+r=d_{均}$
无凸缘的椭圆的匣形拉深件	第二次及以后各次	R, r	$F_{拉}=\pi d_{均} t\sigma_b n_2$

续表1

拉深件名称	拉深工序	拉深件形状简图	拉深力计算公式及备注
低的矩形匣拉深件 $h<(0.7\sim0.8)B$	一次成形	r, B, A	$F_{拉}=(2A+2B-1.72r)t\sigma_b n_4$ 注：n_4系数值见表4-24
低的方形匣拉深件 $h<0.6B$，边长比小于1.5	一次成形	r, B	$F_{拉}=(4B-1.72r)t\sigma_b n_1$
高矩形匣拉深件 $h>0.8B$	首次	R, r	$F_{拉}=\pi d_{均}\ t\sigma_b n_1$
高矩形匣拉深件	二次及最后一次前各次	R, r	$F_{拉}=\pi d_{均}\ t\sigma_b n_2$
高矩形匣拉深件	最后一次	A, B	$F_{拉}=(2A+2B-1.72r)t\sigma_b n_5$ 注：n_5系数值见表4-25
高方形匣拉深件 $h>0.6B$，边长比大于1.15	首次	d_1	$F_{拉}=\pi d_1 t\sigma_b n_2$

续表 2

拉深件名称	拉深工序	拉深件形状简图	拉深力计算公式及备注
高方形匣拉深件	二次及最后一次前各次	d_n	$F_{拉} = \pi d_n t \sigma_b n_2$
高方形匣拉深件	最后一次	t B r	$F_{拉} = (4B - 1.72r) t \sigma_b n_5$
各种矩形拉深件	各次		$F_{拉} = (0.5 \sim 0.8) L t \sigma_b$
变薄拉深圆筒形拉深件	二次及以后各次	t_{n-1} d_{n-1} t d_n	$F_{拉} = \pi d_n i \sigma_b n_3$ n_3系数值：黄铜为 1.6～1.8，钢为 1.8～2.25 注：变薄量（$i = t_{n-1} - t_n$）均指上次和本次即几次拉深件壁厚
无凸缘的圆筒形拉深件	无压边圈首次	t D d_1	$F_{拉} = 1.25 \pi t \sigma_b (D - d_1)$
无凸缘的圆筒形拉深件	无压边圈的二次及以后各次	t d_{n-1} t d_n	$F_{拉} = 1.3 \pi t \sigma_b (d_{n-1} - d_n)$

续表 3

拉深件名称	拉深工序	拉深件形状简图	拉深力计算公式及备注
无凸缘的圆筒形拉深件	使用锥形凹模洞口拉深		$F_{拉}=0.73\pi t\sigma_b(D-1.08d)$
硬铝材料的圆筒形拉深件	有压边圈首次拉深		$F_{拉}=\pi t\sigma_b(D-d)\dfrac{D}{0.75D+30t}$
对底部呈任意不规则形状的拉深件	各次拉深		$F_{拉}=KLt\sigma_b$ 注：安全系数 $K=1.1\sim1.3$，L 为压边件周边长度（mm）

注：表中符号意义：$F_{拉}$——拉深力（kN）；d、d_n——d 为圆筒形拉深件或拉深凹模直径（mm），d_n 为 n 次拉深直径（mm）；d_k——截锥筒形拉深件小头直径（mm）；$d_{球}$——半球形拉深件球径（mm）；$d_{均}$——圆筒及类圆筒拉深件的平均直径（mm）；t、t_n——t 为拉深件料厚，t_n 为 n 次变薄拉深壁厚（mm）。

表 4-21　圆筒形拉深件首次拉深时拉深力的计算系数 n_1 值

毛坯的相对厚度 $(t/D_{坯})\times100$	首次拉深系数 m_1									
	0.45	0.48	0.50	0.52	0.55	0.60	0.65	0.70	0.75	0.80
5.0	0.95	0.85	0.75	0.65	0.60	0.50	0.43	0.35	0.28	0.20
2.0	1.10	1.00	0.90	0.80	0.75	0.60	0.50	0.42	0.35	0.25
1.2	—	1.10	1.00	0.90	0.80	0.68	0.56	0.47	0.37	0.30
0.8	—	—	1.10	1.00	0.90	0.75	0.60	0.50	0.40	0.33
0.5	—	—	—	1.10	1.00	0.82	0.67	0.55	0.45	0.36
0.2	断裂区			—	1.10	0.90	0.75	0.60	0.50	0.40
0.1	—	—	—	—	—	1.10	0.90	0.75	0.60	0.50

注：在小圆角半径的情况下 $r=(4\sim6)t$，表值应增大 5%，断裂区（拉断）也略为增大。

表 4-22　圆筒形拉深件第二次拉深时拉深力的计算系数 n_2 值

毛坯的相对厚度 $(t/D_{坯})\times100$	第一次最大拉深的相对厚度 $(t/d_1)\times100$	第二次拉深系数 m_2									
		0.70	0.72	0.75	0.78	0.80	0.82	0.85	0.88	0.90	0.92
5.0	11	0.85	0.70	0.60	0.50	0.42	0.32	0.28	0.20	0.15	0.12
2.0	4	1.1	0.90	0.75	0.60	0.52	0.42	0.32	0.25	0.20	0.14
1.2	2.5	—	1.10	0.90	0.75	0.62	0.52	0.42	0.30	0.25	0.16
0.8	1.5	—	—	1.00	0.82	0.70	0.57	0.46	0.35	0.27	0.18
0.5	0.9	—	—	1.10	0.90	0.76	0.63	0.50	0.40	0.30	0.20
0.2	0.3	断裂区			1.00	0.85	0.70	0.56	0.44	0.33	0.23
0.1	0.15	—	—	—	1.10	1.00	0.82	0.68	0.55	0.44	0.30

注：在小圆角半径的情况下，表值应增大5%，断裂区也略增大；以后各次拉深亦按 m_n 之值对应表中 m_2 查表。但当坯件退火时，取表中靠近上面一个较小的值。如无中间退火，可取靠近下面的一个较大值。

表 4-23　拉深宽凸缘圆筒形拉深件拉深力的计算系数 $n_{凸}$ 值

比值 $d_{凸}/d_{件}$	第一次拉深系数 $m_1=d_1/D_{坯}$										
	0.35	0.38	0.40	0.42	0.45	0.50	0.55	0.60	0.65	0.70	0.75
3.0	1.0	0.9	0.83	0.75	0.68	0.56	0.45	0.37	0.30	0.23	0.18
2.8	1.1	1.0	0.90	0.83	0.75	0.62	0.50	0.42	0.34	0.26	0.20
2.5	—	1.1	1.0	0.9	0.82	0.70	0.56	0.46	0.37	0.30	0.22
2.2	—	—	1.1	1.0	0.90	0.77	0.64	0.52	0.42	0.33	0.25
2.0	—	—	—	1.1	1.0	0.85	0.70	0.58	0.47	0.37	0.28
1.8	—	—	—	—	1.1	0.95	0.80	0.65	0.53	0.43	0.33
1.5	—	断裂区			—	1.10	0.90	0.75	0.62	0.50	0.40
1.3	—	—	—				1.0	0.85	0.70	0.56	0.45

注：表值亦适用于带凸缘的锥形及球形拉深件在无拉深肋模具上的拉深。若采用带拉深肋的模具，表值要增大10%～20%，断裂区也要相应增大。

表 4-24　用平板毛坯在一道工序中拉深成低矩形盒（匣）拉深力的计算系数 n_4 值

毛坯的相对厚度 $(t/D_{坯})\times100$				角部的相对圆角半径 r/B				
2.0～1.5	1.5～1.0	1.0～0.6	0.6～0.3	0.3	0.2	0.15	0.10	0.05
拉深件的相对高 h/b				系 数 n_4				
1.0	0.95	0.90	0.85	0.7	—	—	—	—
0.90	0.85	0.76	0.70	0.6	0.7	—	—	—
0.75	0.70	0.65	0.60	0.5	0.6	0.7	—	—
0.60	0.55	0.50	0.45	0.4	0.5	0.6	0.7	—
0.40	0.35	0.30	0.25	0.3	0.4	0.5	0.6	0.7

注：表值适用于08、10、15钢，其他材料按其塑性好坏修正表值。

表 4-25　　用空心的圆筒形及椭圆形坯件（半成品）拉深高的方、矩形盒拉深件最后工序拉深力的计算系数 n_5 值

毛坯的相对厚度（×100）			角部相对之圆角半径 r/B				
			0.3	0.2	0.12	0.10	0.05
$t/D_{坯}$	t/d_1	t/d_2	系数 n_5				
2.0	4.0	5.5	0.40	0.50	0.60	0.70	0.80
1.2	2.5	3.0	0.50	0.60	0.75	0.80	1.0
0.8	1.5	2.0	0.55	0.65	0.80	0.90	1.1
0.5	0.9	1.1	0.60	0.75	0.90	1.0	—

注：①对于矩形盒，d_1、d_2系取椭圆形的第一次及第二次拉深的小直径的数值。

②表值适用于 08、10、15 钢，其他材料可按塑性变化修正之。

各种情况下压边力计算（表 4-26）

表 4-26　　各种情况下压边力计算

拉深情况	公　式
拉深任何形状的工件	$F_{边}=Ap$
圆筒形件第一次拉深	$F_{边}=\frac{\pi}{4}[D^2-(d_1+2r_{凹})^2]p$
圆筒形件以后各次拉深	$F_{边}=\frac{\pi}{4}[d_{n-1}^2-(d_n+2r_{凹})^2]p$

注：式中，A——在压边圈下的毛坯投影面积（mm^2）；p——单位压边力（MPa），其值见表 4-27（a）、表 4-27（b）；

D——平板毛坯直径（mm）；d_1、…、d_n——第 1、…、n 次拉深后工件直径（mm）；$r_{凹}$——拉深凹模圆角半径（mm）。

表 4-27（a）　　单动压力机上拉深的单位压边力　　（MPa）

材料名称		单位压边力	材料名称	单位压边力
铝		0.8～1.2	镀锡钢板	2.5～3.0
纯铜、硬铝（已退火）		1.2～1.8	高合金钢、高锰钢、不锈钢	3.0～4.5
软钢①	$t<0.5mm$	2.5～3.0	黄铜	1.5～2.0
	$t>0.5mm$	2.0～2.5	高温合金（软化状态）	2.8～3.5

①软钢指碳的质量分数为 0.20%～0.30%的钢。

表 4-27（b）　　双动压力机上拉深的单位压边力　　（MPa）

工作复杂程度	难加工件	普通加工件	易加工件
单位压边力 p	3.7	3.0	2.5

二、拉深功的计算

1. 不变薄拉深的拉深功

不变薄拉深的拉深功计算公式为：

$$W = CF_{拉} h \times 10^{-3}$$

式中 W——拉深功（J）；

$F_{拉}$——拉深力（N），取最大值；

h——拉深深度（mm）；

C——系数，C =0.64～0.80，系数 C 与拉深系数 m 的关系见表 4 - 28。

表 4 - 28　　系数 C 与拉深系数 m 的关系

拉深系数 m	0.55	0.60	0.65	0.70	0.75	0.80
系数 C	0.80	0.77	0.74	0.70	0.67	0.64

2. 变薄拉深的拉深功

变薄拉深的拉深功计算公式为：

$$W_0 = F'_{拉} h \times 1.2 \times 10^{-3}$$

式中 W_0——变薄拉深的拉深功（J）；

$F'_{拉}$——变薄拉深力（N），取最大值；

h——拉深深度（mm）；

1.2——安全系数。

三、压力机吨位的选择

1. 压力机的压力

对于单动压力机：$F_{公称} > F_{拉} + F_{边}$

对于双动压力机：$F_{公称1} > F_{拉}$；$F_{公称2} > F_{边}$

式中 $F_{公称}$——压力机的公称压力（kN）；

$F_{拉}$——拉深力（kN）；

$F_{边}$——压边力（kN）；

$F_{公称1}$——双动压力机的内滑块的公称压力（kN）；

$F_{公称2}$——双动压力机的外滑块的公称压力（kN）。

2. 压力机的电动机功率

计算公式为：

$$P = \frac{KWn}{1.36 \times 60 \times 750 \eta_1 \eta_2}$$

式中 P——压力机的电动机功率（kW）；

K——不平衡系数，$K=1.2 \sim 1.4$；

W——拉深功（J）；

η_1——压力机效率，$\eta_1=0.6 \sim 0.8$；

η_2——电动机效率，$\eta_2=0.9 \sim 0.95$；

n——压力机每分钟行程次数（r/min）。

1.36——系数。

第五节　盒形件的拉深

一、盒形件拉深的变形特点

盒形件可以划分为 4 个长度分别为 $L-2r$ 和 $B-2r$ 的直边部分及 4 个半径均为 r 的圆角（1/4 圆柱面）部分（如图 4－14 所示）。假设圆角部分与直边部分没有联系，由平板毛坯拉深成盒形件时，直边相当于弯曲变形，圆角相当于圆筒形件拉深。即零件的成形可以假想为由直边部分的弯曲和圆角部分的拉深变形所组成。但实际上直边和圆角是一个整体，在成形过程中必然会相互制约。

为了观察盒形件拉深的变形特点，在拉深成形之前将坯料表面划分网格，圆角由同心圆和半径线组成，直边为矩形网格（$l_1=l_2=l_3=b_1=b_2=b_3$），如图 4－14 所示。经过拉深成形后，其圆角部分网格的变化特点与圆筒形件拉深的情况相似，但其变形程度比圆筒小。即平板坯料上的径向放射线，经变形后不是成为与底面垂直的平行线，而是口部距离大底部距离小的斜线。这说明盒形件拉紧时，圆角部分的材料向直边流动，使直边产生横向压缩，从而减轻了圆角的变形程度。圆角部分的金属材料向直边转移，直边部分经过变形后，发生横向压缩和纵向伸长现象，即横向尺寸 $l_1>l'_1>l'_2>l'_3$，纵向尺寸 $b_1<b'_1<b'_2<b'_3$。直壁中间变形最小（接近弯曲变形），靠近圆角处压缩变形大，说明直边部分在变形过程中受到圆角部分材料的挤压作用。且横向压缩变形是不均匀分布的，而沿高度方向伸长变形也是不均匀的，靠近口部处变形大，而靠近底部处变形小。

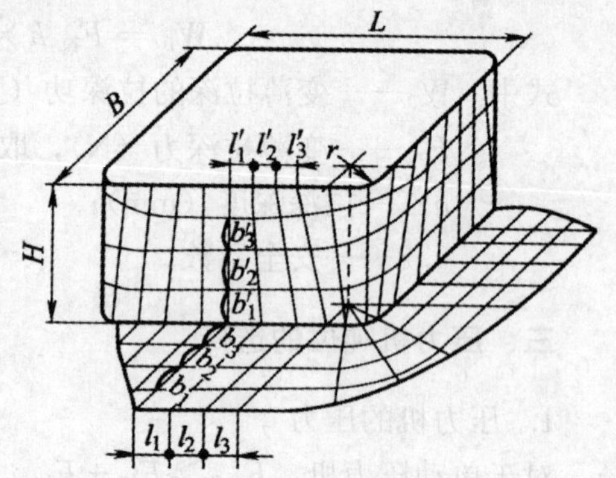

图 4－14　盒形件拉深的变形示意图

由此可以看出，盒形件拉深变形有以下特点：

（1）盒形件拉深的变形性质与圆筒形件相同，坯件变形区（凸缘）也是一拉一压的应力状态。

（2）与圆筒形件拉深的最大区别在于，盒形件拉深时，沿坯料周边无论是直边部分，还是圆角部分上的应力和变形分布是不均匀的。由于圆角部分金属向直边流动，减轻了圆角部分材料的变形程度。这就减小了危险断面拉裂的可能性，因此盒形件可以取较小的拉深系数。圆角部分与相应圆筒形件相比，起皱的趋向性减小。直边部分破裂和起皱趋向性很小。

（3）由于直边部分的主要变形为弯曲变形，而圆角部分的主要变形为拉深变形，因此直边部分流入凹模快，而圆角部分流入凹模慢。毛坯在这两部分连接处产生了剪切变形和切应力。两部分的材料在变形过程中相互影响，其影响程度取决于相对圆角半径（r/B）和相对高度（H/B）。r/B 愈小，直边部分对圆角部分的变形影响愈显著。如果 $r/B=0.5$，则盒形件成为圆筒形件，也就不存在直边与圆角变形的相互影响了。H/B 愈大，直边与圆角变形相互影响也愈显著。因此，H/B 参数不同的盒形件在展开尺寸和工艺计算上都有较大不同。

二、盒形件坯料的尺寸与形状

1. 盒形件的修边余量 Δh

一般情况下，盒形件在拉深后都需要修边，所以在确定其坯料尺寸前，应在工作高度或凸缘宽度上加修边余量。无凸缘盒形件的修边余量见表 4－29。

表 4－29　无凸缘盒形件的修边余量 Δh

简　图	相对高度 h/r	Δh
（图：标注 t、Δh、h、H、r_1、r、A、B）	2.5～6	（0.03～0.05）h
	7～17	（0.04～0.06）h
	18～44	（0.05～0.08）h
	45～100	（0.06～0.1）h

2. 低盒形件坯料尺寸与形状

盒形形坯料尺寸除根据盒形件面积与坯料面积相等的原则确定外，还要根据盒形件在拉深时沿周边的切向压缩与径向拉伸变形不均匀性，对坯料形状和尺寸作修正。用一道拉深工序能冲压成功的低盒形件所用的毛坯形状和尺寸，用以下方法进行计算：

弯曲变形展开的直边部分长度 l 为：

$$l = H + 0.57r_1$$

式中　H——工件拉深高度；

r_1——工件底部圆角半径（mm）。

当角部圆弧半径小，即 $r/(B-H)\leqslant 0.22$ 时，展开图按下述步骤：首先，将盒形件的直边按弯曲变形，而圆角部分按四分之一圆筒拉深变形，在盒形底部的平面上展开，得如图 4－15 所示待修正的展开图。

圆角部分按四分之一圆筒展开，得半径 R 为：

$$R=\sqrt{r^2+2rH-0.86r_1(r+0.16r_1)}$$

当 $r=r_1$ 时：

$$R=\sqrt{2rH}$$

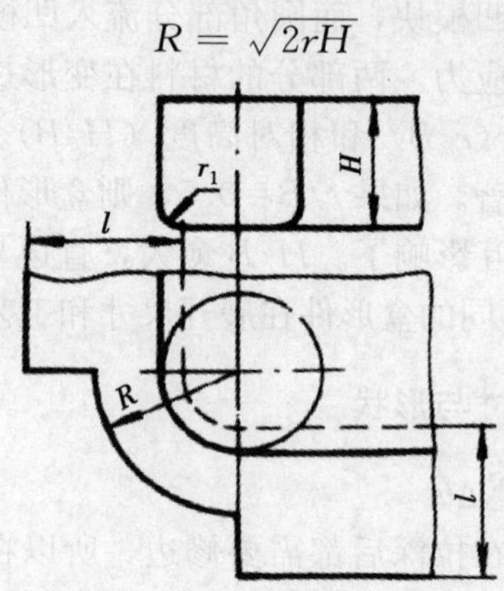

图 4－15　待修正的展开图

以上步骤获得的展开图形，其面积等于拉深件面积，但圆弧与直线的连接显然不符合展开图形的要求，在基本不改变面积的条件下，将 $\widehat{a_1b_2}$ 展开图形作适当修正。

从 a_1b_1 的中点 c_1 及 a_2b_2 的中点 c_2，作圆弧的切线；出现三种情况；两切线重合［如图 4－16（a）所示］；两切线 c_1e_1 与 c_2e_2 向外交叉［如图 4－16（b）所示］；两切线 c_1e_1 与 c_2e_2 向内交叉［如图 4－16（c）所示］。

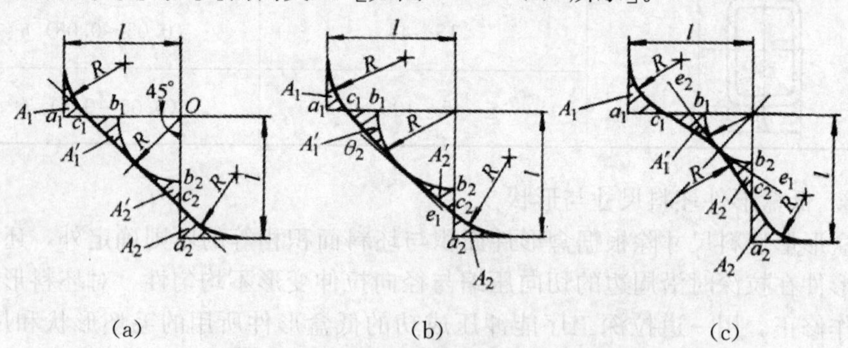

图 4－16　修正展开图形的三种可能情形

用半径 R 的圆弧连接切线与直边的展开部分，完成修正的展开图形。与图 4－15 比较，修正的展开图减少了面积 A_1 和 A_2，增加了面积 A_1' 和 A_2'。$A_1\approx A_1'$，$A_2\approx A_2'$，故面积基本不变。在两切线向内交叉的情况下［如图 4－16（c）所示］，需另增一半径为 R 的圆弧。

当角部圆弧半径较大即 0.22<$r/(B-H)$<0.4 时，按上述步骤作出待修正的展开图形后，增加展开图形角部的面积，相应地减少直边部分的面积，以适应坯料拉深时角部有部分材料要流动至直边侧面的情况。加大了的展开半径 R 见下式：

$$R_1 = xR$$

式中 R——计算所得的展开半径（mm）；

x——系数，见表 4-30。

表 4-30　系数 x 值

角部相对圆弧半径 r/B	矩形件相对高度 H/B			
	0.3	0.4	0.5	0.6
0.10	—	1.09	1.12	1.16
0.15	1.05	1.07	1.10	1.12
0.20	1.04	1.06	1.08	1.10
0.25	1.035	1.05	1.06	1.08
0.30	1.03	1.04	1.05	—

从半径 R 的圆弧中心作半径 R_1 的圆弧［如图 4-17（a）所示］。在待修正的展开图中，直边展开部分上扣除宽度为 Δl_a 及 Δl_b 的狭条形面积。

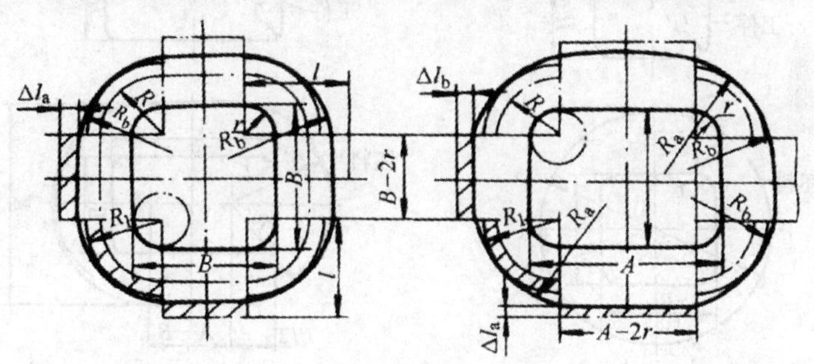

（a）正方形　　（b）矩形

图 4-17　角部圆弧较大时盒形拉深件展开图

在图 4-17 中，扣除宽度按下式：

$$\Delta l_a = \frac{yR^2}{A-2r};\ \Delta l_b = \frac{yR^2}{B-2r}$$

式中 A——矩形拉深件长度（mm）；

B——矩形件宽度或正方形拉深件边长（mm）；

y——系数，见表 4-31。

表 4-31　　系数 y 值

角部相对圆弧半径 r/B	矩形件相对高度 H/B			
	0.3	0.4	0.5	0.6
0.10	—	0.15	0.20	0.27
0.15	0.08	0.11	0.17	0.20
0.20	0.06	0.10	0.12	0.17
0.25	0.05	0.08	0.10	0.12
0.30	0.04	0.06	0.08	—

经过以上修正的展开图，圆弧与直线仍未平滑连接，可用试凑的方法，用半径为 R_a 或 R_b 的圆弧过渡连接，如图 4-17 所示。

上述作图法，对长、短边比值 $A:B=1.5\sim2.0$ 的矩形拉深件比较准确。

当角部为大圆弧半径，即 $r/(B-H)\geqslant0.4$ 时，拉深过程中有大量材料从圆角部分流动至直边侧面，因而可将方形拉深件展开成圆形坯料（如图 4-18 所示），坯料直径 D 按下式计算：

$$D=1.13\sqrt{B^2+4B(H-0.43r_1)-1.72r(H+0.5r)-2r_1(0.22r_1-0.36r)}$$

当 $r=r_1$ 时：

$$D=1.13\sqrt{B^2+4B(H-0.43r_1)-1.72r(H+0.33r)}$$

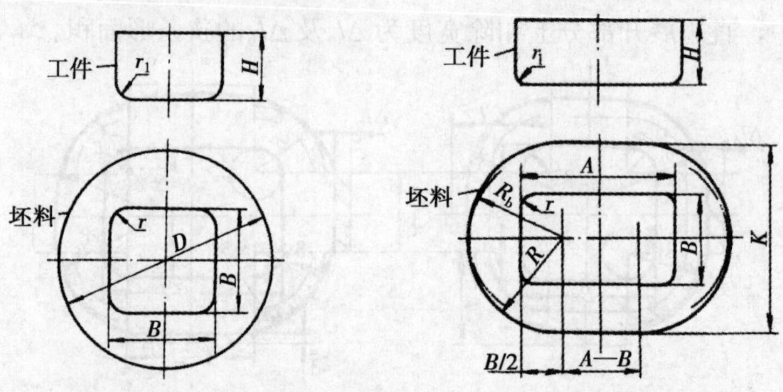

图 4-18　大圆角方形拉深件展开图　　图 4-19　大圆角矩形拉深件展开图

长、短边尺寸为 A、B 的矩形拉深件，其展开图形应同 A 与 B 的比值有关。一般可把这种矩形件看作是由分成两半、边长为 B 的方形拉深件，连以尺寸 $A-B$ 的中间部分所组成。计算拉深件的展开直径 D，在矩形件短边 $B/2$ 处，以半径 $R_b=D/2$ 作圆弧（如图 4-19 所示），这样展开图的长轴计算公式：

$$L=D+(A-B)$$

椭圆短轴及半径计算公式：

$$\text{短轴：}K=\frac{0.5D^2+[B+2(H-0.43r_1)](A-B)}{A-B+0.5D}$$

半径：$R=0.5K$

在尺寸 A 和 B 的差别不大，即在 $A<1.3B$ 且 $H<0.8B$ 的情况下，椭圆宽度可取为：$K=2R_b=D$。

在实际生产中，为改善矩形拉深件的变形条件，尽量减小拉深件四角部分的坯料尺寸，使原来需要两次拉深的矩形件只要一次就可拉深出。这时可在图 4-19 所示坯料的基础上，通过试模修正坯料，得出最有利的坯料展开形状和尺寸。

三、拉深系数与拉深次数

如图 4-20 所示按综合主要因素 H/B、r/B 和 t/D，制订出盒形件不同拉深情况的分区图。图中 H 为计入修边余量的工件高度；B 为矩形件的短边长度；r 为壁与壁之间的圆角半径；D 为坯料尺寸，对圆形坯料为其直径，对矩形坯料为其短边长度。

在图 4-20 所示中，由曲线 1 及曲线 2 表明：当坯料相对厚度 $t/D\times100=2$ 及 $t/D\times100=0.6$ 时，在一道工序内所能拉深的盒形件最大高度，对于在 $Ⅱ_a$、$Ⅱ_b$、$Ⅱ_c$ 区域的零件，一般都能一次拉出。

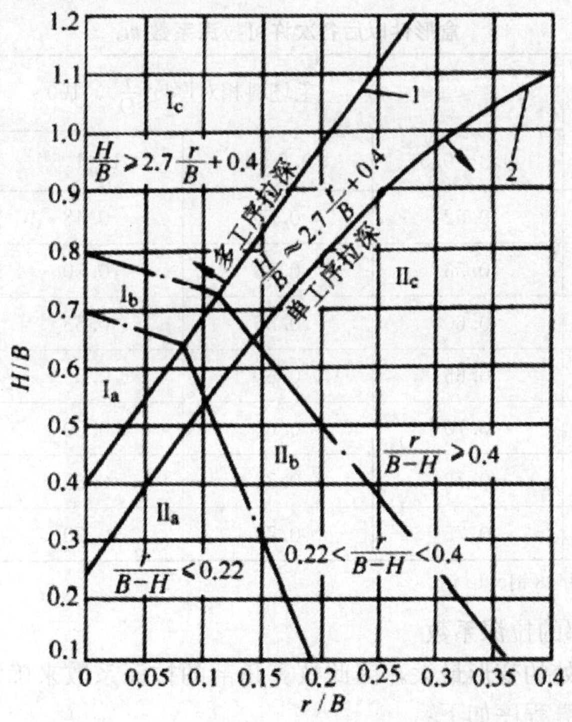

图 4-20　盒形件不同拉深情况的分区图

1. 高盒形件的拉深系数

如图 4-20 所示中 $Ⅰ_a$、$Ⅰ_b$、$Ⅰ_c$ 区域的零件，属多次拉成的高盒形件。$Ⅰ_a$

区的矩形件主要由于圆角半径过小，需两次拉深，第二次拉深近似整形。根据盒形件的相对高度，可由表 4-32 中查出所需的拉深次数。但以后各次的拉深系数必须大于表 4-33 所列的数值。

表 4-32　　盒形件多次拉深所能达到的最大相对高度 H/B

拉深次数	毛坯料相对厚度 $\frac{t}{D}\times100$			
	0.3～0.5	0.5～0.8	0.8～1.3	1.3～2.0
1	0.50	0.58	0.65	0.75
2	0.70	0.80	1.0	1.2
3	1.20	1.30	1.6	2.0
4	2.0	2.2	2.6	3.5
5	3.0	3.4	4.0	5.0
6	4.0	4.5	5.0	6.0

表 4-33　　盒形件以后各次许可拉深系数 m_a

$\frac{r}{B}$	毛坯料相对厚度 $\frac{t}{D}\times100$			
	0.3～0.5	0.6～1	1～1.5	1.5～2
0.025	0.52	0.50	0.48	0.45
0.05	0.56	0.53	0.50	0.48
0.10	0.60	0.56	0.53	0.50
0.15	0.65	0.60	0.56	0.53
0.20	0.70	0.65	0.60	0.56
0.30	0.72	0.70	0.65	0.60
0.40	0.75	0.73	0.70	0.67

注：拉深件材料为 08 钢、10 钢。

2. 核算角部的拉深系数

盒形件圆角处的变形最大，因此核算角部的拉深系数来确定是否可一次拉深出工件。其计算程序如下：

(1) 计算坯料尺寸，参见图 4-15 和图 4-16。核算圆角部分的拉深系数 m，参见图 4-15。

$$m=\frac{r}{R}$$

式中　r——角部圆角半径（mm）；

R——坯料圆角部分半径（mm）。

（2）若 m 大于或等于表 4-34 中的 m_1 值，则可一次拉成。当 $r=r_1$ 时，拉深系数同时可用比值 H/r 表示，即：

$$m=\frac{d}{D}=\frac{2r}{\sqrt{2rH}}=\frac{1}{\sqrt{\frac{H}{2r}}}$$

表 4-34　　盒形件角部第一次拉深系数 m_1

$\frac{r}{B_1}$	坯料相对厚度 $\frac{t}{D}\times100$							
	0.3～0.6		0.6～1.0		1.0～1.5		1.5～2.0	
	矩形	方形	矩形	方形	矩形	方形	矩形	方形
0.025	0.31		0.30		0.29		0.28	
0.05	0.32		0.31		0.30		0.29	
0.10	0.33		0.32		0.31		0.30	
0.15	0.35		0.34		0.33		0.32	
0.20	0.36	0.38	0.35	0.36	0.34	0.35	0.33	0.34
0.30	0.40	0.42	0.38	0.40	0.37	0.39	0.36	0.38
0.40	0.44	0.48	0.42	0.45	0.41	0.43	0.40	0.42

注：拉深件材料为 08 钢、10 钢。

根据工件相对高度 H/r 值，从表 4-35 也可判断能否一次拉成盒形件。

表 4-35　　盒形件第一次拉深最大允许比值 H/r

$\frac{r}{B_1}$	坯料相对厚度 $\frac{t}{D}\times100$					
	方形盒			矩形盒		
	0.3～0.6	0.6～1	1～2	0.3～0.6	0.6～1	1～2
0.4	2.2	2.5	2.8	2.5	2.8	3.1
0.3	2.8	3.2	3.5	3.2	3.5	3.8
0.2	3.5	3.8	4.2	3.8	4.2	4.6
0.1	4.5	5.0	5.5	4.5	5.0	5.5
0.05	5.0	5.5	6.0	5.0	5.5	6.0

注：工件材料为 10 钢。而对于塑性较差的金属材料拉深时，H/r 的数值比表值小 5%～7%，对塑性较好的金属拉深时，则比表值大 5%～7%。

第六节　凸、凹模间隙与圆角半径

一、凸、凹模间隙

拉深模的间隙直接影响拉深力的大小与拉深件质量。当凸、凹模间隙大时，则摩擦小，能减小拉深力，许用拉深系数 m 也减小，但精度不易控制。间隙过大时，拉深后的零件高度缩小，侧壁不平整。而当间隙略小于材料厚度时，由于使材料稍稍变薄，故能消除小皱折，对拉深件的精度及表面粗糙度要求高的较适宜。凸模与凹模间隙的单边间隙 c 按下式计算：

$$c = t_{max} + Kt$$

式中　c——凸模与凹模间的单边间隙（mm）；

t_{max}——材料最大厚度（mm）；

t——材料公称厚度（mm）；

K——间隙系数，见表 4－36。

表 4－36　　拉深模间隙系数 *K* 值

材料厚度（mm）		≤0.4	＞0.4～1.2	＞1.2～3	＞3
一般精度	一次拉深	0.07～0.09	0.08～0.10	0.10～0.12	0.12～0.14
	多次拉深	0.08～0.10	0.10～0.14	0.14～0.16	0.16～0.20
较精密拉深		0.04～0.05	0.05～0.06	0.07～0.09	0.08～0.10
精密拉深		0～0.04			

在确定间隙系数 K 时，对高强度的材料 K 取较小值。对精度要求高的拉深件，建议最后一道工序采用拉深系数 0.9～0.95 的整形拉深。

盒形件在拉深时，由于材料在角部变厚较多，凸、凹模圆角部分的间隙应再增大 $0.1t$，如图 4－21 所示。大件或异形件在拉深时，在形状不规则的情况下，由于材料的流动也不规则，虽然应尽可能地在局部上改变间隙，但仍应在最后试模时需再进行修整。

除最后一道工序外，在所有工序中拉深模取间隙的方向不作规定。最后一道工序中拉深模取间隙的方向按如下规则：当工件外形尺寸要求一定时，以凹模为准，凸模尺寸按凹模减小取得间隙；当工件内形尺寸要求一定时，以凸模为准，凹模尺寸按凸模增大取得间隙。

二、凸、凹模的圆角半径

1. 凹模圆角半径

凹模的圆角半径 R 对拉深工作有一定的影响，当 R 过大时，会使压边圈下

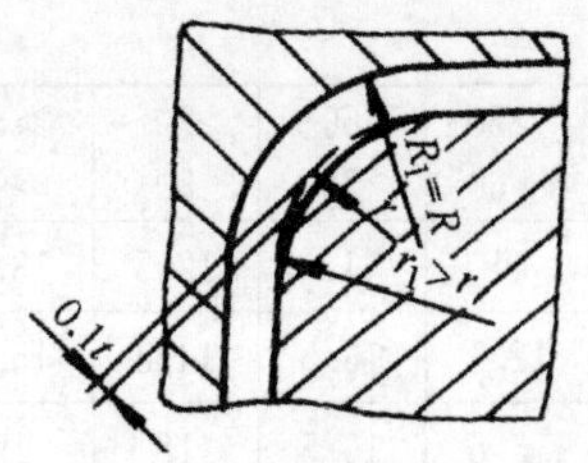

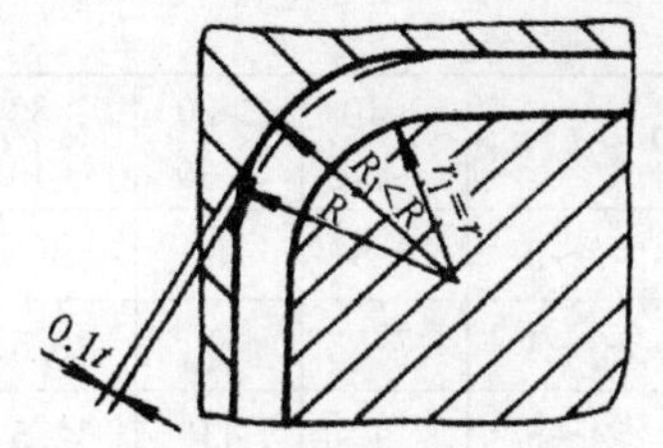

（a）用于工件以外形为准　　（b）用于工件以内形为准

R_1．凹模圆角半径；　　r_1．凸模圆角半径；

R．间隙未放大时凹模的圆角半径；　r．间隙未放大时凸模的圆角半径

图 4－21　盒形件拉深模圆角部分间隙

面被压的毛坯面积减小，使悬空段增大，易起皱；当 R 太小时，坯料拉入凹模的阻力大，拉深力增大，致使拉深件产生划痕或裂纹。筒形件首次拉深凹模圆角半径可按下式计算：

$$R = 0.8\sqrt{(D-d_1)t}$$

式中　R——首次拉深凹模圆角半径（mm）；

d_1——内径（mm）；

D——毛坯直径（mm）；

t——工件料厚（mm）。

2．凸模圆角半径

凸模的圆角半径 r 对拉深工作有一定的影响，当 r 太大，则压边面积减小，悬空部分增加，容易产生底部的内皱；当 r 太小，则角部弯曲变形大，危险断面容易拉断。首次拉深凸模圆角半径，可取等于或略小于凹模洞口的圆角半径 R，可按下式确定：

$$r = (0.6 \sim 1.0)R$$

以后各次拉深凸模圆角半径取工件直径减小值的一半。末次拉深凸模的圆角半径值，决定于工件尺寸的要求。如工件要求的圆角半径很小时，则增加整形工序来减小圆角。

表 4－37 给出按经验公式算得的凹模圆角半径 R 的数值。凹模圆角半径一般不宜小于表中数值，以免材料破裂。但对拉深性能良好的材料，凹模圆角半径可适当减小。

表 4－37　　拉深凹模圆角半径 *R* 值

直径差 $D-d_1$		＞10～20	＞20～30	＞30～40	＞40～50	＞50～60	＞60～70	＞70～80	＞80～90	＞90～100
材料厚度 t	≤1	4	4.5	5.5	6	6.5	7	7.5	8	8.5
	＞1～1.5	4.5	5.5	6.5	7	8	8.5	9	9.5	10
	＞1.5～2	5.5	6.5	7.5	8	9	10	10.5	11	11.5

续表

直径差 $D-d_1$		>10~20	>20~30	>30~40	>40~50	>50~60	>60~70	>70~80	>80~90	>90~100
材料厚度 t	>2~3	6.5	8	9	10	11	12	12.5	13.5	14
	>3~4	7.5	9	10.5	11.5	12.5	13.5	14.5	15.5	16
	>4~6	9	11	12.5	14	15.5	16.5	18	19	20

第七节　拉深模结构与拉深模的压边形式

一、拉深模的分类

拉深模的分类方式较多，按工序顺序可分为首次拉深模和后续各次工序拉深模，它们之间的本质区别是压边圈的结构和定位方式上的差异；按使用的压力机类型不同，又可分为单动压力机上用拉深模和双动压力机上用拉深模，它们的本质区别在于压边装置的不同（弹性压边和刚性压边）；按工序组合情况不同，可分为单工序拉深模、复合工序拉深模、级进式拉深模；按有无压边装置分为无压边装置拉深模和有压边装置拉深模；按出料的方向可分为下出件拉深模与上出件拉深模等。

二、拉深模典型结构

1. 单动压力机用拉深模

（1）首次拉深模。如图 4-22（a）所示为无压边装置的首次拉深模。拉深件直接从凹模底下落下，为了从凸模上卸下冲件，在凹模下装有卸件器，当拉深工作行程结束，凸模回程时，卸件器下平面作用于拉深件口部，把冲件卸下。为了便于卸件，凸模上钻有直径为 3mm 以上的通气孔。如果板料较厚，拉深件深度较小，拉深后有一定回弹量。回弹引起拉深件口部张大，当凸模回程时，凹模下平面挡住拉深件口部而自然卸下拉深件，此时可以不配备卸件器。

这种拉深模具结构简单，适用于拉深板料厚度较大而深度不大的拉深件。

如图 4-22（b）所示为有压边装置的正装式首次拉深模。拉深模的压边装置在上模，由于弹性元件高度受到模具闭合高度的限制，因而这种结构形式的拉深模只适用于拉深高度不大的零件。如图 4-22（c）所示为倒装式的具有锥形压边圈的拉深模，压边装置的弹性元件在下模底下，工作行程可以较大，可用于拉深高度较大的零件，应用广泛。

（2）以后各次拉深模。如图 4-23 所示为无压边装置的以后各次拉深模，前次拉深后的工序件由定位板 6 定位，拉深后工件由凹模孔台阶卸下。为了减小工件与凹模间的摩擦，凹模直边高度 h 取 9～13mm。该模具适用于变形程度

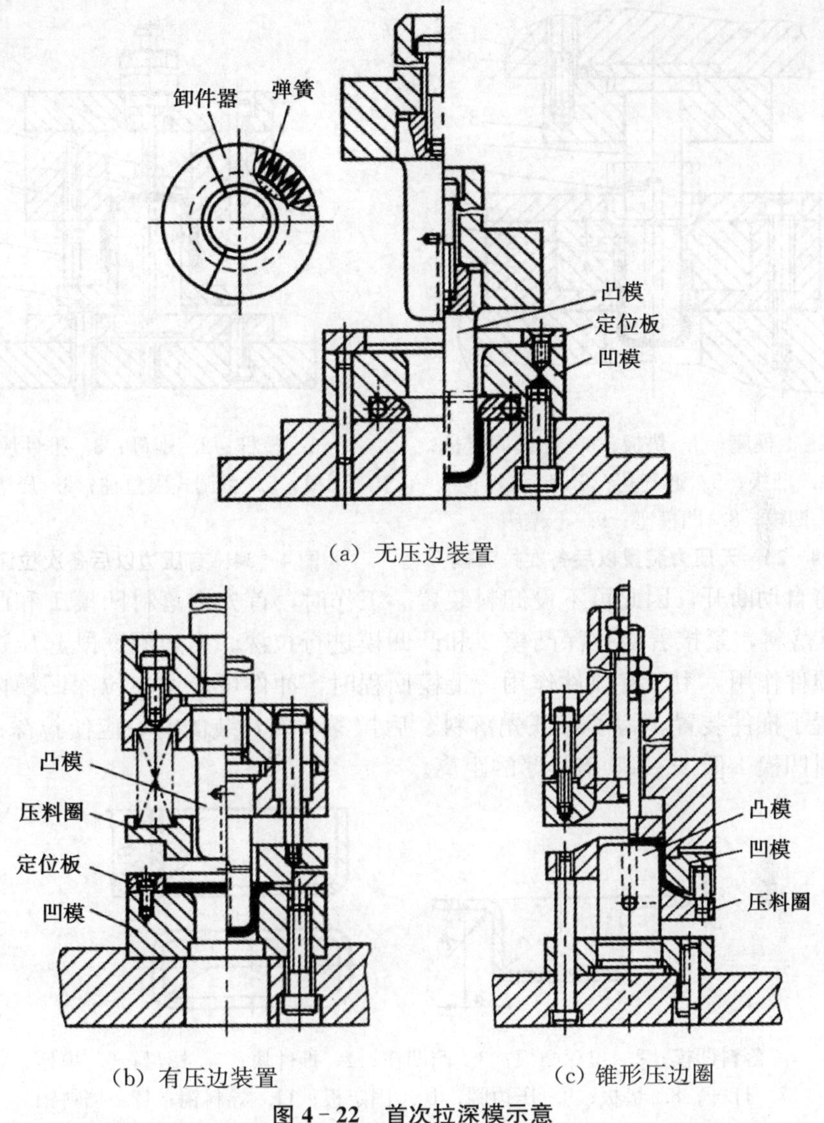

(a) 无压边装置

(b) 有压边装置　　(c) 锥形压边圈

图 4-22　首次拉深模示意

不大、拉深件直径和壁厚要求均匀的以后各次拉深。

如图 4-24 所示为有压边倒装式以后各次拉深模，压边圈 6 兼作定位用，前次拉深后的工序件套在压边圈上进行定位。压边圈的高度应大于前次工序件的高度，其外径最好按已拉成的前次工序件的内径配作。拉深完的工件在回程时分别由压边圈顶出和推件块 3 推出。可调式限位柱 5 可控制压边圈与凹模之间的间距，以防止拉深后期由于压边力过大造成工件侧壁底角附近过分减薄或拉裂。

(3) 落料拉深复合模。如图 4-25 所示为落料拉深复合模，条料由两个导料销 11 进行导向，由挡料销 12 定距。由于排样图取消了纵搭边，落料后废料

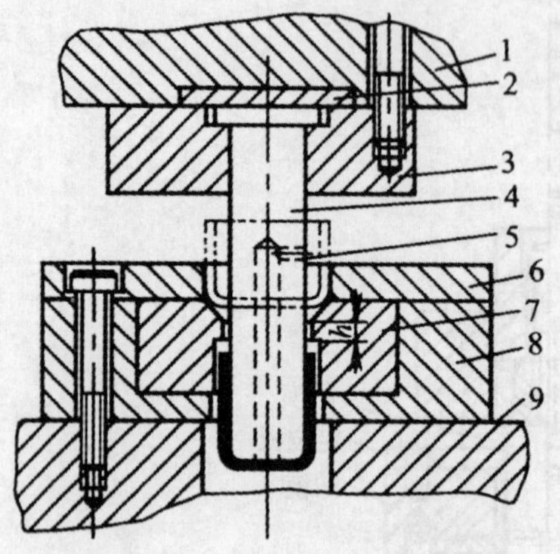

1. 上模座；2. 垫板；3. 凸模固定板；
4. 凸模；5. 通气孔；6. 定位板；
7. 凹模；8. 凹模座；9. 下模座

图 4-23　无压力装置以后各次拉深模

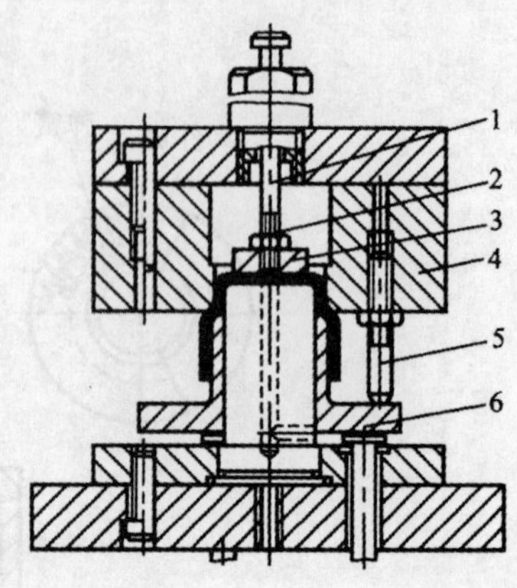

1. 拉杆；2. 螺母；3. 推件块；
4. 凹模；5. 可调式限位柱；6. 压边圈

图 4-24　有压边以后各次拉深模

中间将自动断开，因此可不设卸料装置。工作时，首先由落料凹模 1 和凸凹模 3 完成落料，紧接着由拉深凸模 2 和凸凹模进行拉深。压边圈 9 既起压边作用又起顶件作用。由于有顶件作用，上模回程时，冲件可能留在拉深凹模内，所以设置了推件装置。为了保证先落料、后拉深，模具装配时，应使拉深凸模 2 比落料凹模 1 低 1～1.5 倍料厚的距离。

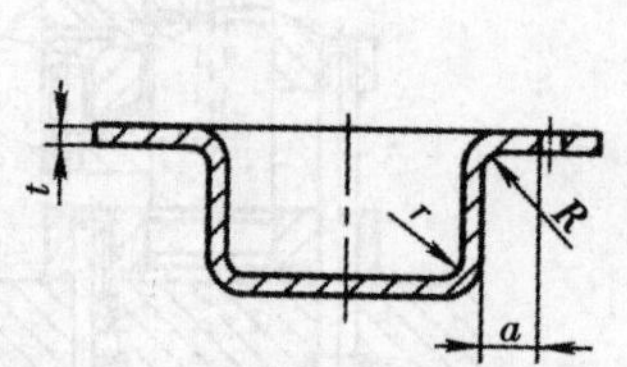

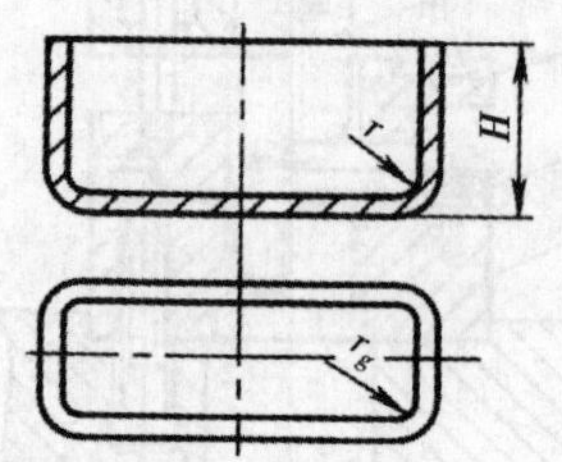

1. 落料凹模；2. 拉深凸模；3. 凸凹模；4. 推件块；5. 螺母；6. 模柄；
7. 打杆；8. 垫板；9. 压边圈；10. 固定板；11. 导料销；12. 挡料销

图 4-25　落料拉深复合模

2. 双动压力机上使用的拉深模

（1）双动压力机用首次拉深模。如图 4-26 所示，下模由凹模 2、定位板 3、凹模固定板 8、顶件块 9 和下模座 1 组成，上模的压边圈 5 通过上模座 4 固定在压力机的外滑块上，凸模 7 通过凸模固定杆 6 固定在内滑块上。工作时，毛坯由定位板定位，外滑块先行下降带动压边圈将毛坯压紧，接着内滑块下降带动凸模完成对毛坯的拉深。回程时，内滑块先带动凸模上升将工件卸下，接着外滑块带动压边圈上升，同时顶件块在弹顶器作用下将工件从凹模内顶出。

（2）双动压力机用落料拉深复合模。如图 4-27 所示，该模具可同时完成落料、拉深及底部的浅成形，主要工作零件采用组合式结构，压边圈 3 固定在压边

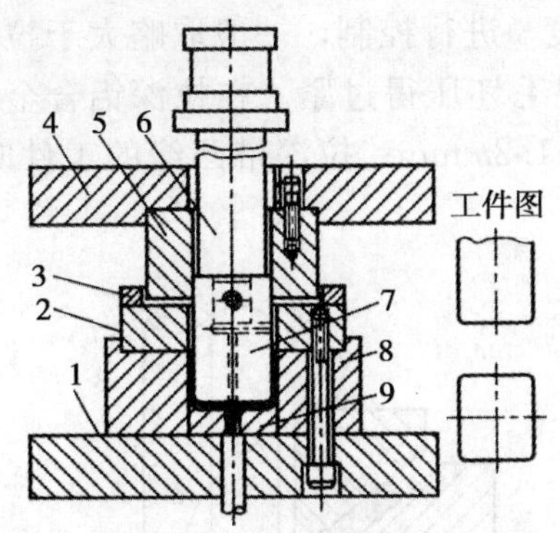

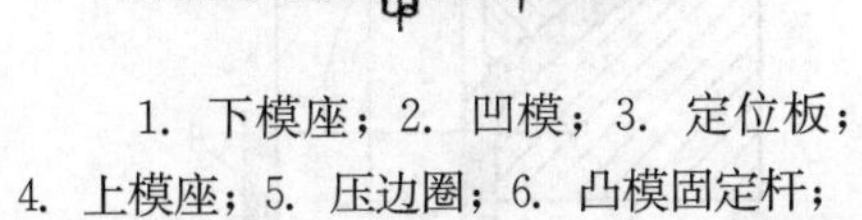
1. 下模座；2. 凹模；3. 定位板；
4. 上模座；5. 压边圈；6. 凸模固定杆；
7. 凸模；8. 凹模固定板；9. 顶件块

图 4－26　双动压力机用首次拉深模

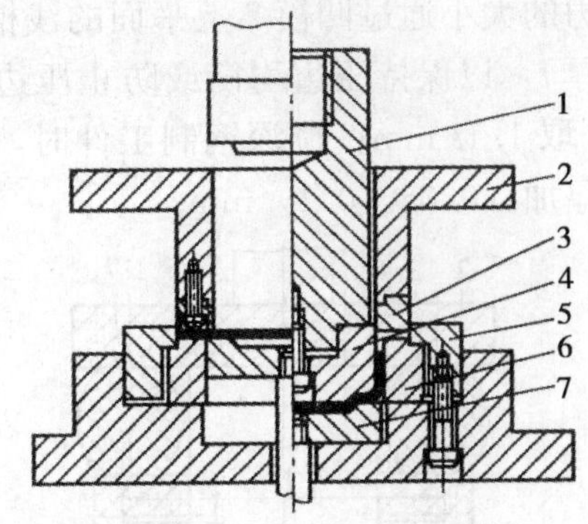

1. 凸模座；2. 压边圈座；
3. 压边圈（兼落料凸模）；4. 拉深凸模；
5. 落料凹模；6. 拉深凹模；7. 顶件块

图 4－27　双动压力机用落料拉深复合模

圈座 2 上，并兼作落料凸模，拉深凸模 4 固定在凸模座 1 上。这种组合式结构特别适用于大型模具，不仅可以节省模具钢，而且也便于毛坯的制备与热处理。

工作时，外滑块首先带动压边圈下行，在达到下止点前与落料凹模 5 共同完成落料，接着进行压边（如左半视图所示）。然后内滑块带动拉深凸模下行，与拉深凹模 6 一起完成拉深。顶件块 7 兼作拉深凹模的底，在内滑块到达下止点时，可完成对工件的浅成形（如右半视图所示）。回程时，内滑块先上升，然后外滑块上升，最后由顶件块 7 将工件顶出。

三、拉深模的压边形式

构成拉深模的零件与冲模、弯曲模基本一致。与它们不同的是，拉深模的压边不仅仅有压料和卸料的作用，更重要的是直接影响到拉深件质量，甚至关系到整个加工的成败。

在拉深过程中，若凸缘变形区的切向压应力 σ_3 过大，将使凸缘部分失去稳定而产生波浪形的连续弯曲，即所谓的起皱，因此压边具有防皱的作用。但压边力大小不可随意，压边力太小，防皱效果不好；压边力太大，则拉深力也将增大。并会增加危险断面处的拉应力，导致拉裂破坏或严重变薄超差。为此，根据零件特性及结构形式，零件拉深成形时，材料流动需要设置压边。压边装置与冲裁模结构一样可通过弹簧、橡胶或汽缸等实施压边。压边形式有多种，常用的有：

1. 平面压边圈

如图 4－28 所示为需要使用压边圈的圆筒件模具结构图。该模具既可用于筒形件的拉深，也可用于带凸缘拉深件的拉深，压边圈 4 安装在上模，压边力通过压缩聚氨酯块 3 后释放的弹力获得。拉深好的零件直接从凹模孔中漏出。

压边力的大小通过凹模 2 上平面的浅槽深度 s 进行控制，一般取略大于拉深坯料料厚 t，以保持压边均衡或防止压边圈将毛坯压得过紧。在拉深铝合金工件时，s 取 1.1t mm；拉深钢制工件时，s 取 1.2t mm；拉深带凸缘的工件时，s 取料厚加（0.05～0.1）mm。

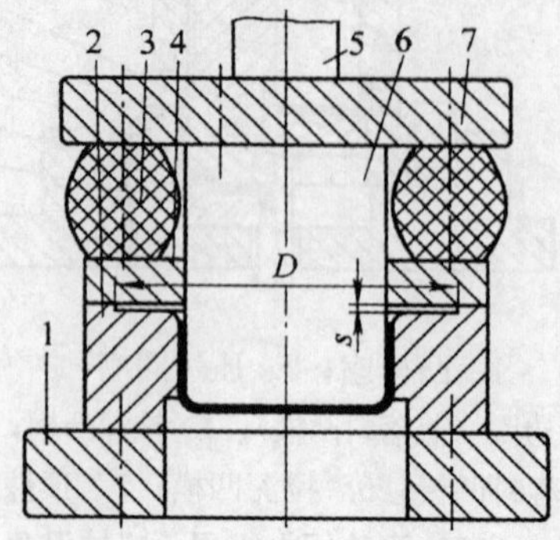

1. 下模板；2. 凹模；3. 聚氨酯块 4. 压边圈；5. 模柄；6. 凸模；7. 上模板

图 4-28　带压边圈的拉深模结构简图

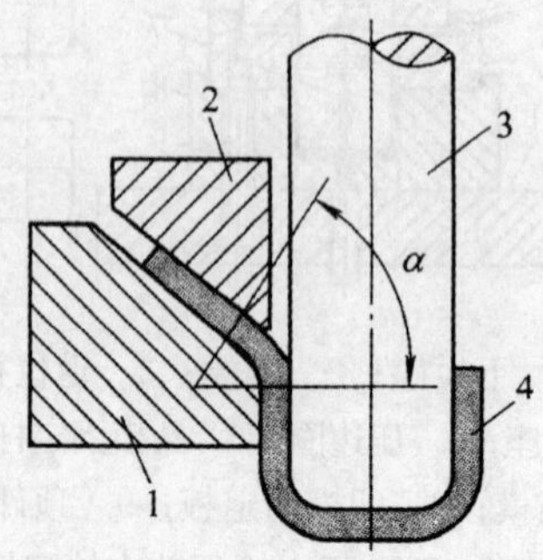

1. 凹模；2. 锥形压边图；3. 凸模；4. 工件

图 4-29　带锥形压边圈的拉深模结构简图

2. 锥形压边圈

采用带锥形压边圈的拉深模进行拉深，可提高拉深件的变形程度，即降低拉深系数，减少零件的拉深次数。其模具结构如图 4-29 所示。

3. 带限位装置或拉深筋的压边圈

在拉深材料较薄且有较宽凸缘的工件时，为保证压边力的均衡，防止压边圈将毛坯夹得过紧，采用图 4-30（a）所示的带限位装置的压边圈结构；对凸缘特别小或半球形工件，则需加大压边力，在工艺上可增大凸缘面积进行拉深，采用图 4-30（b）所示的带拉深筋的压边圈结构。

4. 带凸筋或斜度的压边圈

若拉深宽凸缘工件，则应考虑减小压边圈与毛坯的接触面积。常采用的压边方法如图 4-31 所示，图中 c 取（0.2～0.5）t。

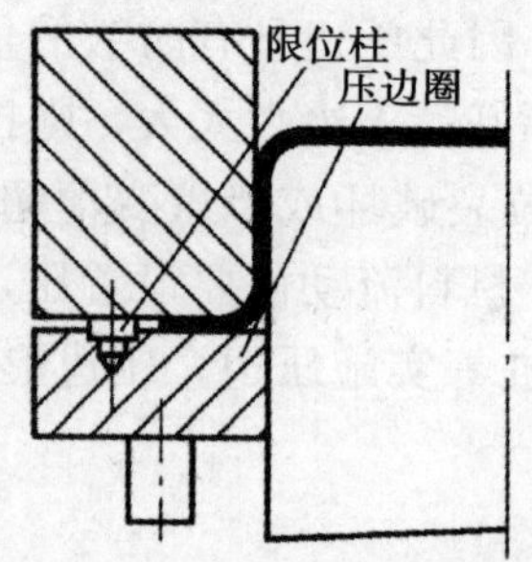

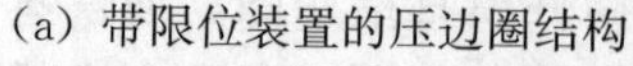

（a）带限位装置的压边圈结构

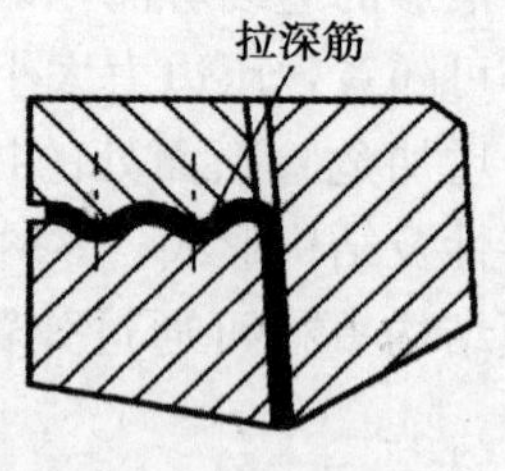

（b）带拉深筋的压边圈结构

图 4-30　压边圈的种类

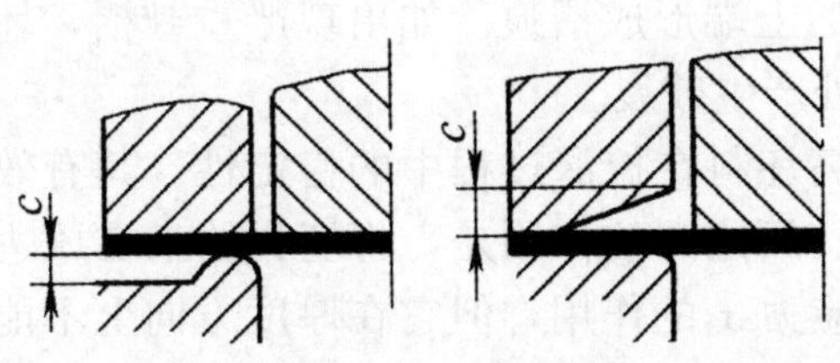

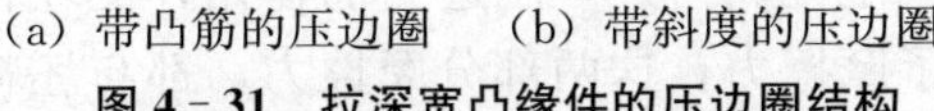

图 4-31 拉深宽凸缘件的压边圈结构

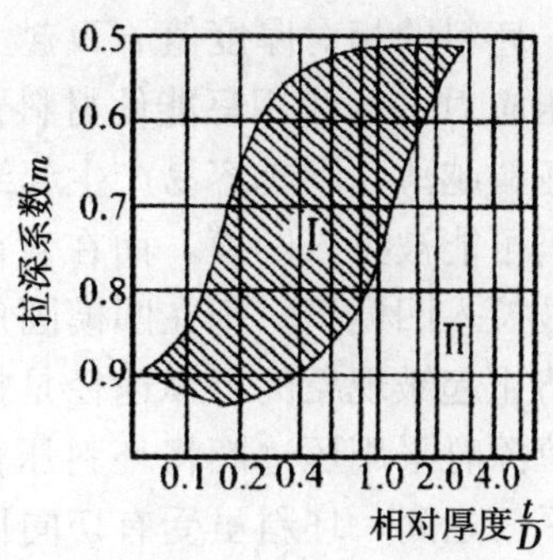

图 4-32 采用压边圈的范围

四、采用压边圈的条件与作用

1. 采用压边圈的条件

在拉深时，坯料（或一次拉深后的坯件）被拉入凹模圆角之前，要保持稳定状态，其稳定程度主要决定于坯料的相对厚度 $t/D\times100$，或以后各次拉深的坯件相对厚度 $t/d_{n-1}\times100$。

为了作出更准确的估计，还应考虑拉深系数的大小。因此，根据图 4-32 来确定是否采用压边圈更符合实际情况。图 4-32 中，在区域Ⅰ内的应采用压边圈，在区域Ⅱ内的可不采用压边圈。

为了克服制件在拉深过程中出现起皱现象，生产中常采用压边圈的方法来解决。判断是否需要采用压边圈，可参阅表 4-38 进行。

表 4-38 采用或不采用压边圈的条件

拉深方法	首次拉深		以后各次拉深	
	$t/D\times100$	m_1	$t/d_{n-1}\times100$	m_n
用压边圈	<1.5	<0.6	<1	<0.8
可用不可用	1.5～2.0	0.6	1～1.5	0.8
不用压边圈	>2.0	>0.6	>1.5	>0.8

2. 采用压边圈的作用

拉深过程中，坯料凸缘内受到切向压应力 σ_3 的作用（如图 4-33 所示），常会失去稳定性而产生起皱现象。在拉深工序中，起皱是造成废品的重要原因之一。因此，防止出现起皱现象是拉深工艺中的一个重要问题。

影响起皱现象的因素很多，例如，坯料的厚度直接影响到材料的稳定性。

所以，坯料的相对厚度值 t/D 越大（D 为坯料的直径），坯料的稳定性就越好，这时压应力 σ_3 的作用只能使材料在切线方向产生压缩变形（变厚），而不至于起皱。坯料越薄，则越容易产生起皱现象。在拉深过程中，轻微的皱褶出现以后，坯料仍可能被拉入凹模，而在直筒的上端形成褶痕。如出现严重皱褶，坯料不可能被拉入凹模里，则在凹模圆角处产生破裂。

防止起皱现象的可靠途径是提高坯料在拉深过程中的稳定性。其有效措施是在拉深时采用压边圈将坯料压住。压边圈的作用是，将坯料约束在压边圈与凹模平面之间，坯料虽受有切向压应力 σ_3 的作用，但它在厚度方向上不能自由起伏，从而提高了坯料在流动时的稳定性。另外，压边力的作用，使坯料与凹模平面间、坯料与压边圈之间产生了摩擦力，这两部分摩擦力，都与坯料流动方向相反，其中有一部分抵消了 σ_3 的作用，使材料的切向压应力不会超过对纵向弯曲的抗力，从而避免了起皱现象的产生。

由此可见，在拉深工艺中，正确地选择压边圈的形式，确定所需压边力的大小是很重要的。

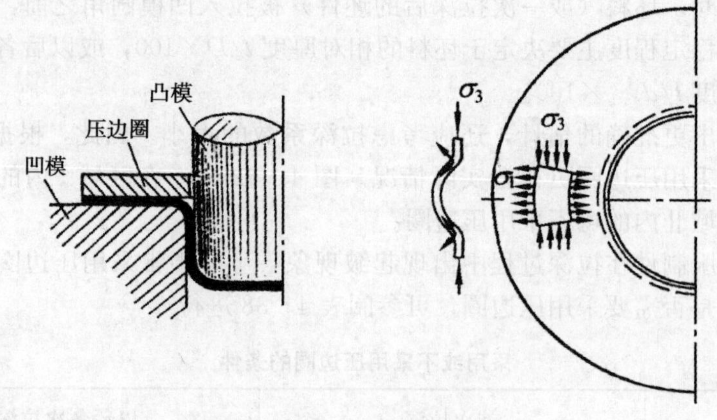

图 4-33　拉深时的起皱现象

第八节　拉深件的质量分析

拉深变形工艺是比较复杂的，拉深件的质量问题受诸多因素的影响，具体分析如下：

一、中小型拉深件常见缺陷、产生原因及消除

中小型拉深件常见缺陷、产生原因及消除见表 4-39。

表 4-39　　中小型拉深件常见缺陷、产生原因及消除

发生废次品现象	简　图	产生废次品原因与消除方法
凸缘起皱	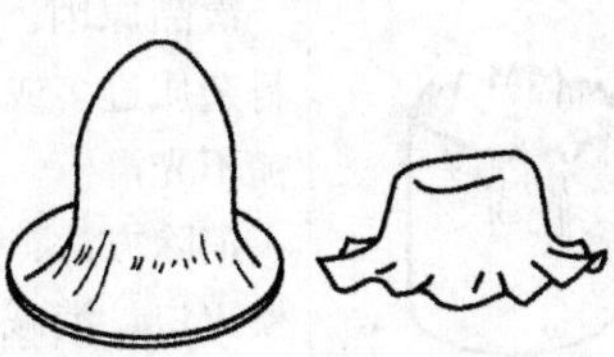	次品原因：压边力太小或没有压边，因而使凸缘无法抵消过大的切向压力，造成切向变形失去稳定而起皱 消除方法：没有压边时增加压边；已有压边时适当增大压边力
底部破裂并有皱缩凸鼓现象		次品原因：凸模圆角半径过小，压边力过大，拉深间隙偏小；凸、凹模同心度不好 加大凸模圆角半径及拉深间隙并改善凸、凹模同心度，减小压边力；注意料厚均匀性
凸缘与圆筒转角处出现裂口		次品原因：拉深凹模太小，压边力有些大 消除方法：加大凹模圆角半径，调整压边力
盒形件转角处出现裂纹	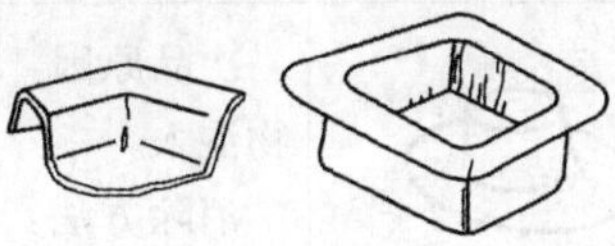	次品原因：凸模圆角半径太小，压边力偏大 消除方法：加大凸模圆角半径，调整压边力
盒形件角部断裂	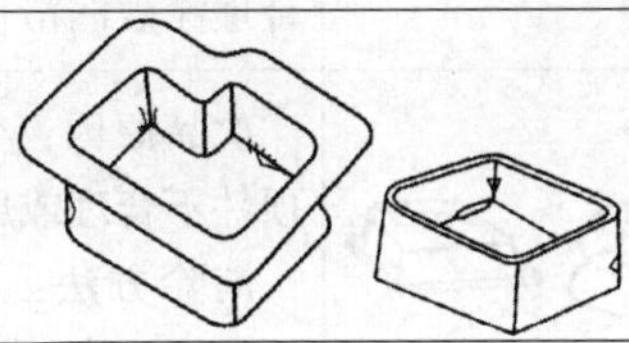	次品原因：拉深间隙过小，角部圆角半径太小 消除方法：增大间隙，加大角部圆角半径
口部边缘出现裂纹、开口、缺肉	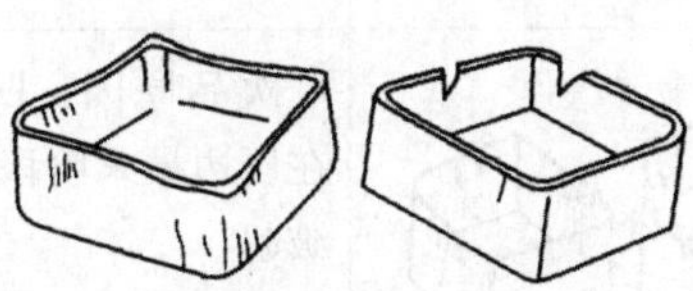	次品原因：毛坯形状不对且偏小，转角部分料不够不足，直壁部分料 消除方法：加大毛坯尺寸，并改进毛坯形状
壁部出现凸鼓和皱褶	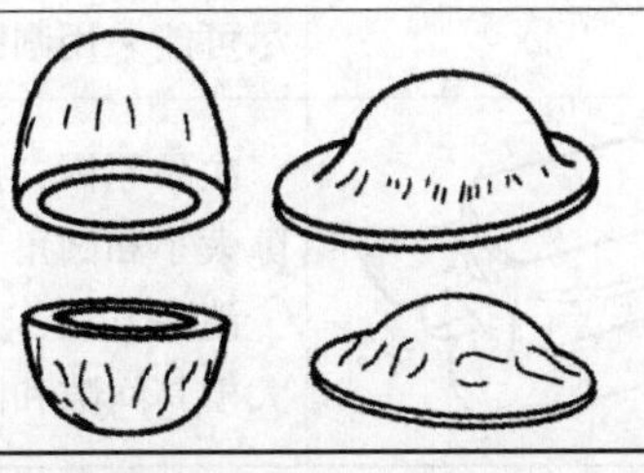	次品原因：无压边装置，或压边力过小 消除方法：增加压边装置，适当加大压边力，涂敷润滑剂要薄而均匀

续表 1

发生废次品现象	简　图	产生废次品原因与消除方法
拉深件口部边缘呈锯齿状	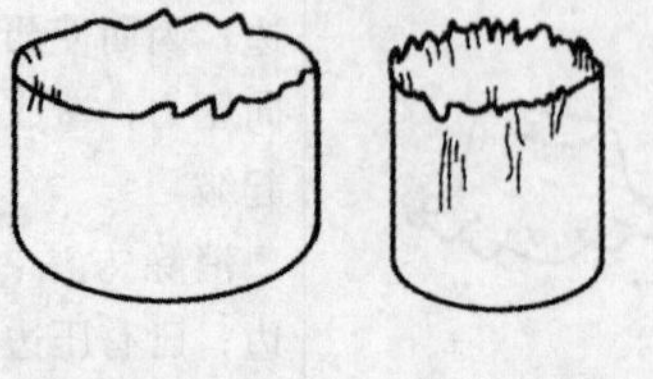	次品原因：毛坯边缘有毛刺、材料杂质过多或模具口部有缺口，粗糙不光滑 消除方法：修理和刃磨毛坯落料模刃口，消减毛坯边缘毛刺；提高材料质量
口部起波或出现凸耳	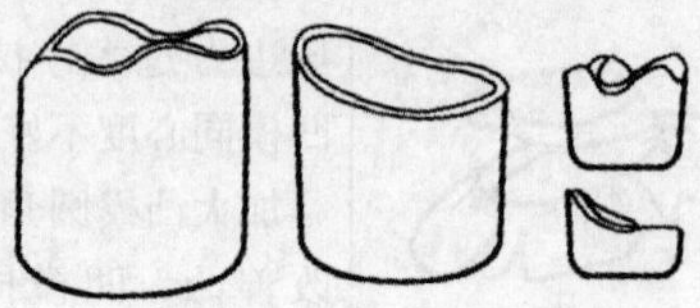	次品原因：毛坯放偏，压边力不均或料厚不一致、间隙不均匀 消除方法：毛坯定位要准，压边力调一致，防止料厚波动和间隙不均匀
底部周边出现鼓泡	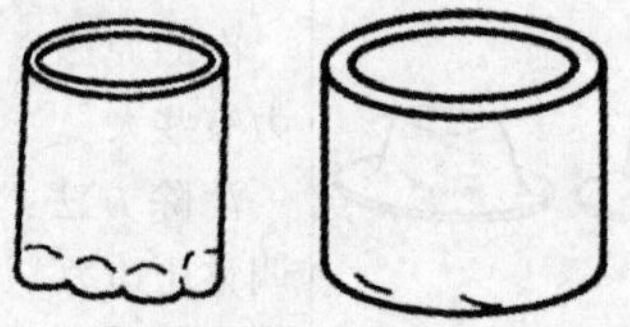	次品原因：润滑剂流下汇集在一起，无法排除或无排气孔 消除方法：涂敷润滑剂要薄而均匀，模具结构上要考虑排气、排油孔
局部出现凸鼓畸变		次品原因：润滑剂局部集中或异物混入 消除方法：及时清理排除，注意合理涂敷润滑剂
扭曲、翘曲		次品原因：变形不均匀，取件或顶件不合理或压边力不均匀 消除方法：改变取、顶件方法，调整压边力
拉深件口部边缘起皱		次品原因：凹模圆角半径太大，在压边最末阶段材料脱离压边圈后皱起 消除方法：缩小凹模圆角半径，尽可能采用圆弧形压边圈
壁部破裂、凸缘起皱		次品原因：压边力过小或模具间隙太小和圆角半径过小 消除方法：首先调整压边力或加大模具间隙和圆角半径

续表 2

发生废次品现象	简　图	产生废次品原因与消除方法
盒形件角部向内折拢，局部起皱	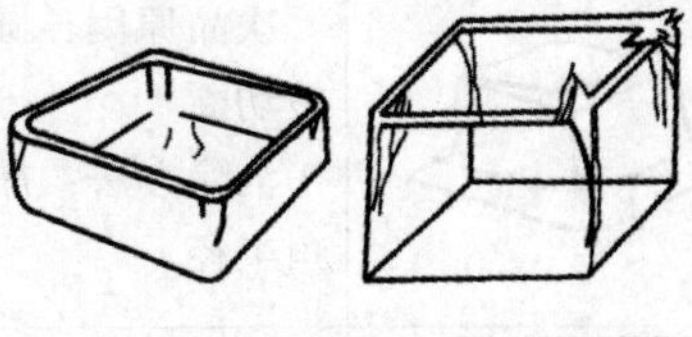	次品原因：压边圈形状不合适，压边力小或角部材料少 消除方法：改进压边圈形状，调整压边力，加大角部材料
拉深件扭曲		次品原因：模具型腔内无排气孔或排气孔太小，顶料杆太长把拉深件顶坏顶歪 消除方法：疏通或扩大排气孔，磨短顶杆
底和壁部凸鼓	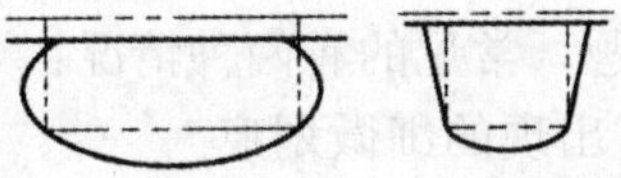	次品原因：润滑剂涂敷太厚，没有排气孔或排气孔堵塞 消除方法：改进润滑，疏通或开排气孔
阶梯形拉深件皱裂	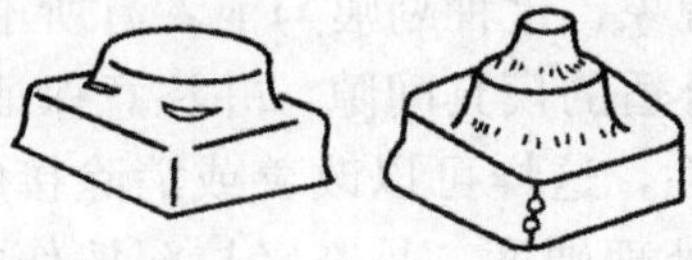	次品原因：台阶转角处圆角太小，材料拉深性能差，润滑剂涂敷不均匀 消除方法：加大转角处圆角，改进润滑和选用好材料
壁部拉裂	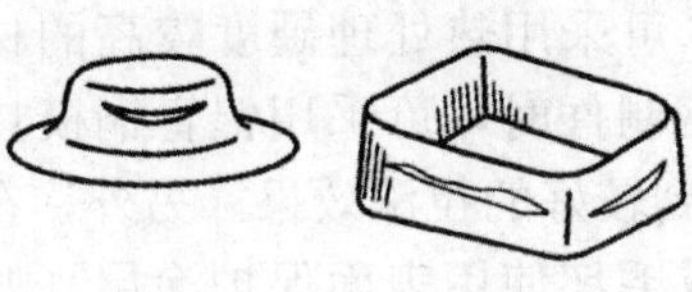	次品原因：压边力过大，润滑不当 消除方法：调整压边力，加强润滑
拉深件口部划伤	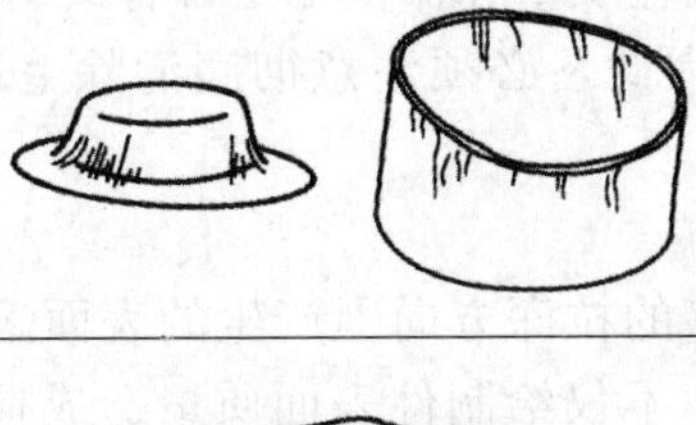	次品原因：模具型腔粗糙有裂纹 消除方法：修理和抛光模具工作表面
直壁挺直、皱曲		次品原因：角部间隙过小，直壁间隙偏大 消除方法：增加角部间隙，减小直壁部分间隙

续表 3

发生废次品现象	简　图	产生废次品原因与消除方法
底盖拉断、脱开		次品原因：圆角半径太小，材料被切断 消除方法：加大拉深凹模口部圆角半径
材料回弹畸变		次品原因：因材料弹性大，变形程度小，回弹造成 消除方法：加大压边力，减小圆角半径

二、擦伤及高温黏结问题

拉深件侧面擦伤是很普遍的问题，常见的有两种情况：

1. 毛坯在通过凹模圆角部位时出现的细微划痕

这是在凹模表面上滑动的痕迹，并具有金属表面光泽，通常称为拉深痕迹，或擦伤。还有当模具间隙不均匀，或研配不好，或导向不良等，都可能造成局部压料力增高，使侧面产生划痕现象，这种划痕与前者有所不同，称为局部接触划痕或所谓变薄擦伤。取均匀合适的模具间隙，并注意保证凸、凹模的研配质量，高的粗糙度和尺寸的一致性，这样可以改善或消除接触划痕这类缺陷。正确地选用模具材料和确定其热处理硬度，是减轻拉深擦伤的一个有效措施。一般来说，应选用硬材质的模具来加工较软材料，选用软材质的模具来加工硬材料。例如，加工拉深铝制件时，可采用热处理硬度较高的材料制作模具，也可用镀硬质铬的模具；加工不锈钢制件时，可采用铝青铜模具（或用铝青铜镶拼覆盖的结构形式），这样可以收到较好的拉深效果。另外，在拉深时，采用带有耐压添加剂的高黏度润滑油，或毛坯使用表面保护涂层（如不锈钢采用乙烯涂层）等，效果也较好。当然，毛坯质量和操作工是否有文明清洁的良好习惯，对防止这类缺陷也有直接影响。因此，必须注意彻底清除毛坯剪切面的毛刺，以及模具及材料上的脏物或杂质。

2. 摩擦高温黏结

所谓摩擦高温黏结，是在侧壁的拉深方向上产生的表面熔化和堆积状的痕迹，这种痕迹往往呈条形或线状，不仅给制件表面质量造成损害，严重时甚至引起生产故障。这种情况最易发生在凹模的棱边部位，也即在凹模的圆角部位。因为在拉深过程中，这些部位的压力很大，因而滑动面的摩擦阻力很大，甚至可能产生达 1000℃左右的摩擦高温，从而导致模具表面硬度降低，并使被软化的材料呈颗粒状脱落，局部熔化黏结在模具上，拉坏制件。它类似于机械加工中，在刀具工作表面产生的切削瘤所造成的破坏情况。

这种摩擦高温黏结开始出现时，在模具或制件表面产生一两条短的、浅的线痕，如不及时消除，将很快出现更多、更深的线痕直至模具不能使用。

对于摩擦高温黏结，必须引起充分重视。用硬而厚的难加工材料（如钢、不锈钢等）进行复杂形状和变形程度大的拉深时，容易发生这类问题，因此应在拉深工作开始前就进行充分研究和采取预防性措施，当发生问题时再行修复或解决就比较困难了。

凹模表面的加工质量是影响摩擦高温黏结的主要因素。因此，对于在拉深过程中容易发生高温黏结情况的模具，应选用材质较好的合金工具钢、优质模具钢或硬质合金这类材料，并应执行正确的热处理工艺，以保持材料良好的组织、足够的硬度和刚性。凹模材料及其热处理是极为重要的。对于凹模的边棱、圆角表面，应进行仔细的精加工，使之有利于材料的滑动。此外，对润滑技术的综合考虑也很重要，在凹模和材料的接触表面应正确使用润滑剂。

对于摩擦高温黏结特别严重的模具部位，应考虑采用镶拼式结构，以便于及时更换和维修。

三、盒形件侧壁双曲度凹陷及回弹

盒形件在拉深后，侧壁向内呈双曲度凹陷的情况如图 4－34 所示，即四个侧壁平面在 x 和 y 两个方向上均向内凹陷。这种情况同样是由于盒形件的四角和直边部分不同的成形原理而造成的。转角部属于拉深成形，在拉深过程中有多余的材料向直壁部转移，而直壁部一般来说仅属于简单的弯曲成形，因此同时还有转角部引伸时的切向压应力向直壁部的传递，从而引起直壁部分的周向压应力，当这些因素的影响超过材料允许的极限值时，直壁部位由于失稳而呈内凹。显然，材料愈薄、直壁部分愈长、刚性愈差，则愈易失稳；而且零件高度愈高、转角愈小、剩余的材料愈多，则流向直壁部分的材料转移愈严重，内凹情况也就愈明显。

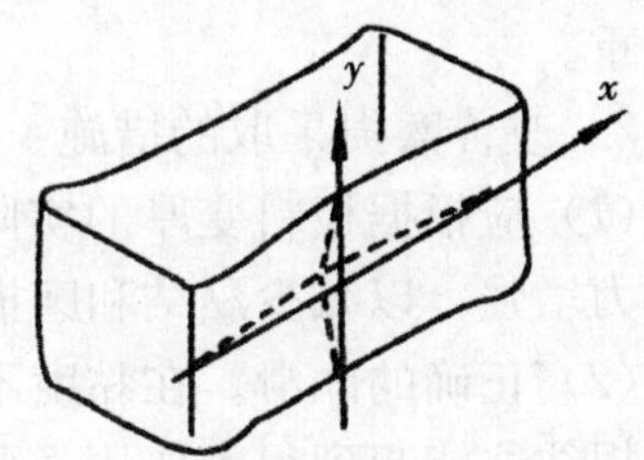

图 4－34　拉深件侧壁双曲度凹陷

为了消除这种状况，对于一次拉深成形的盒形零件，其直壁部分的凸、凹模间隙值应适当缩小。单面的间隙值可取 $Z=(0.9\sim0.95)t$，即适当地小于材料厚度的公称尺寸。对于相对深度大的需多次引伸成型的盒形件，在直壁部位应采用有引伸凸模的模具结构，以增大径向拉应力。

拉深件也有类似压弯件的回弹现象。所谓拉深件的回弹，是指制件在凹模圆角区由于弯曲恢复而出现翘曲，以及由于材料剩余而出现堆积这两种共存的情况，也即弯曲部位的回弹恢复和侧壁局部区域的凹陷或起翘的变形。

这类缺陷也是由于盒形件存在转角部拉深区域和直壁部弯曲区域不同的成

形性质，因而在不同应力状态的作用下所造成的。

四、模具磨损问题

所谓模具磨损问题，是指模具的非正常磨损，导致拉深件质量和精度的严重降低，以及模具正常使用寿命大大缩短的程度。

1. 拉深模产生磨损的部位

(1) 在毛坯材料流入较多和流动阻力较大的地方，如凹模圆角处、凹模表面的拉深凸梗处等。这些部位由于表面压力大，模具的磨损也就大。模具在这些部位的磨损和黏结是造成划痕和异物凸起等问题的主要原因。

(2) 在板厚增加较大的部位，磨损也大。因为板厚加大，虽然在这个拉深变形区域不会产生皱纹，但该部位的表面压力就要增加，同样容易引起黏结和磨损。

(3) 在形成皱纹的部位，也使磨损增加。皱纹的高低不同部位，对凸模和凹模的局部表面都增加了表面压力，并造成磨损。通常，容易发生皱纹是因为拉深深度过大、材料流动量大，这一因素和皱纹的共同影响，将使磨损变得更加严重。

2. 改善磨损采取的措施

(1) 应根据板料变厚的实际情况，取凸、凹模的间隙值。这样可以防止局部压力增强，以减少黏结和磨损。

(2) 正确的润滑。在黏度不高的润滑油里添加耐高压的附加剂，对减少模具磨损往往能起到很大作用。此外，正确和合理地润滑也改善了引伸条件，有时还能减少制件起皱现象。

(3) 使用耐磨性好的材料，并进行正确的热处理，使模具具有高的硬度和耐磨性。

(4) 消除皱纹。通过消除皱纹来减少由于皱纹引起的磨损，如改善凹模表面形状和精度，合理地布置引伸凸梗。

第五章　成形加工

第一节　起伏

一、起伏成形的种类

在成形模腔中的毛坯，在凸模冲击下，按既定模腔形状，产生局部的凹下与凸起，达到成形的目的，通称起伏。在现场进行这类起伏加工的零件主要有：

（1）压制不同类型与断面形状的加强筋。

（2）打凸包。

（3）压花，如艺术装饰品的浮雕、像章、纪念章。

（4）压字、压标志。

（5）弹性元件膜盒、膜片。

上述各种起伏作业，应用广泛。特别是压加强筋，是用薄料取代厚料制造各种容器、车辆、门窗等产品的主要工艺手段。这种平板起伏作业，除用普通全钢冲模外，用橡胶或液体的软模也相当普遍。

二、起伏成形的变形程度

起伏成形大多采用金属模压制，对于较薄材料、较小批量的工件，则用橡胶模、聚氨酯模成形。如图 5－1（a）所示盖板，采用 1mm 厚的 Q235－A 制成，要在直径为 220mm 的材料表面压制一个球径为 150mm 的鼓包。考虑到零件属于宽凸缘球形拉深件，球冠高度不大，属于浅球形件，因此采用 5－1（b）所示简易橡胶模成形。

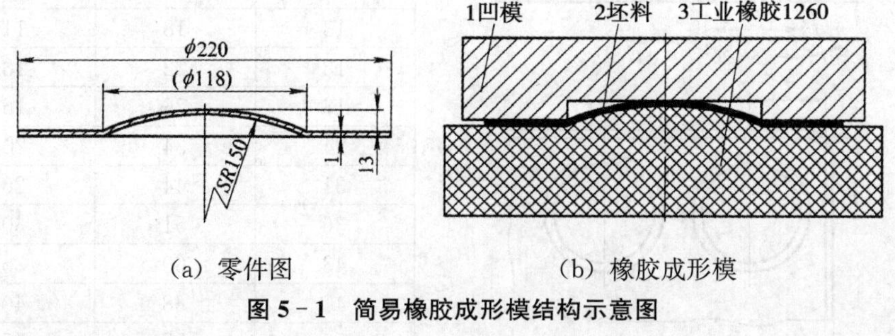

（a）零件图　　（b）橡胶成形模

图 5－1　简易橡胶成形模结构示意图

整个模具置于 J53 - 160 摩擦压力机上工作，橡胶 3 置于压力机工作台上，坯料 2 放在橡胶 3 上，凹模 1 放在坯料 2 上，操纵压力机使其上滑块打击凹模 1 几次，通过凹模 1 的压力使橡胶 3 产生弹性变形，便可使坯料 2 胀形成所需零件。

由于各种起伏成形是让材料承受拉伸应力，使其减薄而起伏成形。为使起伏加工中保证材料不破裂，应按下式控制其变形程度 $K_{伏}$。

$$K_{伏} = \frac{L - L_0}{L} \times 100\% \leqslant 0.75\delta_5$$

式中 L——起伏成形后沿截面的材料长度（mm）；

L_0——起伏成形前原材料长度（mm）；

δ_5——材料的伸长率（%）。

三、压筋与打凸

推荐的压筋与打凸尺寸见表 5 - 1、表 5 - 2。

表 5 - 1　　压加强筋和打凸尺寸

名称	压加强筋与打凸简图	相关尺寸				
		R	h	B 或 D	r	α
加强筋	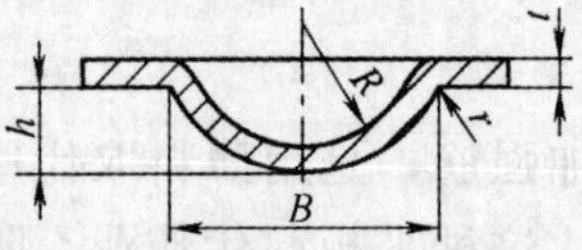	$(3\sim4)t$	$(3\sim2)t$	$(7\sim10)t$	$(1\sim2)t$	—
打凸	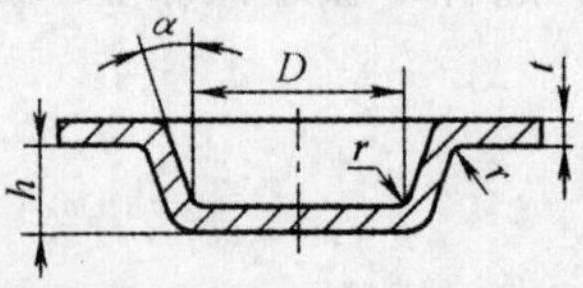	—	$(2\sim1.5)t$	$\geqslant 3h$	$(0.5\sim1.5)t$	15°～30°

表 5 - 2　　打凸包间距及边距

打凸包简图	D/mm	L/mm	l/mm
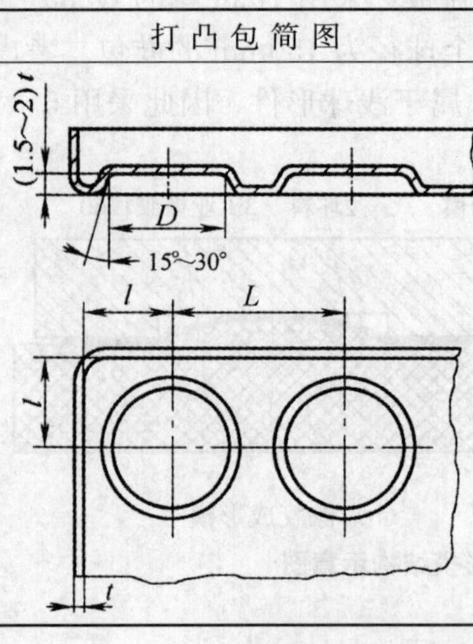	6.5	10	6
	8.5	13	7.5
	10.5	15	9
	13	18	11
	15	22	13
	18	26	16
	24	34	20
	31	44	26
	36	51	30
	43	60	35
	48	68	40
	55	78	45

四、压筋起伏的冲压力计算

冲制加强筋及类似成形冲压时，所需冲压力推荐用下式进行近似计算：

$$F = K_j L t \sigma_b$$

式中 F——所需冲压力（N）；

L——加强筋长度（mm）；

σ_b——冲压材料抗拉强度（MPa）；

t——零件料厚（mm）；

K_j——与加强筋尺寸相关系数，一般取 0.7～1，当筋的宽深比小于 2 时，取 0.7。

第二节　翻边

翻边是将毛坯或半成品的外边缘或孔边缘沿一定的曲线翻成竖立的边缘的冲压方法，如图 5-2 所示。当翻边的沿线是一条直线时，翻边变形就转变成为弯曲，所以也可以说弯曲是翻边的一种特殊形式。但弯曲时毛坯的变形仅局限于弯曲线的圆角部分，而翻边时毛坯的圆角部分和边缘部分都是变形区，所以翻边变形比弯曲变形复杂得多。用翻边方法可以加工形状较为复杂且有良好刚度的立体零件，能在冲压件上制取与其他零件装配的部位，如客车中墙板翻边、客车脚蹬门压铁翻边、汽车外门板翻边、摩托车油箱翻孔、金属板小螺纹孔翻边等。翻边可以代替某些复杂零件的拉深工序，改善材料的塑性流动而避免破裂或起皱，代替先拉后切的方法制取无底零件，可减少加工次数，节省材料。

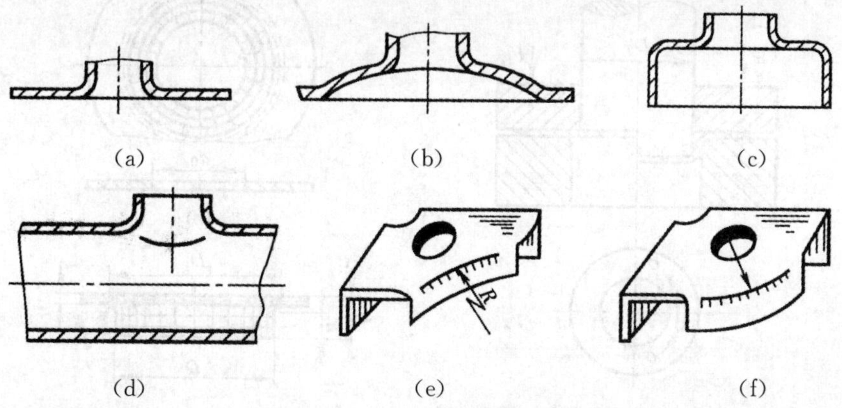

图 5-2　内孔与外缘翻边零件

按变形的性质，翻边可分为伸长类翻边和压缩类翻边。伸长类翻边的共同特点是：毛坯变形区在切向拉应力的作用下产生切向的伸长变形，极限变形程度主要受变形区开裂的限制，如图 5-2 所示。压缩类翻边的共同特点是：除靠近竖边根部圆角半径附近区域的金属产生弯曲变形外，毛坯变形区的其余部分在切向压应力的作用下产生切向的压缩变形，其变形特点属于压缩类变形，应力状态和变形特点与拉深相同，极限变形程度主要受毛坯变形区失稳起皱的限制，如图 5-2（f）所示翻边属于压缩类翻边。此外，按竖边壁厚是否有强制变薄，可分为变薄翻边和不变薄翻边。按翻边的毛坯及工件边缘的形状，可分为内孔（圆孔或非圆孔）翻边、平面外缘翻边和曲面翻边等。

一、内孔翻边

1. 内孔翻边的变形特点

如图 5-3 所示是圆孔翻边及网格实验示意图。如图 5-3（a）所示，在平板毛坯上制出直径为 d_0 的底孔，随着凸模的下压，孔径将被逐渐扩大。变形区为（$D+2r$）$-d_0=D_1$ 的环形部分，靠近凹模口的板料贴紧凹模圆角半径区后就不再变形了，而进入凸模圆角区的板料被反复折弯，最后转为直壁，当全部转为直壁时，翻边也就结束了。在翻边过程中，毛坯外缘部分由于受到压边力的约束或由于外缘宽度与翻边孔直径之比较大，通常是不变形的（不变形区），竖壁部分已经变形，属传力区，带孔底部是变形区。如图 5-3（b）和（c）所示，变形区处于双向拉应力状态（板厚方向的应力忽略不计），变形区在拉应力的作用下要变薄，这一点与胀形相同。孔边缘为单向应力状态，根据屈服准则可以判定孔边部是最先发生塑性变形的部位，厚度变薄最严重，因而也最容易产生裂纹。因此翻孔的破坏形式主要是底孔边缘拉裂。为了防止出现裂纹，需限制翻孔的变形程度。

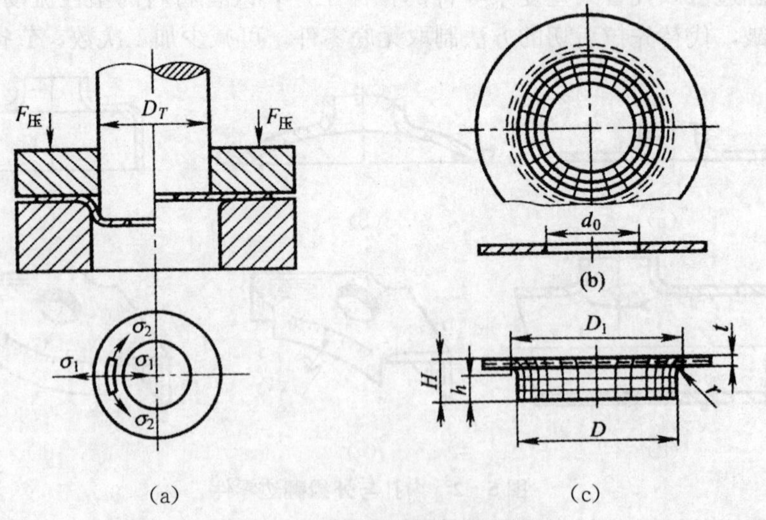

图 5-3　圆孔翻边及网格实验

2. 圆孔翻边的极限变形程度

圆孔翻边的变形程度用翻边系数 K_f 表示，翻边系数为翻边前孔径 d_0 与翻边后孔径D的比值，圆孔翻边的变形程度用翻边系数 K_f 表示：

$$K_f=\frac{d_0}{D}$$

式中 d_0——翻边前底孔的直径，mm；

D——翻边后孔的中径，mm。

显然，K_f 值越小，变形程度越大。当翻边孔边缘不破裂所能达到的最小翻边变形程度为极限翻边系数，极限翻边系数用 K_{fmin} 表示。表5-3给出了低碳钢的一组极限翻边系数值。

表5-3　低碳钢的极限翻边系数 K_{fmin}

凸模形状	预制孔形状	预制孔相对直径 d_0/t									
		100	50	35	20	15	10	8	5	3	1
球形凸模	钻孔	0.70	0.60	0.52	0.45	0.40	0.36	0.33	0.30	0.25	0.20
	冲孔	0.75	0.65	0.57	0.52	0.48	0.45	0.44	0.42	0.42	—
平底凸模	钻孔	0.80	0.70	0.60	0.50	0.45	0.42	0.40	0.35	0.30	0.25
	冲孔	0.85	0.75	0.65	0.60	0.55	0.52	0.50	0.48	0.47	—

注：采用表中 K_{fmin} 值时，实际翻边后口部边缘会出现小的裂纹，如果工件不允许开裂，则翻边系数须加大10%～15%。

3. 影响极限翻边系数的主要因素

（1）材料的塑性。材料的延伸率 δ、应变硬化指数和各向异性系数越大，极限翻边系数就越小，有利于翻边。

（2）凸、凹模形状及尺寸。如图5-4所示为几种常见凸模的结构形式和其主要尺寸，其中图5-4（a）～图5-4（c）所示为凸模端部无定位部分，工作时由凸模端部的圆角、球面或抛物线部分导正后再翻孔，翻孔质量好；图5-4（d）～图5-4（e）所示为凸模端部有定位部分，由定位部分导正定位预制孔后再翻孔；图5-4（f）所示是用于无预制孔的不精确翻孔凸模。而翻孔凹模结构如图5-4（g）所示，由于翻孔凹模圆角半径对成形影响不大，因此常取其半径值等于零件的圆角半径。

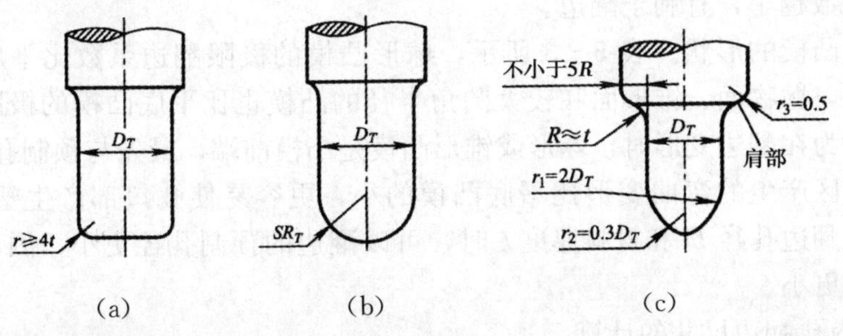

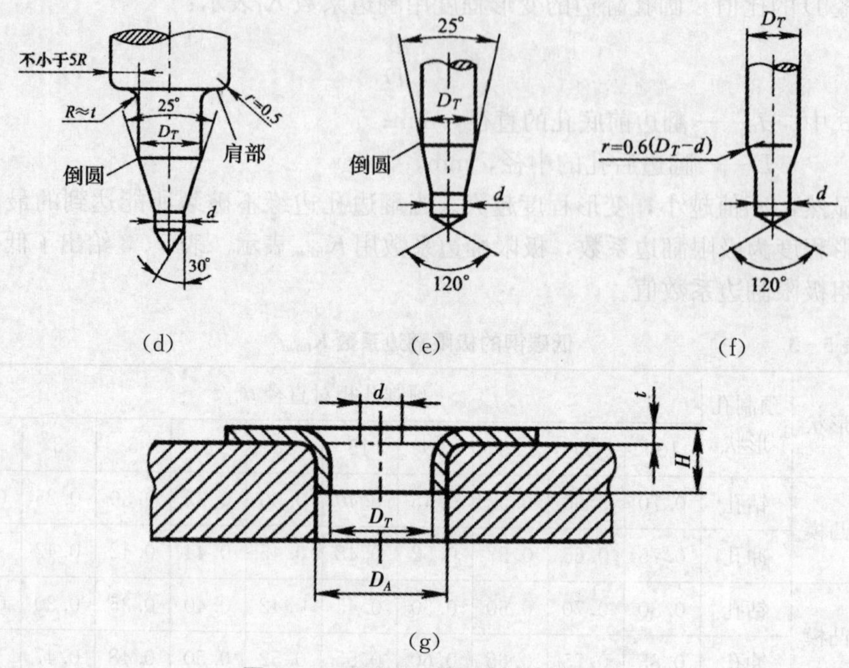

图 5-4　翻边凸、凹模形状及尺寸

凸、凹模尺寸可参照拉深模的尺寸确定原则，只是应注意保证翻边间隙。凸模圆角半径 r 越大越好，最好用曲面或锥形凸模，对平底凸模一般取 $r\geqslant 4t$。凹模圆角半径可以直接按工件要求的大小设计，但当工件凸缘圆角半径小于最小值时应加整形工序。

(3) 孔的加工方法。预制孔的加工方法决定了孔的边缘状况，孔的边缘无毛刺、撕裂、硬化层等缺陷时，极限翻边系数就越小，有利于翻边。目前，预制孔主要用冲孔或钻孔方法加工，表 5-3 中数据显示，钻孔比冲孔的 $K_{f\min}$ 小。采用冲孔方法生产效率高，但冲孔会形成孔口表面的硬化层、毛刺、撕裂等缺陷，导致极限翻边系数变大。采取冲孔后进行热处理退火、修孔或沿与冲孔方向相反的方向进行翻孔使毛刺位于翻孔内侧等方法，能获得较低的极限翻边系数。

(4) 预制孔的相对直径。如表 5-3 所示，预制孔的相对直径 d_0/t 越小，极限翻边系数越小，有利于翻边。

(5) 凸模的形状。表 5-3 所示，球形凸模的极限翻边系数比平底凸模的小。此外，抛物面、锥形面和较大圆角半径的凸模也比平底凸模的极限翻边系数小。因为在翻边变形时，球形或锥形凸模是凸模前端，最先与预制孔口接触，在凹模口区产生的弯曲变形比平底凸模的小，更容易使孔口部产生塑性变形，所以相同翻边孔径 D 和材料厚度 t 时，可以翻边的预制孔径更小，因而极限翻边系数就更小。

4. 内孔翻边尺寸的计算

(1) 预孔直径 d_0 和翻边高度 H：

①一次翻边成形：当翻边系数 K_f 大于极限翻边系数 K_{fmin} 时，可采用一次翻边成形。当 $K_f \leqslant K_{fmin}$，可采用多次翻边，由于在第二次翻边前往往要将中间毛坯进行软化退火，故该方法较少采用。对于一些较薄料的小孔翻边，可以不先加工预制孔，而是使用带尖的锥形凸模在翻边前先完成刺孔继而进行翻边的方法。

如图 5－5 所示是平板毛坯上一次翻孔示意图，d_0 与 H 按下式计算：

$$d_0 = D - 2\ (H - 0.43r - 0.72t)$$

变换上式，可得翻边高度 H 的计算公式：

$$H = 0.5D\ (1 - d_0/D)\ + 0.43r + 0.72\,t$$

或

$$H = 0.5\,D\ (1 - K_f)\ + 0.43r + 0.72t$$

将上式中的翻边系数 K_f 以极限翻边系数 K_{fmin} 代替，可得最大翻边高度 H_{max} 的计算公式：

$$H_{max} = 0.5\,D\ (1 - K_{fmin})\ + 0.43r + 0.72t$$

上式是按中性层长度不变的原则推导的，是近似公式，生产实际中往往通过试冲来检验和修正计算值。

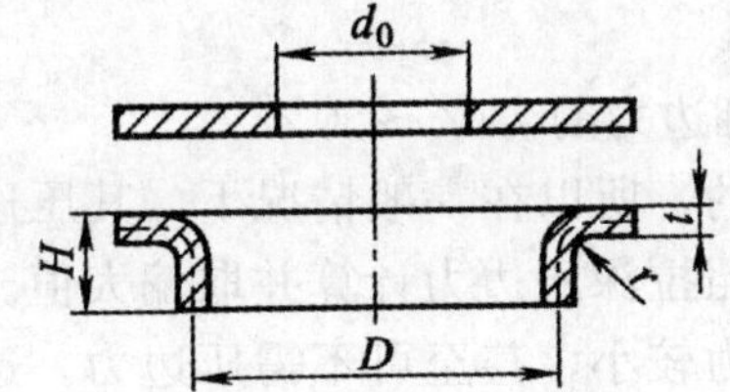

图 5－5　平板毛坯上一次翻孔

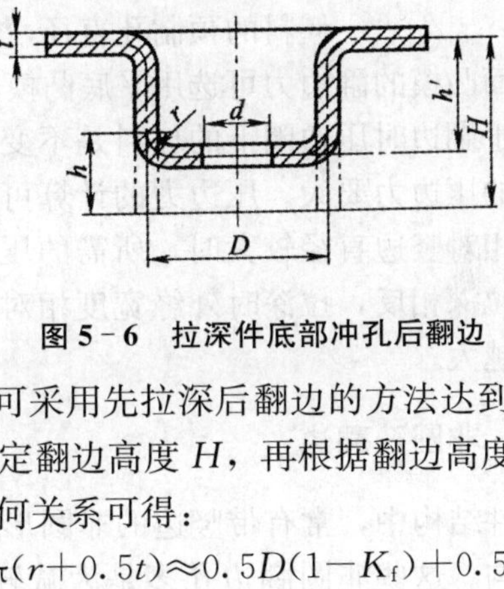

图 5－6　拉深件底部冲孔后翻边

②拉深后再翻边：当 $K_f \leqslant K_{fmin}$ 时，可采用先拉深后翻边的方法达到要求的翻边高度，如图 5－6 所示。这时应先确定翻边高度 H，再根据翻边高度确定预制孔直径 d_0 和拉深高度 h'，从图中的几何关系可得：

$$H = 0.5(D - d_0) - (r + 0.5t) + 0.5\pi(r + 0.5t) \approx 0.5D(1 - K_f) + 0.57r$$

则

$$H_{max} = 0.5D\ (1 - K_{fmin})\ + 0.57r$$

这时，底孔直径 d_0 可由下式求得：

$$d_0 = D + 1.14r - 2h$$

底孔直径 d_0 也可按下式计算：

$$d_0 = DK_{fmin}。$$

最大翻边高度 H_{max} 确定之后，便可按下式计算拉深工序件的高度 h'：

$$h' = H - H_{max} + r + t$$

先拉深后翻边的方法是一种很有效的方法，但若是先加工预制孔后拉深，则孔径有可能在拉深过程中变大，使翻边后达不到要求的高度。

（2）凸、凹模间隙。由于翻边变形区材料变薄，为了保证竖边的尺寸及其精度，翻边凸、凹模之间的间隙以稍小于材料厚度为宜，可取单边间隙 $c=(0.75\sim0.85)t$。若翻边成螺纹底孔或需与轴配合的小孔，则取 $c=0.7t$ 左右。凸、凹模间隙也可按表 5－4 选取。

表 5－4　翻边时凸凹模的单边间隙　(mm)

材料厚度	0.3	0.5	0.7	0.8	1.0	1.2	1.5	2.0
平毛坯翻边	0.25	0.45	0.6	0.7	0.85	1.0	1.3	1.7
拉深后翻边	—	—	—	0.6	0.75	0.9	1.1	1.5

（3）翻边力与压边力计算。在所有凸模形状中，圆柱形平底凸模翻边力最大，其计算公式为：

$$F=1.1\pi(D-d_0)t\sigma_s$$

式中　F——翻孔力，N；

σ_s——材料的屈服极限，MPa；

t——材料的厚度，mm；

D——翻孔后的孔的直径，mm；

d_0——坯料的预制孔直径，mm。

曲面凸模的翻边力可选用平底凸模的翻边力的 70%～80%。

由于翻边时压边圈下的坯料是不变形的，所以在一般情况下，其压边力比拉深时的压边力要大。压边力的计算可参照拉深压边力计算并取偏大值。当外缘宽度相对竖边直径较大时，所需的压边力较小，甚至可不需压边力。这一点刚好与拉深相反，拉深时外缘宽度相对拉深直径越大，越容易失稳起皱，所需压边力越大。

二、非圆孔翻边

零件结构中，常有带竖边的非圆形孔（椭圆、矩形以及凹凸弧和直线组合形）结构。这些非圆翻边孔多是为减轻重量和增加结构刚性，竖边高度不大，一般为（4～6）t。

非圆孔翻边时，可根据开口轮廓的形状分段考虑。如图 5－7 所示可分为 8 个线段，其中 2、4、6、7 和 8 属于切向发生伸长类型的翻边，厚度减薄，可视为圆孔的翻边；1 和 5 看做简单弯曲；内凹弧 3 属于切向发生压缩类型的翻边，厚度增厚，可视为与拉深相同。因此，这类非圆孔翻边属于“压缩类翻边—弯曲—伸长类翻边”的复合成形。

非圆孔翻边所用的预制孔形状和尺寸，可根据各段孔缘曲线的性质分别按圆孔翻边、弯曲与拉深计算。通常，翻边后弧线段的竖边高度较直线段竖边高度稍低，为消除误差，弧线段的展开宽度应比直线段大 5%～10%。计算出的

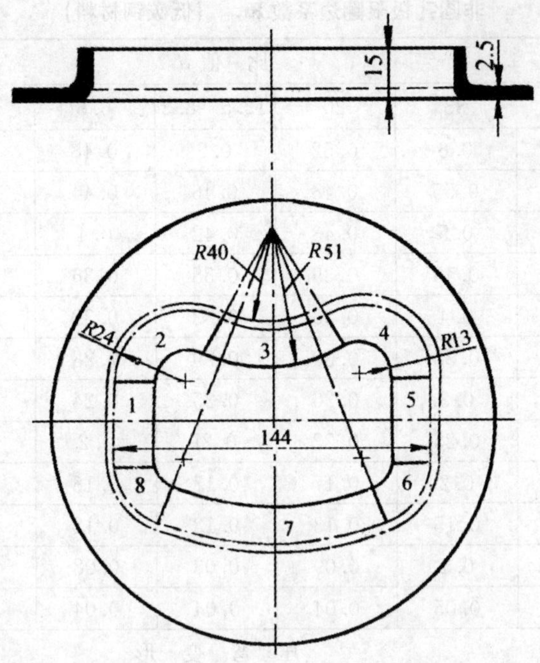

图 5-7 非圆孔的翻边示意图

孔形应加以适当修正，使各段孔缘能平滑过渡。

非圆孔翻边时，要对最小圆角部分进行允许变形程度的核算。由于材料是连续的，不同部分之间的变形也是连续的，伸长类翻边区的变形可以扩展到与其相连的弯曲变形区或压缩类翻边区，从而可减轻伸长类翻边区的变形程度，因此，最小圆角部分极限翻边系数 K_{1min} 比相应的圆孔翻边要小些：

$$K_{1min}=(0.85\sim0.9)\ K_{min}$$

表 5-5 列出了低碳钢材料在非圆孔翻边时的极限翻边系数 K_{1min}。由表 5-5 可知，非圆孔孔缘弧线段对应的圆心角 α 对 K_{1min} 有影响，K_{1min} 随着角度 α 的减小而相应地减小，翻边逐步地转变为弯曲，在角度 α 为零时变成纯弯曲。K_{1min} 也可以按下式计算：

$$K_{1min}=K_{min}\alpha/180°$$

式中 K_{min}——圆孔极限翻边系数；

α——弧线段圆心角（°）。

上式适用于 $\alpha\leqslant180°$，当 $\alpha>180°$ 时，直边部分的影响已很不明显，应按圆孔翻边确定极限翻边系数。当直边部分很短，或者不存在直边部分时，也应按圆孔翻边确定极限翻边系数。

表 5-5　非圆孔极限翻边系数 $K_{l\min}$（低碳钢材料）

α	比　值 d/t						
	50	33	20	12.5～8.3	6.6	5	3.3
180°～360°	0.8	0.6	0.52	0.5	0.48	0.46	0.45
165°	0.73	0.55	0.48	0.46	0.44	0.42	0.41
150°	0.67	0.5	0.43	0.42	0.4	0.38	0.37
135°	0.6	0.45	0.39	0.38	0.36	0.35	0.34
120°	0.53	0.4	0.35	0.33	0.32	0.31	0.3
105°	0.47	0.35	0.30	0.29	0.28	0.27	0.26
90°	0.4	0.3	0.26	0.25	0.24	0.23	0.22
75°	0.33	0.25	0.22	0.21	0.2	0.19	0.18
60°	0.27	0.2	0.17	0.17	0.16	0.15	0.14
45°	0.2	0.15	0.13	0.13	0.12	0.12	0.11
30°	0.14	0.1	0.09	0.08	0.08	0.08	0.08
15°	0.07	0.05	0.04	0.04	0.04	0.04	0.04
0°	压　弯　变　形						

由于弧线段圆心角 α 对 $K_{l\min}$ 有影响，非圆孔翻边时选取的翻边系数应该满足各个弧线段的翻边要求。

三、平面外缘翻边

1. 平面外缘翻边的变形特点

平面外缘翻边可分为内凹外缘翻边和外凸缘翻边，由于不是封闭轮廓，故变形区内沿翻边线上的应力和变形是不均匀的。如图 5-8（a）所示为内凹外缘翻边，其应力应变特点与内孔翻边近似，变形区主要受切向拉应力作用，属于伸长类平面翻边，材料变形区外缘边所受拉伸变形最大，容易开裂。如图 5-8（b）所示是外凸缘翻边（也称为折边），其应力应变特点类似于浅拉深，变形区主要受切向压应力作用，属于压缩类平面翻边，材料变形区受压缩变形容易失稳起皱。

2. 极限变形程度

内凹外缘翻边的变形程度用翻边系数 E_s 表示，其计算式是：

$$E_s = \frac{b}{R-b}$$

外凸缘翻边的变形程度用翻边系数 E_y 表示，其计算式是：

$$E_y = \frac{b}{R+b}$$

式中　b——为毛坯上需翻边的高度，mm；

R——为翻边线的曲率半径，mm。

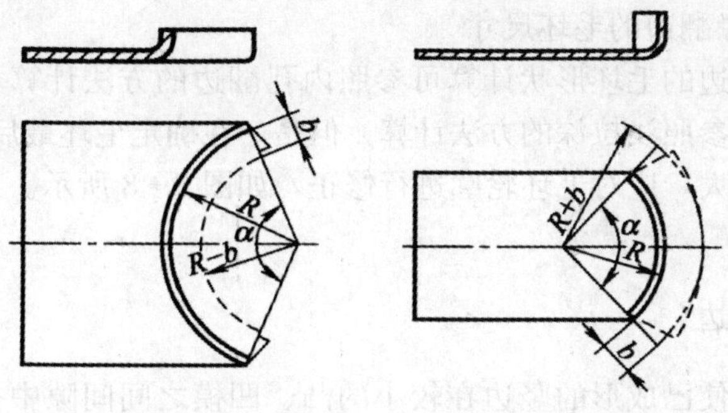

（a）内凹外缘翻边　　　（b）外凸缘翻边

图 5-8　外缘翻边示意图

内凹外缘翻边的极限变形程度主要受材料变形区外缘边开裂的限制，外凸缘翻边的极限变形程度主要受材料变形区失稳起皱的限制。假如在相同翻边高度的情况下，曲率半径 R 越小，E_s 和 E_y 越大，变形区的切向应力和切向应变的绝对值越大；相反，当 R 趋向于无穷大时，E_s 和 E_y 为零，此时变形区的切向应力和切向应变值为零，翻边变成弯曲。表 5-6 为部分材料的极限翻边系数。

表 5-6　外缘翻边的极限翻边系数

材　料	E_{ymax}（%）		E_{smax}（%）	
	用橡胶成形	用模具成形	用橡胶成形	用模具成形
L4M	6	40	25	30
L4Y1	3	12	5	8
LF21M	6	40	23	30
LF21Y1	3	12	5	8
LF2M	6	35	20	25
LF3Y1	3	12	5	8
LY12M	6	30	14	20
LY12Y	0.5	9	6	8
LY11M	4	30	14	20
LY11Y	0	0	5	6
H62 软	8	45	30	40
H62 半硬	4	16	10	14
H68 软	8	55	35	45
H68 半硬	4	16	10	14
10	—	10	—	38
20	—	10	—	22
1Cr18Ni9 软	—	10	—	15
1Cr18Ni9 硬	—	10	—	40

3. 平面外缘翻边的毛坯尺寸

内凹外缘翻边的毛坯形状计算可参照内孔翻边的方法计算，外凸缘翻边的毛坯形状计算可参照浅拉深的方法计算。但是，在确定毛坯最后形状和尺寸时，如果翻边高度较大，应对毛坯轮廓进行修正，如图 5-8 所示。最终通过试模来确定毛坯尺寸。

四、变薄翻边

变薄翻边是使已成形的竖边在较小的凸、凹模之间间隙中挤压，使之强制变薄的方法。变薄翻边属体积成形，如果用一般翻边方法达不到要求的翻边高度时，可采用变薄翻边方法增加竖边高度。

1. 变薄翻边计算

变薄翻边时，凸、凹模之间采用小间隙，凸模下方的材料变形与圆孔翻边相似，但它们翻为竖边后，将在凸模和凹模之间的小间隙内受到挤压，进一步发生较大塑性变形，厚度显著减薄，从而提高翻边高度。

变薄翻边要求材料具有良好的塑性，预冲孔后的坯料最好经过软化退火。在翻边过程中需要强有力的压边，零件单边凸缘宽度 $B \geqslant 2.5t$，以防止凸缘移动和翘起。在变薄翻边中，变形程度不仅取决于翻边系数，还取决于壁部的变薄程度 t_0/t_1（即翻边前后壁厚之比）。在采用相同极限削边系数的情况下，变薄边可以得到更高的竖边高度。试验表明，一次变薄翻边的可能变薄程度 $t_0/t_1=2\sim2.5$。

变薄翻边预制孔尺寸的计算，应按翻边前后体积相等的原则进行，如图 5-9 所示。

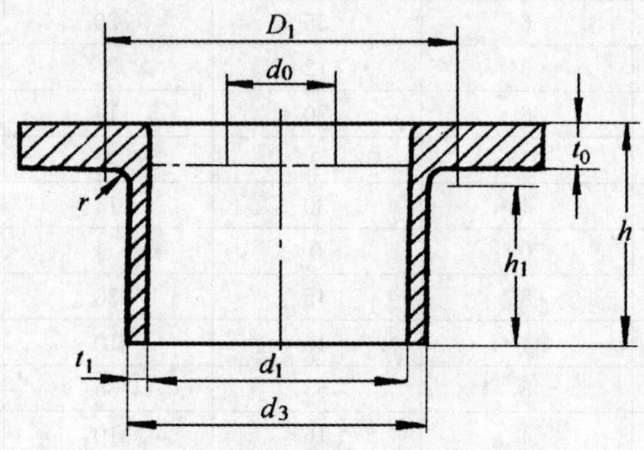

图 5-9 变薄翻边尺寸计算

当 $r<3$ 时，

$$d_0=\sqrt{\frac{d_3^2t-d_3^2h+d_1^2h}{t}}$$

当 $r \geqslant 3$ 时，应考虑圆角处的体积，这时 d_0 按下式计算：

$$d_0=\sqrt{\frac{d_1^2h-d_3^2h_1+\pi r^2D_1-D_1^2r}{h-h_1-r}}$$

变薄翻边后的竖边高度按体积不变原则计算。

中型孔的变薄翻边，一般采用阶梯形环状凸模，凸模上带有直径逐渐增大的凸环，通过在一次行程内对坯料作多次变薄加工来完成。如图 5－10 所示是变薄翻边的一个例子，毛坯厚度为 2mm，变薄翻边后竖边厚度为 0.8mm。采用阶梯凸模，毛坯经过凸模上各阶梯的挤压，竖边厚度逐步变薄。凸模上各阶梯的间距应大于零件高度，以便前一阶梯挤压竖边之后再用后一阶梯挤压。变薄翻边时，需要用压板紧紧压住工件，并应有足够的润滑油。

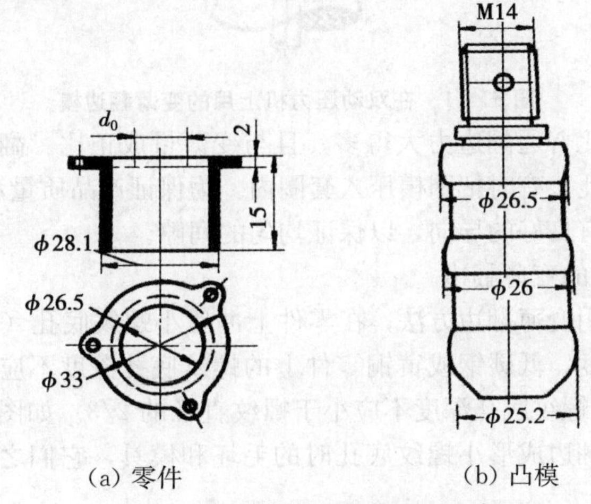

(a) 零件　　(b) 凸模

图 5－10　阶梯凸模变薄翻边尺寸

凸模上凸环的数量与达到所需变薄量的挤压延伸次数相同，按下式计算：

$$n=\frac{\lg t_0-\lg t_1}{\lg\left(\frac{100}{100-E}\right)}$$

式中　t_0——材料的厚度（mm）；

t_1——变薄后材料厚度（mm）；

E——变形程度，见表 5－7。

表 5－7　延伸时平均变形程度 E（%）

材料	第一次伸延	继续伸延
软钢	55～60	35～45
黄钢	60～77	50～60
铝	60～65	40～50

如图 5－11 所示为在双动压力机上用的变薄翻边模（零件见图 5－10 所示）。

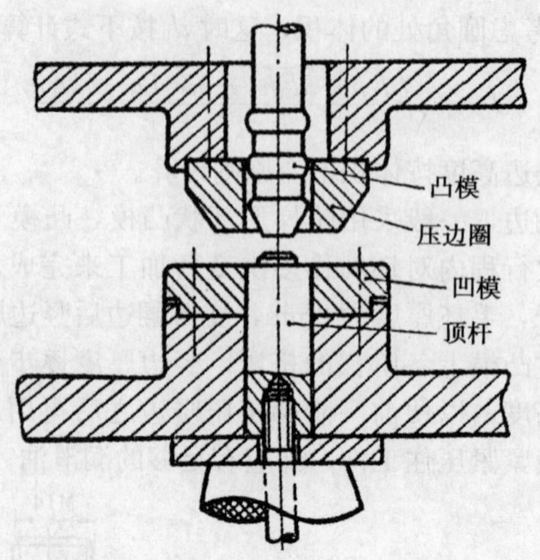

图 5-11　在双动压力机上用的变薄翻边模

变薄翻边力比普通翻边力大得多，且与变薄量成正比。翻边时凹模受到较大的侧压力，因此，有时把凹模压入套圈内。为保证产品质量和提高模具寿命，凸、凹模之间应有良好的导向，以保证均匀的间隙。

2. 螺纹底孔的变薄翻边

生产中常采用变薄翻边方法，在零件上冲压小螺纹底孔（M5 以下）。为了保证螺纹连接强度，低碳钢或黄铜零件上的螺纹底孔深度不应小于螺纹直径的 1/2，铝制零件的螺纹底孔深度不应小于螺纹直径的 2/3。如图 5-12 所示是用抛物形凸模变薄翻边成形小螺纹底孔时的毛坯和模具，它们之间的几何尺寸关系如下：

变薄翻边后的孔壁厚度：$t_1=(D-d_p)/2=0.65t_0$；

毛坯预制孔直径：$d_0=0.45d_p$；

凸模直径 d_p 由螺纹内径 d_s 决定，保证：$d_s\leqslant(d_p+D)/2$；

凹模内径（竖边外径）：$D=d_p+1.3t_0$；

翻边高度 h 可由体积不变原则算出：$h=(2\sim2.5)t_0$。

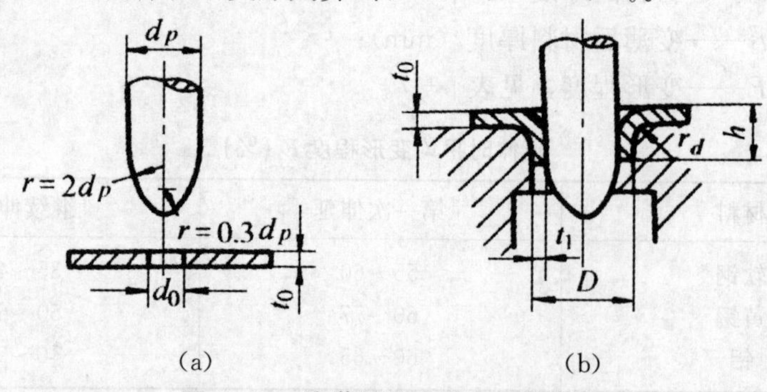

图 5-12　变薄翻边成形小螺纹底孔

在材料性能允许的情况下，在一道工序中，用一个凸模同时进行冲孔和变薄翻边。在其他情况下，要在毛坯上预制翻边圆孔，然后在第二道工序下进行变薄翻边。如果在连续模上进行翻边，最好预先冲孔。

表 5－8 是变薄翻边加工小螺纹底孔的尺寸。表 5－9 和表 5－10 是变薄翻边的凸模尺寸。

表 5－8　　在金属板上翻边小螺纹底孔的尺寸　　(mm)

螺纹直径	t_0	d_0	d_p	h	D	rd
M2	0.8	0.8	1.6	1.6	2.7	0.2
	1.0			1.8	3.0	0.4
M2.5	0.8	1	2.1	1.7	3.2	0.2
	1.0			1.9	3.5	0.4
M3	0.8	1.2	2.5	2.0	3.6	0.2
	1.0			2.1	3.8	0.4
	1.2			2.2	4.0	0.4
	1.5			2.4	4.5	
M4	1.0	1.6	3.3	2.6	4.7	0.4
	1.2			2.8	5.0	
	1.5			3.0	5.4	
	2.0			3.2	6.0	0.6

注：表中符号意义见图 5－12。

表 5－9　　有预制孔时变薄翻边的凸模尺寸　　(mm)

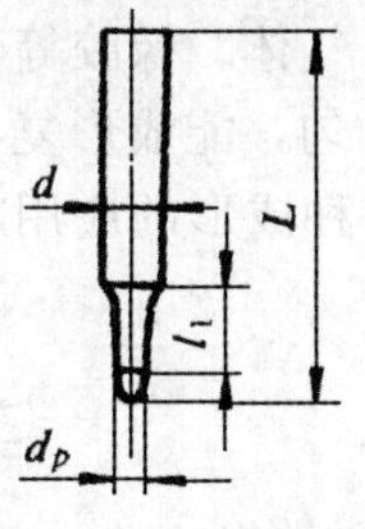

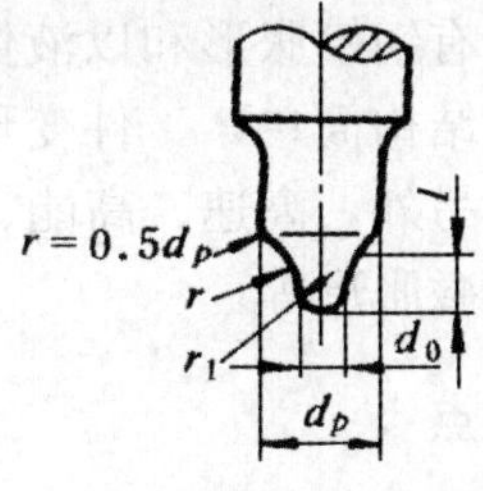

螺纹直径	d_0	d_p	d	l	l_1	r	r_1
M2	0.8	1.6	4	1.5	4.5	1	0.4
W2.5	1.0	2.1		2	5.5		0.5
M3	1.2	2.5	5	2.5	6.0		0.7
M4	1.6	3.3		3.5	6.5	1.5	0.9

表 5-10　　同时冲孔和变薄翻边的凸模尺寸　　(mm)

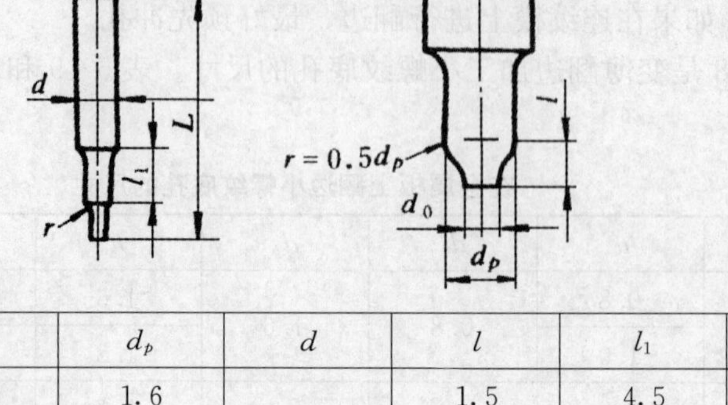

螺纹直径	d_0	d_p	d	l	l_1	r
M2	0.8	1.6	4	1.5	4.5	1
W2.5	1.0	2.1		2	5.5	
M3	1.2	2.6	5	2.5	6.0	
M4	1.6	3.3		3.5	6.5	1.5

第三节　胀形

在模具的作用下，迫使毛坯厚度减薄和表面积增大，以获取零件几何形状的冲压加工方法叫胀形。胀形与其他冲压成形工序的主要不同之处是：胀形时变形区在板面方向呈双向拉应力状态，在板厚方向上是减薄，即厚度减薄表面积增加。胀形主要用于加强筋、花纹图案、标记等平板毛坯的局部成形；波纹管、高压气瓶、球形容器等空心毛坯的胀形；管接头等管材胀形；飞机蒙皮等薄板的拉张成形。汽车覆盖件等曲面复杂形状零件成形时也常常包含胀形工艺。

常用的胀形方法有钢模胀形和以液体、气体、橡胶等作为施力介质的软模胀形。软模胀形模具结构简单，工件变形均匀，能成形复杂形状的工件，如液压胀形、橡胶胀形；另外，高速、高能、特种成形的应用越来越受到人们的重视，如爆炸胀形、电磁胀形等。

一、胀形变形特点

如图 5-13 所示为球头凸模胀形平板毛坯时的胀形变形区及其主应力和主应变图。图中涂黑部分表示胀形变形区。胀形变形具有如下特点：

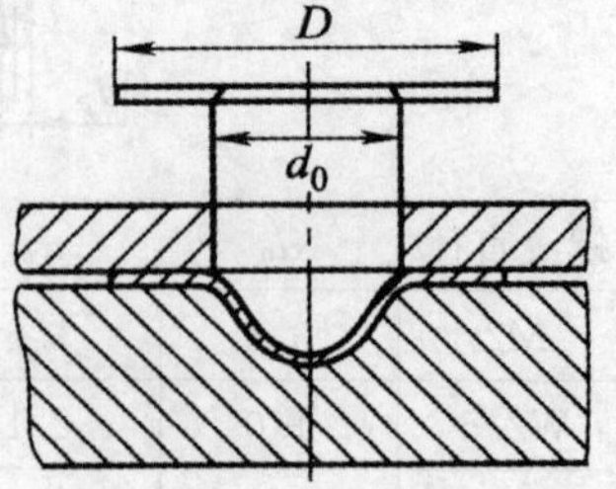

图 5-13　胀形变形示意图

(1) 在毛坯胀形的变形区内，胀形变形属板平面方向的双向拉伸应力状态下成形，变形主要是通过材料厚度方向的减薄量支持板面方向的伸长量而完成的，变形后材料厚度减薄，表面积增大。胀形属伸长类变形。

(2) 胀形变形时由于毛坯受到较大压边力的作用或由于毛坯的外径超过凹模孔直径的 3～4 倍，使塑性变形仅局限于一个固定的变形范围，板料不向变形区外转移也不从变形区外进入变形区。

(3) 由于胀形变形时材料板面方向处于双向受拉的应力状态，所以变形不易产生失稳起皱现象，成品零件表面光滑，质量好。成形极限主要受拉伸破裂的限制。

(4) 由于毛坯的厚度相对于毛坯的外形尺寸极小，胀形变形时拉应力沿板厚方向的变化很小，因此当胀形力卸除后回弹小，工件几何形状容易固定，尺寸精度容易保证。对汽车覆盖件等较大曲率半径的零件的成形和有些零件的冲压校形，常采用胀形方法或加大其胀形成分的成形方法。

胀形的极限变形程度是零件在胀形时不产生破裂所能达到的最大变形。各种胀形的成形极限的表示方法，因不同的变形区分布及模具结构、工件形状、润滑条件、材料性能等因素的影响各不相同，如胀形系数、胀形深度、双向拉应力下的成形极限图（FLD）等，管形毛坯胀形时常用胀形系数表示成形极限，压凹坑等板料胀形时常用胀形深度表示成形极限。胀形系数、胀形深度等是以材料发生破裂时试样的某些总体尺寸达到的极限值来表示的。

胀形极限变形程度主要取决于材料的塑性和变形的均匀性：塑性好，成形极限可提高；应变硬化指数 n 值大，可促使变形均匀，成形极限也可提高；润滑、制件的几何形状、模具结构等，凡是可以使胀形变形均匀的各种因素，均能提高成形极限，如平板毛坯的局部胀形，同等条件下圆形比方形或其他形状的坯料胀形高度值要大。此外，材料厚度增加，也可以使成形极限提高。

二、起伏成形

平板毛坯在模具的作用下发生局部胀形而形成各种形状的凸起或凹下的冲压方法称为起伏成形，起伏成形主要用于加工加强筋、局部凹槽、文字、花纹等，如图 5－14 所示。

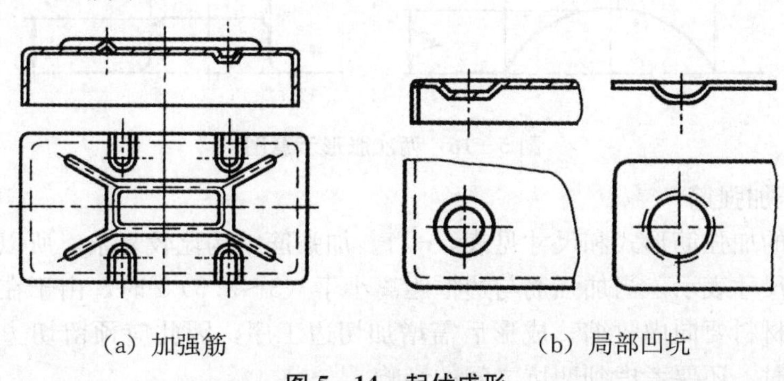

(a) 加强筋　　(b) 局部凹坑

图 5－14　起伏成形

由宽凸缘圆筒形零件的拉深可知，当毛坯的外径超过凹模孔直径的 3～4 倍时，拉深就变成了胀形。平板毛坯起伏成形时的局部凹坑或凸台，主要是由凸模接触区内的材料在双向拉应力作用下的变薄来实现的，如图 5－15 所示。起伏成形的极限变形程度，多用胀形深度表示，对于形状比较简单的零件可以近似地按单向拉伸变形处理，即：

$$\varepsilon_{极} = \frac{l_1}{l_2} \times 100\% \leqslant K\delta$$

式中 $\varepsilon_{极}$——起伏成形的极限变形程度；

δ——材料单向拉伸的延伸率；

l_1 和 l_2——起伏成形变形区变形前后截面的长度，mm；

K——形状系数，加强筋 K＝0.7～0.75（半圆加强筋取大值，梯形加强筋取小值）。

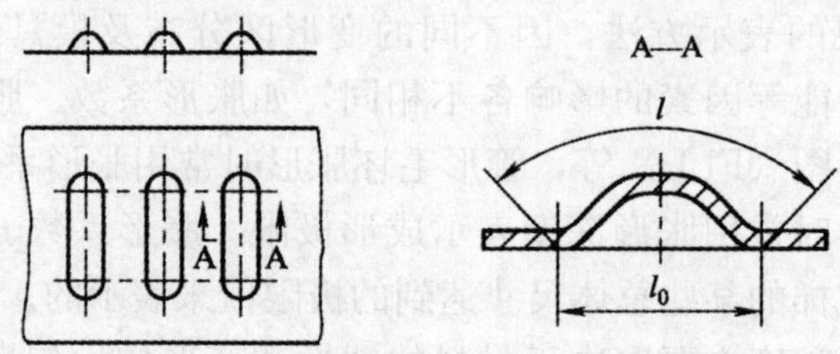

图 5－15　起伏成形变形区变形前后截面的长度图

在计算时如果满足上式的条件，即可一次成形；否则，可先压制弧形过渡形状，可以采用如图 5－16 所示的两次胀形法：第一次用大直径的球头凸模使变形区达到在较大范围内聚料和均化变形的目的，得到最终所需的表面积材料；第二次成形到所要求的尺寸。如果制件圆角半径超过了极限范围，还可以采用先加大胀形凸模圆角半径和凹模圆角半径，胀形后再整形的方法成形。另外，降低凸模表面粗糙度值、改善模具表面的润滑条件也能取得一定的效果。

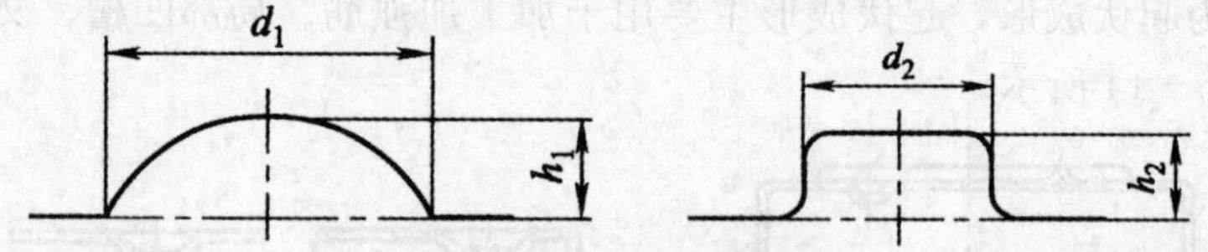

图 5－16　两次胀形示意图

1. 压加强筋

常见的加强筋形式和尺寸见表 5－11。加强筋结构比较复杂，所以成形极限多用总体尺寸表示。当加强筋与边框距离小于（3～3.5）t 时，由于在成形过程中，边缘材料要向内收缩，成形后需增加切边工序，因此应预留切边余量。多凹坑胀形时，还要考虑到凹坑之间的影响。

表 5-11　加强筋形式和尺寸

简　图	R	h	r	B 或 D	α
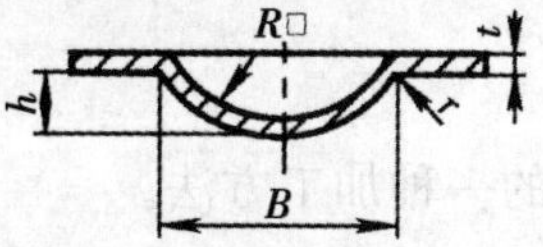	$(3\sim4)\ t$	$(2\sim3)\ t$	$(1\sim2)\ t$	$(7\sim10)\ t$	—
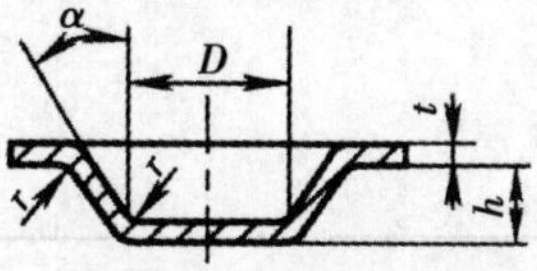	—	$(1.5\sim2)\ t$	$(0.5\sim1.5)\ t$	$\geqslant 3\ h$	$15°\sim30°$

用刚性凸模压制加强筋的变形力按下式计算：

$$F=KLt\sigma_b$$

式中　F——变形力（N）；

K——系数，$K=0.7\sim1$，加强筋形状窄而深时取大值，宽而浅时取小值；

L——加强筋的周长（mm）；

t——料厚（mm）；

σ_b——材料的抗拉强度（MPa）。

软模胀形的单位压力可按下式近似计算（不考虑材料厚度变薄）：

$$p=K\frac{t}{R}\sigma_b$$

式中　p——单位压力（MPa）；

K——形状系数，球面形状 $K=2$，长条形筋 $K=1$；

R——球半径或筋的圆弧半径（mm）；

σ_b——材料的抗拉强度（考虑材料硬化的影响）（MPa）。

2. 压凹坑

压凹坑时，成形极限常用极限胀形深度表示，如果是纯胀形，凹坑深度因受材料塑性限制不能太大。用球头凸模对低碳钢、软铝等胀形时，可达到的极限胀形深度 h 约等于球头直径 d 的 1/3。用平头凸模胀形可能达到的极限深度取决于凸模的圆角半径，其取值范围见表 5-12。

表 5-12　平板毛坯压凹坑的极限深度

简　图	材　料	极限深度 h
	软钢	$\leqslant (0.15\sim0.20)\ d$
	铝	$\leqslant (0.10\sim0.15)\ d$
	黄铜	$\leqslant (0.15\sim0.22)\ d$

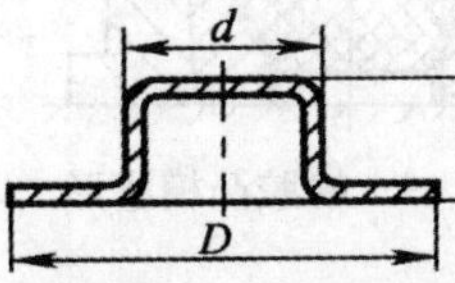

若工件底部允许有孔，可以预先冲出小孔，使其底部中心部分材料在胀形过程中易于向外流动，以达到提高成形极限的目的，这有利于达到胀形要求。

三、空心毛坯的胀形

空心毛坯胀形是将空心件或管状坯料胀出所需曲面的一种加工方法。

1. 胀形方法与模具

胀形方法与模具说明见表 5－13。

表 5－13　胀形方法与模具说明

胀形方法	方法说明	模具简图
圆柱形空心坯料的胀形	圆柱形空心坯料的胀形是将直径较小的圆柱形空心毛坯（管状或桶状），在半径方向上向外扩张成曲面空心零件的胀形方法。用这种方法可以生产各种形状复杂的零件（如图 5－17 所示）。胀形时一般用可分式凹模，以便于成形后取出零件。凸模可以采用多种介质	(a)　(b) **图 5－17　圆柱形空心毛坯胀形**
刚体分辨凸模胀形	对圆柱形空心毛坯胀形时，可以采用刚体凸模，但凸模需要分瓣，如图 5－18 所示。刚体凸模结构较复杂，难以得到精度较高的零件，所以生产中常用软模进行圆柱形空心毛坯胀形。软模介质有橡胶、PVC 塑料、石蜡、高压液体和压缩空气等	**图 5－18　刚体分辨凸模胀形**
橡胶凸模胀形	如图 5－19 所示是聚氨酯橡胶凸模胀形。优点是模具结构简单。零件变形均匀，容易保证几何形状，便于成形复杂的空心件。橡胶胀形方法应用很普遍，如高压气瓶、自行车架中的接头、火箭发动机上的异形空心件等	 **图 5－19　橡胶凸模胀形**

续表 1

胀形方法	方 法 说 明	模具简图
PVC 塑料凸模胀形波纹套	PVC 塑料胀形原理（如图 5－20 所示）与橡胶胀形相似，PVC 塑料也是一种优质传压介质，主要由聚氯乙烯树脂、增塑剂和稳定剂等三种成分组成	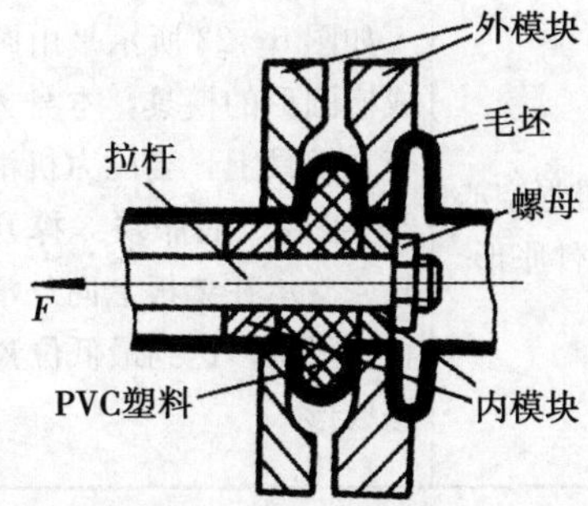 图 5－20 PVC 塑料凸模胀形波纹套
石蜡胀形	如图 5－21 所示是石蜡胀形。胀形前先将碾碎的石蜡装入毛坯 2 中（亦可将石蜡熔化后注入毛坯），然后凸模 6 下压毛坯和石蜡，当石蜡所受压力超过一定数值后，会由节流孔 5 溢出，同时迫使毛坯贴靠凹模成形。调节螺栓 1 用来调节节流孔大小，控制石蜡压力并保证模具正常工作。石蜡胀形的优点是毛坯和石蜡同时受轴向压力作用，成形极限比一般胀形方法大。石蜡的熔点为 60℃～80℃，成形后，零件内的石蜡在 90℃～100℃热水中脱除，并可回收使用。脱蜡后，零件表面黏附一层石蜡薄膜，需要在 90℃～100℃的 5%～10%的苛性钠溶液中洗涤 3～5min	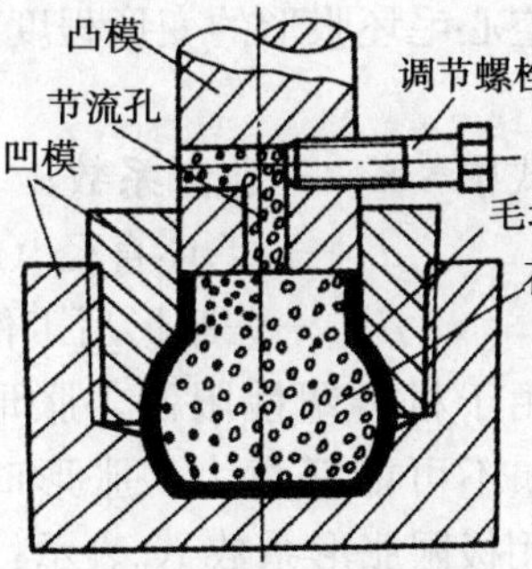 图 5－21 石蜡胀形
液压胀形	如图 5－22 所示是液压胀形。毛坯放在凹模内，利用高压液体充入毛坯空腔，使其直径胀大，最后贴靠凹模成形。液压胀形传力均匀、成本低、表面质量好，适于中、大型零件成形，胀形直径可达 200～1500mm	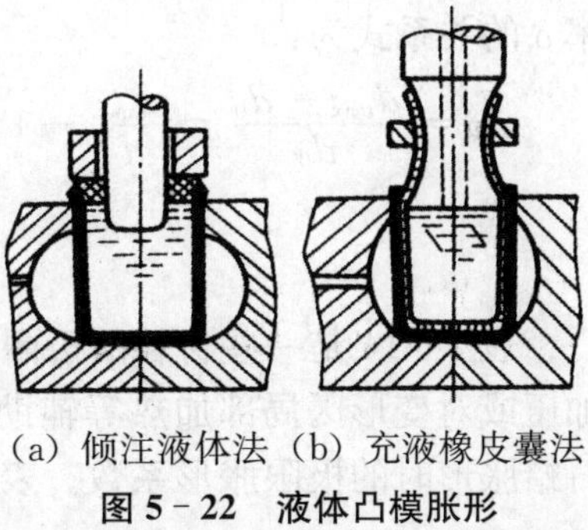 (a) 倾注液体法 (b) 充液橡皮囊法 图 5－22 液体凸模胀形

续表 2

胀形方法	方 法 说 明	模具简图
锥形空心件胀形	如图 5－23 所示是由圆锥形空心件胀形成椭圆形的模具，本身无凹模；将半成品套在模具上，当压力机滑块压下时，斜楔 2 迫使左、右胀块 3 撑开，胀块下端由滚轮 4 支承在垫板上向外滑动，上端由限位板 1 限制，达到最低位置 H 时，将工件扩胀成形	H 限位板 斜楔 左、右胀块 滚轮 **图 5－23 椭圆锥形件胀形模具**

胀形使用的毛坯一般经过几次拉深，金属已有硬化现象，因此，胀形前应退火。胀形过程中，在对毛坯径向施加压力的同时，如果也在轴向加压，可以增大胀形成形极限。对毛坯变形区进行局部加热也会增大胀形成形极限。

2. 胀形系数

空心毛坯胀形的变形程度用胀形系数表示，即：

$$K=d_{max}/d_0$$

式中 K——胀形系数；

d_0——毛坯直径（mm）；

d_{max}——胀形后工件的最大直径（如图 5－24 所示）（mm）。

由于材料塑性限制，胀形后的直径 d_{max} 不可能任意大。胀形时的成形极限用极限胀形系数 K_p 表示：

$$K_p = d'_{max}/d_0$$

式中 d'_{max}——零件胀破前允许的最大胀形直径（mm）。

极限胀形系数 K_p 与工件断后伸长率 δ 的关系式为：

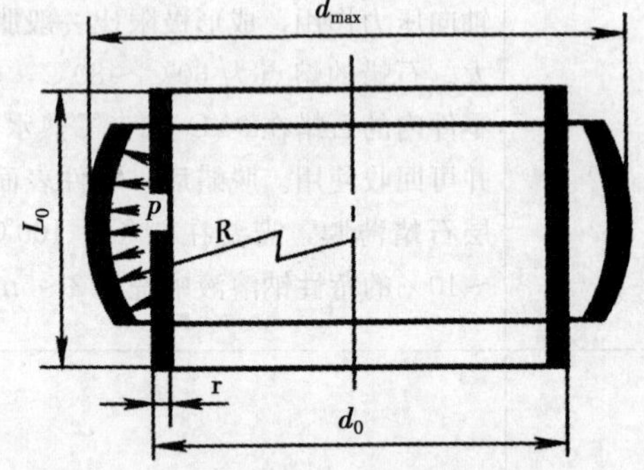

图 5－24 圆柱空心毛坯胀形时的应力

$$\delta=\frac{d_{max}-d_0}{d_0}=\frac{d_{max}}{d_0}-1$$

或

$$K=1+\delta$$

表 5－14 是一些材料的极限胀形系数 K_{max} 和伸长率的试验值。如采取轴向加压或对变形区局部加热等辅助措施，还可以提高极限变形程度。表 5－15 是石蜡胀形时的极限胀形系数。表 5－16 是铝管毛坯胀形时的极限胀形系数。

表 5-14　极限胀形系数和断后伸长率

材　料	厚度（mm）	极限胀形系数 K_{max}	许用伸长率（%）
L1，L2 纯铝 L3，L4 L5，L6	1.0 1.5 2.0	1.28 1.32 1.32	28 32 32
铝合金 LF21－M	0.5	1.25	25
黄铜 H62 H68	0.5～1.0 1.5～2.0	1.35 1.40	35 40
低碳钢 08F 10，20	0.5 1.0	1.20 1.24	20 24
不锈钢 1Cr18Ni9Ti	0.5 1.0	1.26 1.28	26 28

表 5-15　石蜡胀形法的极限胀形系数 K_p

材 料	毛坯原始厚度 t_0(mm)	极限胀形系数 K_p	材 料	毛坯原始厚度 t_0(mm)	极限胀形系数 K_p
紫铜 T3	0.5	1.59	钢 20	0.5	1.54
黄铜 H62	0.5	1.53	不锈钢 2Cr18Ni9Ti	0.5	1.48

表 5-16　铝管毛坯的胀形系数

胀形方法	极限胀形系数 K_p
用橡皮的简单胀形	1.2～1.25
用橡皮并对毛坯轴向加压的胀形	1.6～1.7
局部加热至 200℃～250℃时胀形	2.0～2.1
加热至 380℃用锥形凸模的端部胀形	～3.0

3. 胀形力

空心坯料胀形时所需的胀形力 F 可按下式计算：

$$F = pA$$

式中　p——胀形时所需的单位面积压力（MPa）；

　　　A——胀形面积（mm^2）。

胀形时所需的单位面积压力 p 可用下式近似计算：

$$p = 1.15\sigma_b \frac{2t}{d_{max}}$$

式中　σ_b——材料抗拉强度（MPa）；

d_{max}——胀形最大直径（mm）；

t——材料原始厚度（mm）。

4. 胀形毛坯尺寸的计算

为了便于材料流动，减少变形区材料的变薄率，圆柱空心毛坯胀形时，毛坯两端一般不加固定，使其自由收缩，因此，毛坯高度应比工件高度增加一个收缩量。毛坯的原始高度 L_0（如图 5-24 所示）可按下式近似计算：

$$L_0 = L[1+(0.3\sim0.4)\delta]+\Delta h$$

式中 L——工件的母线长度（mm）；

δ——材料许用伸长率；

Δh——切边余量，5～20mm。

（0.3～0.4）——考虑横向收缩的系数。

胀形后工件壁厚的变薄，按塑性变形体积不变的原理计算。

例如，对于鼓凸形工件，其最大变形区材料的壁厚 t_{min}，可按下式近似计算：

$$t_{min} = t\sqrt{\frac{d_0}{d_{max}}}$$

式中 t——圆筒毛坯的壁厚（mm）。

四、张拉成形

有许多曲率半径很大的钣金件，如某些汽车覆盖件和飞机蒙皮等，冲压时底部曲面的变形性质属于胀形，但曲面变形量小。此类件脱模后的弹复常使曲面变平，造成较大形状误差。

大曲率半径胀形的汽车覆盖件，一般生产批量较大，通常在压力机上用冲模冲压成形。为了解决曲面弹复，采取增大进料阻力的工艺措施（如调整压边力、使用拉深筋和增大毛坯尺寸等）提高曲面变形程度，并采用屈强比 σ_s/σ_b 较小的板料。

对于飞机蒙皮等多品种、小批量曲面零件，常采用张拉成形，简称拉形。张拉成形的优点是：零件弹复小，模具结构简单，可以防止因曲面变形量小而在零件表面产生滑移线痕迹，同时还能提高零件刚性。缺点是：生产率低，原材料消耗大，需要专用设备。

张拉成形原理与拉弯相似，如图 5-25 所示。在毛坯贴靠凸模曲面成形时，对毛坯附加张拉力 F，增大材料变形程度，同时改变贴模时毛坯截面上的变形分布情况，从而减少零件的弹复量。

张拉成形时，毛坯分为成形区Ⅰ和悬空部分的传力区Ⅱ。传力区不与模具接触，没有模具表面的摩擦作用，另外，传力区在夹头附近还有应力集中，因此，成形时容易在此区域发生拉破现象。

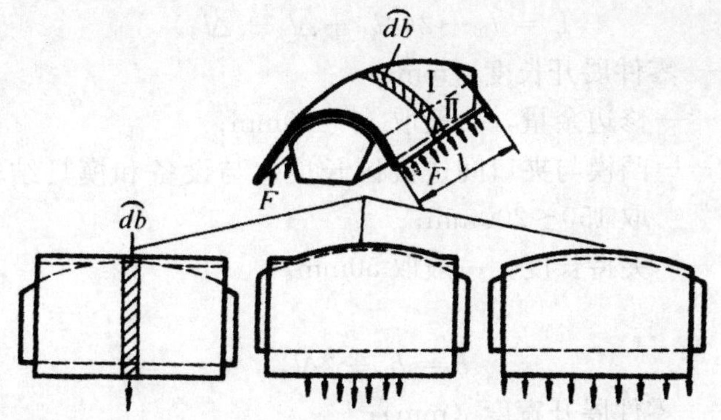

(a) 开始阶段　(b) 中间阶段　(c) 终了阶段

图 5-25　张拉成形

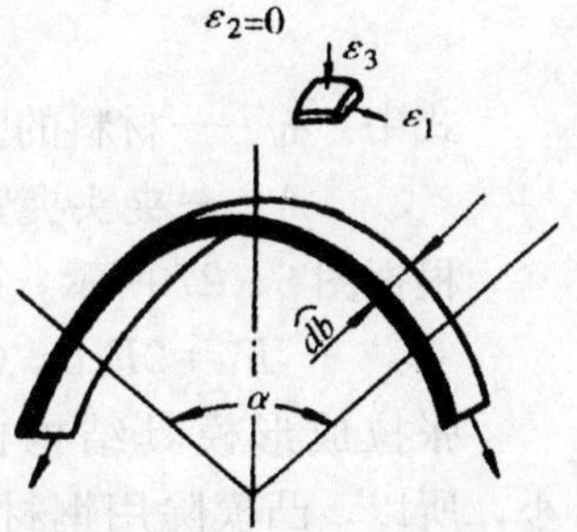

图 5-26　张拉成形的变形

设想毛坯和零件划分成许多宽度为$\widehat{db}$（如图 5-25 所示和如图 5-26 所示）的狭窄条带，并以拉形系数为表示色 K_l表示变形程度。

$$K_l = l_{max}/l_0$$

式中　l_{max}——零件脊背最高处条带的长度（mm）；

l_0——条带的原始长度（mm）。

因为 $l_{max} = l_0 + \Delta l$，所以 $K_l = 1 + \Delta l / l_0 = 1 + \delta_1$

式中　Δl——零件脊背最高处条带的伸长量(mm)；

δ_1——零件脊背最高处条带的伸长率。

传力区和变形区两个区域伸长变形不等，两者具有近似关系：

$$\delta_{cl} = \delta_l e^{\mu\alpha/(2n)}$$

式中　δ_{cl}——传力区的伸长率；

μ——摩擦系数（一般取，$\mu = 0.15$）；

α——毛坯在模具上的包角，孤度；

n——应变硬化指数。

为了保证传力区不被拉破，规定：

$$\delta_{cl} \leqslant 0.8\delta$$

式中　δ——单向拉伸试验时的材料延伸率。

所以，张拉成形极限可用极限拉形系数 $K_{l\max}$表示。

$$K_{l\max} = 1 + 0.8\delta e^{-\mu\alpha/(2n)}$$

计算张拉成形的毛坯尺寸时，应本着节约的原则，在零件四周只留合理的最小余量。根据如图 5-27 所示，毛坯长度：

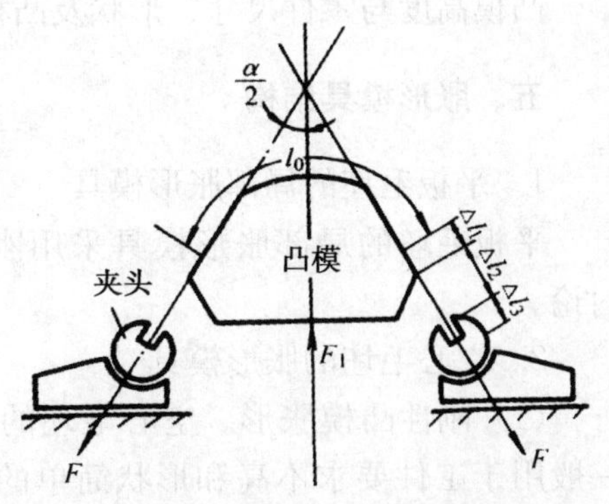

图 5-27　张拉工艺示意

$$L = l_0 + 2(\Delta l_1 + \Delta l_2 + \Delta l_3)$$

式中　l_0——零件展开长度（mm）；

Δl_1——修边余量，一般取 10～20mm；

Δl_2——凸模与夹口间过渡区长度，与设备和模具结构有关，一般取 150～200mm；

Δl_3——夹持长度，一般取 50mm。

毛坯宽度：

$$b = b_1 + 2\Delta l_4$$

式中　b_1——零件展开宽度（mm）；

Δl_4——修边余量，一般取 20mm。

为了保证夹头附近材料不被拉破，一般取张拉力：

$$F=0.9\sigma_b A$$

式中　σ_b——材料的强度极限（MPa）；

A——夹头夹紧材料的截面积（mm^2）。

根据图 5-27 所示，凸模力 F_1 为：

$$F_1=2F\cos(\alpha/2)$$

张拉成形模具结构比较简单，受力也小，所以，凸模除用钢材制作之外，也可用锌基合金、环氧树脂、混凝土和木材等材料制作。凸模宽度应比零件最大宽度大 15mm 以上，其曲面长度 l_p（如图 5-28 所示）按下式计算。

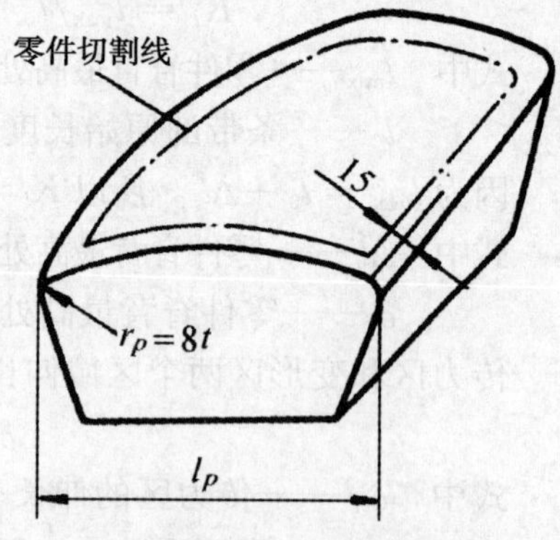

图 5-28　张拉零件切割线

$$l_p = l + 2r_p + 30$$

式中　l——零件曲面长度（mm）；

r_p——凸模圆角半径（mm），$r_p \geqslant 8t$，t 是料厚。

凸模高度与零件尺寸、形状及凸模材料有关，一般不应小于 300nm。

五、胀形模具结构

1. 平板毛坯的局部胀形模具

平板毛坯的局部胀形模具采用刚性凸模为宜，模具结构简单，在这里不讨论。

2. 空心毛坯的胀形模具

（1）刚性凸模胀形。空心毛坯的刚性凸模胀形模具结构复杂，质量不高，一般用于工件要求不高和形状简单的工件。如图 5-29 所示为刚性凸模胀形，分瓣凸模 3 在向下动时因锥形芯轴 5 的作用向外胀开，使毛坯 1 胀形成所需形状尺寸的工件。胀形结束后，分瓣凸模在顶杆 7 的作用下复位，拉簧使分瓣凸模合拢复位，便可取出工件。凸模分瓣越多，所得到的工件精度越高，但模具结构复杂，成本也较高。因此，用分瓣凸模刚性凸模胀形不宜加工形状复杂的零件。

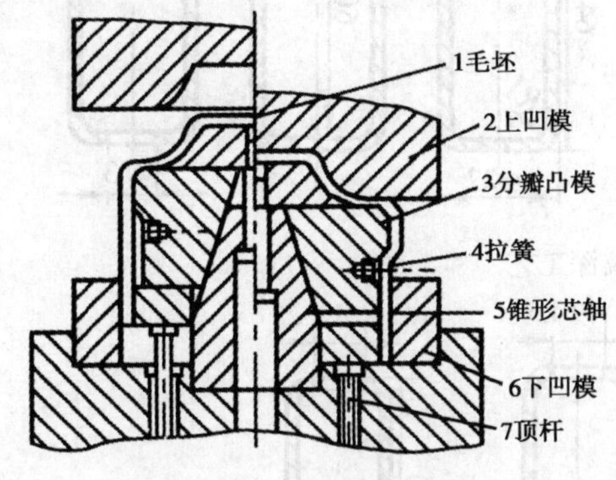

图 5 - 29　刚性凸模胀形

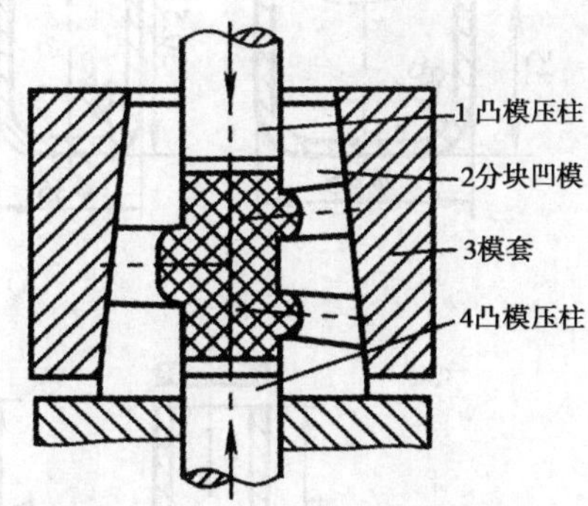

图 5 - 30　自行车多通接头软模胀形

(2) 软模胀形。软模胀形是以气体、液体、橡胶及石蜡等作为传力介质，代替金属凸模进行胀形的方法。软模胀形板料的变形比较均匀，容易保证工件的几何形状和尺寸精度要求，而且对于不对称的形状复杂的空心件也很容易实现胀形加工。因此软模胀形的应用比较广泛，并有广阔的发展前途。

如图 5 - 30 所示自行车多通接头软模胀形中，凸模压柱 1、4 将力传递给橡胶棒等软体介质，软体介质再将力作用于毛坯上使之胀形，材料向阻力最小的方向变形，并贴合于可以分开的分块凹模 2，从而得到所需形状尺寸的工件。冲床回程时，橡胶棒复原为柱状，下模推出分块凹模，取出工件。

第四节　缩口和扩口

一、缩口

缩口是将预先成形好的圆筒件或管件坯料，通过缩口模具将其口部缩小的一种成形工艺。缩口工艺的应用比较广泛，可用于子弹壳、炮弹壳、钢制气瓶、自行车车架立管、自行车坐垫鞍管等零件的成形。对细长的管状类零件，有时用缩口代替拉深可取得更好的效果。

如图 5 - 31 (a) 所示是采用拉深和冲底孔工艺成形的制件，共需 5 道工序；如图 5 - 31 (b) 所示采用管状毛坯缩口工艺，只需 3 道工序。与缩口相对应的是扩口工艺。

1. 缩口成形的变形特点

缩口成形的变形特点如图 5 - 32 所示。在缩口变形过程中，材料主要受切向压应力作用，其结果使直径减少，壁厚和高度增加。变形区由于受到较大切

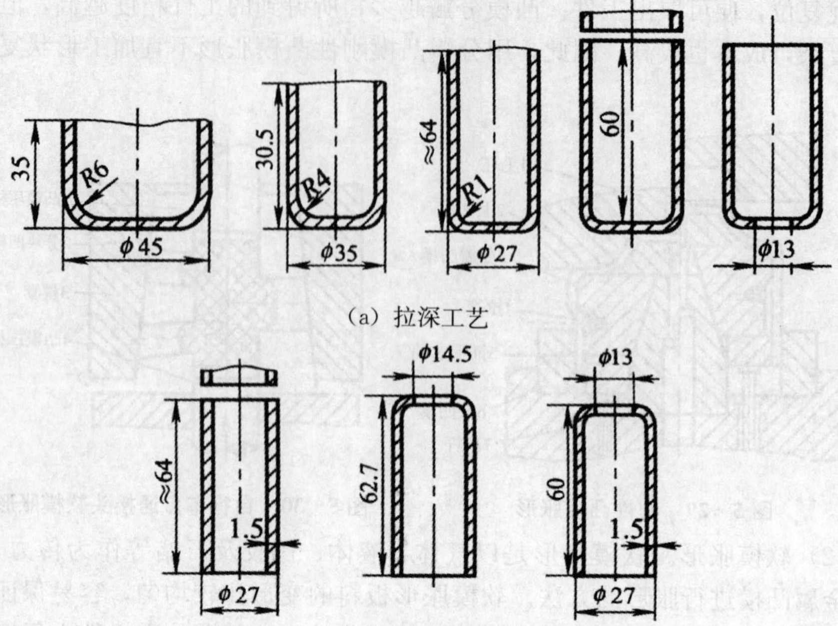

图 5-31　缩口与拉深工艺的比较

向压应力的作用易产生切向失稳而起皱，起传力作用的筒壁区由于受到轴向压应力的作用也容易产生轴向失稳而起皱，所以如何防止失稳起皱是缩口工艺的主要问题。缩口属于压缩类成形工艺，常见的缩口形式有斜口式、直口式和球面式，如图 5-33 所示。

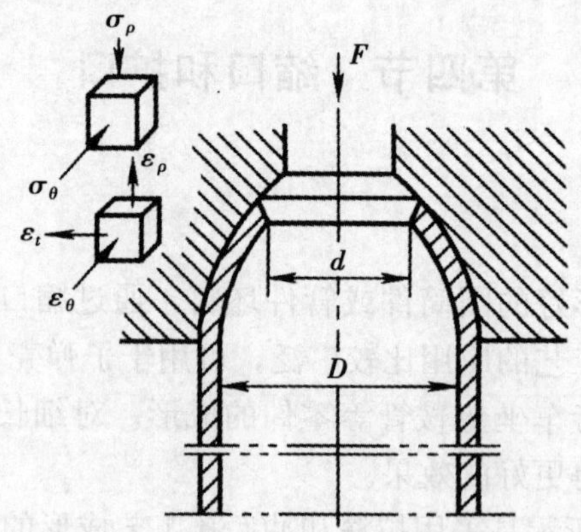

图 5-32　缩口成形的变形特点

缩口变形程度用缩口系数 m 表示，m 可按下式计算：

$$m = \frac{d}{D}$$

式中　d——工件缩口加工后的直径（mm）；

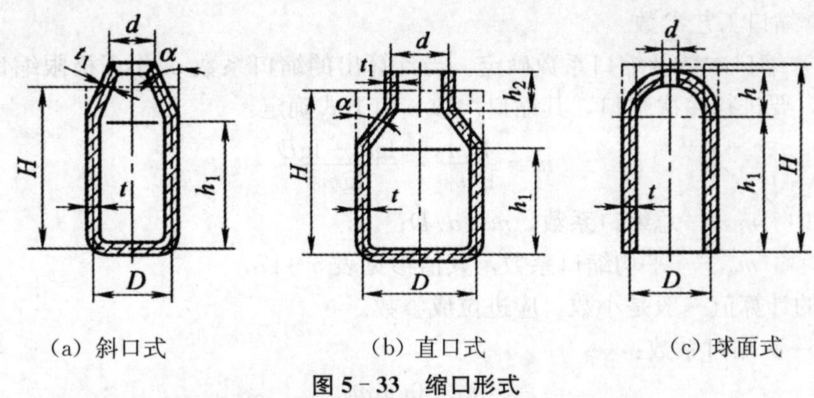

(a) 斜口式　　(b) 直口式　　(c) 球面式

图 5-33　缩口形式

D——工件未缩口加工前的空心毛坯直径(mm)。

缩口极限变形程度用极限缩口系数 m_{min} 表示，m_{min} 取决于对失稳条件的限制，其值大小主要与材料的力学性能、坯料厚度、模具的结构形式和坯料表面质量有关。材料的塑性好、屈强比值大，允许的缩口变形程度大(极限缩口系数 m_{min} 小)；坯料越厚，抗失稳起皱的能力就越强，有利于缩口成形；采用内支承(模芯)模具结构，口部不易起皱；合理的模具半锥角度、小的锥面粗糙度值和好的润滑条件，可以降低缩口力，对缩口成形有利。当缩口变形所需压力大于筒壁材料失稳临界压力时，此时非变形区筒壁将先失稳，也将限制一次缩口的极限变形程度。

表 5-17 是不同材料和不同厚度的平均缩口系数 m_0。表 5-18 是一些材料在不同模具结构形式下的极限缩口系数。当计算出的缩口系数 m 小于表中值时，要进行多次缩口。

表 5-17　不同材料和厚度的平均缩口系数 m_0

材　料	材料厚度(mm)		
	≤0.5	>0.5～1.0	>1.0
黄铜	0.85	0.80～0.70	0.70～0.65
软钢	0.85	0.75	0.70～0.65

表 5-18　不同模具结构的极限缩口系数 m_{min}

材　料	模具结构形式		
	无支承	外支承	内外支承
软钢	0.70～0.75	0.55～0.60	0.30～0.35
黄铜(H62、H68)	0.65～0.70	0.50～0.55	0.27～0.32
铝	0.68～0.72	0.53～0.57	0.27～0.32
硬铝(退火)	0.73～0.80	0.60～0.63	0.35～0.40
硬铝(淬火)	0.75～0.80	0.68～0.72	0.40～0.43

2. 缩口工艺参数

(1) 缩口次数及缩口系数确定。当计算出的缩口系数 m 小于极限缩口系数 $m_{\min}$时，要进行多次缩口，其缩口次数 n 由下式确定：

$$n=\frac{\lg m}{\lg m_0}=\frac{\lg d-\lg D}{\lg m_0}$$

式中 m——总缩口系数，$m=d/D$；

m_0——平均缩口系数，其值参见表 5－17。

n 的计算值一般是小数，应进位成整数。

第一次缩口系数：

$$m_1=0.9\,m_0$$

第二次缩口系数：

$$m_2=(1.05\sim1.10)\;m_0$$

考虑材料的加工硬化以及后续缩口可能增加的生产成本等因素，缩口次数不宜过多。每次缩口后最好进行一次退火处理。

(2) 毛坯尺寸计算。毛坯尺寸的主要设计参数是缩口毛坯高度 H，按照图 5－33 所示的不同的缩口形式，根据体积不变条件，可得如下毛坯高度计算公式：

如图 5－33（a）所示的斜口式：

$$H=(1\sim1.05)\left[h_1+\frac{D^2-d^2}{8D\cdot\sin\alpha}\left(1+\sqrt{\frac{D}{d}}\right)\right]$$

如图 5－33（b）所示的直口式：

$$H=(1\sim1.05)\left[h_1+h_2\sqrt{\frac{D}{d}}+\frac{D^2-d^2}{8D\cdot\sin\alpha}\left(1+\sqrt{\frac{D}{d}}\right)\right]$$

图 5－33（c）所示的球面式：

$$H=h_1+\frac{1}{4}\left(1+\sqrt{\frac{D}{d}}\right)\sqrt{D^2-d^2}$$

(3) 缩口力。在有外支承和无支承的缩口模上缩口，其缩口力可按下式计算：

$$F=K\left[1.1\pi Dt_0\sigma_b\left(1-\frac{D}{d}\right)(1+\mu\cot\alpha)\frac{1}{\cos\alpha}\right]$$

式中 F——缩口力（N）；

K——速度系数，用曲柄压力机 $K=1.15$，

σ_b——材料的抗拉强度（MPa）；

μ——工件与凹模接触面的摩擦系数；

t_0——缩口前料厚（mm）；

D——缩口前直径（mm）；

d——缩口后直径（mm）；

α——凹模圆锥半角。

值得注意的是，当缩口变形所需压力大于筒壁材料失稳临界压力时，此时

筒壁将先失稳，缩口就无法进行。此时，要对有关工艺参数进行调整。

3. 缩口模具结构

缩口模结构根据支承情况分为无支承、外支承和内外支承三种形式，如图5-34所示。设计缩口模时，可根据缩口变形情况和缩口件的尺寸精度要求选取相应的支承结构。此外还可采用旋压缩口法，即靠旋轮沿一定的轨迹（或芯模）进行缩口变形，其模具是旋轮和芯模。

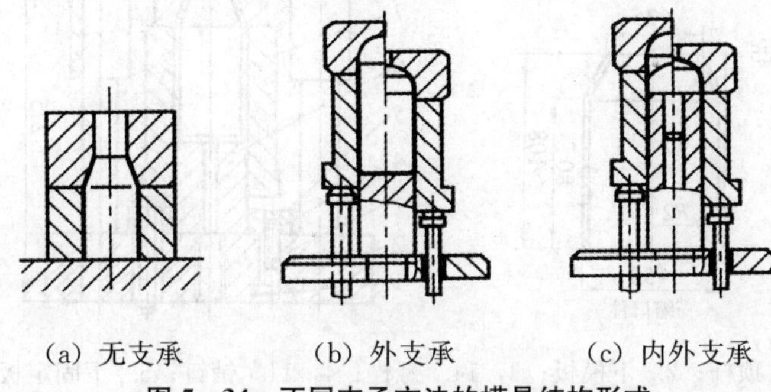

(a) 无支承　　(b) 外支承　　(c) 内外支承

图5-34　不同支承方法的模具结构形式

缩口凹模锥角的正确选用很关键。在相同缩口系数和摩擦系数条件下，锥角越小缩口变形力在轴向的分力越小，但同时变形区范围增大使摩擦阻力增加，所以理论上应存在合理锥角 α，在此合理锥角缩口时缩口力最小，变形程度得到提高，通常可取 $2\alpha \approx 52.5^\circ$。

由于缩口变形后的回弹，使缩口工件的尺寸往往比凹模内径的实际尺寸稍大。所以对有配合要求的缩口件，在模具设计时应进行修正。

如图5-35所示是钢制气瓶缩口模。材料为1mm的08钢。缩口模采用外支承结构，一次缩口成形。由于气瓶锥角接近合理锥角，所以凹模锥角也接近合理锥角，凹模表面粗糙度 $Ra=0.4\mu m$。如图5-36所示为缩口与扩口同时成形复合模。

二、扩口

与缩口相反，扩口是将圆筒拉深件口部或圆管口部扩大。扩口加工的类型如图5-37所示。较常见的扩口加工为如图5-37（b）所示的带圆筒形扩口，也称扩径圆筒形扩口。

1. 扩口工艺参数

（1）扩口系数 K_C。扩口变形程度的大小用扩口系数 K_C 表示，K_C 按下式计算：

$$K_C = \frac{d_C}{d_0}$$

式中　K_C——扩口系数；

d_C——零件扩口部分的最大直径（mm）。

d_0——扩口前的坯件直径（mm）。

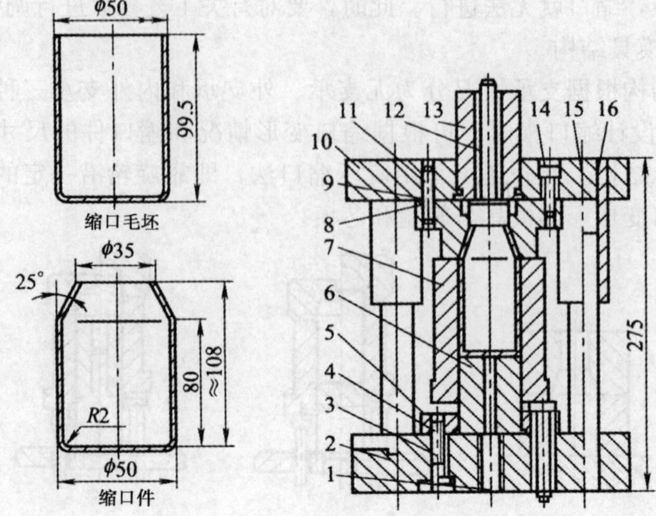

1. 顶杆；2. 下模板；3，14. 螺栓；4，11. 销钉；5. 下固定板；6. 垫板；7. 外支承套；8. 缩口凹模；9. 顶出器；10. 上模板；12. 打料杆；13. 模柄；15. 导柱；16. 导套

图 5－35　气瓶缩口模

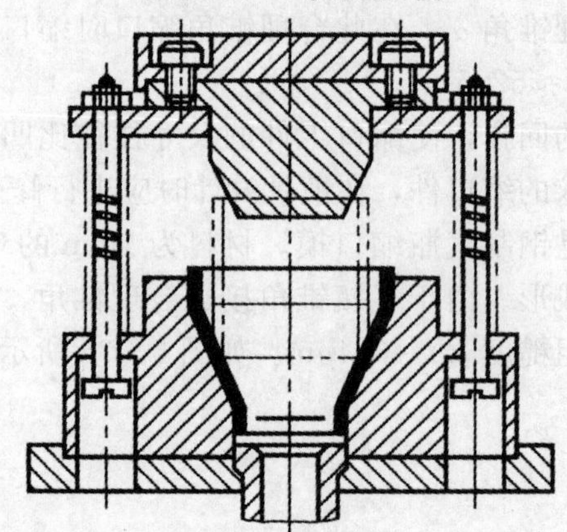

图 5－36　挡环缩口与扩口复合模

从上式中可以看出，K_C越大，扩口变形程度越大。

（2）毛坯尺寸计算。扩口零件的毛坯尺寸，按不同的扩口类型（扩口形状详见图 5－37 所示），分别依以下各式计算：

①锥口形扩口件［见图 5－37（a）所示］毛坯尺寸为：

$$H_0=(0.97\sim1.0)\left[h_1+\frac{1}{8}\times\frac{d^2-d_0^2}{8d_0\sin\alpha}\left(1+\sqrt{\frac{d_0}{d}}\right)\right]$$

②带圆筒形扩口件［见图 5－37（b）所示］毛坯尺寸为：

$$H_0=(0.97\sim1.0)\left[h_1+\frac{1}{8}\times\frac{d^2-d_0^2}{8d_0\sin\alpha}\left(1+\sqrt{\frac{d_0}{d}}\right)+h\sqrt{\frac{d}{d_0}}\right]$$

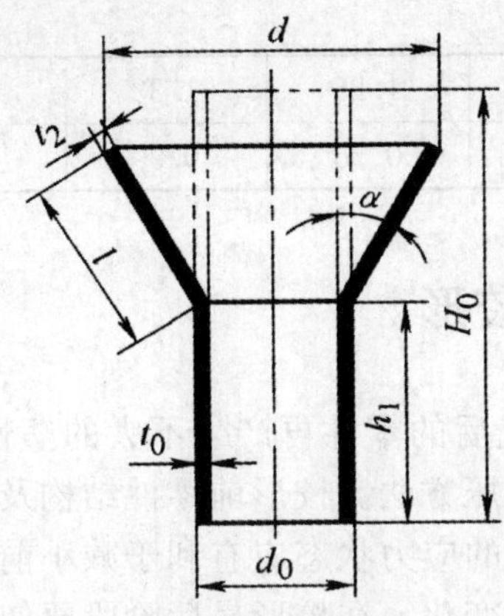

(a) 锥口形扩口件

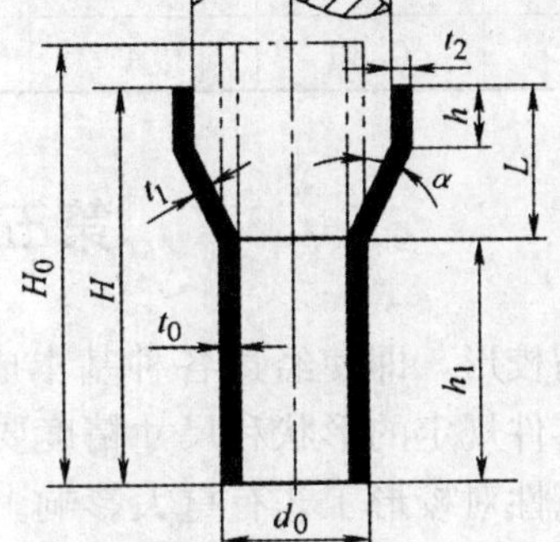

(b) 带圆筒形扩口件

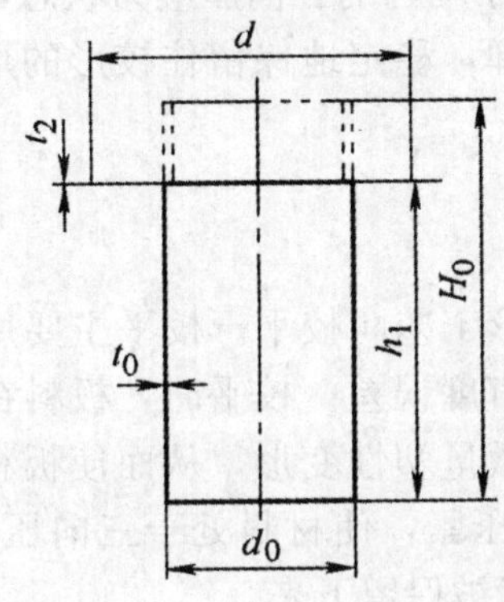

(c) 平口形扩口件

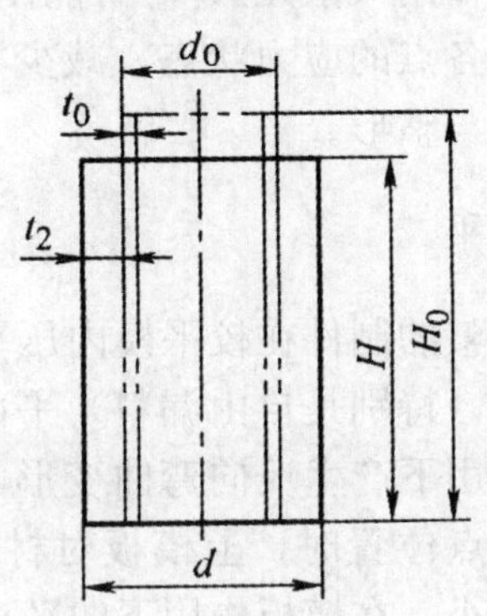

(d) 整体扩径件

图 5-37 扩口加工的类型

③平口形扩口件［见图 5-37（c）所示］毛坯尺寸为：

$$H_0=(0.97\sim1.0)\left[h_1+\frac{1}{8}\times\frac{d^2-d_0^2}{d_0}\left(1+\sqrt{\frac{d_0}{d}}\right)\right]$$

④整体扩径的扩口形零件［见图 5-37（d）所示］毛坯尺寸为：

$$H_0=H\sqrt{\frac{d_0}{d}}$$

以上式中符号意义，见图 5-37。

（3）扩口力的简化计算

$$F_C=C\pi d_0t\sigma_s$$

式中　F_C——扩口力（N）；

d_0——扩口毛坯直径（按中心层计）（mm）；

t——毛坯壁厚（mm）；

σ_s——材料屈服点（MPa）；

C——与扩口系数 K_C 值有关的系数，见表 5-19。

表 5-19　　系数 C 值

扩口系数 K_C	1.05	1.11	1.18	1.25	1.33	≥1.42
系数 C	0.30	0.40	0.60	0.75	0.90	1.0

第五节　校形

所谓校形，即使经过各种基本成形工艺后的零件再产生不大的塑性变形，以达到零件规定的形状和尺寸精度要求的冲压方法。校形前零件结构及零件校形的工艺性对校形工艺有重大影响。校形时的应力状态应有利于减小前工序卸载过程中毛坯的弹性变形引起的形状和尺寸变化。在校形最后阶段要使材料产生强制压紧作用（镦死），尽可能使材料处于均匀的三向压应力状态，从而改变毛坯断面内各点的应力状态，减少零件回弹，稳定地保留住校形的形状。校形可分为校平与整形。

一、校平

把不平整的制件在校平模内压平的校形工艺叫校平。校平主要用于消除或减少冲裁件（特别是自由漏料）平面的平直度误差。校平时，板料在上下两块平模板的作用下产生反向弯曲变形，出现微量塑性变形，从而使板料压平。当冲床处于止点位置时，上模板对材料强制压紧，使材料处于三向压应力状态，卸载后回弹小，在模板作用下的平直状态就被保留下来。

1. 校平的使用

对于平板冲裁件，通常是采用校平作业，消除其穹弯、局部不平，提高其平面度。普通冲裁件通过校平才能消除冲裁，尤其落料是产生的肉眼可见的穹弯。根据平板冲裁件的材料种类、供应状态、料厚、冲裁工件的技术要求，选用如图 5-38 所示不同结构形式的校平模进行校平。

2. 校平模的类型与结构

校平模可分为以下两类：

（1）平板校平模。

（2）点牙或称齿形校平模。这一类校平模又分为细齿的校平模、粗齿的校平模两种，也称细点牙校平模、粗（平）点牙校平模。

校平模是一种标准通用模具，可按照冲压零件图样的给定的材料、尺寸及技术要求，选用合适的校平模校平。

3. 校平模的选用

（1）平板校平模。料厚小于 3mm，表面不允许有压痕的平板零件，可选用平板校平模。平板校平模对校平零件是面接触，可均匀施压。落料零件产生之穹弯及原材料或零件的局部凹坑、小的凸起等，很难一次校平，特别是高强度、

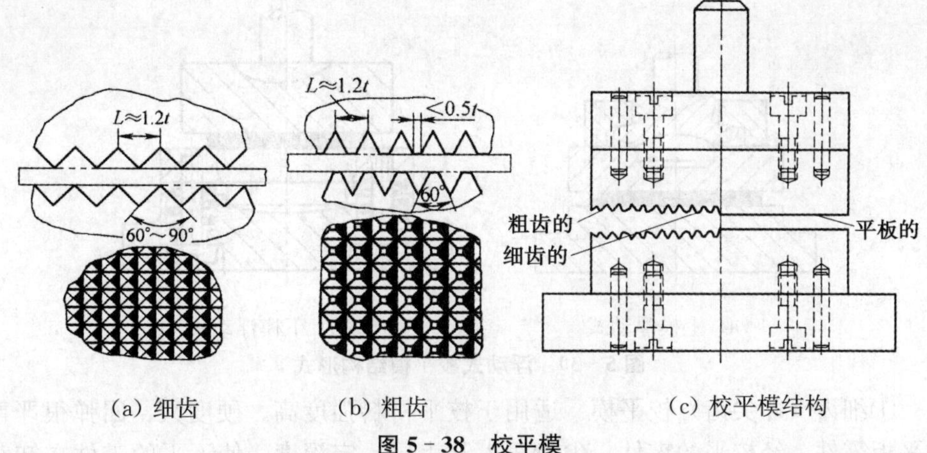

(a) 细齿　　(b) 粗齿　　(c) 校平模结构

图 5-38　校平模

弹性大的材料，校平后回弹严重，往往要经多次校平。对于 10 钢冷轧板，用平板校平模校平可达到的平面度与直线度见表 5-20。

表 5-20　用平板校平模校平可达到的平面度与直线度（10 钢冷轧板）

料厚 t（mm）	每 100mm×100mm 范围的平面度，每 100mm 长度的直线度		
	一次校平	二次校平	多次校平
	偏差值/mm		
0.5	0.15	0.10	0.08
1	0.13	0.08	0.06
2	0.12	0.065	0.05
3	0.11	0.055	0.04
4.75	0.09	0.05	0.035
6	0.085	0.045	0.035
10	0.075	0.035	0.030

为了排除压力机动态精度波动的影响，消除压力机滑块行程对其工作台面垂直度偏差、滑块底面与工作台面平行度误差，以及滑块导向误差等对校平质量的影响，校平模可以做成如图 5-39 所示浮动式校平模。

（2）齿形校平模（亦称点牙校平模）。使用齿形校平模校平不同材质、不等料厚的平板冲裁件，均可以收到很好的效果。但经点牙校平的零件表面留下齿点痕迹，有碍外观及表面装饰质量。但对于一些平面度、直线度要求高的内装零件，如钟表机芯底板、夹板、片齿轮（头轮）等核心结构零件，都要用点牙校平模校平；高精度仪器仪表中，类似上述需要点牙校平的平板零件也相当普遍，主要有机械仪表指针机构、钟表机构、执行机构的板状扇形齿轮、片齿轮、基板、连杆、链片等。用点牙校平可以达到比平板校平更高的平面度、直线度。

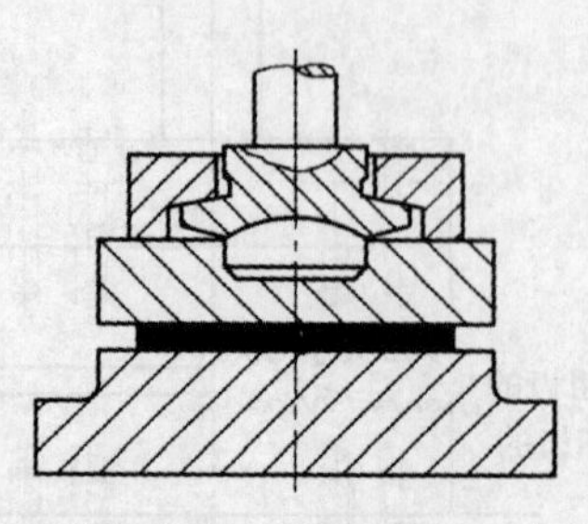
（a）上模浮动式

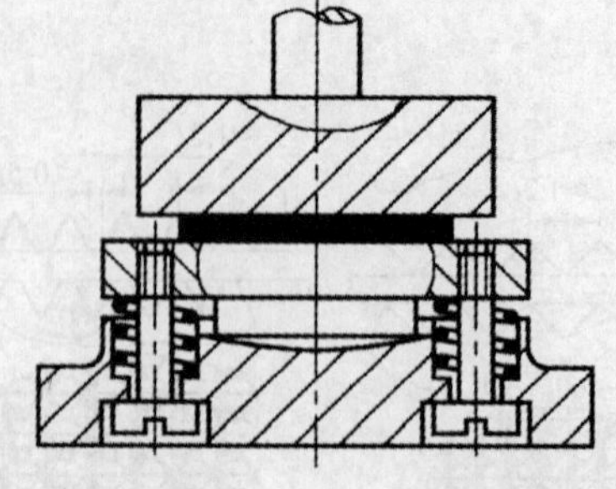
（b）下模浮动式

图 5－39　浮动式校平模结构形式

①细齿（即尖齿）校平模：适用于校平材料强度高、硬度大、回弹很严重的平板零件。经校平的零件，尖齿压入其表层一定深度，使不平的零件在卸载之后回弹很小，故可以达到很高的平面度、直线度。但在校平后，尖齿易挤入材料中，工件容易黏在模具齿形上不易脱模。因此，选用细齿校平模要注意这一点。

②粗齿（即平齿）校平模：适用于校平材料强度不高、硬度不大、回弹不很严重的中碳钢以下、较软的材料制作的平板零件。因为粗齿的齿尖是一个具有一定宽度的方形平面，见图 5－38 所示。虽然校平零件也会在其表面留下印痕，但很浅，也不影响校平零件脱模。如果校平零件不允许在其表面留有校平压痕，可采用一面是平板，另一面用齿形模板校平。

4. 校平力的计算

校平所需冲压力，即校平力可按下式计算：

$$F_C = Aq$$

式中　F_C——校平所需冲压力（N）；

A——校平零件的投影面积（mm^2）；

q——单位校平力（MPa），可查表 5－21。

表 5－21　校平与整形单位压力

工艺类别	方法及内容	q（MPa）
校平	平板校平模校平	50～80
	细齿校平模校平	80～120
	粗齿校平模校平	100～150
整形	敞开式制作整形（弯曲件）	50～100
	拉深件整形（减小圆角及对底侧壁整形）	150～200

二、整形

对弯曲和拉深后的立体零件进行形状和尺寸修整的校形叫整形，其目的是提高形状和尺寸精度。

整形时要在压力机下止点对材料刚性卡压一下，所以应选用精压机或有过载保护装置的刚度较好的机械压力机。整形力按上式计算：

对敞开式制件整形：$p=50\sim100$MPa；

对底面、侧面减小圆角半径的整形：$p=150\sim200$MPa。

1. 弯曲件的整形

弯曲件的整形方法有压校和镦校两种。

(1) 压校。如图 5-40 所示，变形特点与弯曲时相似，整形效果一般。压校 V 形件时应注意选择弯曲件在模具中的位置，尽量使两侧的水平分力平衡，并使校平单位压力分布均匀。压校 U 形件时，若只整形圆角须用两道工序分别压两个圆角。有尺寸精度要求时要取较小的模具间隙，以形成挤压状态，提高尺寸精度。

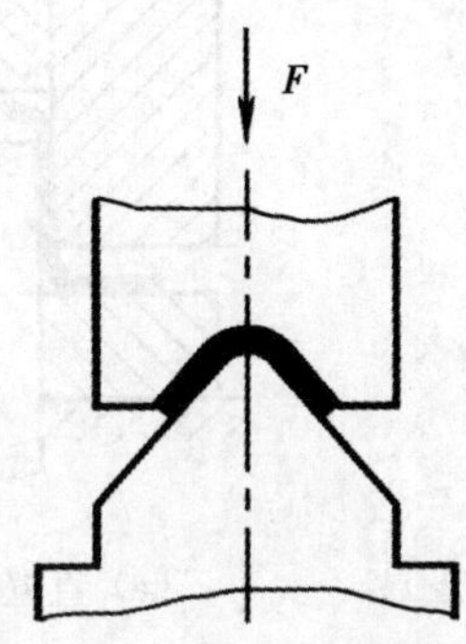

图 5-40　弯曲件的压校示意图

(2) 镦校。如图 5-41 所示，镦校前半成品的长度略大于零件长度，以保证校形时材料处于三向应力状态。镦校后在材料厚度方向上压应力分布较均匀，回弹减小，从而能获得较高的尺寸精度。但带孔的零件和宽度不等的弯曲件不宜用镦校整形。

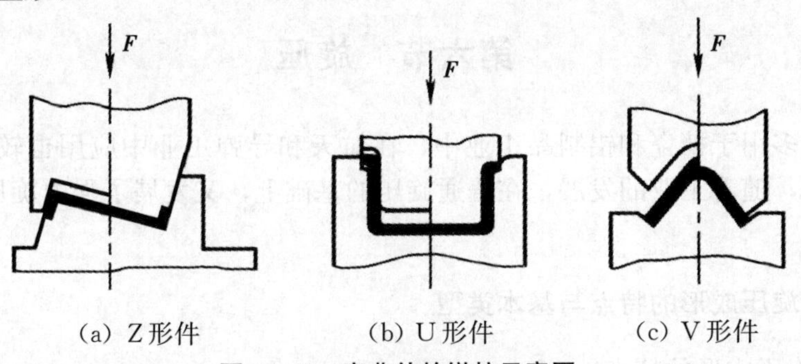

(a) Z形件　(b) U形件　(c) V形件

图 5-41　弯曲件的镦校示意图

2. 拉深件的整形

直壁拉深件筒壁整形时，常用变薄拉深的方法。把模具间隙取小，一般为 $(0.9\sim0.95)t$，而取较大的拉深系数，把最后一道的拉深与整形合为一道工序。

对有凸缘的拉深件，小凸缘根部圆角半径的整形要求外部向圆角部分补充材料。如果圆角半径变化大，在工艺设计时，可以使半成品高度大于零件高度，整形时从直壁部分获得材料补充，如图 5－42（a）所示（h'为半成品高度，h为成品高度）；如果半成品高度与零件高度相等，也可以由凸缘处收缩来获得材料补充，但当凸缘直径过大时，整形过程中无法收缩，此时只能靠根部及附近材料变薄来补充材料，如图 5－42（b）所示。从变形特点看，相当于变形不大的胀形，因而整形精度高，但变形部位材料伸长量不得大于 2%～5%，否则，校形时零件会破裂。

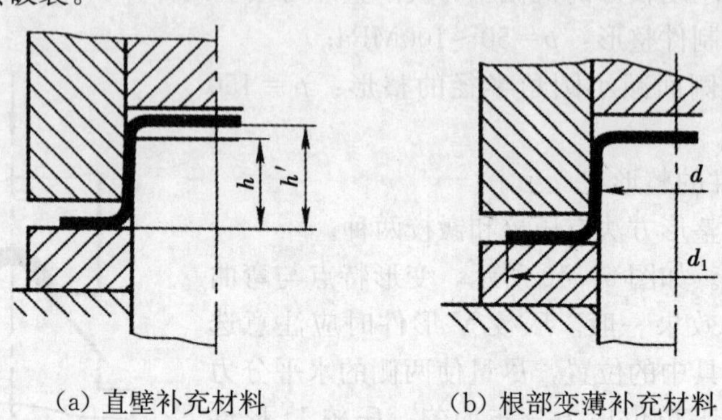

（a）直壁补充材料　　（b）根部变薄补充材料

图 5－42　拉深件的整形示意图

较小底部圆角的整形也可以采用半成品高度略大于成品高度的办法或使圆角部分胀形的方法。

凸缘平面和底部平面的整形主要是利用模具的校平作用。因为凸缘刚性差，只单独对凸缘校平效果一般不好。因此，常对拉深件的筒壁、圆角、平面同时整形，此时要注意控制半成品高度和表面积，使整形时各部分都处于相应的应力状态，既可以减少工序数又可达到满意的整形效果。

第六节　旋压

旋压多用于搪瓷和铝制品工业中，在航天和导弹工业中应用也较广泛。近几十年来，随着工业的发展，在普通旋压的基础上，又发展了强力旋压（旋薄）工艺。

一、旋压成形的特点与基本类型

1. 旋压成形的特点

旋压成形工艺是一种多功能的特殊加工方法，可以对平板毛坯或空心坯件进行拉深、胀形、翻边、缩口、扩口等多种成形作业，尤其适于大中型空心薄壁零件的单件、中小批量的生产，而且使用的工艺装备标准化、系列化、通用化程度高，生产设备可用专用旋压机或普通车床，故生产成本低。虽生产效率不如压力机高，但在复杂形体的回转体空心件成形加工中，成本低，质量高，操作安全，噪声不大，对环境污染小，劳动条件好，技术经济与环保优势突出。

2. 旋压成形的基本类型

(1) 普通旋压(亦称不变薄旋压)。在旋压过程中,普通旋压只改变毛坯形状,将毛坯旋压成预期成品形状,其料厚不变或基本不变,如图 5-43 所示。其优点是所使用的设备和工具都比较简单,但是它的生产率低,劳动强度大,所以限制了它的使用范围。

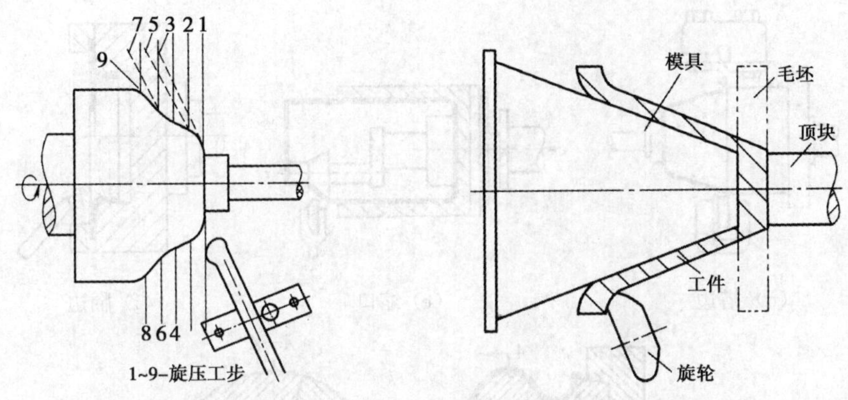

图 5-43 用圆头赶棒实施普通旋压的工步与过程 图 5-44 用旋轮实施强力旋压

(2) 强力旋压(亦称变薄旋压)。在旋压过程中,强力旋压不仅改变毛坯的形状而且要求或必然明显改变其料厚,如图 5-44 所示。分析图 5-44 强力旋压过程,可归纳成如下特点:

①与普通旋压比,强力旋压在加工过程中毛坯凸缘不产生收缩变形,因而没有凸缘起皱的问题,也不受坯料相对厚度的限制,可以一次旋压出相对深度较大的零件。

②与冷挤压比较,强力旋压是局部变形,而冷挤压是整体变形,因此强力旋压的变形力较冷挤压小得多。

③经强力旋压后,材料晶料紧密细化,提高了强度,减小了表面粗糙度,可以用较薄筒壁的零件代替较厚筒壁的零件,这样既减轻了重量又节约了材料。

④强力旋压一般要求使用功率大、刚度大的旋压机床。

⑤强力旋压要求旋压零件形状简单(一般为筒形或锥形)。

⑥对于圆筒形强力旋压件,一般毛坯内径在成形过程中变化不大,其长度增加是通过变薄来实现的。

二、旋压成形的工艺作业形式及其胎具结构

旋压成形的工艺作业形式及其胎具结构如图 5-45 所示,旋压用旋轮形状与主要尺寸见表 5-22。

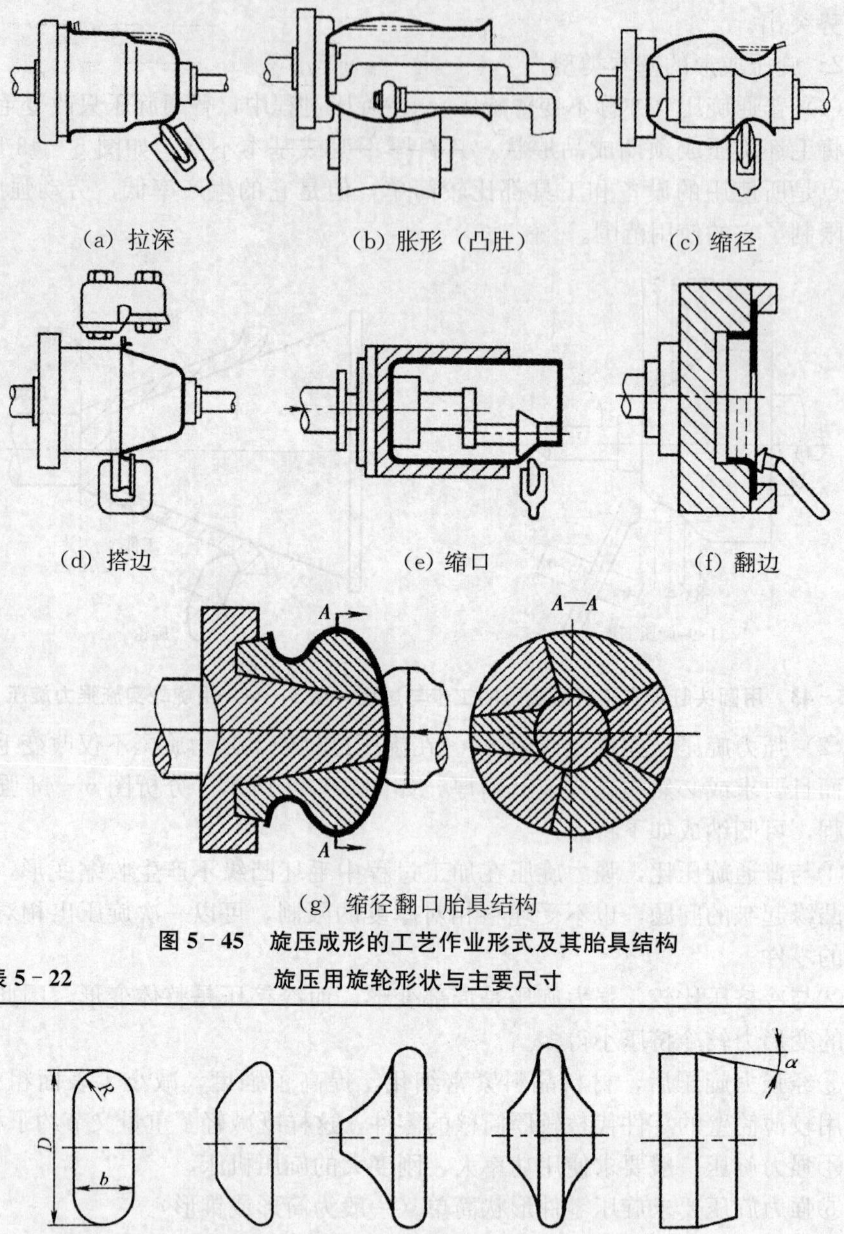

(a) 拉深　　(b) 胀形（凸肚）　　(c) 缩径

(d) 搭边　　(e) 缩口　　(f) 翻边

A—A

(g) 缩径翻口胎具结构

图 5-45　旋压成形的工艺作业形式及其胎具结构

表 5-22　旋压用旋轮形状与主要尺寸

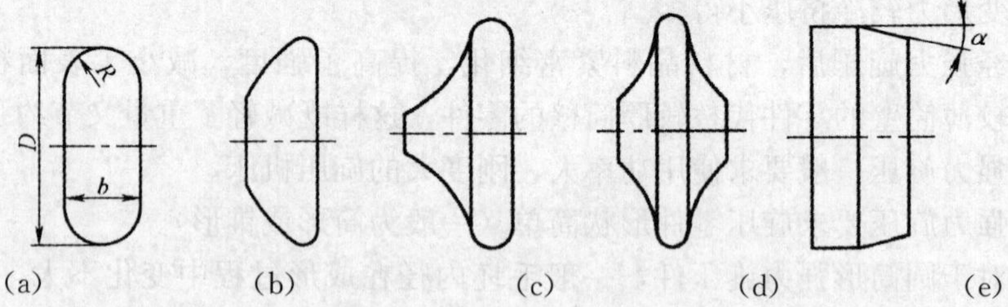

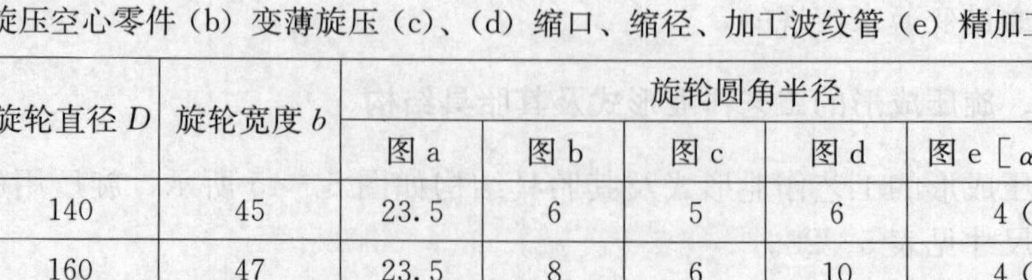

(a) 旋压空心零件 (b) 变薄旋压 (c)、(d) 缩口、缩径、加工波纹管 (e) 精加工用

序号	旋轮直径 D	旋轮宽度 b	旋轮圆角半径				
			图 a	图 b	图 c	图 d	图 e［α /(°)］
1	140	45	23.5	6	5	6	4 (2)
2	160	47	23.5	8	6	10	4 (2)

续表

序号	旋轮直径 D	旋轮宽度 b	旋轮圆角半径				
			图 a	图 b	图 c	图 d	图 e［α/（°）］
3	180	47	23.5	8	8	10	4（2）
4	200	47	23.5	10	10	12	4（2）
5	220	52	26	10	10	12	4（2）
6	250	62	31	10	10	12	4（2）

三、旋压工艺参数的选择

1. 旋压机主轴转速

旋压机主轴转速过低，坯件边缘易起皱，增加旋压变形阻力，导致工件破裂；主轴转速过高，材料变薄严重。旋压机主轴转速的推荐值见表 5－23。制件料厚与毛坯尺寸加大，主轴转速一般要降低，见表 5－24。

表 5－23　旋压机主轴转速的推荐值

旋压制件材料	主轴转速（r/min）	旋压制件材料	主轴转速（r/min）
铝合金	250～1200	黄铜	800～1100
铜	600～800	软钢	400～600

表 5－24　不同料厚的铝合金旋压件的主轴转速

料厚 t（mm）	毛坯直径 D（mm）	加工温度（℃）	主轴转速（r/min）
1.0～1.5	＜300	室温	600～1200
1.5～3.0	300～600	室温	400～750
3.0～5.0	600～900	室温	250～600
5.0～10	900～1800	200	50～250

2. 旋压进给量

一般旋压进给量推荐值为 0.25～1.0mm/r，最大值为 2～4mm/r。根据材料力学性能与软、硬状态及工件作业变形方式，经试验后选定合适进给量。

3. 毛坯尺寸计算

根据不同的旋压类型，采用如下不同的计算方法：

（1）普通旋压料厚不变薄，按等面积法计算。依旋压件的形状，因为都是旋转体空心件，可采用相当的拉深件毛坯计算公式。由于旋压时金属发生减薄，工件表面积会有所增加，虽非刻意追求，但加工过程不可避免，一般实际需要比理论计算毛坯直径小 3％～5％，应对计算结果在试验后调整。

（2）强力变薄工件的毛坯应依等体积法计算，其计算公式见表 4－5。

4. 旋压变形程度的计算

（1）旋压截锥形制件的成形极限：

$$\frac{d_{\min}}{D}=0.2\sim0.3$$

（2）旋压圆筒形制件的成形极限：

$$\frac{d}{D}=0.6\sim0.8$$

以上式中 D——毛坯直径（mm）；

$d_{\min}$——截锥筒小头直径（mm）；

d——圆筒直径（mm）。

5. 强力施压的减薄率计算及选择

在强力旋压锥形件的过程中，旋压前后壁厚的变化是按照正弦定律变化的，即变形后的工件厚度等于变形前毛坯厚度与工件半锥角正弦的乘积，即：

$$t=t_0\sin\frac{\alpha}{2}$$

式中 t——工件厚度（mm）；

t_0——毛坯厚度（mm）；

α——工件锥角。

强力旋压的变形程度用变薄率 φ 表示：

$$\varphi=\frac{t_0-t}{t_0}=1-\frac{t}{t_0}$$

式中 φ——强力旋压的减薄率，见表 5－25；

t_0——毛坯厚度（mm）；

t——制件厚度（mm）。

表 5－25　强力旋压（无中间退火）的减薄率 φ

材　料	减　薄　率 φ（%）		
	截锥形制件	半球形制件	圆筒形制件
不锈钢	60～75	45～50	65～75
高合金钢	65～75	50	75～82
铝合金	50～75	35～50	70～75
钛合金（加热）	30～55	—	30～35

用正弦公式 $\frac{t}{t_0}=\sin\frac{\alpha}{2}$ 代入变薄率公式，则得：

$$\varphi=1-\sin\frac{\alpha}{2},\ \sin\frac{\alpha}{2}=1-\varphi$$

由此可知，工件锥角（心模锥角）α 也可表示变形程度的大小。α 愈小，变形程度愈大。在一定的条件下（如变形温度为常温），对每种材料都可以测定出它的极限变形程度，即最小锥角 α_{min}。

如工件的锥角小于材料允许的最小锥角，则不仅需要多次旋压，而且要用锥形过渡毛坯，同时工序之间必须进行退火处理。

经过多次强力旋压，可能达到的总的变形程度为 $\varphi=0.9\sim0.95$（即 $\alpha=6^\circ\sim12^\circ$）。

6. 筒形件的强力旋压

筒形件的强力旋压，不可能用平面毛坯旋出，因为圆筒形件的锥角 $\alpha=0$，根据正弦定律，毛坯厚度 $t_0-\dfrac{t}{\sin\frac{\alpha}{2}}=\infty$，因此圆筒形件强力旋压，只能采用壁厚较大、长度较短而内径与制件相同的圆筒形毛坯。

筒形件强力旋压可以分为正旋压和反旋压两种（如图 5 - 46 所示），按使用机床也可分为卧式和立式旋压。

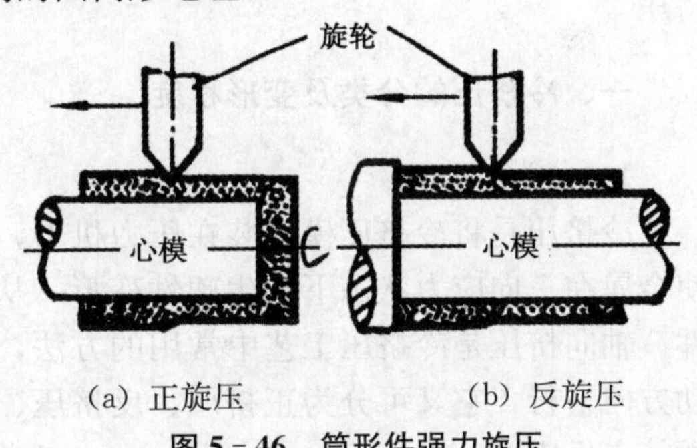

(a) 正旋压　　(b) 反旋压

图 5 - 46　筒形件强力旋压

正旋时，材料流动方向与旋轮移动方向相同，一般是朝向机头架。反旋时，材料流动方向与旋轮移动的方向相反，一般是材料流动向尾架。

反旋的特点是未旋压的部分不动，已旋压的部分向旋轮移动的反方向移动，这样使坯料夹持简化，旋轮移动距离短，被旋出的筒壁长度长（可以取下机床的尾架，使旋出长度超过机床的正常加工长度），但已旋出部分脱离心模后，工件易产生轴向弯曲（不直）。正旋的特点是毛坯已旋压后的部分不再移动，贴模性好，但由于旋轮移动距离长（应等于工件长度），因此生产率低。如工件小而长，心模易产生纵弯曲。

筒形件强力旋压的变形程度仍然用变薄率 φ 表示。一般塑性好的材料一次的旋薄量可达 50%以上（如铝可达 60%～70%），多次旋压总的变薄量也可达 90%以上。

第六章　挤压成形

第一节　冷挤压

在常温下，将模具装在压力机上，利用压力机的往复运动，使金属在三向受压的情况下产生塑性变形，从而挤出所需尺寸、形状及精度的零件，称为冷挤压。

一、冷挤压的分类及变形程度

1. 分类

冷挤压是将冷挤压模具装在压力机上，利用压力机的往复运动，在室温下使金属在三向应力状态下产生塑性变形，从而挤出所需尺寸、形状及性能的零件。轴向挤压是冷挤压工艺中常用的方法，其特点是金属流动的方向与凸模运动方向平行，它又可分为正挤压、反挤压、复合挤压径向挤压和镦挤压。其分类特点见表 6－1。

表 6－1　　冷挤压的分类

类型	简　图	特点及应用
正挤压		金属被挤出的方向与加压方向相同 主要应用于圆柱形、矩形和复杂形状的实心件、空心件
反挤压		金属被挤出的方向与加压方向相反 主要应用于各种形状断面的空心件

续表

类型	简 图	特点及应用
复合挤压	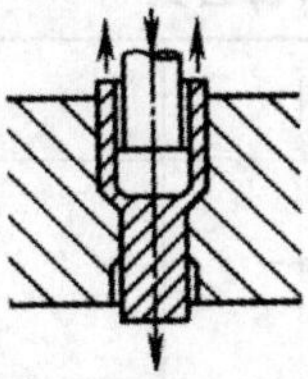	一部分金属被挤出的方向与加压方向相同，另一部分金属被挤出的方向与加压方向相反 主要应用于加工较复杂的零件
径向挤压	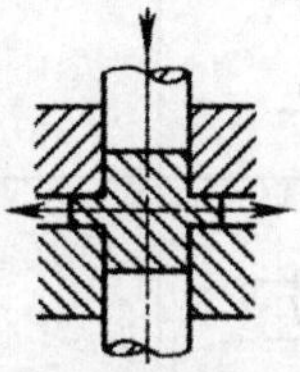	金属被挤出的方向与加压方向垂直 主要应用于加工具有凸缘或凸台的轴对称零件
镦挤压	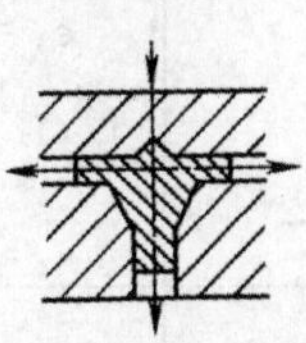	金属的流动具有镦和挤的双重特点 主要应用于加工头部较大的阶梯形轴类零件

2. 变形程度

(1) 变形程度的表示方法。冷挤压的变形程度的表示方法有断面缩减率（ε_A）、挤压比（R）和对数挤压比（φ）三种，即挤压前后横断面积之差与毛坯横断面积之比。

断面缩减率 ε_A：

$$\varepsilon_A = \frac{A_0 - A_1}{A_0} \times 100\%$$

挤压比 R：

$$R = \frac{A_0}{A_1}$$

显然

$$\varepsilon_A = \frac{A_0 - A_1}{A_0} = 1 - \frac{A_1}{A_0} = 1 - \frac{1}{R}$$

对数挤压比 φ：

$$\varphi = \ln R = \ln \frac{A_0}{A_1}$$

式中 A_0——冷挤压变形前坯料横断面面积（mm^2）；

A_1——冷挤压变形后坯料横断面面积（mm^2）；

ε_A——断面缩减率。

典型件冷挤压变形程度公式见表 6－2。

材料的冷挤压许用变形程度 ε_A 见表 6－3。

表 6－2　典型件冷挤压变形程度计算公式

挤压形式	坯料简图	工件简图	计算公式
正挤压实心工件	d_0	d_0　d_1	$\varepsilon_A=\frac{d_0^2-d_1^2}{d_0^2}\times100\%$
正挤压空心工件	d_0　d_2	d_0　d_2　d_1	$\varepsilon_A=\frac{d_0^2-d_1^2}{d_0^2-d_2^2}\times100\%$
反挤压筒形件	d_0	d_0　d_1	$\varepsilon_A=\frac{d_1^2}{d_0^2}\times100\%$
反挤压带芯件	d_0	d_0　d_1　d_2	$\varepsilon_A=\frac{d_1^2-d_2^2}{d_0^2}\times100\%$
反挤压盒形件	A　B	A　a　B　b	$\varepsilon_A=\frac{ab}{AB}\times100\%$

表 6-3　　　　　　　　材料的冷挤压变形程度 ε_A

材料及型号		正挤压（%）	反挤压（%）	自由镦粗（%）
有色金属	纯铝	97～99	97～99	93～96
	铝合金 5A03	95～98	92～98	88～92
	2A11	92～95	75～82	45～50
	黄铜	75～87	75～78	73～80
钢	10	82～87	75～80	75～81
	15	80～82	70～73	70～73
	35	55～62	50	63
	45	45～48	40	40～45
	15Cr	53～63	42～50	53～60
	34CrMo	50～60	40～45	50～60

（2）许用变形程度。冷挤压时毛坯处于三向压应力状态，即静水压使用很强。从理论上讲，金属毛坯的变形程度是不受限制的。但是，当一次挤压的变形程度过大时，单位压力过大，会显著地降低模具寿命或者超过模具钢强度所允许的数值，致使挤压加工无法正常进行。所以，冷挤压时材料的许用变形程度，实际上是指在模具允许的条件下，能保持模具有合理寿命的一次挤压的变形程度。许用变形程度大，工序数目就少，生产率就高。

模具的许用单位压力由模具的材质、结构和要求模具的寿命等因素来确定。模具的许用单位压力越大，冷挤压的许用变形程度也越大，工序数目越少，生产率越高，因此模具的耐压强度是决定许用变形程度的关键。目前模具钢的许用单位压力只能达到 2500～3000MPa，因此，凡是能减小挤压时所需单位压力的措施，都有利于在相同模具强度下，提高变形程度。在批量很大或自动冲压时，为了提高模具寿命，应采用较小的变形程度，以减小单位挤压力。表 6-4 是正挤压 35 号钢时变形程度对模具寿命的影响。

表 6-4　　　　　　　　钢件正挤压变形程度对模具寿命的影响

断面缩减率 ε_A（%）	单位挤压力 P（MPa）	模具寿命（万件）
60	1250	20
80	2000	5～8
90	3000	0.5～0.8

此外，在相同的模具耐压强度下，许用变形程度还与下列因素有关：

①被挤压金属的材料强度越大，变形抗力也越大。因此，随着挤压金属材料强度与硬度的增加，其许用变形程度是趋于减小的。挤压前硬度越高，许用

变形程度越小。对碳钢而言，含碳量越高，许用变形程度越小。材料的冷作硬化指数越大，许用变形程度越小。

②由于正挤压的单位压力小于反挤压，因此正挤压的许用变形程度大于反挤压。

③合理的模具几何形状，可以降低单位挤压力，从而可以提高变形程度。

④毛坯表面处理与润滑情况越好，许用变形程度便可增大。

有色金属的许用变形程度见表 6-5。碳钢的许用变形程度，是按模具耐压强度为 2500MPa 的条件下，用相对高度 $h_0/d_0=0.7\sim1$ 的毛坯，经过退火、磷化、润滑处理后进行挤压实验而得到的，如图 6-1、图 6-2、图 6-3 所示。图中斜线以下是许用区，斜线以上是待发展区，斜线范围内是过渡区（当模具钢质量较好、润滑良好时取上限，反之取下限）。

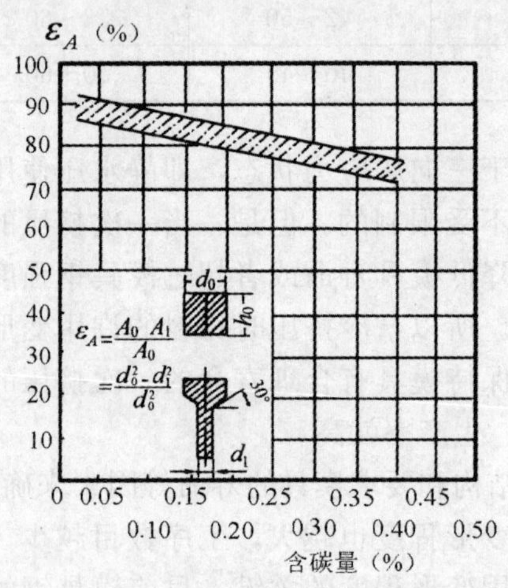

图 6-1 正挤压碳钢实心件的许用变形程度

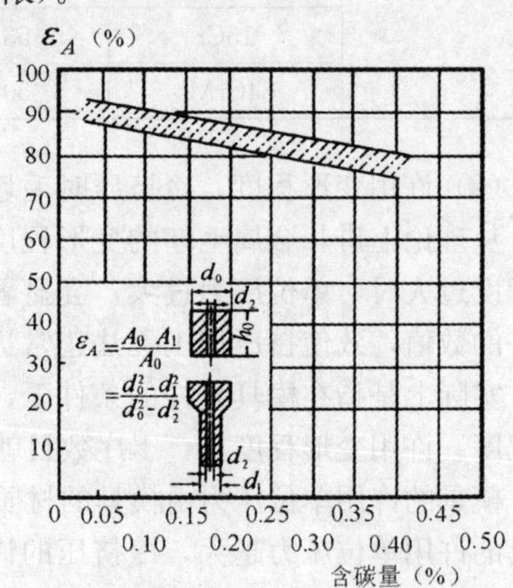

图 6-2 正挤压碳钢空心件的许用变形程度

表 6-5 有色金属一次挤压的许用变形程度

金属名称	断面减缩率 ε_A（%）		备　注
铅、锡、锌、铝、防锈铝、无氧铜等软金属	正挤	95～99	低强度的金属取上限 高强度的金属取下限
	反挤	90～99	
硬铝、紫铜、黄铜、镁	正挤	90～95	
	反挤	75～90	

许用变形程度，主要用来校核一次挤压的变形量。当计算变形程度 ε_A 小于或等于许用变形程度时，则可一次挤压成形，否则必须分成两道或多道挤压工序完成。

例如，如图 6-4 所示零件（10 钢）的变形程度为：

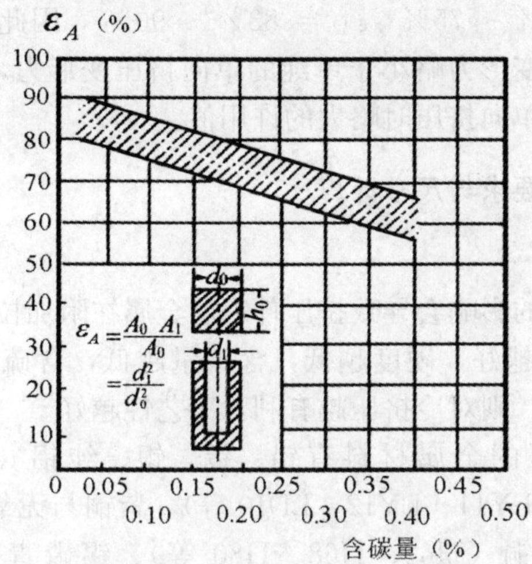

图 6-3　反挤压碳钢的许用变形程度

$$\varepsilon_A=\frac{A_0-A_1}{A_0}=\frac{\frac{\pi}{4}50^2-\frac{\pi}{4}(50.2^2-40^2)}{\frac{\pi}{4}50^2}\approx\frac{40^2}{50^2}=64\%$$

因此，从图 6-3 所示可知，ε_A 在许用的范围内，故可一次挤压成形。

对于复合挤压，应分别对正、反挤的变形程度进行校核。只有当正、反挤压的变形程度均在许用变形程度的范围内，零件才有一次挤压成形的把握。

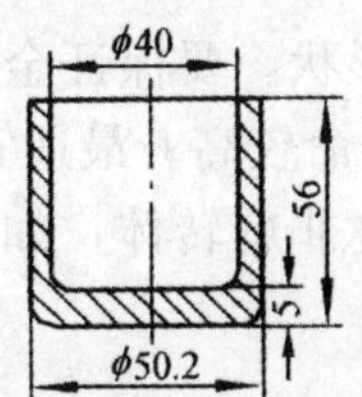

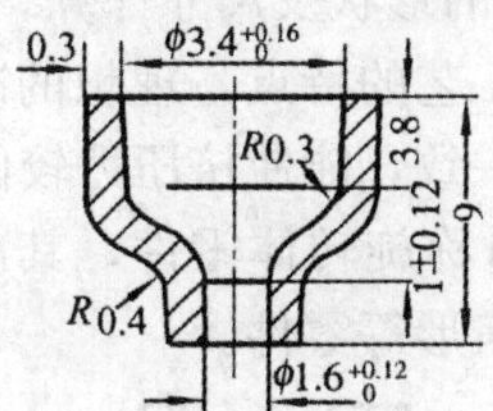

图 6-4　零件（10 钢）尺寸　　**图 6-5　复合挤压件尺寸**

[例 6-1] 如图 6-5 所示挤压零件为黄铜 H62，校核其变形程度。

解：为计算简便起见，可将环状毛坯外径视为与零件大端外径相等，环状毛坯孔径视为与零件小端内径相等，故：

$$\varepsilon_{A1}=\frac{A_0-A_1}{A_0}=\frac{\frac{\pi}{4}(4^2-1.6^2)-\frac{\pi}{4}(4^2-3.4^2)}{\frac{\pi}{4}(4^2-1.6^2)}\approx67\%$$

$$\varepsilon_{A2}=\frac{A_0-A_1}{A_0}=\frac{\frac{\pi}{4}(4^2-1.6^2)-\frac{\pi}{4}(2.2^2-1.6^2)}{\frac{\pi}{4}(4^2-1.6^2)}\approx83\%$$

由表 6-5 可知；黄铜正挤压许用变形程度为 90%～95%，反挤压为 75%

～90%，而$\varepsilon_{A1}=67\%\sim75\%$、$\varepsilon_{A2}=83\%\sim90\%$，因此可以一次挤压成形。

由于复合挤压的变形力略小于单纯的单向挤压变形力，因此复合挤压的变形程度可取较单纯的单向挤压时略大的许用值。

二、冷挤压加工要求与尺寸计算

1. 冷挤压材料

冷挤压时，摩擦的影响会导致挤压件表层金属在附加拉应力的作用下开裂。所以，金属材料塑性越好，硬度越低，含碳量越低，含硫、磷等夹杂物越少，冷作硬化敏感性愈弱，则对冷挤压越有利，工艺性越好。

目前可供冷挤压的金属材料有铅、锡、银、纯铝（L1～L5）、铝合金（LF2、LF5、LF21、LY11、LY12、LD10 等）、紫铜与无氧铜（T1、T2、T3、TU1、TU2 等）、黄铜（H62、H68、H80 等）、锡磷青铜（QSn6.5 - 0.1 等）、镍（N1、N2 等）、锌及锌镉合金、纯铁、碳素钢（A1、A2、A3、B1、B2、B3、08、10、15、20、25、30、35、40、45、50 号钢等）、低合金钢（15Cr、20Cr、20MnB、16Mn、30CrMnSiA、12CrNiTi、35CrMnSi 等）和不锈钢（1Cr13、2Cr13、1Cr18Ni9Ti 等）。

此外，对于钛和某些钛合金、钼、锆，以及可伐合金、坡莫合金等，也可进行冷挤压，甚至对轴承钢 GCr9、GCr15 及高速钢 W6Mo5Cr4V2 也可进行一定变形量的冷挤压加工。

2. 冷挤压件的形状及尺寸计算

根据冷挤压工艺的特点，理想的冷挤压件形状，要保证金属在挤出方向的变形均匀，流速一致，能使挤压力较低，模具寿命较高。最适宜挤压的是图 6-6 所示的各种轴对称旋转体零件，其次是轴对称非旋转体，如断面为方形、矩形、正多边形和齿形等零件。

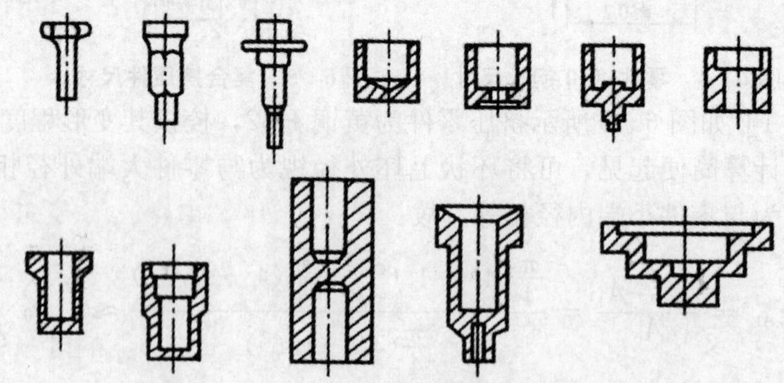

图 6-6 轴对称零件示意图

轴向非对称零件挤压时，金属流速差较大，凸模因偏负荷大而易折断，零件成形困难。

挤压件应尽量避免以下结构（如图 6-7 所示）：锥体、锐角、直径小于

10mm 的深孔（孔深为直径的 1.5 倍以上）、径向孔和轴向两端小而中间大的阶梯孔、径向局部凸耳、凹槽、加强筋等（如图 6-8 所示）。如果零件使用要求必须具有上述结构，则应将零件加以简化，以改善挤压工艺性，在挤压后用切削加工等方法进行加工。

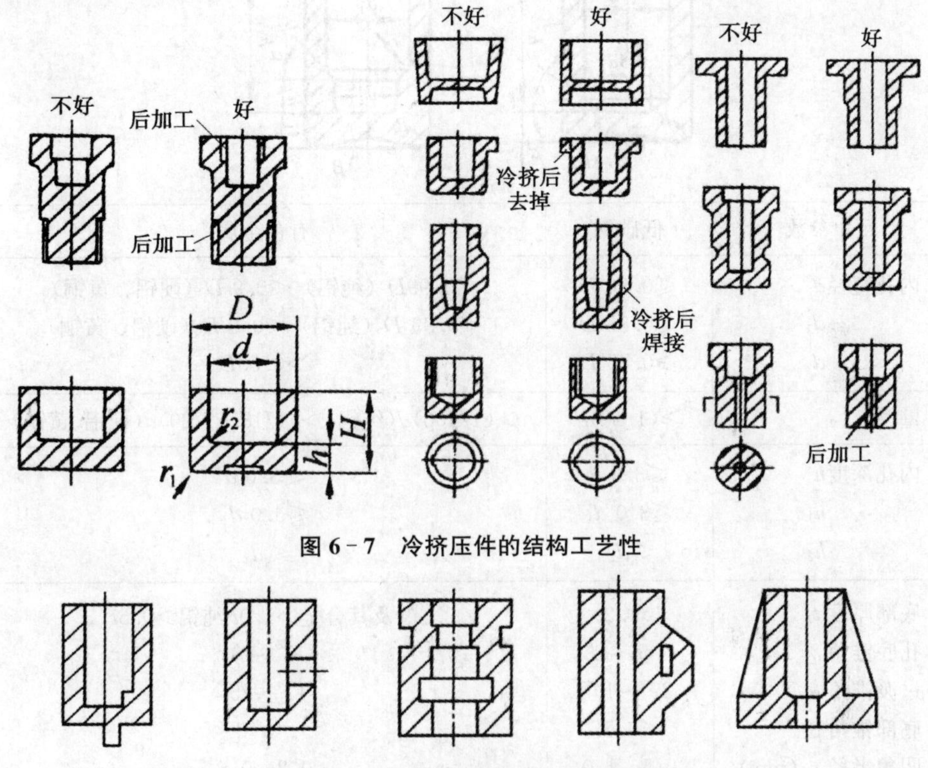

图 6-7　冷挤压件的结构工艺性

图 6-8　不能直接挤出的零件示意图

（1）冷挤压零件一次成形允许的尺寸可参考如图 6-9 所示、表 6-6 和表 6-7。复合挤压的尺寸参数参照单一的正挤压和反挤压的尺寸。

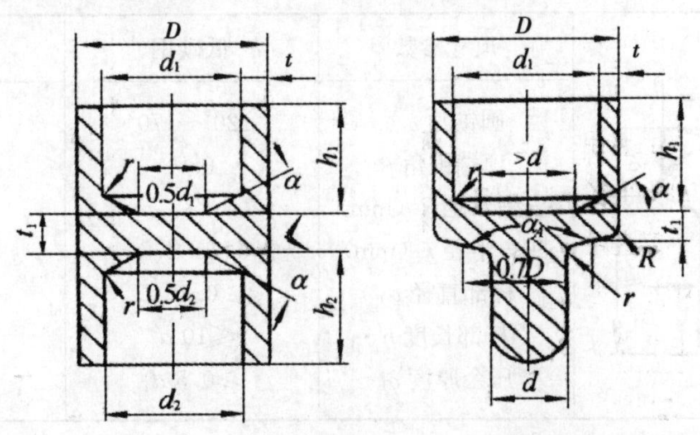

图 6-9　复合挤压件的形状及尺寸参数

表 6-6　　　　反挤压件的尺寸参考表

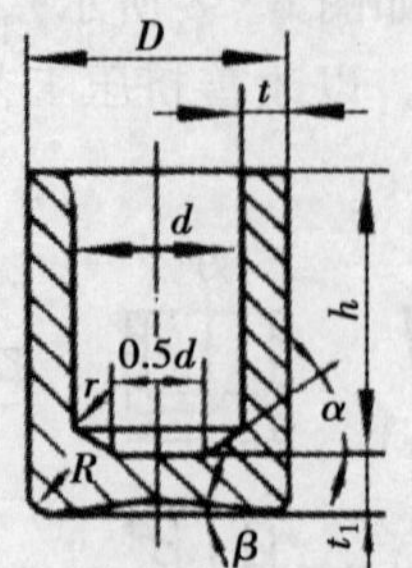

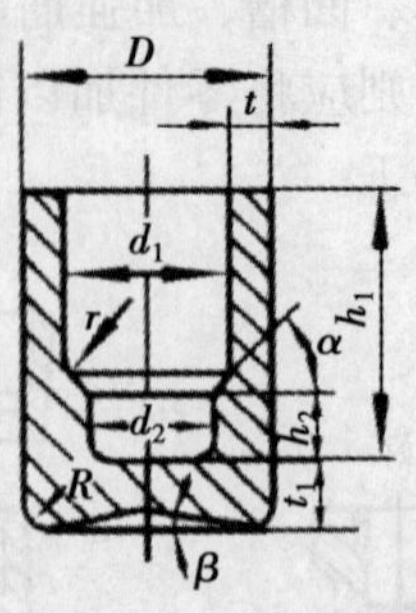

尺寸参数	低碳钢	有色金属
内孔直径d	$\leqslant 0.86D$	$<0.99D$（纯铝）$<0.9D$（硬铝、黄铜）
d_1	$\leqslant 0.86D$	$<0.99D$（纯铝）$<0.9D$（硬铝、黄铜）
d_2	$\geqslant 0.55D$	$>0.55D$
壁厚 t	$\geqslant (1/10)d$	$>(1/200)d$(纯铝)$>(1/18\sim1/20)d$(硬铝、黄铜)
内孔深度h	$\leqslant 3.0d$	$\leqslant 3.0d$
h_1	$\leqslant 3.0d_1$	$\leqslant 3.0d_1$
h_2	$\leqslant d_2$	$\leqslant d_2$
底部厚度 t_1	$\geqslant 1.2t$	铜及其合金$>1.0t$ 纯铝$>0.5t$
孔底锥角 α	0.5°～3°	0°～2°
过渡锥角 α_1	27°～40°	12°～25°
底部锥角 β	<0.5°	0°
凹角半径 r（mm）	0.5～1.0	0.2～0.5
凸角半径 R（mm）	0.5～5	0.5～1.0

表 6-7　　　　正挤压件尺寸选取参考表

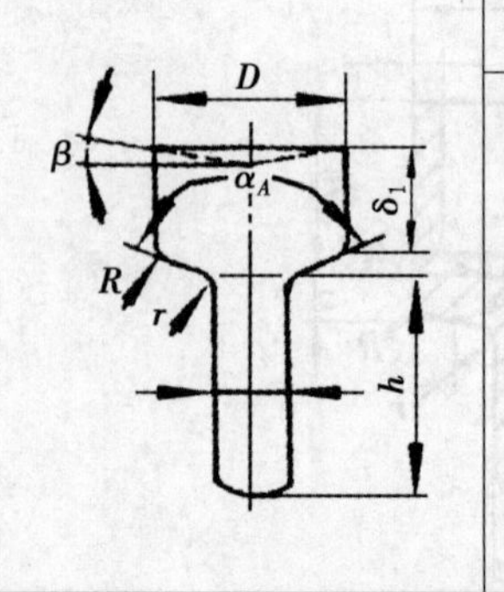

尺寸参数	低碳钢	纯铝
圆锥角 α_A	120°～170°	140°～170°
顶端锥角 β	0.5°	0°
凸角半径 R（mm）	3	3～5
凹角半径 r（mm）	0.5～1.0	0.2～0.5
杆部直径 d_1	$\geqslant 0.45D$	$\geqslant 0.22D$
杆部长度 h	$\leqslant 10d_1$	$\leqslant 10d_1$
压余厚度 δ_1	$\geqslant 0.5d_1$	$\geqslant 0.5d_1$

如果给定零件的尺寸超出以上两表所列的尺寸范围，应考虑增加工序或改

变挤压方法。

(2) 冷挤压件推荐的形状与结构尺寸见表 6-8。非铁金属反挤压可达到的尺寸及精度见表 6-9；非铁金属正挤压空心件可达到的尺寸及度见表 6-10。

表 6-8　　冷挤压件推荐的形状与结构尺寸　　(mm)

图中符号意义	反挤压				正挤压				复合挤压			
r——挤压件内圆角半径 R——挤压件外圆角半径 α——凸模前角 β——凸模顶角 θ——凹模夹角												
挤压件材料	推荐的标准尺寸											
	r	R	α	β	r	R	α	β	r	R	α	β
低碳钢 中碳钢 高碳钢	0.2~0.5	0.5~1.0	0.5°~3°	0.5°	0.5~1.0	3.0	120°~170°	0.5°	0.2~0.5	1.0~2.0	140°~175°	0.5°~3°
	0.5~1.5	1.0~2.0	3°~5°	1°	1.0~1.5	3.0~5.0	110°~140°	1°	0.5~1.0	2.0~3.0	130°~150°	3°~5°
	1.5~3.0	2.0~3.0	5°~7°	1.5°	1.5~2.0	5.0~8.0	100°~130°	1.5°	1.0~2.0	3.0~5.0	120°~140°	5°~7°
低碳合金钢 中碳合金钢 高碳合金钢	0.5~1.0	1.0~2.0	2°~5°	0.5°	1.0~1.5	3.0~5.0	20°~150°	1°	0.5~1.0	1.0~20	130°~170°	2°~5°
	1.0~2.0	2.0~3.0	5°~7°	1°	1.5~2.5	5.0~8.0	110°~130°	1.5°	1.0~1.5	2.0~3.0	120°~140°	5°~7°
	2.0~3.0	3.0~5.0	5°~7°	1.5°	2.0~3.0	8.0~12.0	100°~120°	2°	1.5~2.0	3.0~5.0	110°~130°	5°~7°
铝合金	0.2~0.5	0.5~1.0	0°~2°	0°	0.2~0.5	3.0~5.0	140°~170°	0°	0.2~0.5	0.5~1.0	150°~178°	0°~2°

注：$\varepsilon_A \geqslant 40\%$。

表 6-9　　非铁金属反挤压可达到的尺寸及精度　　(mm)

简图	材料 / 参数	铅、锌、锡、铝		铜、黄铜、AlcuMg(铝合金)		精度
		下限尺寸	上限尺寸	下限尺寸	上限尺寸	
加工后 坯件	圆管直径	8	80～100	10	30～40	±(0.03～0.05)
	方管的断面尺寸	5×7	70×80	6×9	20×40	±(0.03～0.05)
	壁厚	0.08	0.23	0.5(铜) 1.0(黄铜)	≥1.0	±(0.03～0.075)
	底厚	0.25～0.3	0.5	0.5(铜) 1.0(黄铜)	>壁厚	±(0.1～0.2)
	长度/直径的比值	3∶1	10∶1(铅) 8∶1(铝)	3∶1	5∶1	±(1～3)

表 6-10　　非铁金属正挤压可达到的尺寸及精度　　(mm)

简图	材料 / 参数	铅、锌、锡、铝		铜、黄铜、AlcuMg(铝合金)		精度
		下限尺寸	上限尺寸	下限尺寸	上限尺寸	
加工后 坯件	圆管直径	3	100	5	100	±(0.03～0.05)
	方管的断面尺寸	2×4	70×80	3×5	70×80	±(0.03～0.051
	壁厚	0.05	0.1	0.3(黄铜) 0.5(铜)	≥1.0	±(0.03～0.075)
	底厚	0.2～0.3	0.5	0.3(黄铜) 0.5(铜)	≥壁厚	±(0.05～1.0)
	长度/直径的比值	5	60	3	40	±(1～5)

(3) 冷挤压用毛坯尺寸。冷挤压用毛坯尺寸根据体积相等原则进行计算：

$$V_0 = V$$

式中　V——工件体积（应加上修边余量）；

　　　V_0——毛坯体积。

①修边余量。冷挤压后工件的修边余量的平均值 Δh 根据工件高度决定，见表 6-11。

表 6-11　　冷挤压后修边余量 **Δh**

工件高度（mm）	≤10	>10～20	>20～30	>30～40	>40～60	>60～80	>80～100
Δh（mm）	2	2.5	3	3.5	4	4.5	5

注：①工件高度大于 100mm 时，Δh 值取工件高度的 5%；

②复合挤压时，应适当加大；

③矩形件挤压，按表中所列数值加倍。

②毛坯高度 H：

$$H = \frac{V}{F_0}$$

式中 V——工件体积（加修边余量）；

F_0——毛坯横断面积。

③正挤压时毛坯外径：

$$d_0 = \sqrt{1.274F_0 + d_2^2}$$

式中 d_0——毛坯外径，mm；

F_0——毛坯横断面积，mm^2；

d_2——毛坯内径，mm。

其中，毛坯横断面积 F_0 按下式计算：

$$F_0 = \frac{F}{\varphi}$$

式中 F——工件横断面积，mm^2；

φ——冲挤系数，铝 0.1，纯铜 0.2，黄铜 0.3。

毛坯内径 d_2：

$$d_2 = d_{凹} + (0.1 \sim 0.2)mm$$

④反挤和复合挤时，毛坯外径 d_0：

$$d_0 = D_{凹} - (0.1 \sim 0.2)mm$$

式中 $D_{凹}$——凹模型腔直径。

3. 冷挤压件的尺寸公差与表面粗糙度

冷挤压件的尺寸精度受模具精度、压力机刚度和导向精度、挤压坯料的制造及表面处理、冷挤压工艺方案的合理性等因素影响较大。随着冷挤压技术的进步，目前已经可以获得尺寸精度相当高的冷挤压件，一般可以达到 IT7。冷挤压件的表面粗糙度与模具的表面粗糙度、润滑等因素有关，目前表面粗糙度 R_a 达 0.2μm。

三、冷挤压加工过程设计

冷挤压加工过程设计包括以下内容：挤压件的加工分析；确定包括冷挤压方式、工序数目及有关辅助工序在内的挤压加工方案；制定冷挤压件图；确定坯料的形状、尺寸、重量及备料方法；挤压力估算和设备的选用；冷挤压模设计；制订加工卡片。

1. 冷挤压加工方案的确定

冷挤压件分类及其挤压方式如下：

(1) 杯形类冷挤压件。这类零件一般采用反挤压［如图 6 - 10（a）～（c）所示］，或反挤压制坯后再以正挤压成形［如图 6 - 10（e）所示］，有的杯形件也可用正挤压成形［如图 6 - 10（d）所示］。带凸缘的，则用反挤压与径向挤压联合成形［如图 6－10（f）］。

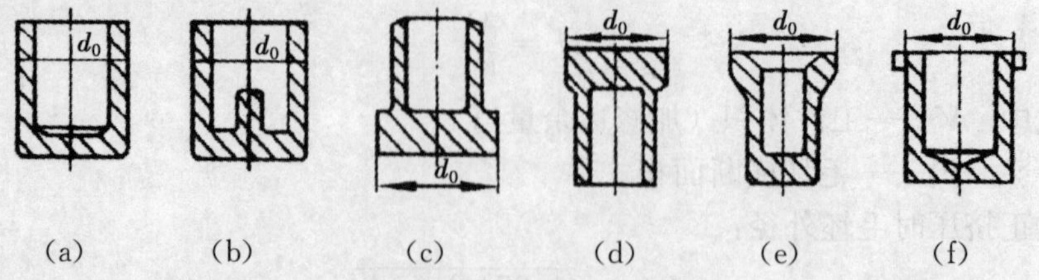

图 6－10 杯形类冷挤压件

（2）管类、轴类挤压件。这类零件一般采用正挤压，有的零件也可用反挤压［如图 6－11（d）所示］，有的用径向挤压［如图 6－11（e）、（f）所示］，阶梯相差较大的可用正挤压与径向挤压联合的镦挤成形［如图 6－11（g）所示］，双杆的零件［如图 6－11（h）所示］也可用复合挤压。

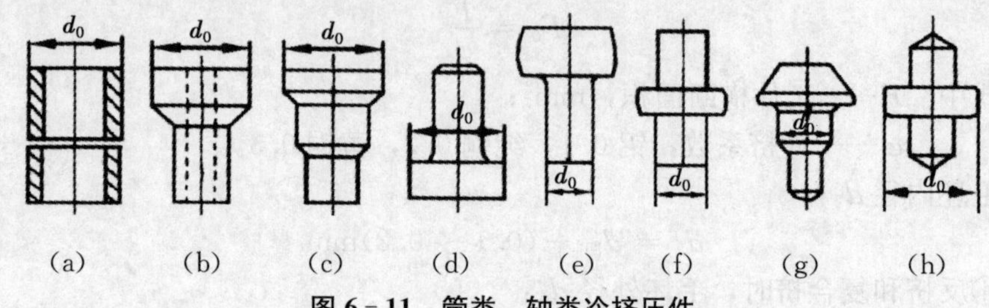

图 6－11 管类、轴类冷挤压件

（3）杯杆类、双杯类冷挤压件（如图 6－12 所示）。这类挤压件一般采用复合挤压，也有的用正挤压和反挤压两次挤压。

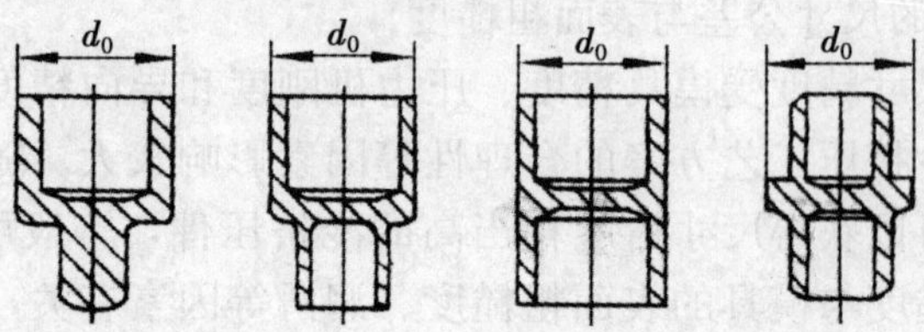

图 6－12 杯杆类、双杯类冷挤压件

（4）复杂形状的冷挤压件（如图 6－13 所示）。带有齿形或花键等的轴对称挤压件，可以用正挤压、反挤压、复合挤压或径向挤压成形。

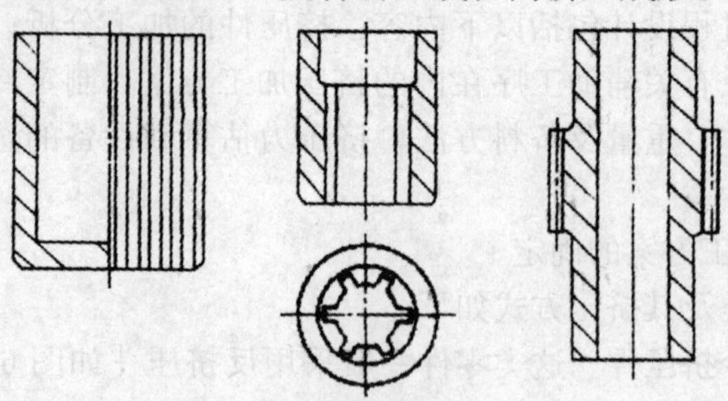

图 6－13 复杂形状冷挤压件

2. 冷挤压件图的设计

冷挤压件图是根据零件图、冷挤压工艺性、机械加工工艺要求而设计的适合于冷挤压的图形。它是编制冷挤压工艺过程、设计冷挤压模具及设计机械加工用夹具等的依据。

冷挤压件图设计时首先应充分了解零件的性能和使用要求，对零件进行全面的工艺性分析，初步确定零件的成形工艺路线、冷挤压方式。在此基础上，对零件进行必要的简化，确定冷挤压件的形状、尺寸。需要机械加工的部位应根据需要加上余量和公差，不需要机械加工的部分应直接按零件要求的尺寸与公差设计，其他的尺寸参数均应按照挤压工艺性要求确定。此外，还有其他特殊问题的考虑及技术条件的制定等。

四、冷挤压的优点与问题

1. 冷挤压的优点

（1）节约原材料。冷挤压工艺的材料利用率可达 70%～95%，与切削加工相比，可节约大量原材料。例如图 6-14 所示的纯铁底座，原用切削加工成形，现采用冷挤压加工，原加工一个零件所需的材料，现可加工十个零件。

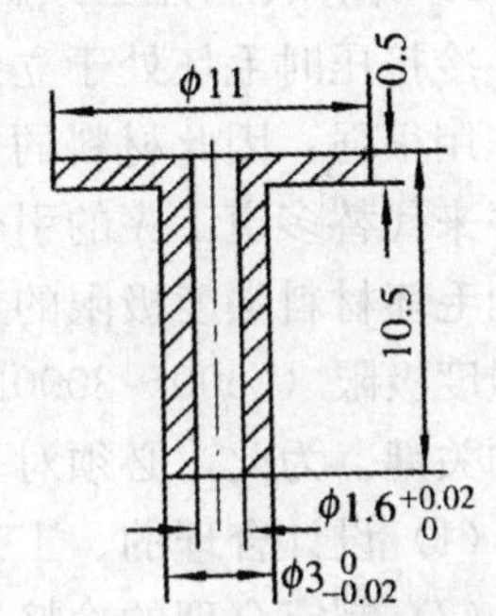

图 6-14 冷挤压纯铁底座

（2）生产率高。冷挤压具有一般冷冲压生产率高的优点。如上述纯铁底座，原用车、钻、铰等工序完成，成品率仅为 70%～80%，现用冷挤压加工提高效率 30 倍。又如图 6-15 所示换向片，原按每片切削加工成形后，将 22 片组装成嵌件再压胶，现用空心毛坯一次挤压成 22 片的组合嵌件，压胶后再车去底部连皮，使各片断开，以达到换向器的技术要求，不但节约了大量贵重金属（银铜合金），而且提高生产效率近百倍。

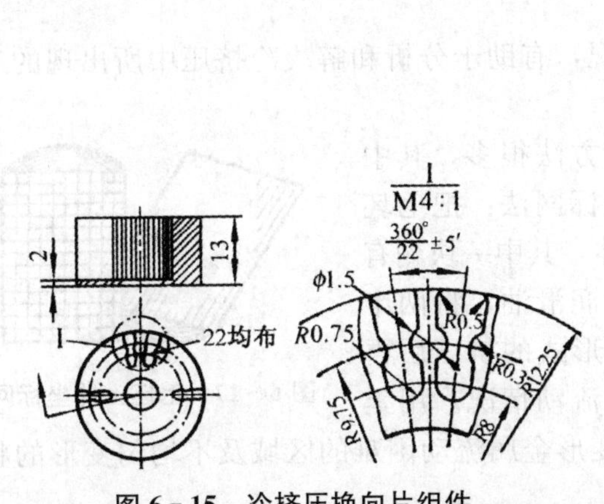

图 6-15 冷挤压换向片组件

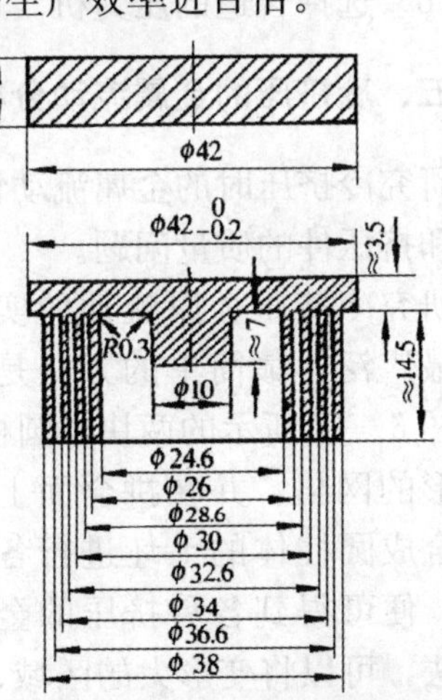

图 6-16 冷挤压的多层电容器

(3) 可加工形状复杂的零件。如图 6－16 所示的多层纯铝电容器，如用其他机械加工方法很难达到要求，但用冷挤压加工却比较方便。

(4) 可提高零件的机械性能。由于冷挤压利用了金属材料冷变形加工硬化的特性，零件强度大为提高，可用低强度材料代替高强度钢材。此外，切削加工把金属零件的纤维流向切断，从而降低了零件的强度。而在冷挤压时，金属处于三向压应力状态，变形后材料组织紧密，金属纤维仍然保持连续流畅状态，因此可以提高零件的机械性能，所以很多重要的受力零件都用冷挤压方法加工。

(5) 尺寸精确，粗糙度比较小。目前我国的冷挤压件尺寸公差一般可达 IT7 级，表面粗糙度 Ra 可达 1.6～0.8μm，最高可达 0.10μm。

2. 采用冷挤压必须解决的主要问题

冷挤压时毛坯处于立体应力应变状态，三向压应力的平均值很大，即静水压作用很强，因此材料的允许变形程度可以大大提高，从而可用少量的冷挤压工序来代替多道工序的引伸工艺。冷挤压毛坯变形所需的单位压力很大，可能达到毛坯材料强度极限的 4～6 倍或更高，有时接近甚至超过现有模具材料的抗压强度极限（2500～3000MPa），因此解决模具的强度、刚度和寿命就成为冷挤压的关键。为此，必须对下列技术问题加以综合考虑：

(1) 设计合理的、工艺性良好的冷挤压零件结构；

(2) 制定合理的冷挤压工艺方案；

(3) 选用合理的毛坯软化热处理规范，采用理想的毛坯表面处理方法与润滑剂；

(4) 选择耐疲劳、耐磨损的高强度模具材料，采用合理的模具加工方法与热处理方法；

(5) 设计合理的模具结构；

(6) 选择合适的压力机。

五、冷挤压的金属流动分析

研究冷挤压时的金属流动情况，有助于分析和解决冷挤压中所出现的工艺问题和挤压件的质量问题。

研究冷挤压金属流动的实验方法很多，其中使用最广泛、最简单的方法是坐标网法：把毛坯做成图 6－17 所示的两块半圆柱体，其中一块刻有正方形的网格，并在拼合面上涂润滑油，将两半块拼合成圆柱体的毛坯进行各种形式的挤压后再分开，便可得到各种挤压的金属流动情况。用坐标网法，可以将变形大的区域、变形金属流动困难的区域及不均匀变形的状态明显地表示出来。

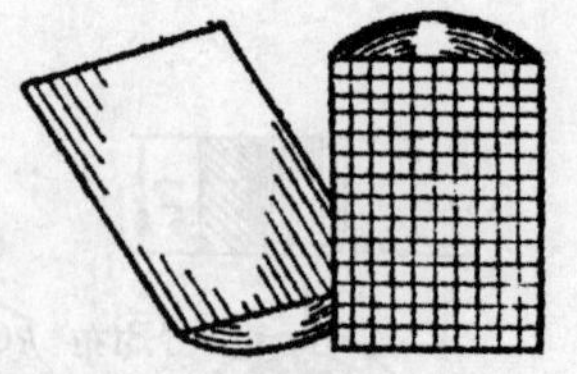

图 6－17　毛坯上的坐标网

1. 正挤压的金属流动

正挤压实心件的金属流动情况如图 6－18 所示。假如凹模出口形状和润滑状态理想的话（不考虑摩擦），则挤出的材料变形情况如图 6－18（b）所示，是均匀的、无剪切变形的理想变形。但是，这种理想变形状态是不容易实现的，因为毛坯与凹模表面存在着摩擦阻力，所以材料的实际变形是不均匀的，存在着剪切变形的复杂变形状态，如图 6－18（c）～图 6－18（f）所示。从图 6－18（c）～图 6－18（e）所示中可以明显地看到：凸模端面至虚线，金属基本上不变形，只起传递压力的作用；在两虚线之间，金属产生强烈的压缩变形，坐标网产生弯曲，一旦材料冲出出口就不再产生变形了。在图 6－18（c）所示的稳定状态期间，强烈变形区的变形状态基本上是不变的，材料相继沿着同样的流线进行流动。横坐标的弯曲，纵坐标在变形结束处（第二虚线以下）开始呈射线式的分开，都说明因凹模摩擦阻力的影响，周围金属的流动滞后于中心处金属，即中心处金属流动得最快。这种坐标线的弯曲程度与摩擦力和凹模入口角 α_d 的大小有关。摩擦力和入口角越大，曲线的弯曲程度也越大，如图 6－18（c）至图 6－18（e）所示。同时，摩擦力和入口角太大，不仅会使不参与流动的“死角”区 D 增大，严重的还会形成挤压件表面的鱼鳞形裂纹。但是，增大凸模端面的摩擦阻力，却能避免金属产生“涡流”，防止挤压件上端面以内产生缩孔裂纹。

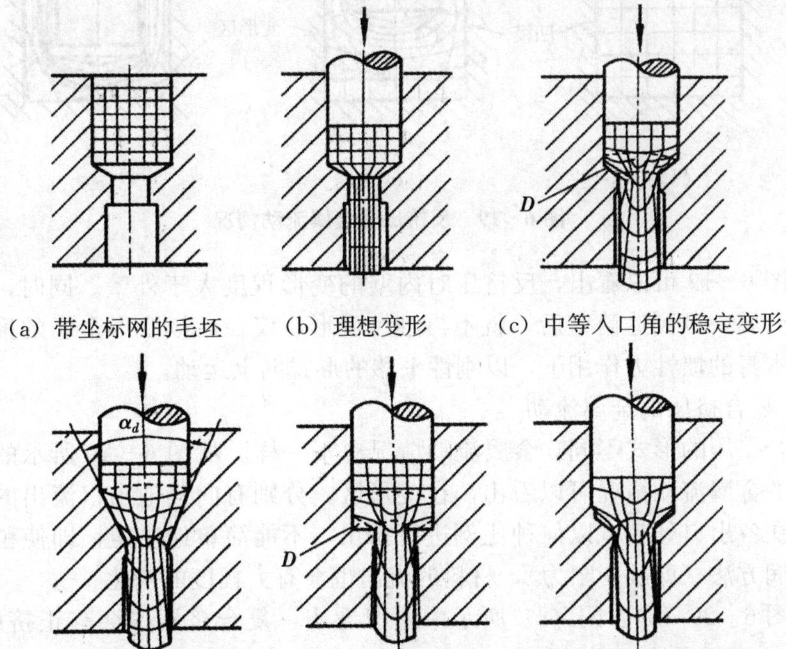

图 6－18　正挤压实心件的金属流动情况

当凸模继续下行到凹模入口处附近使凸缘厚度减小到一定值时，如图 6-18（c）所示的稳定变形状态就成了图 6-18（f）所示的非稳变形状态了，也就是凸模下端面处的金属也开始变形，整个变形都趋向于中心。

正挤压空心件时，除了上述凹模表面摩擦的影响以外，还有芯轴表面摩擦的影响。不难想象，正挤出的空心件壁部，仍然是壁部表层（与心轴和凹模接触的表层）金属的流动滞后于中间层金属的流动。

2. 反挤压的金属流动

图 6-19（a）所示的高度大于直径的毛坯进行反挤压时，便会产生如图 6-19（b）所示的稳定变形状态。在凹模底部和虚线之间的金属无大的变形，两虚线之间是强烈变形区，而在虚线以上与凸模端面之间成为不参与变形的黏滞区（死区）。在稳定变形中，黏滞区和强烈变形区的大小保持不变，其位置随凸模的下行逐渐下移，而毛坯下部不变形区的高度也随之减小。当底厚减小到一定值时，底部的全部材料都向外侧流动，产生如图 6-19（c）所示的非稳定变形状态。

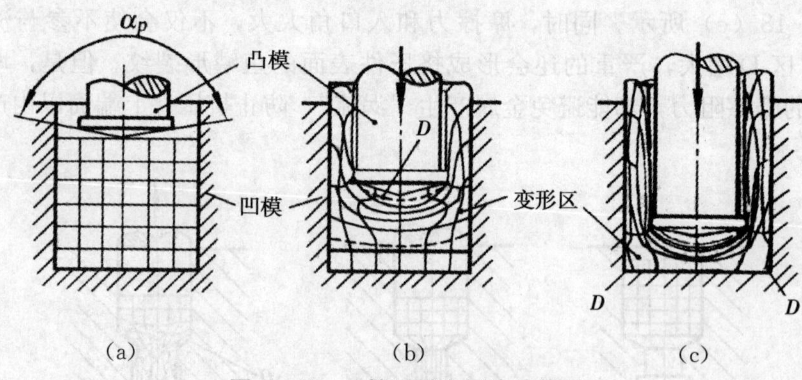

图 6-19　反挤压时金属流动情况

由图 6-19 可以看出，反挤压时内壁的变形程度大于外壁。同时，强烈变形区的金属一旦到达筒壁后，就不再继续变形，仅在后续变形金属的推动和流动金属本身的惯性力作用下，以刚性平移的形式向上运动。

3. 复合挤压的金属流动

复合挤压的形式不同，金属流动情况也不一样。从图 6-20 所示的几种复合挤压的金属流动情况可以看出，在变形区，分别有向其他出口流出的区域边界，但在各出口处究竟以何种比例进行挤出，不能简单地决定，即使稍微改变一点滑润方法（即改变阻力），材料的流出也会有大幅度的变化。

从图 6-20（a）、图（c）所示中可以看出，复合挤压也会与正挤压一样，出现图中 D 所示的“死区”。

4. 影响金属流动的主要因素

影响冷挤压金属流动的主要因素是：模具与变形金属之间的摩擦力，模具

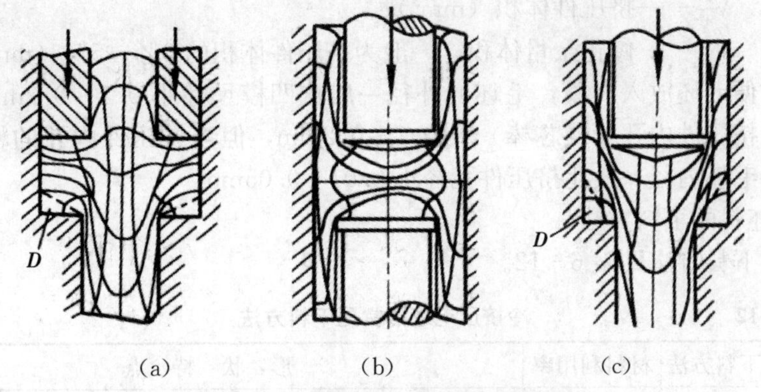

图 6-20　复合挤压的金属流动情况

工作部分的形状、变形程度，金属材料的性质等。

(1) 摩擦力的影响。假设在完全没有摩擦的情况下挤压，金属流动情况将出现图 6-20 (b) 所示的“理想变形”状态。但是，摩擦阻力的作用造成了金属“滞后”流动现象，导致挤压件表面附加拉应力的产生，致使挤压件表层具有产生裂纹的可能性。摩擦系数愈大，金属变形愈不均匀，“滞后”流动现象愈严重，附加拉应力愈大，挤压件质量愈不能得到保证。

(2) 模具工作部分形状的影响。由图 6-18 (c) ～图 6-18 (e) 可以看出，凹模入口角 α_d 对金属流动的影响也较大。α_d 愈大，则金属流动阻力愈大，“滞后”流动现象愈严重，“死角”愈大，出现涡流的可能性也愈大。对于反挤压，凸模顶锥角 α_p，愈大，则金属流动阻力愈大，“滞后”流动现象愈严重。

(3) 变形程度的影响。当其他条件相同时，变形程度愈大，变形的不均匀性也愈大，“滞后”流动现象也愈严重。

(4) 金属材料性质的影响。塑性愈差，硬度愈高，金属流动愈困难。金属与模具的摩擦系数愈大，“滞后”流动现象愈严重。

从上述分析可知，在设计模具时采用合理的凹模入口角 α_d 和凸模顶锥角 α_p，尽力减小凹模与金属之间、反挤压和复合挤压的凸模与金属之间的摩擦阻力，则有利于金属的流动，保证制件质量，减小变形所需的压力。

六、冷挤压的坯料准备

坯料准备是指确定坯料的尺寸和形状、坯料的软化热处理及润滑处理。

1. 坯料的尺寸计算

冷挤压毛坯尺寸的计算是根据体积不变条件计算的。如果冷挤压后还要进行切削加工，则计算毛坯体积时还应加上修正量，即：

$$V_0 = V_{工} + V_{修}$$

式中　V_0 ——毛坯体积 (mm^3)；

$V_{工}$——挤压件体积（mm^3）；

$V_{修}$——修正余量体积，一般为挤压件体积的3%～5%（mm^3）。

为方便毛坯放入凹模，毛坯的外径一般比凹模尺寸小0.1～0.2mm，而内径一般比挤压件内孔（或芯棒）大0.1～0.2mm，但当挤压件内孔的精度要求很高时，毛坯内径一般比挤压件孔径小0.01～0.05mm

2. 坯料的下料方法

常见下料方法见表6-12。

表6-12　　冷挤压毛坯的常见下料方法

坯料	下料方法	材料利用率	形状特点
板形坯料	冲裁	低	生产效率较高，毛坯平直，但断面质量较差，若采用小间隙圆角凹模冲裁可以得到精度较高的毛坯。常用于有色金属挤压毛坯的加工
棒料	切削	低	常用的切削方法有车削、铣削、锯切，其优点是得到的毛坯形状规则、精度较高，但缺点是生产效率较低（除高速带锯锯切外）。常用于生产批量不大的场合
	剪切	高	普通的棒料剪切一般是在冲床上进行的，也有在专用的棒料剪切机或冲剪机上进行的，生产效率较高，缺点是毛坯断面有塌角，断裂面质量不太好

3. 冷挤压坯料的软化处理

为了降低坯料的硬度，提高塑性，从而得到良好的金相组织和消除内应力，坯料在冷挤压前需要进行软化热处理。常用材料的软化热处理规范见表6-13。

表6-13　　常用冷挤压材料的软化热处理规范

毛坯材料		热处理	规范	热处理前（HBS）	热处理后（HBS）
纯铁		退火	900℃±10℃保温3h，随炉冷却	60～80	—
Q215-A	普通碳素钢	长时间退火	920℃～960℃保温8h，随炉冷却至680℃，再升温至960℃，保温4h，随炉冷却至250℃（时间较长，需要8昼夜，但热处理后坯料硬度较低）	—	100～110
10、15、20、30、45	优质碳素钢	退火	720℃±10℃保温3h，随炉冷却	—	107～162
1Cr18Ni9Ti	奥氏体不锈钢	退火	115℃保温5min，用100℃的沸水淬软	—	130
1070A、1060、1050A、1035、1200	纯铝	退火	420℃保温2～4h，随炉冷却	—	15～19

续表

毛坯材料		热处理	规　范	热处理前(HBS)	热处理后(HBS)
2A11、2A12	硬铝	退火	410℃～420℃保温4h，随炉冷却至150℃	105	55～60
8A06Y	硬铝	退火	410℃～420℃保温4h，随炉冷却至150℃	—	53.5～55
2A50	锻铝	退火	(420±10)℃保温6h，随炉冷却至150℃	—	50～51
5A02	铝镁合金	退火	390℃～400℃保温5h，随炉冷却	—	38～39
T1	纯铜	退火	710℃～720℃保温4h，随炉冷却（也可采用水淬软化处理）	110	38～42
H62	黄铜	退火	670℃～680℃保温4h，随炉冷却（也可采用100℃水冷）	150	50～55
H68	黄铜	退火	600℃～670℃保温4h，随炉冷却	—	45～55

4. 冷挤压工件的表面处理和润滑

表面处理与润滑是进行冷挤压的一个关键问题，它对工件表面质量及模具的寿命有很大的影响。推荐的磷酸盐-皂化处理的工艺流程见表6-13。各种金属材料冷挤压时润滑剂推荐配方见表6-14。

表6-13　　推荐的磷酸盐—皂化处理的工艺流程

工序名称	成　分	数量（g/L）	温度（℃）	时间（min）	备　注
热水洗			>80	⩾1	
化学除油	NaOH Na_3PO_4 Na_2CO_3 Na_2SiO_3	70～80 30～35 40～50 5～10	>90	5～10	
热水洗			>80	1～2	
冷水洗			室温	1～2	
酸洗	H_2SO_4 HCl	150～250 50～60	40～60	5～10	
冷水洗			室温	1～2	
冷水洗			室温	1～2	
中和	Na_2CO_3	50～70	室温	2～3	
冷水洗			室温	1～2	

续表

工序名称	成　分	数量（g/L）	温度（℃）	时间（min）	备　注
冷水洗			室温	1～2	
磷酸盐处理	$Zn(H_2PO_4)_2$ $Zn(NO_3)_2$	50～60 60～120	65～70	15～20	总酸度：80～120 点 游离酸度：8～10 点
热水洗			65～70	1～2	
冷水洗			室温	1～2	
皂化	中华牌肥皂	200	30～40	3～5	
凉干					自然干燥

表 6-15　各种金属材料冷挤压时润滑剂推荐配方

冷挤压材料	润滑剂成分（质最分数）	制方法	说　明
纯铝 纯铜 黄铜	猪油 100%	纯猪油加温熔化	①冷挤压时金属流动性较好 ②天冷时易凝固，应加温涂擦
纯铝	猪油 5% 甘油 5% 汽缸油 15% 四氯化碳 75%	猪油、甘油加热到 200℃，稍冷却后加入四氯化碳搅拌均匀，最后加入汽缸油	①冷挤压时金属流动性较好 ②冷挤压件表面光洁，$Ra \leqslant 1.6\mu m$
纯铝 纯铜 黄铜	猪油 25% 液体石蜡 30% 十二醇 10% 四氯化碳 35%	猪油加热到 200℃，稍冷却后加入四氯化碳，搅拌均匀后加入十二醇，冷却后加入石蜡（液体）	①冷挤压时流动性和润滑性较好 ②冷挤零件表面光洁，$Ra \leqslant 1.6\mu m$
纯铝	硬脂酸锌	将毛坯与粉状硬脂酸锌一起放入滚筒内滚 15min，使毛坯上牢固而均匀地沾上一层硬脂酸锌，每 1×10^6 只铝质牙膏管毛坯耗硬脂酸锌 3kg	①冷挤压时壁厚均匀，流动性能好 ②缸料力小，冷挤压件表面光洁，$Ra \leqslant 1.6\mu m$ ③如产量不大，可将硬脂酸锌溶于酒精中，用喷筒洒在毛坯上或用刷子刷上均可

续表 1

冷挤压材料	润滑剂成分（质最分数）	制方法	说　明
纯铝	硫磺粉 40% 石蜡 40% 全损耗系统用油 40%	将石蜡熔化，注入全损耗系统用油中搅拌均匀后，加入硫磺粉再搅拌均匀	①冷挤压件表面光洁，$Ra \leqslant 1.6\mu m$ ②金属流动性较好
纯铝	硬脂酸锌加适量的十八醇	铝坯加热到 100℃，将十八醇加入，完全冷却后加硬脂酸锌	①冷挤时金属流动尚佳 ②卸料力小，冷挤压件表面光洁，$Ra \leqslant 1.6\mu m$
纯铝	十四醇 80% 酒精 20%	一般按比例混合后即可使用，当天冷时，将十四醇稍加烘热，以增加其流动性，使其与酒精混合良好	使用效果较好
纯铝	石蜡 40% 蓖麻油 20% 全损耗系统用油 40%	先将全损耗系统用油与蓖麻油混合搅匀，然后将熔化的石蜡液注入，搅拌均匀即可使用	①冷挤压件表面光洁，$Ra \leqslant 1.6\mu m$ ②卸料力小 ③金属流动较好
铝合金 3A21 5A02	猪油 18% 汽缸油 22%— 石蜡 22% 十四醇 3% 四氯化碳 35%	猪油加热到 200℃后，加入少许四氯化碳，然后加入汽缸油及液体石蜡，加热至 250℃稍冷后加入十四醇，当冷至 150℃时，把余下四氯化碳全部加入搅拌均匀	①润滑性能较好 ②冷挤压件表面光洁，$Ra \leqslant 0.8\mu m$
纯铜 （Tl、T2、T3） 黄铜 （H62、H68）	猪油 13% 十四醇 3% 全损耗系统用油 84%	将猪油加热熔化后注入全损耗系统用油，搅匀后放入十四醇	①冷挤工件表面光洁，$Ra \leqslant 0.8\mu m$ ②金属流动好
紫铜 （T1、T2、T3） 黄铜 （H62、H68）	工业豆油 100%	—	使用效果良好，方便

续表 2

冷挤压材料	润滑剂成分（质最分数）	制方法	说　明
黄铜（H62、H68）	钝化配方 铬酐 200～250g/L 硝酸 30～50g/L 硫酸 8～16g/L 溶液温度 20℃ 时间 5～10s	黄铜毛坯可以用钝化膜润滑 钝化是将退火毛坯经酸洗去氧化皮后钝化。钝化工艺流程如下：汽油洗（脱脂）→热水洗（60℃～120℃）→冷水洗二次→钝化（5～10s）→冷水洗→热水洗→干燥	—
锌镉合金	工业汽油 50%（60%） 羊毛脂 50%（40%）	先将羊毛脂加热，在 50℃～60℃溶化后，加入汽油混合即可使用	①冷挤时壁厚均匀 ②表面光清，$Ra \leqslant 0.4\mu m$ ③减少摩擦，保持热量 ④对零件和模具无腐蚀
钢	猪油加适量二硫化钼	将猪油加热熔化后，加入适量二硫化钼搅拌均匀即可使用	钢冷挤压件磷化后采用此种润滑剂润滑挤压，一般效果还好，也较方便
钢	磷酸钠 80～100g/L 肥皂 10～20g/L 水 1L	混合加热至 50℃～60℃搅匀使用	用于磷化后的钢冷挤压件润滑，效果较好
钢①	二硫化钼 10% 中性肥皂 3%～5% 其余为全损耗系统用油	混合加热后搅匀即可使用	用于磷化后的钢冷挤压件润滑，可有效降低摩擦力，减少冷挤压力，零件表面光洁，$Ra \leqslant 1.6\mu m$
钢②	硬脂酸 57g/L 氢氧化钠 8g/L 水 1L （皂化）	混合加热至 90℃，1～2h，当溶液呈透明黄色即得硬脂酸钠。制备后即可长期使用	钢冷挤压件经磷化、皂化后表面光洁，$Ra \leqslant 0.8\mu m$
钢	皂化配方为 肥皂 60～70g/L 水 1L 温度 45℃～65℃ 时间 30min	混合加热	效果一般，比上述方案①、②差

七、冷挤压凸、凹模设计与工作部分尺寸计算

1. 正挤压凹模

正挤压凹模是正挤压模的关键零件，一般采用预应力组合结构，其结构形式如图 6－21 所示。其中，图 6－21（a）所示凹模内层是整体式结构，制造容易，应用较广，但型腔内转角处容易因应力集中而产生横向开裂。图 6－21（b）、图 6－21（c）所示凹模内层为纵向分割结构，最内层小凹模与挤压筒之间为过盈配合，过盈量一般应大于 0.02mm。图 6－21（d）～图 6－21（f）所示凹模为横向分割结构，制造时应严格保证上、下两部分的同轴度，为防止金属流入拼合面，上、下两部分的拼合面不宜过宽，一般取 1～3mm，而且要求抛光。图 6－21（f）所示结构能有效地防止金属流入拼合面，但寿命较低。

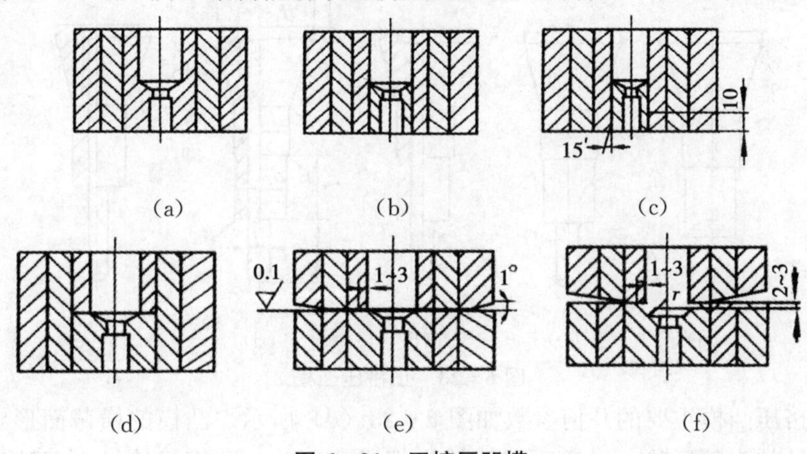

图 6－21　正挤压凹模

正挤压凹模重要的几何参数如图 6－22 所示。凹模中心锥角 α_A 一般取 90°～126°，塑性好的挤压材料可以增大。凹模工作带高度，对于纯铝 $h_A=1\sim2$mm，对于硬铝、纯钢、黄铜 $h_A=1\sim3$mm，对于低碳钢 $h_A=2\sim4$mm。凹模型腔的过渡圆角 r_1 最好取 $(D_A-d_A)/2$，不小于 2～3mm；$R=3\sim5$mm。

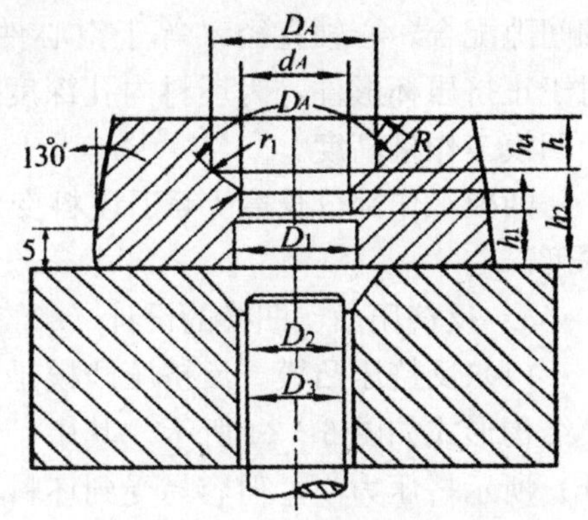

图 6－22　正挤压凹模的几何参数

凹模型腔深度为：

$$h=h_0+R+r_1+h_3$$

式中　h——为凹模型腔深度；

h_0——为坯料高度；

h_3——为凸模接触坯料时已进入凹模直壁部分的深度，对于钢 $h_3=10$ mm，对于有色金属 $h_3=3\sim5$ mm。

2. 正挤压凸模

正挤压凸模的结构形式如图 6-23 所示。其中，图 6-23（a）所示是正挤压实心件用凸模，图 6-23（b）～图 6-23（e）所示为正挤压空心件用凸模。正挤压空心件凸模设计的关键是心轴结构。心轴受径向压力和轴向拉力的作用，工作条件差，容易产生断裂。图 6-23（b）所示是整体式的凸模，适用于挤压纯铝等软金属或心轴与凸模直径相差不大、心轴长度不长的情况。图 6-23（c）所示是固定组合式的凸模，适用于较硬金属的正挤压。图 6-23（d）、图 6-23（e）所示是浮动式组合凸模，用于黑色金属的正挤压。在挤压过程中，心轴可随变形金属的流动一起向下滑动，减少了心轴被拉断的可能，提高了心轴的寿命。

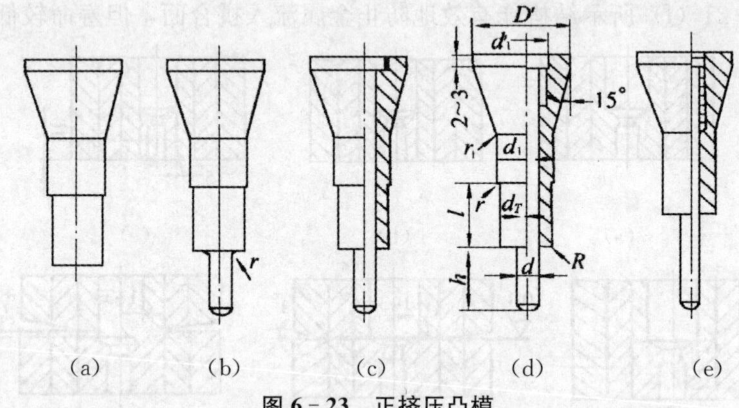

图 6-23　正挤压凸模

正挤压凸模重要的几何参数如图 6-23（d）所示。凸模的横截面形状取决于挤压件的头部形状，d_T等于挤压件头部尺寸，并与凹模保持最小间隙等于零的间隙配合。心轴直径 d 等于空心件内孔直径。心轴露出凸模端面的长度 l_1，对于正挤压杯形件，为坯料内孔深度；对于正挤压无底空心件，为坯料高度加上凹模工作带高度。

凸模工作部分长度 l 等于坯料变形高度加上凸模接触坯料时已导入凹模的深度。

3. 反挤压凸、凹模的设计

（1）反挤压凸模。反挤压凸模是反挤压模的关键零件。黑色金属反挤压凸模结构形式如图 6-24 所示。其中，图 6-24（a）所示应用较普遍；图 6-24（b）所示挤压力小，但容易受到坯料不平度的不良影响，易造成挤压件壁厚不均匀；图 6-24（c）所示挤压力较大，用于挤压件为平底结构或单位挤压力不大的情况；图 6-24（d）所示结构有利于金属流动，但制造较麻烦。

黑色金属反挤压凸模的重要几何参数如下：凸模锥顶角 $\alpha_T=180°-2\alpha$，$\alpha=7°\sim27°$；工作带高度 $h_T=2\sim3$mm；圆角半径 $r=0.5\sim4$mm，$R_1=0.05d_T$；小圆台直径 $d_1=0.5\,d_T$。

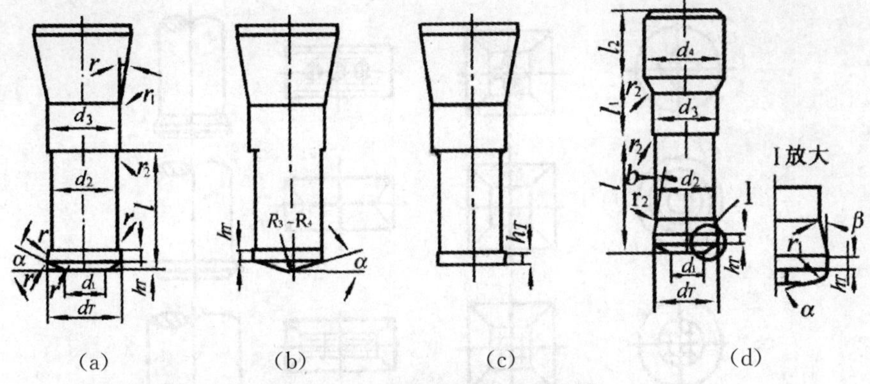

图 6-24　黑色金属反挤压凸模

有色金属反挤压凸模原则上与黑色金属是一样的，但因为单位挤压力较小，因而工作带高度可以较小（h_T=0.5～1.5 mm）α 角亦较小，r=0.2～0.5 mm。纯铝反挤压凸模工作部分的结构及尺寸如图 6-25 所示。对于铜和硬铝等的反挤压凸模，可参照黑色金属和纯铝的反挤压凸模进行设计。

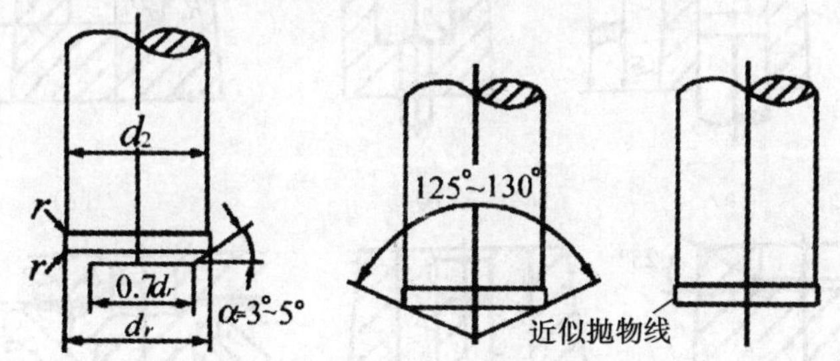

图 6-25　纯铝反挤压凸模

反挤压凸模的工作部分长度 l 不宜过长，否则会失稳折断。其长度范围如下：

纯铝：$l \leqslant (6 \sim 8)\, d_T$

黄铜：$l \leqslant (4 \sim 5)\, d_T$

纯铜：$l \leqslant (5 \sim 6)\, d_T$

钢：$l \leqslant (2.5 \sim 3)\, d_T$

对反挤塑性较好、深度较大的有色金属薄壁件，为增强凸模稳定性，可在其工作端面开设对称的工艺槽（如图 6-26 所示），以增大端面与金属的摩擦，从而防止凸模滑向一侧造成挤压件壁厚不均匀和凸模折断。

（2）反挤压凹模。反挤压凹模的结构形式如图 6-27 所示。图 6-27（a）、图 6-27（b）所示设有顶出装置，适用于反挤压后工件留在凹模的情况，常用于黑色金属的反挤压。图 6-27（d）～图 6-27（f）所示用于有色金属反挤压。图 6-27（d）、图 6-27（e）为整体式结构，型腔转角处容易产生横向破裂，寿命短，用于挤压力小、生产量不大的场合；图 6-27（e）、图 6-27（f）所示为组合式结构，其中图 6-27（e）所示设有硬质合金镶块，寿命较长，但对制造要求较高，适用于大批量生产。

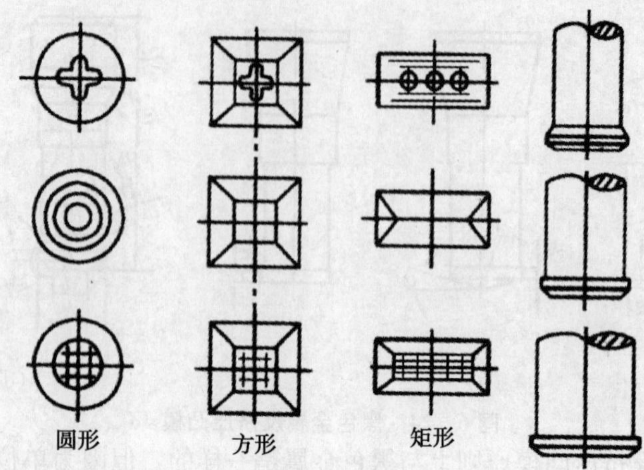

图 6－26　凸模工作端面的工艺槽形状

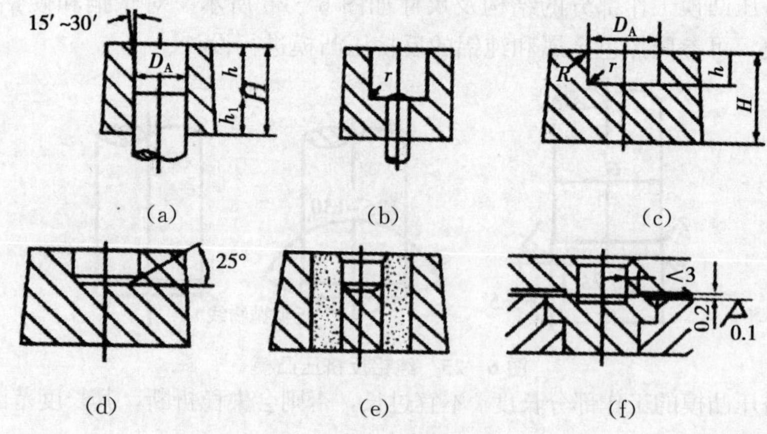

图 6－27　反挤压凹模

反挤压凹模的几何参数如下：型腔内壁有一定斜度，以利于金属的流动；凹模底部圆角根据挤压件要求而定，r 可取（0.1～0.2）D_A，但应大于 0.5mm；R＝2～3 mm。型腔深度为：

$$h=h_0+r+R\ (\text{mm})$$

式中　h_0——坯料高度。

4. 冷挤压凸、凹模工作部分横向尺寸的计算

反挤压凸、凹模工作部分横向尺寸计算方法如下：

当零件要求外形尺寸时：

$$D_A=(D_{\max}-0.75\Delta)_{0}^{+t_A}$$

$$d_T=(D_A-1.9t)_{-t_T}^{0}$$

当零件要求内形尺寸时：

$$d_T=(d_{\min}+0.5\Delta)_{-t_T}^{0}$$

$$D_A = (D_T - 1.9t)_{0}^{+t_A}$$

式中 D_A——冷挤压凹模的基本尺寸［当采用组合凹模时，应增加（0.005～0.01）D_A的收缩量］；

d_T——冷挤压凸模的基本尺寸；

D_{max}——挤压件外形最大极限尺寸；

d_{min}——挤压件内形最小极限尺寸；

t_A、t_T——凹、凸模制造公差，取 $t_A = t_T =$（1/5～1/10）Δ；

t——挤压件壁厚；

Δ——挤压件公差。

正挤压凹模工作带和心轴横向尺寸可参照上式计算。

必须指出，冷挤压凸、凹模横向尺寸除了应考虑磨损这一因素外，还应考虑模具的弹性变形、挤压件的热胀冷缩等因素。

八、冷挤压模具结构

1. 对冷挤压模具的要求

由于冷挤压单位压力很大，因此对冷挤压模具有以下要求：

（1）模具要有足够的强度和刚度，垫板有足够的厚度和硬度，上、下模座都用碳钢制作；

（2）模具工作部分的形状和尺寸合理，有利于金属的塑性变形，从而降低挤压力；

（3）模具的材料选择、加工方案和热处理规范的确定都应合理；

（4）模具的安装牢固可靠，易损件的更换、拆卸、安装方便；

（5）模具导向良好，足以保证制件的公差和模具寿命；

（6）容易制造，成本低；

（7）进、出件方便，操作简单、安全。

2. 冷挤压模具的分类

冷挤压模具结构类型很多，一般可按下列原则分类：

（1）按工艺特征分为正挤压模、反挤压模、复合挤压模及其他各种冷挤压模；

（2）按导向装置分为无导向的、模口导向的、导板导向的、套筒导向的和导柱导套导向的；

（3）按通用性分为专用冷挤压模和通用冷挤压模两大类；

（4）按调整方法分为可调式和不可调式两大类。

3. 冷挤压模具结构

（1）反挤压模具结构。如图 6－28 所示是应用较广的不可调整的通用模架，凸、凹模的同轴度由模具制造保证，适用于反挤压壁厚 $t>0.07$mm 的铝质筒形零件。

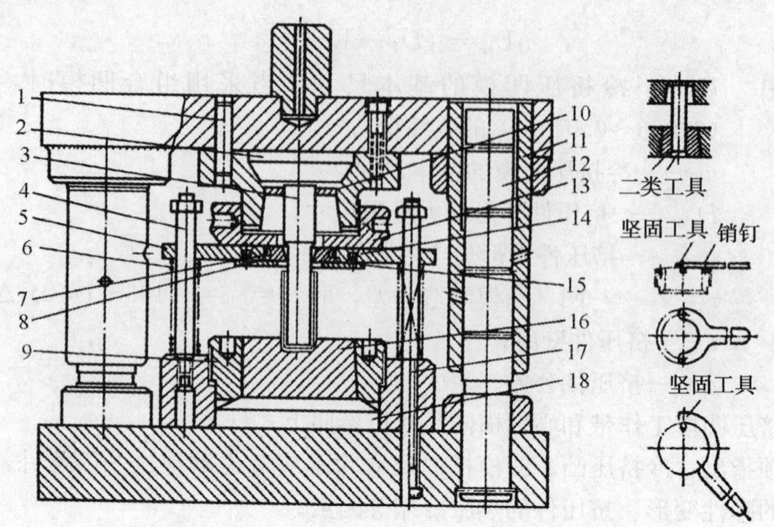

1. 销钉；2. 淬硬垫板；3. 凸模；4. 螺钉；5. 卸料板；6. 弹簧；7. 拉弹簧；8. 卸料器；9. 紧固圈；10. 弹簧夹头；11. 导套；12. 导柱；13. 紧固圈；14. 螺钉；15. 压板；16. 凹模；17. 销钉；18. 淬硬垫板

图 6－28 有色金属反挤压不可调的通用模架

为了保证高的同轴度要求，以保证工件薄壁均匀，应采取以下措施：

①提高导柱导套的公差等级，最好采用配加工，使导柱导套的配合间隙小于 0.005～0.010mm。为使导柱导套安装稳定可靠，导套与导柱在上模座与下模座上的固定长度应大于导柱直径的 1.5～2.0 倍。为了便于清洗，曲槽最好开在导柱上。

②模具装配时采用二类工具。所谓二类工具，就是将挤压凸、凹模换成落料刃口，其凸、凹模刃口成 H6/h5 配合，粗糙度 Ra 值为 0.8μm，各自的内外同轴度小于 0.01mm。装配时先将下模的销钉装好，再将上模装上后用薄纸冲裁来保证上下模的同轴度，最后加工上模销孔。如果不用二类工具，也可用比工件壁厚略大的软黄铜片放在冷挤模中，用“变薄引伸”测定四周壁厚，均匀后打销钉孔装配。

有色金属反挤压薄壁零件，挤压后通常箍在凸模上，在压力机回程时由卸料板通过卸料器将挤压件从凸模上刮下。卸料器是由等分 120°的三件扇形块组成的，为了使卸料器紧贴于凸模，在外表的环形槽内套上小拉簧。为了减小凸模长度以增加其稳定性，卸料板不直接固定在下模上，而用弹簧托起。

上、下模座均由 A5 或 45 钢制成。垫板 1、2 较厚，用 45 号钢制成并淬硬。该模具虽然加工要求较高，但在变更挤压零件或凸、凹模损坏时，更换凸、凹模简便迅速，不需调整上下模的同轴度，故应用较广。

如图 6－29 所示是黑色金属挤压用的可调式通用模架。其特点是：

a. 因挤压力很大，所以一般将凸模 3 的上端做成锥度，用以扩大支承面

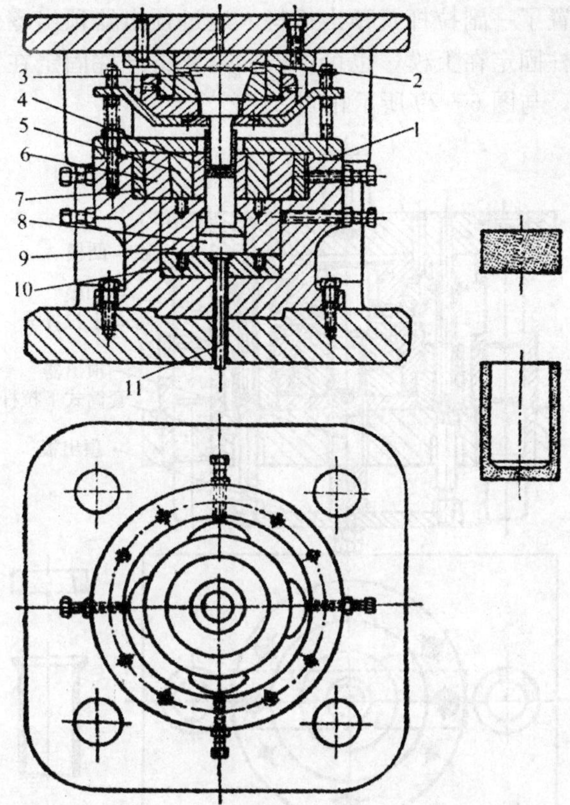

1. 压板；2、10. 垫板；3. 凸模；4、5. 组合凹模；6. 凹模外圈；7. 月牙型压板；8. 顶出器；9. 垫块；11. 销钉

图 6-29　黑色金属可调式冷挤通用框架

积，并在凸模上端垫以淬硬的垫板 2。

b. 黑色金属反挤压。挤压后工件可能箍在凸模上，应设置卸料装置，但更容易卡在凹模内，因此也要设置顶出装置。由于挤压力完全由顶出器 8 承受，所以把顶出器下端直径加大，以扩大承压面积，这样虽然增大了模架高度，但可提高顶出器 8 和垫板 10 的抗碎能力。

c. 为使凹模在很大的挤压力下工作而不产生位移，并使上、下模同轴，特采用了四块月牙形压板 7 将凹模外圈 6 夹紧，并在组合凹模 4、5 上用压板 1 压紧，所以夹紧可靠，调整上、下模同轴度十分简便。

d. 根据需要，将凸模 3、组合凹模（4、5）顶出器 8、垫块 9、垫板 10 加以更换，即可挤压不同尺寸的零件。

e. 当取出反挤压模工作部分后，装上正挤压或复合挤压模的工作部分，便可进行正挤压或复合挤压工作，也适用于有色金属薄壁零件的挤压。

（2）正挤压模具结构。如图 6-30 所示是正挤压带凸缘的铝质零件不可调的通用模架。其结构与图 6-28 所示基本相同。一般正挤压后的零件卡在凹模内，因此模具设置了一副拉杆式顶出机构，通过顶出器顶出零件。为了增加导柱长度，特将导柱固定在上模，也可以根据需要将导柱固定在下模。对于导柱导套的配合要求，与图 6－29 所示相同。

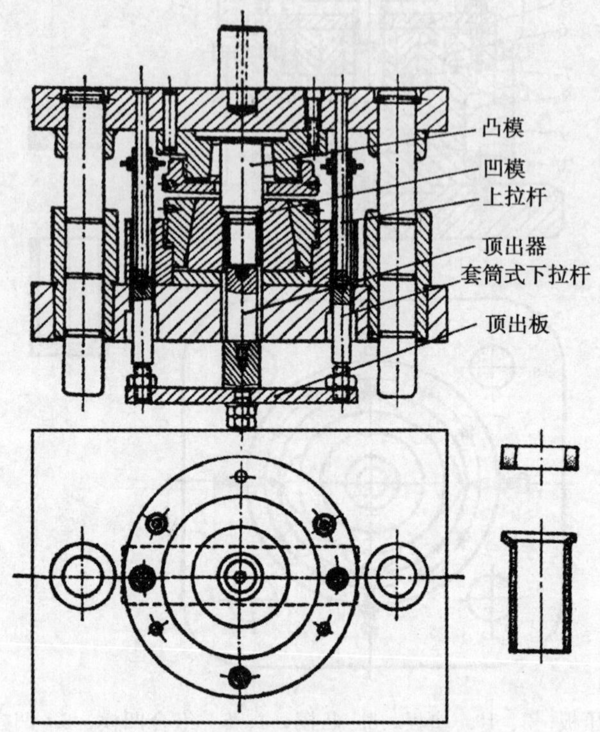

图 6－30　有色金属正挤压不可调的通用模架

（3）复合挤压模具结构。复合挤压模具的结构与一般冷挤压模具结构基本上相同。如图 6－31 所示是挤压紫铜件的专用冷挤模。该模具采用了弹性卸件

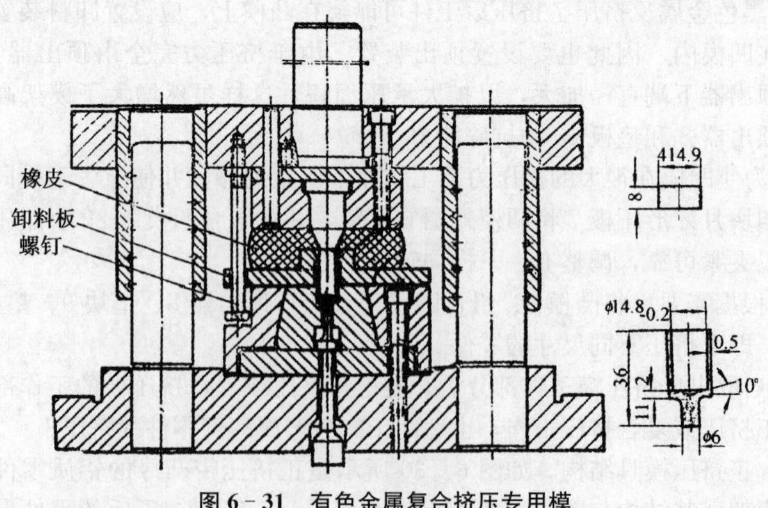

图 6－31　有色金属复合挤压专用模

器，零件由橡皮 3 通过卸料板 2 从凸模上刮下。顶件器与图 6－30 所示相似。

第二节　温挤压

温挤压工艺是在冷挤压工艺基础上发展起来的一种少切削、无切削的成形技术。所谓温挤压是指对坯料在室温以上、再结晶温度以下的某一温度区域进行挤压。它与冷、热挤压不同，挤压前已对毛坯进行加热。对温挤压的温度范围目前还没有一个严格的规定。目前，常见的温挤压温度范围，对黑色金属是 200℃～850℃；对奥氏体不锈钢是 200℃～400℃；对铝及铝合金是室温到 250℃；铜及铜合金是室温到 350℃。温挤压成形的制件尺寸精度和表面粗糙度要明显优于热挤压，稍逊于冷挤压，具有加工硬化等特征。正是因为温挤压的这些特点，其适应范围要比冷挤压大得多，凡是冷挤压难以成形的大尺寸、高强度材料都可进行温挤压。温挤压自 20 世纪 60 年代问世以来，随着技术的不断完善，已被广泛用于各种机器零件的成形，是零件少切削、无切削成形的有效手段之一。

目前，温挤压成形工艺已被广泛用于汽车、轴承、电器、航空航天等工业部门。所涉及的成形材料有：碳素钢、合金结构钢、合金工具钢、不锈钢、高速钢、耐热钢和各类有色金属等。

一、温挤压工艺的特点

1. 与冷挤压相比的特点

（1）金属塑性提高，压机吨位降低。温挤压时可以将坯料加热到再结晶温度以下的塑性好、变形抗力较低的温度区域，以降低变形力。经测试，一般情况下温挤压的成形力仅为冷挤压的 1/3～1/2，降低了设备吨位和模具负荷。

（2）可连续生产，有利于降低成本。冷挤压在多工步成形时，工步间需要进行软化和润滑处理。温挤压在多工步成形时，一般可在一次加热后连续成形，不需要进行工步间的软化和表面处理，降低了生产成本。

（3）每道工步的变形量较冷挤压大，可减少工步数。由于温挤压时金属塑性好，金属的流动性能要明显优于冷挤压，在冷挤压时可能要数道工步完成的成形，在温挤压时只要一道即可完成，生产效率提高。

（4）温挤压件的尺寸精度和表面质量接近冷挤压件。温挤压的成形温度越低，其制件的尺寸精度也越高，表面粗糙度值也低，更接近于冷挤压件的质量。反之，尺寸精度和表面质量随温度上升而下降。

（5）对模具的使用要求高。冷挤压时仅需对模具进行润滑，不考虑模具的冷却，而温挤压时不仅要对模具进行润滑，还要给予模具充分冷却。模具冷却和润滑是否得当，是温挤压成败的关键之一。

2. 与热挤压相比的特点

（1）尺寸精度和表面质量远优于热挤压件。由于温挤压坯料的加热温度要低于热挤压，避开了钢的剧烈氧化温度，同样在非保护气氛中，温挤压坯料的氧化极微，无脱碳现象，避免了因氧化、脱碳等造成的缺陷，使挤压件的尺寸精度和表面质量大大提高。

（2）挤压件得到强化，不需要进行挤压后热处理。温挤压后可以使挤压件产生加工硬化，对于低碳钢而言可以改善切削性能，不需要进行正火调节硬度。对于过共析钢，一般温挤压温度在相变温度以下，加热和挤压时金属不会发生相变，仍可保持球状珠光体组织，且能使球状珠光体均匀分布，不需要进行挤压后的球化退火。对于一些不需要进行最终热处理的零件，温挤压的强化作用足以满足其对力学性能的要求。

（3）对模具的使用要求高。热挤压时可对模具进行模内循环水冷却，也可进行外部喷射水冷却，而不影响金属的成形性能。温挤压时只能采用模内循环水冷却，因为外部冷却水接触坯料足以使坯料过冷，使温挤压无法进行。对于一些变形量不大的零件，热挤压时可不对坯料进行润滑处理，也可使模具达到相当的寿命。温挤压时，坯料与模具的接触应力虽比冷挤压时小得多，但在无润滑的条件下，模具会出现早期失效。由此可见，温挤压对模具的要求比冷、热挤压高得多。

（4）对坯料的加热方法要求高。由于温挤压坯料加热时不得出现严重的氧化和脱碳现象，所以其对炉温的准确性要求高，故应尽可能采用电加热方法，如感应加热和电阻加热等。火焰加热也仅限于煤气或天然气加热，一般情况下不采用煤或油加热。

3. 与冷挤压比较的技术经济指标

钢在温挤压塑性成形时，与冷挤压技术经济比较如表 6-16 所示。

表 6-16　　冷、温挤压的技术经济指标比较

项　目	变形方法	
	冷挤压	温挤压
变形温度范围（℃）	室温	200～850
产品精度（mm）	±0.03～0.25	±0.05～0.25
零件组织	晶 粒 细 化	
零件表面质量	无氧化、脱氧	几乎没有氧化、脱氧
工序数量	多	比冷挤压少
能量消耗	少	较少
劳动条件	好、难于组织连续生产	好、易于组织连续生产

二、温挤压温度的选择

1. 温挤压温度的选择原则

成形温度是温挤压工艺能否顺利进行的关键因素。确定温挤压成形温度的原则如下：

(1) 选择在金属材料的塑性好、变形抗力显著下降的温度范围。

(2) 选择在金属材料发生剧烈氧化前的温度范围，以保证在非保护性气氛中加热时氧化极微、无脱碳现象。

(3) 选择在润滑剂能达到最小摩擦系数，不致因高温或低于其使用温度而失效。

(4) 选择在金属材料成形后能强化和不改变其组织结构的温度范围。过共析钢最终热处理前要求为球状珠光体，在温挤压前的坯料应经过球化退火，在温挤压的加热和成形过程中不改变其球状珠光体组织，挤压成形后可直接进行零件最终热处理，不再需要挤压后的退火等处理。

2. 各类金属材料温挤压成形温度范围

根据挤压温度的确定原则，结合国内外的生产实践，对常用金属材料的温挤压温度推荐如下：

(1) 对 10、15、20、35、40、45、50 碳素钢和 40Cr、45Cr、30CrMnSi、12CrNi3 低合金结构钢等在曲柄压力机上温济压时，可选择在 650℃～800℃温度范围；在液压机上温挤压时，可选择在 500℃～800℃温度范围。

(2) 对调质合金结构钢 38CrA 等可选择在 600℃～800℃进行温挤压。

(3) 对中合金结构钢 18Cr2Ni4wA 可选择在 (670±20)℃进行温挤压。

(4) 对 T8、T12、GCr15、Cr12MoV、W18Cr4V 等工具钢和轴承钢，可选择在 700℃～800℃之间进行温挤压。对挤压后组织有要求时，应控制在相变温度前挤压。

(5) 对马氏体不锈钢 2Cr13、4Cr13 以及马氏体-铁素体不锈钢 1Cr13 等，可在 700℃～850℃进行温挤压。

(6) 对奥氏体不锈钢 1Cr18Ni9Ti 等，可选择在 260℃～350℃或 800℃～900℃进行温挤压。

(7) 对耐热钢及耐热合金，可在 280℃～340℃或 850℃～900℃进行温挤压。

(8) 对铝及铝合金，可在 250℃以下进行温挤压。

(9) 对一般铜及铜合金可在 350℃以下进行温挤压。

(10) 对铅黄铜 HPb59 - 1 可在 300℃～400℃或 680℃左右进行温挤压。

(11) 对室温塑性较差的镁及镁合金可在 175℃～390℃进行温挤压。

(12) 对室温塑性较差的钛及钛合金可在 260℃～550℃进行温挤压。

三、温挤压坯料的加热及模具预热

1. 毛坯形状与尺寸计算

与冷挤时一样，温挤压毛坯的体积可以按照变形前后体积不变的假设来计算。

为了保证产品的质量和模具寿命，毛坯的直径尺寸要基本上接近凹模模腔直径尺寸，但要考虑到毛坯加热后直径会因膨胀而增加，否则毛坯加热后可能会放不进凹模模腔。

毛坯加热后的直径 D_t 可按下式计算：

$$D_t = D_0 \ (1 + \alpha t)$$

式中 D_0——室温时的毛坯直径（mm）；

α——线膨胀系数，1/℃；

t——毛坯高于室温的温差（℃）。

常用温挤钢材的线膨胀系数如表 6－17 所列。

表 6－17 温挤常用钢材的线膨胀系数

材　料	线膨胀系数 α（1/℃）	材　料	线膨胀系数 α（1/℃）
10、20、30、40、50 钢	$(13.5 \sim 14.3) \times 10^{-6}$	1Cr13	12×10^{-6}
20Cr	13.6×10^{-6}	1Cr18Ni9Ti	17.6×10^{-6}
18CrMnTi	13.8×10^{-6}	GCr15	13.6×10^{-6}

毛坯形状的确定可参考冷挤压的有关部分。

温挤压坯料的加热方法与热挤压时基本相同，鉴于温挤压对坯料加热的要求较热挤压时高得多，所以温挤压时主要采用电加热，可采用感应加热、电热炉加热，有时也采用煤气、天然气加热。

2. 温挤压坯料的加热

（1）温挤压成形方法属于少切削、无切削加工，对挤压件的质量要求较高。因此，加热前必须将坯料上的毛刺、油污、氧化皮和污垢去除。处理方法可采用抛丸、喷砂、滚筒或磨削等，要求较高时可采用酸洗的方法来清理坯料。

（2）温挤压件对产品精度要求较高，因此要求温挤压坯料的加热温度差要小。所以，用感应加热时，其加热方法采用连续式要优于分批式。连续式感应加热只要将加热功率、进料速度与挤压节拍匹配好，就可保证挤压坯料温度的一致性。直径较大的坯料采用感应加热时，应按坯料直径选用较低频率或工频感应加热炉加热。当电流穿透层深度不能至坯料芯部时，应在感应加热后再经电阻炉均热，以保证坯料断面温度的均匀。

（3）严格控制加热过程，减少氧化程度。对于有特殊要求的零件，可采用保护性气氛加热。不具备条件时，应采用快速加热方法，减少坯料在高温下的停留时间。此外，坯料在加热前涂覆润滑剂，润滑剂可起隔绝空气的作用，有助于防止坯料在加热时的氧化。采用浸涂润滑方法后，在温挤压过程中可不再在模具上喷涂润滑剂，也能起到良好的润滑作用。值得注意的是，浸涂过润滑剂的坯料在加热时，要避免在高温下停留较长时间。如果加热温度是800℃，加热时间达3～4min时，润滑层将被烧损过半，影响润滑效果。采用连续式的感应加热就不会出现类似的现象。

3. 模具的预热和冷却

(1) 模具的预热。温挤压用的模具在挤压之前要进行预热，原因有二：一是由于坯料与冷模具的温度差，会使模具和坯料接触面与模中心层产生温度差，形成温度应力，当温度应力的方向与挤压变形时模具所形成的拉应力方向相同时，则加剧了模具破裂的趋势。二是坯料与冷模具的温度差，会使坯料迅速降温，变形抗力增大，给挤压造成困难。因此，在开始挤压前，需对与坯料直接接触的凹模、凸模和顶件杆等模具零件进行预热。预热方法有：在模具上安装专门的电阻预热器，或者用喷灯或在模具上放烧红的钢块进行预热。预热温度视温挤压温度而定。

(2) 模具的冷却。温挤压模具在连续生产过程中，温度迅速上升，当模具的温度达到其回火软化温度时，在很高的挤压应力的作用下，模具会发生变形，表面硬度下降，这会使模具迅速失效。因此，必须对模具进行充分的冷却，使其维持在200℃左右，保证其性能的发挥。

由于外部喷射冷却水，会严重影响润滑剂的作用，所以温挤压模具的冷却方式主要是采用模内循环冷却装置，而不能采用外部的喷射冷却，以免坯料迅速降温，使挤压无法进行。

四、温挤压压力计算

温挤压压力的大小对温挤压变形工艺的制定、压机吨位的选用、模具结构的设计及对模具寿命的影响等，都具有重要作用。

1. 影响温挤压压力的因素

影响温挤压压力的因素主要有挤压温度、被挤压材料的化学成分、组织状态、变形程度、挤压方式（正挤压、反挤压或复合挤压等）、模具结构、润滑剂性能和挤压件的尺寸、形状等。

除了加热温度以外，其他的影响因素与冷挤压的情况类似。在前面分析温度对变形抗力的影响时，我们知道，随着挤压温度的升高，挤压变形抗力逐步下降，温挤压力也明显降低。一般情况下，低温温挤压的变形抗力与室温时相比，可减少15%，中温或高温温挤压的变形抗力较室温时可减小50%～75%以上。由此可见，温挤压压力与冷挤压时相比有显著下降，这对于挤压加工硬化敏感的材料更为明显。

有色金属温挤压时，加热温度对挤压力的影响也是很明显的。例如对纯铝和铝合金进行反挤压试验时发现，在150℃时挤压力为室温时的59%，200℃时为41%，250℃时为37%，挤压铝合金或其他有色金属时情况类似。

根据单位挤压力和所选择的模具材料，同时考虑挤压时模具的升温情况，便可决定挤压变形程度的极限值。据有关资料介绍，坯料在700℃～800℃下进行正挤压，而且润滑和模具条件正常时，其极限变形程度 ε 如下：

1Cr18Ni9Ti、W9Cr4V2 等钢：ε≤0.6；

1Cr13、GCr15、T12、30CrMnSi 等钢：ε≤0.65～0.7；

35、40、45Cr、50 等钢：ε≤0.7～0.75；

10、15、20、20Cr、20Mn 等钢：ε≤0.8～0.85。

2. 温挤压力的计算方法

温挤压的成形温度范围较宽，与冷、热挤压相比，影响温挤压压力的因素相对较多。在实际生产中，较多的是使用经验计算法和图表计算法来确定温挤压压力。下面推荐几种温挤压压力的计算方法。

(1) 经验公式计算法。对于在200℃～600℃反挤压时凸模单位压力可按下式计算：

$$p_T = 1.575(76\omega c + 1.3\omega \mathrm{Ni} - 0.08\omega \mathrm{Cr} - 0.1t + 0.36\varepsilon A + 143)$$

式中 p_T——凸模最大单位压力（MPa）；

ωC、ωNi、ωCr——含碳量（%）；含镍量（%）；含铬量（%）；

t——坯料加热温度（℃）；

εA——断面收缩率（%）。

从上式中可知，钢的含碳量对温挤压压力的影响最大。式中未列出的元素在温挤压时影响很小，可忽略。经测试这一经验公式计算结果的误差在10%以内。

已知凸模的单位挤压力 p_T，则反挤压力为：

$$P = p_T A_T$$

式中 P——挤压力（kN）；

A_T——凸模工作部分的水平投影面积（mm^2）。

使用这一经验公式计算时应注意：仅适用于200℃～600℃时的反挤压力；适用于一般碳钢和低合金钢及常用的奥氏体、铁素体和马氏体不锈钢。

(2) 图表计算法。如图6-32所示是温挤压单位挤压力计算图。其使用方法是：根据温挤压的挤压温度和挤压件的材料，可在计算图的中部找到未经修正的单位挤压力 p'，然后由挤压方式（正挤压、反挤压）确定向左或向右，寻找相应于挤压件的变形程度，最后向下决定修正后的单位挤压力 p_A（正挤压）和 p_T（反挤压）。最终按单位挤压力 p_A 或 p_T 决定挤压力 P。

正挤压时：

$$P = \frac{\pi}{4}(D^2 - d_A^2)p_A$$

反挤压时：

$$P = \frac{\pi}{4}d_T^2 p_A$$

式中 P——最大挤压力（N）；

d_A——正挤压凹模工作带直径（mm）；

D——凹模内径（mm）；

d_T——反挤压凸模直径（mm）；

p_A——正挤压时凹模最大单位挤压力（MPa）；

p_T——反挤压时凸模最大单位挤压力（MPa）。

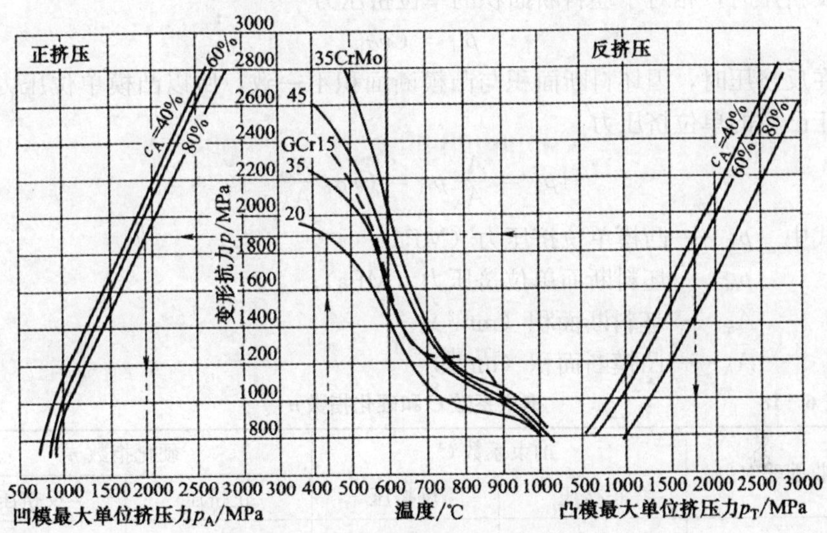

图 6-32 温挤压单位压力计算示意图

例如：在 440℃正挤压 20 钢时，可沿图中横坐标 440℃：向上交到 20 钢的曲线上，然后箭头向左标到正挤压断面收缩率 80%曲线上的一点，这一点垂直指向横坐标上的数据为 1900MPa；这就是 20 钢在 440℃、变形程度为 80%时的正挤压单位挤压力 p_A，也即作用在凹模上的最大单位挤压力。如果是反挤压，则箭头向右标去，同样可查到反挤压时某一断面收缩率的单位挤压力 p_T，也即作用在凸模上的最大单位挤压力。图中断面收缩率 40%与 60%的曲线相当接近，说明在 60%以下时，断面收缩率的大小对单位挤压力的影响不太显著。

图中轴承钢 GCr15 的曲线比较特殊，它在 700℃～800℃温挤压时的单位挤压力几乎保持不变，只有当成形温度大于 850℃以后，单位挤压力才有所下降。因为，在 800℃时，GCr15 的球状珠光体变为片状珠光体组织，后者的强度要高于前者，850℃以后，当珠光体完全转变为奥氏体组织后，单位挤压力才有明显下降。

(3) 近似计算。法前面介绍的两种计算法，所适用的钢种有限，特别是不适用于有色金属和合金。在无法使用上述两种计算方法时，可以采用近似计算法。计算方法如下：。

正挤压时，凸模单位挤压力（即单位挤压力）

$$p_T = Cn\sigma_b$$

式中 C——拘束系数（可查表 6-18）；

n——材料硬化的硬化指数（可查表 6-18，挤压温度较低时，取较大值；反之，取较小值）；

σ_b——在温挤压温度时的材料强度极限（几种材料的 σ_b 值可查表 6-19）。

反挤压时，相对于坯料断面积的单位挤压力

$$p_m = Cn\sigma_b$$

在反挤压时，因坯料断面积与凸模断面积不一致，所以凸模单位压力，即相对于凸模的单位挤压力

$$p_T = \frac{A_m}{A_A} p_m = Cn\sigma_b \frac{A_m}{A_A}$$

式中 p_T——凸模单位挤压力（MPa）；

p_m——坯料断面单位挤压力（MPa）；

A_m——坯料断面积（mm^2）；

A_A——凸模断面积（mm^2）。

表 6-18 拘束系数 C 和硬化指数 n

断面收缩率（%）	拘束系数 C		硬化指数 n	
	正挤压	反挤压	正挤压	反挤压
40	1.8	1.6	1.5～2	1.5～2
60	2.6	2.6	1.7～2.2	1.7～2.2
80	3.6	4.0	1.8～2.2	1.8～2.2

表 6-19 几种有色金属材料在常用温挤压温度时的强度极限 σ_b

材 料	温度（℃）	在该温度下的 σ_b（MPa）
铅黄铜 HPb59-1	300	26
	400	16
黄铜 H62	300	28
铝合金 LY12	250	22

如图 6-33 所示给出了根据材料室温抗拉强度查寻在不同温度下材料抗拉强度的图表（适用于钢）。图中曲线上所列数据为材料在室温时的抗拉强度，纵坐标为温度，根据不同温度，便可在横坐标上查出该材料在该温度下的抗拉强

度。例如：室温时 σ_b 为 600MPa 的材料，在 600℃时 σ_b 为 240MPa，在 700℃时为 150MPa，在 800℃时为 110MPa。

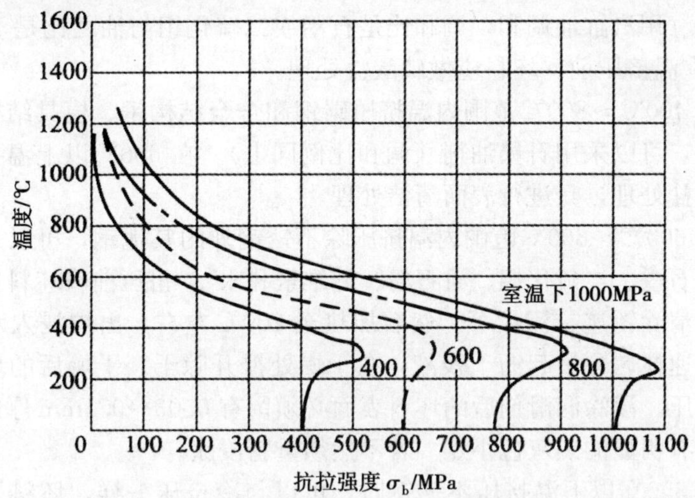

图 6－33 随温度而变化的抗拉强度 σ_b

五、温挤压用润滑剂

温挤压兼具了冷挤压和热挤压的特点，因此其润滑方法与润滑剂的选择也有自己的要求。

1. 温挤压润滑剂的要求

当挤压温度在 250℃以上时，采用冷挤压时的润滑方法，会使磷化层和皂化剂烧损，使润滑条件恶化，因此，在温挤压时，润滑应满足下列要求：

（1）润滑剂对摩擦表面应具有最大活性和足够的黏度，不易流失，较好地黏附摩擦表面。润滑剂的黏度大，活性高，有利于摩擦表面形成牢固的足够厚的润滑层，并保证其在单位挤压力达 2000MPa 时不被挤走。

（2）润滑剂应具有一定的热稳定性、耐热性和绝热性，使润滑剂在温挤压温度下不失效，具有良好的润滑性能，同时也能部分隔绝模具与高温坯料接触，延长模具寿命。

（3）润滑剂的化学稳定性要高，在温挤压程度下不分解、不氧化，且无毒、无臭，对制件及模具无腐蚀作用。

（4）在温挤压温度下能均匀地黏附在毛坯表面或模具表面上，形成均匀牢固的润滑膜。

（5）润滑剂应具有良好的悬浮分散和可喷涂性能，使用方便，易于实现机械化、自动化作业，劳动条件好，成形后易于清除。

2. 在温挤压温度下润滑剂的选用

通过对温挤压润滑剂使用的大量试验，人们总结出了在不同挤压温度下不同材料所使用的各种润滑剂。

(1) 在 450℃以下、室温以上温挤压碳铜和合金结构钢时，可以采用石墨或二硫化钼（用汽缸油调和，调和比是石墨或二硫化钼与油之比是 1∶2，以体积计），但在温挤压前，坯料应做磷酸盐处理。

(2) 在 400℃～800℃范围内温挤压碳钢和合金结构钢、模具结构钢、高速工具钢等时，可以采用石墨油剂（调和比例同上）。在 600℃以上温挤压，坯料不能做磷酸盐处理，只进行表面清洁处理。

(3) 在 600℃～800℃范围内温挤压除不锈钢外的其他钢，可以采用水剂石墨（成分：石墨、二硫化钼、滑石粉、纤维素和水）。挤压前将坯料做喷砂或抛丸等处理，清除锈迹、污垢等。然后加热至 200℃左右，出炉浸入水剂石墨润滑剂中，快速搅匀，吊起沥干残液，在干燥处摊开晾干。干燥后的坯料即可进行加热、挤压。浸涂润滑剂后的坯料表面必须留有 0.03～0.1mm 厚的薄膜，呈黑炭色，并有明显的黑灰色小点。若不然须重新浸涂。

(4) 在 350℃以下温挤压不锈钢时，可以与冷挤压一样，坯料采用草酸盐表面处理后，使用氯化石蜡 85%加二硫化钼 15%作润滑剂。

(5) 在 400℃～800℃温挤压不锈钢时，小批量生产可采用氧化铅（PbO，用油调和）做润滑剂；若是大批量生产时，可以试用氧化硼 B_2O_3 ＋25%（质量）石墨或氧化硼＋33%（质量）二硫化钼；或者使用硼砂 $Na_2B_4O_7$ ＋10%（质量）Bi_2O_3 作润滑剂。在 400℃～600℃温挤压不锈钢时有时也要对坯料作草酸盐处理或者镀铜。

(6) 在温挤压有色金属时，可以采用石墨或者使用铝金属粉。

六、温挤压模具

温挤压模具在结构上与冷、热挤压模具基本相同。但基于温挤压兼具了冷、热挤压的特点，但其结构也有自己的特点，特别是模具的冷却系统设计，不能采用热挤压时的外部喷射冷却，应采用模内循环冷却系统。在选用模具材料时也与冷、热挤压有一定的区别。

1. 温挤压模具的结构特点

温挤压模具在挤压成形过程中，要经受高压及变形热的作用，最大单位变形力可高达 2000～2500MPa，在连续生产时模具温度可达 300℃～500℃或更高。因此，作为温挤压模具应具备如下特点：

(1) 具有抗室温及中温破坏的足够的硬度、强度与韧性；

(2) 在反复变形力与热的作用下，必须具有高的抗磨损、耐疲劳性能；

(3) 模具工作部分易损零件应装拆方便，固定可靠；

(4) 在模具上应设计循环冷却系统，使凸模、凹模等模具工作零件充分冷却；

(5) 所选用的模具材料应有良好的加工工艺性。

2. 温挤压模具典型结构

如图 6-34 所示为反挤压模具简图。其基本结构与冷挤压模具相同。组合凹模 4 采用三层预应力圈冷压合，其计算和压合过程见冷挤压。凸模 3 采用螺母、锥套固定在上模板 2 上，更换凸模时拆装方便，且固定可靠。

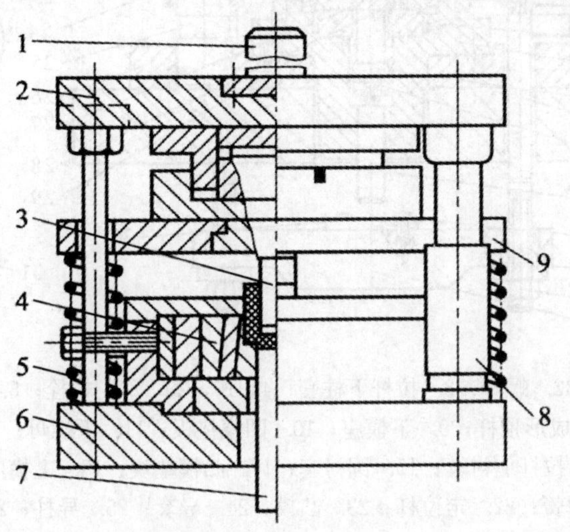

1. 模柄；2. 上模板；3. 凸模；4. 组合凹模；5. 弹簧
6. 下模板；7. 顶杆；8. 导柱、导套；9. 卸料板

图 6-34 反挤压模具结构简图

如图 6-35 所示为一联轴器零件的温挤压模具结构图。该模具的一个显著特点就是凸模拆装方便，固定可靠。图中可见，凸模 23 的外形尺寸较大，若采用螺母、衬套方法固定，加上凸模的重量，整套固定装置的重量会很大，不利于操作人员的拆装和更换。图中的凸模采用了斜楔固定方法，其固定方法是：将凸模斜楔 34 插入上模座 18 的导槽，用手锤敲击斜楔，使斜楔的斜面与凸模的斜面配合，并利用自锁现象来固定凸模。该结构定位准确且更换方便，更换凸模时无需卸下斜楔，只要将其敲松便可卸下凸模。凸模的冷却采用外部喷雾冷却。凹模采用冷却水循环冷却，冷却水从冷却水管 31 注入，经预应力圈 12 和凹模 13 间的冷却水槽流出，使模具降温。

七、温挤压用模具材料

因为温挤压时金属的变形特点兼具了冷、热挤压时的特点，因此，模具升温后模具材料的屈服极限应高于挤压时作用在模具上的单位挤压力；在高温下具有足够的耐磨性；温挤压时模具承受一定程度的冲击，故模具材料应有足够的韧性，防止裂纹产生；要求有较好的物理性能，如热膨胀率小，热导率大，

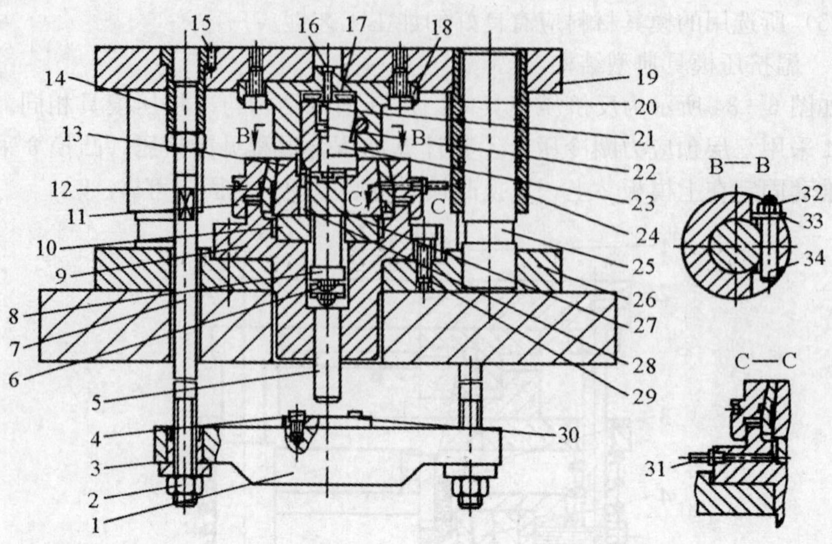

1. 顶料板；2，32. 螺母；3. 拉杆下柱套；4，16，20，29. 螺栓；5. 顶杆；6. 垫板；
7. 拉杆；8. 成形顶杆；9. 下模座；10. 凹模垫板；11. 下螺母；12. 预应力圈；
13. 凹模；14. 拉杆上衬套；15. 圆衬套；17. 凸模垫块；18. 上模座；19. 上模板；
21. 碟形弹簧；22. 定位杆；23. 凸模；24. 导套；25. 导柱；26. 下模板；
27. 顶料块；28. 小凸模；30. 顶料垫板；31. 冷却水管；33. 垫圈；34. 凸模斜楔

图 6-35 温挤压模具结构简图

比热容大。

温挤压用模具材料选用可根据成形温度、单位挤压力等参数在冷挤压模具材料和热挤压模具材料中选取，见表 6-20。

表 6-20 温挤压模具材料

模具材料	淬火温度（℃）	回火温度（℃）	使用硬度（HRC）	温挤压温度（℃）
Cr12MoV	1000～1050（空冷）	450～550	55～58	200～400
W18Cr4V	1200～1240（油冷）	550～700	50～63	200～800
W6Mo5CrV2	1160～1270（油冷）	550～680	50～63	200～800
3Cr2W8V	1150～1250（油冷）	550～600	48～52	650～850
5CrNiMo	830～870（油冷）	450～570	48～52	650～850

值得说明的是，在 200℃～400℃范围内温挤压时，可以采用与冷挤压相同的模具材料，如 Cr12MoV 或高速钢 W18Cr4V、W6Mo5CrV2 和 6W6Mo5Cr4V 等。Cr12MoV 作为冷挤压模具钢，其特点是强度高、耐磨性好，但在 400℃～500℃以上温挤压时力学性能急剧下降，特别是在高温下的耐磨性下降较快，不

能再作为温挤压模具材料使用。热作模具钢 3Cr2W8V、5CrNiMo、5CrMnMo 等，作为温挤压模具材料时，强度不高，高温下的耐磨性较差，但其韧性较好，在 700℃～850℃温挤压，单位压力在 1100MPa 时，也是一种较好的温挤压模具材料。高速钢 W18Cr4V、W6Mo5CrV2 和 6W6Mo5Cr4V 等，回火温度较高，在高温下具较高的硬度和耐磨性，在温挤压时注意模具预热和连续冷却，避免急冷急热，高速钢可作为一种较好的温挤压模具材料。其允许承受的单位挤压力可达 2000～2200MPa.

第七章　冲压零件加工尺寸及检测计算

第一节　冲压零件加工尺寸计算

一、车凸模的尺寸计算

（1）如图 7-1（a）所示凸模中，尺寸 D 与 d 的过渡圆弧尺寸为 R，车加工时需计算出 R 的圆心位置尺寸 x。

已知：D、d、R，求：x。

解：根据勾股定理

$$R^2 = x^2 + \left(R - \frac{D-d}{2}\right)^2$$

$$x = \frac{1}{2}\sqrt{4R(D-d) - (D-d)^2}$$

（2）如图 7-1（b）所示零件加工时，尺寸 H 的计算如下：

已知：D、d，求：H。

解：根据勾股定理

$$\left(\frac{D}{2}\right)^2 = \left(\frac{d}{2}\right)^2 + \left(H - \frac{D}{2}\right)^2$$

$$H = \frac{D + \sqrt{D^2 - d^2}}{2}$$

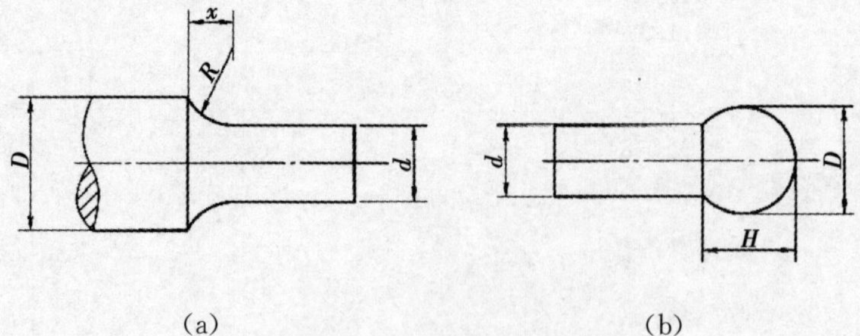

图 7-1　凸模尺寸计算

二、冷绕弹簧时芯轴直径计算

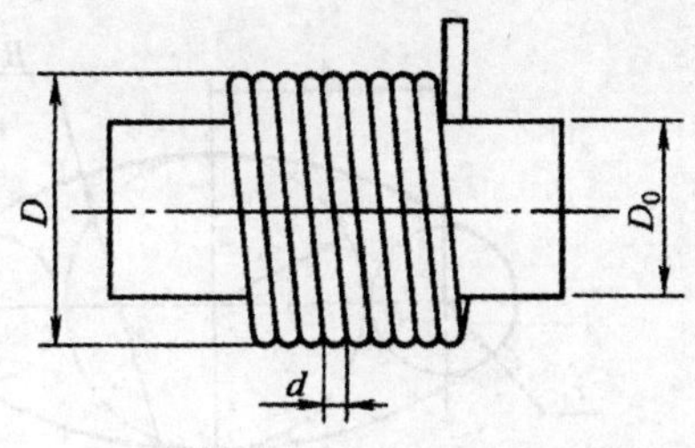

图 7－2　在车床上冷绕弹簧

如图 7－2 所示为在车床上冷绕弹簧，加工用总轴直径按下式计算：

$$D_0 = (0.75 \sim 0.8) \times (D - 2d)$$

式中　D_0——芯轴直径（mm）；

D——弹簧外径（mm）；

d——弹簧钢丝直径（mm）。

常用芯轴直径 D_0 见表 7－1。

表 7－1　常用弹簧的芯轴直径　(mm)

d	0.3	0.5	0.8	1.0	2.0	2.5	3.0	4.0	5.0
D	芯　轴　直　径　D_0								
5	4.0	3.5	2.7	2.0	—	—	—	—	—
6	5.0	4.5	3.6	2.9	—	—	—	—	—
8	—	6.4	5.5	4.8	—	—	—	—	—
10	—	8.4	7.4	6.7	—	—	—	—	—
12	—	—	9.3	8.5	6.1	4.8	—	—	—
14	—	—	11.1	10.4	8.0	6.6	5.2	—	—
18	—	—	—	14.3	11.9	10.4	9.0	—	—
20	—	—	—	16.2	13.8	12.2	10.8	—	—
22	—	—	—	—	16.6	14.1	12.7	10.5	—
32	—	—	—	—	25.5	24.0	22.5	20.2	17.2
40	—	—	—	—	—	—	30.3	28.1	26.1
50	—	—	—	—	—	—	—	37.9	35.8
60	—	—	—	—	—	—	—	47.2	45.0

三、圆弧连接的尺寸计算

（1）如图 7－3（a）所示，已知：A、R、r_1，求：r_2。

解：根据勾股定理

$$(R - r_1)^2 = A^2 + (R - r_2)^2$$

$$r_2 = R - \sqrt{(R - r_1)^2 - A^2}$$

（2）如图 7－3（b）所示，已知：R_1、R_2、r_1、r_2、$\alpha + \beta = 45°$，求：b 点坐标 b_x、b_y。

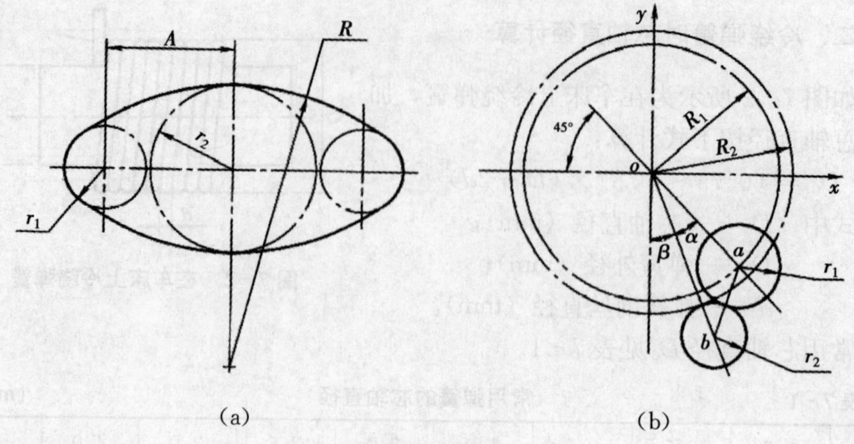

图 7-3 圆弧连接尺寸计算

解：在△aob 中

$$\cos\alpha = \frac{\overline{oa}^2 + \overline{ob}^2 - \overline{ab}^2}{2\,\overline{oa} \times \overline{ob}}$$

其中 $\overline{oa} = R_1$ $\quad \overline{ob} = R_2 + r_2$ $\quad \overline{ab} = r_1 + r_2$

则
$$\alpha = \arccos\frac{R_1^2 + (R_2 + r_2)^2 - (r_1 + r_2)^2}{2R_1(R_2 + r_2)}$$

$$\beta = 45^\circ - \alpha$$

$$b_x = \overline{ob}\sin\beta = (R_2 + r_2)\sin\beta$$

$$b_y = \overline{ob}\cos\beta = (R_2 + r_2)\cos\beta$$

四、圆弧直线连接的计算

（1）如图 7-4（a）所示，已知：R、r、A，求：α。

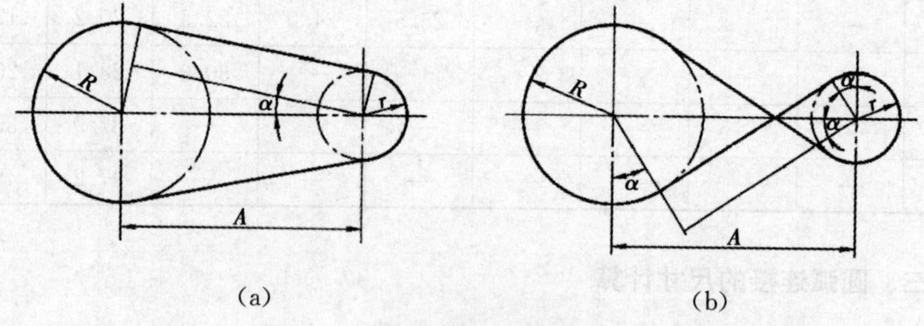

图 7-4 圆弧直线连接的计算（一）

解：$\sin\alpha = \dfrac{R - r}{A}$

$$\alpha = \arcsin\frac{R - r}{A}$$

（2）如图 7-4（b）所示，已知：R、r、A，求：α。

解：$\sin\alpha=\dfrac{R+r}{A}$

$$\alpha=\arcsin\frac{R+r}{A}$$

(3) 如图 7-5 所示，已知：A、B、R，求：θ 角。

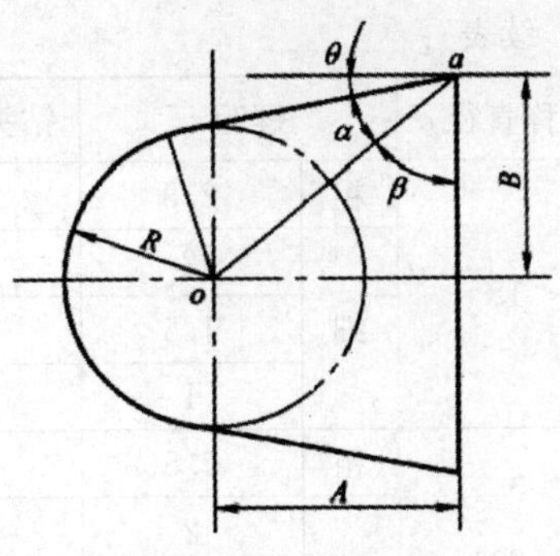

图 7-5 圆弧直线连接的计算（二）

解：$\beta=\arctan\dfrac{A}{B}$，

$$\alpha=\arcsin\frac{R}{oa}=\arcsin\frac{R}{\sqrt{A^2+B^2}}$$

$$\theta=90^\circ-\alpha-\beta$$

五、螺纹攻制前底孔尺寸的计算

(1) 公制螺纹攻螺纹前钻底孔的钻头直径 d_z 的计算公式：

$t<1$mm 时　　$d_z=d-t$

$t>1$mm 时　　$d_z=d-(1.04\sim1.06)t$

式中　t——螺距（mm）；

d——螺纹公称直径（mm）；

d_z——攻螺纹前钻头直径（mm），见表 7-2。

表 7-2　　公制螺纹钻底孔用钻头直径

公称直径 d	螺距 t		钻头直径 d_z	公称直径 d	螺距 t		钻头直径 d_z
1	粗	0.25	0.75	10	粗	1.5	8.5
	细	0.2	0.8		细	1.25	8.7
2	粗	0.4	1.6			1	9
	细	0.25	1.75			0.75	9.2
3	粗	0.5	2.5	12	粗	1.75	10.2
	细	0.35	2.65		细	1.5	10.5
4	粗	0.7	3.3			1.25	10.7
	细	0.5	3.5			1	11
5	粗	0.8	4.2	14	粗	2	11.9
	细	0.5	4.5		细	1.5	12.5
6	粗	1	5			1.25	12.7
	细	0.75	5.2			1	13
8	粗	1.25	6.7	16	粗	2	13.9
	细	1	7		细	1.5	14.5
		0.75	7.2			1	15

续表

公称直径 d	螺距 t		钻头直径 d_z
18	粗	2.5	15.4
	细	2	15.9
		1.5	16.5
		1	17
20	粗	2.5	17.4
	细	2	17.9
		1.5	18.5
		1	19
22	粗	2.5	19.4
	细	2	19.9
		1.5	20.5
		1	21
24	粗	3	20.9
	细	2	21.9
		1.5	22.5
		1	23
27	粗	3	23.9
	细	2	24.9
		1.5	25.5
		1	26
30	粗	3.5	26.3
	细	3	26.9
		2	27.9
		1.5	28.5
		1	29
33	粗	3.5	29.3
	细	3	29.9
		2	30.9
		1.5	31.5
36	粗	4	31.8
	细	3	32.9
		2	33.9
		1.5	34.5
39	粗	4	34.8
	细	3	35.9
		2	36.9
		1.5	37.5
42	粗	4.5	37.3
	细	4	37.8
		3	38.9
		2	39.9
		1.5	40.5
45	粗	4.5	40.3
	细	4	40.8
		3	41.9
		2	42.9
		1.5	43.5
48	粗	5	42.7
	细	4	43.8
		3	44.9
		2	45.9
		1.5	46.5
52	粗	5	46.7
	细	4	47.8
		3	48.9
		2	49.9
		1.5	50.5

注：表中数值适用于钢，纯铜，对于铸铁、黄铜、青铜，应减小 0.1～0.2mm。

（2）攻英制螺纹用钻底孔钻头直径计算公式见表 7－3。

表 7-3　　攻英制螺纹用钻底孔钻头直径计算公式

螺纹公称直径 (in)	加工材料	
	铸铁、青铜	钢、黄铜
3/16 ～ 5/8	$d_z=25\left(d-\frac{1}{n}\right)$	$d_z=25\left(d-\frac{1}{n}\right)+0.1$
3/4 ～ 1 1/2	$d_z=25\left(d-\frac{1}{n}\right)$	$d_z=25\left(d-\frac{1}{n}\right)+0.2$

注：表中各物理量的含义如下：

d_z——攻螺纹前钻底孔钻头直径 (mm)；

d——螺纹公称直径 (in)；

n——每英寸牙数。

六、车锥体的加工计算

如图 7-6 所示为锥体零件图，可用转动小刀架车锥体和尾座偏移法两种加工方法。

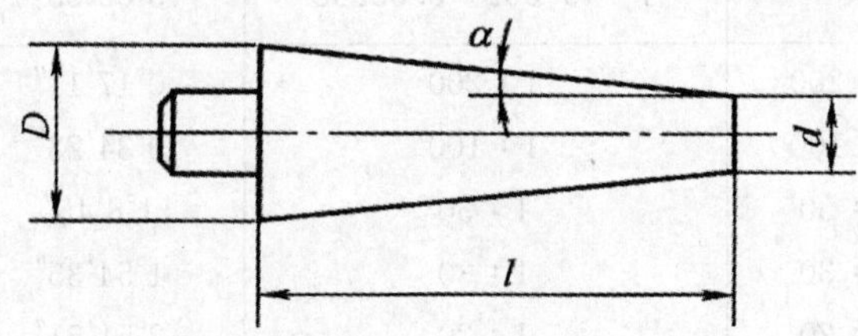

图 7-6　车锥体尺寸

(1) 转动小刀架车锥体法：

$$K=\frac{D-d}{l}=2\tan\alpha$$

$$M=\tan\alpha=\frac{D-d}{2l}=\frac{1}{2}K$$

式中　K——锥体的锥度；

M——锥体的斜度，亦称半锥度；

D——锥体大端直径 (mm)；

d——锥体小端直径 (mm)；

l——锥体的锥度长 (mm)；

α——锥体的斜角 (°)，即小刀架转动角度。

车标准锥度和常用锥度时，小刀架转动角度 a 见表 7-4。

表 7-4　　标准锥度和常用锥度的角度

锥体名称		锥度 K	锥角 2α	斜角 α
公制	4 6	1∶20=0.05	2°51′51″	1°25′56″

续表

锥体名称		锥度 K	锥角 2α	斜角 α
公制	80 100 120 (140) 160 200	1∶20＝0.05	2°51′51″	1°25′56″
摩氏	0	1∶19.212＝0.05205	2°58′54″	1°29′27″
	1	1∶20.047＝0.04988	2°51′26″	1°25′43″
	2	1∶20.020＝0.04995	2°51′41″	1°25′51″
	3	1∶19.922＝0.05019	2°52′32″	1°26′16″
	4	1∶19.254＝0.05193	2°58′31″	1°29′16″
	5	1∶19.002＝0.05262	3°00′53″	1°30′27″
标准锥度	1∶200	1∶200	0°17′11″	0°8′36″
	1∶100	1∶100	0°34′23″	0°17′11″
	1∶50	1∶50	1°8′45″	0°34′23″
	1∶30	1∶30	1°54′35″	0°57′17″
	1∶20	1∶20	2°51′51″	1°25′56″
	1∶15	1∶15	3°49′6″	1°54′33″
	1∶12	1∶12	4°46′19″	2°23′9″
	1∶10	1∶10	5°43′29″	2°51′45″
	1∶8	1∶8	7°9′10″	3°34′35″
	1∶7	1∶7	8°10′16″	4°5′8″
	1∶6	1∶6	9°31′38″	4°45′49″
	1∶5	1∶5	11°25′16″	5°42′38″
	1∶3	1∶3	18°55′29″	9°27′44″
	30°	1∶1.866	30°	15°
	45°	1∶1.207	45°	22°30′
	60°	1∶0.866	60°	30°
	75°	1∶0.652	75°	37°30′
	90°	1∶0.5	90°	45°
	120°	1∶0.289	120°	60°
专用锥度	7∶24	1∶3.4286	16°35′34″	8°17′47″
	1∶16	1∶16	3°34′48″	1°47′24″

(2) 尾座偏移法，如图 7-7 所示。

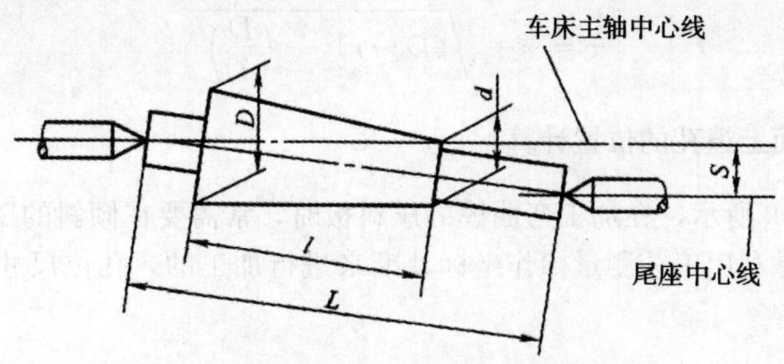

图 7-7　用尾座偏移法车锥度

$$S=\frac{L(D-d)}{2l}$$

式中　S——偏移距（mm）；

L——锥体工件总长度（mm）；

l——锥体的锥度长（mm）；

D——锥体大端直径（mm）；

d——锥体小端直径（mm）。

七、车制导正销尺寸计算

如图 7-8 所示为常用导正销，设计尺寸一般给出 D、R、r 和 L 等结构尺寸。在备料和切削加工时，需计算 x 尺寸。

已知：D、R、r，其中 $R=D$，求：x。

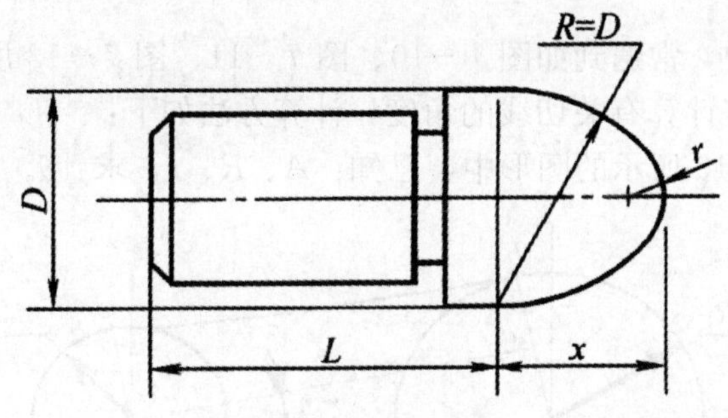

图 7-8　导正销

解：根据勾股定理

$$(R-r)2=(x-r)2+\left(\frac{D}{2}\right)^2$$

$$x=\sqrt{(R-r)^2-\left(\frac{D}{2}\right)^2}+r$$

将 $R=D$ 代入，得：

$$x=r+\sqrt{(D-r)^2-\left(\frac{D}{2}\right)^2}$$

八、斜面上镗孔的位置计算

如图 7－9 所示，在加工弯曲模的压料板时，常需要在倾斜的压料面上镗定位销孔，这是利用工艺测量棒作坐标基准来进行加工的。孔位尺寸 L 计算方法如下：

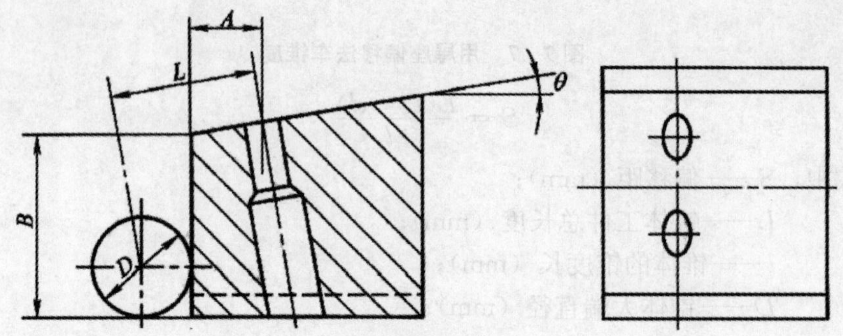

图 7－9　在斜面上镗孔的计算

已知：A、B、θ，设定工艺测量棒直径为 D，求：孔位尺寸 L。

解：$L==\dfrac{D}{2}[\sec\theta-(1+\tan\theta)\sin\theta]+B\sin\theta+A\cos\theta$

九、圆切线的角度计算

在冲模制造中，常遇到如图 7－10、图 7－11、图 7－12 所示形状的凸模、凹模，在加工时需计算有关切线的角度，计算方法如下：

（1）在图 7－10 所示的图形中，已知：A、R、r，求：θ。

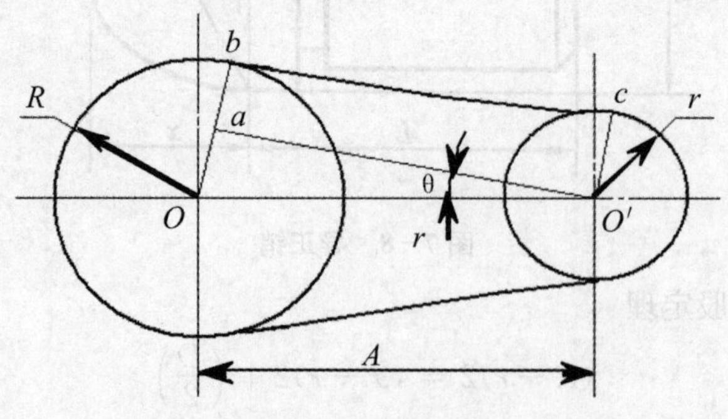

图 7－10　示意图

解：作$\overline{aO'} // \overline{bc}$

$$\overline{Oa} = R - r$$

$$\theta = \arcsin \frac{\overline{Oa}}{A} = \arcsin \frac{(R - r)}{A}$$

（2）在图 7－11 所示的图形中，已知：A、R、r，求：θ。

解：$\overline{Oa} = \sqrt{A^2 + B^2}$

$$\beta = \arctan \frac{A}{B}$$

$$a = \arcsin \frac{r}{\overline{Oa}} = \arcsin \frac{r}{\sqrt{A^2 + B^2}}$$

$$\theta = 90° - a - \beta$$

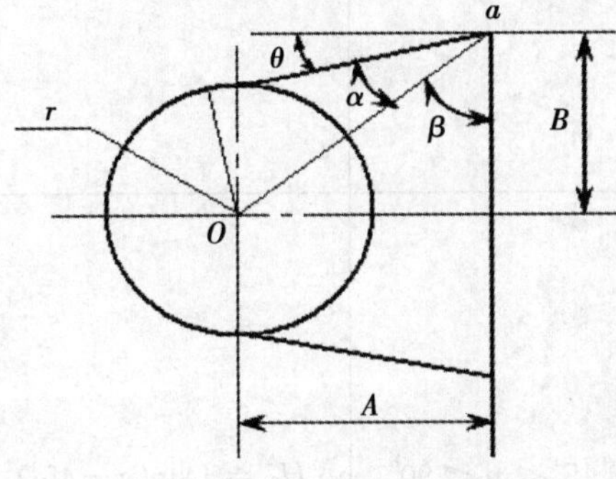

图 7－11　示意图

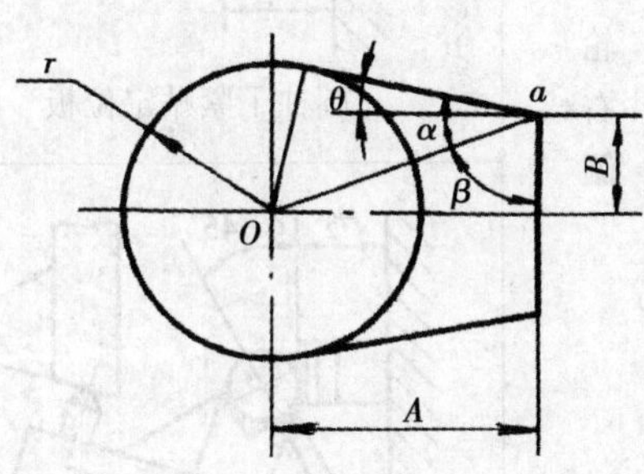

图 7－12　示意图

（3）在图 7－12 所示的图形中，已知：A、R、r，求：θ。

解：$\overline{Oa} = \sqrt{A^2 + B^2}$

$$\beta = \arctan \frac{A}{B}$$

$$a = \arcsin \frac{r}{\overline{Oa}} = \arcsin \frac{r}{\sqrt{A^2 + B^2}}$$

$$\theta = a + \beta - 90°$$

十、修整角度砂轮的计算

用立式角度修整砂轮夹具修整砂轮角度时，垫块规尺寸计算见表 7－5。

表 7-5　　用立式角度修整砂轮夹具修整砂轮的计算方法

砂轮位置	示意图	修整角度	计算公式
砂轮右侧	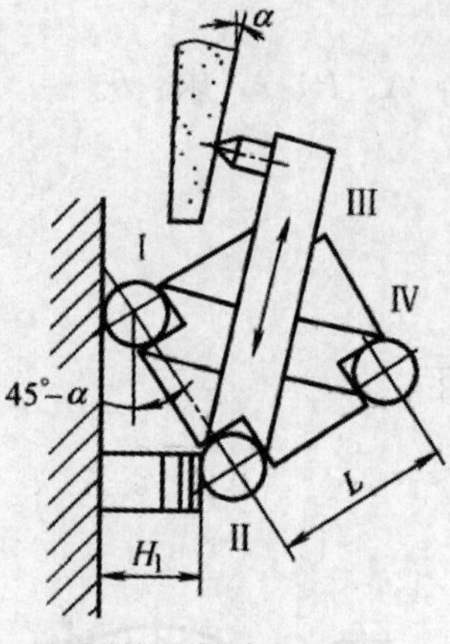 圆柱Ⅰ紧贴定位板	$0° < a \leqslant 45°$	$H_1 = L\sin(45° - a)$
	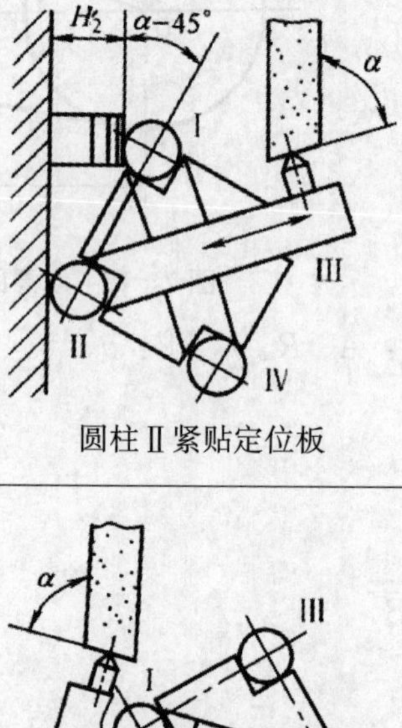 圆柱Ⅱ紧贴定位板	$45° < a < 90°$	$H_2 = L\sin(a - 45°)$
砂轮左侧	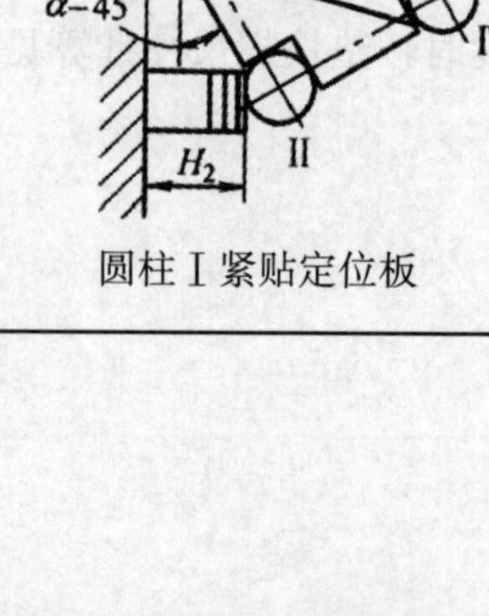 圆柱Ⅰ紧贴定位板	$45° < a < 90°$	$H_2 = L\sin(a - 45°)$

续表

砂轮位置	示　意　图	修整角度	计算公式
砂轮左侧	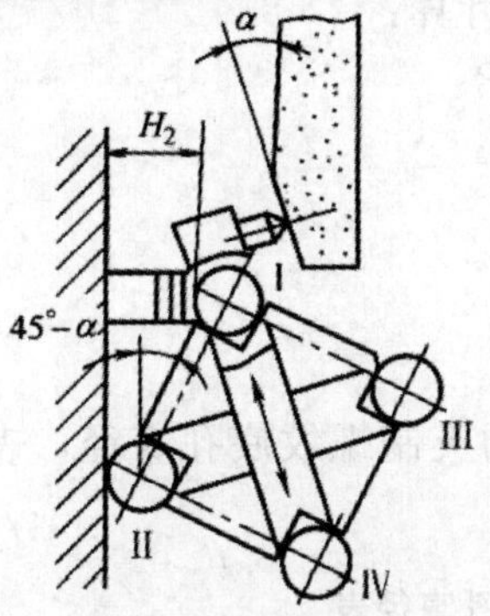 H_2　α　45°−α　Ⅰ　Ⅱ　Ⅲ　Ⅳ 圆柱Ⅱ紧贴定位板	$0° < a \leqslant 45°$	$H_2 = L\sin(45° - a)$

十一、成形砂轮磨削时砂轮尺寸计算

修整圆弧砂轮时砂轮的尺寸计算见表 7－6。

表 7－6　　修整圆弧砂轮时的尺寸计算

简　图	说　明	计算公式
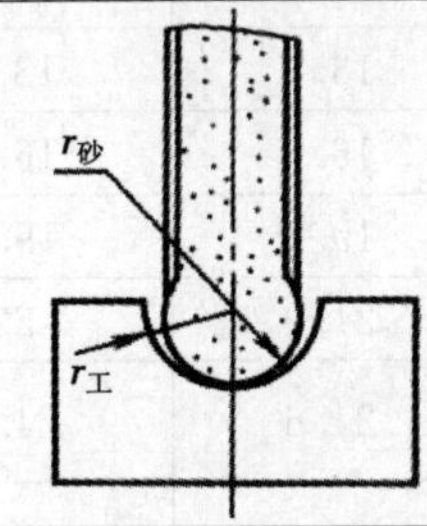 $r_{砂}$　$r_{工}$	修整凸圆弧砂轮时	$r_{砂} < r_{工} - (0.01 \sim 0.02)\text{mm}$
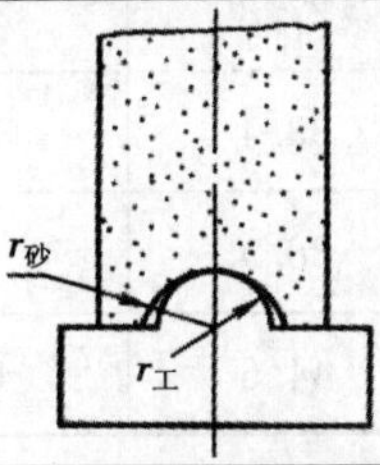 $r_{砂}$　$r_{工}$	修整凹圆弧砂轮时	$r_{砂} > r_{工} + (0.01 \sim 0.02)\text{mm}$
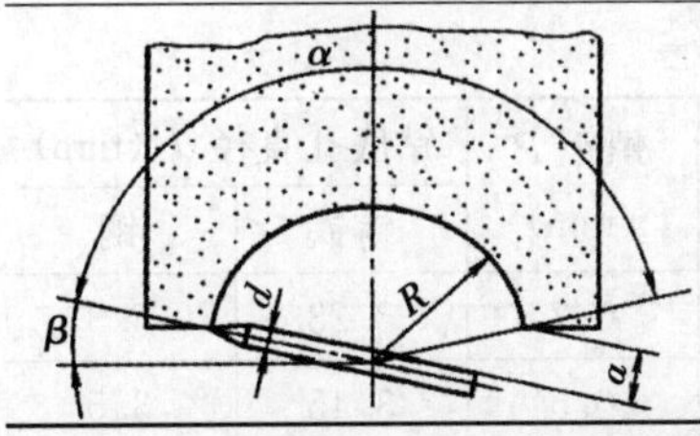 α　β　d　R　a	修整凹圆弧时，最大圆心角 α 与金刚石刀杆直径有关	$\alpha = 180° - 2\beta$ $\sin\beta = \dfrac{\dfrac{d}{2} + a}{R} = \dfrac{d + 2a}{2R}$

注：d——刀杆直径；R——砂轮凹圆弧半径；a——刀杆与砂轮之间的间隙。

十二、攻螺纹前钻底孔直径的尺寸计算

攻螺纹前的底孔直径，可按下列公式计算：

对于铸铁件：$d = D - (1.05 \sim 1.1)P$

对于钢件：$d = D - P$

式中 d——底孔直径（mm）；

D——螺纹外径（mm）；

P——螺距（mm）。

为了使用方便，表 7－7 列出了常用的英制螺纹底孔直径，表 7－8 列出了常用的公制螺纹底孔直径。

表 7－7 英制螺纹钻底孔直径表

公称直径（in）	每英寸牙数	螺纹外径 D（mm）	螺距 P（mm）	钻底孔直径 d（mm）	
				铸铁	钢
3/16	24	4.762	1.058	3.7	3.7
1/4	20	6.35	1.270	5.0	5.1
5/16	18	7.938	1.411	6.4	6.5
3/8	16	9.525	1.588	7.8	7.9
1/2	12	12.70	2.117	10.4	10.5
5/8	11	15.875	2.309	13.3	13.5
3/4	10	19.05	2.54	16.3	16.4
7/8	9	22.225	2.822	19.1	19.3
1	8	25.40	3.175	21.9	22
$1\frac{1}{8}$	7	28.575	3.629	24.6	24.7
$1\frac{1}{4}$	7	31.75	3.629	27.8	27.9
$1\frac{1}{2}$	6	38.10	4.233	33.4	33.5
$1\frac{3}{4}$	5	44.45	5.08	38.9	39
2	$4\frac{1}{2}$	50.80	5.644	44.6	44.7

表 7－8 公制螺纹钻底孔直径表

外径 D（mm）	螺距 P（mm）	钻底孔直径 d（mm）		外径 D（mm）	螺距 P（mm）	钻底孔直径 d（mm）	
		铸铁	钢			铸铁	钢
3	0.5	2.45	2.5	4	0.7	3.23	3.3
	0.35	2.62	2.65		0.5	3.45	3.5

续表

外径 D (mm)	螺距 P (mm)	钻底孔直径 d（mm）		外径 D (mm)	螺距 P (mm)	钻底孔直径 d（mm）	
		铸铁	钢			铸铁	钢
5	0.8	4.12	4.2	24	3	20.7	21
	0.5	4.45	4.5		2	21.8	22
6	1	4.9	5		1.5	22.35	22.5
	0.75	5.2	5.25		1	22.9	23
8	1.25	6.63	6.75	27	3	23.7	24
	1	6.9	7		2	24.8	25
10	1.5	8.35	8.5		1.5	25.35	25.5
	1	8.9	9		1	25.9	26
12	1.75	10.1	10.25	30	3.5	26.15	26.5
	1.5	10.35	10.5		3	26.7	27
	1.25	10.63	10.75		2	27.8	28
	1	10.9	11		1	28.9	29
14	2	11.8	12	36	4	31.6	32
	1.5	12.35	12.5		3	32.7	33
	1.25	12.63	12.75		2	33.8	34
	1	12.9	13		1.5	34.9	34.5
16	2	13.8	14	42	4.5	37.1	37.5
	1.5	14.35	14.5		4	37.6	38
	1.25	14.65	14.75		3	38.7	39
	1	14.9	15		2	39.8	40
20	2.5	17.25	17.5	45	4.5	40.1	40.5
	2	17.8	18		4	40.6	41
	1.5	18.35	18.5		3	41.7	42
	1	18.9	19		2	42.8	43

十三、用正弦夹具磨削斜面的计算

正弦夹具按其功能可分（图 7－13 所示）为单向正弦夹具、双向和正负向正弦夹具（图 7－14 所示）三种形式。

式中　H——正弦圆柱下垫块规高度；

　　　L——两正弦圆柱的中心距离。

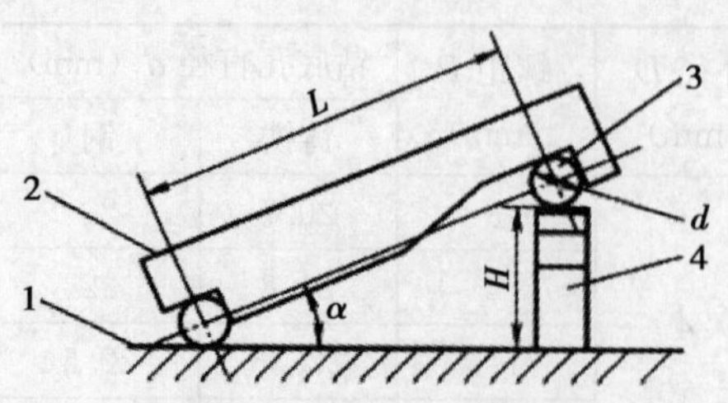

1. 底座；2. 夹具工作面
3. 正弦圆柱；4. 块规

图 7-13 正弦夹具工作原理

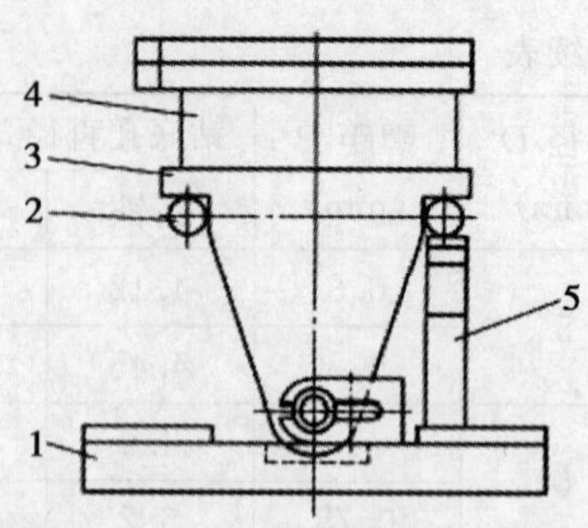

1. 底板；2. 正弦圆柱；3. 支架
4. 永磁吸盘；5. 块规

图 7-14 正负向永磁正弦夹具

(1) 如图 7-15 (a) 所示，用于单向或双向正弦夹具磨削斜面时，块规值 H 计算公式如下：

已知：L、α，求：H。

$$H = L\sin\alpha$$

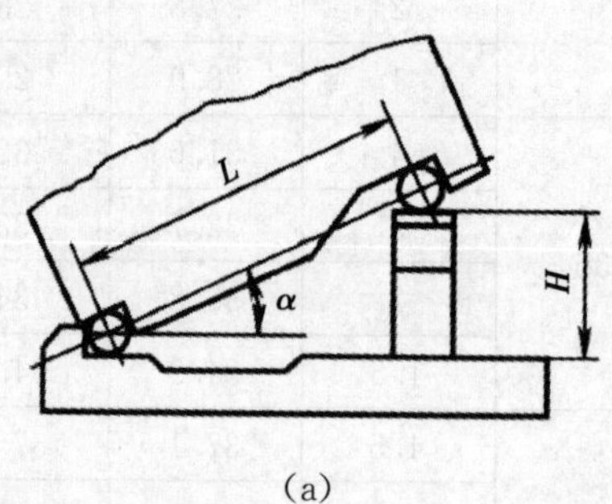

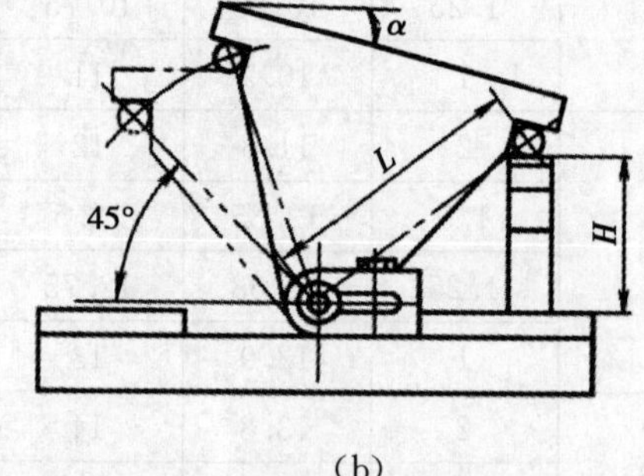

图 7-15 示意图

(2) 如图 7-15 (b) 所示，用于正负向正弦夹具磨削斜面时，块规值 H 计算公式如下：

已知：L、α，求：H。

$$H = L\sin(45^\circ - \alpha)$$

(3) 如图 7-16 所示，①上正弦台绕 x 轴转 α 角；②下正弦台绕 y 轴转 β 角；③用双向正弦夹具。磨削斜面时，空间平面两相交成外凸角的计算公式如下：

已知：α、β，求：β_1。

$$\beta_1 = \arctan(\tan\beta\cos\alpha)$$

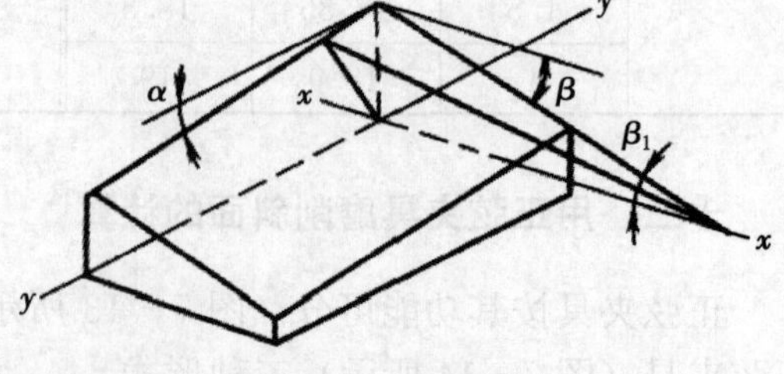

图 7-16 示意图

(4) 如图 7-17 所示，①θ 为工件欲转的角度；②$2\beta_1$ 为成形砂轮欲修整的角度；③用于单向正弦夹具。磨削斜面时，空间平面两相交成外凹角的计算公式如下：

已知：A、$2B$、R、2β、θ，求：β_1。

$$\beta_1 = \arctan\left(\frac{B - R\sec\beta}{A\cos\theta - R}\right)$$

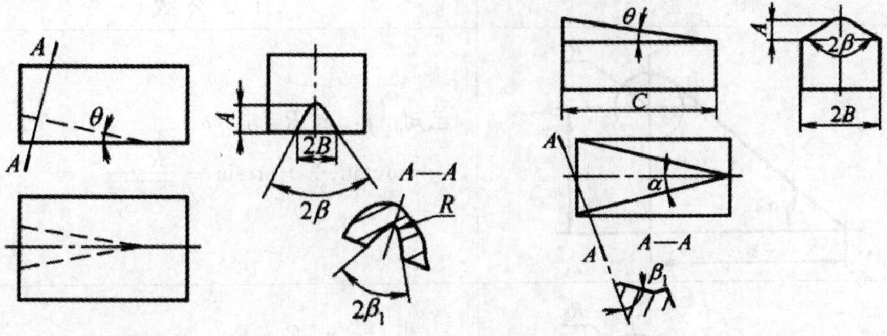

图 7-17　示意图　　　　图 7-18　示意图

(5) 见图 7-18 所示，①θ 为工件欲转的角度；②β_1 为成形砂轮欲修整的角度；③α 为工件在平面上应旋转的角度，磨削斜面时空间平面两相交成外凸角的计算公式如下：

已知：A、$2B$、C、θ、2β，求：β_1、α。

$$\alpha = \arctan\frac{B}{C}$$

$$\beta_1 = \arctan\frac{C\sin\alpha}{A}$$

十四、成形磨削工艺尺寸计算

见图 7-19 所示，使用分夹具进行成型磨削时，垫块高度按下式进行计算：

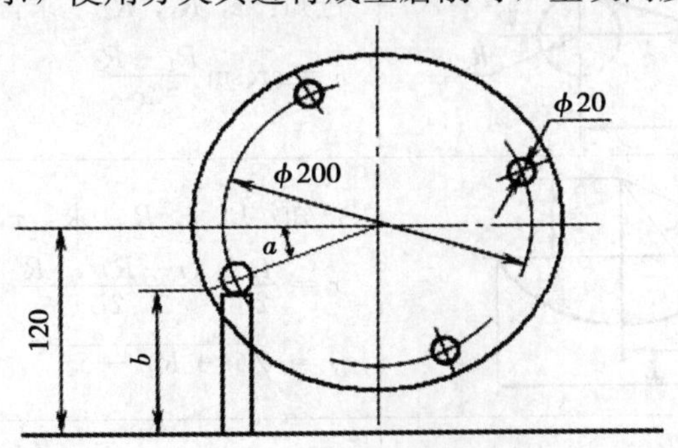

图 7-19　分中夹具的垫块高度

$$b = 120 - 100\sin\alpha - 10$$
$$= 110 - 100\sin\alpha$$

式中　b——垫块高度（mm）；

α——夹具回转角度（°）。

有时，图样上标柱的尺寸不便于加工，需要进行换算。表 7－9 列出了各种常见图形的尺寸换算公式。

表 7－9　　成型磨削尺寸换算公式表

图　形	计算公式
R, α, x, y	已知：x，y，R　求：α。 $\alpha=\arctan\frac{y}{x}+\arcsin\frac{R}{\sqrt{x^2+y^2}}$
R_1, R_2, α, x, y	已知：x，y，R_1，R_2　求：α。 当 $R_2>R_1$ 时：$\alpha=\arctan\frac{y}{x}+\arcsin\frac{R_2-R_1}{\sqrt{x^2+y^2}}$ 当 $R_2<R_1$ 时：$\alpha=\arctan\frac{y}{x}-\arcsin\frac{R_1-R_2}{\sqrt{x^2+y^2}}$
R_1, R_2, α, x, y	已知：x，y，R_1，R_2　求：α。 $\alpha=\arctan\frac{y}{x}+\arcsin\frac{R_1+R_2}{\sqrt{x^2+y^2}}$
R_1, R_2, α, x	已知：x，R_1，R_2　求：α。 $\alpha=\arcsin\frac{R_1+R_2}{x}$
r, R, x, y, L	已知：L，r，R　求：x，y。 $x=\frac{L}{2}+\frac{(r+R)^2-R^2}{2L}$ $y=\sqrt{(r+R)^2-x^2}$
L, R_1, R_2, x, y	已知：L，R_1，R_2　求：x，y。 $x=\frac{L}{2}+\frac{(R_2-R_1)^2-R_2^2}{2L}$ $y=\sqrt{(R_2-R_1)^2-x^2}$

续表 1

图形	计算公式
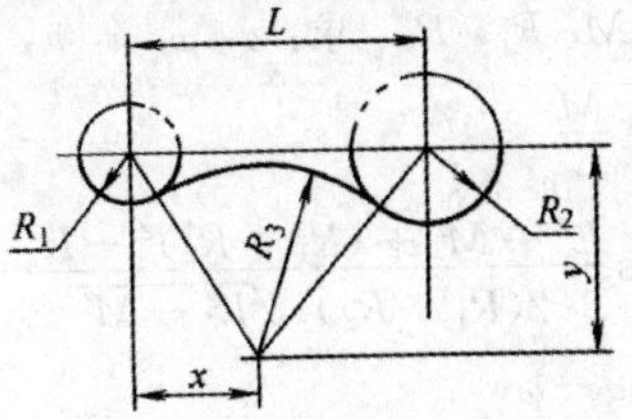 L R₁ R₂ R₃ x y	已知：L，R_1，R_2，R_3　求：x，y。 $x=\frac{L}{2}+\frac{(R_1+R_3)^2-(R_2+R_3)^2}{2L}$ $y=\sqrt{(R_1+R_3)^2-x^2}$
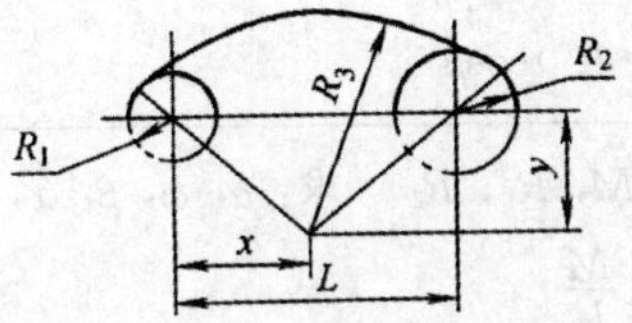 R₁ R₂ R₃ x y L	已知：L，R_1，R_2，R_3　求：x，y。 $x=\frac{L}{2}+\frac{(R_3-R_1)^2-(R_3-R_2)^2}{2L}$ $y=\sqrt{(R_3-R_1)^2-x^2}$
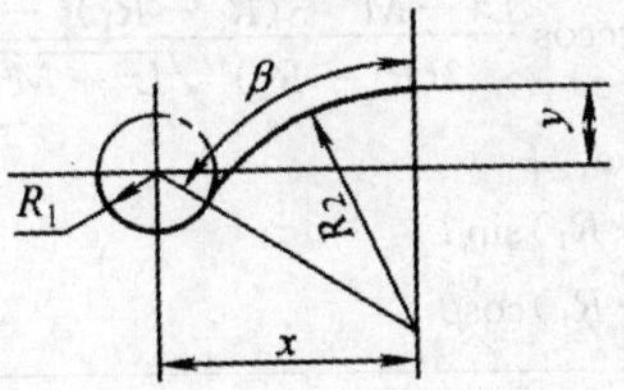 β R₁ R₂ x y	已知：y，R_1，R_2　求：x，β。 $x=\sqrt{(R_1+R_2)^2-(R_2-y)^2}$ $\beta=\arccos\frac{R_2-y}{R_1+R_2}$
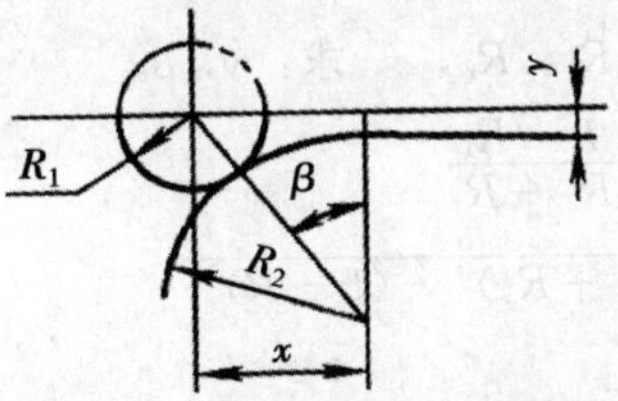 R₁ R₂ β x y	已知：y，R_1，R_2　求：x，β。 $x=\sqrt{(R_1+R_2)^2-(R_2+y)^2}$ $\beta=\arccos\frac{R_2+y}{R_1+R_2}$
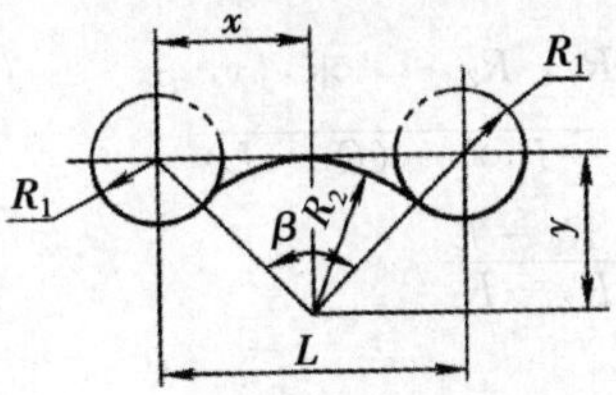 x R₁ R₂ β y L	已知：L，R_1，R_2，　求：x，y，β。 $x=\frac{1}{2}L$ $y=\sqrt{(R_1+R_2)^2-\frac{L^2}{4}}$ $\beta=2\arcsin\frac{L}{2(R_1+R_2)}$
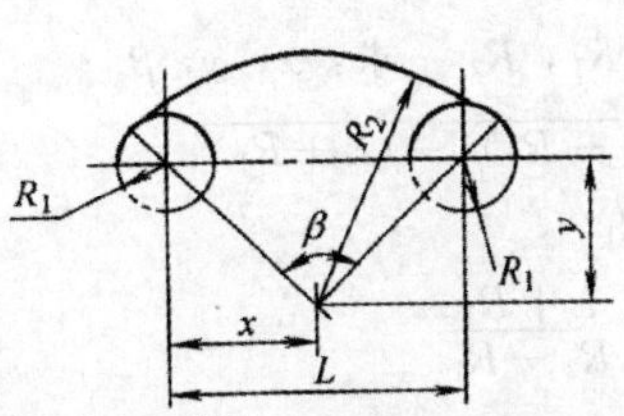 R₁ R₂ β y x L	已知：L，R_1，R_2，　求：x，y，β。 $x=\frac{L}{2}$ $\beta=2\arcsin\frac{L}{2(R_2-R_1)}$ $y=\sqrt{(R_2-R_1)^2-\frac{L^2}{4}}$

续表 2

图　形	计 算 公 式
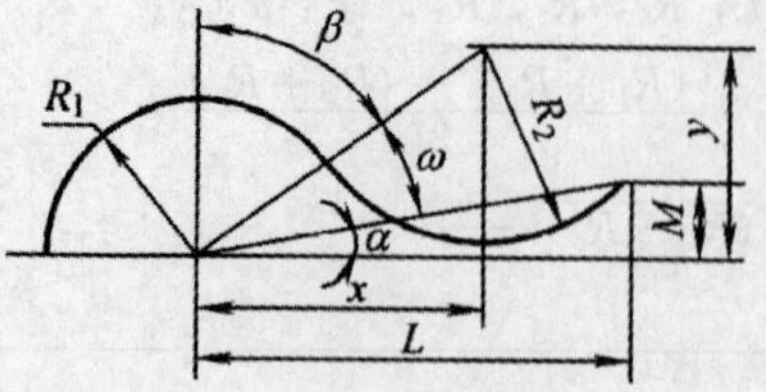	已知：L，M，R_1，R_2　求：α，ω，β，x，y。 $\alpha=\arctan\dfrac{M}{L}$ $\omega=\arccos\dfrac{L^2+M^2+(R_1+R_2)^2-R_2^2}{2(R_1+R_2)\sqrt{L^2+M^2}}$ $\beta=90^\circ-\alpha-\omega$ $x=(R_1+R_2)\sin\beta$ $y=(R_1+R_2)\cos\beta$
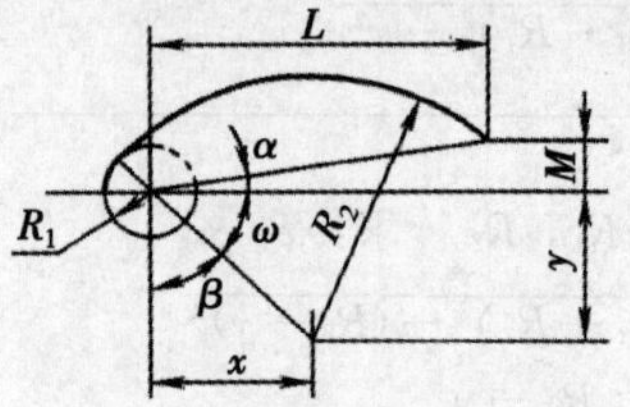	已知：L，M，R_1，R_2　求：α，ω，β，x，y。 $\alpha=\arctan\dfrac{M}{L}$ $\omega+\alpha=\arccos\dfrac{L^2+M^2+(R_2-R_1)^2-R_2^2}{2(R_2-R_1)\sqrt{L^2+M^2}}$ $\beta=90^\circ-\omega$ $x=(R_2-R_1)\sin\beta$ $y=(R_2-R_1)\cos\beta$
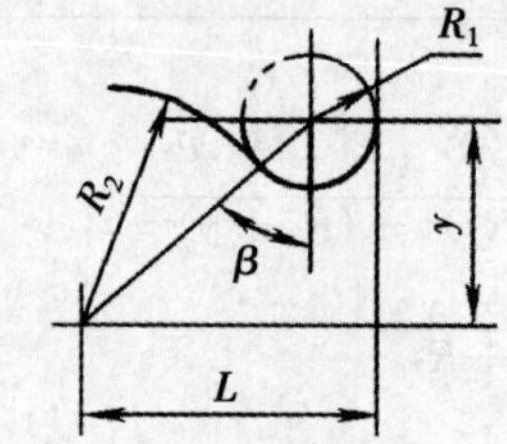	已知：L，R_1，R_2，　求：y，β。 $\beta=\arcsin\dfrac{L-R_1}{R_2+R_1}$ $y=\sqrt{(R_2+R_1)^2-(L-R)^2}$
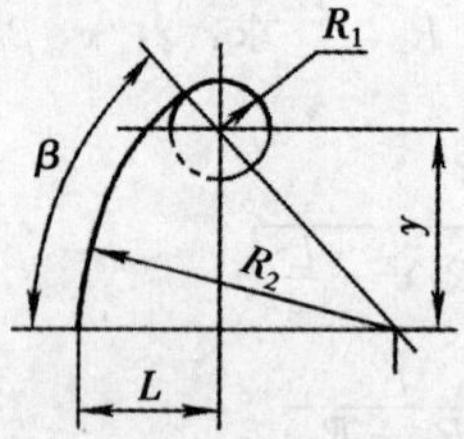	已知：L，R_1，R_2，　求：y，β。 $y=\sqrt{(R_2-R_1)^2-(R_2-L)^2}$ $\beta=\arccos\dfrac{R_2-L}{R_2-R_1}$
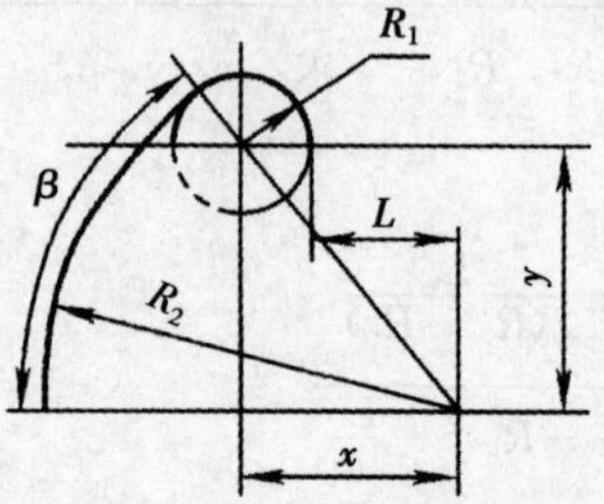	已知：L，R_1，R_2　求：x，y，β。 $y=\sqrt{(R_2-R_1)^2-(L+R_1)^2}$ $x=L+R_1$ $\beta=\arccos\dfrac{L+R_1}{R_2-R_1}$

续表 3

图　形	计 算 公 式
	已知：α，R_1，R_2　求：ω，β，x，y。 $\omega = \arcsin\dfrac{R_1}{R_2 - R_1}$ $\beta = \alpha - \omega$ $x = (R_2 - R_1)\cos\beta$ $y = (R_2 - R_1)\sin\beta$

十五、汽缸垫的位置计算

如图 7－20 所示，汽车发动机的汽缸垫有多个形孔，在汽缸垫冲模上，也就有多个同样形状的凸模和凹模。为了准确地进行加工，需要知道各段圆弧中心的坐标位置。图中已给出 O_1、O_3、O_4 的坐标，需计算 O_2 和 O_5 的坐标。计算方法如下：

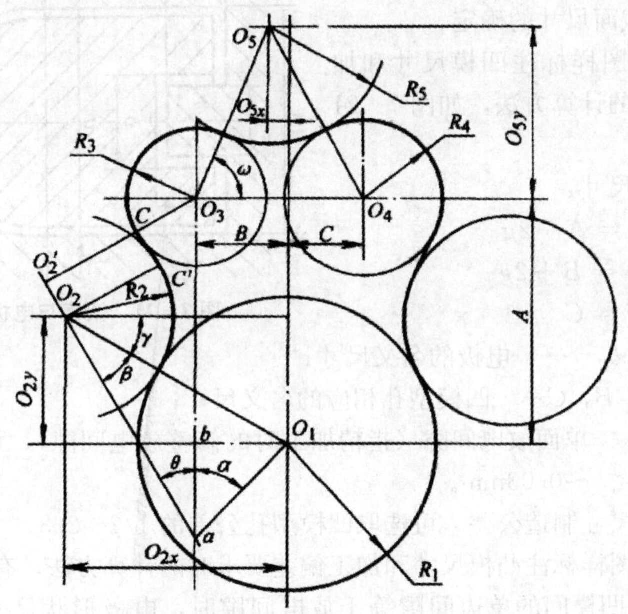

图 7－20　汽缸垫的形孔

已知：R_1、R_2、R_3、R_4、R_5、A、B、C、θ，求：O_{2x}、O_{2y}、O_{5x}、O_{5y}。

解：

$$\overline{O_3O_2}' = \overline{O_2C'} + \overline{O_3C'} = R_2 + R_3$$

$$\overline{aO_3} = \overline{O_3O_2}'\csc\theta = (R_2 + R_3)\csc\theta$$

$$\overline{ab} = \overline{aO_3} - \overline{O_3b} = (R_2 + R_3)\csc\theta - A$$

求得：$a=\arctan\frac{\overline{bO_1}}{\overline{ab}}=\arctan\frac{B}{(R_2+R_3)\csc\theta-A}$

$$\frac{\overline{aO_1}}{\sin\beta}=\frac{\overline{O_1O_2}}{\sin(\theta+a)}$$

得出：$\beta=\arcsin\frac{\overline{aO_1}\cdot\sin(\theta+\alpha)}{\overline{O_1O_2}}=\arcsin\frac{B\csc a\cdot\sin(\theta+\alpha)}{R_1+R_2}$

$\gamma=90^\circ-(\theta+\beta)$

所以：$O_{2x}=\overline{O_1O_2}\cos\gamma=(R_1+R_2)\cos\gamma$

$O_{2y}=\overline{O_1O_2}\sin\gamma=(R_1+R_2)\sin\gamma$

根据余弦定理：

$\cos\omega=(\overline{O_3O_4}^{\ 2}+\overline{O_3O_5}^{\ 2}+\overline{O_4O_5}^{\ 2})/2\times\overline{O_3O_4}\times\overline{O_3O_5}$

$=[(R_3+R_5)^2+(B+C)^2-(R_4+R_5)^2]/2\times(B+C)\times(R_3+R_5)$

故：$O_{5x}=B-\overline{O_3O_5}\cos\omega=B-(R_3+R_5)\cos\omega$

$O_{5y}=\overline{O_3O_5}\sin\omega=(R_3+R_5)\sin\omega$

十六、电火花穿孔用电极尺寸计算

1. 电极截面尺寸的确定

(1) 模具图样标注凹模尺寸和加工偏差要求时的计算方法，如图 7-21 所示。

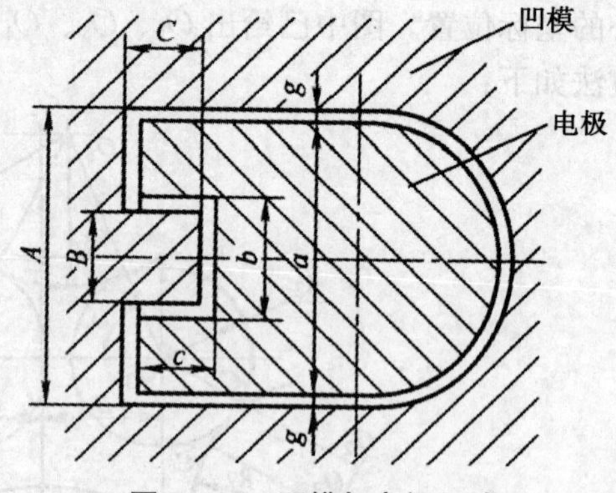

图 7-21 凹模与电极尺寸

电极截面尺寸：

$a=A-2g$

$b=B+2g$

$c=C$

式中 a，b，c——电极的名义尺寸；

A，B，C——凹模型孔相应的名义尺寸；

g——单面放电间隙（指精加工时的修整放电间隙），可取 g ＝0.01～0.03mm。

电极形状尺寸制造公差，可选取凹模型孔公差的 1/2～2/3。

(2) 模具图样标注凸模尺寸和加工偏差要求时的计算方法，有两种情况：

① 当凸、凹模间的单边间隙等于放电间隙时，电极形状尺寸与凸模尺寸相同；

② 当凸、凹模间的单边间隙大于（或小于）放电间隙时，电极形状尺寸应比凸模轮廓尺寸每边均匀放大（或缩小）一个数值，但形状相似。

电极尺寸每边放大或缩小的数值 a，可用下值计算：

$$|a|=\frac{1}{2}(\Delta-2g)$$

式中　a——电极每边放大或缩小的数值；

g——精加工时单面放电间隙；

Δ——凸、凹模间双面间隙值。

电极制造公差取凸模制造公差的 $\frac{1}{2} \sim \frac{2}{3}$。

2. 电极长度计算

电极长度 L：

$$L = l + KH$$

式中　H——凹模有效厚度，即凹模需电火花加工的厚度；

K——校正系数，视型孔锐角大小而定：对一般形状型孔，$K=1.5$；型孔带锐角时，$K=1.8 \sim 2.0$；

l——电极长度损耗（不包括校正部分的损耗），使用铸铁电极，加工钢工件时，$l=0.9H$；加工硬质合金工件时，$l=1.7H$。使用钢电极，加工钢工件时，$l=1.1H$；加工硬质合金工件时，$l=2.1H$。

计算 L 为电极工作部分长度。需要夹持时，应加上夹持部分长度 20～30mm。应使 $L_{max} \leqslant 110 \sim 120$mm。

3. 阶梯电极，如图 7－22 所示

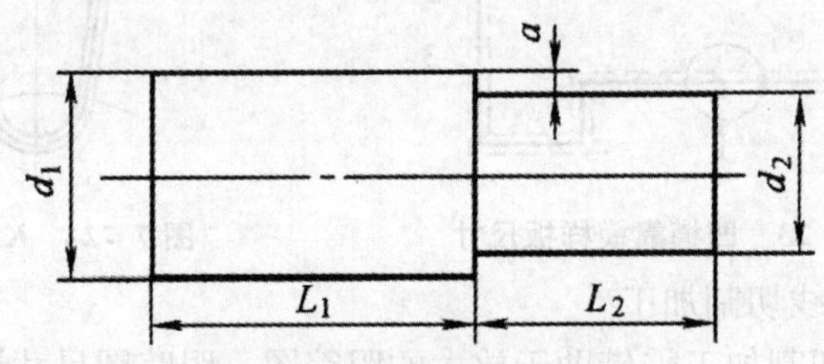

图 7－22　阶梯电极

阶梯部分长度 L_2：

$$L_2 = h + l$$

式中　h——凹模刃口高度；

l——电极长度损耗，取 $l=(0.2 \sim 0.4)h$。

对形状简单的电极，取 $L_2 = 1.2h$；形状复杂或带锐角的电极，取 $L_2 = 1.4h$。

阶梯部分截面尺寸 d_2：

$$d_2 = d_1 - 2a$$

式中　d_1——电极截面计算尺寸；

a——阶梯部分单边缩小量，考虑精加工余量和放电间隙等因素，一般取 $a=0.1 \sim 0.5$mm。

十七、线切割加工中的计算

1. 线电极仿形切割加工

使用靠模仿形线切割机加工时，需预先制作靠模。加工凹模用靠模样板尺寸L的计算（如图7-23所示）公式如下：

$$L = L_2 - 2a$$

式中 L——靠模的公称尺寸；

L_2——凹模所要求的尺寸；

a——综合间隙，可通过试验测定。

靠模尺寸 L 的公差可取被加工零件公差数值的 $\frac{1}{3} \sim \frac{1}{4}$。

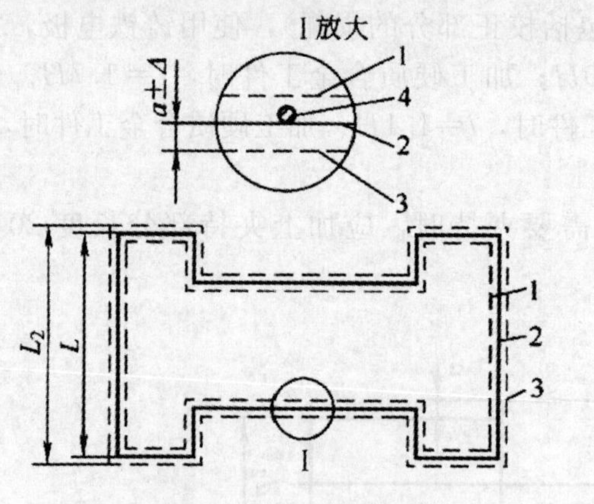

图7-23 凹模靠模样板尺寸

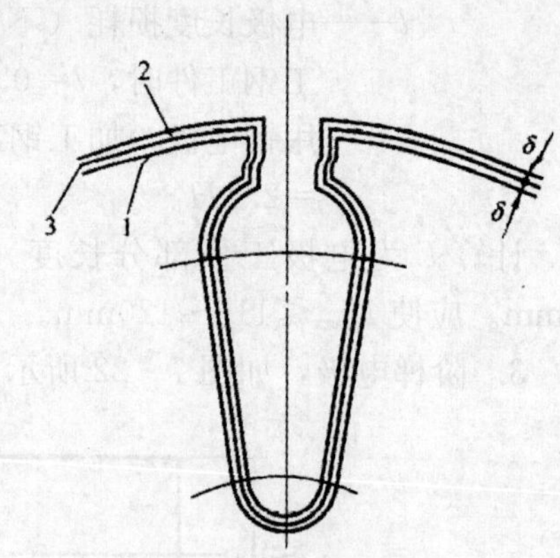

图7-24 K倍图

2. 光电跟踪线切割加工

光电跟踪线切割加工需借助于放大的跟踪图。跟踪图尺寸计算公式如下。

对于冲孔模：

$$d_{凸} = [B + (d + 2\Delta)]K$$

$$d_{凹} = [B - (d + 2\Delta) - z]K$$

对于落料模：

$$D_{凸} = [B + (d + 2\Delta) - z]K$$

$$D_{凹} = [B - (d + 2\Delta)]K$$

式中 $d_{凸}$，$d_{凹}$——冲孔凸模、凹模的跟踪图尺寸；

$D_{凸}$，$D_{凹}$——落料凸模、凹模的跟踪图尺寸；

B——加工零件公称尺寸的中间值；

z——凸、凹模双面配合间隙；

d——钼丝直径；

Δ——火花放电间隙；

K——跟踪图放大倍数，有 10、20、30、50 等。

如图 7-24 所示为 K 倍图，图中内、外包络线 1、2 即凸模线和凹模线。内、外包络线之间的距离 δ：

$$\delta = K\left(\frac{d}{2} + \Delta - \frac{z}{2}\right)$$

式中 K——放大倍数；

d——电极丝直径；

z——凸、凹模双面配合间隙；

Δ——单面放电间隙。

3. 线控线切割加工

线控线切割加工是借助于编制的加工程序进行的。加工时的图形关系如图 7-25 所示。加工凸模时［图 7-25（a）所示］，钼丝中心轨迹 1 在凸模轮廓线 2 的外侧；而加工凹模时［如图 7-25（b）所示］，钼丝中心轨迹 1 在凹模轮廓线 3 的内侧。

钼丝中心与轮廓线的垂直距离 f 为：

$$f = a + \frac{d}{2}$$

式中 a——单边放电间隙；

d——钼丝直径。

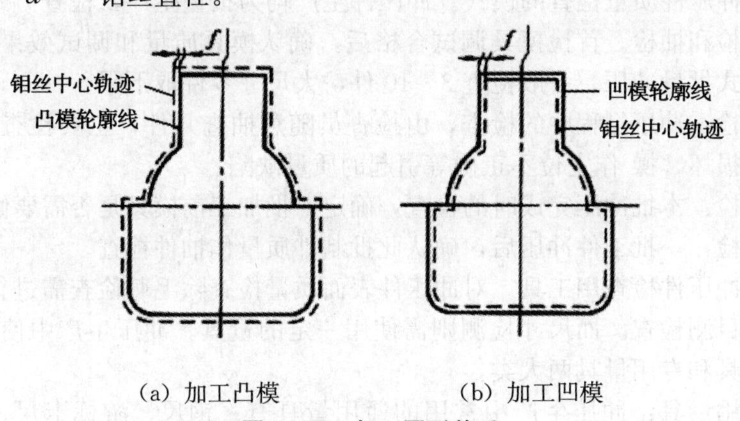

（a）加工凸模　　（b）加工凹模

图 7-25　加工图形关系

第二节　冲压件检测计算

一、冲压件常用测量方法

1. 冲压件质量检测范围

冲压件的质量检测分尺寸检测和表面质量检查两大类。

（1）冲压件尺寸检测。对冲压件的尺寸使用一定的检测用具进行检查是冲压生产中不可缺少的环节，包括对成品冲压件和中间工序件的检测。

①成品冲压件：成品冲压件的尺寸检测是根据产品零件图和冲压工艺文件（包括冲压工艺卡、检验卡等）对冲压件相应尺寸进行测量检查。

测量尺寸的范围包括线性尺寸、角（锥）度、形状位置尺寸和曲线、曲面形状等。

线性尺寸如长度、高度、深度、孔径、孔距、孔边距等尺寸。

形状位置尺寸如孔位的对称度、位移度、成形平面的平面度、直线度、平行度、垂直度等。

曲线、曲面形状是指经冲压后工件的曲线、曲面部分与设计要求的吻合程度。

②中间工序件：对冲压中间工序件的尺寸检测是根据冲压工艺文件（如冲压工艺卡，对产品的关键件还有检验卡）中要求检测的尺寸进行测量检查。

冲压工艺文件中要求检测的尺寸有重要线性尺寸和孔位尺寸等，主要是指因冲模调整、坯料（半成品件）定位、模具磨损等原因受到影响的尺寸。

（2）表面质量检查。冲压件表面质量包括冲裁件毛刺高度和断面质量、成形件表面拉伤、缩颈、开裂、皱折等。

2. 冲压件质量检查的方法

（1）冲压件质量检查的模式。冲压件生产均为批量生产，检查方式有首检、巡检、末检和抽检。首检模具调试合格后，确认模具质量和调试效果，决定能否进入正式批量冲压。一般检查 3～10 件，大尺寸零件取下限。

①巡检：冲压过程中的检查，由检查员随意抽查几件，主要检查有否因模具磨损、损坏、操 作定位不正确等引起的质量缺陷。

②末检：本批冲压完成时的检查，确定下批加工前模具是否需要修理。

③抽检：一批工件冲压后，确认此批制件质量作抽件检查。

（2）冲压件检查用工具。对冲压件表面质量检查除毛刺检查需进行测量外，其余多为目测检查。而尺寸检测则需使用一定的量具。冲压生产中使用的量具有通用量具和专用量具两大类。

①通用量具：冲压生产中常用的通用量具有：钢尺、游标卡尺、百分尺、万能角度尺、高度尺、直角尺、深度尺、塞尺、百分表等。精密测量的有工具显微镜、三坐标测量机等。

②专用量具：专用量具是对某一零件使用的，主要检查曲线、曲面的符合程度。常用的有平面曲线样板、三维（立体）检验样架，后者可用于大型覆盖件的检查。

二、冲压件角度测量换算

一般情况下，冲裁件和各类成形工件的外角度可以直接采用万能角度尺进行测量，而内角度和一些形状复杂的工件，则需在测量后换算某些尺寸。尺寸换算可以用三角、几何的计算公式进行。举例说明如下：

【例 7-1】如图 7-26 所示中冲裁件内孔中斜边角 α 无法直接用测量用具测量，试列出计算 α 角的方法。

解：用游标卡尺测量工件尺寸 A、B、B_1、A_1、A_2 尺寸，可借助于游标高度划线的方法测得：

$$\tan\alpha = \frac{B-B_1}{A-A_1-A_2}$$

$$\alpha = \arctan\frac{B-B_1}{A-A_1-A_2}$$

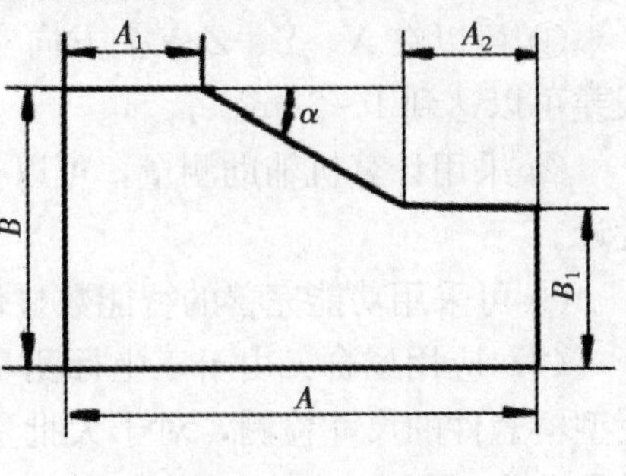

图 7-26 示意图

[例 7-2] 试测量图 7-27 所示工件尺寸。

解：图示零件尺寸 R_2 无法直接测量，可通过尺寸关系换算得：

$$\sin\alpha = \frac{R_1-R_2}{L-R_1-R_2}$$

$$(L-R_1)\times\sin\alpha - R_2\times\sin\alpha = R_1 - R_2$$

$$R_2 - R_2\times\sin\alpha = R_1-(L-R_1)\times\sin\alpha$$

$$(1-\sin\alpha)\times R_2 = R_1-(L-R_1)\times\sin\alpha$$

$$R_2 = \frac{R_1-(L-R_1)\times\sin\alpha}{1-\sin\alpha}$$

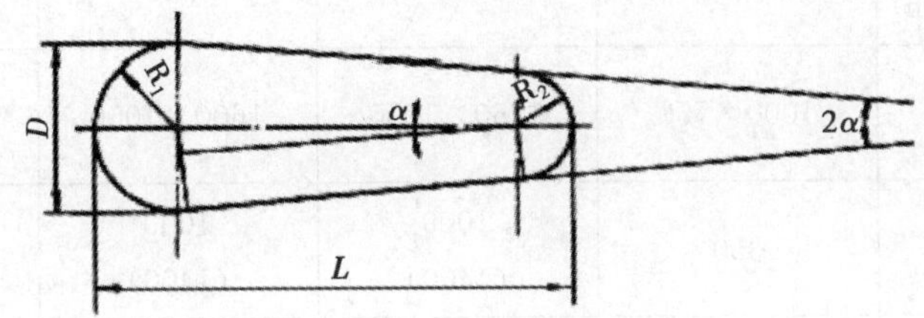

图 7-27 示意图

从图可以看出，上式中 R_1、L、α 可以直接测量。

$$R_1 = \frac{D}{2} = \frac{30}{2} = 15\text{mm}, L = 85\text{mm}, 2\alpha = 8^\circ$$

$$R_2 = \frac{15-(85-15)\times\sin4^\circ}{1-\sin4^\circ}\text{mm} = \frac{10.12}{0.93}\text{mm} = 10.88\text{mm}$$

三、非线性尺寸的检测

一般冲压件的线性尺寸、角度可以用量具直接测量，而对于形状复杂的零件（包括大型覆盖件），曲线、曲面形状使用通用量具难以完成冲压件质量的检测。常用的有三坐标测量机、平面曲线样板和三维检验样架等。

1. 三坐标测量机检测

（1）三坐标测量机的特点：

① 可以在 X、Y、Z 三个方向实现大尺寸范围的测量，测量精度高，示值误差可以达到 1～2μm。

② 采用计算机辅助测量，可以有连续轨迹的测量，实现三坐标测绘及反求设计。

③ 可采用功能完善的智能数显仪，测量读数准确、方便。

（2）应用场合：由于三坐标测量机的特点，可应用于汽车、航空等产品的大型覆盖件的尺寸检测，对于大批量生产的汽车覆盖件冲压质量检测，其应用效果尤为显著。

汽车覆盖件冲压生产过程中，抽检和末检可借助三坐标测量机进行质量控制。可以按设计、工艺要求进行定点测量，也可按预定程序进行连续检测。由于计算机辅助和采用数显装置，测量尺寸无须进行换算，可直接读数或进行比较。

（3）国产三坐标测量机的规格尺寸（表 7－10）。

表 7－10　　国产三坐标测量机规格尺寸表

技术参数	型号			
	PCM866	PCM12106	PCM18106	PCM181010
测量范围 长×宽×高（mm）	800×600×600	1200×1000×600	1800×1000×600	1800×1000×1000
工作台尺寸 长×宽（mm）	1000×750	1250×1050	1600×1050	1600×1050
允许工件 质量（kg）	350	1000 (1400)	1000 (1400)	1000 (1400)
长度测量示值误差 （μm）	1.8+ L / 300	2.2+ L / 300	2.8+ L / 200	3+ L / 150
分辨率（μm）	0.1			

2. 曲线、曲面的检测

冲压件的线性尺寸、角度可以直接用量具进行测量，但对于曲线、曲面形状不能直接测量时，而产品设计、工艺要求必须进行检测的部位，可借助于平面曲线样板或三维检验样架。

（1）平面曲线样板。采用弯曲工艺冲压成形的弹性件、插接件等，可以用样板来检查弯曲后的曲面形状是否合格（见图 7－28 所示）。

用样板检查属比较测量，当工艺要求需用样板检测某一部分曲线形状时，

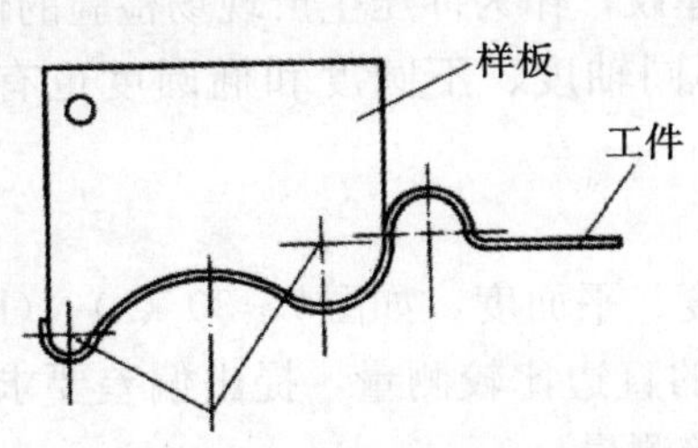

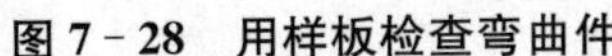
图 7-28 用样板检查弯曲件

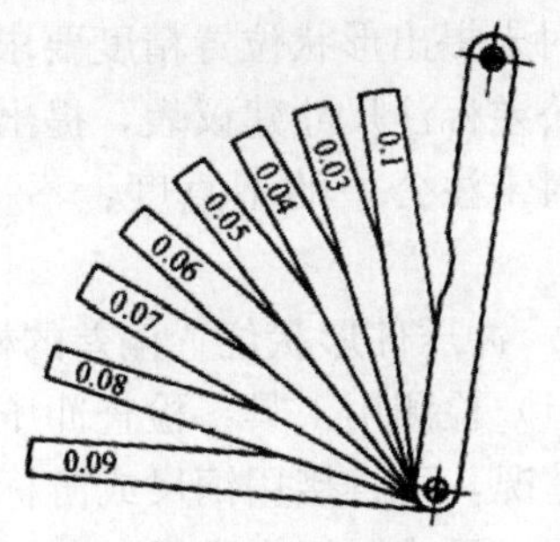

图 7-29 塞尺

应提出关键检测点、面与样板不符合程度的最大允许值。可用游标卡尺测量，也可用塞尺塞入其空隙。不符合程度的实测值作为检测结果。

塞尺又称厚薄规，是由一组不同厚度的薄钢片组成的测量工具，每一片上都标有厚度（见图 7-29 所示）。塞尺的长度有 50、100、200mm 等三种。厚度有不同规格，如 0.03～0.1mm 的，中间每片间隔为 0.01mm；如厚度是 0.1～1mm 时，中间每片间隔为 0.05mm；有厚度是 0.02～0.5mm 的，小于 0.1mm 时的间隔为 0.1mm，大于 0.1mm 时的间隔为 0.05mm。使用时，根据间隙的大小，选用一片或数片（一般不超过三片），重叠一起塞入间隙内，以钢片在间隙内既能活动，又使钢片两面稍有轻微的摩擦为宜。

（2）三维检验样架。三维检验样架又称检验夹具，一般用于大批量生产情况下汽车覆盖零件的冲压精度检验。在检验夹具上测定的项目主要有：外形尺寸（切边、翻边外形）、表面位置、孔的位置、各主要断面、零件的尺寸重复精度等。检验夹具可以检查一个冲压零件的外形尺寸，也可以检查一组装配在一起的冲压零件的配合尺寸。

冲压件在检验夹具的定位件上被夹持后，即处于装配状态下，此时夹具上相对于检验外形的定位基准与被检验的冲压件外形之间一般留有 3mm 的空隙（此空隙大小在工艺、工装设计时确定），用塞尺或游标卡尺检测此空隙实际大小，即可测出冲压件相应尺寸的偏差。

检验夹具是在产品零件的主模型、工艺模型的基础上翻制的。

四、形状位置偏差的检测

冲压件从某种意义上讲属于毛坯件，零件精度要求相对较低。除精密冲压件外，一般不单独提出形状和位置的允许偏差要求。但是，由于冲压后工件尺寸要素形状和位置的偏差会影响到使用性能，如图 7-30 所示。如因落料洞口有倒梢，使冲裁件翘曲［图 7-30（a）］；拉深终了时对材料校正不够，使工件底部鼓起［图 7-30（b）所示］；冲压件毛坯定位不准或冲压时错移，使成形件孔位偏移［图 7-30（c、d）］；模具制造偏差等原因，使孔位产生偏移［图 7-30（e、f）］等。

对未提出形状位置精度要求的冲压件，为保证工件的使用效果，查有关冲压件公差标注尺寸建议表，提出标注规范建议，作为冲压生产现场检验的依据。

对未注公差的不直度、不平行度、不同轴度、不圆度和椭圆度也有具体要求。

1. 冲压件形状位置偏差的检测

(1) 检测用工具：检查冲压件的直线度、平面度，如图 7-30 (a)、(b) 所示的情况，可直接用钢尺或游标卡尺主尺的直边比较测量，提出偏差要求的可用游标卡尺或游标高度尺、游标深度尺直接测量。

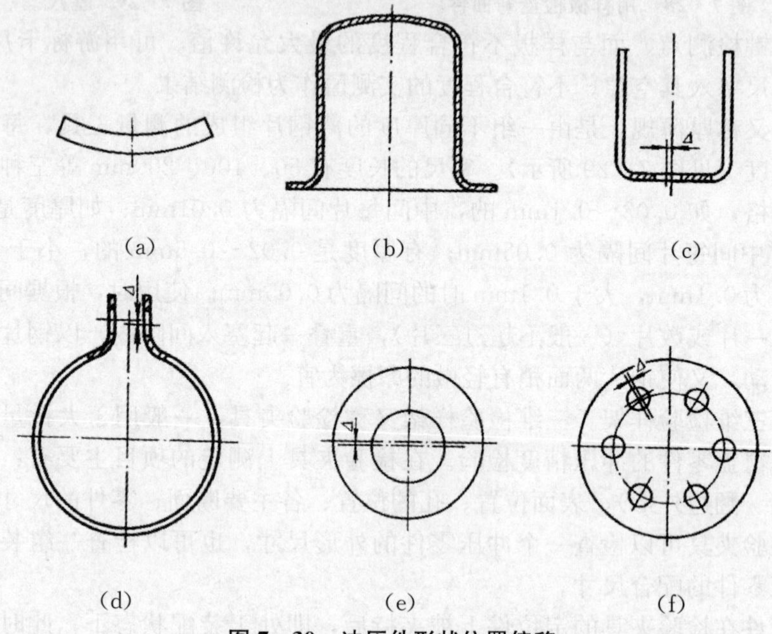

图 7-30 冲压件形状位置偏移

检查冲压件的平行度、同轴度、对称度、位置度等形位偏差用游标卡尺或高度游标尺等进行测量。对垂直度要求可用直角尺比较测量。

(2) 检测的依据：产品零件图和相应工艺文件（冲压工艺卡、检验卡）要求，未提出公差要求的尺寸可参照相关要求检测。

(3) 检测的方法：用通用量具直接测量是最常用的方法；直接测量有困难的，可用游标高度尺划线的方法进行。

2. 模具零件和装配后形位偏差的检测

模具零件和装配后形状和位置的偏差会直接影响冲压件质量，如冲裁凸模与凹模工作部分形状偏移，冲裁间隙不均匀，会影响冲裁件断面质量；凸模轴线对下模凹模平面垂直度的偏差，对薄料冲裁、拉深和冷挤模具等，不仅会降低冲压件质量，甚至会使拉深、冷挤工艺难以完成。

(1) 模具常用零件形状和位置公差要求：

① 凸模固定板上下两平面平行度允差和凸模安装孔对于基面 A 的垂直度允差，见图 7－31（a）所示。垫板、卸料板上下两平面平行度允差，见图 7－31（b）所示。凹模板上下二平面平行度允差和安装凹模孔对基面 A 的垂直度允差，见图 7－31（c）所示。

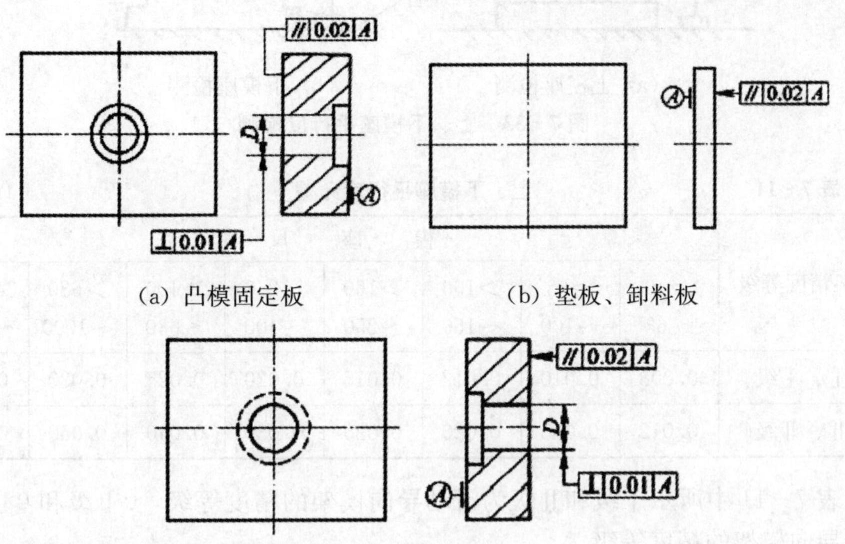

（a）凸模固定板　（b）垫板、卸料板

（c）凹模板

图 7－31　模具零件形位公差要求（一）

② 图 7－32（a）所示为两种形式凸模工作部分尺寸对固定部分尺寸的同轴度允差。图 7－32（b）所示为两种形式镶入式凹模形孔尺寸对固定部分尺寸的同轴度允差。

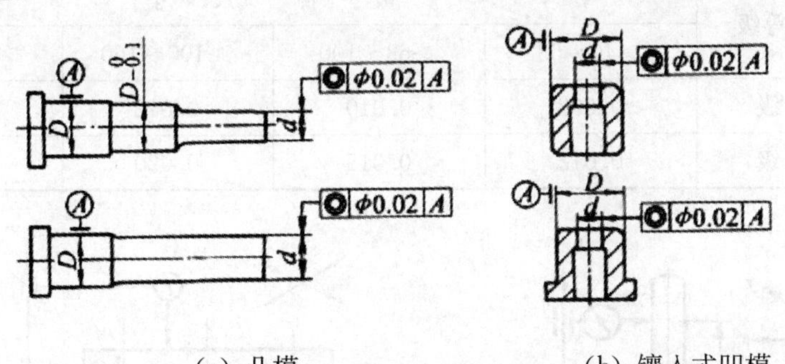

（a）凸模　（b）镶入式凹模

图 7－32　模具零件形位公差要求（二）

③ 冲模模座的形状和位置允差。上模座下平面对上平面的平行度，见图 7－33（a）所示。下模座上平面对下平面的平行度，见图 7－33（b）所示。

标准冲模模架上、下模座平行度允差见表 7－11。

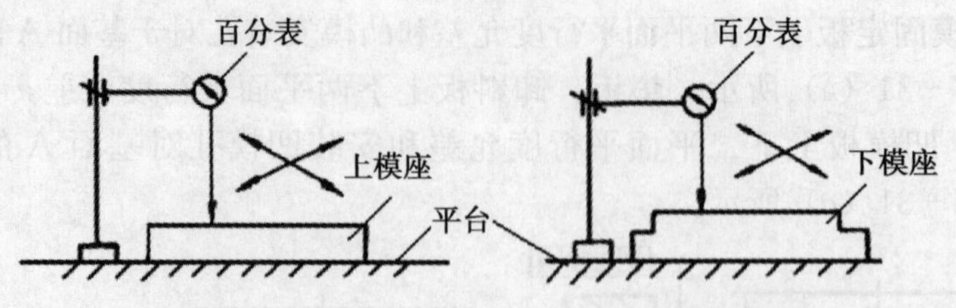

(a) 上模座检测　(b) 下模座检测

图 7-33　上、下模座平行度检测

表 7-11　上、下模座平行度允差　(mm)

模架精度等级	模座尺寸							
	>40~63	>63~100	>100~160	>160~250	>250~400	>400~630	>630~1000	>1000~1600
0Ⅰ、Ⅰ级	0.008	0.010	0.012	0.015	0.020	0.025	0.030	0.040
0Ⅱ、Ⅱ级	0.012	0.015	0.020	0.025	0.030	0.040	0.050	0.060

表 7-11 中所示Ⅰ级和Ⅱ级为滑动导向模架的精度等级，0Ⅰ级和0Ⅱ级为滚动导向模架的精度等级。

导柱轴心线对下模座下平面的垂直度，如图 7-34 所示。标准冲模模架导柱轴线对下模座平面的垂直度允差，见表 7-12。模架上模座上平面对下模座下平面的平行度，见图 7-35 所示。

表 7-12　导柱垂直度允差　(mm)

模架精度等级	被测尺寸			
	>40~63	>63~100	>100~160	>160~250
0Ⅰ、Ⅰ级	0.008	0.010	0.012	0.025
0Ⅱ、Ⅱ级	0.012	0.015	0.020	0.040

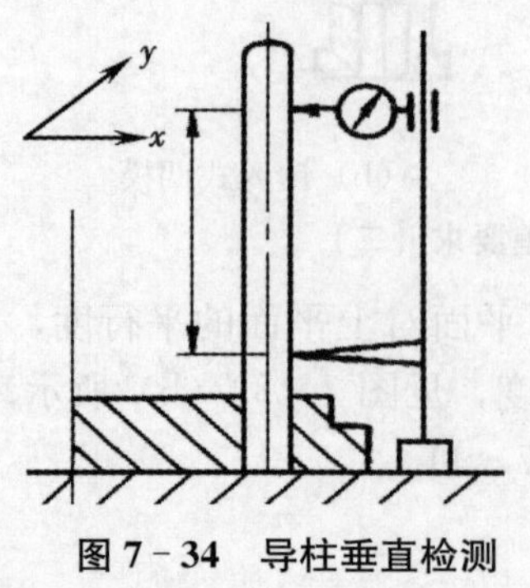

图 7-34　导柱垂直检测

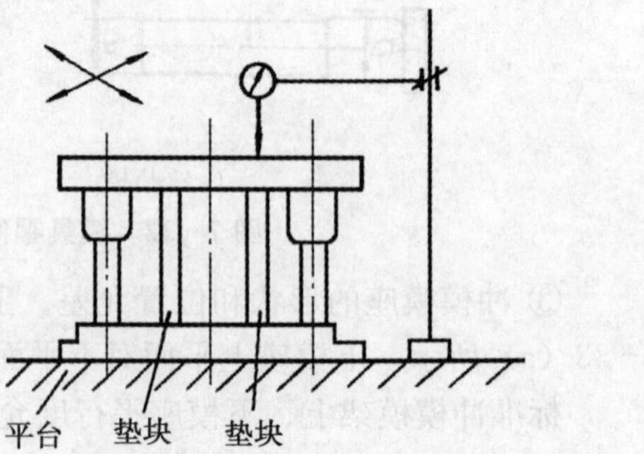

平台　垫块　垫块

图 7-35　模架平行度检测

标准冲模模架上模座上平面对下模座下平面平行度允差见表 7－13。非标准模架及零件的形状、位置偏差要求可参照标准模架的数值选用。

表 7－13　　模架上下平面平行度允差　　(mm)

模架精度等级	被测尺寸							
	>40～63	>63～100	>100～160	>160～250	>250～400	>400～630	>630～1000	>1000～1600
0Ⅰ、Ⅰ级	0.12	0.15	0.20	0.25	0.30	0.40	0.50	0.60
0Ⅱ、Ⅱ级	0.020	0.025	0.030	0.040	0.050	0.060	0.080	0.100

(2) 形状和位置偏差的检测：

① 模具零件形状和位置偏差一般多采取直接测量的方法，测量工具有游标卡尺、高度游标尺、百分表等。

② 模架及其零件形位偏差的检测：上、下模座平行度检测见图 7－33 所示，一般采用百分表等检测。导柱轴线对下模座下平面的垂直度检测见图 7－34 所示，具体方法如下：

装有导柱的下模座放在测量平台上，将已用圆柱角度尺校正的专用指示器在 x、y 两个方向上测量，其测量读数为两个方向的垂直度误差 Δx 和 Δy。

导柱轴线的垂直度误差为 Δ：

$$\Delta = \sqrt{\Delta x^2 + \Delta y^2}$$

模架上模座上平面对下模座下平面的平行度检测见图 7－35 所示，检测时将模架放在测量平台上，在上、下模座之间用两块等高垫块支撑上模座，等高垫块的高度必须控制在被测模架闭合高度范围内，用百分表指示器沿凹模周界对角线测量被测表面。

模架检测使用测量器具如下：百分表（刻度值 0.01mm）；千分表（刻度值 0.001 mm）；外径千分尺（刻度值 0.001 mm）；测量平台（板）（1 级）；浮标式气动量仪（0.0005～0.002 mm）；圆柱角尺（0 级）；圆度仪 V 形架。

五、冲压件表面质量检查

（一）冲裁件表面质量

1. 检查内容

(1) 如图 7－36 所示，金属材料冲裁件表面质量检查内容包括冲裁断面光亮带的相对宽度和毛刺高度，见表 7－14。

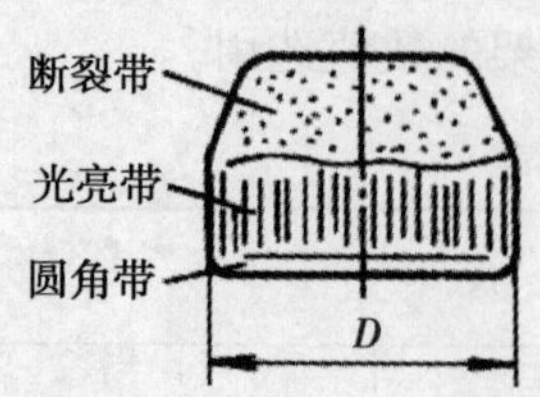

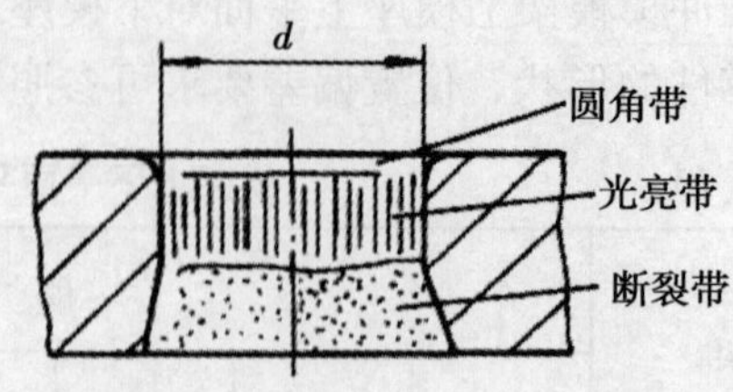

图 7-36 冲裁断表面宽度检查

表 7-14 冲裁断面光亮带相对宽度表

材料		占料厚（t）百分比（%）	
		退火	硬化
钢板（碳的质量分数%）	0.1	50	38
	0.2	40	28
	0.3	33	22
	0.4	27	17
	0.6	20	9
	0.8	15	5
	1.0	10	2
硅钢片		30	
青铜板		25	17
黄铜板		50	20
纯铜板		55	30
硬铝、铝板		50	30

金属材料冲裁时产生的毛刺，可以控制在一定的范围，确定一个适用的允许毛刺高度，既可保证产品质量又保持一定的经济效果。适用毛刺高度见表 7-15。表 7-15 使用说明：

① 精度等级是按冲裁的精度要求分三种：A 级（精密级），适用于要求较高的冲压件；B 级（中等级），适用于中等要求的冲压件；C 级（粗糙级），适用于一般要求的冲压件。

② 冲压件生产检查时，应不超出表列数值上限，否则应修复模具。

③ 新模具试模时，应以接近下限数值检定。

④ 汽车冲压件未特殊注明者，按 C 级精度检查。

⑤ 表 7-15 所列数值适用于垂直整体刃口的冲裁工序件。对斜向冲裁时，允许表列数值乘以 2.0 的系数。镶块刃口接缝处按 1.5 倍，废料刀处按 2.0 倍。

表 7－15　　金属冲压件毛刺高度

材料抗拉强度（MPa）	常用材料	精度等级	材料厚度（mm）									
			≤0.1		>0.1～0.25		>0.25～0.4		>0.4～0.63		>0.63～1.0	
			从	到	从	到	从	到	从	到	从	到
100～250	电工硅钢（退火）铝铝镁合金（退火）	A	0.01	0.02	0.02	0.03	0.02	0.05	0.03	0.08	0.03	0.12
		B	0.02	0.03	0.03	0.05	0.03	0.07	0.04	0.11	0.04	0.17
		C	0.02	0.05	0.04	0.08	0.04	0.10	0.05	0.15	0.06	0.23
250～400	08，10，15，20，Q195，不锈钢	A	0.01	0.02	0.02	0.03	0.02	0.04	0.02	0.05	0.03	0.09
		B	0.01	0.02	0.02	0.04	0.02	0.05	0.03	0.07	0.04	0.13
		C	0.02	0.03	0.03	0.05	0.03	0.07	0.04	0.10	0.05	0.17
400～630	Q235，15Mn，30，35，40，硬铝	A	0.005	0.01	0.01	0.02	0.02	0.03	0.02	0.04	0.03	0.05
		B	0.01	0.02	0.02	0.03	0.02	0.04	0.03	0.05	0.04	0.07
		C	0.02	0.03	0.02	0.04	0.03	0.05	0.04	0.07	0.05	0.10
>630	45，50，65，T7，T10，65Mn	A	0.005	0.01	0.005	0.01	0.01	0.02	0.01	0.02	0.02	0.03
		B	0.01	0.02	0.01	0.02	0.01	0.02	0.02	0.03	0.03	0.04
		C	0.02	0.03	0.03	0.03	0.03	0.03	0.03	0.04	0.04	0.05

材料抗拉强度（MPa）	常用材料	精度等级	材料厚度（mm）									
			>1.0～1.6		>1.6～2.5		>2.5～4		>4～6.3		>6.3～10	
			从	到	从	到	从	到	从	到	从	到
100～250	电工硅钢（退火）铝铝镁合金（退火）	A	0.04	0.17	0.05	0.25	0.07	0.36	0.10	0.60	0.14	0.95
		B	0.05	0.25	0.07	0.37	0.10	0.54	0.15	0.90	0.21	1.42
		C	0.07	0.34	0.10	0.50	0.14	0.72	0.20	1.20	0.25	1.9
250～400	08，10，15，20，Q195，不锈钢	A	0.03	0.12	0.05	0.18	0.06	0.25	0.08	0.36	0.11	0.50
		B	0.04	0.18	0.07	0.25	0.09	0.37	0.12	0.54	0.17	0.75
		C	0.06	0.24	0.09	0.35	0.12	0.50	0.18	0.73	0.23	1.0
400～630	Q235，15Mn，30，35，40，硬铝	A	0.03	0.07	0.04	0.11	0.05	0.20	0.07	0.22	0.09	0.32
		B	0.04	0.11	0.06	0.16	0.07	0.30	0.10	0.33	0.13	0.48
		C	0.06	0.15	0.08	0.22	0.10	0.40	0.14	0.45	0.18	0.65
>630	45，50，65，T7，T10，65Mn	A	0.03	0.04	0.04	0.06	0.05	0.09	0.06	0.13	0.07	0.17
		B	0.04	0.06	0.05	0.09	0.07	0.13	0.08	0.19	0.10	0.26
		C	0.05	0.08	0.07	0.12	0.09	0.18	0.11	0.26	0.13	0.35

（2）非金属材料冲裁件表面质量主要检查冲裁件边缘是否有分层和崩裂。如纸胶板、云母片等材料冲裁时，易产生边缘分层和崩裂现象。

2. 检查方法

冲裁件毛刺高度检测：材料厚度小于 1mm 时，用 β 透射式测厚仪，大于 1mm 时，用 α 透射式测厚仪。一般冲压生产现场条件不具备时，可用外径百分尺直接测量。冲裁断面光亮带的相对厚度检测，可采用游标卡尺或目测。除检查宽度大小外，还应检查光亮带宽度的均匀性，避免过大过小或突变。非金属材料冲裁件断面状况一般采用目测的方法。

（二）成形件表面质量检查

1. 弯曲成形件表面质量的主要瑕疵

（1）曲角外侧裂纹；

（2）外表面压痕、拉伤、表面挤压料变薄；

（3）U 形弯曲件底部产生曲度（外鼓）；

（4）弯曲线两端部翘曲，见图 7－37（a）所示；

（5）弯曲件宽度方向变形，在宽度方向上出现弓形挠度，见图 7－37（b）所示。

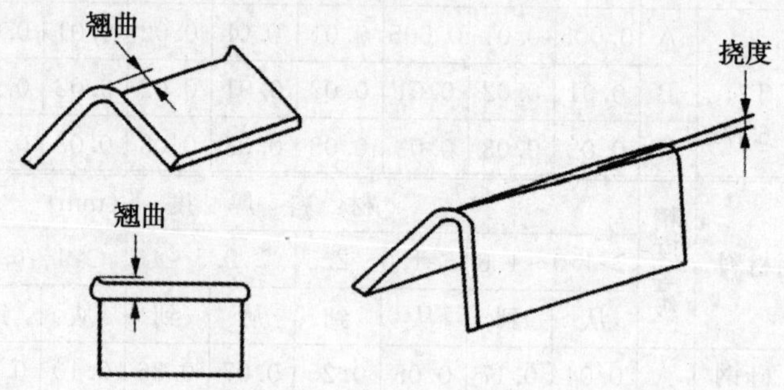

图 7－37 弯曲件质量瑕疵

2. 拉深成形件表面质量的主要瑕疵

（1）壁部破裂、裂纹；

（2）凸缘部起皱，见图 7－38（a）所示；

（3）锥形、球形件侧壁部分产生纵向皱折和横向波纹，见图 7－38（b）、（c）所示；

（4）凸模圆角处过度变薄产生“缩颈”现象，见图 7－38（d）所示；

（5）侧壁部分外表面产生过大的拉伤（不锈钢拉深件出现较多）、印痕；

（6）平底拉深件底部不平、鼓起；

（7）浅拉深件拉深后工件翘曲；

（8）矩形拉深件直边部分外弹松弛；

（9）冲压成形变形小、较平坦的部位出现线状、波纹状或树枝状凹凸的表面滑移线；

（10）大型覆盖件拉深后，大曲面处有咕咚声，刚性差。

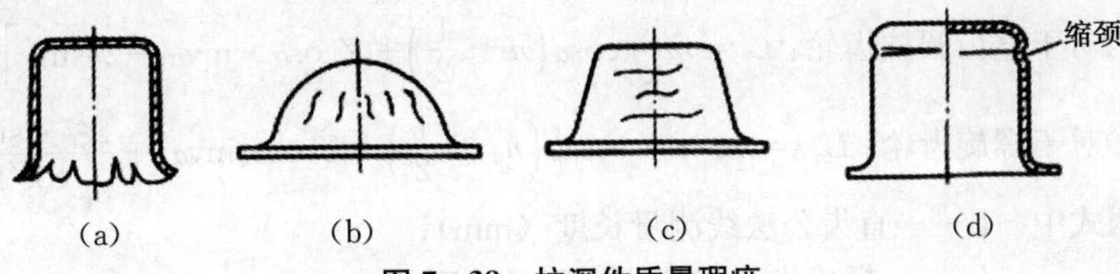

图 7-38 拉深件质量瑕疵

3. 成形件表面质量检查方法

外观检查常用手摸、目测、光照反射、光照投影等方法进行检验。

六、冲压件典型工艺测量计算

(一) 齿条齿厚的测量计算（如图 7-39 所示）

$$d=\frac{\pi m}{2\cos\alpha_0}$$

$$A=\frac{\pi m(\sin\alpha_0+1)}{4\cos\alpha_0}-m$$

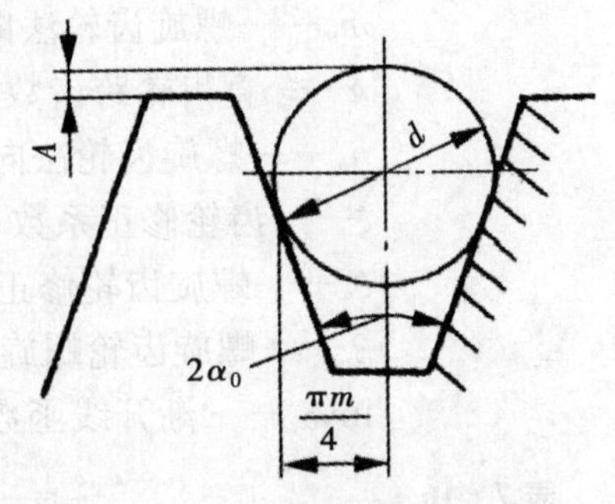

图 7-39 齿条齿厚的测量

式中 d——量棒直径（mm）；

A——测量值（mm）；

M——模数（mm）；

α_0——压力角（°）。

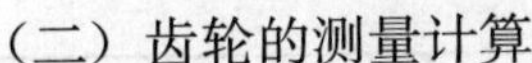

(二) 齿轮的测量计算

1. 公法线长度的测量计算

(1) 跨齿数的确定

①对于直齿轮：$n=\frac{\alpha}{\pi}Z+0.5$

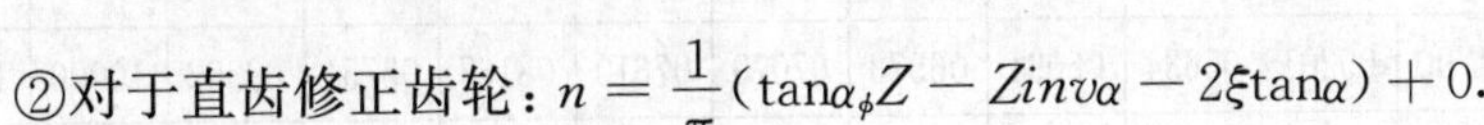

②对于直齿修正齿轮：$n=\frac{1}{\pi}(\tan\alpha_\phi Z-Zinv\alpha-2\xi\tan\alpha)+0.5$

③对于斜齿轮：$n_n=\frac{Z}{\pi}(\tan\alpha_t\tan^2\beta_{基}+\tan\alpha_t-inv\alpha_t)+0.05$

三式中 n——直齿轮跨齿数；

n_n——法向跨齿数；

α——齿轮压力角（°）；

α_t——齿轮端面压力角（°）；

α_ϕ——齿轮中径压力角（°）；

Z——齿轮齿数；

$\mathrm{inv}\alpha_t$——渐开线函数，见表 7-16；

$\beta_{基}$——齿轮基圆螺旋角（°）。

(2) 公法线长度的计算：

①对于直齿圆柱齿轮：$L = m\left[\pi\cos\alpha\left(n-\frac{1}{2}\right)+Z\cos\alpha\cdot \mathrm{inv}\alpha+2\xi\sin\alpha\right]$

②对于螺旋齿轮：$L_n = m_n\left[\pi\cdot\cos\alpha_n\left(n_n-\frac{1}{2}\right)+Z\cos\alpha_n \mathrm{inv}\alpha_t+\frac{2\xi_n\cdot\sin\alpha_n}{\cos^2\beta}\right]$

两式中 L——直齿公法线测量长度（mm）；

L_n——螺旋齿法向公法线测量长度（mm）；

α——直齿轮压力角（°）；

α_n——螺旋齿轮法向压力角（°），$\tan\alpha_n=\tan\alpha_s\cdot\cos\beta$；

α_t——螺旋齿轮端面压力角（°）；

Z——齿轮齿数；

m——直齿轮模数（mm）；

m_n——螺旋齿轮法向模数（mm），$m_n=m_s\cos\beta_f$；

n——直齿轮跨齿数；

n_n——螺旋齿轮法向跨齿数；

ξ——齿轮修正系数；

ξ_n——螺旋齿轮修正系数；

β——螺旋齿轮螺旋角（°）；

$\mathrm{inv}\alpha_t$——渐开线函数，见表 7－16。

表 7－16 **渐开线函数表**

α/(°)	各行前几位相同的数字	0′	5′	10′	15′	20′	25′	30′	35′	40′	45′	50′	55′
1	0.000	00177	00225	00281	00346	00420	00504	00598	00704	00821	00950	01092	01248
2	0.000	01418	01603	01804	02020	02253	02503	02771	03058	03364	03689	04035	04402
3	0.000	04790	05201	05634	06091	06573	07079	07610	08167	08751	09362	10000	10668
4	0.000	11364	12090	12847	13634	14453	15305	16189	17107	18059	19045	20067	21125
5	0.000	22220	23352	24522	25731	26978	28266	29594	30963	32374	33827	35324	36864
6	0.00	03845	04008	04175	04347	04524	04706	04897	05093	05280	05481	05687	05898
7	0.00	06115	06337	06564	06797	07035	07279	07528	07783	08044	08310	08582	08861
8	0.00	09145	09435	09732	10034	10343	10559	10980	11308	11643	11984	12332	12687
9	0.00	13048	13416	13792	14174	14563	14960	15363	15774	16193	16618	17051	17492
10	0.00	17941	18397	18860	19332	19812	20299	20795	21299	21810	22330	22859	23396
11	0.00	23941	24495	25057	25628	26208	26797	27394	28001	28616	29241	29875	30518
12	0.00	31171	31832	32504	33185	33875	34575	35285	36005	36735	37474	38224	38984
13	0.00	39754	40534	41325	42126	42938	43760	44593	45437	46291	47157	48033	48921

续表 1

α/(°)	各行前几位相同的数字	0′	5′	10′	15′	20′	25′	30′	35′	40′	45′	50′	55′
14	0.00	49819	50729	51650	52582	53526	54482	55448	56427	57417	58420	59434	60460
15	0.00	61498	62548	63611	64686	65773	66873	67985	69110	70248	71398	72561	73738
16	0.0	07493	07613	07735	07857	07982	08107	08234	08362	08492	08623	08756	08889
17	0.0	09025	09161	09299	09439	09580	09722	09866	10012	10158	10307	10456	10608
18	0.0	10760	10915	11071	11228	11387	11547	11709	11873	12038	12205	12373	12543
19	0.0	12715	12888	13063	13240	13418	13598	13779	13963	14148	14334	14523	14713
20	0.0	14904	15098	15293	15490	15689	15890	16092	16296	16502	16710	16920	17132
21	0.0	17345	17560	17777	17996	18217	18440	18665	18891	19120	19350	19583	19817
22	0.0	20054	20292	20533	20775	21019	21266	21514	21765	22018	22272	22529	22788
23	0.0	23049	23312	23577	23845	24114	24386	24660	24936	25214	25495	25778	26062
24	0.0	26350	26639	26931	27225	27521	27820	28121	28424	28729	29037	29348	29660
25	0.0	29975	30293	30613	30935	31260	31587	31917	32249	32583	32920	33260	33602
26	0.0	33947	34294	34644	34997	35352	35709	36069	36432	36798	37166	37537	37910
27	0.0	38287	38666	39047	39432	39819	40209	40612	40997	41395	41797	42201	42607
28	0.0	43017	43430	43845	44264	44685	45110	45537	45967	46400	46837	47276	47718
29	0.0	48164	48612	49064	49518	49976	50437	50901	51368	51838	52312	52788	53268
30	0.0	53751	54238	54728	55221	55717	56217	56720	57226	57736	58249	58765	59285
31	0.0	59809	60336	60866	61400	61937	62478	63022	63570	64122	64677	65236	65799
32	0.0	66364	66934	67507	68084	68665	69250	69838	70430	71026	71626	72230	72838
33	0.0	73449	74064	74684	75307	75934	76565	77200	77839	78483	79130	79781	80437
34	0.0	81097	81760	82428	83100	83777	84457	85142	85832	86525	87223	87925	88631
35	0.0	89342	90058	90777	91502	92230	92963	93701	94443	95190	95924	96698	97459
36	0.0	09822	09899	09977	10055	10133	10212	10292	10371	10452	10533	10614	10696
37	0.0	10778	10861	10944	11028	11113	11197	11283	11369	11455	11542	11630	11718
38	0.0	11806	11895	11985	12075	12165	12257	12348	12441	12534	12627	12721	12815
39	0.0	12911	13006	13102	13199	13297	13395	13493	13592	13692	13792	13893	13995
40	0.0	14097	14200	14303	14407	14511	14616	14722	14829	14936	15043	15152	15261
41	0.0	15370	15480	15591	15703	15815	15928	16041	16156	16270	16386	16502	16619
42	0.0	16737	16855	16974	17093	17214	17336	17457	17579	17702	17826	17951	18076
43	0.0	18202	18329	18457	18585	18714	18844	18975	19106	19238	19371	19505	19639

续表 2

α/(°)	各行前几位相同的数字	0′	5′	10′	15′	20′	25′	30′	35′	40′	45′	50′	55′
44	0.0	19774	19910	20047	20185	20323	20463	20603	20743	20885	21028	21171	21315
45	0.0	21460	21606	21753	21900	22049	22198	22348	22499	22651	22804	22958	23112
46	0.0	23268	23424	23582	23740	23899	24059	24220	24382	24545	24709	24874	25040
47	0.0	25206	25374	25543	25713	25883	26055	26228	26401	26576	26752	26929	27107
48	0.0	27285	27465	27646	27828	28012	28196	28381	28567	28755	28943	29133	29324
49	0.0	29516	29709	29903	30098	30295	30492	30691	30891	31092	31295	31493	31703
50	0.0	31909	32116	32324	32534	32745	32957	33171	33385	33601	33818	34037	34257
51	0.0	34478	34700	34924	35149	35376	35604	35833	36063	36295	36529	36763	36999
52	0.0	37237	37476	37716	37958	38202	38446	38693	38941	39190	39441	39693	39947
53	0.0	40202	40459	40717	40977	41239	41502	41767	42034	42302	42571	42843	43116
54	0.0	43390	43667	43945	44225	44506	44789	45074	45361	45650	45904	46232	46526
55	0.0	46822	47119	47419	47720	48023	48328	48635	48944	49255	49568	49882	50199
56	0.0	50518	50838	51161	51486	51813	52141	52472	52805	53141	53478	53817	54159
57	0.0	54503	54849	55197	55547	55900	56255	56612	56972	57333	57698	58064	58433
58	0.0	58804	59178	59554	59933	60314	60697	61083	61472	61863	62257	62653	63052
59	0.0	63454	63858	64265	64674	65086	65501	65919	66340	66763	67189	67618	68050

注：用法说明①找出角 $\alpha=14°30'$ 的 $\text{inv}\alpha=0.0055448$。

②找出角 $\alpha=22°18'25''$ 的 inv。在表中找出 $\text{inv}22°15'=0.020775$。表中 5′（300″）的差为 0.000244，附加的 3′25″（205″）的 inv 数值应为 $\frac{0.000244\times205}{300}=0.000167$，因此 $\text{inv}22°18'25''=0.020775+0.000167=0.020942$。

如图 7－40 所示，标准直齿圆柱齿轮的跨测齿数及公法线长度值见表 7－17。

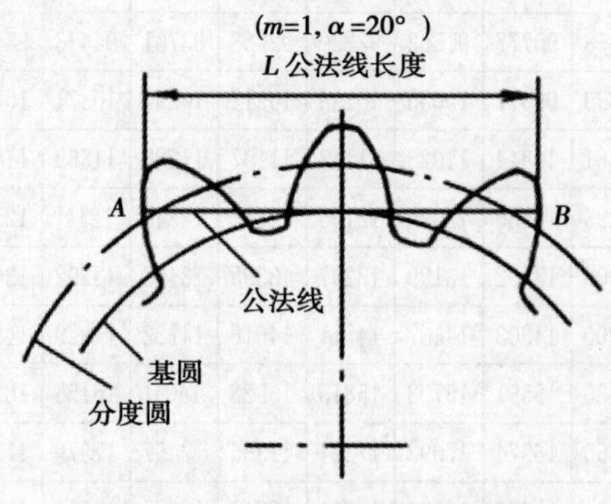

图 7－40　跨测齿轮及公法线长度

表 7－17　　标准直齿圆柱齿轮公法线长度数值表

被测齿轮总齿数 z	跨测齿数 n	公法线长度值 L（mm）	被测齿轮总齿数 z	跨测齿数 n	公法线长度值 L（mm）
10	2	4.5683	49	6	16.9230
11	2	4.5823	50	6	16.9370
12	2	4.5963	51	6	16.9510
13	2	4.6103	52	6	16.9650
14	2	4.6243	53	6	16.9790
15	2	4.6383	54	6	16.9930
16	2	4.6523	55	7	19.9591
17	2	4.6663	56	7	19.9732
18	2	4.6803	57	7	19.9872
19	3	7.6464	58	7	20.0012
20	3	7.6604	59	7	20.0152
21	3	7.6744	60	7	20.0292
22	3	7.6884	61	7	20.0432
23	3	7.7025	62	7	20.0572
24	3	7.7165	63	7	20.0712
25	3	7.7305	64	8	23.0373
26	3	7.7445	65	8	23.0513
27	3	7.7585	66	8	23.0653
28	4	10.7246	67	8	23.0793
29	4	10.7386	68	8	23.0933
30	4	10.7526	69	8	23.1074
31	4	10.7666	70	8	23.1214
32	4	10.7806	71	8	23.1354
33	4	10.7946	72	8	23.1494
34	4	10.8086	73	9	26.1155
35	4	10.8226	74	9	26.1295
36	4	10.8367	75	9	26.1435
37	5	13.8028	76	9	26.1575
38	5	13.8168	77	9	26.1715
39	5	13.8308	78	9	26.1855
40	5	13.8448	79	9	26.1995
41	5	13.8588	80	9	26.2135
42	5	13.8728	81	9	26.2275
43	5	13.8868	82	10	29.1937
44	5	13.9008	83	10	29.2077
45	5	13.9148	84	10	29.2217
46	6	16.8810	85	10	29.2357
47	6	16.8950	86	10	29.2497
48	6	16.9090	87	10	29.2637

续表 1

被测齿轮总齿数 z	跨测齿数 n	公法线长度值 L（mm）	被测齿轮总齿数 z	跨测齿数 n	公法线长度值 L（mm）
88	10	29.2777	127	15	44.5846
89	10	29.2917	128	15	44.5986
90	10	29.3057	129	15	44.6126
91	11	32.2719	130	15	44.6266
92	11	32.2859	131	15	44.6406
93	11	32.2999	132	15	44.6546
94	11	32.3139	133	15	44.6686
95	11	32.3279	134	15	44.6826
96	11	32.3419	135	15	44.6966
97	11	32.3559	136	16	47.6628
98	11	32.3699	137	16	47.6768
99	11	32.3839	138	16	47.6908
100	12	35.3500	139	16	47.7048
101	12	35.3641	140	16	47.7188
102	12	35.378l	141	16	47.7328
103	12	35.392l	142	16	47.7468
104	12	35.406l	143	16	47.7608
105	12	35.420l	144	16	47.7748
106	12	35.4341	145	17	50.7410
107	12	35.448l	146	17	50.7550
108	12	35.5572	147	17	50.7690
109	13	38.4282	148	17	50.7830
110	13	38.4422	149	17	50.7970
111	13	38.4563	150	17	50.8110
112	13	38.4703	151	17	50.8250
113	13	38.4843	152	17	50.8390
114	13	38.4983	153	17	50.8530
115	13	38.5123	154	18	53.8192
116	13	38.5263	155	18	53.8332
117	13	38.5403	156	18	53.8472
118	14	41.5064	157	18	53.8612
119	14	41.5205	158	18	53.8752
120	14	41.5344	159	18	53.8892
121	14	41.5484	160	18	53.9032
122	14	41.5625	161	18	53.9172
123	14	41.5765	162	18	53.9312
124	14	41.5905	163	19	56.8973
125	14	41.6045	164	19	56.9113
126	14	41.6185	165	19	56.9254

续表 2

被测齿轮总齿数 z	跨测齿数 n	公法线长度值 L（mm）	被测齿轮总齿数 z	跨测齿数 n	公法线长度值 L（mm）
166	19	56.9394	184	21	63.0957
167	19	56.9534	185	21	63.1097
168	19	56.9674	186	21	63.1237
169	19	56.9814	187	21	63.1377
170	19	56.9954	188	21	63.1517
171	19	57.0094	189	21	63.1657
172	20	59.9755	190	22	66.1319
173	20	59.9895	191	22	66.1459
174	20	60.0035	192	22	66.1599
175	20	60.0175	193	22	66.1739
176	20	60.0315	194	22	66.1879
177	20	60.0456	195	22	66.2019
178	20	60.0596	196	22	66.2159
179	20	60.0736	197	22	66.2299
180	20	60.0876	198	22	66.2439
181	21	63.0537	199	23	69.2101
182	21	63.0677	200	23	69.2241
183	21	63.0817			

注：若模数 m 不等于 1，其 L 值等于表中的 L 值乘 m。

（三）量针测量齿轮 M 值的计算

（1）对于偶数齿，如图 7－41 所示。

$$M = mZ\rho \pm d$$
$$\Delta M = M' - M$$
$$= M' - (mZ\rho \pm d)$$

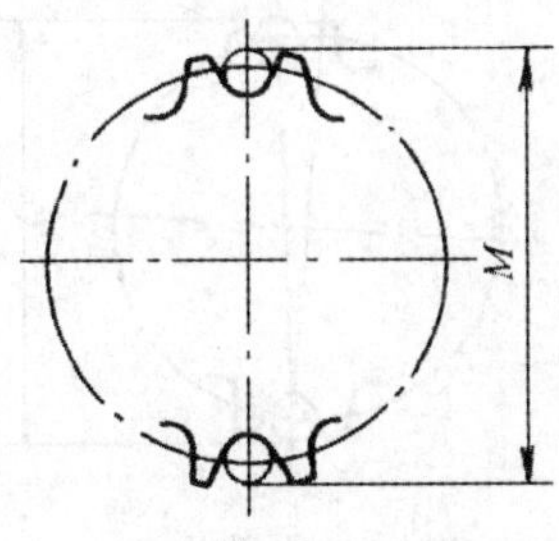

偶数齿

图 7－41　量针测量齿轮 M 值

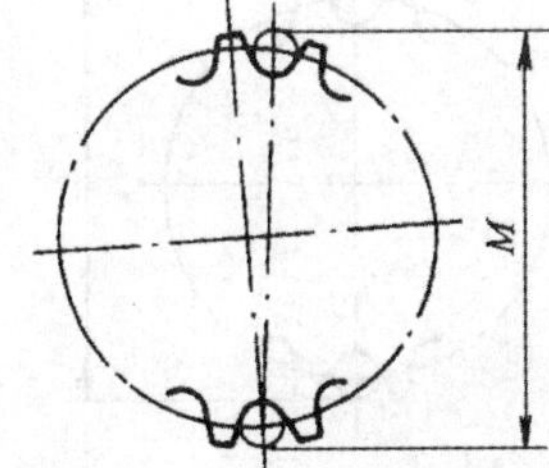

奇数齿

图 7－42　量针测量齿轮 M 值

（2）对于奇数齿，如图 7－42 所示。

$$M = mZ\rho \cdot \cos\frac{90^\circ}{Z} \pm d$$

$$\Delta M = M' - M = M' - \left(mZ\rho\cos\frac{90^\circ}{Z} \pm d\right)$$

式中 M——理论量针测量值（mm）；

M'——实际量针测量值（mm）；

a_f——节圆压力角（°）；

m——齿轮模数（mm）；

Z——齿轮齿数；

d——量针直径（mm），$\left(d = \frac{\pi m}{2}\cos\alpha_f\right)$；

ρ——系数 $\left(\rho = \frac{\cos\alpha_f}{\cos\alpha_x}\text{ 标准齿轮 }\rho = 1\right)$；

α_x——某处的齿轮压力角（°）；

“+”——用于外啮合齿轮；

“-”——用于内啮合齿轮。

（四）链轮的测量计算

1. 滚子链轮的测量计算

（1）对于偶数齿，如图 7-43（a）所示。

$$M = d_f + 2d$$

（2）对于奇数齿，见图 7-43（b）所示。

$$M = d_f\cos\frac{90^\circ}{Z} + 2d$$

式中 M——测量值（mm）；

d_f——链轮根圆直径（mm）；

d——量棒直径（mm）；

Z——链轮齿数。

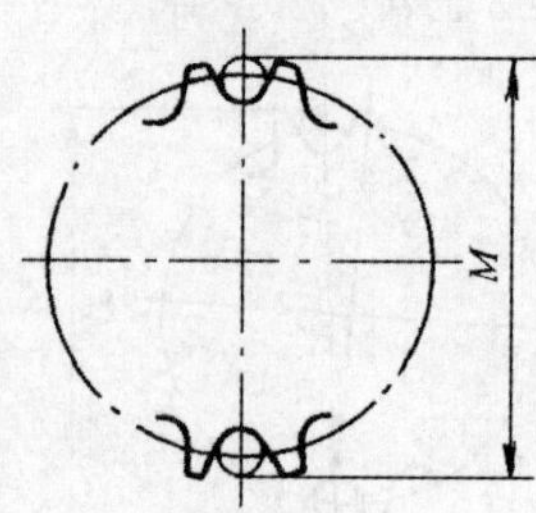

（a）偶数齿

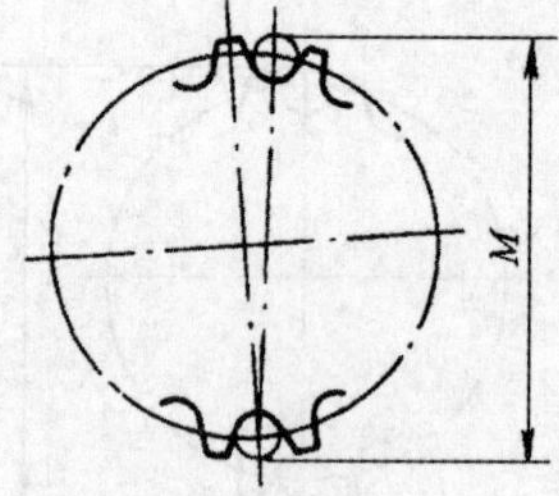

（b）奇数齿

图 7-43 滚子链轮的测量

2. 齿形链轮的测量计算

（1）对于偶数齿，如图 7-44 所示。

$$M = D - \frac{0.125t}{\sin\beta} + d$$

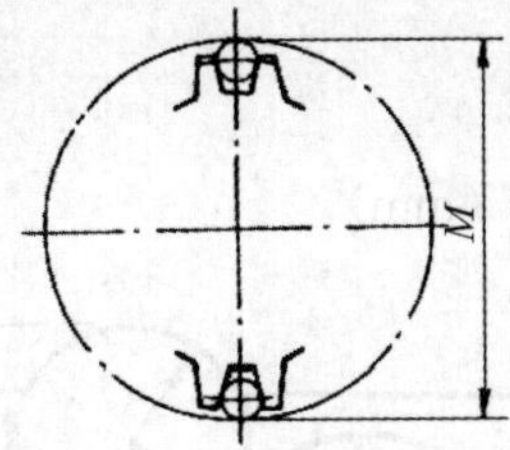

偶数齿

图 7－44　齿形链轮的测量

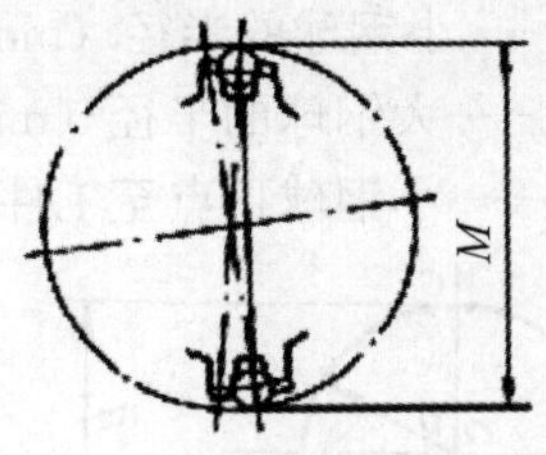

奇数齿

图 7－45　齿形链轮的测量

(2) 对于奇数齿，如图 7－45 所示。

$$M=\left(D-\frac{0.125t}{\sin\beta}\right)\cos\frac{90^\circ}{Z}+d$$

式中　M——实际测量值（mm）；

D——链轮分度圆直径（mm）；

d——量棒直径（mm），$d=0.625t$；

t——链轮节距（mm）；

β——链轮齿槽角度（°）；

Z——链轮齿数。

（五）用钢球测量孔径的计算

用精密的钢球测量圆孔直径，可获得满意的精度。

(1) 用一个钢球测量孔径的计算，如图 7－46 所示

已知：D、H　求：d。

解：从直角三角形△OAB 中可得知：$\overline{AB}=\sqrt{\overline{AO}^2-\overline{OB}^2}$

而$\overline{AO}=\frac{D}{2}$ $\overline{OB}=\overline{CB}-\overline{CO}=H-\frac{D}{2}$，

因为 $d=2\overline{AB}=2\sqrt{\overline{AO}^2-\overline{OB}^2}=2\sqrt{\left(\frac{D}{2}\right)^2-\left(H-\frac{D}{2}\right)^2}$ 简化后得 $d=\sqrt{H(D-H)}$

式中　d——被测量的孔径（mm）；

H——钢球高出平面的高度（mm）；

D——钢球直径（mm）。

(2) 用二个钢球测量孔径的计算，如图 7－47 所示

已知：r、R、E　求：x。

解：$x=R+r+\overline{AB}$

因为$\overline{AB}=\sqrt{(R+r)^2-\overline{BC}^2}=\sqrt{(R+r)^2-[E-(R+r)]^2}$

所以 $x=\sqrt{(R+r)^2-[E-(R+r)]^2}+R+r$

式中　x——被测量的孔径（mm）；

r——小钢球的半径（mm）；

R——大钢球的半径（mm）；

E——小钢球顶点至工件底面高度（mm）。

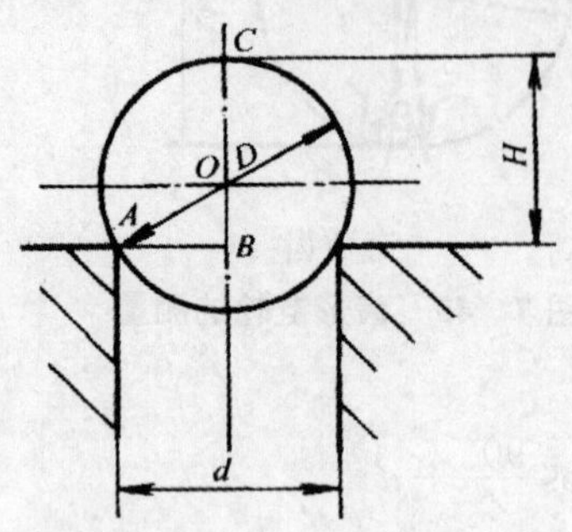

图 7－46　用一个钢球测量孔径

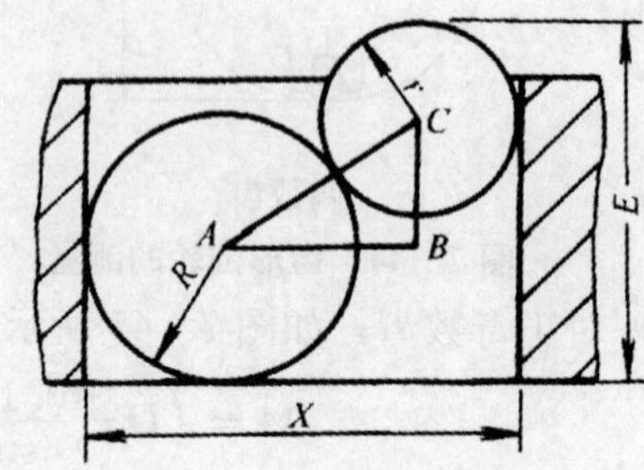

图 7－47　用二个钢球测量孔径

如果两钢球的直径相同，公式可简化如下：

设钢球的直径为 D，则：

$$X = D + \overline{AB} = D + \sqrt{D^2 - (E - D)^2}$$

（3）用 4 个钢球测量孔径的计算，如图 7－48 所示

已知：R、B　求：x。

解：$\overline{AC} = 2R = D$

$\overline{BC} = E - 2R = E - D$

$\overline{AB} = \sqrt{\overline{AC}^2 - \overline{BC}^2} = \sqrt{D^2 - (E - D)^2} = \sqrt{2ED - E^2}$

$x = 2\,\overline{AB} + D = 2\sqrt{2ED - E^2} + D$

式中　x——被测量的孔径（mm）；

E——钢球顶点至工件底面距离（mm）；

D——钢球直径（mm）。

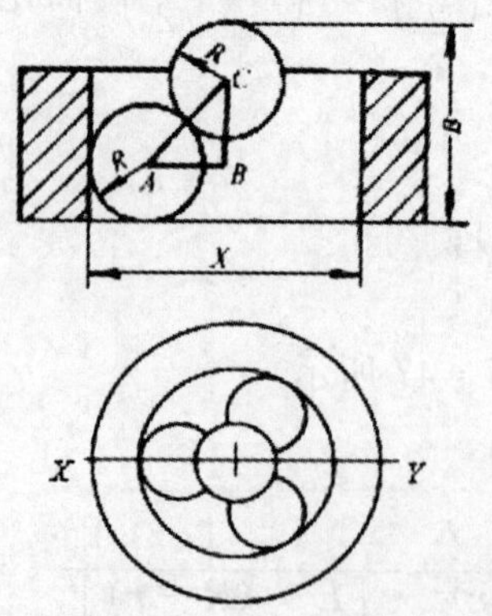

图 7－48　用 4 个钢球测量孔径

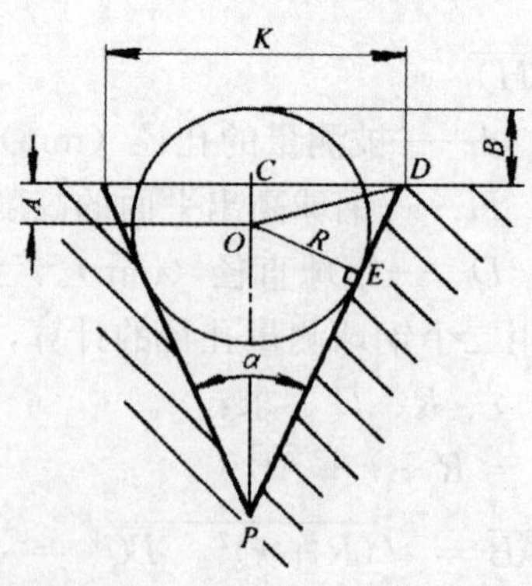

图 7－49　一个钢球测量锥孔的夹角

（六）用钢球测量锥孔的计算

(1) 用一个钢球测量锥孔夹角的计算，如图 7－49 所示

已知：R、B、K，求：α 。

解：$\overline{OE}=R$，$A=R-B$，$\overline{CD}=\dfrac{K}{2}$，$\tan\angle CON=\dfrac{\overline{CD}}{\overline{OC}}=\dfrac{K/2}{A}=\dfrac{K}{2(R-B)}$

$$\angle CON=\arctan\frac{K}{2(R-B)}$$

$$\cos\angle COD=\frac{\overline{OE}}{\overline{OD}}=\frac{\overline{OE}}{\overline{OC}\sec\angle COD}=\frac{R}{A\sec\angle COD}$$

$$\angle COE=\arccos=\frac{R}{A\sec\angle COD}$$

$$\angle EOP=180^\circ-\angle COD-\angle COE$$

$$\angle EOE=90^\circ-\angle EOP$$

求出：$\angle\alpha=2\angle OPE$

(2) 用一个钢球测量锥孔直径的计算，如图 7－50 所示

已知：R、E、D、α　求：A、B。

解：延长圆锥的边到顶点 O，则：$F=G+R-E$

因为：$G=R\csc\dfrac{\alpha}{2}$，所以：$F=R\csc\dfrac{\alpha}{2}+R-E$

故：$A=2F\tan\dfrac{\alpha}{2}=2\left(R\csc\dfrac{\alpha}{2}+R-E\right)\cdot\tan\dfrac{\alpha}{2}$，$B=A-2H$

而：$H=D\tan\dfrac{\alpha}{2}$，故：$B=A-2D\tan\dfrac{\alpha}{2}$

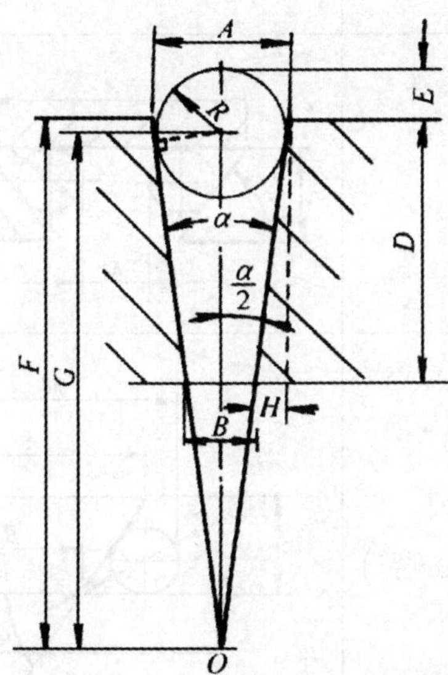

图 7－50　一个钢球测量锥孔直径

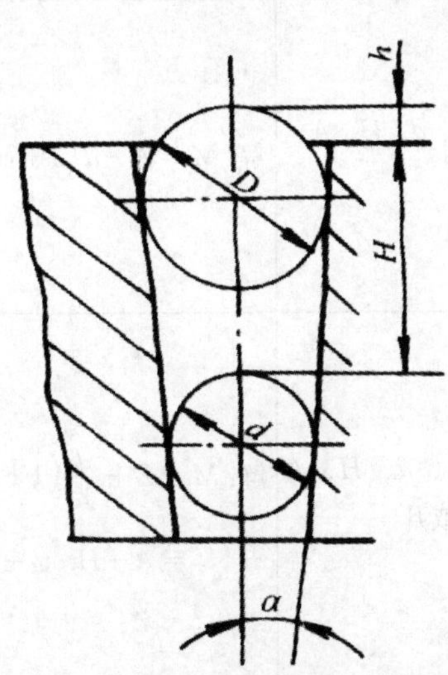

图 7－51　两个钢球测量锥孔角度

(3) 用两个钢球测量测量圆锥孔角度的计算，如图 7-51 所示。

已知：H、d、D、h　求：α。

解：因为：$\sin\alpha=\dfrac{(D-d)/2}{H+h+d/2-D/2}$

所以：$\alpha=\arcsin\dfrac{D-d}{2H+2h+d-D}$

式中　α——内圆锥角度（°）；

h——大钢球高出锥孔平面的高度（mm）；

H——小钢球至锥孔平面的高度（mm）；

d——小钢球直径（mm）；

D——大钢球直径（mm）。

（七）测量燕尾的尺寸计算

用量棒测量燕尾尺寸时，量棒 M 的计算公式见表 7-18。

表 7-18　用量棒测量燕尾的尺寸计算

已知条件	计 算 公 式	简 图
已知：α、d、H、A 求：M	解：$M=A-2H\cot\alpha+d\left(1+\cot\dfrac{\alpha}{2}\right)$	
已知：α、d、H、A 求：M	解：$M=A-d\left(1+\cot\dfrac{\alpha}{2}\right)$	
已知：α、d、H、A 或 B 求：M	解：$M=B+\dfrac{d}{2}\left(1+\cot\dfrac{\alpha}{2}\right)$ $=A-H\cot\alpha+\dfrac{d}{2}\left(1+\cot\dfrac{\alpha}{2}\right)$	

续表

已知条件	计算公式	简图
已知：α、d、H、A 或 B 求：M	解：$M=A-\frac{d}{2}\left(1+\cot\frac{\alpha}{2}\right)$ $=B+H\cot\alpha-\frac{d}{2}\left(1+\cot\frac{\alpha}{2}\right)$	
已知：α、d、H、L 或 l 求：M	解：$M=l+d\left(1+\cot\frac{\alpha}{2}\right)$ $=L-2H\cot\alpha+d\left(1+\cot\frac{\alpha}{2}\right)$	
已知：α、d、H、L 或 l 求：M	解：$M=L-d\left(1+\cot\frac{\alpha}{2}\right)$ $=l+2H\cot\alpha-d\left(1+\cot\frac{\alpha}{2}\right)$	

（八）测量三针的尺寸计算

测量三针的尺寸计算如图 7－52 所示。

当螺纹升角 $\mu\leqslant 3^\circ$ 时：$M_1=D\left(1+\frac{1}{\sin\frac{\alpha}{2}}\right)-\frac{P}{2}\cot\frac{\alpha}{2}$

当螺纹升角 $\mu>3^\circ$ 时，或选用量针 $d>$2mm 时：

$$M_2=d_2+d\left(1+\frac{1}{\sin\frac{\alpha}{2}}\right)-\frac{P}{2}\cot\frac{\alpha}{2}+d\cos\frac{\alpha}{2}\cot\frac{\alpha}{2}\sin^2\mu$$

两式中 M_1——螺纹升角 $\mu\leqslant 3^\circ$ 的测量值（mm）；

M_2——螺纹升角 $\mu>3^\circ$ 的测量值（mm）；

d_2——螺纹中径（mm）；

d——量针直径（mm）；

P——螺纹螺距（mm）；

α——螺纹牙形角（°）；

μ——螺纹升角（°），$\left(\tan\mu=\frac{P}{\pi d_1}\right)$。

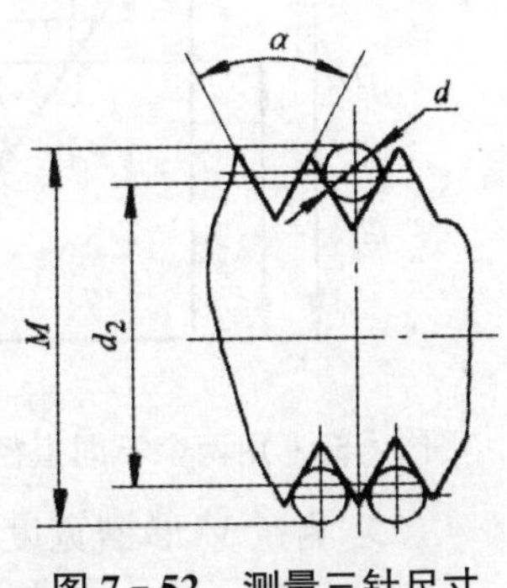

图 7－52　测量三针尺寸

表 7－19 列出了各种牙形角的测量值 M 的计算公

式（公式中的符号与上两式同）。

表 7－19　各种牙形角三针测量 M 值计算公式

牙形角 α	测量值 M 的计算公式
60°	$M_1 = d_2 + 3d - 0.866P$ $M_2 = d_2 + 3d - 0.866P + 1.5d \cdot \sin^2\mu$
55°	$M_1 = d_2 + 3.166d - 0.96P$ $M_2 = d_2 + 3.166d - 0.866P + 1.704d \sin^2\mu$
40°	$M_1 = d_2 + 3.924d - 1.374P$ $M_2 = d_2 + 3.924d - 1.374P + 2.583d \sin^2\mu$
30°	$M_1 = d_2 + 4.864d - 1.866P$ $M_2 = d_2 + 4.864d - 1.866P + 3.23d \sin^2\mu$
29°	$M_1 = d_2 + 4.994d - 1.933P$ $M_2 = d_2 + 4.994d - 1.933P + 3.743d \sin^2\mu$

（九）测量 V 形槽的尺寸计算

（1）用两个不同直径的量棒测量 V 形槽角度的计算，如图 7－53 所示。

已知：$D = 2R$，　$d = 2r$，　H_1, H_2　　求：α 。

解：$\sin\frac{\alpha}{2} = \frac{R - r}{(H_1 - r) - (H_2 - r)}$

式中　α——V 形槽的角度（°）；

R——小量棒的半径（mm）；

r——大量棒的半径（mm）；

H_1、H_2——实际测量值（mm）。

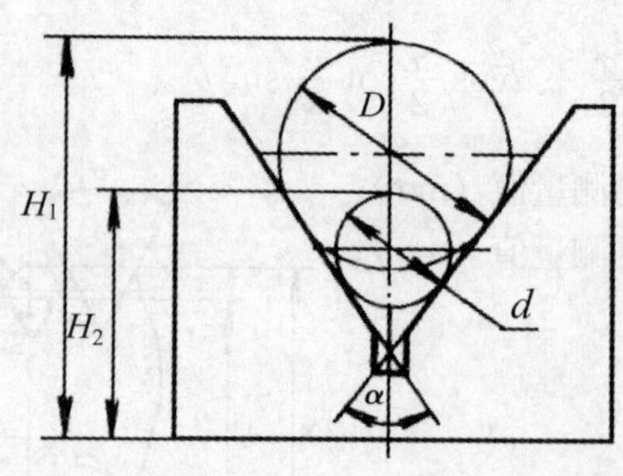

图 7－53　用两个不同直径的量棒测量 V 形槽角度

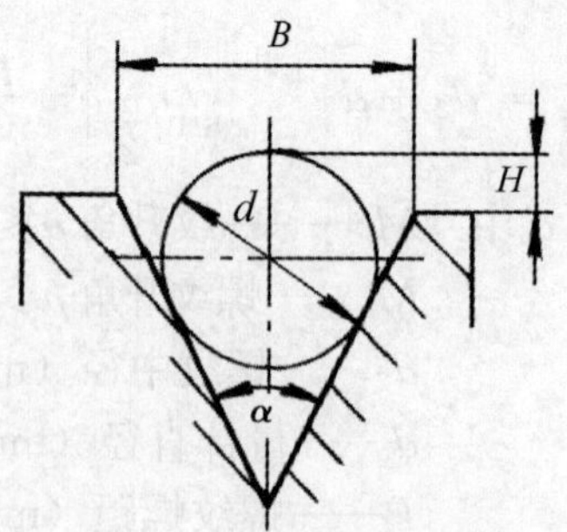

图 7－54　测量 V 形槽的宽度

（2）测量 V 形槽宽度的计算，见图 7－54 所示。

已知：H、d、α　求：B。

解：$B=\left(d+\dfrac{d}{\sin\dfrac{\alpha}{2}}-2H\right)\tan\dfrac{\alpha}{2}$

式中　d——量棒直径 mm)；

α——V 形槽角度（°）；

B——V 形槽口的宽度（mm）；

H——实际测量值（mm）。

(3) V 形架的量棒 M 值的测量计算

① 角度对称型的计算，如图 7-55 所示。

已知：A、d、α　求：M。

解：$M=\dfrac{d}{2}+\dfrac{d/2}{\sin\alpha}+A$

$=\dfrac{d}{2}+\left(1+\dfrac{1}{\sin\alpha}\right)+A$

式中　d——量棒直径 mm)；

α——V 形槽的半角（°）；

M——测量值（mm）；

A——V 形槽给定尺寸（mm）。

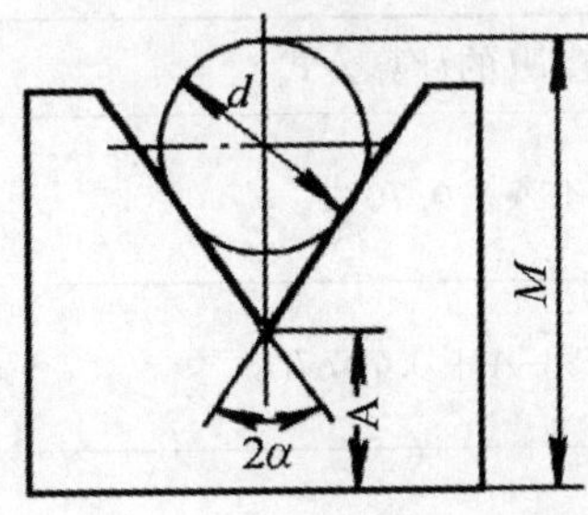

（角度对称的）

图 7-55　测量 V 形架的量棒 M 值

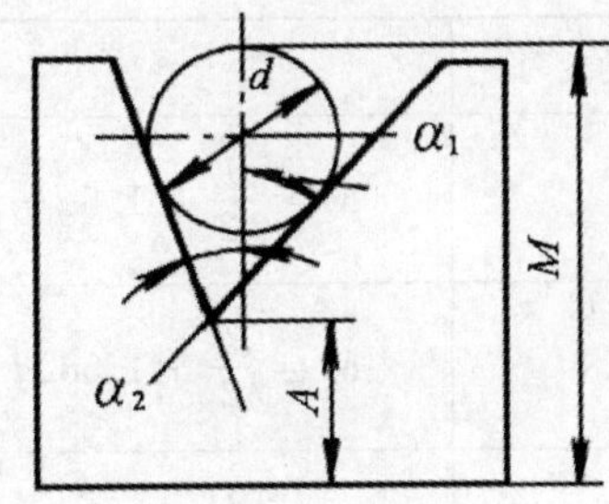

（角度不对称的）

图 7-56　测量 V 形架的量棒 M 值

② 角度不对称型的计算，见图 7-56 所示。

已知：A、d、α_1、α_2　求：M。

解：$M=\dfrac{d}{2}+\dfrac{\dfrac{d}{2}\cos(\alpha_1-\alpha_2)}{\sin\dfrac{\alpha_1+\alpha_2}{2}}+A$

$=\dfrac{d}{2}+\left[1+\dfrac{\cos(\alpha_1-\alpha_2)}{\sin\dfrac{\alpha_1+\alpha_2}{2}}\right]+A$

式中　α_1、α_2——V 形槽的角（°）；

d——量棒直径（mm）；

M——测量值（mm）；

A——V 形槽给定尺寸（mm）。

（十）用 V 形槽测量螺纹中径的尺寸计算（如图 7－57 所示）

$$M=\frac{d_2}{2}+\frac{d}{2}\left(1+\frac{1}{\sin\frac{\alpha}{2}}\right)-\frac{P}{4}\cot\frac{\alpha}{2}+A+\frac{d_1}{2\sin\frac{\psi}{2}}$$

两式中 d_1——螺纹中径（mm）；

d_2——量针直径（mm）；

d——量针直径（mm）；

M——实际测量值（mm）；

A——V 形架定数（mm）；

P——螺纹螺距（mm）；

a——螺纹牙形角（°）；

Ψ——V 形架角度（°），（一般取 $\Psi=90°$）。

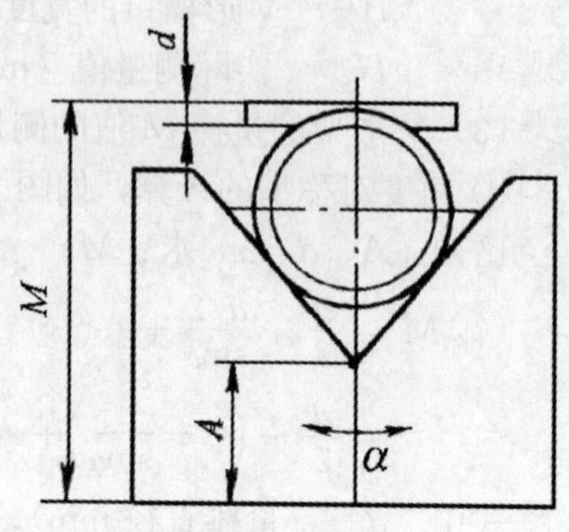

（角度不对称的）

图 7－57 测量 V 形架的量棒 *M* 值

表 7－20 列出了各种牙形角螺纹在 V 形架上测量螺纹中径的 M 值计算公式。

表 7－20 在 V 形架上测量螺纹中径的计算公式

牙形角 α	测量值 M 的计算公式
60°	$M=\frac{d_2}{2}+1.5d-0.433P+A+0.707d_1$
55°	$M=\frac{d_2}{2}+1.582d-0.48P+A+0.707d_1$
40°	$M=\frac{d_2}{2}+1.96d-0.687P+A+0.707d_1$
30°	$M=\frac{d_2}{2}+2.43d-0.933P+A+0.707d_1$
29°	$M=\frac{d_2}{2}+2.5d-0.967P+A+0.707d_1$

第八章　冲压设备使用维修

在冲压生产中，为了适应不同的冲压工作情况，应采用不同类型的冲压设备。这些冲压设备都具有其特有的结构形式及作用特点。根据冲压设备驱动方式和工艺用途的不同，可对冲压设备分类见表8-1。

表8-1　冲压设备分类

分类		说明
按冲压设备的驱动方式分类	机械压力机	机械压力机是利用各种机械传动来传递运动和压力的一类冲压设备，包括曲柄压力机、摩擦压力机等。机械压力机在生产中最为常用，极大部分冲压设备都是机械压力机。机械压力机中又以曲柄压力机应用最多
	液压机	液压机是利用液压（油压或水压）传动来产生运动和压力的一种压力机械。液压机容易获得较大的压力和工作行程，且压力和速度可在较大范围内进行无级调节，但能量损失较大，生产效率较低。液压机主要用来进行深拉深、厚板弯曲、成形等
按冲压设备的工艺用途分类	板料冲压压力机	①通用曲柄压力机：它用来进行冲裁、弯曲、成形和浅拉深等工艺 ②拉深压力机：它用来进行拉深工艺 ③板冲高速自动机：它适用于连续级进送料的自动冲压工艺 ④板冲多工位自动机：它适用于连续传送工件的自动冲压工艺 ⑤精密冲裁压力机：它用于精密冲裁等工艺 ⑥数控压力机：它适用于自动冲压、换模、换料等冲压工作 ⑦摩擦压力机：它适用于弯曲、成形和拉深等工艺 ⑧旋压机：它用于旋压工艺 ⑨板料成形液压机：它用于进行深拉深、厚板弯曲、压印、校形等工艺
	体积模压压力机	①冷挤压机：它用于进行冷挤压工艺 ②精压机：它用于进行平面精压、体积精压和表面压印等工艺
	剪切机（剪床）	①板料剪切机：它用于裁剪板料 ②棒料剪切机：它用于裁剪棒料

常用冲压设备主要有通用曲柄压力机、剪切机（剪床）、液压机、拉深压力机、精冲压力机及冷挤压机等。

第一节　下料设备

在冲压生产前，需要将板料或卷料剪切成条料、带料或块料，这种剪切工作是由剪板机来完成的，这一工序在冲压工艺中称为下料工序或备料工序，因此剪板机也称为下料设备，它是冲压生产中不可缺少的设备。

一、剪板机

剪板机外形结构及传动原理如图 8-1 所示。电动机 1 通过皮带轮的减速装置带动传动轴 2 转动，再经过齿轮减速装置和离合器 3 之后，带动偏心轴 4 转动。由曲柄连杆机构，将回转运动转变为滑块 5 沿导轨的上、下往复运动，即带动装在滑块上的刀片作上、下运动，从而进行剪切工作。

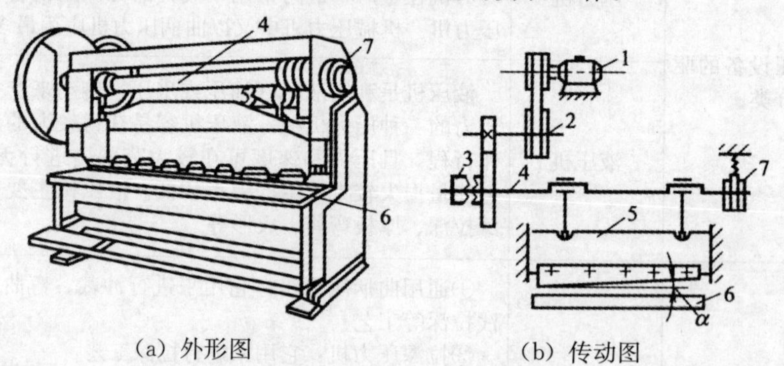

(a) 外形图　　(b) 传动图

1. 电动机；2. 传动轴；3. 离合器；4. 偏心轴；5. 滑块；6. 工作台；7. 制动器

图 8-1　剪板机外形及传动图

剪板机的形式与基本参数见 JB/T 1826—91，主参数以剪切厚度和剪切板料宽度来表示。

1. 可剪板厚

剪板机可剪板料厚度主要受剪板机构件强度的限制，最终取决于剪切力。影响剪切力的因素很多，如刃口、间隙、刃口锋利程度、剪切角大小（对平刃剪切为板宽）、剪切速度、剪切温度、剪切面的宽度等，而最主要的还是被剪材料的强度。目前国内外剪板机的最大剪切厚度多为 32mm 以下，过大之后，从设备的利用率和经济性来看都是不可取的。

2. 可剪板宽

可剪板宽是指沿着剪板机剪刃方向，一次剪切完成板料的最大尺寸，它参照钢板宽度和使用厂家的要求制定（可剪板宽小于剪刃长度），这种剪切方式称为横切方式。纵切方式为多次接触剪切，只要条料宽度小于剪板机的凹口——

喉口，剪切尺寸就不受限制。随着工业的发展，要求剪板宽度不断增大，目前剪板宽度为6000mm的剪板机已经比较普遍，国外最大板宽已达10000mm。

用剪板机剪切冲压用的条料，长度在2000mm以下时，剪板机剪切条料宽度的最小公差见表8-2。

表8-2　剪板机剪切条料宽度的最小公差

板料厚度（mm）	剪裁条料宽度（mm）			
	<25	>25～50	>50～100	>100～200
	宽度最小公差			
0.5以下	±0.3	±0.3	±0.4	±0.5
1	±0.4	±0.4	±0.5	±0.6
2	±0.5	±0.5	±0.6	±0.7
3	±0.6	±0.6	±0.7	±0.8
4	—	±0.8	±0.8	±1.0
5	—	—	±1.0	±1.3
6	—	—	±1.3	±1.5

3. 剪切角度

为了减少剪切板料的弯曲和扭曲，一般都采用较小的剪切角度，这样剪切力可能增大些，对剪板机受力部件的强度、刚度也会带来一些影响，但提高了剪切质量。

4. 喉口深度

采用纵切方式对剪板机的喉口深度有要求，如图8-2所示。目前剪板机趋向于较小的喉口深度，这样可提高机架的刚度和使整机质量下降。

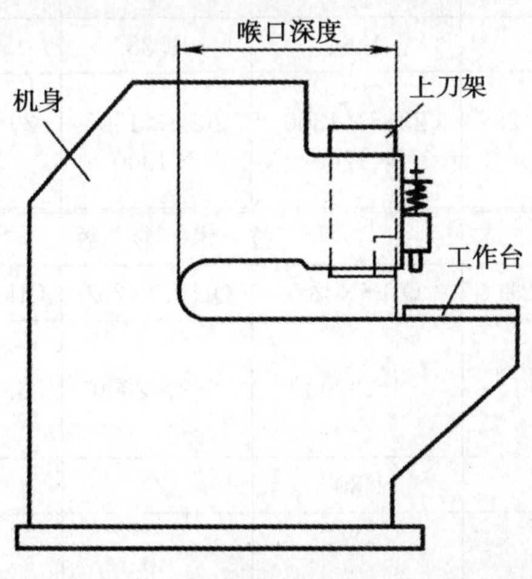

图8-2　剪板机的喉口深度

5. 行程次数

行程次数直接关系到生产效率，随着生产的发展及各种上下料装置的出现，要求剪板机有较高的行程次数。对于机械传动的小型剪板机，一般每分钟达 50 次以上。

常用机械剪板机的主要技术参数见表 8－3，常用液压剪板机的主要技术参数见表 8－4，常用液压摆式剪板机的主要技术参数见表 8－5。

表 8－3　　常用机械剪板机的主要技术参数

型号	技术参数				
	Q11-11×1000A	Q11-2.5×1600	Q11-3×1200	Q11-3×1800	Q11-4×2000
剪板尺寸（厚×宽）（mm）	1×1000	2.5×1600	3×1200	3×1800	4×2000
剪切角度	1°	1°30′	2°25′	2°20′	1°30′
行程次数（次/min）	100	55	55	38	45
板材强度（MPa）	≤500	≤500	≤500	≤400	≤500
后挡料装置调节范围（mm）	420	500	350	600	20～500
喉口深度（mm）	—	—	—	—	—
电动机功率（kW）	1.1	3.0	3.0	5.5	5.5
质量（t）	0.55	1.64	1.38	2.9	2.9
外形尺寸（长×宽×高）（mm）	1553×1128×1040	2355×1300×1200	2015×1505×1300	2980×1900×1600	3100×1590×1280
型号	技术参数				
	Q11-6×1200	Q11-6×3200	Q11-6.3×2000	Q11-6.3×2500A	Q11-7×2000A
剪板尺寸（厚×宽）（mm）	6×1200	6×3200	6.3×2000	6.3×2500	7×2500
剪切角度	2°	1°30′	2°	1°30′	1°30′
行程次数（次/min）	50	45	40	50	20

续表

型号	技术参数				
	Q11-6×1200	Q11-6×3200	Q11-6.3×2000	Q11-6.3×2500A	Q11-7×2000A
板材强度（MPa）	≤500	≤500	—	—	≤500
后挡料装置调节范围（mm）	500	630	600	630	0～500
喉口深度（mm）	—	—	—	—	—
电动机功率（kW）	7.5	10	7.5	7.5	10
质量（t）	4	8	4.8	6.2	5.3
外形尺寸（长×宽×高）（mm）	2250×1650×1602	4455×2170×1720	3175×1765×1530	3710×2288×1560	3160×1843×1535

型号	技术参数				
	Q11-8×2000	Q11-10×2500	Q11-12×200	Q11-13×2500	Q11-6×2500
剪板尺寸（厚×宽）（mm）	8×2000	10×2500	12×2000	13×2500	6×2500
剪切角度	2°	2°30′	2°	2°	2°30′
行程次数（次/min）	40	16	40	40	36
板材强度（MPa）	≤500	≤500	≤500	≤500	≤500
后挡料装置调节范围（mm）	20～500	0～460	5～800	800	460
喉口深度（mm）	—	—	—	—	210
电动机功率（kW）	10	15	17	1805	7.5
质量（t）	505	8	8.5	10	6.5
外形尺寸（长×宽×高）（mm）	3270×1765×1530	3420×1720×2030	2100×3140×2358	2100×3640×2558	3610×2260×2120

表 8-4　　常用液压剪板机的主要技术参数

型号	技术参数				
	Q11Y-6×2500	Q11Y-7×7000	Q11Y-12×3200	Q11Y-16×2500B	Q11Y-20×2500
剪板尺寸（厚×宽）（mm）	6×2500	7×7000	12×3200	16×2500	20×2500
剪切角度	1°30′	1°30′	2°	30′～2°30′	30′～3°30′
行程次数（次/min）	13	7	12	8	10
板材强度（MPa）	≤500	≤500	≤500	≤500	≤500
后挡料装置调节范围（mm）	≤750	≤700	≤750	5～1000	≤1000
喉口深度（mm）	—	—	—	300	—
电动机功率（kW）	7.5	22	18.5	18.5	40
质量（t）	5.6	34	14.5	15	20
外形尺寸（长×宽×高）（mm）	3427×2201×1610	7584×2600×2600	3685×2600×2430	3230×3300×2560	3650×3040×2540

表 8-5　　常用液压摆式剪板机的主要技术参数

型号	技术参数						
	Q12Y-4×2500	Q12Y-6×2500	Q12Y-12×2000	Q12Y-16×3200	Q12Y-20×2500	Q12Y-25×4000	Q12Y-32×4000
剪板尺寸（厚×宽）（mm）	4×2500	6×2500	12×2000	16×3200	20×2500	25×4000	32×4000
剪切角度	1°30′	1°30′	1°30′	2°	3°	3°	3°30′
行程次数（次/min）	28	24	16	11	8～12	6～12	3
板材强度（MPa）	≤500	≤500	≤500	≤500	≤500	≤500	≤500
后挡料装置调节范围（mm）	≤600	≤600	≤800	≤1100	≤750	约 1000	约 1000

续表

型号	技术参数						
	Q12Y-4×2500	Q12Y-6×2500	Q12Y-12×2000	Q12Y-16×3200	Q12Y-20×2500	Q12Y-25×4000	Q12Y-32×4000
喉口深度（mm）	—	—	—	—	—	—	—
电动机功率（kW）	7.5	11	18.5	22	40	40	55
质量（t）	3.7	6	8	14.5	19	41	43.6
外形尺寸（长×宽×高）（mm）	3040×1400×1540	3186×2696×1858	3045×2040×1820	3920×2440×2050	3390×2740×2635	5032×2300×3150	5200×2850×3250

二、圆盘剪切机

1. 圆盘剪切机的分类

圆盘剪切机是利用两个圆盘状剪刀剪切材料。按两剪刀轴线相互位置不同及与板料的夹角不同分为直滚剪、圆盘剪和斜滚剪，如图 8-3 所示。

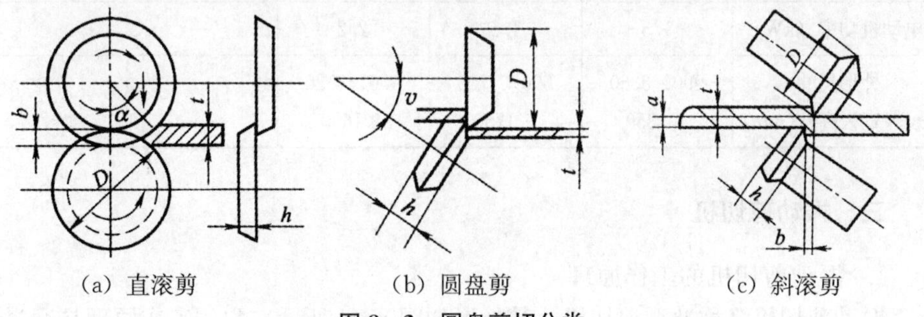

（a）直滚剪　（b）圆盘剪　（c）斜滚剪

图 8-3　圆盘剪切分类

直滚剪主要用于将板料裁成条料，或由板边向内剪裁圆形坯料，剪切时的咬角 $\alpha<14°$，重叠高度 $b=(0.2\sim0.3)t$，圆盘剪刀直径（板料厚度 $t<3$mm 时）$D=(35\sim50)t$，$h=20\sim35$mm。

圆盘剪主要用于剪裁条料、圆形坯料和环形坯料的剪切下料，剪切时两圆盘剪刀的轴线斜角 $\gamma=30°\sim40°$，圆盘剪刀直径（板料厚度 $t<3$mm 时）$D=28t$，$h=15\sim20$mm。

斜滚剪主要用剪切半径不大的圆形、环形和曲线形坯料，剪切时两圆盘剪刀的间隙 $a\leqslant0.2t$，$b\leqslant0.3t$，圆盘剪刀直径（板料厚度 $t<5$mm）$D=20t$，$h=10\sim15$mm。

2. 圆盘剪切机的技术参数

常用圆盘剪切机的技术参数见表 8－6。

表 8－6　　　　常用圆盘剪切机的技术参数

技术参数	机床型号				
	Q23-2.5×1500（斜滚剪）	Q23-3×1000（斜滚剪）	Q23-4×1000（直滚剪）	QD-4×1700（定位直滚剪）	QZ-1.5×300（自动圆盘剪）
最大剪板厚度（mm）	0.5～2.5	0.5～3	1～4	0.3～4	0.5～1.5
最大加工尺寸（mm）	ϕ300～1500	ϕ400～1500	ϕ350～1000	ϕ1700	ϕ300
工件送进速度（m/min）	2.65	2.65	2.65	—	—
	4.24	4.35	4.30	—	—
	6.60	6.67	6.60	—	—
刀具直径（mm）	ϕ70	ϕ60	ϕ80	ϕ50	ϕ50
刀具倾斜角（°）	45	45	0	0	下刃 45；上刃 0
材料抗拉强度/MPa	≤441	≤441	≤441	—	≤441
板料直线剪切宽度（mm）	120～720	150～1200	150～750	—	—
电动机功率（kW）	1.5	1.5	2.2	—	—
外形尺寸（长×宽×高）（mm）	900×3360×1350	690×4700×1750	900×3520×1600	—	—

三、振动剪切机

1. 振动剪切机的工作原理

振动剪切机又称冲型剪切机，其外形如图 8－4 所示。它的工作原理是通过曲柄连杆机构带动刀杆做高速往复运动，行程次数由每分钟数百次到数千次不等。它的传动原理如图 8－5 所示，电动机通过带轮、曲轴、连杆系统带动刀杆做往复运动。刀杆的运动有两种情况：当连杆在Ⅰ～Ⅱ位置间运动时，刀杆的运动速度为 1000 次/min；当连杆在Ⅰ～Ⅲ位置间运动时，刀杆的运动速度为 2000 次/min。刀杆运动速度的变换由手柄 A 来调节。刀杆的运动行程为 2.5～9mm，由手柄 A 和 B 来调节，当刀杆抬起时，剪刀做空行程运动，不进行剪切。

振动剪切机是一种万能板料加工设备，它在进行剪切下料时，先在板料上划线，然后刀杆上的上冲头能沿着划线或样板对被加工的板料进行逐步剪切。此外，振动剪切机还能进行冲孔、落料、冲口、冲槽、压肋、翻边、折弯和锁口等工序，用途相当广泛，适用于钣金件的中小批量和单件生产。被加工的板料厚度一般小于 10mm。

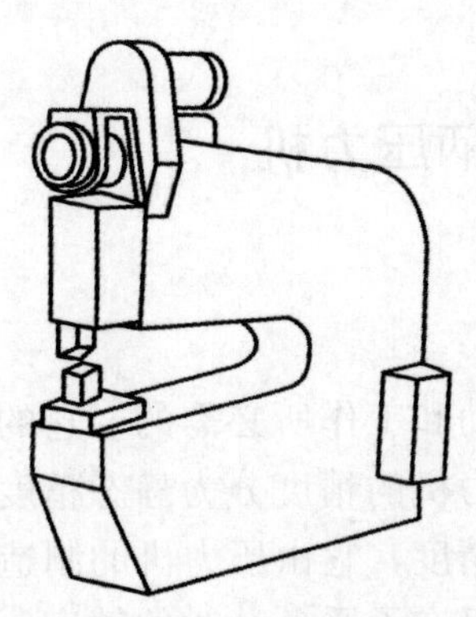

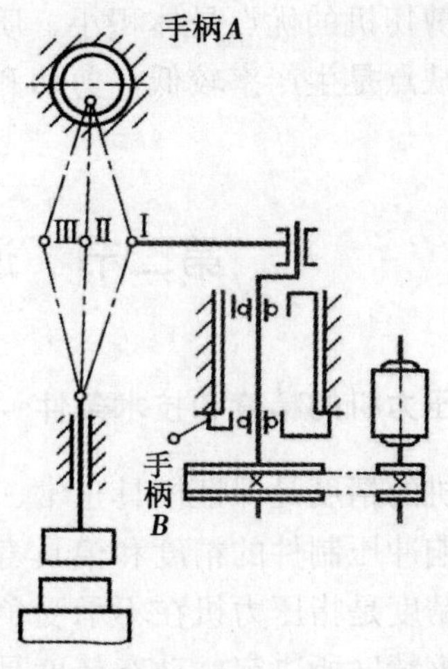

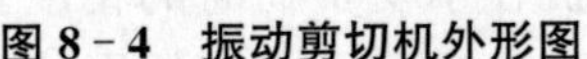
图 8-4 振动剪切机外形图　　　　图 8-5 振动剪切机传动原理图

2. 振动剪切机的技术参数

常用的振动剪切机的技术参数见表 8-7。

表 8-7　　　　常用的振动剪切机的技术参数

技术参数	机床型号			
	Q21-5 Q21-5A	Q21-10	仿英 P9	台式
最大剪切板厚（mm）	5	边缘 10，内孔 8	9	15
最大冲切板厚（mm）	2	边缘无孔内切 4 边缘有孔内切 6		
可剪最大板料厚度（mm）	1050	1350	1500	200
材料抗拉强度（MPa）	≤441	≤441	≤490	≤441
最大成形板厚（mm）	3	5	—	—
最大压肋板厚（mm）	3	4	—	—
最大折弯板厚（mm）	2	3	—	—
剪切通风窗厚（mm）	4	4	—	—
圆形剪切直径（mm）	ϕ40～1040	最小 ϕ56	最大 ϕ2000	—
行程次数（次/min	1400、2800	400～1300	2000	1400
行程长度（mm）	1.7、3.5	10	—	2.3
电动机功率（kW）	1.5	4	5.5	0.4
外形尺寸（长×宽×高）(mm)	2040×690×1620	3240×2670×1980	2390×850×1600	500×250×400

振动剪切机的优点是体积小、质量轻、容易制造、工艺适应性广、工具简单。它的缺点是生产率较低，剪切和工作时要人工操作，振动和噪声大，加工精度不高。

第二节　通用曲柄压力机

一、压力机的精度和技术条件

压力机的精度是保证模具正常、准确运动和工作所必需的，它的质量如何将直接影响冲压制件的精度和模具寿命。压力机的精度分为静态精度和动态精度。静态精度是指压力机在不承受负荷时的精度，它由压力机的制造加工精度和装配调整精度所决定；动态精度是指压力机在承受负荷时的精度。压力机加负荷时会产生机身伸跃、工作台出现挠度等不良现象，它们的影响程度形成动态精度。决定动态精度的是压力机的刚度，目前压力机的刚度还很难用数字精确表示，动态精度的测量和判断都有困难，因此仍用静态精度作为判断压力机精度的标准。

1. 开式压力机的精度（JB/T 6580—93）

JB/T 6580—93 标准适用于一般用途、最大公称压力为 2500kN 的单柱固定台压力机、开式固定台压力机和开式可倾压力机的精度检验。几何精度包括：

（1）工作台板上平面的平面度；

（2）滑块下平面的平面度；

（3）滑块下平面对工作台板上平面的平行度；

（4）模柄孔对滑块下平面的垂直度；

（5）滑块行程对工作台板上平面的垂直度。

标准包括了以上各项几何精度的检验方法及精度要求。

2. 开式压力机的技术条件（JB/T 6580.1—1999）

TB/T6580.1—1999 标准适用于单柱固定台压力机、开式固定台压力机和开式可倾压力机。该标准包括四大部分：技术要求；检验规则与试验方法；标志、包装与运输以及附录 A、附录 B。

（1）技术要求。技术要求部分包括图样及技术文件、型式及参数、刚性、安全与防护规定、曲轴停止位置规定、润滑、噪声、电气设备、零件加工和装配等项的技术要求。

（2）检验规则与试验方法。这部分包括基本参数的检验、基本性能的检验、负荷试验、精度检验和空运转试验等项目的检验。

（3）标志、包装与运输。这部分包括防锈规定、包装与标志规定、运输与装载要求以及随机技术文件项目等。

（4）附录A和附录B。附录A规定了冲裁力的计算公式、对冲模间隙和剪切角的要求以及对试件材料的要求。附录B规定了压力机机身的许用角刚度的计算式及测试方法。

3. 闭式单点、双点压力机技术条件（JB/T9964—1999）

JB/T9964—1999标准适用于闭式单点、双点压力机和闭式单点、双点切边压力机。该标准包括：一般要求；铸、锻、焊件质量要求；加工、装配质量；电气、液压、气动装置质量；外观质量；精度要求；试验方法与验收规则；标志、包装与运输以及附录等部分。

（1）一般要求。一般要求中包括压力机的型式；基本参数与尺寸规定；工作台板上、下平面以及滑块下平面的平面度及表面粗糙度要求；滑块的滑动导轨面对下平面的垂直度要求；压力机的安全技术要求；防锈要求等内容。

（2）精度要求。精度要求部分包括检验基准面的规定及以下检验项目：工作台板上平面的平面度；滑块下平面的平面度，滑块下平面与工作台板上平面的平行度；滑块行程对工作台板上平面的垂直度及精度要求等。

（3）试验方法与验收规则。这部分包括基本参数和尺寸规格的检验；空运转试验；负荷试验、超负荷试验；精度检验；气垫试验等内容。

二、压力机的技术参数

曲柄压力机的技术参数反映了压力机的工艺性能和应用范围，是选用压力机和设计模具的主要依据。曲柄压力机的主要技术参数如下：

1. 标称压力及标称压力行程

标称压力是指滑块在工作行程内所允许承受的最大负荷，而滑块必须在到达下止点前某一特定距离之内允许承受标称压力，这一特定距离称为标称压力行程。标称压力行程所对应的曲柄转角称为标称压力角 α 。例如J23～63压力机的标称压力为630kN，标称压力行程为8mm，即指该压力机的滑块在离下止点前8mm之内，允许承受的最大压力为630kN。标称压力是压力机的主要技术参数。国产压力机的标称压力已经系列化，如160kN、200kN、250kN、315kN、500kN、630kN、800kN、1000kN、1600kN、2500kN、3150kN、5000kN、6300kN等。

2. 滑块行程

滑块行程是指滑块从上止点运动到下止点所经过的距离，其值为曲柄半径的两倍。滑块行程的大小反映出压力机的工作范围。行程大，可压制高度较大的零件，但压力机造价增大，且工作时模具的导柱、导套可能分离，影响冲件精度和模具寿命。因此，滑块行程并非越大越好，应根据设备规格大小兼顾冲压生产时的送料、取件及模具寿命等因素考虑。为了满足生产实际需要，有些压力机的滑块行程是可调的。

3. 滑块行程次数

滑块行程次数是指滑块每分钟往复运动的次数。如果是连续作业，它就是每分钟生产冲件的个数。所以，行程次数越大，生产效率就越高。但行程次数超过一定数值后，必须配备自动送料装置。

4. 封闭高度与装模高度

压力机的封闭高度是指滑块处于下止点位置时，滑块底面至工作台上表面之间的距离。当封闭高度调节装置将滑块调整到最高位置时（即当连杆调至最短时），封闭高度达到最大值，称为最大封闭高度。与此相应，当滑块调整到最低位置时（即当连杆调至最长时），封闭高度达到最小值，称为最小封闭高度。封闭高度调节装置所能调节的距离，称为封闭高度调节量。压力机的装模高度是指滑块处于下止点时，滑块底面至工作台垫板上表面间的距离。显然，封闭高度与装模高度之差即等于工作台垫板的厚度。装模高度和封闭高度均表示压力机所能使用的模具高度。模具的闭合高度（模具闭合时，上模座的上平面至下模座下平面之间的距离）应小于压力机的最大装模高度或最大封闭高度。

5. 工作台面与滑块底面尺寸

工作台（或垫板）上表面与滑块底面尺寸均以“左右×前后”的尺寸表示。这些尺寸决定了模具平面轮廓尺寸的大小。

6. 工作台孔尺寸

压力机的工作台孔呈方形或圆形，或同时兼顾两种形状，其尺寸用“左右×前后”或直径表示。该尺寸空间是用作向下出料或安装模具顶件装置的。

7. 模柄孔尺寸

模柄孔是用来安装固定模具上模的，其尺寸用“直径×孔深”表示。中小型模具的上模一般都是通过模柄固定在压力机滑块上的，此时模柄尺寸应与模柄孔尺寸相适应。大型压力机没有模柄孔，而是开设 T 形槽，用 T 形槽螺钉紧固上模。

8. 立柱间距与喉深

立柱间距是指双柱式压力机两立柱内侧之间的距离。对于开式压力机，其值主要关系到向后侧送料或出件机构的安装。对于闭式压力机，其值直接限制了模具和加工板料的最宽尺寸。喉深是开式压力机特有的参数，它是指滑块中心线到机身的前后方向距离。喉深直接限制了加工件的尺寸，也与压力机机身刚度有关。

表 8-8～表 8-10 列出了几种常用国产压力机的主要技术参数，供设计选用时参考。

表 8-8　　开式双柱可倾式压力机（部分）主要技术参数

型号	标称压力（kN）	滑块行程（mm）	行程次数（次/min）	最大封闭高度（mm）	连杆调节长度（mm）	工作台尺寸（mm）			模柄孔尺寸		电动机功率（kW）
						前后	左右	孔径	直径	深度	
J23-10	100	45	145	180	35	240	370	170	30	55	1.1
J23-16	160	55	120	220	45	300	450	210	40	60	1.5
J23-Z5	250	65	55/105	270	55	370	560	260	40	60	2.2
JD23-25	250	10～100	55	270	55	370	560	260	40	60	2.2
J23-40	400	80	45/90	330	65	460	700	320	50	70	5.5
JC23-40	400	90	65	210	50	380	630	135	42	70	4.0
J23-63	630	130	50	360	80	480	710	250	50	80	5.5
JB23-63	630	100	40/80	400	80	570	860	400	50	70	7.5
JC23-63	630	120	50	360	80	480	710	340	50	80	5.5
J23-80	800	130	45	380	90	540	800	320	60	60	7.5
JB23-80	800	115	45	417	80	480	720	320	60	60	7.0
J23-100	1000	130	38	480	100	710	1080	500	60	75	10
J23-100A	1000	16～140	45	400	100	600	900	320	60	80	7.5
JA23-100	1000	150	38	430	120	710	1080	470	76	76	10
JB23-100	1000	150	60	430	120	710	1080	470	76	76	10
J23-125	1250	130	38	480	110	710	1080	450	60	75	10

表 8-9　　开式固定台压力机（部分）主要技术参数

型号	标称压力（kN）	滑块行程（mm）	行程次数（次/min）	最大封闭高度（mm）	连杆调节长度（mm）	工作台尺寸（mm）		垫板尺寸（mm）		模柄孔尺寸		电动机功率（kW）
						前后	左右	孔径	厚度	直径	深度	
J21-40	400	80	80	330	70	460	00	150	65	50	70	5.5
J21-63	630	100	45	400	80	480	710	150	80	50	60	5.5
JB21-63	630	80	65	320	70	480	710	160	80	50	80	5.5
J21-80	800	130	45	380	90	540	800	180	100	60	75	7.5
J21-80A	800	14～130	45	380	90	540	800	180	100	60	75	7.5
JA21-100	1000	130	38	480	100	710	1080	200	100	60	75	7.5
JB21-100	1000	60～100	70	390	85	600	850	145	80	60	80	7.5
J21-160	1600	160	40	450	100	710	710	200	130	80	80	13
J21-400	4000	200	25	50	50	900	1400	—	—	100	120	30

表 8-10　闭式单点压力机（部分）主要技术参数

型号	标称压力 (kN)	滑块行程 (mm)	行程次数 (次/min)	最大封闭高度 (mm)	封闭高度调节量 (mm)	工作台尺寸（mm）		工作台垫板厚度 (mm)	电动机功率 (kW)
						前后	左右		
J31-100	1000	165	35	280	100	630	635	—	7.5
J31-120	1200	100	46	550	200	600	800	—	10
JA31-160A	1600	160	32	480	120	790	710	105	10
J31-250	2500	315	30	630	200	1000	950	140	30
J31-315	3150	315	25	630	200	1100	1100	140	30
J3-400	4000	230	23	660	160	1060	990	150	40
J31-400A	4000	400	20	710	250	1250	1200	160	40
J31-630	6300	400	12	850	200	1500	1200	—	55

三、压力机的正确使用与维护

（一）压力机的选择

在编制冲压工艺文件和设计模具结构时，需要选择合适的压力机，使压力机与其协调一致，以满足冲压工艺需要和使模具正常工作。在选择压力机时主要考虑以下三个方面内容。

1. 压力机的类型

冲压加工用的设备主要有通用压力机、专用压力机和液压机等。通用压力机主要适用于普通冲裁、弯曲和中小型简单拉深件的成形，适用于一般生产批量。通用压力机的机身又分为开式和闭式两种。开式机身的刚性较弱，适用于中小型冲压加工，而闭式机身适用于大中型冲压加工。生产批量较大时，应尽量选用适应于冲压工艺特点的专用压力机，如精密冲裁可选用精密冲裁压力机。对于大型覆盖件拉深成形，多选用双动拉深压力机等。表 8-11 为冲压类型与冲压设备选用对照表。

表 8-11　冲压类型与冲压设备选用对照表

冲压设备	冲压类型					
	冲裁	弯曲	简单拉深	复杂拉深	整形校平	立体成形
小行程通用压力机	√	O	×	×	×	×
中行程通用压力机	√	O	√	O	O	×
大行程通用压力机	√	O	√	O	√	√
双动拉深压力机	×	×	O	√	×	×
高速自动压力机	√	×	×	×	×	×
摩擦压力机	O	√	×	×	×	√

注：表中“√”表示适用，“O”表示尚可使用，“×”表示不适用

2. 压力机的能力

(1) 压力和扭矩能力。公称压力是指滑块运动至下止点前某一特定距离时，滑块所允许承受的最大作用力。从滑块许用负荷曲线中可知，在滑块全行程中，并不保持这一公称压力。在行程的中间点的压力为公称压力的 40%～50%。滑块许用负荷曲线分别由曲轴曲柄颈强度决定的压力能力，与齿轮传动的强度所决定的扭矩能力所组成。

在选用压力机时，应使冲压变形力和冲压变形曲线位于滑块许用负荷曲线之下，这样压力机才是安全的。如果是复合冲压，应将几个工序的变形力的曲线相加起来，然后再进行比较。选择压力机的计算式如下：

①当压力机对坯料施加压力的行程小于 5%的压力机行程时，压力机压力选择的计算式为：

$$F \geqslant 1.3\sum F$$

式中　F——压力机的公称压力；

$\sum F$——冲压变形力、推件力、顶件力、卸料力等诸力的总和。

②当压力机对坯料施压压力的行程大于 5%的压力机行程时，如拉深成形，在浅拉深时，最大变形力应限制在公称压力的 70%～80%；在深拉深时，最大变形力应限制在公称压力的 50%～60%。

(2) 功率能力。压力机的功率能力是由电动机功率和飞轮能量等因素决定的。当冲压功率超过压力机功率，导致功率超载时，会使压力机飞轮转速降低，甚至因滑块被顶住而停止运动，以致会发生闷车和烧毁电动机事故。

冲压功的大小与冲压力和冲压工作行程有关。对于冲裁加工，由于冲裁工作行程较短，一般压力和扭矩不超载时，冲压功就不会超载。但是对于拉深成形的大工作行程来说，一般都应该进行冲压功校核，以保证冲压功不超载。

冲压功校核计算式如下：

冲压成形的变形功（A）一定要小于压力机的有效功（A_p）即 $A<A_p$。

①压力机有效功 A_p　当压力机单行程工作时，且在速度可以降低 20%的条件下，则飞轮的有效能量即压力机的有效功。A_p（MJ）的计算式为：

$$A_p=0.28mD^2n^2$$

当压力机连续工作时，且在速度可以降低 10%的条件下有效功 A_p（MJ）的计算式为：

$$A_p=0.15mD^2n^2$$

式中　m——压力机飞轮的质量（kg）；

D——压力机飞轮的直径（m）；

n——压力机飞轮的转速（r/min）。

②冲压成形的变形功 A：

a. 冲裁加工所需要的冲裁功 A（MJ）的计算式为：

$$A=Ftf$$

式中　F——冲裁力（N）；

t——冲裁板料的厚度（mm）；

f——切入率。冲裁间隙小时，$f=0.6\sim0.8$；冲裁间隙大时，$f=0.25\sim0.5$。

b. V形件弯曲所需的弯曲功 A（MJ）的计算式为：

$$A=Fhk$$

式中　F——弯曲力（N）；

h——弯曲工作行程（mm）；

k——系数，$k=0.63$。

c. 圆筒形件拉深时的拉深功 A（MJ）的计算式为：

$$A=Fhc$$

式中　F——拉深力（N）；

h——拉深工作行程（mm）；

c——系数。当拉深系数为 0.55 时，$c=0.8$；当拉深系数为 0.65 时，$c=0.74$。

3. 压力机的规格

（1）压力机的装模高度。模具的闭合高度应介于压力机的最大闭合高度和最小闭合高度之间，并考虑留有适当余量。计算式如下：

$$H-5\text{mm}\geqslant H_d\geqslant H-M+10\text{mm}$$

式中　H——压力机最大闭合高度（mm）；

H_d——模具的闭合高度（mm）；

M——压力机连杆调节长度，mm。

当模具安装固定需要附加垫板时，还应考虑附加垫板厚度的影响。

（2）滑块行程。一般冲压加工时，不用考虑滑块行程。在通用压力机上进行拉深成形时，由于制件高度较大，必须考虑滑块行程的影响，否则拉深后的制件难以取出。一般按下式估算：

$$h\geqslant2.5h_0$$

式中　h——压力机滑块行程；

h_0——拉深制件的高度。

当采用导板模结构时，为保证凸模始终不与导板脱开，应该选择滑块行程可调节的偏心式压力机。

（3）工作台板及滑块尺寸。模具的下模板安装固定于压力机工作台板上，当采用压板、T形螺栓固定下模时，在安装方位有不小于 50～70mm 的安装尺寸；当采用T形螺栓直接固紧下模时，下模板略小于工作台板尺寸即可。

对于大多数压力机，滑块在上止点位置时的下平面低于压力机机身导向部分；对于某些开式机身压力机，滑块在上止点位置时的下平面高于压力机机身导向部分，这时上模板外形尺寸必须小于滑块外形尺寸。

(4) 工作台板漏料孔。

①当小型模具的下模板尺寸接近工作台板漏料孔尺寸时，应增加附加垫板；当下模漏料范围尺寸大于工作台板漏料孔尺寸时，应增加附加垫板。

②当下模安装通用弹顶器时，弹顶器的外形尺寸应小于工作台板漏料孔尺寸。

(5) 生产率。压力机每分钟的行程次数应满足冲压工艺的要求。

(二) 压力机的正确使用和维护

正确使用和维护压力机，能延长压力机的寿命，充分发挥压力机的效能，更重要的是能确保工作过程中的人身和设备安全。使用和维护压力机应注意以下几点：

(1) 选用压力机时，应使所选压力机的加工能力（标称压力、许用负荷曲线、电动机额定功率等）留有余地。这对延长压力机及模具寿命、避免压力机出现超负荷而受到破坏都是至关重要的。

(2) 开机前，应检查压力机的润滑系统是否正常，并将润滑油压送至各润滑点。检查轴瓦间隙和制动器松紧程度是否合适以及运转部位是否有杂物等。

(3) 在启动电动机后应观察飞轮的旋转方向是否与规定的方向（箭头标注）一致。确认方向一致后方可接通离合器，否则飞轮反转会使离合器零件和操纵机构损坏。

(4) 空车检查制动器、离合器、操纵机构各部分的动作是否准确、灵活、可靠。检查的方法是先将转换开关置单次行程，然后踩动脚踏板或按动按钮，如果滑块有不正常的连冲现象，则应及时排除故障后再着手下一步的工作。

(5) 模具的安装应准确、牢靠，保证模具间隙均匀，闭合状态良好，冲压过程中不移位。模具安装好以后，先用手动试转压力机，以检验模具的安装位置是否正确，然后再启动电动机。

(6) 冲压过程中，严禁坯料重叠冲压，要及时清理工作台上的冲件及废料。清理时要用钩子或刷子等专用工具，切不可将手直接进入冲压危险区清理。

(7) 随时注意压力机的工作情况，当发生不正常现象（如滑块自由下落、出现不正常的冲击声及噪声、冲件质量不合格、冲件或废料卡在冲模上等）时，应立即停止工作，切断电源，进行检查和处理。

(8) 工作完毕后，应使离合器脱开，然后再切断电源，清除工作台上的杂物，用抹布将压力机和冲模揩拭干净，并在模具刃口及压力机未涂油漆的部分涂上一层防锈油。

(9) 对压力机进行定期检修保养，包括：离合器与制动器的保养，拉紧螺栓及其他各类螺栓的检修，给油装置的检修，供气系统的检修，传动与电气系统的检修，各种辅助装置的检修及定期精度检查等。

四、压力机的常见故障及排除方法

压力机在使用过程中由于正常的磨损、使用不当或维护不良，常会出现一些故障，影响正常的工作。曲柄压力机工作中常见的故障及其消除方法见表8-12。

表8-12　曲柄压力机工作中常见的故障及其消除方法

故障部位	故障现象	产生原因	消除方法
曲轴	曲轴的轴承发热	①轴与轴瓦咬住	①重磨轴颈或刮研轴瓦
		②润滑油耗尽	②检查润滑油流动情况，清理油路及油槽
	流出的润滑油有铜末	油槽或油路堵塞	清洗油路及油槽
滑块	调节封闭高度时滑块不动	①调节螺杆压弯 ②调节螺杆球头间隙过小，球头与球头座咬住 ③导轨间隙太小 ④平衡汽缸气压过高或过低	①更换或校直调节螺杆 ②放大球头间隙，清洗球头座，去伤痕 ③调整间隙 ④调整气压
	调节封闭高度时滑块无止境地上升或下降	限位开关失灵	修理限位升关，注意上限位与下限位行程开关的位置
	挡头螺钉或挡头座被顶弯或顶断	调节封闭高度时没有相应调节挡头螺钉	①更换损坏零件 ②调节封闭高度时先将挡头螺钉调节到最高位置，待封闭高度调好以后再降低挡头螺钉到需要的位置
	润滑点流出的油发黑或有铜末	润滑不足	检查润滑油流动情况，清理油路、油槽及刮研轴瓦
连杆	连杆和螺杆自动松开	锁紧机构松动	用扳手拧紧锁紧机构
	连杆球头部分有响声	①球形盖板有松动 ②压力机超载，压塌块损坏	①旋紧球形盖板的螺钉，并用手扳动连杆调节螺杆以测松紧程度 ②更换新的压塌块

续表 1

故障部位	故障现象	产生原因	消除方法
转键式离合器	单次行程离合器接合不上	①转键的拉簧断裂或太松 ②转键尾部断裂 ③打棒棱角磨损后打滑 ④操纵机构拉杆长度没调好	①更换或上紧拉簧 ②更换转键 ③补焊或更换新的打棒 ④调整拉杆至适当长度
	离合器分离时，有连续急剧撞击声	①制动带太紧 ②转键拉簧松动	①调节制动弹簧到正常 ②调节转键拉簧到正常
	飞轮空转时，离合器有节奏的响声	①转键没有完全卧入凹槽中 ②转键曲面高于曲轴面	拆下修理
摩擦式离合器	离合器接合不紧，滑块不动或动作很慢	①间隙过大 ②摩擦面有油 ③密封件漏气 ④气阀失灵 ⑤导向销或导向键磨损	①调整间隙或更换摩擦片 ②清洗摩擦面 ③更换密封件 ④检修气阀 ⑤拆下修理或更换
	滑块下滑制动不住	①制动器摩擦面间隙过大 ②制动弹簧断裂 ③平衡汽缸气压低 ④气阀失灵 ⑤导向销或导向键磨损	①调整或更换摩擦片 ②更换制动弹簧 ③送气或消除漏气 ④检修气阀 ⑤拆下修理或更换
	摩擦块磨损过快或温度异常升高	①气动联锁不正常，离合器和制动器互相干扰 ②摩擦块厚度不一致 ③摩擦面之间有异物 ④摩擦盘偏斜	①调整两个气阀的时差 ②重新更换摩擦块 ③清除异物 ④重新安装调整摩擦盘
传动装置	按下启动按钮时飞轮不转动	V 带太松	调节 V 带的松紧程度
拉深垫	气垫柱塞不上升或上升不到顶点	①密封圈太紧 ②压紧密封圈的力量不均 ③托板卡住，原因是：a. 导轨太紧；b. 废料或顶杆卡在托板与工作台板之间；c. 托板偏转被压力机座卡住；d. 气压不足	①放松压紧螺钉或更换密封圈 ②调整密封圈使压紧力均匀 ③措施是：a. 放大导轨间隙；b. 清除废料，用堵头堵住工作台上不用的孔；c. 转正托板，上紧螺钉；d. 调整气压，消除漏气

续表 2

故障部位	故障现象	产生原因	消除方法
拉深垫	气垫柱塞不下降	①密封圈压紧力不均或太紧 ②气垫汽缸内的气体排不出 ③托板导轨太紧 ④活动面有磨损现象	①调整压紧力 ②排气 ③调整间隙 ④修理活动面
	气垫柱塞上升不平稳，甚至有冲击上升	①缸壁与活塞润滑不良 ②密封圈压紧力不均匀	①清洗除锈，加强润滑 ②调整压紧力
	液压气垫得不到所需要的压料力	①液压油不够 ②控制缸活塞卡住不动或汽缸不进气	①增加液压油 ②清洗汽缸，检查气路管及气阀

第三节　摩擦螺旋压力机

摩擦螺旋压力机是以摩擦传动机构带动螺杆滑块工作机构，依靠动能对毛坯进行压制，使毛坯吸收能量产生变形的成形设备。它兼有锻锤和压力机的双重工作特性，简称为摩擦压力机。

一、摩擦螺旋压力机结构

摩擦压力机曾经历过单盘摩擦压力机、双盘摩擦压力机、三盘摩擦压力机、双锥盘摩擦压力机及无盘摩擦压力机等多种型式，但经过长期生产考验，多数被相继淘汰，只有双盘摩擦压力机被广泛应用。

双盘摩擦压力机由机身部件、传动与制动部件、飞轮、螺杆滑块机构、操纵系统和辅助装置等组成（表 8－13）。

表 8－13　　双盘摩擦压力机结构说明

结构类型	说　　明
机身	机身有组合式机身和整体式机身。机身上部有左、右支臂，用于安装横轴。机身横梁内装有抗冲击性良好的铜螺母，当滑块机构工作时，螺杆在螺母内做旋转运动。机身横梁下平面装有缓冲装置，用于吸收运动部件回升行程最后的剩余能量。机身内侧有顶出孔供顶出装置工作用

续表

结构类型	说　　明
传动与制动部件	传动部分由电机、皮带轮、横轴（传动轴）、摩擦盘等组成。横轴上装有两个摩擦轮。压力机滑块的升与降依靠飞轮与左右摩擦轮的压紧来带动。摩擦轮两端各有圆螺母，可以调节摩擦轮的位置，一般摩擦轮与飞轮之间的单边间隙为 4mm 左右。 制动部件的作用是吸收回升行程运动部件的剩余能量，使滑块停止在规定的位置。采用的制动形式有机械带式制动器和气动或液力驱动的制动器，前者受机身内侧空间所限不能做得太长，因而影响制动力矩增大，并且螺杆及导轨处的润滑油难免溅到制动轮和制动带上，使制动力矩下降或不稳定；后者制动油缸固定在滑块的顶部，活塞杆外端通过球铰链连接制动块，制动块端部连接摩擦块，制动时摩擦块顶在飞轮内缘上，从而制动飞轮，这种制动器可以产生较大制动力矩，并可使滑块停止在任意位置上
飞轮、蜗杆和滑块	飞轮是储蓄能量的主要部件。飞轮轮缘上装有摩擦带，摩擦带由牛皮或铜丝橡胶石棉等材料制成。飞轮与螺杆以切向键或锥面加平键联接。工作时，飞轮除做旋转运动外，还做上下直线运动。 螺杆与机身内的螺母组成螺旋副。螺杆用优质合金钢制作。牙形有矩形、梯形及锯齿形 3 种。大型机多采用梯形螺纹。小型压力机多采用箱形滑块。大型压力机则采用框架式或 V 形滑块，可以提高导向精度和抗偏载能力，并便于安设气动或液力制动器
操纵系统	其作用是控制横轴左右移动，并以一定的压力使旋转着的摩擦轮压紧飞轮，使飞轮螺杆做螺旋运动，从而带动滑块上下运动。控制系统有手动、气动和液压驱动等形式
辅助装置	包括顶出装置、缓冲装置和过载安全保护装置

二、摩擦螺旋压力机特点

（1）利用飞轮积蓄能量，对变形量较大的工艺可提供较大的力量，对变形量较小的工艺可提供较小的力量，故螺旋压力机的工艺性能较广，可进行模锻、冲压、镦锻、挤压、精压、切边、弯曲、校正等工作。

（2）有顶出装置，便于复杂零件的成形及精密模锻。

（3）设有严格的行程限制，尤其是无固定的下止点，当用于模锻时，只要打击能量足够，则直至模具打靠为止，锻件竖向精度依靠模具打靠来保证，与打击力及热膨胀无关，所以锻件的竖向精度高。

（4）行程速度较慢，生产率较低，由于滑块速度较慢，适于锻造一些对变形速度非常敏感的铝、铜等合金材料。

（5）设备结构简单、紧凑，安装基础简单，且工作时震动小，操作安全，劳动条件好。因为无严格的下止点，不会卡死，因此调整维修方便，使用成本低。

（6）摩擦传动效率低（为总效率为10%～15%）及摩擦盘的结构庞大等因素，限制了摩擦压力机继续向大能量方向发展。

三、摩擦螺旋压力机工作原理

摩擦压力机的工作原理如图8－6所示。电动机通过三角皮带带动皮带轮、摩擦轮转动，皮带轮与两个摩擦轮用固定键安装在可以轴向滑动的横轴上。当操作手柄扳在水平位置时，飞轮的轮缘与左右摩擦轮之间均存在一定间隙，飞轮静止。当操作手柄向下扳时，拨叉将横轴左拨，这样右摩擦轮与飞轮接触，摩擦盘的转动力矩通过摩擦传递给飞轮，飞轮与螺杆一同转动，滑块便向下移动；同样原理，当操作手柄向上扳时，拨叉将横轴右拨，左摩擦轮与飞轮接触，飞轮和螺杆反向旋转，滑块便向上移动。

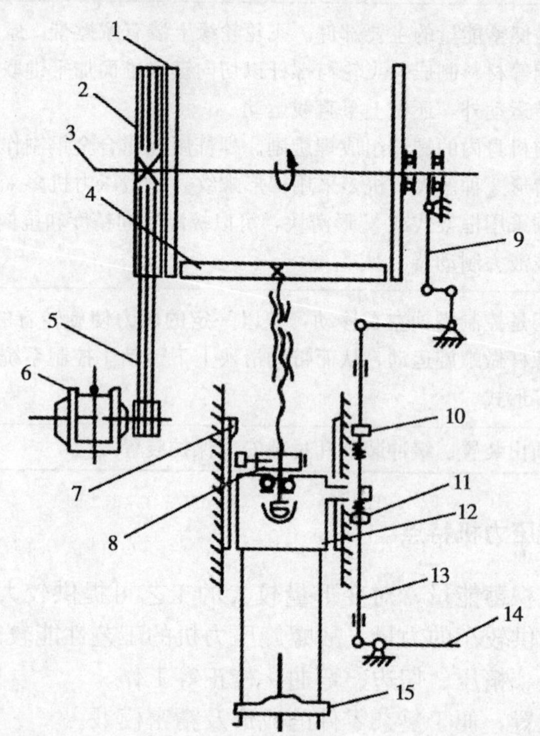

1. 摩擦轮；2. 皮带轮；3. 横轴；4. 飞轮；5. 三角皮带
6. 电动机；7. 刹车限位；8. 制动装置；9. 拨叉；10. 上操纵板
11. 下操纵板；12. 滑块；13. 杠杆；14. 操纵手柄；15. 顶料

图8－6 摩擦螺旋压力机工作原理图

摩擦盘与飞轮接触点在空间的轨迹为一条竖直线。下行程时，由于摩擦盘上接触点的速度增加，滑块加速下行。打击结束时，由于螺杆的螺纹不自锁，故在压力机受力零件、模具和锻件的弹性恢复力作用下，飞轮反转，滑块回升，受力零件卸载。接着，操纵系统操纵滑块继续回升，滑块上升到一定位置后，操纵系统使摩擦盘与飞轮脱开，滑块借惯性力继续向上运动，至行程终点时，由制动器吸收剩余能量，滑块停止在上面位置。

四、摩擦螺旋压力机的规格及主要技术参数

摩擦螺旋压力机的规格及主要技术参数见表 8-14。

表 8-14　摩擦螺旋压力机（部分）的规格及主要技术参数

性　能		型　号		
		J53 - 63A	J53 - 100A	J53 - 160A
标称压力（kN）		630	1000	1600
最大能量（J）		2500	5000	10000
滑块行程（mm）		270	310	360
滑块行程次数（次/min）		22	19	17
最小封闭高度（mm）		190	220	260
导轨距离（mm）		350	400	460
滑块尺寸（mm）	前后	315	380	400
	左右	348	355	458
滑块装模具尺寸（mm）	孔径	60	70	70
	深度	80	90	90
工作台尺寸（mm）	前后	450	500	560
	左右	400	450	510
	孔径	80	100	100
横轴转速（r/min		240	230	220
主螺杆直径（mm）		130	145	180

第四节　精冲压力机

一、精冲压力机的类型

精密冲裁压力机简称精冲压力机，主要用于齿圈压板精冲模对材料进行精密冲裁加工。精冲压力机按主传动的结构不同分为机械式精冲压机和液压式精冲压力机。目前小型精冲压力机多采用机械式；大型精冲压力机多采用液压式，总压力大于 3200kN 的一般为液压式。无论是机械式或液压式精冲压力机，其

压边系统和反压系统都采用液压结构。精冲压力机按主传动和滑块的位置分为上传式精冲压力机和下传式精冲压力机。传动系统在压力机下部的称为下传动式精冲压力机。下传动式精冲压力机结构简单，维修及安装方便，目前广泛采用。

精冲压力机按滑块的运动方向分为立式精冲压力机和卧式精冲压力机。立式精冲压力机结构紧凑，占地面积小，安装模具方便，压力机导轨磨损较均匀，便于辅助设备的安装和操作，安装隔声设备方便，噪声易控制。但卸件必须采用压缩空气吹卸或采用机械手抓取。目前大多数精冲压力机为立式。

二、精冲压力机结构

精冲压力机的类型按主传动形式分为两大类：机械式精冲压力机和液压式精冲压力机。目前，国外生产的机械式精冲压力机冲裁力一般小于 3200kN，液压式精冲压力机的主冲裁力一般大于 3200kN。下面介绍机械式精冲压力机。

1. 机械式精冲压力机的传动系统

如图 8 - 7 所示为 GKP - F 型机械式精冲压力机结构示意图。它采用双肘杆下传动，主传动系统包括电动机、无级变速箱、带轮、飞轮、离合器、蜗杆蜗轮、双边传动齿轮、曲轴和双肘杆机构。机械式精冲压力机的齿圈压板的压边力和推件板的反压力通过液压系统的压边活塞和反压活塞提供，并满足调节压力和稳定压力的要求。

2. 废料切断装置

废料切断装置是将已冲裁过的条料再进行切断，以便于收集与输送。如图 8 - 8 所示是 YY99 - 25/40 精冲压力机废料切断装置结构图。当压力油进入油缸时，活塞向上产生刚性接触，迫使油缸向下移动并带动上剪刀向下运动，进行剪切。然后油缸泄油，在压缩弹簧的作用下，上剪刀复位，完成切断工作。剪刀工作一定时间后会磨钝，要磨削刃口。磨削时不要引起刃口退火，以保证切断装置具有一定的使用寿命。

三、精冲压力机特点

1. 工艺要求高

精冲压力机要提供 5 种作用力：$P_{冲}$、$P_{齿}$、$P_{反}$、$P_{卸}$、$P_{顶}$。产生 $P_{冲}$ 的传动系统不同，相应的滑块运动也不相同。$P_{齿}$ 和 $P_{反}$ 均由液压系统产生（与主传动的形式无关），它们的大小可在一定的范围内单独调整，并在确定的时间内加载和卸载，在冲裁中 $P_{齿}$ 保持不变。

2. 滑块有较高的导向精度和限位精度

由于精密冲裁的冲裁间隙比普通冲裁小很多，为使上、下模精确对中，保证精冲件质量和模具寿命，精冲压力机的滑块在工作时有精确的导向和足够的刚度。

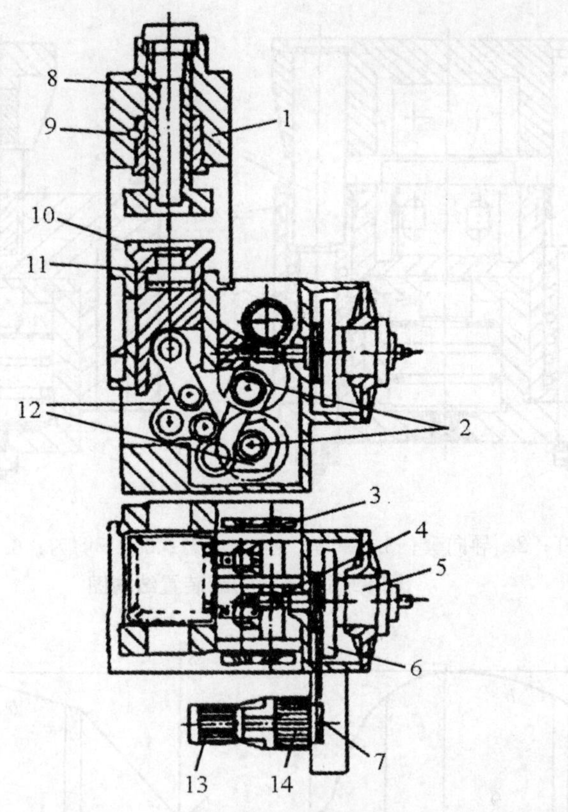

1. 机身；2. 曲轴；3. 双边传动齿轮；4. 蜗轮蜗杆；5. 离合器
6. 飞轮；7. 带轮；8. 压力活塞；9. 封闭高度调节机构；10. 滑块
11. 反压活塞；12. 双肘杆机构；13. 电动机；14. 变速箱

图 8－7 GKP － F 型机械式精冲压力机结构示意图

由于精冲的冲裁间隙很小，并要求凸模不得进入凹模型孔，又要保证能够从条料上将制件冲下来，因此对滑块有较高的限位精度要求。滑块的下行位置可精确到±0.011mm。

3. 滑块运动速度变化较大

为了高效生产，滑块的运动曲线如图 8－9 所示。在滑块进给和回程时速度较快（曲线变化较大），在冲裁时，速度较慢（曲线变化平缓）。机械传动的主滑块，其冲裁速度在 5～15mm/s 的范围内变化；液压传动的主滑块，冲裁速度在 3～37mm/s 范围内变化，并且可以无级调速。

4. 多数采用下传动结构

机械式和液压式的精冲压力机大多数采用下传动机构，即主滑块在工作面下面做上下往复运动。这种结构形式使整个压力机结构紧凑、重心低，大量的传动部件和液压装置均在机身下部体内，可降低机身的高度，运行平稳。其不足是滑块与下模座在精冲过程中不停地上下运动，使条料送进和定位比较困难，

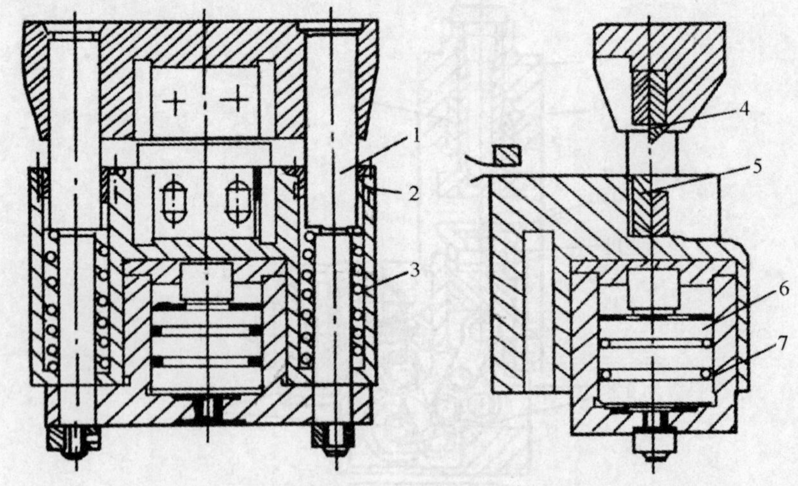

1. 导向杆；2. 导向套；3. 弹簧；4. 上剪刀；5. 下剪刀；6. 活塞；7. 油缸

图 8-8　废料切断装置结构图

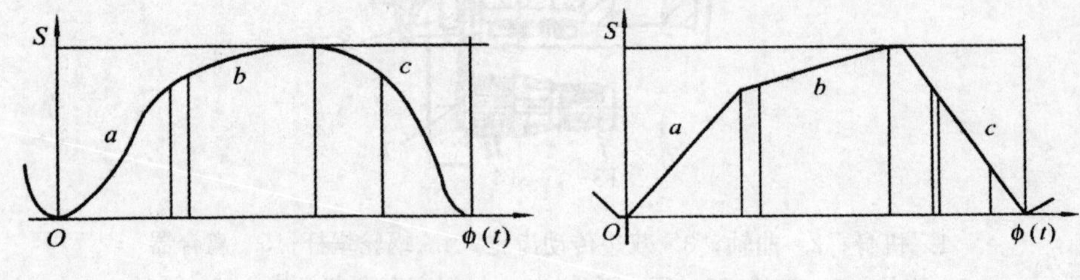

(a) 主滑块为机械传动　　(b) 主滑块为液压传动

图 8-9　滑块运动曲线图

因此采用了自动送料和定位设置来加以弥补。

5. 刚性好

精冲压力机的机身一般为焊接结构，上横梁、中间立住、下机身用螺钉连接并预紧，使整个压力机达到较好的刚性。在精冲时，上、下工作台之间具有较高的平行度。

6. 有可靠的模具保护装置

精冲压力机装有可靠的模具保护装置。当制件或废料遗留在模具内时，能自动监测，使压力机停车，避免损坏制件、模具和设备。

四、精冲压力机工作原理

精冲工艺最常见的方法是齿圈压板精冲法，其工作原理如图 8-10 所示。冲裁时，如图 8-10（a）所示，依靠齿圈压板对板料施压力 $P_{齿}$，同时，反向顶杆产生的压力 $P_{反}$ 与齿圈压板力作用方向相反，所以这两个力将材料夹紧。主

冲裁力 $P_{冲}$ 由传动系统产生。金属材料因受此 3 种力的作用，其变形区处于三向压力状态。冲裁结束卸载时，如图 8－10（b）所示，齿圈压板产生卸料力 $P_{卸}$，反向顶杆产生顶件力 $P_{顶}$，实现制件或废料的卸除。

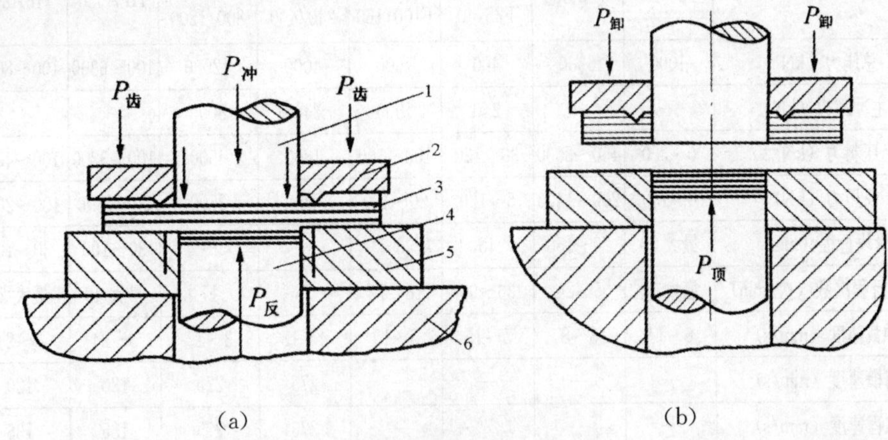

1. 凸模；2. 齿圈压板；3. 被冲材料；4. 反向顶杆；5. 凹模；6. 下模座

图 8－10 齿圈压板精冲简图

精冲压力机要实现自动、高效的工作，还需配置一些辅助装置，如材料的校直及检测、自动送料、制件或废料收集、模具安全保护等装置。图 8－11 所示为全自动精冲压力机整套设备示意图。

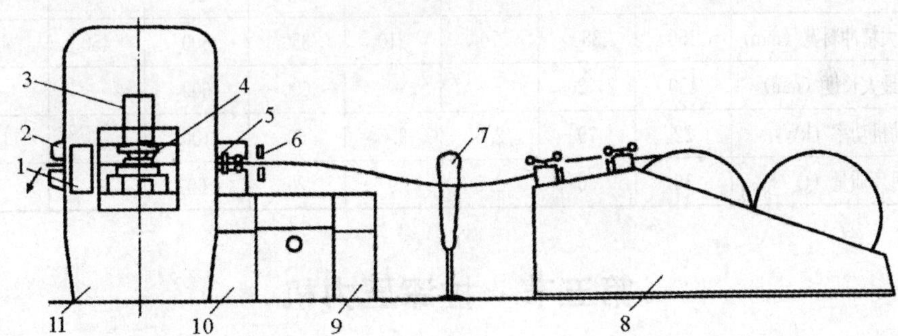

1. 光电安全保护器；2. 废料切口；3. 模具保护装置；4. 模具
5. 送料装置；6. 带材末端检测器；7. 带材检测器；8. 校平装置
9. 电器装置；10. 液压装置；11. 精冲压力机

图 8－11 全自动精冲压力机整套设备示意图

五、精冲压力机的主要技术参数

技术参数“允许最大精冲料厚”与滑块的冲裁速度有关。为满足冲裁速度的要求，必须限制冲裁制件厚度。小型精冲压力机的“允许最大精冲料厚”参数较小。几种国内外精冲压力机的主要技术参数见表 8－15。

表 8-15　几种国内外精冲压力机的主要技术参数

性能		压力机型号							
		Y26-100	Y26-630	GKP-F25/40	GKP-F100/160	HFP 240/400	HFP 800/1200	HFA630	HFA800
总压力（kN）		1000	6300	400	1600	4000	12000	100～6300	100～8000
主冲裁力（kN）		—	—	250	1000	2400	8000	—	—
压料力（kN）		0～350	450～3000	30～120	100～500	1800	4500	100～3200	100～4000
反压力（kN）		0～150	200～1400	5～120	20～400	800	2500	50～1300	100～2000
滑块行程（mm）		最大 50	70～150	45	61	—	—	30～100	30～100
滑块行程次数（次/min）		最大 30	5～24	36～90	18～72	28	17	最大 40	最大 28
冲裁速度（mm/s）		6～14	3～8	5～15	5～15	4～18	3～12	3～24	3～24
闭模速度（mm/s）		—	—	—	—	275	275	120	120
回程速度（ram/s）		—	—	—	—	275	275	135	135
模具闭合高度	最小	170	380	110	160	300	520	320	350
	最大	235	450	180	274	380	600	400	450
模具安装尺寸（mm）	上台面	420×420	ϕ1020	280×280	500×470	800×800	1200×1200	900× 900	1000×1000
	下台面	420×400	800×800	300×280	470× 470	800×800	1200×1200	900×1260	1000×1200
允许最大精冲料厚（mm）		8	16	4	6	14	20	16	16
允许最大精冲料宽（mm）		150	380	70	210	350	600	450	450
送料最大长度（mm）		150	2×200	—	—	600	600	—	—
电动机功率（kW）		22	79	2.6	9.5	60	100	95	130
机床质量（t）		10	30	2.5	9	20	60	—	—

第五节　拉深压力机

拉深压力机按驱动方式分为机械式拉深压力机和液压式拉深压力机。拉深压力机按压力机的传动方式分为上传动式和下传动式。拉深压力机按滑块（内滑块）的连杆数目分为单点、双点和四点拉深压力机。按机身结构分为闭式和开式拉深压力机。按压力机的主要用途分为通用压力机和专用拉深压力机。通用压力机只适于简单形状的浅拉深成形。专用拉深压力机按滑块的动作分为单动、双动和三动拉深压力机。本节简要介绍双动拉深压力机。

一、双动拉深压力机特点

双动拉深压力机具有以下可满足拉深工艺要求的特点：

1. 内、外滑块的行程与运动配合

拉深压力机具有较大的压力行程，可适应具有一定高度的工件拉深。滑块运动有特殊的规律，外滑块（压边滑块）的行程要小于内滑块（拉深滑块）的行程，在内滑块开始拉深之前，外滑块首先要压紧毛坯的边缘，在内滑块拉深过程中，外滑块应以不变的压力保持压紧状态，提供可靠的压边力。拉深完毕，内滑块在回程到一定行程后，外滑块（或活动工作台）才回程，因为外滑块既起压边作用又要在拉深结束后给凸模卸件，以免拉深件卡在凸模上。

2. 内、外滑块的速度

外滑块在到达下止点压边时，在压力机主轴转动100°～110°的范围内，它在下止点静止不动，速度几乎为零。实际上外滑块在下止点有微小的波动位移，位移的值不大于0.05mm内滑块在拉深工作行程中要求速度慢，并且近于匀速运动，这样对材料冲击小，有利于材料在拉深中的流动，提高拉深的质量。内、外滑块这些优良的运动性能是通过压力机主轴采用多连杆机构分别驱动内、外滑块实现的。

3. 外滑块的压边力可调

形状复杂的拉深件，在拉深工作时要求在周边的不同区段具有不同的变形阻力，以使拉深时材料均匀流动，这种各向不同的阻力是通过相应部位的不同压边力得到的。双动拉深压力机的外滑块可用机械或液压的方法，使各点的压边力得到调节，形成有利于金属各向均匀流动的变形条件。

形状复杂的拉深件一般在双动拉深压力机上进行拉深。

二、双动拉深压力机工作原理

如图8-12所示为双动拉深压力机工作部分的结构简图。其结构特点是有内滑块和外滑块。工作时，外滑块对零件毛坯周边施加一定的压边力，防止在拉深中坯料边缘起皱，内滑块用于拉深毛坯成形。外滑块的运动是由曲轴经过曲柄连杆、肘杆或凸轮来驱动的。外滑块在机身导轨上做往复运动。内滑块则有的在外滑块的导轨上做往复运动（在上传动的压力机中），有的在机身导轨上运动（在下传动的压力机中）。

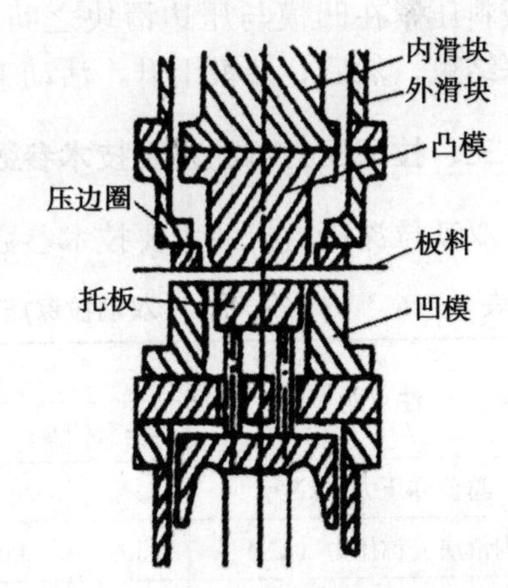

图8-12 双动拉深压力机工作部分结构

如图8-13所示为J44 - 55B型双动拉深压力机结构简图。工作部分由拉深滑块、压边滑块、活动工作台组成。主轴通过偏心齿轮和连杆带动拉深滑块做上下移动，凸模装在拉深滑块上。压边滑块在工作时不动，它与活动工作台的距离可通过丝杠调节。凹模装在活动工作台上。活动工作台的顶起与降落是靠凸轮实现的。

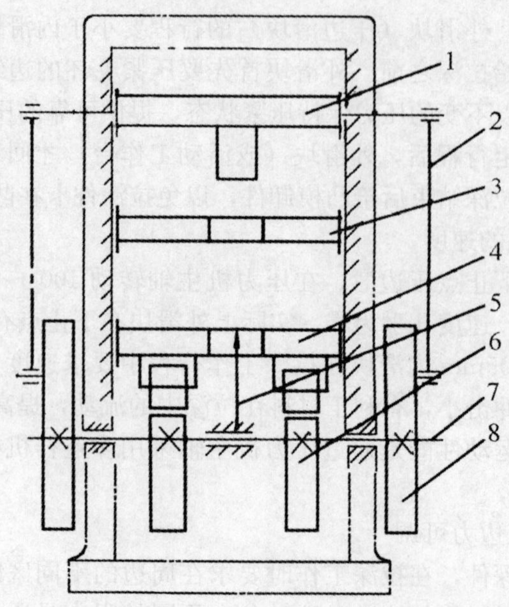

1. 拉深滑块；2. 连杆；3. 压边滑块；4. 活动工作台
5. 顶件装置；6. 凸轮；7. 主轴；8. 偏心齿轮

图 8-13　J44 - 55B 型双动拉深压力机

拉深时，凸模下降至还未伸出压边滑块之前，活动工作台就被凸轮顶起，把板料压紧在凹模与压边滑块之间，并停留在这一位置，直至凸模继续下降，拉深结束。然后，凸模上升，活动工作台下降，顶件装置把工件从凹模内顶出。

三、拉深压力机的主要技术参数

双动拉深压力机的主要技术参数见表 8-16。

表 8-16　双动拉深压力机的主要技术参数

性　能	压力机型号						
	J44-55C	J44-80	JA45-100	JA45-200	J45-315	JB46-315	JA45-375
总公称压力（kN）	—	—	—	3250	6300	6300	6300
内滑块公称压力（kN）	550	800	1000	2000	3150	3150	3750
内滑块公称压力行程（mm）	—	—	—	25	30	40	41
外滑块公称压力（kN）	550	800	630	1250	3150	3150	2550
内滑块行程（mm）	560	640	420	670	850	850	850
外滑块行程(或工作台行程)(mm)	—	—	—	260	425	530	530

续表

性能		压力机型号						
		J44－55C	J44－80	JA45－100	JA45－200	J45－315	JB46－315	JA45－375
行程次数（次/min）		9	8	15	8	5.5～9	10	5.5
低速行程次数（次/min）		—	—	—	—	—	1	——
内滑块最大装模高度（mm）		—	—	—	930	1120	1550	1240
外滑块最大装模高度（mm）		—	—	—	825	1070	1250	1160
内滑块装模高度调节量（mm）		—	—	100	165	300	500	300
外滑块装模高度调节量（mm）		—	—	—	—	300	500	—
最大拉深高度（mm）		280	400	—	316	400	390	400
立柱间距（mm）		800	1120	950	1620	1930	3150	1840
内滑块尺寸（mm）	左右	—	—	560	960	1000	2500	1000
	前后	—	—	560	900	1000	1300	1000
外滑块尺寸（mm）	左右	—	—	850	1420	1550	3150	1780
	前后	—	—	850	1350	1600	1900	1800
垫板尺寸（mm）	左右	600	1000	930	1540	1800	3150	1820
	前后	720	1100	900	1400	1600	1900	1600
	厚			100	160	220	250	220
气垫压力(压紧力/顶出力)/kN			—	—	500/800	1000/120	—	1000/160
气垫行程/mm			—	—	315	400	440	—
主电动机功率/kW		15	22	22	40	75	100	—

第六节 高速压力机

高速压力机是指滑块行程次数为相同公称压力普通压力机的 5～10 倍。高速压力机的行程次数已从每分钟几百次发展到 1000 多次，公称压力也从几百千牛（kN）发展到上千千牛。目前高速压力机主要用于电子仪器仪表、轻工、汽车等行业中特大批量的冲压生产。随着模具技术和冲压技术的发展，高速压力机的应用范围在不断地扩大，数量在不断地增加。

一、高速压力机结构

1. 传动系统

如图 8－14 所示是一台下传动的高速压力机的传动原理图，无级调速电动机经过皮带轮（兼飞轮）驱动曲轴，由拉杆带动滑块上下往复运动，进行冲压生产。被冲材料由辊式送料装置送进，剪断机构由凸轮通过拉杆驱动，将冲压后的材料（与工件连成一体）或废料剪断，以完成冲压的自动生产。

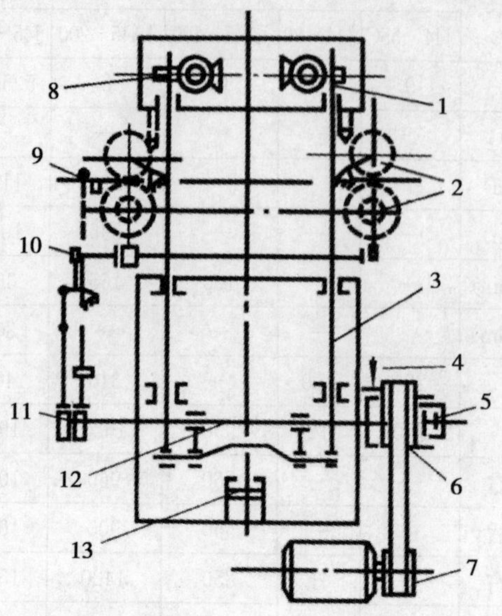

1. 滑块；2. 辊式送料装置；3. 拉杆；4. 制动器；5. 离合器
6. 飞轮；7. 电动机（无级调速）；8. 封闭高度调节机构；9. 剪断机构
10. 辊式送料的传动机构；11. 凸轮；12. 曲轴；13. 平衡器

图 8-14 下传动高速压力机传动原理图

2. 机身、滑块及导轨的结构

高速压力机的机身结构是保证高速冲压的关键部件。目前一般机身采用铸件整体封闭式结构或钢板框架焊接结构，并用 4 根拉紧螺杆预紧，以提高机身的刚度。为了提高滑块的导向精度和抗偏载能力，部分机身的导轨导滑面延长到模具工作面以下。国外大都采用预应力滚柱八面导轨（如图 8-15 所示），消除了横向间隙，从而消除了滑块在冲压过程中发生的水平位移，使高速冲压模具的寿命得以提高。

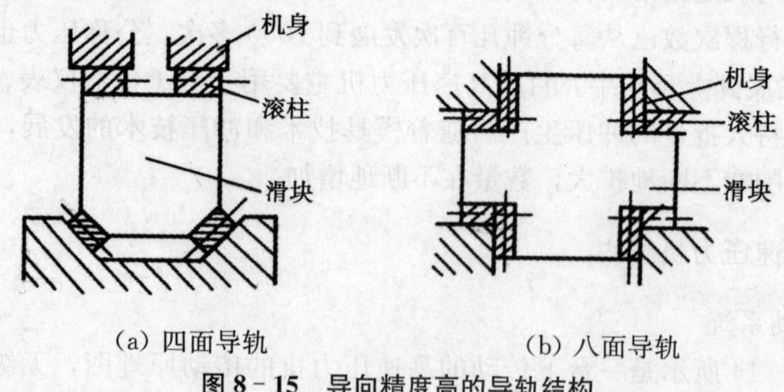

(a) 四面导轨　　(b) 八面导轨

图 8-15 导向精度高的导轨结构

3. 附属机构

（1）开卷装置。它主要为展开卷料之用。如图 8－16 所示为一回转式双位料架结构的开卷装置。卷料由料架的转轴支承，随转轴的转动而将卷料展开。双位料架可使更换料卷时停机时间大大缩短。有的为使卷料的首尾（第一卷料尾与第二卷料头）连接在一起，还增设了一台焊接机，其目的是缩短辅助时间，发挥高速压力机的效率。

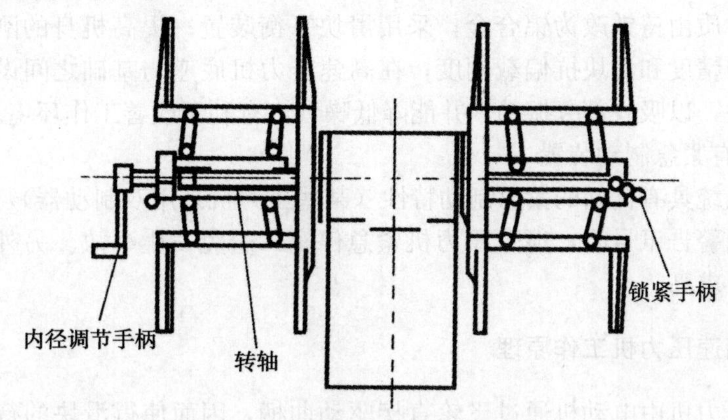

图 8－16　回转式双位料架结构

（2）校平装置。校平装置用以校平从卷料架上展开的弯曲的卷料。它位于卷料架与辊式送料装置之间。如图 8－17 所示是校平卷料的工作原理示意图，根据不同材料厚度，可以调节上排辊轴与下排辊轴的距离，以保证被校的材料平直。

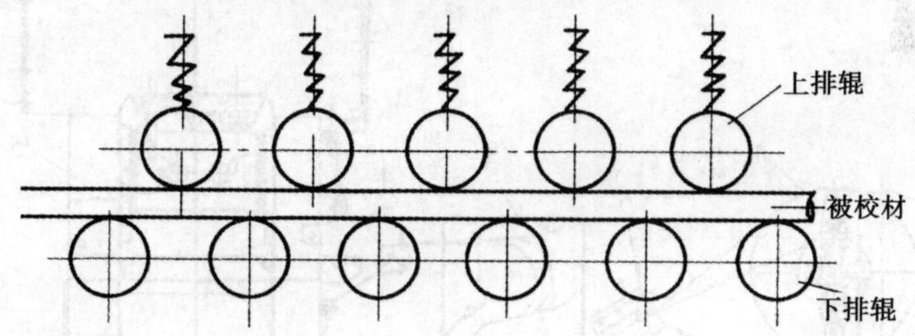

图 8－17　校平装置工作原理示意图

（3）辊式送料装置。如图 8－17 所示，在高速压力机上一般设置两对辊，从而对材料形成一送一拉的状态，以确保材料在模具中的平直。一般送料长度可由辊的旋转角度来确定，辊在曲轴、拉杆的驱动下做间歇转动，使材料间歇送进。送料长度可以根据需要调节，并与滑块行程次数相匹配。

二、高速压力机特点

1. 滑块行程次数高

高速压力机的滑块行程次数一般为普通压力机的 5～10 倍，超高速者可达每分钟 1 000～3 000 次。

2. 滑块惯性大

滑块和模具在高速压力机的驱动下高速往复运动，会产生很大的惯性力，造成惯性振动（滑块惯性力与其行程次数的平方成正比）。另外，冲压过程中机身积蓄的弹性势能释放会进一步加大振动，直接影响压力机的性能，影响压力机和模具的寿命。为了减轻振动，缓解振动带来的不利，目前采取的措施有：将滑块的材质由铸铁改为铝合金；采用滑块平衡装置；提高机身的刚度；提高滑块的导向精度和滑块抗偏载刚度；在高速压力机底座与基础之间设置水平橡胶弹性垫块，以吸收部分振动，并能降低噪音，有利于改善工作环境。

3. 设有紧急制动装置

传动系统具有良好的紧急制动特性（某些压力机采用双制动器），当安全检测装置发出警告讯号时，能令压力机紧急停车，避免发生事故。另外，送料装置的精度要求高。

三、高速压力机工作原理

高速压力机由电动机通过飞轮直接驱动曲柄，因而使得滑块的行程次数很高。另外，为了充分发挥高速压力机的作用，主机配备有整套附属机构，包括开卷、校平和送料等装置，如图 8－18 所示，并使用高精度、高寿命的级进模，从而使高速压力机实现高速、自动化的生产，并且冲压件的精度高。

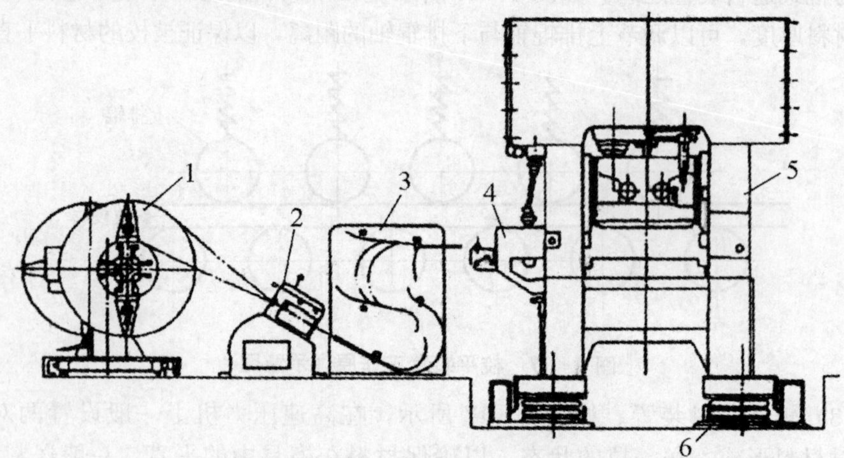

1. 开卷机；2. 校平机械；3. 供料缓冲装置

4. 送料机械；5. 高速自动压力机；6. 弹性支承

图 8－18　高速自动压力机及附属机构

四、高速压力机的规格及主要技术参数

高速压力机的类型，按机身结构分，有开式、闭式和四柱式；按传动方式

分，有上传动式、下传动式；按连杆数目分，有单点式和双点式。而从工艺用途和结构特点上分，有3大类：第一类是采用硬质合金材料的级进模或简单模来冲裁卷料，它的特点是行程很小，但行程次数很高；第二类是以级进模对卷料进行冲裁、弯曲、浅拉深和成形的多用途高速压力机，它的行程大于第一类压力机，但行程次数要低些；第三类是以第二类压力机为基础，将第一、第二类综合为一个统一系列，每个规格有2～3个型号，主要改变行程和行程次数，提高了压力机的通用化程度及经济效益。

第七节　多工位压力机

多工位压力机是一种适合于大批量生产，能够实现板料冲压自动化的压力机。近年来，国内多工位压力机在机械工业、无线电工业、电路仪表工业、轻工产品生产中的使用已逐渐增多，并显示了它的优势。国外已逐步以多工位压力机取代由通用压力机组成的冲压生产线。采用多工位压力机进行冲压生产是提高生产率的有效途径之一。

一、多工位压力机的选择

在选用多工位压力机时应注意下列问题：

(1) 公称压力。每个工位的最大冲压力，一般不允许超过公称压力的1/3，尽量避免因过大偏载而造成滑块倾斜，使运动精度降低，影响制件精度和模具寿命。为均衡各工位的冲压力，必要时可安排空工位。

(2) 滑块行程。选择滑块行程要考虑冲压件的高度 h 和夹板的送料行程 s，一般 s 取冲压件高度的3倍。

(3) 工位数。根据压力机的工位数来确定冲压件的工序，即在不影响压力机生产效率的情况下，可适当增加工序，以使模具结构简单。对某些特殊冲压件，在确定工位数时应注意留有余地，可适当增加空工位，供需要增加工序时用。

(4) 工位距。根据冲压坯料的最大直径 D 和模具强度要求确定。

(5) 送料线高度。指纵向送料夹板底面（或送料平面）到工作台垫板上表面之间的距离，一般取冲压件高度的3～4倍。

二、多工位压力机结构

如图8-19所示的Z81-125多工位压力机，机身为组合式钢板焊接结构，通过拉紧螺栓预紧，将上梁、左右立柱及工作台联成整体。在上梁上有离合器轴承座、传动轴及曲轴轴承等零部件。左右立柱上装有导轨。主滑块上装有8个小滑块，小滑块的调节量为50mm，每个小滑块都有顶料杆，顶料行程为30 mm，整个滑块部件重量由两个气动平衡缸平衡，电动机通过一级V形带传动，经摩擦离合器带动二级齿轮传动系统，使两套曲柄连杆机构带动主滑块做往复运动。

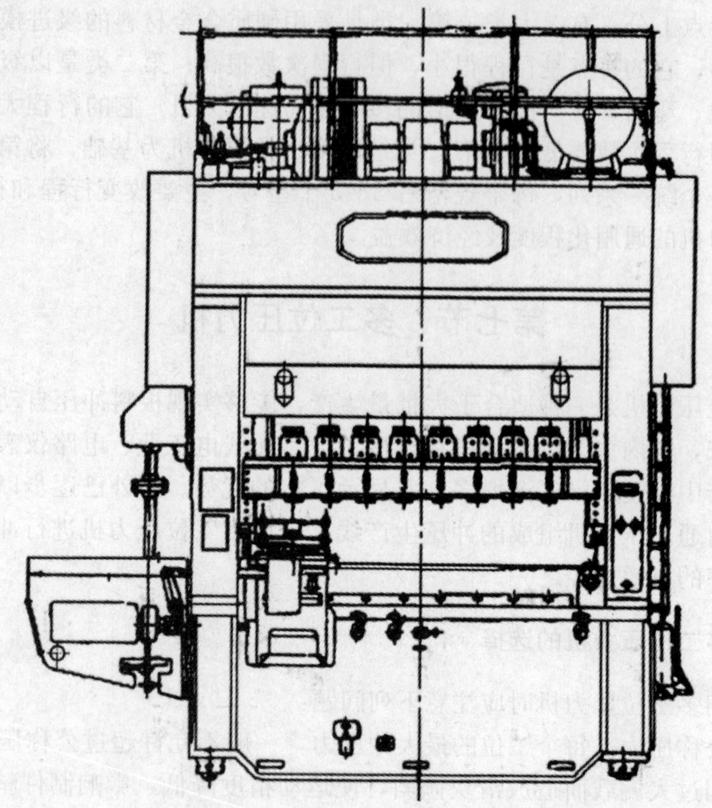

图 8－19　Z81-125 多工位压力机主体结构图

1. 滑块及打料装置

(1) 滑块。大型多工位压力机一般设置主滑块装模高度粗调和小滑块装模高度微调装置。中、小型多工位压力机一般只在小滑块上设置装模高度调节装置，装模高度可通过调节螺杆来实现，并用锁紧螺钉锁紧。

大型多工位压力机的主滑块均装有液压超载保护装置，某些多工位压力机各小滑块还有单独的液压超载保护装置。

(2) 打料装置。小滑块上一般装有气动式或机械式打料装置。如图 8－21 所示为机械式打料装置，固定在机身上的凸轮板可以通过螺钉上下调节，它驱动摆杆逆时针转动实现打料。在使用中，为了不使被冲零件冲完后让上模带走，一般当上模与下模分离时，便开始打料，以保证各工位的制件在工作台上有较正确的位置，便于夹板夹持送进。

2. 自动送料装置

多工位压力机的材料送进形式常有卷料送进和平片（落料件）送进两种，以卷料送进多见。一般采用辊式送料装置，见图 8－20 所示。卷料送进量由送

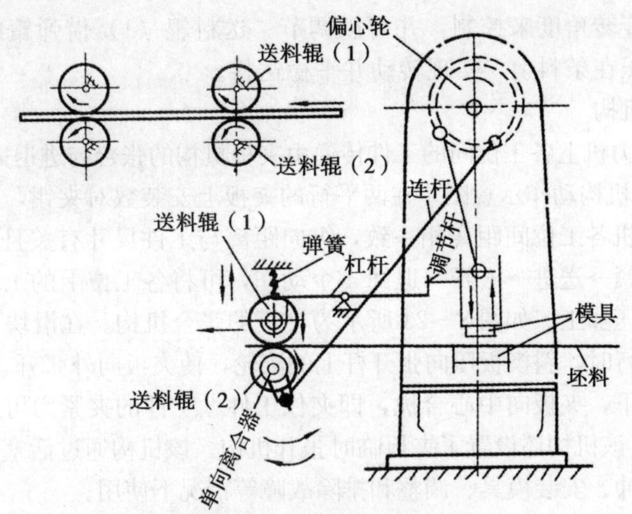

图 8－20　辊式送料装置简图

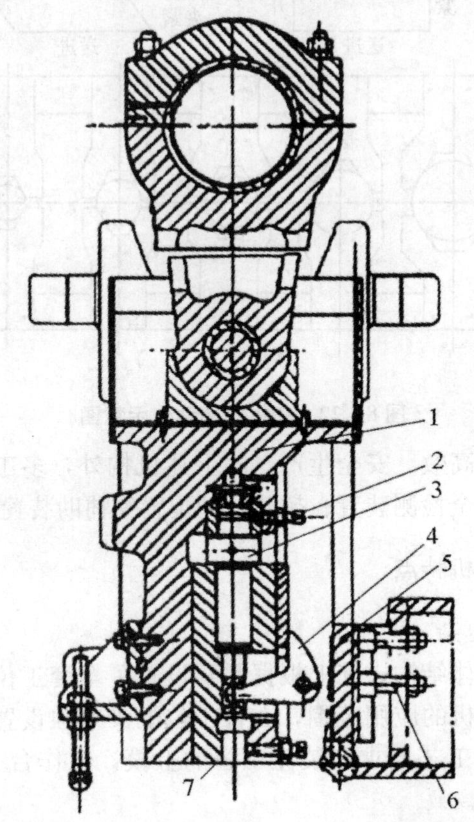

1. 滑块箱体；2. 锁紧螺钉；3. 调节螺杆；4. 摆杆；5. 凸轮板；6. 螺钉；7. 小滑块

图 8－21　滑块及打料装置

料辊（2）的旋转角度来控制，并可以调节。送料辊（1）借弹簧的压力相对着送料辊（2）压在条料上，实现转动并平稳送料。

3. 夹板机构

多工位压力机上各工位间的工件传递由夹板机构的张合与进退完成。如图 8-22 所示是夹板机构动作示意图。在两平行的夹板上安装数对夹钳，夹钳之间的横向距离与压力机各工位间距离相一致，纵向距离与工件尺寸有关且可调节。此夹板可以完成夹紧→送进→松开→退回 4 个动作，可将各工位上的工件按顺序向右传递，进行冲压加工。如图 8-23 所示为夹板的张合机构。在滑块两侧装有斜楔板，当滑块下行时，斜楔板压向张开杆上的滚轮，使夹板向外张开，滑块回程时，在弹簧的作用下，夹板向中心合拢，即夹住工件（工件的夹紧力可通过螺钉进行调节）。此外，该机构还设置了夹板临时张开机构。该机构通过活塞、连杆等把夹板撑开，供试冲、安装模具、调整和排除故障等情况下使用。

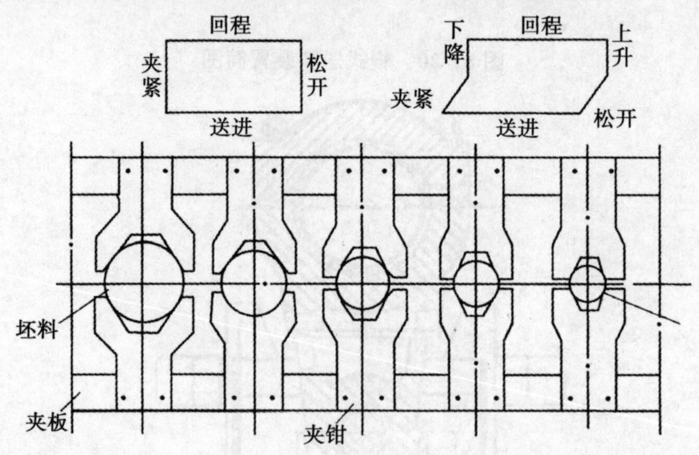

图 8-22 夹板机构动作示意图

为了保证连续、高效、安全生产，除上述机构外，多工位压力机上还设置有滑块平衡设置、安全检测装置、超载保护装置等辅助装置。

三、多工位压力机特点

1. 滑块结构较复杂

一般滑块均为箱体结构，其上根据需要设置了全套工位。为便于模具的安装、调整，扩大压力机的应用范围，在各工位上又单独设置了小滑块，这样每个小滑块可以按冲压工艺要求安装该工位的上模，工作台上安装相应的下模，并单独调节装模高度。

2. 自动送料、工位间传递与滑块三者间的运动保持同步协调

由图 8-22 可知，多工位压力机的主轴与自动送料机构、工位间传递机构采取机械连接，从而可使滑块、自动送料机构和工位间传递机构三者动作保持

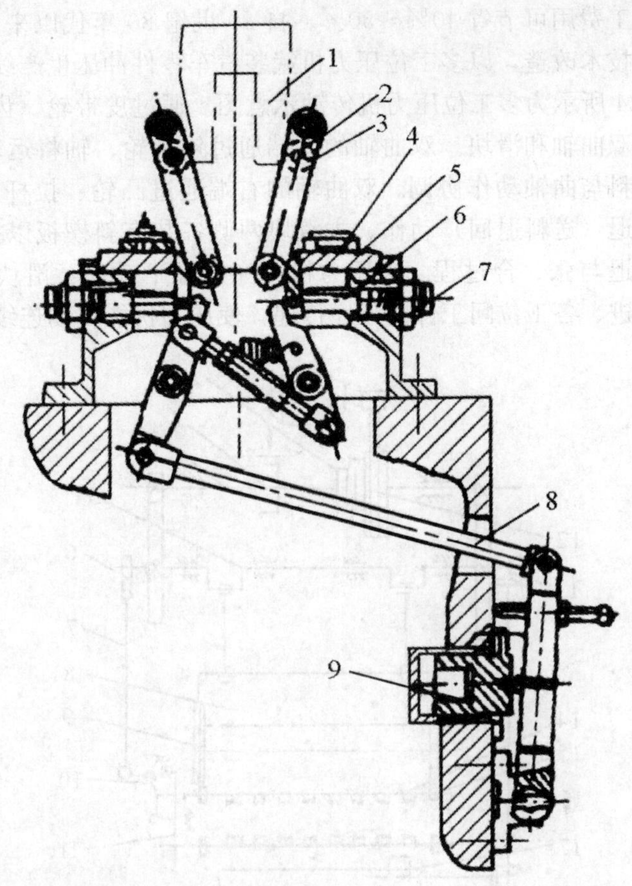

1. 斜楔板；2. 杆；3. 滚轮；4. 夹钳；5. 夹板；6. 弹簧

7. 调节螺杆；8. 连杆；9. 活塞

图 8－23 夹板张合机构

同步协调，使压力机可实现机械化与自动化生产。

3. 采用摩擦离合器-制动器。多工位压力机采用摩擦离合器-制动器，以达到压力机工作平稳、动作可靠、模具安装及调整方便的目的。

另外，采用刚性较好的机身。

四、多工位压力机工作原理

多工位压力机在一个行程内可完成多种冲压工序，如落料、冲孔、拉深、弯曲、切边，甚至电机定子或转子的叠片压装，是一种高效的自动化冲压设备。

多工位压力机在汽车工业获得了广泛的应用，它可以替代多台单工位压力机组成生产线，具有节省占地面积和设备投资、节能高效的优点。例如，一台多工位压力机能代替一条 6 台压力机的汽车车身生产线，设备投资节省 20%～40%，能耗减少 50%～70%，占地面积减少 40%～50%，生产率提高 30%～

70%，整个加工费用可节省40%～50%。自20世纪80年代以来，世界各大汽车厂纷纷进行技术改造，以多工位压力机武装汽车零件冲压生产线。

如图8-24所示为多工位压力机传动示意图。通过皮带轮、齿轮两级减速，将运动传递给双曲轴和滑块。双曲轴的左端通过锥齿轮、轴将运动传递给送料机构，使其送料与曲轴动作协调。双曲轴的右端通过凸轮、拉杆、摇臂、拖板控制夹板的进退（送料退回）动作。主滑块两侧各装有斜楔板以控制夹板的张合动作其进、退与张、合过程。该压力机可完成如下动作：滑块的往复冲程、材料的自动送进、各工位间工件的顺序传递，使压力机能自动连续运行。

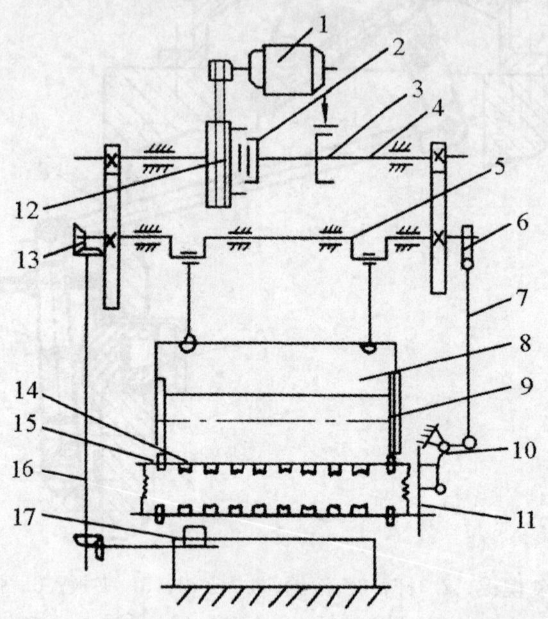

1. 电动机；2. 离合器；3. 制动器；4. 轴；5. 双曲轴；6. 凸轮
7. 拉杆；8. 主滑块；9. 斜楔板；10. 摇臂；11. 拖板；12. 皮带轮
13. 锥齿轮；14. 夹板；15. 滚轮；16. 轴；17. 送料机构

图8-24 多工位压力机传动示意图

根据工位间工件传递的方向不同，多工位压力机有直线传递、纵横传递和回转传递3种类型。大多数多工位压力机采取直线传递的形式。

五、多工位压力机的新进展

多工位压力机配有自动传送装置，以实现工件在工位间的自动传送。传送装置除了采用与压力机联动的机械传动外，新式的传送装置还采用了交流伺服电动机驱动技术。其优点是可以实现单独自由编程控制，更加方便灵活，适应性广，生产效率较凸轮式提高10%～15%，传送装置可实现工件快速三坐标传递。

大多数新式多工位压力机都配有快速换模机构，大型压力机的换模时间可以缩短到3～10min。我国济南第二机床厂已经掌握了大型多工位压力机的生产技术，2003年和2005年两次向美国DANA公司出口了2台20 000kN和1台50 000kN的多工位压力机。

第八节 液压机

液压机具有压力和速度可在较大范围内无级调节、动作灵活等优点，是金属成形和塑料成形中广泛应用的液压机。

一、液压机分类

1. 液压机按用途分类

(1) 手动液压机：为小型液压机，用于试压、压装等要求力量不大的手工工序。

(2) 锻造液压机：用于自由锻造、钢锭开坯以及有色与黑色金属模锻。

(3) 冲压液压机：用于各种板料冲压，其中有单动、双动及橡皮模冲压等。

(4) 一般用途液压机：用于各种工艺，通常称为万能或通用液压机。

(5) 校正、压装用液压机：用于零件校形及装配。

(6) 层压液压机：用于胶合板、刨花板、玻璃纤维增强材料等的压制。

(7) 挤压液压机：用于挤压各种金属线材、管材、棒材、型材及工件的拉深、穿孔等工艺。

(8) 压制液压机：用于压制各种粉末制品，如粉末冶金料、人造金刚石、热固性塑料及橡胶制品的压制等。

(9) 打包、压块液压机：用于将金属切屑及废料压块与打包、非金属材料的打包等。

(10) 其他液压机：如模具研配、电缆包覆、轮轴压装等各种专用工序的液压机。

液压机的工作介质主要有两种：采用乳化水液作为工件介质的称为水压机，其公称压力一般在10 000kN以上；用油作为工作介质的称为油压机，其公称压力一般小于10 000kN。

2. 液压机按动作方式分类

(1) 上压式液压机：工作缸安装在机身上部，如图8-25所示。活塞从上向下移动对工件加压，送料和取件操作是在固定工作

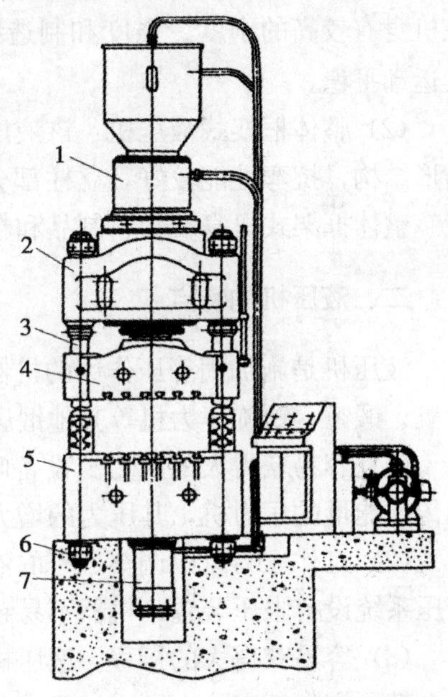

1. 工作缸；2. 上横梁；3. 立柱
4. 活动栋梁；5. 下栋梁
6. 锁紧螺母；7. 顶出缸

图8-25 Y32-300型液压机

台上进行，操作方便，而且易实现快速下行，应用最广。

(2) 下压式液压机：工作缸装在机身下部，如图 8-26 所示。上横梁固定在立柱上不动，当柱塞上升时带动活动横梁上升，对工件施压。卸压时，柱塞靠自重复位，下压式液压机的重心位置较低，稳定性好。

(3) 双动液压机：通常，上活动横梁分为内、外滑块，分别由不同的液压缸驱动，可分别移动，也可组合在一起移动，压力为内、外滑块压力的总和。这种液压机特别适合于汽车覆盖件的成形。

(4) 特种液压机：如角式液压机、卧式液压机等。

3. 按机身结构分类

(1) 三梁四柱式液压机：该液压机由上横梁、下横梁和活动横梁三部分组成，通过四根立柱和锁紧螺母将它们连接起来，如图 8-26 所示。该机身有较高的刚度、强度和制造精度，活动横梁运动平稳。

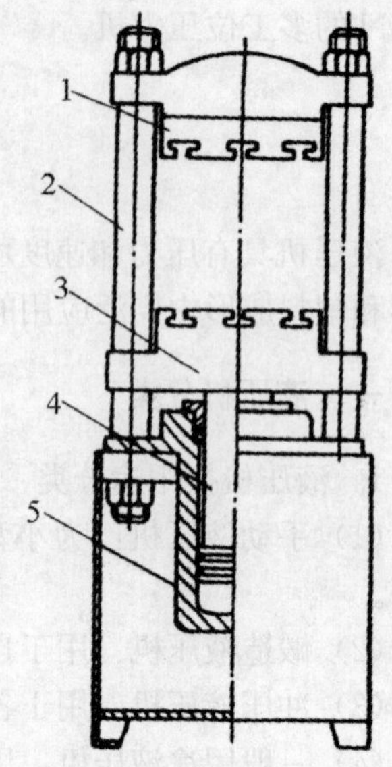

1. 上栋梁；2. 立柱；3. 活动栋梁；4. 活塞杆；5. 工作缸

图 8-26 下压式液压机

(2) 整体框架式液压机：该液压机机身由铸造或型钢焊接而成，一般为空心箱形结构，抗弯性能较好，立柱部分做成矩形截面，便于安装平面可调整导向装置。整体框架式机身在塑料制品和粉末冶金等行业中广泛使用。

二、液压机的特点

液压机是施加固静压作用的机器，靠液体静压力使工件变形。这是与曲柄压力机、锻锤、螺旋压力机等其他锻压设备的不同点。

(1) 容易获得大的压力。设备吨位越大，液压机的优点越突出，而靠机械机构传递能量的压力机，其压力的增大受到构件强度限制。

(2) 工作压力可以调整。有的液压机在一个工作循环中可以用几级工作压力。液压系统设有限压装置，机器不易超载，使模具也受到保护。

(3) 容易获得大的行程。液压机容易获得大的工作行程，并在行程的任意位置上都可产生额定最大压力，且能长时间持续保压。这对长行程的压制工艺特别有利，如板料的深拉深、型材的挤压等。

(4) 调速方便，可调节液压系统实现各种行程速度，这种调速是无级的，操作方便。

(5) 液压机结构简单，能够适应多品种生产。

（6）工作振动及噪声小。液压机工作平稳，撞击、振动和噪声都较小，对厂房基础要求低，对环境保护及改善工人劳动条件有利。

（7）易于实现自动化生产。

但是，液压机也有一些缺点，如对密封技术要求较高，密封差产生液体渗漏会影响机器的效能，污染环境；由于液体的流动阻力，液压机的最高工作速度受到限制。

三、液压机工作原理

液压机是根据帕斯卡原理制成的，是利用液体压力来驱动机器工作。液压机的工作原理如图 8-27 所示，两个充满液体的大小不一的容器（面积分别为 A_1、A_2）连通，并加以密封，使两容腔液体不会外泄。当对小柱塞施加向下的作用力 F_1时，则作用在液体上的压强 $p= F_1/A_1$。根据帕斯卡原理：在密闭的容器中，液体压强在各个方向上相等且压强将传递到容腔的每一点。因此，另一容腔的大柱塞将产生向上的推力 F_2，$F_2=pA_2=F_1$（A_2/A_1）。故只要增大大柱塞的面积，就可以由小柱塞上一个较小的力 F_1，在大柱塞上获得一个很大的力 F_2。这里的小柱塞相当于液压泵中的柱塞，而大柱塞就是液压机中工作缸的柱塞。

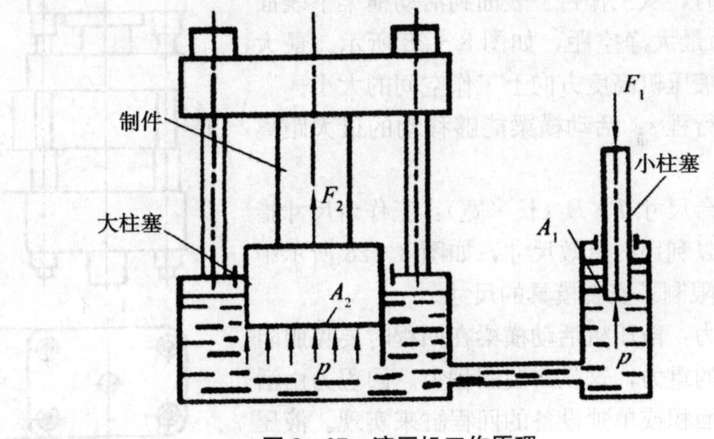

图 8-27　液压机工作原理

四、液压机的型号和主要参数

液压机在锻压机械标准 ZBJ - 62030—90 中属于第二类，代号为“Y”，故设备型号以汉语拼音“Y”字母开头。

1. 液压机型号

“Y32A - 315A”表示公称压力为 3150kN，经过 1 次改进、1 次变型的四柱式万能液压机。

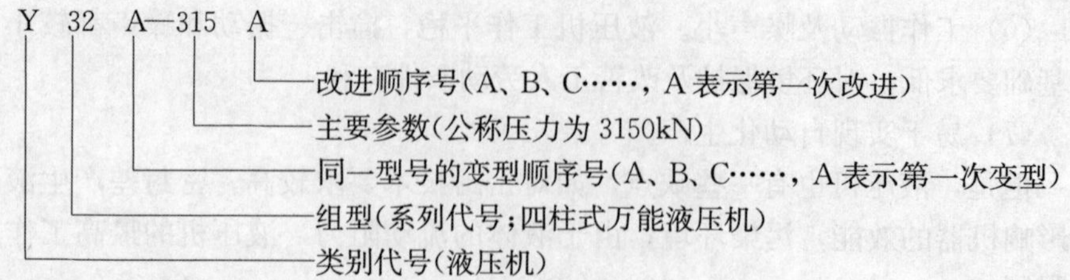

2. 液压机主要参数

(1) 公称压力 F：指液压机名义上能产生的最大总压力。它是表示液压机压制能力的主要参数，一般用它来表示液压机的规格。公称压力可以用下式计算：

$$F = pA\eta$$

式中 F——为公称压力 (N)；

p——工作液压力 (MPa)；

A——工作缸活塞有效面积 (m^2)；

η——效率，一般液压机效率 $\eta = 0.8 \sim 0.9$。

一般大中型液压机公称压力分为二级或三级。

(2) 最大净空距（开口高度）H：当活动横梁停止在上限位置时，从工作台上表面到活动横梁下表面的距离 H 成为最大净空距，如图 8-28 所示。最大净空距反映了液压机高度方向上工作空间的大小。

(3) 最大行程 s：活动横梁能够移动的最大距离即为最大行程。

(4) 工作台尺寸 $T \times B$（长×宽）：工作台尺寸指工作台面上可以利用的有效尺寸，如图 8-28 所示中的 T 和 B。它限制了安装模具的尺寸。

(5) 回程力：液压机活动横梁在回程时要克服阻力和运动部件的重力，这就需要回程力。回程力由活塞缸下腔工作面积或单独设备的回程缸来实现。液压机的最大回程力为公称压力的 20%～50%。

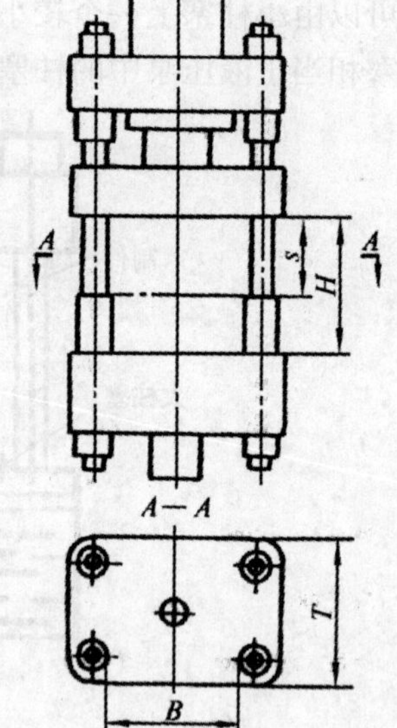

图 8-28 液压机参数示意图

(6) 活动横梁运动速度：可分为工作行程速度、空行程速度及回程速度。工作行程速度由工艺要求来确定。空行程速度及回程速度可以高一些，以便提高生产率。

常用各类液压机的性能参数见表 8-17 至表 8-19。

表 8-17 常用拉深液压机的性能参数

参数名称	量值				
公称压力 (MN)	3.0	4.0	5.0	6.5	12.0
液体工作压强 ($\times 10^5$Pa)	200	200	200	320	200

续表

参数名称	量值				
最大开口高度（mm）	2000	2800	2700	1500	1700
最大行程（mm）	1000	1600	1600	1000	900
回程力（kN）	450	500	750	1600	2100
工作速度（mm·s^{-1}）	300～350	250	300～350	300	300
空程速度（mm·s^{-1}）	400～450	400	400～450	400	400
回程速度（mm·s^{-1}）	400～450	400	400～450	400	400
顶料器行程（mm）	50	800	1000	—	700
顶料力（kN）	300	150	250	2000	2100
工作台尺寸（mm）	800×1000	1000×1200	1000×1200	1150×4000	1200×1200
地面以上高度（mm）	6479	7915	8131	7530	7745
地面以下深度（mm）	1800	2860	3000		4 000
质量（t）	46	74	86.1	160	131
生产厂家	陕西锻压机床厂	太原重型机器厂	陕西锻压机床厂	太原重型机器厂	太原重型机器厂

表 8－18　常用四柱万能液压机的性能参数

液压机名称	型号	公称压力(kN)	液压机最大工作压力(MPa)	回程压力(kN)	顶出缸压力(kN)	活动横梁最大行程(mm)	顶出缸活塞最大行程(mm)	活动横梁至工作台最大距离(mm)	顶出缸活塞至工作台最大距离(mm)	活动横梁行程速度		
										空程速度(mm·s^{-1})	工作时最大(mm·s^{-1})	回程(mm·s^{-1})
四柱式万能液压机	YB32-63B	630	25	190	190	400	150	600	160	22	9	50
四柱式万能液压机	YB32-100B	1000	25	320	190	600	200	900	215	22	14	47
四柱式万能液压机	YT32-200B	2000	25	480	400	710	250	1120	324	90	18	80
四柱式万能液压机	YA32-200	2000	25	450	350	700	250	1100	345	60	10	52
塑料制品液压机	YT71-250	2500	25	630	400	600	250	1200	380	65/6	3	65/6
四柱式万能液压机	YT32-315	3150	25	630	630	800	300	1250	360	100	12	60
四柱式万能液压机	YA32-315	3150	25	600	350	800	250	1250	445	80	8	42
四柱式万能液压机	YT32-500C	5000	25	1000	1000	900	355	1500	545	140	10	70
四柱式万能液压机	Y132-500	5000	25	1000	1000	900	355	1500	385	100	10	80
塑料制品液压机	YT71-500	5000	25	630	350	700	300	1400	850	30/3	1	30/3

表 8-19　　立式四柱冲孔液压机性能参数

参数名称	量值				
公称压力（MN）	1	1.25	2	2	14
液体工作压强（×105Pa）	200	200	200	200	200
最大开挡（mm）	2700	2 600	3500	3200	3000
最大行程（mm）	1500	2100	2200	3000	1800
回程力（kN）	300	400	300	400	1800
工作速度（$mm\cdot s^{-1}$）	300	250～300	300	300	300
空、回程速度（$mm\cdot s^{-1}$）	600	350～400	600	400	350
工作台尺寸（mm）	800×800	1350×800	750×850	1400×800	1400×1300
地面以上高度（mm）	7093	4268	7520	8450	9300
地下深度（mm）	2500	3300	2500	4000	5500
外形尺寸长（mm×	6260×6230	—	6230×6960	4270×6905	8600×8000
宽/mm×高（mm）	×9539	—	×7520	×8450	×9300
质量（t）	27.4	20.1	33.2	36	290
生产厂商	陕西锻一机床厂	沈阳重型机器厂	陕西锻压机床厂	太原重型机器厂	太原重型机器厂

五、其他液压机

（一）板料冲压液压机

板料冲压液压机是进行板料冲压加工的重要设备之一，可用于板料拉深、弯曲冲裁和成形等工艺。

冲压液压机的种类较多。按照加工板材的厚度分为薄板冲压液压机和厚板冲压液压机；按照施力方式分为单动和双动冲压液压机；按照液压机机身结构分为梁式和框架式液压机。本段着重介绍单动薄板冲压液压机和汽车纵梁（厚板）冲压液压机。

1. 单动薄板冲压液压机

如图 8-29 所示为单动薄板冲压液压机结构。上梁内装有主工作缸，带动活动横梁上下运动，完成各种冲压工作。下横梁下部装有顶出缸，可将冲压完的制件从模具内顶出。顶出缸还可起液压垫作用，供拉深时压边用。有的单动薄

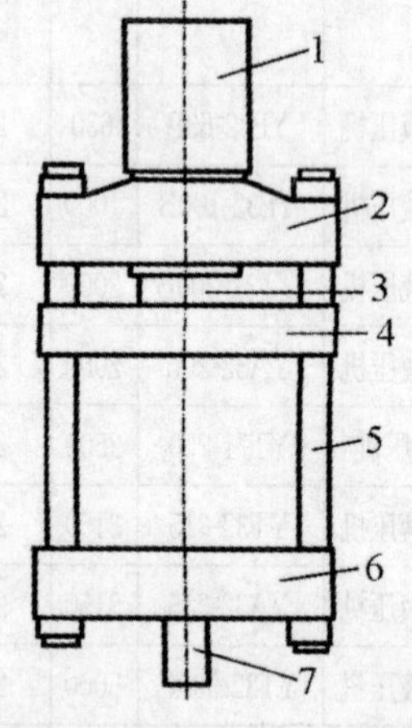

1. 充液罐；2. 上梁；3. 主缸及活塞
4. 支梁；5. 主柱；6. 下梁；7. 顶出缸
图 8-29　单动薄板冲压液压机

板冲压液压机的下梁内由液压马达驱动，通过齿轮、齿条传动可将工作台移动，便于更换模具，改善了劳动条件，提高了生产效率。

2. 汽车纵梁冲压液压机

该液压机是用于压制汽车大梁的。如图 8-30 所示为 40MN 汽车纵梁液压机，它为六立柱式组合结构，上横梁为 3 个独立的部件，每个部件上各装 1 个主工作缸，活动横梁和底座（下横梁）各为一个整体铸件，活动横梁长 9.5 m，由 6 个立柱将上横梁和底座连成一体。从侧面看，该液压机可视为 3 个受力的封闭框架，但从正面看，则不是一个整体框架结构，因此不能承受偏载。底座下部装有顶出缸，上横梁上装有回程缸。

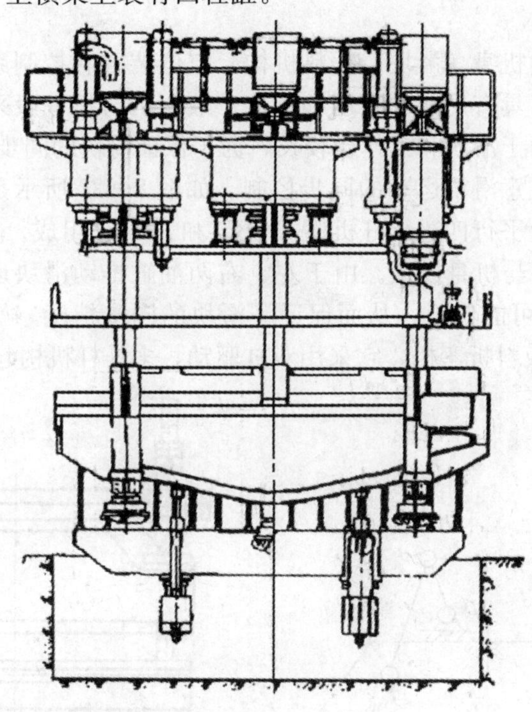

图 8-30　汽车纵梁冲压液压机结构

压制时，两侧液压缸先投入工作，将板料压入下模槽腔进行弯曲。当开始校形时，中间液压缸再投入工作，液压机发挥最大工作压力。为了避免纵梁弯曲时液压机承受偏心载荷，该机设置了活动横梁调平装置，调平装置工作原理如图 8-31 所示。调平装置以被弯曲坯料的上表面为基准，工作前按活动横梁下移速度要求，调节两个比例流量阀，保证活动横梁按给定速度平行下移。当弯曲凸模接触坯料上表面时，调平装置显示为零。当凸模继续下移时，负载不均匀使活动模梁倾斜，活动模梁两端的位移误差信号由位移传感器检测后经电控器反馈给比例流量阀，改变各工作缸的流量，使两端运动速度误差减小，直至活动横梁平行下移为止。调平装置可保证活动横梁在 9.5m 长度上，两端位移差仅为 0.5mm。

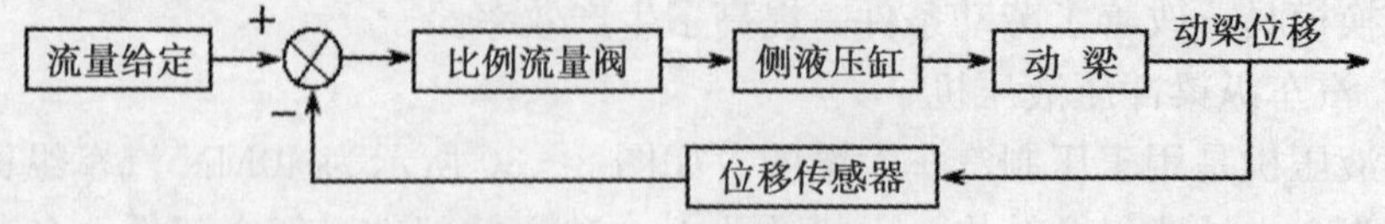

图 8-31 调平工作装置原理

（二）液压板料折弯机

板料折弯是塑性变形工艺的一种，广泛应用于钣金加工业。在板料折弯机上使用简单模具可对冷态金属板料进行各种角度的直线弯曲，操作简单，生产效率高。

板料折弯机由机身、滑块、托料机构、定位装置和控制系统组成。机身采用整体焊接结构，具有足够的强度和刚度。液压折弯机一般采用两个竖直油缸推动滑块运动，由于滑块和工作台较长，为了保证滑块的同步和制件成形质量，液压系统应充分注意滑块运动的同步控制。如图 8-32 所示是一种多杆机构同步系统，该系统由平行四边形杆机构 $CABD$ 和 $EABF$ 组成。其中点 E、F 与滑块铰接，点 C、D 与机身铰接。由于左、右两油缸推动滑块运动时受上述机构的制约，E、F 不可能偏斜，从而保证了滑块的同步精度。如图 8-33 所示为 HPBl025 型液压板料折弯机，它采用双缸驱动，多连杆机构起同步联锁作用。

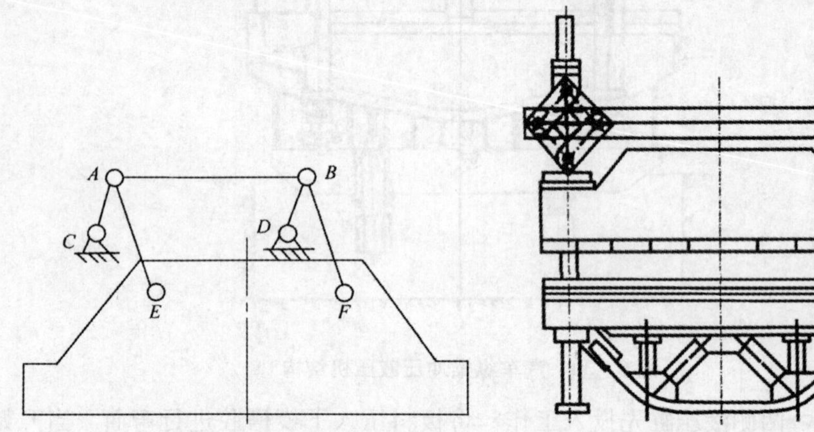

图 8-32 多杆同步控制机构 **图 8-33 HPBl025 型液压板料折弯机**

现代板料折弯机对滑块位移、工作台变形、挡料位置以及上、下料机构都要求自动控制，其中滑块位移的控制包括止点及运动转换点的控制。下止点位置会直接影响上模进入下模的深度，此深度的微小变化将导致弯曲角显著变化。

为了提高折弯件精度，近年来出现了三点弯曲板料折弯机，其工作原理如图 8-34 所示。

在三点弯曲过程中，弯曲角 θ 由特殊凹模及在其中可移动的顶杆来确定。凹槽的开口 B 是不变的，而凹模槽深 H 则可由调节顶杆来改变。凸模和凹模槽顶两侧的圆角及顶杆的表面形成 3 个点 a、b、c，这 3 点精确地决定了弯曲角 θ。在弯曲过程中，为了保证沿工具全长上板料均与 a、b、c 点接触，以保证全长上的板料弯曲精度，必须补偿滑块及工作台的挠度。为此在上模及滑块之间有液压垫，它能使沿着整个弯曲长度上的压力均匀分布，液压垫上的力应根据板料的材料种类及厚度来设定。凹模中的顶杆，可借助一套汽缸楔块机构来调节其高度。

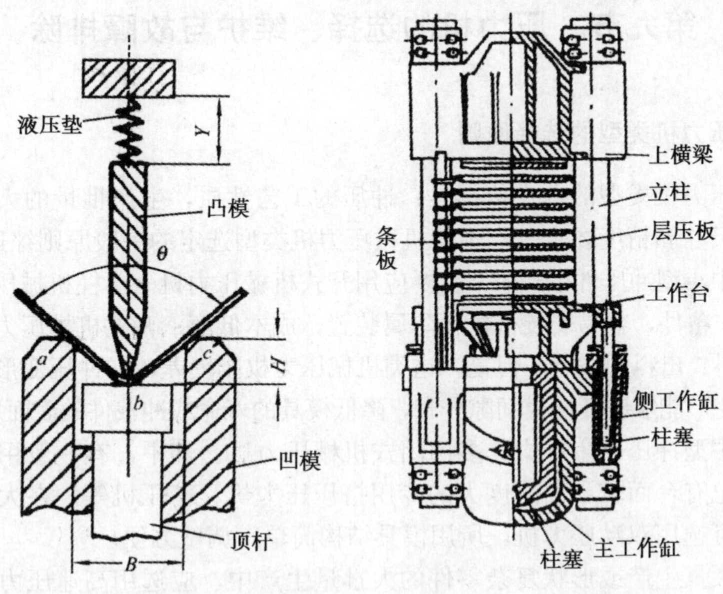

图 8-34　三点弯曲折弯原理图　　图 8-35　下压式层压机

（三）层压机

层压机的主要特点是在液压机的上、下横梁之间设有多层活动平板，一次可生产多层塑料板。层压机主要用来加工塑料板材、层压板、纤维板等。

层压机有上压式和下压式两种，但多采用下压式，而且多采用柱塞式工作缸，这样，柱塞行程可设计得较长，使层压空间大，对压制多层制品有利，装卸制品和料坯也比较方便。另外，运动部件的回程可靠自重完成，简化了机器结构。如图 8-35 所示为下压式层压机。主工作缸的柱塞和下工作台相连，下工作台的两侧还与辅助工作缸的柱塞连接，该油缸体积小，可以将工作台很快地举起，并且节省工作液。此时主工作缸充入低压油液，当至闭合位置时，即向主工作缸输入高压油液。

压制时，先将料坯片放于两层压板之间，然后加热到压制温度，并在此温度下保压一定时间，然后进行冷却，最后得到制品。

层压机的压板需要加热。通常，加热方式有蒸汽加热和电加热两种。蒸汽加热需有蒸汽源，加热装置较为复杂，而电加热装置结构简单。蒸汽加热装置是在压板上钻孔，并将孔道连接成循回通道。电加热装置是在压板孔道内插入电热棒。加热装置设计得是否合理对制件的影响很大。若设计不当，会使制件开裂，因受热或冷却不均匀而引起翘曲或开裂、表面发花等缺陷。

大型层压机一般在机台的左右两侧各设有一部升降台，升降台配置有推拉架，由推拉架将料坯推入压板间，或将压制好的层板拉出。这样，操作方便，缩短了生产周期，机台得到了充分利用。

第九节　压力机的选择、维护与故障排除

一、压力机类型的选择原则

机械压力机类型的选定依据是：冲压的工艺性质，生产批量的大小，冲压件的几何尺寸和精度要求等。现将机械压力机类型选定的一般原则综述如下：

（1）中小型冲压件生产中，主要应用开式机械压力机。单柱机械压力机具有方便的操作条件，容易安装机械化附属装置，成本低廉；开式机械压力机具有左右方向送料、出料的优点。但是，这类机械压力机刚度差，在冲压变形力的作用下床身的变形能够破坏冲模间隙分布，降低模具的寿命或冲裁件的表面质量。

在大中型冲压件生产中，多用闭式机械压力机。其中，有一般用途的通用压力机，也有台面较小而刚度大的专用挤压压力机、精压机等。在大型拉深件生产中，可选用双动压力机，所用模具结构简单，调整方便。

（2）大量生产或形状复杂零件的大批量生产中，应选用高速压力机或多工位自动压力机；在小批量生产中，尤其在大型厚板冲压件弯曲成形生产中，多采用高速压力机或摩擦压力机。

液压机没有固定行程，不会因为板料厚度变化而超载，在需要很大的施力行程时，与机械压力机相比具有明显的优点，但是，液压机的生产效率低，而且冲压件的尺寸精度有时因操作因素的影响而不十分稳定。摩擦压力机结构简单、造价低廉，不易发生超负荷损坏，常用来完成弯曲等冲压工作。摩擦压力机的行程不是固定的，因而在冲压件的校平或校形中，不受板材厚度波动的影响，能保持比较稳定的校形精度。但是，摩擦压力机的行程次数较少，生产效率低，操作不方便。

（3）必须充分注意机械压力机的刚度和精度。机械压力机的刚度由床身刚度、传动刚度和导向刚度三部分组成。只有当压力机的刚度足够时，其静态精度（空载时测得的精度）才能在受负荷作用的条件下保持下来，否则，其静态精度也就失去了意义。压力机的刚度直接影响模具的寿命和冲裁件的质量。

薄板零件冲裁应尽量选用精度高而刚度大的机械压力机；校正弯曲、校平、校形用机械压力机应该具有较大的刚度，以获得较高的冲压件尺寸精度。

值得指出的是，提高机械压力机的结构刚度和传动刚度，虽然可以降低由于板材性能的波动、操作因素和前一道工序的不稳定等因素引起的成品零件的

尺寸偏差，但是，只有厚度公差较小的高精度板材才适用于精度高而刚度大的机械压力机。否则，板材厚度的波动能够引起冲压变形力的急剧增大，这时，过大的设备钢度反而容易造成模具或设备的超负荷损坏。

二、压力机规格的选择原则

机械压力机的规格指机械压力机的主参数——公称压力。所选机械压力机的公称压力和功率必须大于冲压作业所需的压力和功率，以避免压力和功率的超载。因此，为了正确选择机械压力机，首先应弄清机械压力机的超载问题。

1. 机械压力机的超载问题

机械压力机的超载有强度超载（冲压工序抗力超过机械压力机允许压力而发生的超载）、动力超载（曲轴上输入的扭矩不足以克服抗力所产生的扭矩而发生的超载）和平均功率超载（机械压力机滑块一次往复行程所需的平均功率超过电动机的额定功率而发生的超载）之分。强度超载一般是在滑块离下止点很近的时候发生的，出现强度超载会损坏机械压力机的主要零件（如使轴变形、床身破裂等）。因此，机械压力机上一般都有压力超载保险装置。

动力超载在整个滑块行程中都可能发生，出现动力超载将使飞轮转速降低，严重时会导致电动机被烧毁。有的机械压力机设置了动力超载保险装置。平均功率超载的后果是使电动机持续减速，轻则缩短电动机的使用年限，重则烧坏电动机。

2. 机械压力机压力和功率的选定

机械压力机压力和功率的选择，实质上是为了使机械压力机在加工过程中不发生超载问题。

机械压力机说明书上通常都有图 8-36 所示的压力-行程曲线。选择机械压力机时，必须保证工序抗力不超过曲线中的 *ABC* 线，这样才能避免发生强度超载和动力超载，一般情况下也不至于发生平均功率超载，但在有些施力行程较长的作业中也有可能发生平均功率超载。如图 8-36 所示中，曲线 *ABC* 是机械压力机的许用压力-行程曲线，抗力曲线是变形力与行程的关系曲线。由图 8-36（a)、(b)所示可以看出，在进行冲裁、弯曲加工时，所选机械压力机完全可以保证在全部行程里工序抗力都低于机械压力机的许用压力，所以是合理的。而从图 8-36（c)所示可见，虽然所选机械压力机的公称压力 F_{max} 等于或大于拉深变形所需的最大力，但在全部行程中，许用压力-行程曲线 *ABC* 不能全部覆盖工序抗力-行程曲线，因而在这种情况下应选公称压力更大的机械压力机才合理。

应该指出，由于准确绘制工序抗力-行程曲线的工作较复杂，因而在实际生产中，通常是以变形力的计算结果和实际经验为依据来选择机械压力机的。假定 F_{max} 为冲压加工时作用于滑块上力的总和，包括冲压变形力、推件力、卸料力、弹簧压缩力、气垫压缩力等。在进行冲裁或弯曲加工时，由于其施力行程较小，一般可按 F_{max} 选取机械压力机吨位；当考虑众多波动因素时，可按比

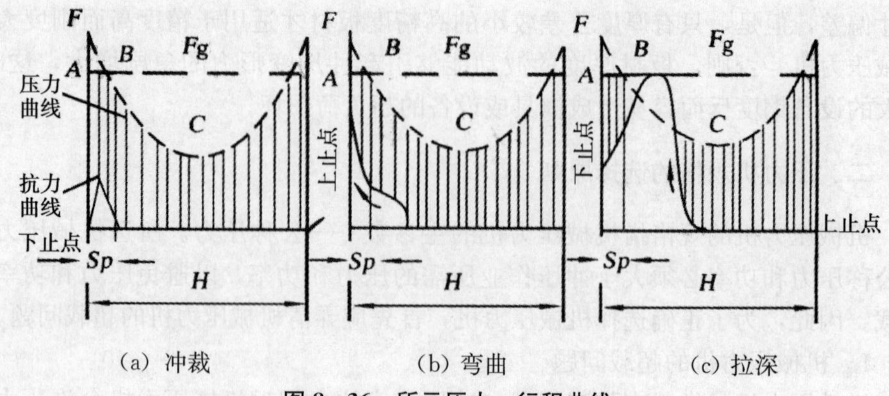

（a）冲裁　　（b）弯曲　　（c）拉深

图 8-36　所示压力—行程曲线

F_{max}大10%～20%选取机械压力机吨位；为了保证冲压件尺寸精度、提高模具寿命，也可按$2F_{max}$选取机械压力机吨位。在进行拉深等冲压加工或采用复合模成形时，由于施力行程较大，这时不能单纯地按F_{max}，选用机械压力机，而应该以在机械压力机全部行程中工序变形力都不超过机械压力机允许压力曲线的范围为条件进行选择，如图 8-36（c）所示已超载。

3. 按冲压零件和模具尺寸选定机械压力机规格

选定机械压力机类型和规格后，还应进一步根据冲压零件和模具的尺寸来复核所选机械压力机是否合理。这时主要应考虑以下几点：

（1）机械压力机应有足够的行程，以保证毛坯能放进、工件在高度上能获得所需的尺寸，并使工件能方便地从模具中取出来。如拉深工序，要求滑块行程大于工序中零件高度的 2 倍以上。

（2）压力机的台面尺寸应大于冲模的平面尺寸，要留有模具固定安装的余地。压力机工作台尺寸最小应大于冲模相应尺寸 50～70mm。但在过大的工作台面上安装小尺寸的冲模时，工作台的受力将会不利。

（3）压力机的闭合高度应与冲模的闭合高度相适应，即满足冲模的闭合高度介于压力机的最大闭合高度和最小闭合高度之间的要求。此外，压力机装模柄的孔尺寸也应与冲模的模柄尺寸适应。

除上述因素外，还要考虑机械压力机工作台或垫板上漏料孔的尺寸以及缓冲器的位置和尺寸是否满足冲模的要求。

三、压力机的正确使用

曲柄压力机同其他机械设备一样，只有操作者正确使用和切实地维护保养好，才能减少机械故障，延长其使用寿命，同时充分发挥其功能，保证产品质量，并最大限度地避免事故的发生。下面我们从压力机的能力、结构、操作、检修及模具使用等方面对此加以论述。

1. 压力机能力的正确发挥

压力机的使用者必须明确所使用压力机的加工能力（标称压力、许用负荷图、电机额定功率），并且在使用过程中，让压力机的能力留有余地，这对延长压力机部件寿命、模具寿命及避免超负荷使压力机破坏都是至关重要的。尤其是偏心负荷时，使用压力需低于标称压力很多。超负荷对压力机、模具及工件等均有不良影响，避免超负荷是使用压力机的最基本要求。

超负荷将出现以下现象，也可以通过这些现象的出现来判定是否超负荷。

（1）电动机功率超负荷的现象：电机的电流增高，电动机过热；单次行程时，每次作业的减速都很大；连续行程时，随着作用次数的增加，速度逐渐减小，直至滑块停止运转。

（2）工作负荷曲线超出许用负荷曲线，出现以下情况：曲柄发生扭曲变形、齿轮破损、连接键损坏、离合器打滑和过热。

（3）标称压力超负荷的现象：作业声音异常高，振动大；曲柄弯曲变形；连杆破损；机身出现裂纹；有过载保护装置的，则保护装置产生动作。

在原来是进行单次行程加工的压力机上，安装上自动送料装置进行连续加工时，往往压力机功率不足。这种情况下，可把驱动电动机换成高一挡功率的。

2. 对压力机结构的正确使用

单点压力机在偏心载荷作用下会使滑块承受附加力矩 $M=Fe$，因而在滑块和导轨之间产生阻力矩 $F_R l$，如图 8－37（a）所示。附加力矩 M 使滑块倾斜，加快了滑块与导轨间的不均匀磨损。因此，进行偏心负荷较大的冲压加正时，应避免使用单点压力机，而应使用双点压力机。双点压力机在承受偏心负荷时不产生附加力矩，如图 8－37（b）所示。

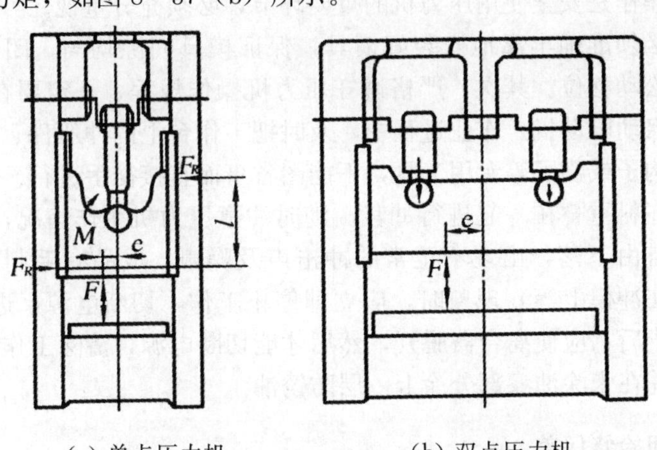

(a) 单点压力机　　(b) 双点压力机

图 8－37　偏心载荷对滑块受力的影响

压力机各活动连接处的间隙不能太大，否则将降低精度。可用下面的方法检验：在滑块向下行程进行冲压时，用手指触摸滑块侧面，在下止点如有振动，说明间隙过大，必须进行调整。进行滑块导向间隙调整时，注意不要过分追求精度而使滑块过紧，过紧将发热磨损。有适当的间隙，对改善润滑、延长使用寿命是必要的。各相对运动部分都必须保证良好的润滑，按要求添加润滑油（脂）。

压力机的离合器、制动器是确保压力机安全运转的重要部件。离合器、制动器发生故障，必然会导致大的事故发生。因此，操作者必须充分了解所使用压力机的离合器、制动器的结构，而且，每天开机前都要试车检查离合器、制动器的动作是否准确、灵活、可靠。气动摩擦离合器、制动器使用的压缩空气必须达到要求的压力标准，如压力不足，对离合器来说，将产生传递转矩不足；对制动器来说，将产生摩擦盘脱离不准确，造成发热和磨损加剧。

滑块平衡装置，应在每次更换模具后，根据模具的重量加以调整，保证平衡效果。

3. 模具对压力机正确使用的影响

用小型模具进行冲压作业时，应在工作台面积较小的单点压力机上进行。如果工作台面积过大，则冲压力不能用到压力机的标称压力，否则，工作台及工作台垫板在集中负荷的作用下，将承受过大的弯矩，导致破坏。此外，在大工作台上使用小模具进行冲压作业，尽管冲压力不大，也多半会引起振动，故应特别注意。一般模具安装面积太小时，应加垫板，以分散压力。

4. 进行正确无误的操作

对于闭合高度较小的模具也应加垫板安装，避免调节螺杆过于伸出，否则将导致强度大大降低，产生危险。压力机的操作可以说是很简单的工作，然而，操作错误不仅会使压力机、模具、工件遭受破坏，甚至会导致人身事故的发生。因此，正确操作是安全使用压力机的重要环节，必须充分重视。

首先，必须准确牢靠地安装好模具，保证模具间隙均匀，闭合状态良好，作业过程不松动移位。其次，严格遵守压力机操作规程，一定要在离合器脱开后，才可以启动电动机。作业过程中，及时把工作台上的冲压件、废料清除掉，清除时要用钩子或刷子等专用工具，不能图省事而直接徒手进行。板料冲裁时，不应将两块坯料重叠在一起进行冲裁。随时注意压力机工作情况，当发生不正常（如滑块自由下落，出现不正常的冲击声及噪声，成品有毛刺或质量不好，以及工件卡在冲模上等）现象时，应立即停止工作，切断电源，进行检查和处理。工作完毕后，应使离合器脱开，然后才能切断电源，清除工作台上的杂物，用布揩拭，并在未涂油漆部分涂上一层防锈油。

四、定期检修保养

对压力机定期检修的目的，就是通过每日、每周、每月、每半年或一年的检查维修，使压力机始终保持良好的状态，以保证压力机的正常运转和确保操作者人身安全。定期检修保养包括以下几项内容：

1. 离合器、制动器的保养

要保证离合器、制动器动作顺利准确，摩擦盘的间隙必须调准。间隙过大将使动作时间延迟，密封件磨损，需气量增大，造成不良影响；间隙过小或摩擦盘的齿轮花键轴滑动不良、返回弹簧破损等，将造成离合器、制动器脱开时，摩擦盘互相碰撞，产生摩擦声，引起发热，使摩擦片磨损，而且主电动机电流值增大，摩擦盘脱离不好，甚至会出现滑块二次下落现象。

离合器、制动器动作要准确，指定停止位置的误差在±5°以内为良好，如超出，就必须调整。这时应检查：制动器摩擦片有无磨损，动作是否不良；离合器、制动器摩擦片是否附着油污；汽缸活塞部密封有无磨损漏气；空气压力是否变动；制动器和离合器的连锁时序是否被打乱。因此，检查和维修其动作的操作电路、旋转凸轮开关、电磁阀和空气源等都是十分必要的。

2. 拉紧螺栓检修

经过长时间使用或超负荷，都会使拉紧螺栓松动。松动现象的判定，只要在压力机接受负荷之后，观察机架的底座和立柱的结合面是否有油出入即可。有油出入，说明拉紧螺栓松动。在拉紧螺栓松动的状态下进行压力机作业是很危险的，必须重新紧固。紧固量可参照设计说明书来确定。

3. 其他螺栓类松动的修正

各部分螺栓（包括附属装置的安装螺栓）是否松动，也是应该定期检查的事项，如有松动应立即拧紧。压力机进行冲压作业，振动大，特别是高速压力机，振动频率高，螺栓松动得快。螺栓松动往往引起难以预料的事故，必须认真对待。

4. 给油装置的检修

压力机各相对旋转和滑动部分如果给油不足，自然引起烧损，出现故障。因此，应该经常认真检查供油情况，使其保持良好状态。首先要检查油箱、油池、油杯、泵等油量是否充足，有无污物；其次，检查各注油部位、输油管、接头有无漏油，如有漏油需立即更换密封件。漏出的油一旦黏附在离合器或制动器上，将影响其功能，造成危险，故应特别注意。另外，滤油器的清理，电磁阀前装设的油雾器的补油，油雾器的滴油量是否适当，都是不可遗漏的事项。

5. 供气系统的检修

供气系统一旦漏气，必使气压降低，使气动部分动作不良。因此，要经常检查并更换密封件，保持空气管路正常。另外，空气中水分过多会使机器生锈，引起电磁阀和各种汽缸的活塞动作不良，故应注意在供气管的初始端附近安装脱水装置，并经常检查保养。

6. 定期精度检查

随着使用时间的延续，压力机的精度也在下降。因此，应该定期进行精度检查，发现精度下降，及早地使其恢复，以免影响冲压产品的精度及模具寿命。一般的压力机最低要求是，精度下降1级后，必须尽快修正恢复，这样也便于今后的质量管理。

除上述各项外，压力机定期检修保养，还应包括传动系统、电气系统及各种辅助装置功能的检查维修。日常检查是定期检修保养的重要环节，可防患于未然，因此，必须列入压力机操作规程，在每天作业前、开机加工中、作业后，都进行相应项目的检查，发现问题及时解决。

五、压力机常见故障及其排除方法

压力机在使用中，由于维护不当或正常的损耗，常会出现一些故障，影响正常的工作。表 8-20 至表 8-24 是压力机关键零、部件常见故障及排除方法。

表 8-20　曲柄压力常见故障及其排除方法

故障部位	故障性质	产生原因	消除方法
曲轴	曲轴轴承发热	①轴与轴瓦咬住 ②润滑油耗尽	①重磨轴颈或刮研轴孔 ②清洗油路及油槽刮研油瓦
曲轴	流出的润滑油有铜末	油槽或油路阻塞	清洗油路及油槽
滑块	制动器松开后，滑块不下去	①滑块与导轨咬住 ②导轨压得太紧 ③导轨内缺少润滑油	①放松导轨重新调整 ②增添润滑油
连杆	连杆与螺杆自动松开	锁紧机构松动	用扳手拧紧锁紧机构
连杆	球碗部位有响声	球碗夹紧，零件被松开	拧紧球形盖板螺钉，并用手搬动螺杆，以测松紧程度
离合器	脚踏开关后，离合器不起作用	①转键拉簧断裂或太松 ②转键外部断裂	①更换拉簧 ②更换新的转键
操纵机构	①离合器不起作用 ②操纵杆挡头不能自由活动	①拉杆长度未调整好 ②压力弹簧断裂或张力不够	①调好拉杆长度 ②更换新的压力弹簧
制动器	①制动器发热 ②曲轴停止时连杆超过上止点位置	①制动器钢带太紧 ②制动带磨损或太松	①调节制动弹簧 ②更换新的制动带
传动装置	启动按钮．飞轮不转	V 带太松或太紧	调节 V 带的松紧程度
电气装置	手按电钮，电动机不转动	①按钮开关损坏 ②线路中断	①检查按钮接触点是否良好，更换新按钮 ②检查供电线路
润滑部分	润滑油不能供到润滑点	①没有按时间润滑点供油致使堵塞 ②油杯孔堵塞	①应按时转动油杯盖向润滑点压油 ②检查油杯孔是否被损坏

表 8－21　　转键式离合器常见故障及其排除方法

故障	产生原因	消除方法
单次行程离合器接合不上	（1）打棒（如图 8－38 所示）台阶面棱角磨圆打滑 （2）弹簧 3(如图 8－38 所示)力量不足 （3）转键的拉簧（如图 8－39 所示）断裂或太松 （4）转键尾部断裂 （5）拉杆（如图 8－38 所示）长度未调整好	（1）修复（补焊）或更换新的 （2）调整或更换 （3）更换或上紧拉簧 （4）换新转键 （5）调整拉杆长度
滑块到下止点震动停顿	（1）刹车带断裂 （2）转键的拉簧断裂	更换新件
离合器分离时有连续急剧撞击声	（1）刹车带太紧 （2）转键拉簧松动	（1）调节制动弹簧到正常 （2）调节转键拉簧到正常
飞轮空转时离合器有节奏的响声	（1）转键没有完全卧入凹槽内 （2）转键曲面高于曲轴面	拆下修理
离合器分离时有沉重的响声	制动带太松	调节制动弹簧到正常
单次行程时打连车	（1）弹簧 1（如图 8－38 所示）太松或断裂 （2）弹簧 2（如图 8－38 所示）太紧或断裂	调到正常或更换弹簧
转键冲击严重	（1）转键(如图 8－39 所示)磨出毛刺 （2）曲轴凹槽磨出毛刺 （3）中套(如图 8－39 所示)磨出毛刺	拆下修理或更换

表 8－22　　摩擦离合器常见故障及其排除方法

故障	产生原因	消除方法
离合器黏合不紧，滑块不动或动作很慢	①间隙过大 ②气阀失灵 ③密封件漏气 ④摩擦面有油 ⑤导向销或导向键磨损	①调整间隙或更换摩擦片 ②检修气阀 ③更换密封件 ④清洗干净 ⑤拆下修理或更换
滑块下滑刹不住车	①制动器摩擦面间隙大 ②气阀失灵 ③弹簧断裂 ④平衡气缸没气或气压太低 ⑤导向销或导向键磨损	①调整或更换 ②检修气阀 ③更换弹簧 ④送气或消除漏气 ⑤拆下修理或更换

续表

故障	产生原因	消除方法
摩擦块磨损过快或温度异常升高	①气动联锁不正常，离合器和制动器互相干扰 ②摩擦块厚度不一致 ③摩擦面之间有异物 ④摩擦盘偏斜	①调整两个气阀的时差 ②重新更换摩擦块 ③清除异物 ④重新安装调整
刹车时滑块下滑距离过长	①刹车部分摩擦片间隙较大 ②凸轮位置不对，刹车时排气不及时	①调整间隙 ②调整凸轮位置

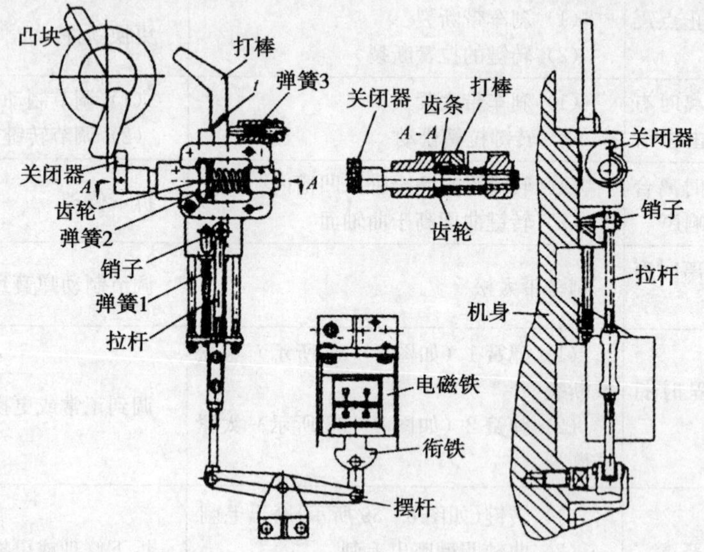

图 8-38　电磁铁控制的操纵机构

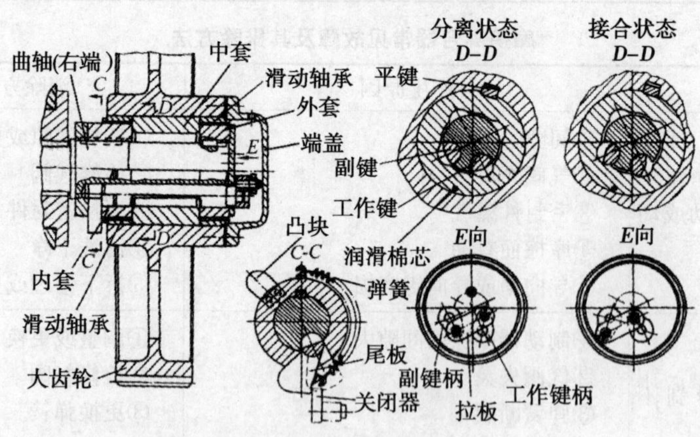

图 8-39　双转键离合器

表 8-23　滑块机构常见故障及其排除方法

故障	产生原因	消除方法
调节闭合高度时滑块调不动	①调节螺杆压弯 ②调节螺杆螺纹与连杆咬住 ③蜗轮（或连同调节螺母一起）底面或侧面或牙齿膨胀部分与滑块体（或外壳）咬住 ④调节螺杆球头间隙过小，球头与球头座咬合 ⑤球头销松动卡在滑块上 ⑥平衡气缸气压过高或过低 ⑦蜗杆轴滚动轴承碎裂 ⑧导轨间隙太小 ⑨电动机、电器故障 ⑩锁紧未松开	①更换或校直 ②更换或修螺纹 ③轻则修刮车削，重则更换新件 ④放大间隙，清洗球座，去伤痕 ⑤重新配销 ⑥调整气压 ⑦换轴承 ⑧调整间隙 ⑨电工检修 ⑩松开
冲压过程中，滑块速度明显下降	①润滑不足 ②导轨压得太紧 ③电动机功率不足	①加足润滑油 ②放松导轨重新调整 ③更换电动机或改选压力机
润滑点流出的油发黑或有青铜屑	润滑不足	检查润滑油流动情况，清理油路、油槽及刮研轴瓦
球头结构的连杆滑块在工作过程中，滑块闭合高度自动改变	①没有锁紧机构的连杆滑块机构中出现这种现象，是由于蜗轮、蜗杆没有保证自锁 ②具有锁紧机构的连杆滑块机构，往往是由于调节闭合高度后忘了锁紧或锁紧不够	①减小螺旋角等，在双连杆压力机上可采用加抱闸的方法（临时措施） ②重新调整锁紧
连杆球头部分有响声	①球形盖板松动 ②压力机超载，压塌块损坏	①旋紧球形盖板的螺钉，并用手扳动连杆调节螺杆以测松紧程度 ②更换新的压塌块
调节闭合高度时滑块无止境地上升或下降	限位开关失灵	修理限位开关，但必须注意调节闭合高度的上限位和下限位行程开关的位置，不能任意拆掉，否则可能发生大事故

续表

故障	产生原因	消除方法
滑块在下止点被顶住	①V带太松 ②超负荷（闭合高度调节不当，送料发生重叠）	①调节带的松紧度 ②在检查传动系统无其他原因后，将离合器脱开，开动电动机反转，达到回转速度时关闭电动机，靠飞轮惯性，人工操纵气阀使离合器接合，将滑块从卡紧中退出。一次不行可反复几次。不能反转的压力机，可调节装模高度，使滑块上升退出后再将曲柄转到上止点
挡头螺钉和挡头座被顶弯或顶断	调节闭合高度时，挡头螺钉没有做相应的调节	①更换损坏零件 ②调闭合高度时，应首先将挡头螺钉调到最高位置，待闭合高度调好之后，再降低挡头螺钉到需要的位置

表 8-24　气垫的常见故障及其排除方法

故障	产生原因	消除方法
气垫柱塞不上升或上升不到顶点	①密封圈太紧 ②压紧密封圈的力量不均 ③托板卡住，原因是： a. 导轨太紧 b. 废料或顶杆卡在托板与工作台板之间 c. 托板偏转被压力机座卡住 d. 气压不足 e. 压紧压力汽缸活塞堵住进油口	①放松压紧螺钉或更换密封圈 ②调整均匀 ③办法是： a. 放大导轨间隙 b. 清除废料，用堵头堵上工作台上不用的孔 c. 转正托板，压紧螺钉 d. 调整气压，消除漏气 e. 排出此汽缸中的空气
气垫柱塞不下降	①密封圈压紧力不均匀或太紧 ②气垫缸内气排不出 ③托板导轨太紧 ④活动面有磨损现象	①调整压紧力 ②排气 ③调整间隙 ④修理

续表

故障	产生原因	消除方法
液压气垫得不到所需的压料力	①油不够 ②控制缸活塞卡住不动或汽缸不进气，故活塞不动 ③溢流阀阀面密封不严	①加油 ②清洗汽缸，检查气管路及气阀 ③拆开研磨，检修
气垫柱塞上升不平稳，甚至有冲击上升	①缸壁与活塞润滑不良，摩擦力大或液压气垫油液中混入过多的冷凝水而变质 ②密封圈压紧力量不均匀	①清洗除锈，加强润滑，更换油液，并加强日常检查和放水 ②调整压紧力
液压气垫产生压紧力，但拉伸不出合格的零件	①控制凸轮位置不对，压紧力产生不及时 ②气垫托板与模具压料圈不平行，压料力量不均匀	①调整凸轮位置 ②调整平行度

参考文献

[1] 丁松聚等．冷冲模设计．北京：机械工业出版社，2001

[2] 范玉成等．冲压工操作技术要领图解．济南：山东科学技术出版社，2007

[3] 毕大森等．冲工工入门．北京：机械工业出版社，2004

[4] 张正修．冲压技术实用数据速查手册．北京：机械工业出版社，2009

[5] 薛启翔等．冲压模具设计制造难点与窍门．北京：机械工业出版社，2005

[6] 杨玉英等．实用冲压工艺及模具设计手册．北京：机械工业出版社，2005

[7] 王孝培．冲压手册．北京：机械工业出版社，1990

[8] 成虹．冲压工艺与模具设计．北京：高等教育出版社，2000

[9] 刘心治．冷冲压工艺与模具设计．重庆：重庆大学出版社，1998

[10] 顾迎新等．冲压工实际操作手册．沈阳：辽宁科学技术出版社，2007

[11] 张能武．简明冲压工计算手册．南京：江苏科学技术出版社，2008